U0296744

中国科学技术大学研究生教育创新计划项目优秀教材出版项目

热重分析

——方法·实验方案设计·曲线解析

丁延伟 著

化学工业出版社

·北京·

内容简介

热重分析技术是在一定气氛和程序控制温度下连续测量物质的质量随温度或时间变化关系的一类热分析技术。本书在简要介绍常用的热重分析技术的基础上，较为系统地总结了与热重实验方案设计和曲线解析相关的内容。内容分别为热重法基础、热重分析仪及影响因素、实验方案设计与实验过程、实验数据处理、热重曲线解析以及与热重实验方案设计与曲线解析相关的常见问题分析，可以为高等学校、科研院所的在读研究生、高年级本科生以及热分析和量热技术相关的科研、技术人员在使用该类技术时提供必要的参考。

图书在版编目（CIP）数据

热重分析：方法·实验方案设计·曲线解析 / 丁延伟著.
—北京：化学工业出版社，2022.5
ISBN 978-7-122-40630-9

Ⅰ.①热… Ⅱ.①丁… Ⅲ.①热重量分析 Ⅳ.①O657.7

中国版本图书馆 CIP 数据核字（2022）第 018035 号

责任编辑：李晓红　　　　　　　　　　　装帧设计：王晓宇
责任校对：杜杏然

出版发行：化学工业出版社（北京市东城区青年湖南街 13 号　邮政编码 100011）
印　　装：北京虎彩文化传播有限公司
710mm×1000mm　1/16　印张 37¼　字数 745 千字　2022 年 6 月北京第 1 版第 1 次印刷

购书咨询：010-64518888　　　　　　　售后服务：010-64518899
网　　址：http://www.cip.com.cn
凡购买本书，如有缺损质量问题，本社销售中心负责调换。

定　　价：248.00 元　　　　　　　　　　　版权所有　违者必究

　　作为热分析中最常用的一种传统的分析技术，热重分析技术是研究物质的物理过程与化学反应的一类重要的实验技术。这类技术主要通过精确测定物质的质量随温度和时间变化的关系来研究物质性质的连续变化过程，其不仅可以用来广泛地研究物质在实验过程中随温度或者时间发生的与质量相关的各种转变和反应（如氧化、分解、还原、交联、成环等反应），还可以用来确定物质的成分、判断物质的种类和热分解机理等。迄今为止，热重分析技术已在矿物、金属、石油、化工、建材、食品、医药等领域获得了广泛的应用。

　　根据定义，热重分析技术是在一定气氛和程序控制温度下连续测量物质的质量随温度或时间变化关系的一类技术。与其他常规分析技术不同，热重分析技术具有仪器类型差异大、实验曲线易受众多的实验条件影响等特点。因此，在设计热重实验方案和曲线解析时，除了应密切结合实验目的和研究对象的特点进行设计和曲线解析外，还应结合所用的实验方法和在实验过程中采用的实验条件。从这个角度来说，实验方案设计和曲线解析是一个有机的整体。对于不合理的实验方案设计，通常无法对曲线进行满意、合理的解析；而在对热重曲线进行解析时，如果不充分考虑实验过程中采用的实验条件和所用的热分析方法自身的特点，也会出现无法对曲线进行解析的现象。在实际应用中，应将实验方案设计和曲线解析结合起来，进行合理的解析。除了在曲线解析时应考虑实验方案之外，当在解析时无法得到满意的实验结果时，还应对实验方案进行适当的调整，之后再对得到的曲线进行解析，直到得到满意的结果为止。

　　在实际应用中，越来越多的与热分析相关的科研工作者和技术人员体会到了热重分析技术与其他传统的分析技术之间的差别和复杂性。与其他分析技术不同，在热重分析技术中几乎没有可以直接对实验数据进行比对的谱图库。对于许多初学者而言，在设计实验方案和对得到的热重曲线进行解析等方面更是无所适从。即使对于具有多年工作经验的热分析工作者，在进行设计实验方案和进行曲线解析时仍存在着各种各样的困惑。在实际工作中，经常会出现实验方案设计不合理和曲线无法解析的现象。在 2020 年我们编写的《热分析实验方案设计与曲线解析概论》一书中概述了利用常用的热分析实验方法开展实验时的实验方案设计与曲线解析的过程和方法，限于篇幅在该书中没有较为系统和深入地介绍热重实验方案设计和曲线解析的方法。另外，到目前为止，我国还没有一本专业图书来对热重分析技术、实验方案设计和曲线解析进行较为深入、系统的介绍。在此基础上，为了使更多领域的使用热重分析技术开展分析和研究的科研工作者和技术人员在工作中更好地利用这类技术得到的实验结果，笔者在总结多年工作经验的基础上撰写了这本以热重分析技术为主题的图书。

本书在简要介绍常用的热重分析技术的基础上，较为系统地介绍了热重实验方案设计和曲线解析方面的内容。本书一共分为六部分，分别包括热重法基础、热重分析仪及影响因素、实验方案设计与实验过程、实验数据处理、热重曲线解析以及和热重实验方案设计与曲线解析相关的常见问题分析。第Ⅰ部分"热重法基础"包括第 1 章和第 2 章，在第 1 章中简要地介绍了与热重分析技术相关的定义和术语、特点、影响因素、应用领域、实验方案设计的基本要求、曲线解析的原则和步骤等方面的内容；在第 2 章中详细介绍了在热重实验中可以采用的等温、线性非等温、反应速率控制、温度调制等实验模式。第Ⅱ部分"热重实验仪器及影响因素"包括第 3～5 章，在第 3 章中详细介绍了热重分析仪和相关的联用仪的组成及各部分的功能、仪器的质量和温度校正方法等方面的内容；在第 4 章和第 5 章中分别介绍了仪器状态的评价方法和影响实验结果的因素。第Ⅲ部分"实验方案设计与实验过程"包括第 6 章和第 7 章，第 6 章介绍了实验方案设计方面的内容，主要包括实验仪器选择和制样、温度控制程序、实验气氛等实验条件选择；第 7 章介绍了热重实验的一般过程，主要包括实验条件设定、制样、运行实验以及对数据的基本处理等方面的内容。第Ⅳ部分"实验数据处理与作图"包括第 8 章和第 9 章，分别介绍了在仪器附带的数据分析软件和常用的数据分析软件 Origin 中对实验得到的数据进行处理的方法。第Ⅴ部分"热重曲线解析"包括第 10～13 章，其中第 10 章介绍了从采用的实验方案和得到的曲线的形状等信息的角度描述热重曲线的方法，第 11 章主要介绍了热重曲线解析科学、规范、准确、合理、全面的原则，第 12 章介绍了热重曲线解析的方法，第 13 章结合实例阐述了在实际应用中进行曲线解析的方法。第Ⅵ部分"热重法应用中的常见问题分析"由第 14 章和第 15 章组成，分别分析了在实验方案设计（第 14 章）和曲线解析（第 15 章）中常见的问题。

本书获得了 2020 年度中国科学技术大学研究生教育创新计划项目优秀教材出版项目、2020 年度安徽省高等学校省级质量工程项目重点教学研究项目和化学工业出版社出版项目的资助，在此表示感谢。我的同事白玉霞和刘吕丹两位老师以及博士生谭静和硕士生付小航两位同学提出了许多建设性修改意见，化学工业出版社编辑在本书提纲确定、版面设计、内容审核等方面提供了大量的帮助和支持，为本书的顺利出版投入了大量的精力，在此一并表示感谢！

　　本书是作者在近二十年从事多种热分析技术的工作基础上结合对热重实验方案设计和曲线解析的理解完成的。由于作者水平所限，书中难免存在着疏漏和不足之处，还望读者不吝指正，以便在再版时进行修订。

丁延伟

2022 年 4 月于合肥

目录

第 2 章

常用的热重实验模式

第 II 部分　热重实验仪器及影响因素 / 43

第 3 章

热重分析仪

第 4 章

热重分析仪工作状态的评价方法

第 5 章 ——————————————————— 139

热重实验的影响因素

第 III 部分　实验方案设计与实验过程 / 167

第 IV 部分　实验数据处理与作图 / 217

第 8 章
在仪器分析软件中分析热重实验数据   218

第 11 章

热重曲线的解析原则

第 12 章
热重曲线的解析方法
384

第 13 章
不同应用领域中热重曲线的解析实例
414

第 VI 部分　热重法应用中的常见问题分析/ 523

第 14 章
热重实验方案设计中常见问题分析

第 15 章
热重曲线解析中的常见问题分析

第 **｜** 部分

热重法基础

第 1 章 热重分析技术简介

1.1 热分析技术简介

作为现代仪器分析方法的一个重要分支，热分析技术在许多领域中获得了越来越广泛的应用[1-3]。在经历了一百多年的发展之后，热分析技术逐渐发展成为与色谱法、光谱法、质谱法、波谱法等仪器分析方法并驾齐驱的一类重要的分析手段[4]。

热分析（thermal analysis）是研究物质的物理过程与化学反应的一种重要的实验技术。这种技术是建立在物质的平衡状态热力学和非平衡状态热力学以及不可逆过程热力学和动力学的理论基础之上的，该方法主要通过精确测定物质的宏观性质如质量、热量、体积等随温度或时间的连续变化关系来研究物质所发生的物理变化和化学变化的过程。

1.1.1 热分析技术的定义

1991 年，国际热分析协会（International Confederation for Thermal Analysis，简称 ICTA；现称 International Confederation for Thermal Analysis and Calorimetry，简称 ICTAC）名词委员会对热分析给出如下定义："A group of techniques in which a property of the sample is monitored against time or temperature while the temperature of the sample, in a specified atmosphere, is programmed"，意为"热分析是在程序控制温度和特定气氛下，监测样品的性质随温度或时间变化的一类技术"[5,6]。

在 1991 年的定义中，突出强调了热分析技术所具有的"特定气氛"（specified atmosphere）和"监测"（monitor）的特点。

在我国于 2008 年 5 月发布并于 2008 年 11 月开始实施的国家标准《热分析术语》（GB/T 6425—2008）[7]对热分析技术的定义为："在程序控制温度和一定气氛下，测量物质的某种物理性质与温度或时间关系的一类技术。"

另外，根据以上热分析技术的定义，由于所测量的物理性质（如质量、热效应、体积等）多种多样，由此可以衍生出不同类型的热分析技术。

1.1.2　常见的热分析技术分类简介

在以上的热分析技术的定义中的"性质"主要是指物质的质量、温度（即温度差）、能量（通常直接测量热流差或功率差）、尺寸（通常直接测量长度）、力学量、声学量、光学量、电学量、磁学量等性质，上述的每一种性质均对应于至少一种热分析技术（见表 1-1）[7]。通过这些实验方法可以得到物质与温度有关的性质变化信息，主要包括：热导率、热扩散率、热膨胀系数、黏度、密度、比热容、熔点、沸点、凝固点等。在表 1-1 中所列的热分析方法中，热重分析技术作为最常用的一种热分析技术，在材料相关的研究领域中得到了十分广泛的应用。近年来，随着仪器分析技术的发展和不断拓展的应用需求，热重分析技术与常规的分析技术如红外光谱技术、质谱技术、气相色谱技术等的联用得到了广泛的关注和快速的发展[8]。

表 1-1　热分析技术的分类[7]

热分析方法	简称	测量的物理量
热重法 　动态质量变化测量 　等温质量变化测量	TG	质量变化 Δm
逸出气检测	EGD	
逸出气分析	EGA	
放射热分析		
差热分析 升温曲线测量	DTA	温度差 ΔT 或温度 T
差示扫描量热法	DSC	热量 Q，定压热容 c_p
温度调制式差示扫描量热法	MTDSC	
热机械分析 　热膨胀法 　针入度法	TMA	力学量 　长度变化 ΔL 或体积变化 ΔV
动态热机械分析	DMA	模量 G，内耗 $\tan\delta$
热发声法 热传声法	—	声学量
热光学法	—	光学量
热电学法	—	电学量
热磁学法	—	磁学量
		联用技术
热重法-差热分析	TG-DTA	同时联用技术
热重法-差示扫描量热法	TG-DSC	
热重法/质谱分析	TG/MS	
热重法/傅里叶变换红外光谱法	TG/FTIR	串接联用技术
热重法/气相色谱法	TG/GC	
微区热分析	μTA	间歇联用技术

注：来自《热分析术语》（GB/T 6425—2008）。

1.2 热重法相关知识

在正式介绍热重分析技术之前，有必要对其定义、特点及相关术语做一简要介绍。

1.2.1 热重法的定义

热重法（thermogravimetry，简称 TG），是指在程序控制温度和一定气氛下连续测量待测样品的质量与温度或时间变化关系的一种热分析技术，主要用于研究物质的分解、化合、脱水、吸附、脱附、升华、蒸发等伴有质量改变的热变化现象。由 TG 技术可以对物质进行定性分析、组分分析、热参数测定和动力学参数测定等，其在研发和质量控制方面都是比较常用的检测手段。此外，在实际的材料分析中，TG 技术经常与其他分析方法联用进行综合热分析，全面、准确地分析材料的热性质，是应用最多、最广泛的一种热分析技术。

在实际应用中，热重法也常被称为热重分析（thermogarvimetric analysis，简称 TGA）。从字面上看，thermogravimetric 自身已包含了测量方法（-metric）的含义，分析（analysis）自身也有测量方法的含义，名称中同时含有 metric 和 analysis 显得有些重复表达。因此，一些学者建议用热重法（TG）而不用热重分析法（TGA）表示这种热分析方法。实际上，在很多文献和技术报道中，对于由热重实验得到的数据，大多称为热重曲线或者 TG 曲线，很少直接称为热重分析曲线或者 TGA 曲线。

另外，在一些文献和资料中习惯将热重法称为热失重法或者热失重分析法，这些都是不符合习惯的。

根据定义，TG 法是在程序控制温度和一定气氛下连续测量待测样品的质量与温度或时间变化关系的一种热分析技术。可以用以下形式的关系式来表示：

$$m = f(t) \tag{1-1}$$

或者

$$m = f(T) \tag{1-2}$$

等式（1-1）对应于等温实验下得到的 TG 曲线，而等式（1-2）则对应于非等温实验下得到的 TG 曲线。

在实际表示中，为了突出"测量"的作用，通常用重量（weight）来代替质量（mass）。由实验得到的热重曲线如图 1-1 所示。

在图 1-1 中，纵坐标为归一化后的质量 m（通常用质量百分数%表示），向上表示质量增加，向下表示质量减小；横坐标为温度 T 或者时间 t，自左向右表示温度升高或时间增长。

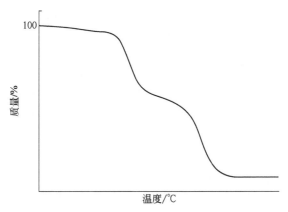

图 1-1　由 TG 实验得到的 TG 曲线

为了便于比较，曲线中的纵坐标通常用归一化后的质量百分比表示，由曲线可以方便地看出试样在实验中质量变化的程度。

1.2.2　热重法的特点

作为热分析方法的一种，热重法不仅具有独特的优势，还存在着一定的不足。

（1）热重法的优点

热重法（TG 法）是在程序控制温度和一定气氛下，实时测量物质的质量与温度（动态）或时间（等温）关系的定量技术，具有操作简便、准确度高、灵敏、快速以及试样微量化等优点。由 TG 法可以准确地测量在实验过程中物质的质量变化及变化的速率，理论上只要物质受热时发生质量的变化，都可以用 TG 法来研究。

例如，对于存在着质量变化的物理过程和化学过程，如升华、汽化、吸附、解吸、吸收和气固反应等都可以方便地通过 TG 法来进行连续跟踪。对于在实验过程中样品不发生明显的质量变化的过程，如熔融、结晶和玻璃化转变之类的热行为，虽然通过热重法得不到变化信息，但可以作为间接的证据来说明在实验过程中没有发生质量变化。

由热重实验得到的曲线称为热重曲线（TG 曲线）。通过对 TG 曲线进行分析，可以获得样品及其可能产生的中间产物的组成、热稳定性、热分解情况及生成的产物等与质量相关联的信息。通常在对热重曲线进行分析时，通过对 TG 曲线进行求导处理，得到微商热重曲线（DTG 曲线），通常称这种方法为微商热重法，也称导数热重法。由 DTG 曲线可以精确反映每个质量变化阶段的起始反应温度、最大反应速率温度和反应终止温度；另外，当 TG 曲线中某些受热过程出现的台阶不明显时，利用 DTG 曲线能明显地区分开来。

（2）热重法的局限性

如上所述，由单一的 TG 技术可以得到在实验过程中所研究的对象在一定的气氛和程序控制温度下由于其结构、成分变化而引起的质量变化信息。由于热重曲线是试样在实验条件下多种因素的综合作用下质量变化的综合反映，对于一些在实验过程中不发生质量变化的过程如熔融、结晶、固相相转变等，由 TG 实验无法得到特征变化信息。另外，对于一些组成和分解过程比较复杂的样品而言，仅通过 TG 曲线无法进行相对准确的解析。此时通常通过将 TG 技术与其他分析技术联用的方法来达到实验目的。

在实际应用中，通过将热重分析技术与常规的分析技术如红外光谱技术、质谱、色谱、拉曼光谱、X 射线衍射等分析技术进行联用，可以同时得到在物质的性质发生变化的过程中产物的结构、成分、物相等的变化信息。通过这些信息，可以得到物质在一定的气氛和程序控制温度下所发生的各种变化的更深层次的一些信息，使人们对于过程中的反应机理、动力学信息有更深刻的认识。

1.2.3　微商热重法

微商热重法（derivative thermogravimetry，简称 DTG）又称导数热重法，是记录 TG 曲线对温度或时间的一阶导数的一种方法，即质量变化速率作为温度或时间的函数被连续记录下来。对于目前的大多数商品化仪器而言，可以通过仪器附带软件的微分功能转换得到热重曲线的微商曲线。微商热重曲线（derivative thermogravimetric curve，简称 DTG 曲线），是对由热重分析技术得到的实验曲线进行微商处理得到的曲线，通常指一阶微商的 TG 曲线。

图 1-2 中的曲线为由图 1-1 中的 TG 曲线求导得到的 DTG 曲线，曲线上的每一点对应于 TG 曲线对横坐标（温度）的变化速率，峰值对应于质量减小的最大速率。对于线性加热所得到的 DTG 曲线而言，其单位一般是（%/℃），表示温度每变化 1℃时质量变化的百分比。对于等温实验而言，DTG 曲线的单位一般是%/s 或%/min，其中时间的单位视时间长短而定。

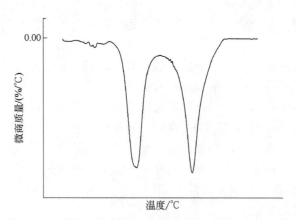

图 1-2　由图 1-1 中的 TG 曲线求导得到的 DTG 曲线

微商热重法的数学表达式为：

$$\frac{\mathrm{d}m}{\mathrm{d}t} = f(T,t)$$

（1-3）

线性程序控制温度时，也可用下式表示：

$$\frac{\mathrm{d}m}{\mathrm{d}T} = \frac{1}{\beta} \times \frac{\mathrm{d}m}{\mathrm{d}t} = f(T,t)$$

（1-4）

式中，β 为升温或降温速率。

与 TG 曲线相比，DTG 曲线可以更加清晰地显示出试样的质量随温度的变化过程。图 1-3 是 $CaC_2O_4 \cdot H_2O$ 在 20℃/min 的加热速率下得到的热重曲线和微商热重曲线，由图可见，$CaC_2O_4 \cdot H_2O$ 随着温度的升高在 150~220℃、350~500℃ 和 620~780℃ 范围内依次失去一分子结晶水、一分子 CO 和一分子 CO_2。在以上温度范围，DTG 曲线中出现了相应的峰，分别对应于 TG 曲线的失重台阶。

图中 DTG 曲线的峰面积对应于 TG 曲线的台阶高度。例如，在图 1-3 中，DTG 曲线的峰面积为 0.602%/(min·℃)，该数值乘以升温速率（即 20℃/min），其值为 0.602%×20=12.04%，与由 TG 曲线计算得到的台阶的失重百分比（12.27%）接近。一般来说，由 DTG 曲线得到的数值略低于 TG 曲线，这与在对峰进行积分时所选取的虚拟基线有关。

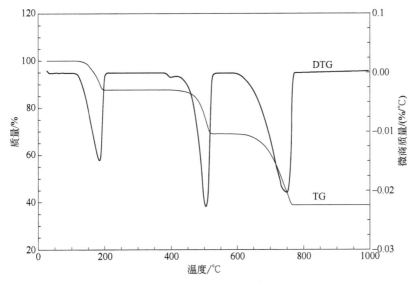

图 1-3　$CaC_2O_4 \cdot H_2O$ 的 TG 和 DTG 曲线

（实验条件：美国 TA 公司 Q5000IR 热重分析仪，温度范围为室温~1000℃，
加热速率为 20℃/min，空气气氛、流速 100mL/min，敞口氧化铝坩埚）

在有些情况下，需要对一阶微商曲线（即 DTG 曲线）再次进行微商处理，所得到的曲线称为二阶微商热重曲线（称 DDTG 曲线）。

综合以上分析，DTG 曲线与 TG 曲线之间存在着如下的对应关系：①DTG 曲线的峰值（此处 $d^2m/dT^2=0$，对应于失重速率最大）与 TG 曲线的斜率最大处相对应；②DTG 曲线中峰的个数与 TG 曲线的台阶个数相等，同时其峰面积与失重量相等。

1.3　热重实验的测量模式

对于热重实验而言，通常采用的测量模式主要有等温质量变化测量和动态质量变化测量两种。

1.3.1　等温质量变化测量模式

等温质量变化测量（isothermal mass-change determination），简称等温模式（isothermal mode），是在恒温 T 和一定气氛下，测量试样的质量与时间 t 关系的技术[7]。

在上述定义中所指的"等温"可以是通过加热使试样处于高于室温的某一个恒定温度，也可以是通过冷却使试样处于低于室温的某一个恒定温度。在温度变化过程中，由其他温度达到设定的目标温度的时间应尽可能短，即温度扫描速率越高越好。另外，在达到目标恒定温度之前不能出现"过冲"现象（如图 1-4 所示）。

上述两种方法是 TG 实验中常用的两种等温实验方法。需要特别指出的是，在实际应用中可能在一次实验中会用到以上两种实验方式，例如，试样可以首先以一定的加速速率加热至某一特定温度后等温一段时间，然后再继续加热。在该温度程序中，包含了"非等温-等温-非等温"三个阶段（如图 1-5 所示）。

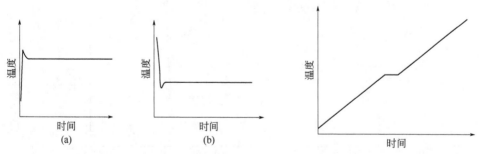

图 1-4　恒温实验过程中的温度过冲现象
（a）加热至指定温度时；（b）冷却至指定温度时

图 1-5　"非等温-等温-非等温"的温度控制程序示意图

理论上，等温实验方法比非等温实验方法准确，但耗时长，操作繁琐，不宜广泛采用。

1.3.2　动态质量变化测量模式

动态质量变化测量模式（dynamic mass-change determination mode），又称温度扫描质量变化测量模式（temperature-scanning mass-change mode），是在程序升温、降温和一定气氛下，测量试样的质量与温度关系的技术[7]。

这种模式是热重实验中最常用的测量模式。实验时，根据需要选择合适的温度扫描范围和温度扫描速率，在一定的实验气氛下测量试样的质量变化。

与等温法相比，非等温热重法显得更加快捷、方便，通过一次实验可以获得较宽的温度范围的质量变化情况。然而，实际上通过这种方法得到的实验结果受加热速率的影响较大，与真正的反应温度相比存在着一定的偏离。

在实际应用中，对于动态质量变化测量模式而言，除了最常采用的线性温度变化方式外，还有以下的测量模式。

（1）控制速率热重分析

控制速率热重分析（controlled-rate thermogravimetric analysis，简称 CRTGA），也称高分辨热重分析法，是控制速率热分析中的一种技术。其通过控制温度-时间曲线，使试样的质量按照恒定的速率变化的技术[7]。

这种实验方法是一种根据试样的失重速率而自动调整加热速率的热分析方法。目前采取控制反应速率的主要方式有多阶恒温控制（即步阶升/降温方式）、动态速率控制和恒定分解速率控制等几种温度控制技术[7]。主要通过热重分析仪器的软件来实现以上温度控制方式，可以分别通过调整仪器的控制软件中的敏感度因子和分辨因子来实现加热速率对质量变化速率的判断。

大多数常规的热重实验按照预定的温度控制程序（大多数为等温或线性控制的温度程序），测量试样的质量随温度程序的变化关系曲线。通常主要按照实验者所选择的温度程序来进行实验，很少会考虑样品本身经历了什么样的变化过程。控制速率热重分析通过允许测量的样品的质量变化以某种方式影响温度程序的进程。通过 CRTGA 的方法能够更精确地控制反应环境的均匀性，主要包括控制产物气体压力以及样品层内的温度和压力梯度[9,10]。

图 1-6 为线性加热和高分辨实验条件下 $CuSO_4 \cdot 5H_2O$ 的热重实验曲线[11]。由图可见，20℃/min 的线性加热速率无法使 $CuSO_4 \cdot 5H_2O$ 的 4 个结晶水的失去过程分离开来。而通过高分辨热重实验方法则可以清楚地看到 5 个结晶水的失去过程。根据所设置的实验参数的不同，这两种方法所需的运行时间也将有所不同。

（2）步阶式热重分析

步阶式热重分析（auto step TGA），也称自动分步 TGA，是控制速率热重分析的一种方法，这种方法的原理是：当达到或者高于设定的失重速率时，仪器自动降低升温速率或者等温。而当失重速率低于设定的速率时，试样继续按照升温程序升温，从而达到失重台阶自动分步的解析效果。

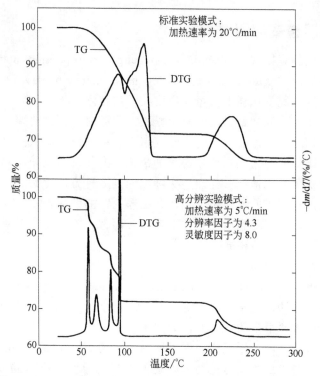

图 1-6　五水合硫酸铜（$CuSO_4 \cdot 5H_2O$）的高分辨率 TG 曲线[11]

　　这种方法可以提高热分析仪器分辨能力，有时会节省时间。但对于多个质量变化阶段的实验而言，其实验时间相比于线性升降温过程则会延长很多。在设定实验程序时，可以通过调整软件中的敏感度因子和分辨率因子来设定开始调整温度扫描速率的时间。

　　该方法常用来使连续分解的多步过程得到有效的分离，常用于研究含有多个结晶水的化合物或混合物。

　　（3）准等温热重法

　　准等温热重法（quasi iso thermogravimetry）是指在接近等温的条件下研究试样的质量与温度关系的一种热重方法，也叫步阶扫描热重法（step-scan thermogravimetry）[7]。

　　在热重实验过程中可以实现的以上测量模式相关内容详见第 2 章。

1.4　常用热重分析仪器简介

　　热重实验主要通过热重分析仪完成，质量测量和温度控制单元是热重分析仪的核心部分。

1.4.1 工作原理

顾名思义，热重分析仪（thermogravimetric analyzer，简称 TGA）是在程序控制温度和一定气氛下，测量试样的质量随温度或时间连续变化关系的仪器，它把加热炉与天平结合起来进行质量与温度测量。通常，热重分析仪也简称为热重仪（thermo-gravimeter，简称 TG）。

实验时将装有试样的坩埚置于与 TG 仪的质量测量装置相连的试样支持器中，在预先设定的程序控制温度和一定气氛下对试样进行测试，通过质量测量系统实时测定试样的质量随温度或时间的变化情况。

TG 仪常用的质量测量方式主要有变位法和零位法两种[12]。变位法是根据天平横梁的倾斜程度与质量变化成比例的关系，用差动变压器等检测天平横梁的倾斜程度，并自动记录所得到的质量随温度或时间的变化得到 TG 曲线。零位法是采用差动变压器法、光学法测定天平梁的倾斜度，通过调整安装在天平系统和磁场中线圈的电流，使线圈转动恢复天平梁的倾斜。由于线圈转动所施加的力与质量变化成比例，该力与线圈中的电流成比例，通过测量并记录电流的变化，即可得到质量随温度或时间变化的曲线。

1.4.2 基本组成

概括来说，热重分析仪主要由仪器主机（主要包括程序温度控制系统、炉体、支持器组件、气氛控制系统、样品温度测量系统、质量测量系统等部分）、仪器辅助设备（主要包括自动进样器、压力控制装置、光照、冷却装置等）、仪器控制和数据采集及处理各部分组成。

按试样与天平刀线之间的相对位置划分，常用的 TG 仪的结构形式主要包括下皿式、上皿式和水平式三种[12]。热重分析仪的质量检测单元的天平与常规的分析天平不同。这种天平的横梁的一端或两端置于气氛控制的加热炉中，通常称为热天平（thermobalance），热天平可以连续记录下试样的质量随温度或时间的连续变化过程。温度的变化通过可程序控制温度的加热炉实现，试样周围的温度变化通常用热电偶实时测量，以减少试样与加热炉之间的温度差异。热天平和热电偶测量到的信号经过变换、放大、模数变换后实时采集下来，由仪器附带的专业软件进行数据记录、处理、最终得到实验曲线。

热重分析仪和相关的联用仪的组成及各部分的功能、仪器的质量和温度校正方法等方面的内容详见第 3 章。

1.4.3 仪器工作状态的判断

在进行热重实验时，正常的仪器工作状态是得到理想的实验结果的基本前提。在正式进行实验之前，应采取行之有效的方法来判断仪器的工作状态。

在实际应用中,在分别对实验时所用的热重分析仪的温度和质量进行校正之后,还需要按照相应的检定规程或者校准规范等的要求对校正结果进行评价,以确认仪器的工作状态是否可以满足实验的要求。

对仪器进行定期或者不定期的校准或者检定是全面评价仪器的工作状态的一种十分重要的质量控制方法,除此之外还可以通过标准物质验证、样品复测、基线形状的变化以及曲线中出现异常变化等方法来判断仪器的工作状态。

常用的通过热重分析仪的温度校准、质量校准、标准物质验证等方式评价仪器工作状态的方法详见第4章。

1.5　热重法的常见应用领域

在实际应用中,热重分析技术不仅可以用来研究物质的蒸发、升华和吸附等物理性质的变化,还可以用来研究物质的热稳定性、分解过程、氧化、还原、成分的定量分析、添加剂与填充剂影响、水分与挥发物、反应动力学等化学问题。近年来,热重法广泛应用于聚合物[13,14]、涂料[15]、药物[16,17]、催化剂[18]、无机材料[19]、金属材料[20]、生物质[21]与复合材料[22]等材料相关的各个领域的研究开发、工艺优化与质量监控等领域。

热重法的主要特点是定量性强,能准确地测量物质的质量变化及变化的速率,理论上,只要物质受热时发生质量的变化,便可以用热重法来研究其变化过程。以下列出了热重法在下述多个领域中的典型应用实例:①无机物、有机物及聚合物的热稳定性研究[23-25];②复合氧化物化学计量比研究[26];③无机物热分解动力学研究[27];④复合材料的热分解过程研究[28,29];⑤陶瓷材料热稳定性研究[30];⑥煤、土壤、矿物、石油和木材的热稳定性研究[31,32];⑦金属有机化合物热稳定性研究[33,34];⑧生物质热分解行为研究[35,36];⑨含能材料热分解机理的研究[37,38];⑩反应动力学的研究[39-41];⑪新型化合物的结构和性质研究[42,43];⑫催化剂热稳定性研究[44];⑬吸附等温线和比表面积的测定[45,46];⑭分解反应机理的研究[47,48];⑮在考古领域中的应用研究[49,50];⑯热力学性质研究[51,52]。

1.6　热重实验方案设计简介

热重实验方案设计决定着实验成败。如前所述,热重分析仪具有多种结构形式,在实际应用中应首先根据实验需求来选择合适的结构形式的热重分析仪。例如,当需要研究易氧化试样在惰性气氛下的热行为时,所选择的热重分析仪应具有良好的密封性。另外,对于一些质量变化不明显的过程,在选择仪器时应考虑仪器的天平部分质量测量灵敏度和量程。

在选定了合适的热重分析仪之后，还需要选择合适的实验条件，主要包括以下几个方面：

①试样状态（粉末、薄膜、颗粒、块体等）；②试样用量；③试样容器（坩埚）的材质和形状；④实验温度范围；⑤实验气氛的种类和流速；⑥温度变化方式，主要包括等温、升温/降温扫描、温度调制等；⑦其他条件（主要包括湿度控制、光照等可控条件）。

另外，在实验过程中所用的试样的来源、前处理方式、实验条件如加热速率、等温时间、试样容器以及实验所用仪器自身的差异等因素会对最终的实验结果带来不同程度的影响。如果忽视这些影响因素，将很难得到理想的热分析实验结果，甚至会得到错误的实验结论。因此，对于特定的实验目的，在实验开始前设计一个合理的实验方案十分重要。与热重实验方案设计相关的内容详见第 6 章。

1.7　热重实验过程简介

确定实验方案之后，即可以开始准备热重实验。热重实验通常包括样品的准备、实验条件的选择、仪器测试、数据处理等方面的内容。

（1）样品的准备

理论上，一切非气态的试样都可以直接通过热重实验测量其质量在一定气氛和程序控制温度下随温度或时间的连续变化过程。实际上，由不同状态的试样得到的热重曲线的差别也很大。因此，选择合适的试样状态对能否得到合理的实验结果显得十分关键。

一般来说，不同状态的试样需按照实验仪器的要求和实验目的进行一些相应的处理才可以应用于热重实验。

（2）实验条件的选择

如前所述，影响热重实验条件的因素很多，除了试样状态、仪器本身因素外，实验时选用的实验条件如温度程序、实验容器和实验气氛等都会影响最终的实验结果。

在选择热重实验的实验条件时，应根据实验目的和试样本身的性质灵活选择。

（3）仪器测试

在完成样品准备和实验条件选择工作之后，接下来就可以开始使用热重分析仪进行测量了。一般来说，整个测量过程大致包括：仪器准备、样品制备、设定实验条件和样品信息、开始实验等过程。

（4）数据处理

在获得热重实验数据之后，接下来需要通过仪器附带的分析软件打开实验时生成的原始文件，对得到的实验数据进行基本的处理。

以上所述的实验不同阶段及需要注意的问题详见第 7 章。

1.8　热重实验数据处理与作图

在实验结束后，需要对得到的实验曲线进行进一步的数据处理和作图，以便在此基础上进行解析。

（1）在仪器分析软件中分析热重实验数据

在按照以上要求完成样品准备并按照设定的实验参数在热重分析仪上运行实验之后，可以得到测量的数据文件，通过仪器附带的数据分析软件可以打开该数据文件并进行进一步的数据作图、处理与分析。实际上，由不同厂商的仪器所生成的数据文件的格式之间有较大的差别。通常需要在仪器附带的数据分析软件中打开测量得到的数据文件，并在软件中对测量数据进行相关的处理。

在仪器的数据分析软件中通常可以实现对实验曲线的基本作图、简单的数学处理、多曲线对比、确定特征物理量、微分、积分、平滑、数据导出等处理，在本书第 8 章中将结合实例详细介绍在分析软件中对曲线的分析方法。

（2）在 Origin 软件中分析热重实验数据

在实际应用中，通常仪器附带的数据分析软件差别较大，且大多数不相兼容。另外，不同软件之间的功能差别较大，经常会出现在作图和数据处理时无法满足相关需求的现象。因此，在撰写科研论文或者报告时，往往需要在通用的专业数据分析软件中对数据进行进一步的处理和对比。在第 9 章中将以由仪器的分析软件导出的热重曲线数据为例，介绍在常用的 Origin 软件中对所得热重曲线数据重新进行作图和数据处理的方法。

1.9　热重曲线的解析

在选择了相应的热重分析仪并按照既定的实验方案完成实验后并在仪器的数据分析软件和常用的 Origin 软件中对实验得到的 TG 数据进行基本作图、数学处理、特征量确定以及多曲线对比等处理的方法之后，需要正式开始对 TG 曲线的解析工作。

热重曲线解析是热重实验过程中很重要的一个环节。概括说来，曲线解析主要包括热分析曲线的描述、曲线的初步解析、曲线的综合解析、撰写实验报告或科研论文。

1.9.1　热重曲线的描述方法

作为对曲线进行解析的第一步，在对实验数据进行一些必要的处理之后，需要在实验报告和论文中准确地描述由实验曲线可以得到的一些信息，这一步也可以看作对热重曲线进行解析的前期准备工作。通常，在描述曲线中所发生的变化时必须结合样品信息、实验条件等信息，在第 10 章中将详细介绍在实验报告和论文中描述这些相关信息的方法。

1.9.2　热重曲线解析的基本原则

在完成实验后，对热重曲线进行合理、全面的解析十分关键。在对热重曲线进行解析时，应结合所使用的热重分析技术的特点和所采用的实验条件，遵循科学性、规范性准确性、合理性、全面性的原则。在第 11 章中将对这些原则进行全面的阐述，限于篇幅在本部分内容中不再一一赘述。

1.9.3　热重曲线解析步骤简介

如上所述，对热重曲线按照以上介绍的原则进行解析是决定实验成败的一个十分关键的步骤。概括来说，热重曲线解析主要包括以下几个方面的内容：

（1）**热重曲线的描述**

对热重曲线的描述是曲线解析过程中十分重要的一步，在描述时应结合实验条件、样品的组成、结构、前处理、制备方法等相关信息对曲线进行科学、规范、合理、准确、全面地描述。

由热重实验所得到的曲线是在程序控制温度和一定气氛下物质的质量与温度或时间关系的反映，即 TG 曲线。曲线的横坐标一般为温度或时间，纵坐标为所检测的物理量即质量。当试样在加热过程中因物理或化学变化而有挥发性产物逸出或转变为其他的状态或结构形式时，由 TG 曲线可以得到它们的组成、热稳定性、热分解及生成的产物等与所测量的性质相关联的重要信息。另外，还可以通过动力学分析方法对 TG 曲线进行分析，得到不同的过程所对应的动力学参数的信息。

（2）**分析曲线中的变化信息**

如前所述，通过热重实验所得到的曲线是实验过程的最终体现，由不同的试样和实验条件得到的曲线各不相同。由于试样、实验条件、仪器本身等因素对实验曲线均会产生不同程度的影响，因此合理、全面地分析热重实验曲线显得十分重要。在分析曲线时要充分结合试样本身的组成、结构和性质以及实验条件等因素进行综合分析。

在对 TG 曲线进行分析时，除了需要确定以上的特征温度外，还需对热重实验曲线中每一个质量变化过程作更为详细和具体的解释和说明，但有时仅通过热重曲线得到的信息难给出全面、合理的解释，此时需要与其他的表征手段得到的实验数据结合起来进行综合分析。在本书第 12 章中将结合实例和对曲线解析的科学性、规范性、准确性、合理性和全面性的原则来介绍对由热重实验得到的曲线进行解析的方法。

1.9.4　热重曲线的规范报道

在对热重曲线进行报道时，应将测试数据结合曲线来表示。在结果报告中可包括以下内容：

① 标明试样和参比物的名称、样品来源、外观、检测时间、样品编号、委托单位、检测人、校核人、批准人及相关信息；

② 标明所用的测试仪器名称、型号和生产厂家；

③ 列出所要求的测试项目，说明测试环境条件；

④ 列出测试依据；

⑤ 标明制样方法和试样用量，对于不均匀的样品，必要时应说明取样方法；

⑥ 列出测试条件，如气氛气体类型、流量、升温（或降温）速率、坩埚类型、支持器类型、文件名等信息；

⑦ 列出测试数据和所得曲线；

⑧ 必要时和可行时可给出定量分析方法和结果的评价信息。

在提供的实验曲线中，横坐标中自左至右表示物理量的增加，纵坐标中自下至上表示物理量的增加。

1.9.5　热重曲线的解析实例

在实际应用中，热重分析技术在多个领域中得到了广泛的应用，在第13章中结合大量的实例介绍了在以下不同的领域中得到的热重曲线的解析方法：①确定物质的组成；②确定纯物质的结构式；③确定物质的热分解机理；④确定物质的热稳定性；⑤获得物质的热力学性质信息；⑥获得物质在实验过程中的动力学性质信息。受篇幅所限，本部分内容不再展开介绍。

1.9.6　热重曲线的影响因素简介

作为最常用的一种热分析技术，热重法是一种强有力的性质分析手段，可以用来研究材料的质量在一定气氛下随温度或时间的改变而发生变化的连续过程。其优势是快速、方便、灵敏度高、所需样品量少、可以连续地记录变化的全过程，但也应注意到，实验时试样的来源、前处理方式、实验条件如温度程序、试样容器以及实验所用仪器自身的差异等因素均会对最终的实验结果带来不同程度的影响。如果忽视这些影响因素，将很难对热重实验结果进行完美的解析，有时甚至会得到错误的实验结论。因此，在实验开始之前和对热重曲线进行解析之前，十分有必要了解影响热重实验结果的因素。

一般来说，影响热重实验结果的因素主要可以分为仪器因素、实验条件因素和人为因素等方面。在本书第5章中将详细介绍多种不同因素对实验结果的影响，在此不做详细介绍。

1.10　前景展望

经过一百多年的发展，热重分析技术已在物理、化学、材料、生物等材料相关的多个领域中得到了日益广泛的应用。

随着仪器分析技术的快速发展，未来热重分析技术主要在以下几个方面得到发展：

① 仪器准确度、灵敏度以及稳定性进一步提高；

② 不影响灵敏度的前提下，拓宽仪器的温度范围；

③ 超快加热/降温速率的实现；

④ 快速等温实验过程中的热惯性的进一步减小；

⑤ 特殊实验过程所需的仪器附件研发，包括高压真空热解腔、温湿度综合控制器等；

⑥ 与热重分析仪联用仪器的校准方法及标准物质等方面的进一步发展；

⑦ 仪器软件的功能拓展。

在应用方面，热重分析技术在未来面临的机遇与挑战主要包括以下几个方面：

① 基于微量样品的高精度热重数据及其计算参数，发展其对于实际工程的应用性模型，即通过微量样品热分析参数与尺度放大（scale-up）模型相结合，推动微量样品热分析结果在实际工程的更好应用；

② 在基于热重分析的材料动力学模型与参数计算方面，进一步解决其中的动力学补偿效应（kinetic compensation effect，KCE）；

③ 热重分析技术与 DSC、FTIR、GC/MS 等仪器的无缝联用优化方案设计和联用数据精确、可靠分析。

我们有理由相信，热重分析技术在未来将会更加成熟，也将会在更多的领域得到更加广泛的应用。

参 考 文 献

[1] 刘振海，张洪林. 分析化学手册. 3 版: 8. 热分析与量热学. 北京: 化学工业出版社, 2016.

[2] 王玉. 热分析法与药物分析. 北京: 中国医药科技出版社, 2015.

[3] Wunderlich B. Thermal Analysis of Polymeric Materials, Berlin Heidelberg: Springer-Verlag Press, 2005.

[4] 蔡正千. 热分析. 北京: 高等教育出版社, 1993.

[5] International Confederation for Thermal Analysis: For Better Thermal Analysis and Calorimetry, 3rd Ed. (J.O. Hill, Ed.), 1991.

[6] Haines P J. Thermal Methods of Analysis: Principles, Applications and Problems. Springer Science+Business Media: Dordrecht, 1995: chap1.

[7] 中华人民共和国国家标准. GB/T 6425—2008 热分析术语.

[8] 丁延伟. 热分析基础. 合肥: 中国科学技术大学出版社, 2020.

[9] Rouquerol J. Controlled transformation rate thermal analysis: the hidden face of thermal analysis. Thermochim Acta, 1989, 144: 209-224.

[10] Reading M. Thermal Analysis—Techniques and Applications (Eds: E. L. Charsley and S. B. Warrington), Cambridge: Royal Society of Chemistry, 1992: 126.

[11] Gill P S, Sauerbrunn S R and Crowe B S. High resolution thermogravimetry, J. Therm Anal, 1992, 38, 255-266.

[12] 刘振海, 徐国华, 张洪林等. 热分析与量热仪及其应用. 2 版. 北京: 化学工业出版社, 2011.

[13] Penalver R, Arroyo-Manzanares N, Lopez-García I, Hernandez-Cordoba M. An overview of microplastics characterization by thermal analysis, Chemosphere, 2020, 242: 125170.

[14] Xia Z Y, Kiratitanavit W, Facendola P, Yu S, Kumar J, Mosurkal R, Nagarajan R. A Bio-derived Char Forming Flame Retardant Additive for Nylon 6 Based on Crosslinked Tannic Acid. Thermochim Acta, 2020, 693: 178750.

[15] Pei J Z, Wen Y, Li Y W, Shi X, Zhang J P, Li R, Du Q L. Flame-retarding effects and combustion properties of asphalt binder blended with organo montmorillonite and alumina trihydrate. Constr Build Mater, 2014, 72: 41-47.

[16] Chen K, Mackie J C, Kennedy E M, Dlugogorski B.Z. Determination of toxic products released in combustion of pesticides. Prog Energ Combust Sci, 2012, 38: 400-418.

[17] Giron G. Contribution of thermal methods and related techniques to the rational development of pharmaceuticals—Part 1. Pharmaceutical Science & Technology Today, 1998, 1: 191-199.

[18] Silva L L, Zapelini I W, Cardoso D. Catalytic transesterification by hybrid silicas containing CnTA+ surfactants. Catalysis Today, 2020, 356, 433-439.

[19] Zhu J M, Zhang P Y, Ding J H, Dong Y, Cao Y J, Dong W Q, Zhao X C, Li X H, Camaiti M. Nano $Ca(OH)_2$: A review on synthesis, properties and applications. J Cultural Heritage, 2021, 50: 25-42.

[20] Spassov T, Rangelova V. Hydriding properties of amorphous Ni±B alloy studied by DSC and thermogravimetry. Thermochim Acta, 1999, 326: 69-73.

[21] Gouws S M, Carrier M, Bunt J R. Neomagus H W J P. Co-pyrolysis of coal and raw/torrefied biomass: A review on chemistry, kinetics and implementation. Renew Sust Energ Rev, 2021, 135: 110189.

[22] Jin L, Zeng H Y, Du J Z, Xu S. Intercalation of organic and inorganic anions into layered double hydroxides for polymer flame retardancy. Appl Clay Sci, 2020, 187: 105481.

[23] Seifi H, Gholami T, Seifi S, Ghoreishi S.M, Salavati-Niasari M. A review on current trends in thermal analysis and hyphenated techniques in the investigation of physical, mechanical and chemical properties of nanomaterials. J Anal Appl Pyrol, 2020, 149: 104840.

[24] Huseynova M T, Aliyeva M.N, Medjidov A.A, Sahin O, Yalçin B. Cu(II) complex with thiosemicarbazone of glyoxylic acid as an anion ligand in a polymeric structure. J Mol Struct, 2019, 1176: 895-900.

[25] Resentera A C, Rosales G D, Esquivel M R, Rodriguez M H. Thermal and structural analysis of the reaction pathways of α-spodumene with NH_4HF_2. Thermochim Acta, 2020, 689: 178609.

[26] Cherepanov V.A, Gavrilova L.Y, Aksenova T.V, Ananyev M.V, Bucher E, Caraman G, Sitte W, Voronin V.I. Synthesis, structure and oxygen nonstoichiometry of $La_{0.4}Sr_{0.6}Co_{1-y}Fe_yO_{3-\delta}$. Rog Solid State Ch, 2007, 35: 175-182.

[27] Nahdi K, Rouquerol F, Ayadi M T. $Mg(OH)_2$ dehydroxylation: A kinetic study by controlled rate thermal analysis (CRTA), Solid State Sciences, 2009, 11: 1028-1034.

[28] Pielichowska K, Nowicka K. Analysis of nanomaterials and nanocomposites by thermoanalytical methods. Thermochim Acta, 2019, 675: 140-163.

[29] Pereira J L, Godoya N V, Ribeiro E S, Segatelli M G. Synthesis and structural characterization of hybrid

polymeric networks-derived-SiC$_x$O$_y$ in the presence and absence of cobalt acetate. J Anal Appl Pyrol, 2015, 114: 11-21.

[30] Abdellahi M, Abhari A S, Bahmanpour M. Preparation and characterization of orthoferrite PrFeO$_3$ nanoceramic. Ceram Int, 2016, 42: 4637-4641.

[31] Plante A F, Fernández J M, Leifeld J. Application of thermal analysis techniques in soil science. Geoderma, 2009, 153: 1-10.

[32] Kök M V, Pamir M R. Pyrolysis and combustion studies of fossil fuels by thermal analysis methods. J Anal Appl Pyrol, 1995, 35: 145-156.

[33] Nagrimanov R N, Ibragimova A R, Solomonov B N. Enthalpies of sublimation and vaporization of poly-substituted phenols containing intramolecular hydrogen bonds by solution calorimetry method. Thermochim Acta, 2020, 692: 178733.

[34] de Souza A S, Ekawa B, de Carvalho C T, Teixeira J A, Ionashiro M, Colman T A D. Synthesis, characterization, and thermoanalytical study of aceclofenac of light lanthanides in the solid state (La, Ce, Pr, and Nd). Thermochim Acta, 2020, 683: 178443.

[35] Strandberg A, Holmgren P, Broström M. Predicting fuel properties of biomass using thermogravimetry and multivariate data analysis. Fuel Process Technol, 2017, 156: 107-112.

[36] Mitić Z, Stolić A, Stojanović S, Najman S, Ignjatović N, Nikolić G, Trajanović M. Instrumental methods and techniques for structural and physicochemical characterization of biomaterials and bone tissue: A review. Materials Science and Engineering C. 2017, 79: 930-949.

[37] Liu Z R. Review and prospect of thermal analysis technology applied to study thermal properties of energetic materials. FirePhysChem, 2021, 1: 129-138.

[38] Shancita I, Woodruff C, Campbell L L, Pantoya M L. Thermal analysis of aniodine rich binder for energetic material applications. Thermochim Acta, 2020, 690: 178701.

[39] Vyazovkin S, Burnham A K, Criado J M, Pérez-Maqueda L A, Popescu C, Sbirrazzuoli N. ICTAC Kinetics Committee recommendations for performing kinetic computations on thermal analysis data. Thermochim Acta, 2011, 520: 1-19.

[40] Araújo N R S, Duarte A C M, Pujatti F J P, Freitas-Marques M B, Sebastiao R C O. Kinetic models and distribution of activation energy in complex systems using Hopfield Neural Network. Thermochim Acta, 2021, 697: 178847.

[41] Hu Y D, Liu J, Luo L, Li X.M, Wang F, Tang K Y. Kinetics and mechanism of thermal degradation of aldehyde tanned leather. Thermochim Acta, 2020, 691: 178717.

[42] Feddaoui I, Abdelbaky M S M, García-Granda S, Essalah K, Nasr C B, Mrad M L. Synthesis, crystal structure, vibrational spectroscopy, DFT, optical study and thermal analysis of a new stannate(IV) complex based on 2-ethyl-6-methylanilinium (C$_9$H$_{14}$N)$_2$[SnCl$_6$]. J Mol Struct, 2019, 1186: 31-38.

[43] Amri M, Jaouadi K, Zouari N, Mhiri T, Mauvy F, Pechev S, Gravereau P. Structural, vibrational study and conductivity investigation of a new mixed dipotassium hydrogenselenate dihydrogenarsenate K$_2$(HSeO$_4$)$_{1.5}$(H$_2$AsO$_4$)$_{0.5}$. J Phys Chem Solids, 2013, 74: 737-745.

[44] Martins S, Barros M M, da Costa Pereira P S, Bastos D C. Use of manufacture residue of fluidized-bed catalyst-cracking catalyzers as flame retardant in recycled high density polyethylene. J Mater Res Technol, 2019, 8(2): 2386-2394.

[45] Lin H Y, Yuan C S, Chen W C, Hung C H. Determination of the Adsorption Isotherm of Vapor-Phase Mercury Chloride on Powdered Activated Carbon Using Thermogravimetric Analysis. J Air Waste Manage Assoc, 2006, 56: 1550-1557.

[46] Araujo A S, Jaroniec M. Determination of the surface area and mesopore volume for lanthanide-incorporated

MCM-41 materials by using high resolution thermogravimetry. Thermochim Acta, 2000, 345: 173-177.

[47] de Godoi Machado R, Gaglieri C, Alarcon R.T, de Moura A, de Almeida A.C, Caires F.J, Ionashiro M. Cobalt selenate pentahydrate: Thermal decomposition intermediates and their properties dependence on temperature changes. Thermochim Acta, 2020, 689: 178615.

[48] Zapała L, Kosinska-Pezda M, Byczynski Y, Zapała W, Maciołek U, Woznicka E, Ciszkowicz E, Lecka-Szlachta K. Green synthesis of niflumic acid complexes with some transition metal ions (Mn(II), Fe(III), Co(II), Ni(II), Cu(II) and Zn(II)). Spectroscopic, thermoanalytical and antibacterial studies. Thermochim Acta, 2021, 696: 178814.

[49] Tomassetti M, Marini F, Bucci R, Campanella L. A survey on innovative dating methods in archaeometry with focus on fossil bones. Trends in Analytical Chemistry, 2016, 79: 371-379.

[50] Kazakou T, Zorba T, Vourlias G, Pavlidou E, Chrissafis K. Combined studies for the determination of the composition and the firing temperature of ancient and contemporary ceramic artefacts. Thermochim Acta, 2019, 682: 178412.

[51] Verevkin S P, Kondratev S O, Zaitsau D H, Zherikova K V, Ludwig R. Quantification and understanding of non-covalent interactions in molecular and ionic systems: Dispersion interactions and hydrogen bonding analysed by thermodynamic methods. J Molr Liq, 2021, 343: 117547.

[52] Xu W T, Song Q, Song G C, Yao Q. The vapor pressure of Se and SeO_2 measurement using thermogravimetric analysis. Thermochim Acta, 2020, 683: 178480.

第 **2** 章　常用的热重实验模式

2.1　引言

根据热重法的定义，热重分析是在程序控制温度和一定气氛下，连续测量物质的质量随温度或者时间关系的一种热分析技术[1]。在实际应用中，通常根据需要采用不同的温度程序。

通常，按照实验时所采用的温度程序的不同，热重实验模式主要可以分为等温测量模式和非等温测量模式，其中非等温模式又分为线性非等温和非线性变温两种。实验时，应结合实验目的和样品实际来选择合适的实验模式。

2.2　等温测量模式

等温测量模式是常用的热重实验模式之一，此处所指的等温测量不仅仅局限于在室温附近的等温实验，还可以是在高于或者低于室温的等温实验模式。

2.2.1　等温测量模式的定义

热重法的等温测量模式又称为等温热重法，是指在某一个恒定的温度下和一定的气氛下连续测量待测样品的质量与时间关系的一种热重分析技术。等温热重法主要用于研究物质的质量在某一温度下随时间的变化关系，可用于研究物质在恒温条件下发生的分解、反应、脱水、吸附、脱附、升华、蒸发等伴随着质量变化的现象。由于在实际应用中等温热重法对仪器的要求较高，且比较耗时，因此其不如非等温热重法应用广泛。与非等温测量模式相比，等温热重法在实验过程中不受温度变化的影响，理论上可以认为在等温过程中发生的质量变化为动力学控制过程。当质量达到不变的阶段时，可以认为该过程已经结束或者达到了平衡。在等温的条件下得到的 TG 曲线如图 2-1 所示。

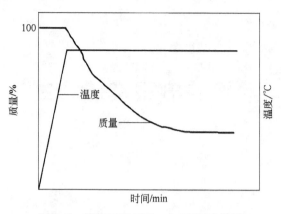

图 2-1　等温下得到的 TG 曲线示意图

由图 2-1 可见，试样在加热过程中的质量未发生较为明显的变化。当温度达到设定值时，试样的质量开始出现明显的减少。随着时间的推移，试样的质量趋于不变，表明该质量变化过程结束或者达到了平衡的状态。

2.2.2　等温热重曲线的数学表达式

在进行等温热重实验时，在实验过程中得到的曲线的数学表达式可以用下式表示：

$$m = f(t) \tag{2-1}$$

对于微商热重曲线，其数学表达式则为：

$$\mathrm{d}m/\mathrm{d}t = f'(t) \tag{2-2}$$

2.2.3　等温实验的温度范围

从定义上，等温热重实验研究的是试样的质量随时间的关系。在实际应用中，在进行热重实验时所采用的等温温度主要为室温以上的某个温度。由于热重分析仪器设计的限制，大多数热重分析仪可以测量的温度下限为室温或者略低于室温（通过带有机械制冷的循环水浴实现），温度上限为加热炉可以实现的最高温度，例如 1200℃、1600℃甚至 2400℃。不同的仪器可以实现的最高温度取决于仪器所用的加热炉类型。从加热炉的使用寿命考虑，等温时间越长、等温温度越高对加热炉的寿命影响越大。当进行等温实验时，所设置的最高温度不应接近仪器的加热炉的最高工作温度。尤其是当需要进行较长时间（例如 1h 以上）的等温实验时，所设置的最高温度一般应至少比仪器所允许的最高温度低 200~300℃。

2.2.4　等温实验的温度控制

理论上，在进行等温实验时，所采用的热重分析仪的加热炉应尽可能快速地达到设定的等温温度，并且在加热过程中不应出现温度过冲现象。在图 2-2 中分别给出了两种理想的温度-时间曲线（即 $T\text{-}t$ 关系曲线），其中图 2-2（a）为自低于设定的等温温度开始运行实验所得到的理想等温 $T\text{-}t$ 关系曲线，而图 2-2（b）则为自高于设定的等温温度开始运行实验所得到的理想等温 $T\text{-}t$ 关系曲线。由图可见，在从实验的开始温度达到设定的等温温度过程中应采用尽可能高的加热速率［图 2-2（a）］和降温速率［图 2-2（b）］。

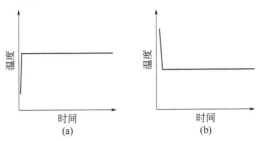

图 2-2　两种类型的理想等温 $T\text{-}t$ 关系曲线示意图
（a）实验开始温度低于设定温度；（b）实验开始温度高于设定温度

在实际应用中，当采用尽可能高的升温和降温速率进行等温实验时，经常会出现温度过冲现象，通常称这种过冲现象为"热惯性"。与其他惯性（如力学中的惯性）现象类似，在较高的温度变化速率下，由温度变化引起的热惯性也就越明显。在图 2-3 中分别给出了当实验中存在热惯性时的两种温度-时间曲线，其中图 2-3（a）为由低于设定的等温温度开始运行实验所得到的 $T\text{-}t$ 关系曲线，而图 2-3（b）则为由高于设定的等温温度开始运行实验所得到的 $T\text{-}t$ 关系曲线。由图可见，在热惯性的影响下，在通过加热达到设定温度时，在加热过程中出现了实际温度高于设定的等温温度的异常现象［图 2-3（a）］。同样地，在热惯性的影响下，在通过降温达到设定温度时，在降温过程中也出现了实际温度低于设定的等温温度的异常现象［图 2-3（b）］。

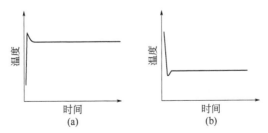

图 2-3　存在热惯性时的两种等温 $T\text{-}t$ 关系曲线示意图
（a）实验开始温度低于设定温度；（b）实验开始温度高于设定温度

根据以下的 Arrhenius 方程可以分析温度对于反应速率的影响：

$$k = A \cdot \exp(-E_\mathrm{a}/RT) \tag{2-3}$$

式中，k 为速率常数；R 为理想气体常数；T 为热力学温度；E_a 为表观活化能；A 为指前因子（也称频率因子）。

由等式（2-3）可见，在加热时，反应过程中的反应速率常数 k 随温度 T 的升高而呈现指数增加的关系。在实验过程中，当样品所处的实际温度高于设定温度时，所关注的质量变化过程已经快速进行（对应于图 2-4 中的虚线范围）。当达到设定的等温温度时，所记录的质量曲线是该质量变化过程的一部分，已经不能真实地反映完整的质量变化过程了（如图 2-4 所示）。

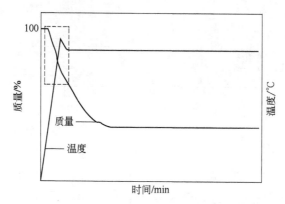

图 2-4　加热过程中的热惯性对 TG 曲线的影响

通常通过降低加热速率来消除这种热惯性对于实验曲线的影响，但较慢的加热速率也会引起在加热过程中质量变化（对应于图 2-5 中的虚线范围），由此得到的质量曲线也仅反映了该质量变化过程的一部分，不能反映完整的质量变化过程（如图 2-5 所示）。

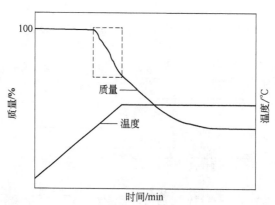

图 2-5　在较慢的加热速率下得到的等温 TG 曲线

因此，在热重实验过程中应选择合适的温度变化速率。所选择的升温/降温速率既可以避免在加热过程中出现明显的热惯性现象，又能够避免在加热过程中出现在等温时研究的质量变化过程。通常通过在仪器设计上采用较小的加热炉体或者采用其他的加热方式（如红外加热）的方法来避免这种热惯性现象。

另外，如果试样在等温时会与某种反应性气氛发生反应而出现质量变化过程，则可以通过首先在惰性气氛下达到设定的等温温度，平衡一段时间后再切换为设定流速的反应气氛，来研究在该气氛下的质量变化过程（如图 2-6 所示）。在这种条件下，可以采用较慢的加热速率来避免在实验过程中出现的热惯性现象。

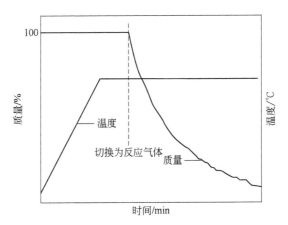

图 2-6　在等温实验过程中切换反应气体得到的等温 TG 曲线

在实际应用中，可以采用多步等温的方法，以使样品中的每一种组分在等温下得到充分的分解。图 2-7 中给出了在不同温度下通过等温实验研究一种橡胶材料的不同组分的含量的 TG 曲线，通过插入不同的等温段可以使试样中的每一种组分充分分解，以达到准确地测定其中每种组分的含量的实验目的。

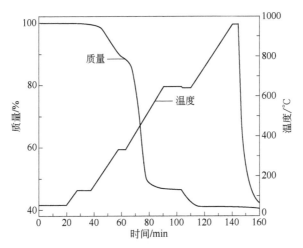

图 2-7　通过在不同温度下的等温实验测定一种橡胶材料的不同组分的含量的 TG 曲线

对于类似于图 2-7 中含有等温段的 TG 曲线，如果采用温度作为横坐标，则在等温时得到的 TG 曲线在图中表现为一个点，图中的曲线会出现较为剧烈的波动现象（如图 2-8 所示）。因此，在作图时通常使用时间作为横坐标，在图中单独列出了温度列（图 2-7）。

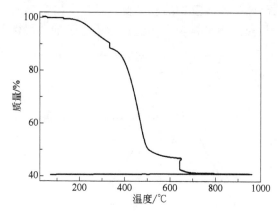

图 2-8　以温度作为横坐标得到的含有多个等温段的 TG 曲线（对应于图 2-7 中的 TG 曲线）

2.3　线性非等温测量模式

除了以上介绍的在热重实验中的等温测量模式之外，在实际应用中通常采用非等温测量模式。一般情况下，非等温模式又分为线性非等温测量模式和非线性变温测量模式两种。实验时，应结合实验目的和样品的结构、成分和性质信息来选择合适的实验模式[2]。概括来说，线性非等温测量模式主要包括恒定速率非等温测量模式和多速率非等温测量模式，在下面的内容中将分别介绍在热重实验中常采用的这些线性非等温测量模式。

2.3.1　恒定速率非等温测量模式的定义

恒定速率非等温测量模式是热重实验中通常采用的温度程序，是在实验过程中（通常在一定的实验气氛下）以恒定的温度变化速率由一定的温度变化至指定的目标温度，通过实验可以得到试样在不同的温度下连续的质量曲线。这种恒定速率非等温测量模式主要包括在加热过程和降温过程中的恒定速率非等温测量模式，其中以恒定加热速率模式最为常用。

这种实验模式可用于研究物质在连续的温度变化下发生的分解、反应、脱水、吸附、脱附、升华、蒸发等过程中的质量变化信息。与等温测量模式相比，恒定速率下的非等温热重法具有快速、试样用量少、在整个温度范围内只需一次制样过程、重复性好等优点。然而，由于这种实验模式在实验过程中不考虑试样在某一温度下的质量变化是否达到平衡的问题，因此通常认为在这种条件下得到的数据为非平衡状态下的质量变化信息。在恒定速率非等温测量模式下得到的 TG 曲线如图 2-9 所示，通过一次加热实验可以方便地看出发生在不同的温度范围的质量变化过程，这些过程与所研究物质的结构和组成密切相关。

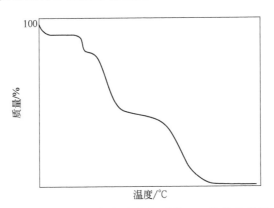

图 2-9　以恒定的加热速率得到的 TG 曲线示意图

2.3.2　恒速率非等温热重曲线的数学表达式

在进行恒速率非等温热重实验时，在实验过程中得到的曲线的数学表达式可以用下式表示：

$$m = f(T, \beta) \tag{2-4}$$

等式（2-4）中，β 为加热速率。

对于微商热重曲线，其数学表达式则为：

$$dm/dT = f'(T, \beta) \tag{2-5}$$

2.3.3　恒速率非等温实验的温度−时间之间的数学关系

从定义上看，恒速率非等温热重实验研究的是试样的质量随温度的关系。从数学关系上，温度变化速率 β 可用下式表示：

$$\beta = \frac{dT}{dt} \tag{2-6}$$

等式（2-6）为加热速率的微分表达式，意为当时间发生微小的变化 dt 时，温度相应地发生微小的变化 dT，二者的比值即为温度变化速率。由等式（2-6）可见，在加热过程中，当时间发生微小的变化 dt 时，后一时刻 t_2 的温度 T_2 大于前一时刻 t_1 的温度 T_1，因此 β 的数值为正值形式；反之，在降温过程中，后一时刻 t_2 的温度 T_2 小于前一时刻 t_1 的温度 T_1，因此 β 的数值为负值形式。如果温度变化 dT 随时间的变化 dt 关系保持线性，则 β 为恒定的数值，此时等式（2-6）可以变形为：

$$dT = \beta \cdot dt \tag{2-7}$$

以一定范围内的温度对时间作图，可以得到如图 2-10 所示的温度-时间关系曲线。由图可见，在实验所用的时间范围内，升温曲线和降温曲线均保持线性关系。与此相对应的曲线的斜率为温度变化速率 β，加热过程中 β 值为正值，降温过程中的 β 值为负值。

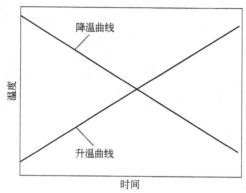

图 2-10　在恒定的升温和降温速率下分别得到的温度-时间曲线示意图

在一定的时间范围内和恒定的温度变化速率下，当时间 t 发生 Δt 变化由 t_1 变为 t_2 时，那么相对应的温度 T 也将随之发生 ΔT 的变化由 T_1 变为 T_2，可用下式表示：

$$t_2 = t_1 + \Delta t \tag{2-8}$$

$$T_2 = T_1 + \Delta T \tag{2-9}$$

$$\Delta T = \beta \cdot \Delta t \tag{2-10}$$

假设初始温度为 T_0，与此相对应的时刻为 t_0（通常 $t_0 = 0$），则在实验过程中的任一时刻 t（当初始时刻 $t_0 = 0$ 时，时刻 $t = t_0 + \Delta t = \Delta t$）与所对应的温度 T 之间存在着如下的关系式：

$$T = T_0 + \beta \cdot \Delta t = T_0 + \beta \cdot t \tag{2-11}$$

在实际的实验过程中，不同时刻 t 所对应的温度 T 可以按照等式（2-11）进行换算，将时间转换为相应的温度形式。

2.3.4　恒速率非等温实验中的温度控制

一般来说，当进行恒速率下的非等温实验时，所采用的升温/降温速率应在仪器的温度控制装置的工作范围内，即在实验温度范围内温度变化与时间变化之间的关系应该保持线性，这种线性关系与仪器加热炉的尺寸之间存在着密切的关系。加热炉的尺寸越大，恒温区所占的比例越小，则线性关系也就越难控制。因此，通常选用体积尽可能小的加热炉来保持在实验温度范围内良好的线性关系。

在加热过程中，偏离线性关系的范围通常集中在开始加热阶段，如图 2-11 所示。

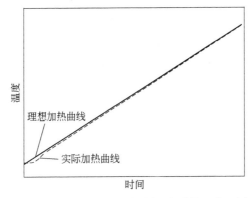

图 2-11　在加热阶段初期偏离线性关系的温度-时间曲线

在实际应用中应特别注意，在降温过程中应考虑仪器的实际降温能力。通常，在实验过程中仪器的降温是通过控制加热功率来实现的，在较高的温度范围可以实现的降温速率范围通常较宽。当在实验过程中希望仪器的降温速率较慢时，通常通过对加热炉施加一定的加热功率来减小温度的下降速率。当不对加热炉施加一定的加热功率时，如果温度的下降速率低于设定的降温速率，则将会出现降温速率呈现非线性变化的现象（即通常所说的自然降温现象）。在降温后期，当温度-时间曲线偏离线性关系时，将会出现降温速率随温度的进一步下降而时刻在发生变化的现象（图 2-12）。在图 2-12 中，曲线中斜率的下降现象（对应于图中虚线）表明随着温度降低降温速率将变得越来越低。在实际的实验过程中，由于热重实验通常在室温以上的温度范围进行，通常通过循环水制冷、采用较大的空气流或者使用风扇吹炉体以加速空气流动等方式来提高仪器的自然降温能力。当仪器的自然降温能力得到提升后，可以通过在降温过程中对加热炉施加一定的加热功率来拓宽仪器在降温过程中降温速率的线性范围。

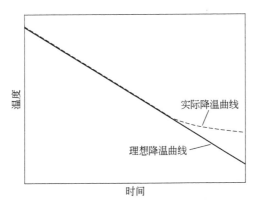

图 2-12　在降温过程中偏离线性关系的温度-时间曲线

2.3.5 恒速率非等温 TG 曲线的作图方法

对于恒速率下的 TG 实验，通常以温度为横坐标进行作图（图 2-9）。在图 2-9 中，根据 TG 曲线可以确定物质在不同温度下的质量变化阶段所对应的特征温度和所对应的质量变化信息。为了便于说明每一个质量变化阶段的一些特征变化，通常将 TG 曲线与 DTG 曲线放在一起进行对比分析（图 2-13）。

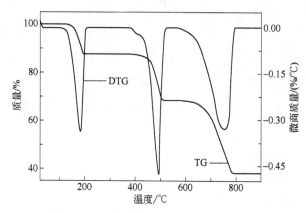

图 2-13　一水合草酸钙的 TG-DTG 曲线

（实验条件：美国 TA 公司 TGA Q5000IR 热重分析仪，气氛为流速 50mL/min 的高纯氮气，温度范围为室温~900℃，加热速率为 10℃/min，样品初始质量为 10.1651mg，敞口氧化铝坩埚）

在图 2-13 中，对于由恒定的线性加热速率实验得到的 TG 曲线而言，由图可以清晰地判断出发生明显的质量变化所对应的温度范围和质量变化的程度等信息。但实际上，由于在实验过程中所采集到的为不同时间下的数据，在进行作图时得到的数据文件中通常第一列为时间、第二列为温度、第三列为质量（图 2-14）。

```
TGA-Caox - 记事本
文件(F)  编辑(E)  格式(O)  查看(V)  帮助(H)
Nsig      4
Sig1      Time (min)
Sig2      Temperature (℃)
Sig3      Weight (mg)
Sig4      Deriv. Weight (%/℃)
StartOfData
0.0000000      26.08028        17.60706        -6.6921E-3
0.03266667     26.09260        17.60722        -6.6836E-3
0.06600000     26.14258        17.60758        -6.6491E-3
0.09933334     26.23119        17.60826        -6.5872E-3
0.1336666      26.36900        17.60904        -6.4893E-3
0.1678333      26.55283        17.60988        -5.8241E-3
0.2011666      26.78036        17.61068        -5.7035E-3
```

图 2-14　由仪器分析软件导出的文本格式的文件

在根据图 2-14 的文件进行作图时，习惯上会以时间为横坐标轴进行作图，得到的 TG 曲线如图 2-15 所示。在图 2-15 中，横坐标对应的数据为时间，一共有两个纵坐标轴，各分别对应于实验过程中的温度 T（其数值对应于左侧纵坐标轴）和质量 W（其数值对应于右侧纵坐标轴）信息。在确定 TG 曲线的每一个质量变化阶段时，需要先由质量-时间曲线找出发生质量变化时所对应的时间 t_i，然后再由温度-时间曲线确定相应的时间所对应的温度 T_i。与图 2-9 和图 2-13 表达形式的 TG 曲线相比，通过这种作图方式得到所关注的特征信息比较繁琐、不直观。对于恒定温度扫描速率下所得到的 TG 曲线，通常不建议采用类似图 2-15 的作图方法。

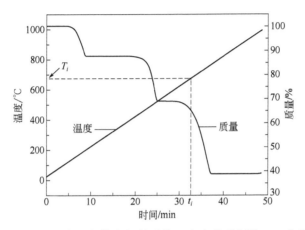

图 2-15　以时间为横坐标得到的一水合草酸钙的 TG 曲线

2.3.6　多速率非等温 TG 曲线法

有时为了满足模拟物质在特定的温度变化速率下的质量变化信息或者为了节省实验时间等特殊实验目的，需要在一次实验过程中采用多个不同的温度变化速率来实现温度的变化。在实际应用中，有时还根据需要采用在一次加热或者冷却过程中采用多个升温或者降温速率（图 2-16）。

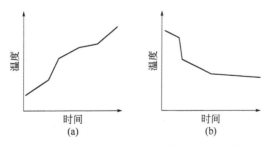

图 2-16　按照多个恒定速率单纯升温和单纯降温
（a）线性升温过程；（b）线性降温过程

另外，在一些特殊的应用领域中还会通过在一次实验中采用不同的升温速率和降温速率组合的方式来改变温度。图 2-17 中给出了在实验过程中采用了多个升温和降温速率的温度时间曲线，有时会根据需要在不同的速率之间插入一个等温阶段。对于这类实验，通常需要采用时间作为横坐标轴作图，在图中给出相应的温度纵坐标轴。对于较为复杂的温度程序，还需通过单独作图或者列表详细说明所采用的温度程序[3]。

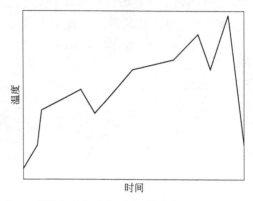

图 2-17　采用多个恒定温度扫描速率的温度-时间曲线

2.4　步阶变温测量模式和质量变化速率控制测量模式

在实际应用中，根据特殊的实验目的有时还需要采用其他形式的非等温测量模式。概括来说，这些非等温模式主要分为步阶变温测量模式、质量变化速率控制测量模式、温度调制测量模式和复杂非等温测量模式四种。实验时，应结合实验目的和样品实际来选择合适的实验模式。限于篇幅，在本部分内容中将简要介绍在热重实验中的步阶变温测量模式和质量变化速率控制测量模式。

2.4.1　步阶变温测量模式

步阶温度扫描（stepwise temperature scan）是在热重实验技术中较为常用的一种温度控制程序，是在升温过程中以升温-等（降）温-升温或者在降温过程中以降温-等（升）温-降温的步进方式进行的一种程序控制温度方式。在这种条件下进行的实验称为准等温热重法（quasi iso-thermogravimetry），是指在接近等温的条件下研究试样的质量与温度关系的一种热重方法，也称步阶扫描热重法（step-scan thermogravimetry）[1]。

这种方法的主要优点是：(i) 可以用来准确判断反应温度；(ii) 可以将温度或时间相近的反应分离开来；(iii) 在一次扫描过程中可以测出每个中间反应的动力学参数。缺点是实验曲线容易受设定的升温速率和等温时间的影响。

在图 2-18 和图 2-19 中分别给出了在升温和降温过程中采用步阶式变温程序得到的温度-时间曲线。

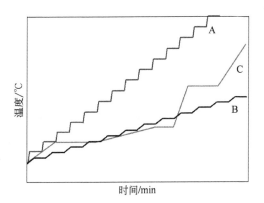

图 2-18　在升温过程中采用步阶式升温程序的温度-时间曲线

A—在较快的加热速率下；B—在较慢的加热速率下；C—实验中采用不同的
加热速率和等温时间相结合的加热-等温实验

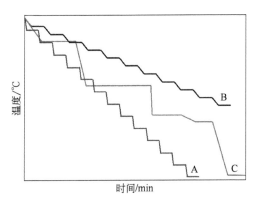

图 2-19　在降温过程中采用步阶式降温程序的温度-时间曲线

A—在较快的降温速率下；B—在较慢的降温速率下；C—实验中采用不同的
降温速率和等温时间相结合的降温-等温实验

由图 2-18 和图 2-19 可见，在该类实验中，当从一个温度变化到另一个温度时，可以采用较快的温度变化速率（如图中曲线 A）和较慢的温度变化速率（如图中曲线 B）。在本章等温测量模式部分内容中已经介绍了在变温实验中实现等温实验时需要注意的两个原则，即：（i）应尽可能快达到指定的等温温度；（ii）应避免热惯性现象。因此，在这种类型的步阶式变温实验中，应充分考虑这两个原则，在实际实验中选择合适的升温/降温速率。

与常用的在非等温实验过程中插入等温段的实验（如图中曲线 C）不同，在步阶式等温实验过程中，采用的升温/降温速率和等温时间是相同的。例如，在加热过程中，采用的步阶式加热程序为：在室温至 600℃范围内，每隔 5℃等温 10min，每个等温温度之间的升温速率为 5℃/min；在降温过程中，采用的步阶式降温程序为：在 600℃至 100℃范围内，每隔 10℃等温 5min，每个等温温度之间的降温速率为 5℃/min。

由这种步阶式变温的热重实验模式可以在接近等温的条件下得到质量随温度的变化信息，使样品中的每一个过程的质量变化尽可能充分地完成，通过这种实验模式可以使在实验过程中发生的相邻的多个质量变化步骤得到有效分离。例如，图 2-20 是在恒定升温速率实验过程中得到的一种多组分混合物的 TG 曲线。由图可见，在实验过程中，试样出现了至少 3 个相邻的失重过程。由于采用的升温速率为 5℃/min（显然该速率已经明显低于常用的 10~20℃/min 的升温速率），因此可以通过步阶式热重法来使这些相邻的失重过程实现尽可能有效地分离，以便准确地确定其中每一种组分的含量。

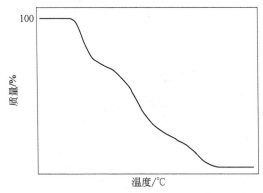

图 2-20　在恒定升温速率实验过程中得到的一种多组分混合物的 TG 曲线

（实验条件：50mL/min 氮气气氛，加热速率为 5℃/min，敞口氧化铝坩埚）

图 2-21 为在步阶式等温条件下得到的 TG 曲线。由图可见，在得到的 TG 曲线中一共出现了 4 个失重过程，表明图 2-20 中的第二个失重过程其实对应于两步失重过程。在图 2-21 中的 TG 曲线中，每一个失重台阶之间保持相对独立，据此可以方便地确定每一个质量变化过程所对应的质量百分比。

虽然通过这种步阶式变温的热重实验模式可以在接近等温的条件下得到质量随温度的变化信息，但这种模式通常比较费时。在实际应用中，通常采用如图 2-22 所示的在发生质量变化时所对应的特定的温度范围内采用步阶式变温的方法，通过这种方法可以避免在不发生质量变化的温度范围浪费不必要的时间。

在以上的步阶式热重实验中，温度和时间之间存在着一定的周期性的变化，这种实验模式为温度调制实验的一种方式。

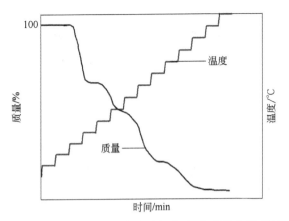

图 2-21　一种多组分混合物在步阶式加热实验过程中得到的 TG 曲线

（实验条件：50mL/min 氮气气氛，在实验温度范围内，每隔 5℃等温 10min，
每个等温温度之间的加热速率为 10℃/min，敞口氧化铝坩埚）

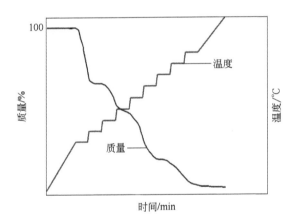

图 2-22　在步阶式加热实验过程中得到的一种多组分混合物的 TG 曲线

（实验条件：50mL/min 氮气气氛，在质量变化温度范围内，每隔 5℃等温 10min，每个等温温度之间的
加热速率为 10℃/min，在质量不变的温度范围内线性加热速率为 5℃/min，敞口氧化铝坩埚）

2.4.2　质量变化速率控制测量模式

质量变化速率控制测量模式又称自动分步热重法（auto step TGA）或控制速率热重法（controlled rate thermogravimetry，简称 CRTG），也称样品控制速率热重法（sample controlled thermogravimetry，简称 SCTG）或高分辨热重法（high resolution thermogravimetry，简称 HRTG）。这种方法的原理是：在加热过程中，当质量变化速率达到或者高于设定的质量变化速率时，仪器的温度控制单元将自动降低升温速率或者等温。而当失重速率低于设定的速率时，试样则继续按照升温程序进行升温，从而达到失重台阶自动分步的解析效果。

热重法的这种测量模式通过试样的质量变化速率来自动调整温度变化速率，有利于分离相邻的质量变化过程。通过这种方法可以提高热分析仪器分辨能力，有时会节省时间。在设定实验程序时，可以通过调整软件中的敏感度因子和分辨率因子来设定何时开始调整温度扫描速率。

一般情况下，这种方法会设定一个较低的质量损失率的限制，通常为正常的线性加热速率下最大质量损失率的 0.08%。当低于该临界值时，通常施加一个较快的线性加热速率直到质量损失速率超过预先设定的质量损失速率的上限，该上限的阈值通常是下限阈值的 100 倍。当达到这种质量损失速率时，温度将保持不变，直到质量损失速率降至下限阈值，之后继续重复该循环。

在图 2-23 中给出了利用这种实验模式得到的五水合硫酸铜失去结晶水的 TG 曲线[4]。为了便于对比，在图 2-24 中列出了采用线性加热速率（20℃/min）得到的 TG 曲线。由图可见，在五水合硫酸铜的失水过程中，含有 5 个结晶水的五水合硫酸铜中的 4 个结晶水的失去过程为一个连续过程，通过线性加热无法使其得到有效的分离（图 2-24）。而采用质量变化速率控制的方法，通过质量变化速率来自动调整温度变化速率，可以使这 4 个结晶水的失去过程得到有效的分离（图 2-23）。

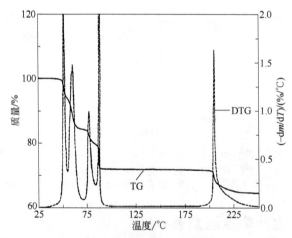

图 2-23　质量变化速率控制模式下得到的五水合硫酸铜
失去结晶水的 TG 曲线[4]

这种质量变化速率控制方法具有以下几方面的优势：（i）可以用来准确判断反应温度；（ii）可以将温度或时间相近的反应分离开来；（iii）在一次扫描过程中可以测出每个中间反应的动力学参数。缺点是实验曲线容易受到设定的升温速率和等温时间的影响。

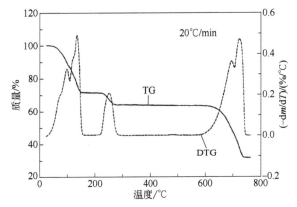

图 2-24　线性加热速率下得到的五水合硫酸铜的 TG 曲线[4]

2.5　温度调制测量模式

温度调制（modulated temperature）是在线性的升/降温速率的温度程序的基础上叠加一个正弦或其他形式的温度程序，在图 2-25 中给出了在升温过程中的正弦温度调制条件下的温度-时间曲线。

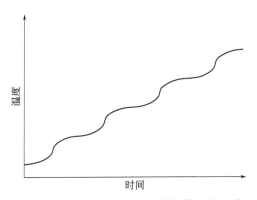

图 2-25　在升温过程中的正弦温度调制条件下的温度-时间曲线

这种形式的温度调制过程可以用以下形式的数学表达式表示：

$$T = T_0 + \beta \cdot t + A \cdot \sin(\omega \cdot t) \tag{2-12}$$

式中，T 为实验中的温度，通常为℃或者 K；T_0 为实验开始的温度，通常为℃或者 K；β 为线性加热速率，通常为℃/s 或者 K/s；t 为实验时间，单位通常为 s；A 为温度调制的振幅，单位为温度的单位，通常为℃或者 K；ω 为调制的频率，即温度调制周期的倒数，单位为 s^{-1}。

由于等式（2-12）可以看作在线性升温（$T = T_0 + \beta \cdot t$）的基础上叠加了一个温度调制项 $[A \cdot \sin(\omega \cdot t)]$，因此可以通过数学处理将该过程看作在线性升温的基础上叠加了一个温度随时间周期性变化的过程，如图 2-26 所示。

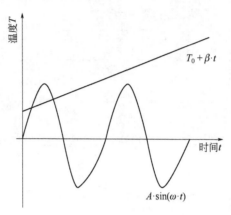

图 2-26　数学处理后的正弦温度调制条件下的温度-时间曲线

根据温度调制形式的不同，调制项可以为正弦调制也可以为其他形式的调制形式，如图 2-27 中分别给出了步阶温度调制和锯齿温度调制下的温度-时间曲线。

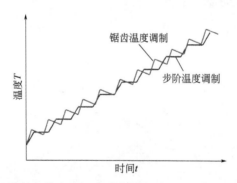

图 2-27　在升温过程中的步阶温度调制和锯齿温度调制下的温度-时间曲线

在实际应用中，温度调制振幅和调制频率通常保持不变。近年来也有一些新的技术出现，可以在调制过程中实现多个振幅的调制。目前，温度调制技术已成功应用于热分析技术中的热重法、差示扫描量热法和静态热机械分析法中。在热重法中，通常采用正弦温度调制方式[5-15]。

2.5.1　温度调制热重法

温度调制热重法（modulated temperature thermogravimetry，简称 MT-TG）是在一定气氛和温度调制程序下，连续测量物质的质量随温度或时间关系的一种热重法。

温度调制通常作为热重分析仪的一种附加功能，通过在实验过程中测量试样在温度调制条件（通常为正弦温度调制）下的质量随温度或时间变化的 TG 曲线。由于在一个温度调制周期中，温度随时间的变化速率时刻在发生变化（即加热速率在时刻变化），通过 MT-TG 实验可以得到在质量变化过程中动力学参数（活化能 E_a 和指前因子 A）的信息。

与常规的多速率非等温或者多个等温温度的实验条件下得到的动力学分析结果相比，MT-TG 法具有以下优点[5,6]：（i）只需一次实验即可得到活化能 E_a 和指前因子 A 的信息，节省时间；（ii）可以避免不同的实验次数中制样差别对实验结果的影响；（iii）可以避免所选用的动力学模型对所得到的动力学参数的影响。但 MT-TG 法也存在着试样代表性差、实验时选用的温度调制参数不合适等不足之处。

2.5.2　温度调制热重法的实验过程

进行 MT-TG 实验时的制样、实验气氛选择等方面与常规的热重法相同，主要差别在于温度调制程序的设定。在实验中，需要设定的温度程序主要包括实验温度范围、加热速率、温度调制周期和调制振幅等选项。

对于较快的转变，应选择较慢的加热速率、较小的振幅和温度调制周期。另外，与常规的线性加热实验相比，MT-TG 实验的加热速率通常要低得多，一般为 1~5℃/min。例如，对于一种聚合物乙烯-乙烯基乙酸酯共聚物，可以通过以下条件进行 MT-TG 实验：

仪器型号：美国 TA 公司 Q5000IR 热重分析仪；

试样用量：17.863mg；

温度程序：加热速率为 1℃/min，从室温加热至 500℃，温度调制振幅 A 为 5℃，调制周期 P=200s；

实验气氛：100mL/min 氮气气氛；

坩埚：敞口氧化铝坩埚。

按照以上实验程序进行实验，最终可以得到 MT-TG 曲线。

2.5.3　温度调制热重曲线的数据分析

以下以美国 TA 公司的 TA Universal Thermal Analysis V4.5 版本的软件为例，介绍 MT-TG 曲线的分析过程。

在软件中打开实验数据的原始文件，打开后的窗口如图 2-28 所示。

右击鼠标弹出如图 2-29 所示的菜单，选中"Signals"选项，弹出如图 2-30 所示的窗口。

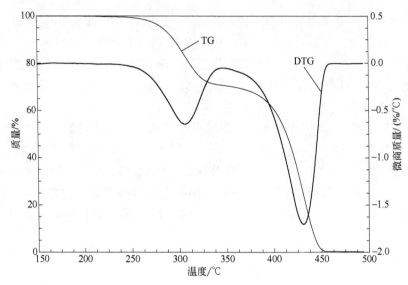

图 2-28　在美国 TA 公司的 TA Universal Thermal Analysis 数据分析软件中打开实验数据

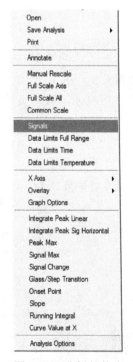

图 2-29　分析软件中
弹出的菜单选项

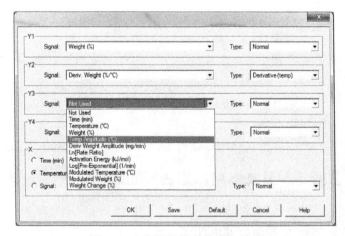

图 2-30　分析软件中的窗口选项

在图 2-30 中选中 Y3 窗口中的下拉菜单，即可看到与实验相关的温度振幅、微商质量振幅、活化能、指前因子的对数、调制温度、调制质量等选项，可以根据需要在图中显示需要得到的信息。在图 2-31 中分别给出了实验过程中的温度调制程序及不同时刻的 TG 曲线和 DTG 曲线。

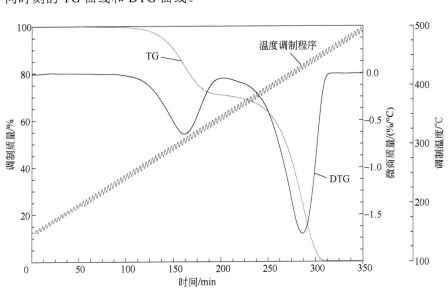

图 2-31 温度调制程序、TG 曲线和 DTG 曲线

图 2-32 中给出了由软件计算得到的在反应过程中的活化能 E_a 和指前因子 A。由图可见，两步质量变化过程中所得到的活化能和指前因子之间存在着一定的差别，在每一个质量变化阶段的活化能和指前因子基本保持不变。

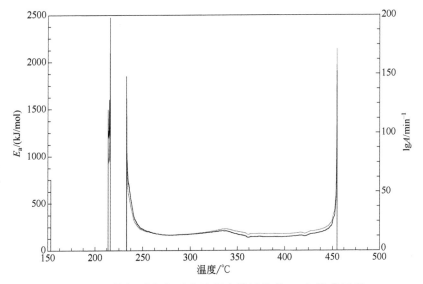

图 2-32 计算得到的在反应过程中的活化能 E_a 和指前因子 A

参 考 文 献

[1] 中华人民共和国国家标准. GB/T 6425—2008 热分析术语.

[2] 丁延伟, 郑康, 钱义祥. 热分析实验方案设计与曲线解析概论. 北京: 化学工业出版社, 2020.

[3] 丁延伟. 热分析基础. 合肥: 中国科学技术大学出版社, 2020.

[4] Gill P S, Sauerbrunn S R, Crowe B S. High Resolution Thermogravimetry, J Therm Anal, 1992, 38: 255-266.

[5] Budrugeac P. Estimating errors in the determination of activation energy by advanced nonlinear isoconversional method applied for thermoanalytical measurements performed under arbitrary temperature programs. Thermochim Acta, 2020, 684: 178507.

[6] Budrugeac P. Critical study concerning the use of sinusoidal modulated thermogravimetric data for evaluation of activation energy of heterogeneous processes. Thermochim Acta, 2020, 690: 178670.

[7] Mamleev V, Bourbigot S. Calculation of activation energies using the sinusoidally modulated temperature. J Therm Anal Calorim, 2002, 70: 565-579.

[8] Moukhina E. Direct analysis in modulated thermogravimetry. Thermochim Acta, 2014, 576: 75-83.

[9] Schawe J E K. A general approach for temperature modulated thermogravimetry: extension to non-periodical and event-controlled modulation. Thermochim Acta, 2014, 593: 65-70.

[10] Ochoa A, IbarraÁ, Bilbao J, Arandes J M, Castaño P. Assessment of thermogravimetric methods for calculating coke combustion-regeneration kinetics of deactivated catalyst. Chem Eng Sci, 2017, 171: 459-470.

[11] Slough C G. Parameter dependency of activation energy in modulated thermogravimetry. J Test Eval, 2014, 42: 1343-1354.

[12] Hirsch S G, Barel B, Shpasser D, Segal E, Gazit O M. Correlating chemical and physical changes of photo-oxidized low-density polyethylene to the activation energy of water release. Polym Test, 2017, 64: 194-199.

[13] Gamlin C, Markovic M G, Dutta N K, Choudhury N R, Matisons J G. Structural effects on the decomposition kinetics of EPDM elastomers by high-resolution TGA and modulated TGA. J Therm Anal Calorim, 2000, 59: 319-336.

[14] Miller J M, Kale U J, Kelvin Lau S M, Greene L, Wang H Y. Rapid estimation of kinetic parameters for thermal decomposition of penicillins by modulated thermogravimetric analysis. J Pharm Biomed Anal, 2004, 35: 65-73.

[15] Gracia-Ferńandez C A, Ǵomez-Barreiro S, Rúız-Salvador S, Blaine R. Study of the degradation of a thermoset system using TGA and modulated TGA. Prog Org Coat, 2005, 54: 332-336.

第 **II** 部分

热重实验仪器及
影响因素

第**3**章 热重分析仪

3.1 引言

热重实验通过热重分析仪实现，按照工作原理、用途和结构形式不同，在市场上存在着不同形式的热重分析仪。经过一百多年的发展，目前有多家国外厂商如美国 Perkin Elmer 公司、美国 TA 仪器公司、德国 Netzesch 公司、法国 Setaram 公司、瑞士 Mettler Toledo 公司、日本日立公司等可以提供多种型号的热重分析仪。随着近二三十年来我国对科研仪器支持力度的日益加大，我国已有多家仪器厂商生产热重分析仪，且这些仪器的性能指标与进口仪器的差距日益缩小。

在目前应用日益广泛的商品化热重分析仪中，除了灵敏度较高的单一结构形式的热重分析仪外，还存在着与差热分析（DTA）技术、差示扫描量热（DSC）技术联用的 TG-DTA 仪和 TG-DSC 仪，通过这类分析技术可以同时得到物质在实验过程中的质量和热效应信息，这类技术在一些领域中得到了广泛的应用。在实际应用中，当需要研究物质在实验过程中逸出气体的结构、组成信息时，还需要将热重分析技术与红外光谱、质谱、色谱等传统分析技术联用。通过这种形式的 TG/IR、TG/MS 以及 TG/IR/MS 等联用技术，可以方便地研究物质的热分解机理和结构组成，拓宽了热分析技术的应用领域。目前这类技术受到了越来越多研究者的高度关注，并已经得到了日益广泛的应用。

另外，在仪器使用过程中，当仪器的工作状态发生变化时，需要按照相应的技术规范或者操作规程的要求对仪器的关键技术指标进行校正，以确保仪器可以正常工作。

在本章内容中，除了较为系统地介绍了多种类型的热重分析仪的工作原理和结构组成之外，还介绍了仪器关键工作参数的校正方法。

3.2 热重分析仪的工作原理及仪器组成

尽管在市面上存在着多种不同类型的热重分析仪，但其工作原理和仪器组成大体相似，在以下内容中将展开介绍与热重分析仪的工作原理、结构、组成等相关的内容。

3.2.1 热重分析仪的工作原理

顾名思义，热重分析仪（thermogravimetric analyzer，简称 TGA）也称热重仪（thermogavimeter，简称 TG），是在程序控制温度和一定气氛下，连续测量试样的质量随温度或时间关系的一类热分析仪器，其将加热炉与天平有机地结合起来同时测量在实验过程中所研究对象的质量与温度信息[1]。在一些较早的技术文献和应用领域中，通常将这种能够在程序控制温度和一定气氛下测量试样的质量随温度变化关系曲线的装置称为热天平，现在普遍称这类仪器为热重仪或者热重分析仪。在一些教材和文献中，通常将热重分析仪的天平部分和加热单元组合起来称为热天平，即可以将其视为可用于测量不同温度下质量的一种特殊类型的天平[2]。

实验时，将装有试样的坩埚放置于与 TG 仪的质量测量装置相连的试样支持器中，在预先设定的程序控制温度和一定气氛下对试样进行测试，通过仪器的质量测量系统实时测定试样的质量随温度或时间的信息[3]。

当仪器工作时，将装有试样的容器放置在仪器的支持器组件（通常为支架或者吊篮）上，支持器组件通过一定的方式与天平的横梁连接起来。用于质量测量的天平是仪器的核心组成部分之一，其横梁的一端或两端通过耐高温的连接组件置于气氛控制的加热炉中，可以实时测量在实验过程中试样的质量随温度或时间的连续变化过程。温度的变化通过可程序控制温度的加热炉实现，通常通过热电偶来实时测量试样周围的温度变化，以减少试样与加热炉之间存在的温度差异。由天平和热电偶测量到的质量信号经过变换、放大、模数变换后实时采集下来，由仪器附带的专业软件进行数据记录、处理，最终得到实验曲线[4]。

3.2.2 热重分析仪的基本组成

热重分析仪主要由仪器主机（主要包括程序温度控制系统、炉体、支持器组件、气氛控制系统、样品温度测量系统、质量测量系统等部分）、仪器辅助装置（主要包括自动进样器、压力控制装置、光照、冷却装置等）、仪器控制和数据采集及处理系统等各部分组成[3,4]。图 3-1 中给出了以上所列的各个组成部分的示意图。

按试样与天平横梁的相对位置不同，常用的 TG 仪的结构形式主要包括下皿式、上皿式和水平式三种类型，在 3.3 节中将分别介绍每种结构形式的仪器。

3.2.3 质量测量系统（天平部分）

质量测量系统是热重分析仪的核心部分，通过该系统可以实时记录下试样的质量随温度和时间的连续变化关系，用于热重分析仪的天平与普通的分析天平之间的差别主要表现在：

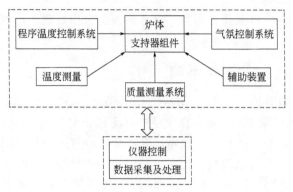

图 3-1　热重分析仪的结构组成

① 天平的灵敏度足够高，一般用于热重分析仪的天平的灵敏度范围为 0.1~1.0μg。

根据实际应用领域，用于热重分析仪的天平主要包括半微量天平（10μg）、微量天平（1μg）和超微量天平（0.1μg）等几种。一般来说，天平的灵敏度取决于天平的量程。天平的灵敏度越高，其称重范围（即量程）也就越小。对于灵敏度为 0.1μg 的热天平而言，其量程通常不超过 200mg。在一些特殊的测试要求中需要称量较多的试样，此时需要通过扩大其量程和降低灵敏度来实现。

② 天平可以在一定的气氛下工作，在实验时应尽可能减少气流、浮力、热辐射、加热时电流产生的磁场作用、逸出气体腐蚀等作用的影响。

对于高灵敏度的天平而言，气流的波动对于其正常工作会产生较大的影响。在实际应用中，在天平的结构设计上做了相应的改进，以减少气流的波动影响和由于温度变化而引起的浮力、对流等作用的影响。

另外，为了减少在实验过程中温度的变化对质量测量引起的漂移，在天平中配置了温度补偿器。在设计上，天平横梁的材料采用热膨胀系数相对较小的石英、氧化铝或铝合金材料，也可以减少横梁本身的热胀冷缩[2]。

用于热重实验的天平的测量原理与普通的分析天平相似，其大多利用了杠杆原理。对于一些量程较大的热重分析仪，采用了类似弹簧秤的结构形式，其质量的测量利用了形变量与质量变化成正比的原理（即胡克定律）。

图 3-2 给出了利用杠杆原理进行质量测量的示意图。由图可见，当在实验过程中试样的质量不变时，天平的横梁处于水平状态。而当试样的质量发生变化时，横梁的水平位置也会随之发生变化。当质量减少时，天平的试样端将会发生顺时针向上的倾斜现象（图 3-2）。此时，与横梁相连的光挡板也会随之发生偏移。由光挡板一侧的光电位移检测器可以灵敏地记录下这种漂移过程，并实时地将这种漂移量转换为电压信号（通常为直流的电压信号）。通过仪器的电路单元可以方便地将这种正比于质量的电压信号转化为相应的质量信号，在实际应用中可以通过质量校正操作转换为试样的质量。

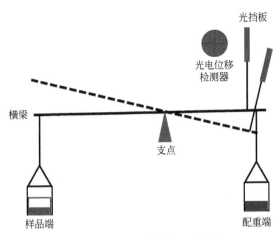

图 3-2　天平工作原理示意图

在实际应用中，一些灵敏度高的热重分析仪的天平采用闭环式（即回零式）结构，以提升测量的灵敏度。这种天平的工作原理为当试样质量变化而发生偏移时，通过自动的方式加到天平上一个与试样质量变化相等并相反的回复力（或力矩），使天平回到原始的平衡位置。这种形式的天平靠电磁作用力使因质量变化而倾斜的天平横梁恢复到原来的平衡位置（即零位），施加的电磁力与质量变化成正比，而电磁力的大小与方向是通过调节转换机构中线圈中的电流实现的，通过检测此电流值即可得到微小的质量变化。

3.2.4　温度控制系统

热重实验时的温度变化主要通过温度控制系统（含加热炉）来实现。温度控制系统主要由加热炉、程序温度控制器（也称程序控制温度系统）和温度测量系统等几部分组成。程序控制温度系统可以通过对加热炉发出相应的指令来实现各种预先设定的温度随时间的变化程序，加热炉的功能是按照程序控制温度系统中设定的温度程序来实现各种形式的温度变化。通过加热炉温度测量系统（通常为热电偶）则可以方便地记录下这种温度变化信号，将温度信息实时地反馈至程序温度控制系统，并由其根据所接受到的温度信息来调整加热功率。

在仪器工作时，加热炉的体积会对实际的控温效果产生较大的影响。一般来说，较小体积的加热炉的升温/降温速率较快，其温度控制效果也通常优于大体积加热炉。而体积较大的加热炉在恒温时温度的波动较大（即热惯性较大），但其加热速率通常较慢。在实际应用中，对于非室温温度下的恒温实验，除了要求在恒温阶段的温度波动较小之外，为了防止试样在加热阶段发生反应，还要求从实验开始的温度到指定温度的时间越短越好，即加热速率应尽可能快。

另外，加热炉与天平的相对位置对最终实验结果也会产生较大的影响。对于下皿式热重分析仪而言，为了使试样保持自由的悬挂状态，加热炉一般位于天平的下方。对于支架式热重分析仪而言，其加热炉体可以位于天平的上部，也可以处于天平的正下方，还可以位于天平水平方向的一侧。为了减少加热炉在高温工作时辐射产生的热量影响天平的工作状态，一般情况下应将加热炉放置于天平的上方。

3.2.5　温度测量系统

与控温系统中的炉温测量系统不同，这里所指的温度测量是使用温度传感器（通常为热电偶）来测量试样周围实际的温度变化。对于程序控制温度的加热炉而言，由于加热炉的热电偶一般位于炉胆外层的加热丝附近，和试样之间存在着一定的距离，因此试样周围的温度变化一般与加热炉的温度之间存在着一定的差异。另外，当试样在发生质量变化时，其自身一般会伴随着相应的吸热或放热的热量变化过程，这种热量变化也会引起试样周围的温度变化。为了如实地反映试样在实验过程中的温度变化，通常通过试样周围热电偶的温度变化来表示试样的温度[4]。

当工作温度低于 1100℃时，一般采用镍铬-镍铝热电偶；对于最高工作温度为 1500~1600℃的热重分析仪通常使用铂-铂铑热电偶。当温度超出此温度时，通常用钨-铼热电偶来测量更高的温度变化。

由于测量试样温度的热电偶与试样之间的距离很近或直接接触，因此在选用热电偶时应遵循以下几个主要原则[4]：①热电偶所用的材料必须是惰性的，其不能与试样或试样的分解产物发生任何形式的反应，以免对热电偶造成污染，从而降低其测温精度；②在仪器的工作温度范围内，热电偶的热电势与温度的关系应保持线性关系。

在实际应用中，如果热电偶与试样之间的相对位置发生了变化，则将会对温度的测量结果带来较大的影响。一般来说，热电偶与样品之间的相对位置应保持恒定。在实验中如果热电偶的位置发生了变化，则应及时对仪器进行温度校正，以保证其温度测量的准确性。

3.2.6　气氛控制系统

除了早期的商品化热重分析仪没有包含气氛控制器外，现在几乎所有的热重分析仪器都配置了气氛控制系统。在热重实验过程中通入样品周围的气氛主要可以起到以下的作用[4]：

① 在样品周围的气氛气体可以将试样发生质量变化时产生的气体分子及时带离反应体系，以利于反应的进一步进行；对于实验过程中产生的一些有毒或腐蚀性的气体产物，通过气氛气体可以及时将这些产物带离仪器的检测单元，从而有利于保护仪器的样品支架和天平系统。

② 对于一些易发生氧化的试样,在实验时采用的惰性气氛可以起到保护试样的作用。

③ 可以通过实验气氛的变化来研究试样在一定条件下的一些反应特性,例如可

以通过改变气氛气体的组成（如不同比例的 N_2/O_2 混合气）来研究物质在氧化、还原、加成等反应过程中质量的变化，从而可以更加真实地在仪器中实现所研究的反应过程。

④ 对于与热重分析仪联用的一些逸出气体分析技术，通过向加热炉中通入相应的气氛气体可以及时将在实验过程中产生的气态分解产物实时地转移至与之相连的相应的气体分析仪（例如红外光谱仪、质谱仪、气相色谱/质谱联用仪等）中，以实现对反应时生成的气体产物的实时分析。

⑤ 可以通过改变实验时所采用的气氛气体的压力来实现一些特殊实验条件下的热重实验，这些特殊条件主要包括真空和高压等类型的实验。

气氛控制系统通常通过流量控制器（即流量计）来控制气氛气体的流量，常用的流量计主要包括转子流量计、质量流量计（数字流量计）等类型，其中通过数字流量计可以记录下实验过程中流量的实时变化，并可以用软件实时保存下来这些变化信息。

在不同结构的热重分析仪内部，气氛气体的流动方式不同，其共同之处在于气氛在仪器内部流动方向一般是先经过气氛控制器、天平室，然后到加热炉，最后将气态分解产物经炉子出口带离炉体。现在的商品化仪器一般可以实现同时使两路以上的气体进入加热炉，大多数仪器的天平室还设计了独立的气路系统，以有效地避免在实验过程中所产生的分解产物进入天平室，从而导致仪器的天平单元受到污染。当使用两种组分以上的混合物气体作为气氛时，应在仪器外部或前端先将气体经稳压后充分混合，然后保持流量稳定地输出，经截止阀输入到测量室中。一般不应简单地将两种不同流速的气体通过各自独立气路在加热炉内直接进行混合，这样混合的效果通常比较差（主要表现为均匀性较差），另外也无法有效保证实验结果的重复性。当使用一些危险气体（如易燃、易爆、剧毒、强腐蚀性气体）时，应确保气体在流入前、流入时、流出后各阶段的连接部件的密封性完好，同时应保证室内空气具有较好的流动性，以免由于气体的局部浓度过高而引起爆炸事故。

真空条件下的热重实验主要是通过将加热炉出口与机械泵或扩散泵相连接来实现的。一般来说，仅仅通过机械泵获得的真空较差，而如果将机械泵与扩散泵配合使用则可以实现高真空。为了防止在抽真空的过程中粉末状试样发生飞溅现象，一般在机械泵、扩散泵和测量室（即原样品室）之间（通常在炉子出口附近）配置一个直径较大的管道，同时在这两个管道上分别安装蝶阀和真空微调阀。在抽真空时，使支管道与机械泵相通。由于加热炉出口的抽气速率较低，可以有效地避免试样发生飞溅。当达到机械泵极限值时再打开主管道使真空继续下降，从而可以实现在真空下的热重实验。

3.2.7 仪器控制和数据采集及处理

在实验过程中首先通过传感器或相应的电路单元将测量得到的物理量的原始信

号转换为模拟电压信号，然后再通过模/数转换器将这些模拟信号（通常为电信号）实时地转换成数字信号。

较早的商品化仪器的模/数转换是通过安装在计算机上的数据采集卡或专用的数据采集装置来实现的，现在通用的商品化热重分析仪大多采用 RS232 串接口、USB接口或网线接口来实现与仪器的通信。具体方式是首先将热重分析仪工作时的温度、质量、流速等实时信息通过单片机（即微处理机）与计算机相应的接口进行通信，把数据传送到计算机的存储系统。同时，也可以将试样信息、实验程序等信息通过计算机的控制软件发送至仪器的程序温度控制系统、气氛控制系统等单元。在实验过程中可以通过仪器的分析软件实时显示实验时的数据，并可在实验结束后对数据进行分析、计算和导出等操作。不同仪器厂商的仪器控制软件的界面和功能之间差别较大，在实际应用中应根据需要设定相应的实验参数。

3.2.8　辅助装置

在商品化的仪器中，为了满足一些特殊的需要，仪器中通常还会包括自动进样器、压力控制装置、湿度控制装置、光照、冷却装置等辅助装置。限于篇幅，在本部分内容中不再作进一步地展开叙述。

3.3　热重分析仪的结构形式

按照仪器的结构形式、温度范围等不同的分类标准，在实际应用中还存在着多种对热重分析仪的分类方法。

3.3.1　热重分析仪的分类方法

根据不同的分类原则，热重分析仪主要有以下几种不同的分类方法：

（1）按照温度范围划分

目前大多数热重分析仪的工作温度范围为室温至室温以上的某一个预先设定的温度。按照仪器的工作温度范围不同，可以将热重分析仪分为中温型、高温型和超高温型几种。一般称最高工作温度为 1000℃（有时为 1200℃）的热重分析仪为中温型，最高工作温度为 1500℃（有时为 1600℃或者 1650℃）的热重分析仪为高温型，高于此温度的热重分析仪为超高温型。

（2）按照天平的量程划分

按照仪器配置的天平所称质量范围的不同，可以将热重分析仪分为大样品量热重分析仪和常规样品量热重分析仪。一般以 1g 为界，称量范围低于 1g 的仪器为常规样品量热重分析仪，高于 1g 的为大样品量热重分析仪。如前所述，称重灵敏度一般与天平的量程成反比关系。量程越低，其称重灵敏度一般越高。

（3）**按照实验过程中试样所处的压力范围划分**

按照在实验过程中试样所处的压力范围的不同，可以将热重分析仪分为真空型、常压型和高压型。真空型热重分析仪需在加热炉的出口附近连接一个与真空泵相连的特殊管路，常压型热重分析仪是在 1 个标准大气压力（即常压）下向试样周围通入一定流速的实验气氛，而高压型热重分析仪则是在实验时向样品室中通入一定压力的气体或者使用高压坩埚（利用高温下气体产物的压力来改变实验过程的压力，这种类型的高压实验的压力比较难控制，通常所指的高压实验并不包括这种类型）来实现。其中，真空型和高压型热重分析仪的结构比常压型仪器要复杂，其对仪器的密封性要求也更高。目前大多数商品化的热重分析仪属于常压型，对于这类仪器加以改造可以实现真空条件下的实验。而实现高压下的实验则对仪器的加热炉、气氛控制系统和天平系统有更高的要求，一般根据实验的压力范围而采用不同结构形式的加热炉和天平系统。

（4）**按照天平横梁的支撑形式划分**

按照仪器所采用的天平横梁的支撑形式不同，可以将热重分析仪分为刀口式、吊带式和张丝式三种结构类型[2]。

① 刀口式热重分析仪天平部分的结构简单、成本低，缺点为刀口和刀承之间的摩擦力大、刀刃容易磨损、抗震性差，这种结构形式不适用于高精度热重分析仪。

② 吊带式热重分析仪天平部分的优点为结构简单、性能稳定，适用于大量程的天平，其缺点主要表现在弹性后效大，预平衡时间长等方面。

③ 张丝式热重分析仪天平部分的优点为灵敏度高、稳定性好、弹性后效小、抗震能力强，缺点为称重量程较小。

（5）**按天平的工作方式（测定质量方式）划分**

按天平的工作方式（即测定质量方式）的不同，可以将热重分析仪分为偏移式（或称开环式）和自动回零式（或称闭环式）两种类型[2]。

① 偏移式热重分析仪。其称重方式利用了试样质量的大小直接与天平的偏移量成正比的工作原理。在实验过程中由于试样的质量变化而引起的偏移量通常由位移传感器转变成电压信号，信号经放大后通过计算机采集以进行数据分析。早期的热重分析仪的天平大多采用偏移式天平结构。

② 自动回零式热重分析仪。其质量测量精度和稳定性等指标比偏移式的高，现在商品化的高灵敏度热重分析仪的天平大多采用回零式的工作原理。其工作原理为：在实验过程中当试样因发生质量变化而出现偏移时，仪器通过自动补偿的方式在天平的横梁上施加一个与试样的质量变化相等并且方向相反的回复力（或力矩），使天平的横梁在该质量变化阶段始终维持在初始的平衡位置。在这个补偿过程中，通过施加的电磁作用力使因质量变化而倾斜的天平梁恢复到原来的平衡位置（即零位），此时施加的这种电磁作用力与质量变化成正比。通过自动调节转换机构中电磁线圈中的电流的大小和方向，可以实现需要施加的电磁力的大小与方向的变化。

因此，在测量时通过精确检测该线圈中电流的变化值即得到质量的实时变化过程。

（6）按试样与天平刀线之间的相对位置划分

在机械式天平中，在天平横梁的左、中、右位置分别装有一个玛瑙刀口和玛瑙平板。装在梁中央的玛瑙刀刀口（称为中刀刀口）向下，支撑于玛瑙平板上，用于支撑天平梁，又称支点刀。安装在横梁两边的玛瑙刀的刀口向上，与吊耳上的玛瑙平板相接触，用来悬挂天平的样品托盘和配重托盘。玛瑙刀口是天平很重要的部件，刀口的好坏直接影响到称量的精确程度。天平刀线是指玛瑙中刀刀口线的延长线，如图 3-3 所示。

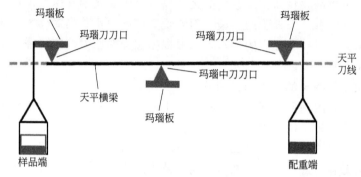

图 3-3　天平结构示意图

可以根据试样与天平刀线的相对位置来对热重分析仪进行分类，这是当前普遍采用的分类方法。按照这种分类方法，可以将热重分析仪分为下皿式（也称吊篮式）、上皿式和水平式三种。例如，在图 3-3 中，试样位于天平刀线的下方，这种类型的热重分析仪为下皿式热重分析仪。

这三种结构形式的仪器各有优缺点，下面将重点介绍这三种类型的热重分析仪。

3.3.2　下皿式热重分析仪

下皿式热重分析仪的试样端位于天平刀线的下方，实验时将装有试样的坩埚放在吊篮中，通常通过一根质量很轻的悬丝（通常为热稳定性较好的性质惰性的石英或者铂材质）将吊篮与天平横梁连接起来。因此，下皿式热重分析仪又称吊篮式或者挂丝式热重分析仪，其结构示意图如图 3-4 所示[3]。

这种结构形式的优点表现在：天平的悬挂系统结构简单、自身需承受的质量较小，因此可以采用较小量程的天平，一般具有较高的灵敏度。

但这种结构形式又存在以下缺点：①天平在测量过程中易受到来自下方加热炉内上升的热气流、热分解产物和热效应等的干扰，在试样坩埚附近容易产生较大的对流现象；②在实验时由于横梁的一端受热，容易引起热重基线的漂移；③实验时产生的热分解产物容易黏附在试样坩埚和吊丝上，从而对实验结果产生影响；④由

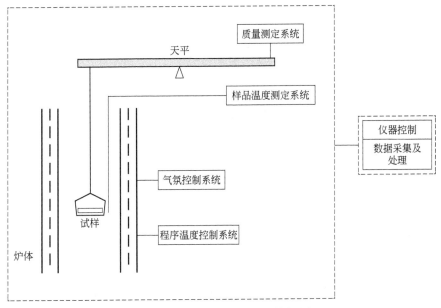

图 3-4　下皿式 TG 仪的结构框图

于悬挂系统不易固定，操作不太方便，放置样品困难；⑤当实验时吊篮的重心位置发生变化时，容易造成基线的波动；⑥温度传感器（通常为热电偶）位于吊篮一侧或者吊篮的下方，在实验过程中其位置容易发生变化；当其位置发生变化时，实验时所测得的温度也会随之而发生变化，此时应及时对温度进行校准；⑦更换传感器困难；⑧实验时产生的有害气体易冲进天平室，造成对天平室部件的污染；⑨在实验过程中吊丝容易发生变形，当吊丝发生弯曲时，容易造成仪器基线的漂移和变形。

对于以上第①和第②点的不足，可以通过基线校正或者基线扣除来消除。

3.3.3　上皿式热重分析仪

上皿式热重分析仪的试样端位于天平刀线的上方，实验时将装有试样的坩埚放置在支架上，通过连接装置将支架与天平横梁连接起来，其结构示意图如图 3-5 所示[3]。

这种结构形式的热重分析仪可以有效地避免下皿式天平的缺点，其优点主要表现在：①更换样品容易；②实验时样品放置稳固，位置不易发生变化。

但这种结构形式仍存在着一定的不足，主要表现在：①结构设计复杂；②需要采用较大质量的配重端来使支架保持垂直状态；③由于天平总负荷的增大，从而导致天平测量灵敏度和精度下降；④由于实验时采用的气氛气体由下部的天平室向上流动，将会产生浮力效应，引起基线的漂移；⑤在实验时由于横梁的一端受热，容易引起热重基线的漂移。

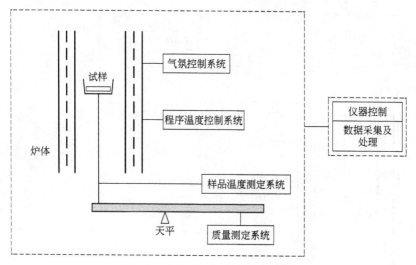

图 3-5　上皿式 TG 仪的结构框图

　　对于以上第④和第⑤点的不足，可以通过基线校正或者基线扣除来消除。一些商品化的热重分析仪通过将样品端和参比端分别连接天平的横梁两端的方法（如图 3-6 所示），来消除以上第⑤点的不足。

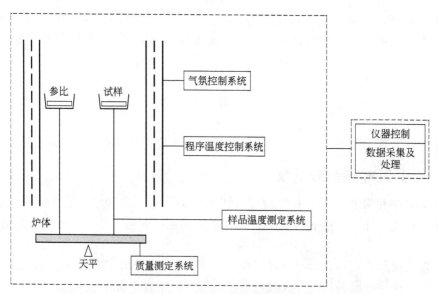

图 3-6　分别与天平横梁两端相连样品端和参比端同时置于
加热炉中的上皿式 TG 仪的结构框图

3.3.4　水平式热重分析仪

　　水平式热重分析仪的试样端与天平刀线同时处于水平位置，将装有试样的坩埚放置在支架上，并通过连接装置将支架与天平横梁连接起来，支架水平地伸入炉膛内，其结构示意图如图 3-7 所示[3]。

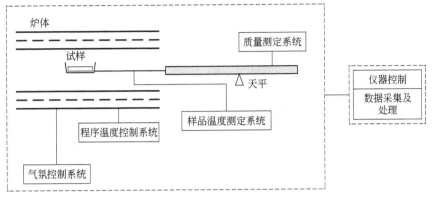

图 3-7　水平式 TG 仪的结构框图

这种结构形式的优点主要表现在：①结构比上皿式更为简单；②通入气流量的波动对热重测量结果影响很小；③浮力效应较小；④无须悬挂，试样支架直接连接在天平横梁的一端。

这种结构形式也存在着一定的缺点，主要表现在：①实验时需要较大流量气体来带走分解产物；②样品放置不方便；③在加热过程中支架的热膨胀会产生增重现象。

对于以上第③点的不足，可以通过基线校正或者基线扣除来消除。另外，一些商品化的热重分析仪采用类似图 3-6 的方法，通过将样品端和参比端分别连接在天平的横梁两端的方法来消除这种不足。

3.4　基于热重分析仪的常见联用技术

在以上的内容中分别介绍了常用的热重分析仪的组成和结构形式，由于热重分析仪本身的局限性，在实际应用中通常将热重技术与其他分析技术进行联用，以更加全面和深入地了解所研究的物质的性质等信息。下面将介绍基于热重分析技术的常见的联用方法。

3.4.1　联用技术简介

概括来说，常见的热分析联用技术主要包括同时联用技术、串接联用技术和间歇式联用技术[4]。

（1）同时联用技术

同时联用技术是在程序控温和一定气氛下，对一个试样同时采用两种或多种热分析技术。常见的与热重技术相关的联用技术主要包括热重-差示扫描量热联用（TG-DSC）和热重-差热分析技术（TG-DTA）两种，这两类联用技术通常统称为同步热分析技术，简称 STA。

由于同时联用的两种或多种技术可以同时由每种测量技术得到的物理量的变化信息，因此习惯上在这些技术之间用连字符"-"来连接，以体现所采用的联用技术测量的同步性特征。

（2）串接联用技术

串接联用技术是在程序控温和一定气氛下，对一个试样采用两种或多种热分析技术，后一种分析仪器通过相应的接口与前一种分析仪器相串接的技术。常用的基于热重分析技术的串接联用技术主要包括其与红外光谱技术（IR）、质谱技术（MS）、气相色谱技术（GC）以及气相色谱/质谱联用技术（GC/MS）中的一种或者几种的联用形式。

由于串接联用的两种或多种技术由每种测量技术所得到的物理量的变化信息存在时间上的先后关系，因此习惯上在这些技术之间用符号"/"来连接，以体现所采用的联用技术的非同步性特征。例如，热重与质谱联用技术用热重/质谱联用表示，简称 TG/MS。热重与红外光谱联用技术用热重/红外光谱联用表示，简称 TG/IR 或者 TG/FTIR（注：与热重分析仪联用的红外光谱仪多为傅里叶变换红外光谱仪）。

（3）间歇式联用技术

间歇式联用技术是在程序控温和一定气氛下，对一个试样同时采用两种或多种热分析技术，仪器的联接形式同串接联用技术，即后一种分析仪器通过接口与前一种分析仪器相串接，但第二种分析技术的采样是不连续的。常用的基于热重分析技术的间歇式联用技术主要包括其与气相色谱技术（GC）或气相色谱/质谱联用技术（GC/MS）的联用形式。

由于这类技术中的后一种分析技术所检测的是由与此联用的热分析技术产生的气体或其他形式的产物的信息，二者之间存在着时间先后的关系，因此，这类联用技术也可以视为串接联用的一种特定的结构形式。

以下分别对这几种联用技术进行介绍。

3.4.2　同步热分析技术

同步热分析技术（通常简称为 STA）是一种同时联用的热分析技术，通常所指的同步热分析技术是指将热重法与差热分析、热重法与差示扫描量热法进行联用的热分析联用技术，分别简称为 TG-DTA 和 TG-DSC。

TG-DTA 是在程序控制温度和一定气氛下，对同一个试样同时采用 TG 和 DTA 两种分析技术，同时测量试样的质量和试样与参比物之间的温度差随温度或时间变化关系的一种热分析技术。由 TG-DTA 曲线可以同时得到物质的质量与热效应两方面的变化情况。

TG-DSC 是在程序控制温度和一定气氛下，对同一个试样同时采用 TG 和 DSC 两种分析技术，同时测量试样的质量和试样与参比物之间的热流或功率差随温度或时间变化关系的一种热分析技术。由 TG-DSC 曲线可以同时得到物质的质量与热效应（通过热流对时间积分所得到的峰面积来确定）两方面的变化信息。

由于在技术上不可能同时满足 TG 和 DTA 或 DSC 所分别要求的最佳实验条件，因此这种同时联用分析技术一般不如单一的热分析技术灵敏，并且其重复性也差一些。

综合以上分析，通过 TG-DTA 和 TG-DSC 联用技术可以对同一个试样、在同一次实验中同时得到 TG 和 DTA 或 DSC 曲线，通过这类技术可以方便地区分物质在实验过程中发生的物理过程和化学过程。与分别进行的 TG、DTA 或者 DSC 实验相比，通过这类技术得到的实验结果便于比较、对照、相互补充，节省样品和时间成本。TG-DSC 联用在仪器构造和原理上和 TG-DTA 类似，但是其中的 DSC 的灵敏度明显低于独立式的 DSC。在实际应用中，以上这两种同时联用技术都广泛应用于热分解过程的研究。

（1）热重-差热分析技术（简称 TG-DTA）

TG-DTA 技术将 TG 与 DTA 结合为一体，在同一次测量中利用同一样品可以同步地得到试样的质量变化及试样与参比物的温度差的信息。常用的 TG-DTA 仪主要有水平式和上皿式两种结构形式。测试时将装有试样和参比物的坩埚置于与称量装置相连的支持器组件中,在预先设定的程序控制温度和一定气氛下对试样进行测试，在测试过程中通过天平实时测定试样的质量，同时通过支持器组件的温差热电偶连续测量试样与参比物的温度差随温度或时间的变化信息，获得 TG-DTA 曲线。由 TG-DTA 曲线可以同时得到样品在一定气氛和程序控温下，物质的质量和热效应随温度或时间的变化信息。

TG-DTA 仪主要由仪器主机（主要包括程序温度控制系统、炉体、支持器组件、气氛控制系统、温度及温度差测定系统、质量测量系统等部分）、仪器控制和数据采集及处理各部分组成，支持器组件平衡地置于加热炉中间，以保持热传递条件一致。图 3-8 为上皿式 TG-DTA 仪的结构框图[5]。

（2）热重-差示扫描量热技术（简称 TG-DSC）

与 TG-DTA 联用技术相似，TG-DSC 技术是将 TG 与 DSC 技术结合起来的一种同时联用技术，可以同时得到样品在相同条件下的质量和热效应的信息。

TG-DSC 联用技术在仪器构造和原理上与 TG-DTA 联用相类似。其将 TG 与 DSC 结合为一体，在同一次测量中利用同一试样可以同步地得到试样的质量变化以及试样与参比物的热流差的信息。常用的 TG-DSC 仪主要有水平式和上皿式两种结构形式。试样坩埚与参比坩埚（一般为空坩埚）置于同一导热良好的传感器盘上，两者之间的热交换满足傅里叶热传导方程。通过程序温度控制系统使加热炉按照一定的温度程序进行加热，通过定量标定（主要是热量或者比热容的标定），将温度变化过

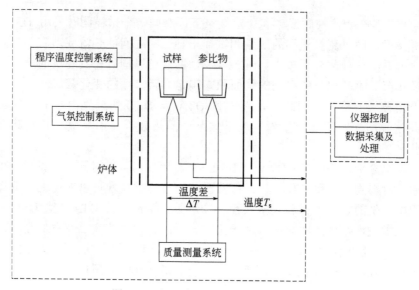

图 3-8　上皿式 TG-DTA 仪结构框图

程中两侧热电偶实时测量到的温度差信号转换为热流信号，对温度或时间连续作图后即得到 DSC 曲线。同时整个传感器（样品支架）固定在高精度的天平上，实验过程中参比端不发生质量变化，试样本身在升温过程中的质量由热天平进行实时测量，对温度或时间作图后即得到 TG 曲线。与 TG 联用的 DSC 的原理为热流式[5]。

　　与 TG-DTA 仪相似，TG-DSC 仪主要由仪器主机（主要包括程序温度控制系统、炉体、支持器组件、气氛控制系统、温度及温度差测定系统、质量测量系统等部分）、仪器控制和数据采集及处理各部分组成，支持器组件平衡地置于加热炉中间，以保持热传递条件一致。通过对由仪器输出的温度差信号进行定量标定，将测量过程中由两侧的热电偶实时地测量到的温度信号的差值转换为相应的热流信号，最终可以得到 DSC 曲线。

3.4.3　热重/质谱联用技术

　　热重/质谱联用（TG/MS）技术是在程序控制温度和一定气氛下，通过质谱仪在线监测热分析仪器（主要为热重分析仪、热重-差热分析仪以及热重-差示扫描量热仪）中试样在实验过程中逸出气体的信息的一种热分析联用技术，基于热重技术的常见的联用形式有 TG/MS、TG-DTA/MS 以及 TG-DSC/MS 等技术。

　　质谱法（mass spectrometry，简称 MS）是一种检测和鉴别微量气体物质的非常灵敏的方法，通过这种技术可以得到化合物的化学和结构的信息（官能团和侧链）。质谱法通过电场和磁场的作用将运动的离子（主要包括带电荷的原子、分子或分子碎片，主要包括分子离子、同位素离子、碎片离子、重排离子、多电荷离子、亚稳离子、负离子和离子-分子相互作用产生的离子等）按其质荷比的差异进行分离后再进行检测的方法。理论上，由于核素的准确质量是具有多位小数的表达形式，不存在相同质量的两种核素，并且也不存在一种核素的质量恰好是另一核素质量的整数倍的现象。因此，通过实验检测出这些离子的准确质量之后便可以准确地确定目标离子的化合物组成，分析这些离子的质量数等信息即可获得化合物的分子量、化学结构、裂解规律和由单分子分解形成的某些离子之间存在的某种相互关系等信息[6-9]。

由于对 MS 的详细描述已经超出了本文的范围，因此在本节中仅讨论在应用时所必需的一些与 MS 相关的背景知识。

在与热分析技术联用的质谱仪中，样品分子通过一个离子源进入质谱，在离子源中样品分子被高能电子束（通常约为 70eV）轰击。这个能量比有机物的离子化势能和键强度更大，足以从分子中移动一个或更多的电子，从而形成正电荷分子离子。另外，该电子束提供的能量还可以导致目标分子发生大量的碎裂，经历复杂的裂解途径之后形成许多不同的正电荷碎片离子，所形成的这些碎片离子与所研究的分子结构密切相关[10]。

TG/MS 仪主要包括一台热重分析仪或同步热分析仪、一台质谱仪以及将两者联结起来的接口装置。为了获得对逸出气体分析的最佳结果，所采用的热分析仪和接口需要设计成足以保证足够量的逸出气体转移到质谱仪的结构形式，同时质谱仪则需要设计成能够实现快速扫描和确保长周期稳定操作的形式。由于质谱仪通常需要在高真空条件下工作，由热分析仪逸出的气体只有约 1%通过质谱仪（否则无法达到质谱仪要求真空的条件）。对于高灵敏度的质谱而言，实验中足以对这种量级的逸出气体进行准确的分析。另外，由于热分析仪在 1atm（101.325kPa）下正常工作，而 MS 则需要在大约 0.1mPa 的真空条件下进行工作，因此位于热分析仪和 MS 之间的联用装置需要设计成特殊结构形式。通过可以加热的陶瓷（惰性）毛细管或内衬涂层的金属管将由热分析仪逸出的一小部分气体带入 MS 仪中实现联用[10]。实验时，主要使用 He 或者其他小分子惰性气体作为载气，但也可以使用诸如空气或氧气等类型的气体。在实际应用中，热分析仪和/或质谱设备的制造厂家可以提供用于联用的接口和软件，以实现通过 MS 在线监测由热分析仪逸出的气体（如图 3-9 所示）。一些 MS 设备的制造商已经扩展了它们的应用范围，现在已经有专门的 MS 设备可以通过更加方便的方式与热分析设备进行联用[4]。

通常通过以下方式获得质谱仪提供的定性信息：首先测量气体分子和原子的离子比，再将所得到的离子比按它们的质荷比分开。每种气体物质在离子化过程中分裂产生一个特征离子模型，可以通过将其与已知物质的模型进行比对来进行确定。进入 MS 的气体在电离室中被电子轰击，气体分子被分解成阳离子，在实验过程中根据这些阳离子的质量/电荷将其分离。通过测量离子的电流，可以获得如图 3-10 所示的强度为质荷比（m/z）函数的谱图。

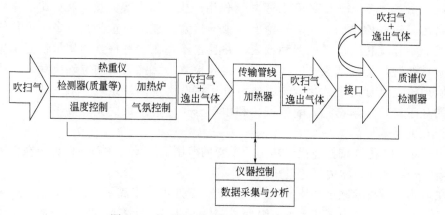

图 3-9　热重/质谱联用仪工作原理示意图

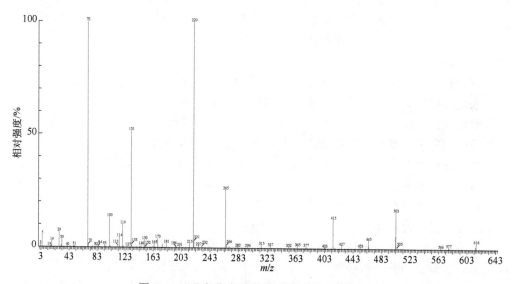

图 3-10　强度作为质荷比的函数的 MS 谱图

在图 3-10 中给出了一张通过瞬时扫描得到的 MS 谱图。由于在整个 TG 实验期间连续扫描，因此可以通过适当的软件合并得到所有瞬时扫描谱图中相同质荷比的数据，还可以针对每个质荷比获得强度随时间或温度的曲线。在图 3-11 中所列举的例子中，给出了在空气气氛中加热 $Nd_2(SO_4)_3 \cdot 5H_2O$ 过程中 m/z 为 18（H_2O）、32（O_2）和 64（SO_2）的强度随温度变化的曲线。

借助相应的谱图库，可以将获得的碎片的实验结果与谱图库进行比较，以便识别出在离子化之前原始气体分子的信息。

然而，由于所采用的与热分析仪联用的质谱仪多为四级杆原理，其具有较低的分辨率，对于一些质荷比接近的离子碎片的分离能力较差，由此导致无法通过标

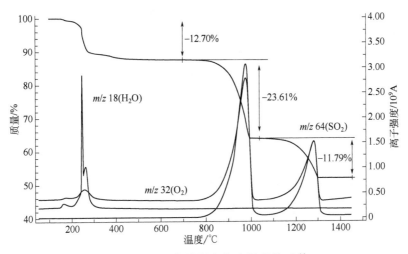

图 3-11　MS 信号强度作为温度的函数

准谱图库检索的方法来确定实验过程中任一时刻的气体产物的结果信息。实际上，通常首先应用热分析技术与气相色谱/质谱技术联用的方法对实验过程中产生的混合气体产物进行分离，然后再通过检测的方法来确定气体产物的成分信息。

3.4.4　热重/傅里叶变换红外光谱联用技术

热重/傅里叶变换红外光谱联用法（TG/FTIR），通常简称为热重/红外光谱联用法（TG/IR），是一种常见的串联式热分析联用技术。该类方法主要通过可以加热的传输管线将热重分析仪与红外光谱仪串接起来。

由于对红外光谱技术的详细描述内容已经超出了本文的范围，因此在本部分内容中我们仅讨论在应用时所必需的一些与 IR 相关的背景知识。

傅里叶变换红外光谱技术（FTIR）主要基于分子与近红外（12500~4000cm^{-1}）、中红外（4000~200cm^{-1}）和远红外（200~12.5cm^{-1}）光谱区电磁辐射相互作用的原理。当红外辐射通过一个样品时，根据不同分子的结构特性差异，样品会吸收一定频率的能量，从而引起分子或分子的不同部分（官能团）在这些频率下发生振动。通过红外光谱实验可以得到与分子的官能团相关的结构信息。与质谱法相比，由于红外线的能量比较低，在实验过程中没有发生离子化、裂解或者破碎等现象，因此 FTIR 可以用于分子官能团的鉴别。但是 FTIR 比 MS 的灵敏度低很多，可用来分析含量较高的物质的结构信息[11-13]。

TG/IR 法是一种利用吹扫气（通常为氮气或空气）将热重分析仪在加热过程中产生的逸出产物通过设定温度下（通常为 200~350℃的金属管道或石英管）的传输管线进入红外光谱仪的光路中的气体池中，并通过红外光谱仪的检测器（通常为

DTGS 检测器或者 MCT 检测器）分析判断逸出气体组分结构的一种技术。实验时，随着热重分析仪的温度变化，在由热重分析仪测量待测样品的质量随温度变化的同时，由红外光谱仪可以实时地连续测量在不同的温度下由于质量的减少引起的气体产物的官能团随温度或时间的变化信息。所得到的实验数据分别以热重曲线和红外光谱图的形式表示，通过实验可以分别得到在不同温度下样品的质量以及所产生气体的红外光谱图[14]。

常用的 TG/IR 仪的结构框图如图 3-12 所示[4]。

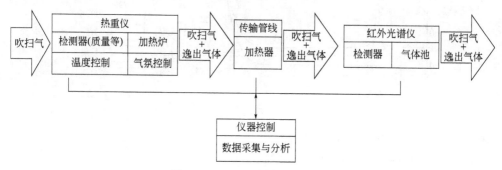

图 3-12　TG/IR 仪的结构框图

TG/IR 仪主要由热重分析仪主机（主要包括程序温度控制系统、炉体、支持器组件、气氛控制系统、温度测量系统、称量系统等部分）、红外光谱仪主机（包括检测器、气体池等部分）、联用接口组件（包括加热器、隔热层等部分）、仪器辅助设备（主要包括自动进样器、冷却装置、机械泵等部分）、仪器控制和数据采集及处理单元等各部分组成[4]。

所有从 TG 仪器中逸出的气体都会流入红外光谱仪中的一个可以加热的气体池，在实验过程中红外光谱仪的检测器以非常快的速度（如每秒 1 次或者更快）记录下在不同时刻或温度下产生的气体的红外光谱图，可将获得的光谱（吸光度对波数）与气相红外光谱库中的光谱进行比对和分析。

通过 TG/IR 实验除了可以得到热分析部分的数据外，还可以得到以下信息[4,14]：

① Gram-Schmidt 曲线。通过软件还可以在整个光谱范围内将每一个单独的 FTIR 光谱的光谱吸收积分，结果被显示成强度对时间的在线曲线，即 Gram-Schmidt 曲线（简称 GS 曲线），GS 曲线是总红外吸收的定量度量，显示逸出气体浓度随时间的变化（如图 3-13）。

② 不同温度或时间下的三维红外光谱图。在程序控制温度下，由试样逸出的气体通过红外光谱仪实时检测到的三维红外光谱图如图 3-14 所示。图 3-14 是由实验时所得到的所有的红外光谱图组成的，由图可以得到不同结构的气体分子所对应的官能团的总体变化过程。

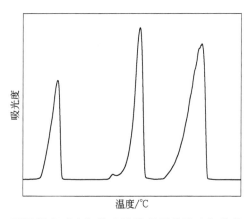

图 3-13　不同温度下由红外光谱法得到的逸出气体的 GS 曲线

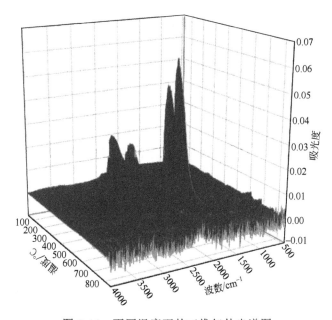

图 3-14　不同温度下的三维红外光谱图

　　③ 官能团剖面图。官能团剖面图（functional group profile，简称 FGP）常用来表示在实验过程中逸出气体中特定波数的组分随测量时间或温度的变化关系，通常通过对实验过程中所选光谱区域上的红外光谱数据的吸光值进行积分来得到该剖面图。在软件中，一些这样的剖面图是可以实时计算得到的。

　　官能团剖面图可以用来描述具有某一官能团的物质在不同温度或时间下产生的气体量的变化，如图 3-15 所示。图 3-15 中为产生的气体产物中在 1507cm^{-1}、1650cm^{-1} 和 2380cm^{-1} 处有特征吸收的官能团随温度的变化曲线，由此可以得到该类物质在不同温度下的浓度变化信息。

图 3-16 为 TG、DTG 和 GS 曲线的对比图。由图 3-16 可见，在 TG 曲线的每一个质量变化阶段，GS 曲线所对应的气体的含量均发生了相应的变化。

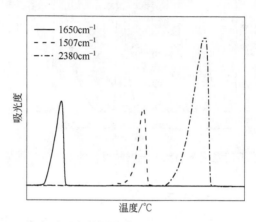

图 3-15　具有不同官能团的物质的浓度随温度的变化曲线

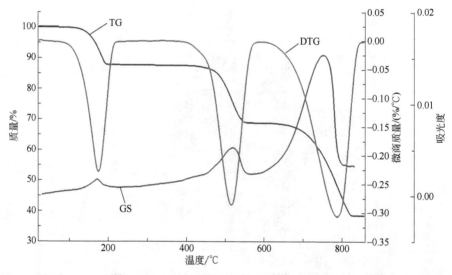

图 3-16　一水合草酸钙的 TG-DTG-GS 曲线

图 3-17 为 TG 曲线和以上三种可能的产物的官能团剖面图曲线的对比图。由图可见，H_2O（取 $1649cm^{-1}$）、CO（取 $2182cm^{-1}$）、CO_2（取 $2361cm^{-1}$）的官能团曲线在加热过程中分别出现了吸收峰。其中，波数为 $1649cm^{-1}$ 的官能团曲线的峰对应于 H_2O 的逸出过程，波数为 $2182cm^{-1}$ 的官能团曲线的峰对应于 CO 的逸出过程，波数为 $2361cm^{-1}$ 的官能团曲线的峰对应于 CO_2 的逸出过程。对于一水合草酸钙而言，在

150~200℃范围的峰对应于 CO 的产生，在实际的检测过程中，由于 O_2 的存在，少量的 CO 会被氧化为 CO_2。

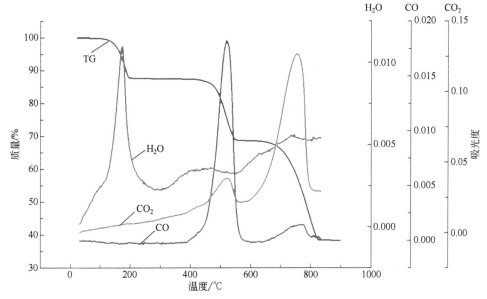

图 3-17 TG 曲线和三种特征官能团剖面图曲线的对比分析

3.4.5 热重/气相色谱联用技术

将热重分析仪（TGA）和质谱（MS）或者红外光谱技术联用来进行逸出气体分析，已成为热重分析中越来越广泛使用的科研手段。对于复杂样品而言，由 TG/MS 几乎无法得到同时逸出的混合气体的数据。而将热重和气相色谱联用（通常为气相色谱/质谱联用），可以精确地表征热重分析过程中产生的气体具体成分。在表 3-1 中列出了热重/质谱联用技术与热重/气相色谱联用（简称 TG/GC）技术之间的主要区别。

表 3-1 热重/质谱联用技术与热重/气相色谱联用技术之间的主要区别

项目	热重/质谱联用	热重/气相色谱
分析类型	在线分析	离线分析
分辨力	无分辨力	可通过合适的色谱条件对混合物实现有效地分离
便捷性	方便、快捷	实验条件选择较复杂、耗时较长
分析程度	定性分析或半定量分析	定量分析

气相色谱（GC）是一种具有高分离能力的分析技术，可以用于分离挥发态与半挥发态的产物。其主要原理是基于气体混合物在固定相（即色谱柱表面涂覆的具有吸附能力的物质）与流动相（即吹扫气，常用氦气或者氩气作为吹扫气体）中

组分分布的差异，从而实现有效分离。由于在色谱柱中的脱附分离过程需要一定的时间（该持续时间依赖于样品特性、载气在色谱柱中的流动速度、色谱柱的直径和长度、固定相与流动相的性质），因此在实验过程中不可能连续地将逸出气体传送至 GC 中[15]。

对于 TG 与 GC（或 GC/MS）的联用技术而言，通常通过一根可以加热的气体传输管线将 TG 与 GC 的六通阀和进样口连接起来，如图 3-18 所示。实验时，根据需要通过控制六通阀将特定时刻或者温度下的传输管线中气体样品通入至 GC 中，通过色谱柱分离气体中不同组分，并由检测器检测每种组分的信息。

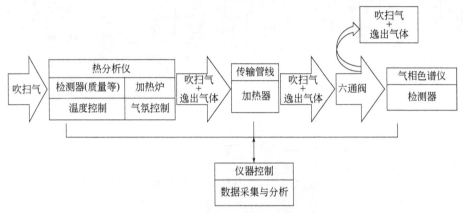

图 3-18 热重/气相色谱联用仪的结构框图

3.4.6 多级联用技术

由于通过红外光谱技术可以得到由热重分析仪逸出的气体中官能团的信息，对于含有相同官能团的不同大小的分子而言，只通过红外光谱技术无法得到逸出气体的准确的分子结构信息。另外，通过热分析技术与质谱联用可以得到逸出气体的分子大小的信息，而对于分子的官能团信息又无法准确获得。通过热分析技术与气相色谱技术联用可以得到某一温度或某一时刻的气体组分信息，如果需要得到实验温度范围内的逸出气体组分变化的信息，则需要进行多次实验。针对这些问题，不同厂商对其商品化的联用仪器进行了改进。例如，德国耐驰公司的多级热分析联用仪可以实现热分析仪与红外光谱仪、质谱、气质联用仪的联用，可以实现红外光谱仪与质谱、气质联用仪串接式联用和并联式联用的连接形式；瑞士梅特勒公司的热分析/红外光谱/气质联用仪可以实现多段气体的采集与分析功能；美国珀金埃尔默公司的热分析/红外光谱/气质联用仪可以通过八通阀的切换灵活地实现在线分析（即热分析/红外光谱/质谱联用模式）和分离模式分析（即热分析/红外光谱/气质联用），对于实验室经费有限且实验室空间有限的用户而言，这种配置可以实现更广泛的应用。

3.5 独立式热重分析仪的温度校正

为了确保仪器的正常工作状态，在热重分析仪正式投入使用之前、使用中需要分别对仪器的温度和质量进行校正。由于不同仪器结构类型的差异，在不同的热重分析仪的校准方法之间存在着较大的差别。本节中将介绍独立式热重分析仪的温度校正方法。

3.5.1 与校准相关的概念

校准（calibration）是在规定条件下确定测量仪器或测量系统的示值与被测量对应的已知值之间关系的一组操作。对于热重分析仪而言，对仪器进行的校准主要包括温度校正和质量校正两部分[16]。

校准的目的：①确定示值误差，并确定其是否在预期的误差范围之内；②得出标准偏差的报告值，可调整测量器具或以示值加以修正；③确保测量仪器或测量系统给出的量值准确，实现溯源性。

在实际应用中所采用的校准的依据通常为校准规范或校准方法，这种依据可作统一规定也可以自行制定，通常需要根据实际的实验目的来选择相应的依据。校准的结果记录在校准证书或校准报告中，也可用校准曲线的形式表示校准结果。

校准主要包括内部校准和外部校准等形式，其中内部校准是利用可追溯的标准物质对实验室内仪器自行进行的校正。在仪器工作状态正常时，可以按照规定的日程表实施校准，这种校准为定期校准。对于热重分析仪而言，通常采用的校准形式为内部校准的形式，校准周期通常为 2 年，校准时需依据相应标准或者规范进行[16]。

在两个校准周期内需进行一次期间核查，期间核查时可以使用已知数值的标准物质对仪器经常使用的测试部件或条件进行确认，以确保仪器状态正常，期间检查应有相应的记录。

当仪器设备发生长期闲置、搬运或更换关键部件后，对实验数据产生怀疑等情况时，应及时按照相应规程进行校准并记录，通常称这种校准的形式为不定期校准。

3.5.2 热重分析仪的温度校正原理

温度校正（temperature correction）是用已知转变温度的标准物质确定仪器的测量值 T_{m} 和真实温度 T_{tr} 之间关系的一种操作过程。通过温度校正可以得到以下关系式[1]：

$$T_{tr} = T_m + \Delta T_{corr} \tag{3-1}$$

式中，ΔT_{corr} 为温度校正值。

通过温度校正，可以消除仪器的测量温度值与真实温度值之间的差别。例如，当使用熔融温度为 156.6℃的金属 In 标准物质对热重分析仪进行温度校正时，得到的测量值为 154.1℃，此时

$$\Delta T_{corr} = (156.6-154.1)℃ = +2.5℃ \tag{3-2}$$

在进行温度校正时，应对测量值加上 2.5℃，使其与标准值相等。

通常在对温度进行校正之后，还应在相同的实验条件下使用标准物质进行重复实验来验证测量值与真实值之间的偏离程度。

在实际应用中，当实验所需的温度范围较宽时，通常需要使用不同温度范围的一组标准物质进行温度校正。在图 3-19 中给出了由一组不同的温度范围的标准物质所得到的测量温度与真实温度之间的关系。由图可见，在实验温度范围内不同的测量值 T_m 与真实温度 T_{tr}（即理论值）之间呈现较好的线性关系，即：

$$T_{tr} = K \cdot T_m + b \tag{3-3}$$

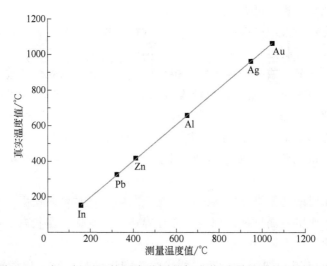

图 3-19　由一组不同的温度范围的标准物质所得到的测量温度
与真实温度之间的关系曲线

在实际校正时，可以在仪器的校正软件中分别输入测量值（如图3-20），选用不同的拟合方程由软件自动生成相应的校正曲线，在实验过程中根据校正曲线对不同温度范围的温度进行校正。

也可以在仪器的软件窗口中输入等式（3-3）中的校正系数 K，在实验过程中由软件自动对不同的温度范围的温度进行校正。

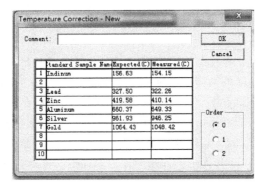

图 3-20　仪器控制软件中的温度校正数据输入窗口

3.5.3　独立式热重分析仪的温度校正方法

独立式热重分析仪多采用如图 3-4 所示的下皿式结构形式，由于其在实验过程中只能得到不同温度或者时间下的质量信息，因此通常采用以下几种校正方法。

（1）居里点法[17]

居里点法是在磁场的作用下，将铁磁性标准物质加热到某一温度时，其磁性很快完全消失而引起质量变化的原理来对温度进行校正的方法。当样品的磁性消失时所对应的温度通常称之为铁磁性材料的居里温度。居里温度通常只与材料的组分有关，当材料的组分保持不变时，居里点温度也不会发生改变。

通常使用具有确定的居里温度值 T_c 的纯金属或合金作为标准物质。该温度校正过程实质上为磁性温度的测量，其中磁效应的外推终止点即为 T_c 的数值。图 3-21 为使用几种磁性标准物质进行校准所得到的 TG 曲线，由图可见均可以使用该方法对

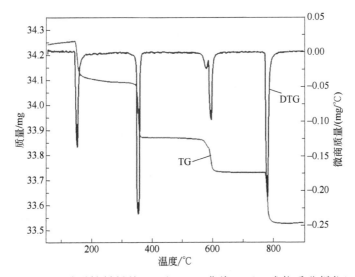

图 3-21　几种磁性材料的 TG 和 DTG 曲线（下皿式热重分析仪）

TG 曲线和 DTG 曲线进行温度校正。通过这种方法可以方便地在单次实验中测量多个磁性样品的转变过程。

校正时，将铁磁性材料放在仪器的坩埚内（有时也直接将样品放置在吊篮中），并在炉体外侧的试样位置处放置一块永久磁铁（在有些仪器的加热炉中配置有电磁铁，可以通过软件来设定加载或者消除磁场的温度或时间以及磁场的强度）。由于磁场的作用，此铁磁性材料产生一个向下的力，天平发生增重。当炉子升温到该铁磁性材料的居里点温度时，铁磁性材料快速失去永久磁铁对它的向下拉力，表现为失重过程。实验结束后，在分析软件中根据曲线的拐点来确定居里点温度（如图 3-22 所示）。

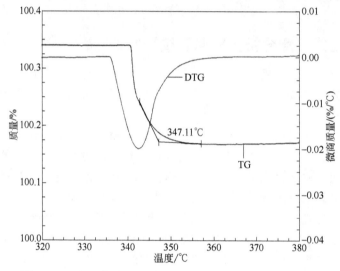

图 3-22　用 Ni 标准物质校准热重分析仪得到的 TG 曲线

（实验条件：美国 TA 公司 TGA Q5000IR 热重分析仪，实验气氛为高纯氮气、流速为 100mL/min，加热速率为 20℃/min，温度范围室温~800℃，敞口氧化铝坩埚）

需要注意，当仪器的结构形式为图 3-5 所示的上皿式结构形式时，由于试样位于天平上方，在磁场作用下，仪器测得的低于居里点温度时的试样的表观质量比高于居里点温度时的试样的表观质量要低。当发生居里转变时，会出现质量增加的现象。因此，由这种结构形式的仪器测得的 TG 曲线的形状与图 3-21 中曲线的变化方向相反，如图 3-23 所示。

当使用已知居里点温度铁磁性材料所得到的测试结果与标准值不一致时，应在仪器的控制软件或者控制面板中进行校正。

在校正热重分析仪的温度时，应注意：（i）应选择接近试样测试温度的居里点材料；（ii）升温速率应与测试条件保持一致，一般为 10~40℃/min；（iii）实验时的试样量应适中，不宜太小，否则曲线不明显；（iv）温度读数为 TG 曲线的台阶的最大斜率与台阶结束后基线外延线的交点所对应的温度（如图 3-15 所示）。

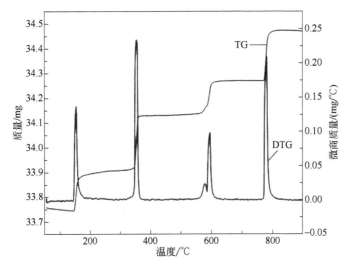

图 3-23 几种磁性材料的 TG 和 DTG 曲线（上皿式热重分析仪）

在表 3-2 中列出了可用于热重分析仪的温度校正的磁性材料的居里温度[4]。

表 3-2 可用于热重分析仪的温度校正的磁性材料的居里温度①

居里点材料名称	转变温度/℃	居里点材料名称	转变温度/℃
蒙乃尔合金	65	深拉镍铬合金	438
阿卢梅尔镍铝锰电阻合金	163	磁渗透合金	596
镍	354	铁	780
穆镍铁坡莫合金	393	海沙特 50	1000

① 表中所列的数值仅作为参考，在实际进行校正时应以所采用的标准物质的证书中所提供的数值为准。

（2）吊丝熔断法

吊丝熔断法主要通过将熔点准确已知的纯金属细丝固定悬挂在样品支撑系统（对应于吊篮式热重分析仪的吊篮）附近非常接近样品的位置上，当温度升高至纯金属细线的熔点时，连接的金属丝发生熔化并从其支撑件滴落[2]。对这种方法而言，样品具体放置的位置很重要，跌落时的质量可能会减小并造成突然的质量损失。金属丝也可能会跌落在样品盘上，导致检测到的质量信号产生瞬间的波动。通过确定这两种由于在已知的温度下熔融而引起的表观质量变化对应的温度，可以很容易地校准仪器的温度。

也可以采用以下的方法得到更加明显的质量变化信息：实验时，用温度标定熔点的金属丝拉制成直径小于 0.25mm 的细丝，把一个质量约 10mg 的热稳定性很高的铂砝码吊挂在热天平放试样上方的金属丝上，如图 3-24 所示。

对于这种方法而言，为了节省熔点准确已知的纯金属细丝的用量，减少由于金属

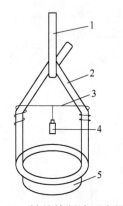

图 3-24 吊丝熔断法示意图[2]

1—天平横梁与吊篮的连接吊丝；
2—吊篮；3—熔点准确已知的
金属丝；4—砝码；5—坩埚

挥发对仪器造成的污染，图 3-24 中的 3 可以用高熔点的铂丝或高熔点的合金丝，其与热稳定性很好的铂砝码之间用熔点准确已知的纯金属细丝来连接。当炉子升温到温度超过可熔断金属丝的熔点时，铂砝码跌落到铂秤盘内，TG 曲线上产生一个冲击波动，这个冲击波动所对应的温度就应该是该金属丝的熔点。

在图 3-25 中给出了使用金属 In 丝连接砝码，当加热至温度高于其熔点时得到的 TG 曲线。由图可见，当温度高于其熔点时，质量出现了一个急剧的增加，这种变化是由于砝码跌落至坩埚中引起的冲击而引起的，随后逐渐回到初始质量值。

在表 3-3 中列出了可以用于熔丝跌落法的金属丝的温度值。

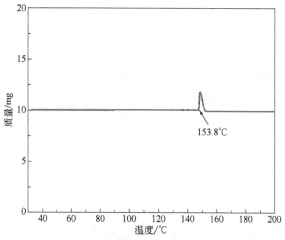

图 3-25 使用金属 In 丝连接砝码加热至熔点温度以上所得到的 TG 曲线

（实验条件：美国 TA 公司 TGA Q5000IR 热重分析仪，实验气氛为高纯氮气、流速为 100mL/min，加热速率为 10℃/min，温度范围为室温~200℃，敞口氧化铝坩埚，砝码质量为 10.003mg）

表 3-3 可用于熔丝跌落法的金属丝的温度值[2]①

材料	观测温度/℃	校正温度/℃	文献值 θ/℃	与文献值的偏差 θ/℃
铟	159.90±0.97	154.2	156.63	−2.43
铅	333.02±0.91	331.05	327.50	3.55
锌	418.78±1.08	419.68	419.58	0.10
铝	652.23±1.32	659.09	660.37	−1.28
银	945.90±0.52	960.25	961.93	−1.68
金	1048.70±0.87	1065.67	1064.43	1.24

① 表中所列的数值仅作为参考，在实际进行校正时应以所采用的标准物质的证书中所提供的数值为准。

在用熔断跌落法校正热天平温度时，也应注意以下两点：（i）标定金属丝的熔点选择接近试样测试温度的材料；（ii）升温速率一般选 10~40℃/min，最好是被测试样的升温速率与校正时所用的升温速率相同。

这种校正方法常用于吊篮式热重分析仪的温度校正。

（3）特征分解温度法

特征分解温度法是通过结构已知的物质的初始分解温度来对热重分析仪进行温度校正的一种方法。此处所指的初始分解温度为失重速率达到某一预先规定值之前某一时刻试样的温度。一般来说，所选用的标准物质应满足以下条件：（i）在分解温度前的温度范围内应有足够的稳定性；（ii）初始分解温度应具有较好的重现性；（iii）不同来源得到的同种标准物质，其初始分解温度应具有较小的差异。

在表 3-4 中列出了可用于热重分析仪温度校正的标准物质及其特征分解温度[2,3]。

表 3-4　可用于 TG 仪温度校正的标准物质及其特征分解温度[3]①

标准物质	特征分解温度/℃	标准物质	特征分解温度/℃
$K_2C_2O_4\cdot 2H_2O$	80	$KHC_6H_4(COO)_2$	245
$K_2C_2O_4\cdot H_2O$	90	$Cd(CH_3COO)_2\cdot H_2O$	250
H_3BO_3	100	$Mg(CH_3COO)_2\cdot 4H_2O$	320
$H_2C_2O_4$	118	$KHC_6H_4(COO)_2$	370
$Cu(CH_3COO)_2\cdot H_2O$	120	$Ba(CH_3COO)_2$	445
$Ca(C_2O_4)\cdot H_2O$	154	$Ca(C_2O_4)\cdot H_2O$	476
$NH_4H_2PO_4$	185	$NaHC_4H_4O_4\cdot H_2O$	545
$(CHOHCOOH)_2$	180	$KHC_6H_4(COO)_2$	565
蔗糖	205	$Ca(C_2O_4)\cdot H_2O$	688
$KHC_4H_4O_6$	260	$CuSO_4\cdot 5H_2O$	1055

① 表中所列的数值仅作为参考，在实际进行校正时应以所采用的标准物质的证书中所提供的数值为准。

然而，对于相同的化合物样品而言，由于所用的样品之间的成分或形态存在微小差异，通过实验所得到的结果往往是不一样的。即使对于完全可逆的反应而言，在实验中采用的样品量的差异也会引起温度的漂移。同样地，由于样品分解引起的吸热或放热变化也会引起测量得到的样品的表观温度发生变化。

因此，这种方法通常会受到试样用量、升温速率、填装情况以及炉内气氛性质和种类等因素的影响，得到的结果经常会出现重复性较差的现象，导致不同的仪器和不同实验室得到的结果的差异较大。现在经常用这种方法来验证经校正后的仪器的工作状态。

3.6　同步热分析仪的温度校正

在本章第 3.5 节中介绍了独立式热重分析仪的温度校正方法，独立式热重分析仪的结构形式主要为下皿式（或者吊篮式）结构。在商品化的热重分析仪中，除了独立式热重分析仪之外，还存在着可以与 DTA 或者 DSC 技术联用的上皿式或者水平式结构的仪器，分别称为 TG-DTA 或者 TG-DSC。在实验过程中，使用这类仪器除了可以得到试样的质量信息外，还可以得到热效应的信息，通常称这类仪器为同步热分析仪。与独立式热重分析仪的温度校正方法不同，这类仪器通常利用试样在实验过程中所发生的热效应来校正温度。

3.6.1　温度校正方法的原理

对于与差热分析或差示扫描量热技术联用的热重分析仪而言，通常利用试样在实验过程中随温度变化而引起的熔融、晶型转变等过程中产生的热效应的变化来对仪器的温度进行校正[18,19]。通常通过一些具有可逆的固↔固转变或固↔液转变过程的物质来进行温度校正。表 3-5 中列出了常用的标准物质，这种方法的特点在仪器的加热炉内可以使用同一试样重复进行升温—降温—升温实验。另外，在表 3-5 中所列的熔融温度的数值随样品的来源不同而略有差异[20]。

表 3-5　可用于温度校准的标准物质的熔融温度[20]①

标准物质	熔融温度/℃	标准物质	熔融温度/℃
$C_7H_6O_2$（苯甲酸）	122.4	Au	1064.4
In	156.6	Cu	1084.5
Bi	271.4	Ni	1456
Pb	327.5	Co	1494
Zn	419.6	Pd	1554
Sb	630.7	Pt	1772
Al	660.4	Rh	1963
Ag	961.9	Ir	2447

① 表中所列的数值仅作为参考，在实际进行校正时应以所采用的标准物质的证书中所提供的数值为准。

在校正时，可以用已知特征转变（通常为熔融转变）温度的标准物质的初始熔融温度来标定仪器的温度。在图 3-26 中给出了通过已知熔融温度金属 In 标准物质得到的 TG-DSC 曲线确定其外推初始熔融温度（T_{onset}）的方法。由图可见，In 的 T_{onset} 为 155.2℃。由实验时所用的 In 的证书可以查得标准值为 156.6℃，在进行校正时需要将这两者之间的差值 (156.6-155.2)℃=1.4℃ 输入至仪器的校准窗口或者直接输入测量值来进行温度校正。

在实际应用中，由于高温下热辐射的影响，在不同的温度下所测得的温度与实际的温度并非一直呈现出线性的关系。对于温度范围较宽的实验，一般选用几个标准物质来对仪器进行校准。例如，对于相变实验温度范围在室温~1500℃的条件，通常需要选用两种或两种以上的物质来分别校正仪器在不同的温度范围内的特征温度。

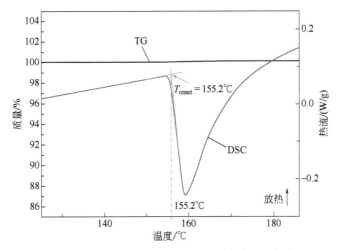

图 3-26　由金属 In 的 TG-DSC 曲线确定其外推初始熔融温度的方法

（实验条件：仪器型号美国 TA 公司 SDT Q600 热重-差热分析仪，实验气氛为高纯氮气、流速为
100 mL/min，加热速率为 10℃/min，温度范围为室温~200℃，敞口氧化铝坩埚）

3.6.2　不同的温度校正方法所得结果比较

以上所介绍的特征转变温度校正方法与独立式热重分析仪的温度校正中所采用的熔丝跌落法相似。熔丝跌落法主要依据已知熔融温度的金属丝在熔融时发生跌落而引起的 TG 曲线中质量波动来校正仪器温度，而特征温度校正法则通过已知转变温度（通常为熔融温度）的热效应引起的 DTA 或者 DSC 曲线的波动来校正仪器的温度。理论上，这两种方法分别从质量波动和热效应两个不同的角度来对温度进行校正，得到的结果差别通常不大，具有可比性。但在实际上，由于独立式热重分析仪通常采用吊篮式结构，装有试样的坩埚放置于吊篮中，测温的热电偶放置在试样一侧或者试样下方一段距离（如图 3-27 所示），其并不与坩埚或支持器直接接触。而在同步热分析仪实验过程中，装有试样的坩埚放置于支架中的支持器上，测温的热电偶与支持器直接接触（图 3-28）。因此，即使使用同一种标准物质对这两种不同形式的热重分析仪分别进行温度校正，在得到的结果之间仍会存在一定的差别。

另外，在实际应用中，独立式热重分析仪通常采用居里温度校正法对温度进行校正，而同步热分析仪则采用特征转变温度校正方法进行温度校正。

图 3-29 为由分别进行温度校正后的独立式热重分析仪（经居里温度法校正）和同步热分析仪（经特征转变温度校正法校正）按照相同的实验条件对碳酸钙进行热重实验得到的热重曲线。由图可见，当失重量为 5%时（对应于图中 95%的质量），同步热分析仪的温度为 706℃，而独立式热重分析仪的温度则为 857℃，二者之间的差值为 151℃。因此，即使仪器已经按照要求进行了温度校正，在对同一来源的样品按照相同的条件在不同结构类型的仪器上进行 TG 实验得到的结果之间仍然存在着较为显著的差别。

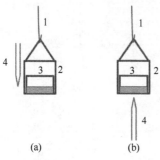

图 3-27 独立式热重分析仪的温度测量方式

（a）热电偶放置在试样一侧；（b）热电偶放置在试样下方

1—与天平横梁相连的悬丝；2—吊篮；
3—装有试样的坩埚；4—热电偶

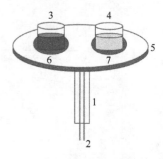

图 3-28 同步热分析仪的温度测量方式

1—陶瓷套管；2—热电偶；3—装有试样的坩埚；
4—装有参比物的坩埚或者空白坩埚；5—支架
平台；6—试样支持器（底部有热电偶）；
7—参比支持器（底部有热电偶）

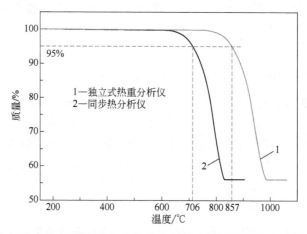

图 3-29 由分别进行温度校正后的独立式热重分析仪（经居里温度法校正）和同步热分析仪（经特征转变温度校正法校正）按照相同的实验条件对碳酸钙进行热重实验得到的热重曲线

（实验条件：实验气氛为高纯氮气、流速为 100mL/min，加热速率为 10℃/min，敞口氧化铝坩埚）

3.7 与热重法串接式联用仪器的温度校正

在对由热分析联用技术所得到的数据进行分析时，经常会出现热分析部分的数据与由其联用的分析技术数据所得到的温度之间不一致的现象。

在本章第 3.5 节和第 3.6 节中分别介绍了独立式热重分析仪和同步热分析仪的温度校正方法，在实际应用中，热重分析仪还可以与红外光谱仪、质谱仪以及气相色谱/质谱联用技术进行联用，在对由与热重分析仪联用的这些分析技术得到的实验数据进行分析时，也应对由这些分析技术得到的特征曲线进行相应的温度校正。

3.7.1　与热重分析仪串接式联用的技术简介

如前所述，串接联用技术是在程序控温和一定气氛下，对一个试样依次采用两种或多种热分析技术，后一种分析仪器通过特制的接口与前一种分析仪器相串接的技术。常用的基于热重分析技术的串接式联用技术主要包括与红外光谱技术（IR）、质谱技术（MS）、气相色谱技术（GC）以及气相色谱/质谱联用技术（GC/MS）中的一种或者几种的联用形式。分别简述如下：

① 热重/质谱联用（TG/MS）技术是在程序控制温度和一定气氛下，通过质谱仪在线监测热分析仪器（主要为热重分析仪、热重-差热分析仪以及热重-差示扫描量热仪）中试样逸出气体的信息的一种热分析联用技术，基于热重技术的常见的联用形式有 TG/MS、TG-DTA/MS 以及 TG-DSC/MS 等技术，这类仪器主要包括一台热重分析仪或同步热分析仪、一台质谱仪以及将两者联用的接口。

② 热重/傅里叶变换红外光谱联用法（TG/FTIR），简称热重/红外光谱联用法（TG/IR），是一种常见的热分析联用技术。该类方法是通过可以加热的传输管线将热重分析仪与红外光谱仪串接起来的一种技术，属于串接式联用技术。基于热重分析技术的常见的联用形式有 TG/IR、TG-DTA/IR 以及 TG-DSC/IR 等技术，这类仪器主要包括一台热重分析仪或者同步热分析仪、一台红外光谱仪以及将两者联用的接口。所有从 TG 仪器中流出的气体都会流经红外光谱仪中的一个加热的气体池，红外光谱仪的检测器以非常快的速度（如 1 次/s）记录下不同时刻或温度下产生的气体的红外光谱图，可将获得的光谱（吸光度对波数）与气相红外光谱库中的光谱进行比对和分析。

③ 对于热重分析仪与 GC（或 GC/MS）联用技术而言，通常通过一根可以加热的气体传输管将热重分析仪与 GC 的六通阀与进样口连接起来。在实际应用中，通常还会在气相色谱后面再串联一台质谱。

3.7.2　与热重分析仪串接式联用的技术中热重分析仪部分的温度校正

在实际的串接式联用的仪器中，与 IR、MS、GC 以及 GC/MS 中的一种或者几种联用的热分析仪器主要为独立式热重分析仪或者同步热分析仪的结构形式，可以参照本系列内容中第 3.5 节和第 3.6 节中分别介绍的独立式热重分析仪和同步热分析仪的温度校正方法来对该部分进行温度校正。限于篇幅，在此不再进行重复性介绍。

3.7.3　与热重分析仪串接式联用的技术中其他分析仪器部分的温度校正

在对与热重分析仪相连的其他分析技术如 IR、MS、GC 以及 GC/MS 中的一种或者几种得到的实验数据进行分析时，由于这些分析技术所检测的气体产物是由热重分析仪中对试样进行加热而产生的，当实验过程中所产生的气体产物在到达这些检测技术的检测器时存在着一个时间差 Δt，在进行数据分析时应对这个时间差进行校正。另外，与热重分析仪或者同步热分析仪相连的这些分析技术在记录检测数据时是以实验开始的时刻，即从 0 开始计时的（如图 3-30 所示）。在与热重部分的数据进行对比分析时，应将由这些分析技术得到的曲线的横坐标由时间换算为相应的温度形式（如图 3-17 所示）。

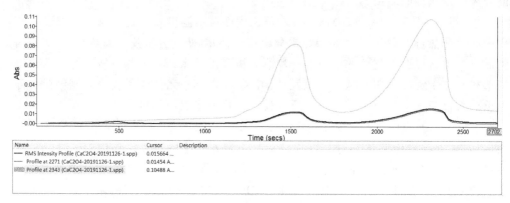

图 3-30　由 TG/IR 联用实验得到的在分析软件中显示的红外光谱
部分的 GS 曲线和官能团剖面图曲线

在将时间换算为温度时，应考虑这个时间差 Δt。

下面以热重分析仪与红外光谱仪的联用技术为例，介绍确定这种时间差 Δt 的方法。对于通过实验得到的实验数据，在热重实验中的每一个温度均对应于一个时间（即从实验开始的 0 时刻至某一温度所对应的时刻之间的差值），假设这个时间为 t_{TG}。假设在热重实验开始之后同时开始红外光谱检测，由红外光谱仪所记录下的每一个时间 t_{IR} 均对应于热重分析仪中的温度。

于是，t_{IR} 与 t_{TG} 之间存在着如下关系：

$$\Delta t = t_{IR} - t_{TG} \qquad (3-4)$$

由于在实验过程中，气体由热重分析仪经实验气氛携带至红外光谱仪，在从 t_{TG} 热重分析仪逸出至到达红外光谱的检测器 t_{IR} 期间，由于热重分析仪在前，红外光谱仪在后，因此 t_{IR} 一直大于 t_{TG}，Δt 恒为正值。

理论上，可以通过以下的方法来估算 Δt：

假设实验时采用的气氛气体的流速为 r_g，气体在仪器内部以线性路径按照图 3-31 中所示的方向流动，假设：

① 气体在流动过程中与管壁的阻力可以忽略；

② 气体流经的管径的尺寸相同（为简便计算作此假设，实际上不同部分的尺寸差别很大）且为圆管形状，用 d 表示；

③ 假设气氛气体（图 3-31 中实线箭头）携带逸出气体（图中虚线箭头）从坩埚 5 上方至红外光谱仪的气体池 8 的距离为 L,

则时间 Δt 可以用下式表示：

$$\Delta t = \frac{\pi \cdot \left(\dfrac{d}{2}\right)^2 \cdot L}{r_{\mathrm{g}}} \tag{3-5}$$

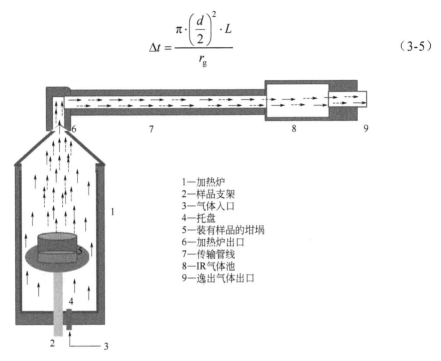

1—加热炉
2—样品支架
3—气体入口
4—托盘
5—装有样品的坩埚
6—加热炉出口
7—传输管线
8—IR气体池
9—逸出气体出口

图 3-31　气体流经 TG/IR 仪的路径示意图

根据等式（3-5）即可估算出红外光谱仪所记录的时间与热重分析仪所记录的时间的差值 Δt。如果在图 3-31 中红外光谱仪的气体出口 9 处通过红外光谱仪连接了 MS 仪或者 GC/MS 仪，则气体由热重分析仪至 MS 仪或者 GC/MS 仪检测器的时间 $\Delta t'$ 还要延长，可以按照等式（3-5）的方法来计算该时间。一些商品化的联用仪在设计时为了使逸出气体在传输管线中保持稳定流动而不发生涡流或湍流现象，通常将传输管线设计成管径尽可能细的毛细管或者通过在连接管路终端加载一个可控抽速的机械泵，以保证气体在传输过程中保持平稳的流动。

在实际确定以上的 Δt 时，通常采用在实验过程中向气氛气体中注入一定量的已知气体的方法来准确确定这一时间。从热重分析仪处注入已知的气体（如 CO_2）并开始计时，同时红外光谱仪开始检测，直到红外光谱仪检测到气体的特征光谱时即停止计时，这一时间差即为 Δt。但在实验过程中，由于逸出的气体分子之间的密度存在着差异，这个时间仍然不是十分准确。

在实际的数据分析中，通常将由 DTG 曲线的峰值与红外光谱仪的 GS 曲线的相应的峰值之间进行对比，用时间作为横坐标，用 GS 曲线的峰值对应的时间减去相应的 DTG 曲线对应的峰值来确定 Δt，如图 3-32 所示。图中 GS 曲线的三个峰值和 DTG 曲线的三个峰值所对应的时间一致（Δt 为 0.94min），在进行分析时将红外光谱所对应的时间数据减去该 Δt 值，即可使二者对应的时间保持一致。然后，按照 $T = T_0 + \beta \cdot t$ 的关系，即可将相应的时间（t）转换为温度（T），最终得到的 GS 曲线和 DTG 曲线如图 3-33 所示。由于热重分析仪的温度可以通过标准物质进行准确的校准，因此通过这种方法得到的红外光谱实验数据所对应的温度也是相对准确的。

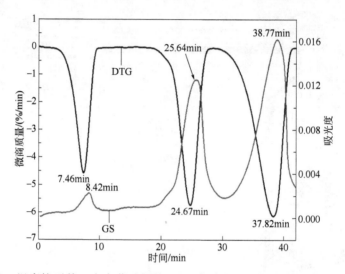

图 3-32　温度校正前一水合草酸钙的 DTG 曲线和 GS 曲线（时间为横坐标）

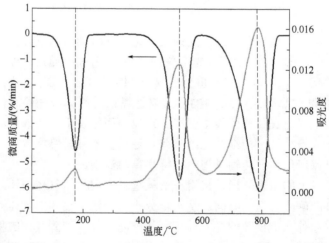

图 3-33　温度校正后的一水合草酸钙的 DTG 曲线和 GS 曲线（温度为横坐标）

对于由热重分析仪与 MS 联用仪器得到的曲线，也可以采用类似的方法对 MS 曲线中的温度进行校正。

3.8　热重分析仪的质量校正

在实际应用中，除了需要对热重分析仪的温度进行校正之外，还应对热重分析仪的质量进行校正。

3.8.1　热重分析仪的质量校正方法原理

如前所述，由热重分析仪测量的质量是通过天平的横梁的偏移来检测的。横梁的偏移量由电学的方式进行测量，通常为电压（对于偏移式天平）或者电流信号（对于自动回零式天平）。这种反映由质量变化引起的偏移量的电学信号（为表示方便用 E 表示）与质量的变化量 Δm 之间成正比例的关系，可用下式表示：

$$\Delta m = K \cdot E \tag{3-6}$$

式中，K 为系数。

在实际的热重实验中，在实验前通常将用于装载试样的坩埚置于相应的支架或者吊篮中（如图 3-3 所示），在确定试样的准确质量之前，需准确称量这部分的质量。由于在称取这部分质量时，天平的横梁也会发生偏移，根据等式（3-6）可以确定这部分的质量。由于得到的这部分质量与所称量的试样无关，通常在实验时直接扣除这部分的质量，这种处理方法称为去皮或者清零。

经过清零处理后，在正式装入试样前，天平所显示的质量示数为 0mg，此时可以认为天平横梁处于水平状态。当向仪器的容器中加入质量为 m_s 的试样后，天平横梁的位置再次发生偏离，此时的质量变化 $\Delta m = m_s$。于是，等式（3-6）变形为：

$$m_s = K \cdot E \tag{3-7}$$

式中的比例系数 K 可以通过已知质量的砝码（或其他重物）确定。

对于商品化的热重分析仪而言，仪器输出的信号 E 通常不是原始的电压或者电流信号（有些仪器可以在软件中调出这种信号），而是用质量表示的信号 m_i。当用已知质量 m_0 的砝码对仪器进行质量校正时，其示值 m_i 与 m_0 之间存在着一定的差别，此时需要通过校正使 m_i 的值等于 m_0。

在实际应用中，常用的质量校正方法主要包括静态质量校正和动态质量校正两种。

3.8.2　静态质量校正方法

静态质量校正通常是在某一个设定的温度和实验气氛下，用已知质量的砝码对仪器进行的质量校正，确定其示值 m_i 与 m_0 之间的质量差 Δm_c。这些质量之间存在如下的关系：

$$\Delta m_c = m_i - m_0 \qquad\qquad (3\text{-}8)$$

在仪器的软件中分别输入仪器的显示值 m_i 和所用的已知质量的砝码的质量 m_0 的值，在之后的测量中，软件将自动扣除这个质量差 Δm_c，使仪器显示的质量值与真实质量接近。在实际应用中，在软件中的质量校正方法因仪器厂商而异。

在校正时，需要在与实验条件一致的条件下进行。这些实验条件包括：

① 实验气氛。实验气氛主要包括气氛气体的种类和气氛气体的流速。当气氛气体的密度和气氛气体的流速接近时，可以不做重复校正。当气氛气体的密度和流速差别较大时，在实验前应重新进行质量校正。

② 坩埚。由于不同材质的坩埚的质量差别较大，导致天平的灵敏度范围会发生变化，因此在实验时采用了质量差别较大的坩埚时应重新进行质量校正。

③ 样品量。与坩埚实验条件相似，实验时当采用较多的样品量和较少的样品量时，必要时也应重新进行质量校正。

④ 样品支持器。当实验时根据实验需要采用了不同形式的样品支持器时，也应重新进行质量校正。对于独立式热重分析仪，其样品支持器主要包括与天平横梁相连接的悬丝和吊篮。对于同步热分析仪，其样品支持器主要指与天平横梁相连接的支架。不同用途的样品支持器的质量和形状之间的差别较大，由此导致天平的灵敏度范围也随之发生变化，在正式投入使用之前也应重新进行质量校正。

在实际应用中，为了方便，通常在某一个高于室温的温度（例如 50℃ 或者其他的温度）下进行质量校正。在进行质量校正时应在与实际的样品实验条件一致，校正时将已知质量的砝码放入坩埚中，关闭炉体，平衡一段时间（通常为 5~15min 不等），记录下在很小的范围内波动的质量示数（图 3-34）。

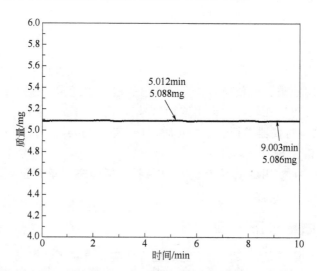

图 3-34　用 5.000mg 的砝码在 50℃下得到的 TG 曲线

（实验条件：50℃等温 10min，氧化铝坩埚，氮气气氛、流速为 50mL/min）

　　显然，仪器的质量示数与温度密切相关。因此，在静态质量校正的基础上，通常还采用动态质量校正的方法对不同温度下的质量进行校正。

3.8.3 动态质量校正方法

　　在实验过程中，质量基线随温度变化通常会出现一定程度的漂移现象，如图 3-35 所示。图中的质量基线是在不加任何样品的条件下得到的，理论上该质量在不同的温度下应始终保持为 0。但在图 3-35 中的质量出现了一定范围的波动，为了使得到的质量更接近理论值，通常采用以下两种方法对不同温度下的质量进行校正。

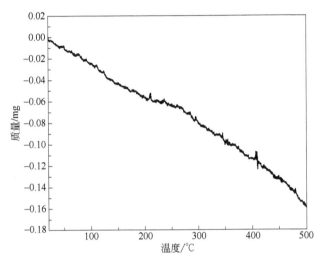

图 3-35　在不同的温度下得到的空白 TG 曲线

（实验条件：由室温以 10℃/min 的加热速率升温至 500℃，氧化铝坩埚，氮气气氛、
流速为 50mL/min；坩埚中不添加样品）

（1）扣除空白基线法

　　在与实验条件一致的前提下，向仪器中放入不加任何样品的洁净的空坩埚。运行实验之后得到一条基线，如图 3-36 所示，所得到的 TG 曲线为在不添加任何样品的条件下得到的，理论上曲线中不同温度下的质量为 0.0000mg。在实际的样品实验中，需要扣除该空白曲线，以消除在不同温度下的基线漂移引起的质量变化。通常可以在实验前在仪器的控制软件中自动扣除这种漂移现象（将漂移参数输入至软件中的质量校正窗口，在实验过程中实时扣除这种质量漂移），也可以在实验结束后在仪器的数据分析软件中扣除相应的基线。图 3-36 中给出了在扣除这种漂移后重复进行空白实验得到的 TG 曲线，作为对比，在图中分别给出了由空白实验得到的基线以及扣除空白基线前后的 TG 曲线。由图可见，在扣除空白曲线后，基线的漂移量大幅度降低。

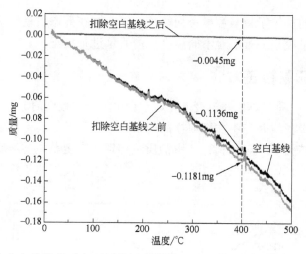

图 3-36　扣除空白基线前后在不同的温度下得到的空白 TG 曲线（图中分别给出了
通过空白实验得到的基线、扣除空白基线前后的 TG 曲线）

（实验条件：由室温以 10℃/min 的加热速率升温至 500℃，氧化铝坩埚，氮气气氛、
流速为 50mL/min；坩埚中不添加样品）

（2）用已知质量的砝码进行动态质量校正

在实际应用中，也可以用已知质量的耐高温的陶瓷砝码进行实验，得到一条 TG
曲线，如图 3-37 所示。图中的黑色曲线为仪器输出的电压信号，通过所用的已知质
量的砝码的信息将其转化为质量信号并扣除基线的线性漂移得到校正后的不同温度
下的质量曲线。

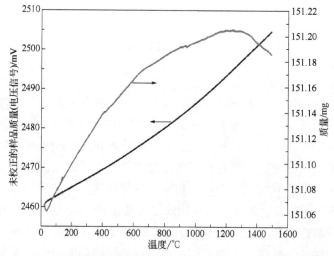

图 3-37　由已知质量的耐高温陶瓷砝码进行质量校正后得到的 TG 曲线

（实验条件：由室温以 10℃/min 的加热速率升温至 1600℃，氧化铝坩埚，氮气气氛、
流速为 50mL/min；坩埚中加入已知质量的耐高温的陶瓷砝码）

通常在完成以上的质量校正后，用已知分解过程的标准物质（通常为高纯碳酸钙或者一水合草酸钙样品）对校正结果进行验证，以评价校正结果是否合理。图 3-38 为由高纯度的碳酸钙标准物质得到的 TG 曲线，在分解过程中失重量为 44.02%，与理论值一致。

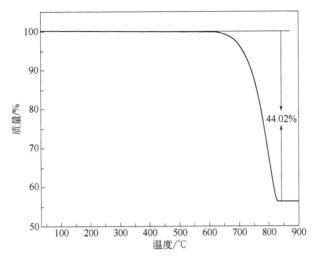

图 3-38　由高纯度的碳酸钙标准物质得到的 TG 曲线

（实验条件：由室温以 10℃/min 的加热速率升温至 900℃，氧化铝坩埚，氮气气氛、流速为 50 mL/min；坩埚中加入高纯碳酸钙样品）

参 考 文 献

[1] 中华人民共和国国家标准. GB/T 6425—2008 热分析术语.

[2] 刘振海, 徐国华, 张洪林等. 热分析与量热仪及其应用. 2 版. 北京: 化学工业出版社, 2011.

[3] 中华人民共和国教育行业标准. JY/T 0589.4—2020 热分析方法通则 第 4 部分 热重法.

[4] 丁延伟. 热分析基础. 合肥: 中国科学技术大学出版社, 2020.

[5] 中华人民共和国教育行业标准. JY/T 0589.5—2020 热分析方法通则　第 5 部分　热重-差热分析和热重-差示扫描量热法.

[6] 魏开华, 丁健桦. 分析化学手册. 3 版: 9A 有机质谱分析. 北京: 化学工业出版社, 2016.

[7] Jürgen H. Gross. 质谱//国外化学经典教材系列（影印版）. 2 版. 北京: 科学出版社, 2012.

[8] 刘宝友, 刘文凯, 刘淑景. 现代质谱技术. 北京: 中国石化出版社, 2019.

[9] 陈耀祖. 有机质谱原理及应用. 北京: 科学出版社, 2016.

[10] 陆昌伟, 奚同庚. 热分析质谱法. 上海: 上海科学技术文献出版社, 2002.

[11] 翁诗甫, 徐怡庄. 傅里叶变换红外光谱分析. 3 版. 北京: 化学工业出版社, 2016.

[12] 冯计民. 红外光谱在微量物证分析中的应用. 2 版. 北京: 化学工业出版社, 2019.

[13] 胡皆汉. 实用红外光谱学. 北京: 科学出版社, 2011.

[14] Darribere C. 逸出气体分析. 唐远旺译. 上海: 东华大学出版社, 2010.

[15] 盛龙生. 色谱质谱联用技术. 北京: 化学工业出版社, 2006.

[16] 杨小林, 贺琼. 分析检验的质量保证与计量认证. 北京: 化学工业出版社, 2018.

[17] 刘振海, 张洪林. 分析化学手册. 3 版: 8 热分析与量热学. 北京: 化学工业出版社, 2016.

[18] 王玉. 热分析法与药物分析. 北京: 中国医药科技出版社, 2015.

[19] 蔡正千. 热分析. 北京: 高等教育出版社, 1993.

[20] 中华人民共和国教育行业标准. JY/T 0589.2—2020 热分析方法通则 第 2 部分 差热分析.

第**4**章 热重分析仪工作状态的评价方法

在第 3 章中分别介绍了不同形式的热重分析仪的温度和质量校正方法，在实际应用中，在按照第 3 章中所介绍的方法采用标准物质分别对热重分析仪的温度和质量进行校正之后，还需要按照相应的检定规程或者校准规范等的要求对校正结果进行评价，以确认仪器的工作状态是否可以满足实验的要求。本章将简要介绍在实际应用中常用的评价仪器工作状态的方法。

4.1 相关术语

概括来说，常用来评价热重分析仪的状态的方法主要包括校准（calibration）、检定（verification）和校验（check）等方式，下面分别比较这三种评价方式的异同之处。

4.1.1 校准

校准是在规定条件下确定测量仪器或测量系统的示值与被测量对应的已知值之间关系的一组操作[1]。

校准的目的是：①根据实验确定示值误差，并确定其是否在预期的误差范围之内；②得到标准偏差的报告值，可调整测量器具或示值以便进行修正；③确保测量仪器或测量系统给出的量值准确，实现溯源性。

在对仪器进行校准时，所使用的依据是校准规范或校准方法，如果相应的仪器有已经发布的检定规程，也可使用检定规程来校准仪器。在进行校准时，可以使用已发布的校准规范或者检定规程，也可以使用经确认的内部制定的校准方法。一般来说，不同行业或者机构、组织内部编写的校准规范的技术参数应高于国家级计量机构编写的检定规程的要求。通常将在校准过程中所得到的数据和分析结果记录在具有一定格式的校准报告中，以便与相应的预期参数进行定量对比，评价仪器的工作状态[2]。

对于热重分析仪而言，我国已经发布了《热重分析仪检定规程》（JJG 1135—2017）[3]和教育行业《热分析仪检定规程》[JJG（教委）014—1996][4]，在进行校准时可以选择相应的检定规程或者经认可的自编的校准规范为依据。如果在实验过程中对于仪器的工作状态有更高的要求，也可以采用经确认的内部制定的校准方法来进行校准。

一般来说，校准可以分为定期校准和不定期校准等形式。

① 定期校准是按照规定日程表实施的校准。对于热分析仪器而言，在正常工作期间，一般需要定期（通常为 2 年）进行一次内部校准[4]。通常在两个校准周期内需进行一次期间核查，期间核查时可以使用已知数值的标准物质对仪器经常使用的测试部件或条件进行确认，以确保仪器状态正常。当在期间核查或者日常的检测过程中发现所得到的实验结果无法满足实验要求时，应查找原因并及时解决问题，必要时重新进行校准。

② 不定期校准是指当仪器设备发生长期闲置、关键部件发生更换后，或者对实验数据产生怀疑等情况时，应及时按照相应规范或者规程进行的校准。

与其他分析仪器一样，需要定期对热重分析仪进行校准，以确保仪器处于正常的工作状态。对于热重分析仪而言，校准操作是在按照第 3 章中所介绍的温度校正和质量校正方法进行校准之后进行的，用于评价仪器在依据校准规范的要求完成各项实验之后所得到的技术参数是否满足要求。

校准主要包括以下步骤[2]：①在仪器完成相应的物理量校正后，实验室按照相应的校准规范或者检定规程的要求进行各项实验，记录实验结果。通常需要进行多次重复实验，实验次数应满足所依据的规范或者规程的要求。②在实验完成后，按照所依据的规范或者规程的要求对实验得到的各项参数进行统计分析。③按照所依据的规范或者规程的要求，撰写校准报告。

4.1.2　检定

检定是指由政府计量行政部门所属的法定计量检定机构或授权的计量检定机构，对社会公用计量标准、部门和企业、事业单位的用于贸易结算、安全防护、医疗卫生、环境监测四个方面并列入国家强检目录的工作计量器具按照已经发布的检定规程实行强制检定[2]。对于热重分析仪而言，在对其进行计量检定时所依据的检定规程为《热重分析仪检定规程》（JJG 1135—2017）[3]，检定周期一般为 2 年。

检定不同于校准，二者之间的主要区别在于[1]：

① 校准不具有强制性，是自愿溯源的行为，而检定则具有强制性，是属于法制计量管理范畴的执法行为；

② 校准主要用来确定仪器的关键参数的数值，而检定则是对测量器具的计量特性和技术要求的全面评定，需要给出检定的仪器可以满足所依据的检定规程中的等级；

③ 校准的依据是校准规范，这种校准方法可作统一规定也可以自行制定，而检定的依据则必须是检定规范；

④ 在校准报告或者校准证书中不判断所校准的对象是否符合要求,而在检定证书中则需要对所检定的测量器具作出是否符合要求的结论;

⑤ 校准结果通常是出具校准证书或校准报告,检定通常是检定结果合格的出具检定证书,不合格的出具不合格通知书。

就以上分析来看,热重分析仪目前没有被列入强制检定仪器目录中,通常不需要进行强制检定。在实际应用中,为了确保热分析仪器出具的数据准确可靠,使其测量结果具有溯源性,一般通过校准的形式来进行质量管理。因此,校准是确保热重分析仪所测量的量值统一和准确可靠的重要途径。

4.1.3　校验

除了以上所介绍的检定和校准之外,在国内外还经常会采用校验的形式对仪器进行评价。校验是在没有相关检定规程或校准规范时,按照机构或组织自行编制的方法实施量值传递溯源的一种方式[2]。校验主要用于专用计量器具或准确度相对较低的计量器具及试验的硬件或软件,由于校验和校准之间存在着很多的相似之处,近年来逐渐用校准代替了校验这种称谓。

在本章中,将结合实例分别介绍独立式热重分析仪和同步热分析仪的校准方法。

4.2　独立式热重分析仪的校准方法

如上所述,对仪器进行定期或者不定期的校准或者检定是全面评价仪器的工作状态的一种十分重要的质量控制方法,实际使用热重分析仪的实验室工作人员应熟练掌握对热重分析仪进行校准的方法并了解在校准时应注意的问题。另外,即使不直接使用热重分析仪进行实验,当需要在科研论文和实验报告中利用由热重分析仪得到的实验数据时,也应了解在实验时所采用的仪器的校准方法和校准结果,以便对得到的实验数据进行合理的不确定度分析,评价所得到结果的合理性。在实际应用中,由于热重分析仪当前尚未被列入强制检定目录中,再加上国内的大多数计量检定机构目前未开展热分析仪的检定项目,因此当前的热分析仪器主要采用校准的方式来得到仪器的各项性能参数。由于目前我国尚未制定相关的校准规范,在实际的校准中通常采用已经发布的检定规程。在以下内容中,将结合实例介绍依据现有的检定规程对热重分析仪进行校准的方法。

4.2.1　校准依据

1997 年,原国家教委发布了《热分析仪检定规程》[JJG（教委）014—1996][4],其中对于新安装、使用过程中和经过维修后的热分析仪 [如差热分析仪（DTA）、差示扫描量热仪（DSC）和热重分析仪（TG）] 的检定方法作了规范性的要求。2017

年，原国家质量监督检验检疫总局发布了由中国计量科学研究院等单位编写的针对热重分析仪的检定规程《热重分析仪检定规程》（JJG 1135—2017）[3]。在目前已经发布的这两个检定规程文件中，对热重分析仪的计量要求之间存在着较大的差别。在表4-1和表4-2中分别列出了这两个检定规程文件中对于热重分析仪的计量要求。

**表 4-1　《热分析仪检定规程》[JJG（教委）014—1996]中规定的
TG 仪计量特性和等级评定[4]**

仪器等级	最大灵敏度 s/μg	称重准确度/%	称量精度/%	温度精度 t/℃	温度准确度 t/℃	温度范围 t/℃
A	1	±1	±0.5	±2	±2	
B	≤15	±1.5	±1	±3	±3	室温~1000
C	≤50	±2	±1.5	≤±5	≤±5	

表 4-2　《热重分析仪检定规程》（JJG 1135—2017）中规定的 TG 仪计量特性[3]

检定项目			计量性能
质量零点漂移			≤0.05mg
质量基线漂移			≤0.20mg
质量重复性			≤($0.001m_0$+0.004mg)
质量示值误差			不超过±($0.001m_0$+0.020mg)
升温速率示值误差			不超过±3.0%
温度重复性	居里点		≤2.0℃
	熔点		≤1.0℃
温度示值误差	居里点	阿留麦尔合金	不超过±3.0℃
	熔点	镍（Ni）	不超过±4.0℃
		铁（Fe）	不超过±6.0℃
		铟（In）	不超过±1.0℃
		锡（Sn）	不超过±1.5℃
		铅（Pb）	不超过±1.5℃
		锌（Zn）	不超过±2.0℃

注：m_0为砝码经检定的实际值，计量单位为毫克（mg）。

在对热重分析仪进行校准时，应按照所用的检定规程或者校准规范中的要求进行实验，并对得到的数据进行分析，得到需要确定的相关参数的数值。通常为了便于更加规范、准确地确定仪器的工作状态，在相应的校准规范或者检定规程中对于在进行检定或者校准时仪器所处的环境条件、标准物质、气氛气体、仪器的工作条件等分别做了更加具体的要求，在进行校准时应严格按照这些要求进行实验。

在以下的内容中将分别结合以上所列的两个检定规程的内容，来介绍独立式热重分析仪的校准方法。

4.2.2　仪器校准时的环境条件要求

在热重分析仪正常工作和对其进行校准时，仪器所处的工作环境应满足以下的要求：

① 仪器电源电压：220V±20V，50Hz±1Hz。对于一些工作电压为110V的进口仪器，在正常工作时应通过电压转换装置使其转化为满足要求的电压。

② 环境温度：22℃±8℃。仪器所处的环境的温度应尽可能保持恒定，在实验过程中环境的温度不应出现太大的波动。

③ 环境湿度：<85% RH。热重分析仪所处的实验室内应有湿度控制装置，在仪器工作时环境的湿度也不应出现较大的波动。

④ 校准场所应通风良好，无热辐射影响，不应有易燃、易爆和腐蚀性气体。同时，空调出风口或者其他因素引起的气流波动不应正对加热炉的出口。

⑤ 仪器应平衡牢固地安装在工作台上，避免振动，并防止电磁干扰。

4.2.3　仪器校准时需要的标准物质、砝码和气氛气体

在对热重分析仪进行校准时，需要用到以下必要的标准物质、砝码和气氛气体。

（1）标准物质

对于具有差热分析或差示扫描量热功能的仪器而言，在校准时使用热分析有证标准物质，其量值包括熔点和熔化焓，熔点外推起始温度扩展不确定度应满足所用的校准规范或者检定规程的要求。在第 4.4 节同步热分析仪的校准方法中将介绍该类仪器的校准方法，此处不再详细描述。

另外，当采用吊丝熔断法校准不具有差热分析或差示扫描量热功能的热重分析仪时，所采用的已知熔点的金属丝应满足以上提及的标准物质的要求。

对于不具有差热分析或差示扫描量热功能的仪器而言，在校准时使用铁磁性材料居里点国家有证标准物质。在《热重分析仪检定规程》（JJG 1135—2017）中，要求居里点在 50~250℃ 范围内时扩展不确定度不大于 1.5℃（$k = 2$），居里点在 250~500℃ 范围内时扩展不确定度不大于 2.0℃（$k = 2$），居里点在 500℃ 以上时扩展不确定度不大于 3.0℃（$k = 2$）。在不同的温度范围内，应采用不同的标准物质进行校准。

（2）砝码

在校准时，应使用标称值为 1mg、10mg、20mg 的 F1 等级不锈钢砝码。所用的砝码经过计量检定合格，使用时处于有效期内。同时，在砝码检定证书中应给出砝码质量的修正值。

（3）气氛气体

校准时通常使用氮气作为气氛气体，其纯度不低于 99.99%（体积分数）。实验时，仪器的气氛控制系统应能保证仪器在测试过程中气流稳定。同时，气体的流量可控，还应保证在实验过程中仪器的气流通路不漏气、无堵塞现象。

4.2.4　仪器的准备工作

在校准工作开始之前，应确保仪器的气路保持正确的连接状态，气源压力正常，仪器的气密性可以满足要求。在正式开始校准工作之前，所使用的热重分析仪应已经按照相关标准或者仪器的操作规程中要求的校正方法完成了校正。校正时的实验条件应与所采用的校准规范或者检定规程中所要求的实验条件保持一致，这些实验条件主要包括试样状态、试样用量、试样支架、升温速率、坩埚、气氛气体种类与流速等。

4.2.5　热重分析仪的校准项目

在《热重分析仪检定规程》（JJG 1135—2017）[3]中规范了热重分析仪的检定项目（表4-3），在对仪器的基线进行校准时通常应按照规程中的要求对这些项目进行校准。在表4-3中，分别列出了在首次检定、后续检定和使用中检查时需要校准的项目。在首次检定时，需要对表中所列的全部项目进行校准。在后续开展的定期和不定期校准工作中，需要对除了质量零点漂移、温度变化速率的示值误差之外的项目进行校准。当在使用过程中需要对仪器的工作状态进行评价时（例如期间核查工作），可以仅对仪器的外观及功能要求、质量示值误差、温度重复性和温度示值误差这四个关键指标进行校准。

表 4-3　在《热重分析仪检定规程》（JJG 1135—2017）中规定的 TG 仪的检定项目[3]

检定项目	首次检定	后续检定	使用中检查
外观及功能要求	+	+	+
质量零点漂移	+	−	−
质量基线漂移	+	+	−
质量重复性	+	+	−
质量示值误差	+	+	+
温升速率示值误差	+	−	−
温度重复性	+	+	+
温度示值误差	+	+	+

注："+"表示应检定项目，"−"表示可不检定项目。

在实际应用中，通常应按照以下的方法对每个需要校准的项目分别进行校准。

（1）外观及功能检查

在正式开始校准之前，应按照以下的方法对仪器的外观及功能要求进行检查：

① 通过目视检查，以确认待校准的热重分析仪的外观和铭牌中应有仪器名称、仪器型号、仪器编号、制造商名称。

② 仪器的额定工作电源的电压、频率以及仪器的工作环境应满足第 4.2.2 节中所列的各项要求。

③ 仪器各组成部分应完整,控制面板上所有按键和开关均能正常工作。

④ 仪器与电脑中的控制软件之间应保持良好的通讯功能,仪器面板上显示的信息的数值与控制软件保持一致。

⑤ 对仪器功能检查时,通常只检查仪器所能达到的最高温度[在《热重分析仪检定规程》(JJG 1135—2017)[3]中未对此做明确要求]。按照操作规程的要求启动仪器,并按照规定的实验条件测定仪器所能达到的最高温度。待实验自动结束时,从所记录的 TG 曲线确定仪器实际达到的最高温度。

在实验开始之前,在仪器的控制软件中分别输入相应的实验起始温度(室温开始的实验通常不需要输入)、终止温度、升温速率(常用的加热速率为 10℃/min)、文件名、坩埚、气氛(通常为 N_2 气)及流速等信息。

需要特别指出,在热重分析仪运行实验时,在仪器的控制软件中所设定的数据采集频率对于按照相应的校准规范所得到的性能参数也会产生较大的影响。因此,在校准时应明确所采用的数据采集频率。在实际应用中,通常采用的数据采集频率为 1 数据点/秒。

(2)程序升温速率校准

当热重分析仪的温度按照一定的温度变化速率发生线性变化时,该速率与理论值之间往往会有一定的偏差,这种偏差是仪器的加热炉和温度控制单元的性能反映,是评价热重分析仪的加热单元和温度控制单元稳定性的一个指标。

校准时,打开加热炉,在支架或者吊篮中放入一只合适材质的洁净的坩埚,选择合适的气氛并设定相应的流速,关闭加热炉。根据实验的温度范围,在控制软件中设定相应的温度变化程序、文件名、坩埚、气氛及流速等信息。待质量读数稳定后,清零。开始实验,得到相应的基线。在仪器的分析软件中打开相应的文件,计算在一定的温度范围内得到的基线的斜率。

在《热重分析仪检定规程》(JJG 1135—2017)[3]中,建议的实验条件为:在氮气的气氛下,由 25℃ 开始以 10℃/min(记为 β)的加热速率升温至 500℃。

另外,为了便于溯源,在《热重分析仪检定规程》(JJG 1135—2017)[3]中建议用秒表自实验开始时进行计时,将软件中记录下的不同时刻的温度与由秒表记录下的温度值进行对比。实际上,通过这两种不同的方式得到的时间之间差别不大,通常由软件中记录下的时间值来直接确定不同的时刻所对应的温度值。

计算时,取基线上 100℃(记为 T_1)时所对应的时间(记为 t_1)为计算的起始点,取 35min(记为 t_2)时所对应的温度(记为 T_2)为计算的终点,利用等式(4-1)计算得到曲线的斜率即为升温速率的示值误差 $\Delta\beta/\beta$。

$$\frac{\Delta\beta}{\beta} = \frac{\dfrac{T_2 - T_1}{t_2 - t_1} - \beta}{\beta} \times 100\% = \left[\frac{T_2 - T_1}{\beta \cdot (t_2 - t_1)} - 1\right] \times 100\% \qquad (4\text{-}1)$$

式中，$\Delta\beta$ 为程序升温速率偏差，℃/min；β 为程序升温速率，℃/min；t_1 为基线中温度为 T_1（100℃）时对应的时间，min（保留小数点后 2 位）；t_2 为基线中温度为 T_2 时对应的时间，min（保留小数点后 2 位）；

图 4-1 为由实验数据计算 $\Delta\beta/\beta$ 的示意图，将相应数据代入等式（4-1）可以计算得到 $\Delta\beta/\beta$ 值：

$$\frac{\Delta\beta}{\beta}=\left[\frac{T_2-T_1}{\beta\cdot(t_2-t_1)}-1\right]\times100\%=\left[\frac{372.38-100}{10\cdot(35.00-7.38)}-1\right]\times100\%=1.4\% \qquad (4\text{-}2)$$

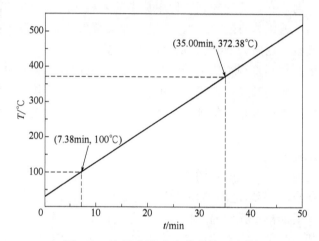

图 4-1　计算升温速率偏差的示意图

（实验条件：流速为 50mL/min 的氮气气氛下，由室温开始以 10℃/min 的加热速率升温至 500℃，未添加任何样品的洁净的敞口氧化铝坩埚）

在表 4-2 中，要求升温速率的示值误差 $\Delta\beta/\beta$ 应小于 3%。由等式（4-2），实验中升温速率的 $\Delta\beta/\beta$ 为 1.4%，小于检定规程中要求的限值。

（3）等温下质量零点漂移量的校准

天平的质量零点漂移，可用来评价天平在等温条件下测量的质量数据的波动信息，是评价热重分析仪天平的稳定性的一个指标。

校准时，首先打开气氛气体（例如 N_2）并根据仪器的操作规程的要求设定相应的流速。打开加热炉，在吊篮或者支架上放置洁净的空坩埚后，关闭加热炉。在仪器的控制软件中分别设定相应的温度控制程序、文件名、坩埚、气氛及流速等信息。在《热重分析仪检定规程》（JJG 1135—2017）[3]中建议的实验条件为：在氮气气氛下，在 25℃下等温 30min。由于 25℃接近室温，不利于仪器控制温度，因此通常选取在略高于室温的温度（例如 35℃或者 40℃）下进行等温实验来确定热重分析仪的零点质量漂移。

实验时，待仪器的质量读数几乎保持不变时开始实验，仪器运行预先设定的等温程序，温度设在 35℃。待质量读数稳定后归零，开始记录实验数据。在 35℃条件下等温运行 30min，得到相应的 m-t（质量-时间）曲线。取 30min 内质量测量数据的极大值（m_{max}）和极小值（m_{min}），按照等式（4-3）计算质量零点漂移值 Δm_{zero}。

$$\Delta m_{zero} = m_{max} - m_{min} \tag{4-3}$$

式中，Δm_{zero} 为质量零点漂移值，mg；m_{max} 为质量测量数据的极大值，mg；m_{min} 为质量测量数据的极小值，mg。

图 4-2 是在 35℃等温下（图中的等温时间为 50min，高于检定规程中要求的 30min）得到的质量零点漂移数据，图中给出了在实验过程中质量测量数据的极大值（m_{max}）和极小值（m_{min}）。于是，根据等式（4-3）可以得到：

$$\Delta m_{zero} = m_{max} - m_{min} = 0.0012mg - (-0.0015mg) = 0.0027mg \tag{4-4}$$

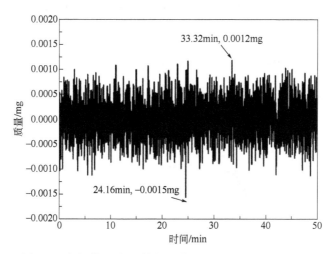

图 4-2　根据等温实验数据计算质量零点漂移值 Δm_{zero}

（实验条件：流速为 50mL/min 的氮气气氛下，在 35℃下等温 50min，
未添加任何样品的洁净的敞口氧化铝坩埚）

在《热重分析仪检定规程》（JJG 1135—2017）[3]中，要求质量零点漂移值（Δm_{zero}）≤0.05mg，本例中的实验数据由等式（4-4）计算得到的 Δm_{zero} = 0.0027mg，远远小于该检定规程中所要求的限值。

（4）动态质量基线漂移量的校准

热重分析仪的动态质量基线偏移量可以反映仪器在动态温度变化条件下的稳定性，是影响实验所得数据的质量准确度的一个十分重要的指标。

校准时，首先打开气氛气体（例如 N$_2$）并根据仪器操作规程的要求设定相应的流速。然后打开加热炉，在吊篮或者支架上放置洁净的空坩埚后，关闭加热炉。在控制软件中设定相应的温度控制程序、文件名、坩埚、气氛及流速等信息。实验时，待仪器状态稳定后，将质量读数清零，在设定的气氛下按照温度控制程序得到在恒定的加热速率下、在一定的温度范围内的实验曲线。

在《热重分析仪检定规程》（JJG 1135—2017）[3]中，建议的实验条件为：在一定的氮气气氛流速下，在25℃下保持恒温，待质量读数稳定后归零。之后以10℃/min升温速率加热至500℃，得到相应的 T-m（温度-质量）曲线。在分析软件中打开实验文件，取 100~500℃范围内质量测量数据的极大值（m_{max}）和极小值（m_{min}），按照等式（4-5）计算质量基线漂移值 $\Delta m_{baseline}$。

$$\Delta m_{baseline} = m_{max} - m_{min} \qquad (4\text{-}5)$$

式中，$\Delta m_{baseline}$ 为质量的基线漂移值，mg；m_{max} 为质量测量数据的极大值，mg；m_{min} 为质量测量数据的极小值，mg。

图4-3是在室温下以10℃/min的加热速率升温至550℃时得到的动态质量基线，图中给出了在实验过程中质量测量数据的极大值（m_{max}）和极小值（m_{min}）。于是，根据等式（4-5）可以得到：

$$\Delta m_{zero} = m_{max} - m_{min} = 0.0097\text{mg} - (-0.0005\text{mg}) = 0.0102\text{mg} \qquad (4\text{-}6)$$

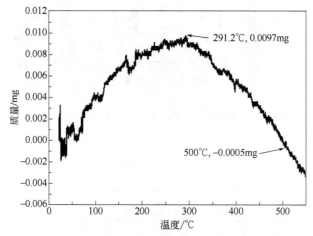

图 4-3　根据非等温实验数据计算动态质量基线漂移量 $\Delta m_{baseline}$

（实验条件：流速为50mL/min 的氮气气氛下，由室温开始以 10℃/min 的加热速率
升温至550℃，未添加任何样品的洁净的敞口氧化铝坩埚）

在《热重分析仪检定规程》（JJG 1135—2017）[3]中，要求动态质量基线漂移值（$\Delta m_{baseline}$）≤0.2mg，本例中的实验数据由等式（4-6）计算得到的 $\Delta m_{zero} = 0.0102$mg，远远小于该检定规程中所要求的限值。

另外，由图4-3可以看出，在计算 $\Delta m_{baseline}$ 时所选取的温度范围和加热速率的变化均会引起基线的偏移，由此得到的 $\Delta m_{baseline}$ 的差别也很大。由此，在比较不同的 $\Delta m_{baseline}$ 时应充分考虑所用的实验条件之间的差异。

（5）质量示值误差和质量重复性指标的校准

在热重实验过程中，质量示值误差和质量重复性是影响测得的 TG 曲线中质量数据的准确性的重要参数。

在校准质量示值误差时，首先打开气氛气体（例如 N_2）并根据仪器操作规程的要求设定相应的流速。然后打开加热炉，在吊篮或者支架上放置洁净的空坩埚后，关闭加热炉。在设定的温度（通常为略高于室温的某一个温度）下达到平衡后，将质量读数清零，打开加热炉。取下样品坩埚，把已知质量的砝码放入坩埚内，然后把坩埚放回样品支持器上，关闭加热炉。待质量读数稳定后，记录质量测量值。在控制软件中设定相应的温度控制程序、文件名、坩埚、气氛及流速等信息。实验时，待质量读数稳定后，开始记录质量测量值。在设定的气氛下按照温度控制程序得到在等温下的实验曲线。

在《热重分析仪检定规程》（JJG 1135—2017）[3]中，建议采用的实验条件为：在一定的氮气气氛流速下，在 25℃下保持恒温，打开加热炉，在吊篮或者支架上放置好空坩埚，关闭加热炉。在 25℃保持恒温，待质量读数稳定后归零。打开加热炉，取下样品坩埚，把 1mg 砝码放入坩埚内，然后把坩埚放回在吊篮或者支架上，关闭加热炉。待质量读数稳定后，记录质量测量值 m_1。依照以上步骤，更换样品，重复测试 1 次，分别记录质量测量值，记为 m_2。在完成 1mg 砝码的实验后，分别更换 10mg 和 20mg 的砝码，按照以上的操作步骤分别记录质量测量值。

在实际应用中，为了便于在控温的条件下得到等温下的质量值，所选取的等温温度通常为略高于室温的某一个温度（例如，在 35℃或者 40℃）。另外，在对最终的校准结果进行不确定度分析时，需要记录至少 5 次以上的重复测量结果，即需要重复以上操作 4 次，分别得到质量测量值 $m_2 \sim m_5$。

在实验结束后，可以利用等式（4-7）来求取以上 5 次测试结果的平均值 $\bar{m}$，利用等式（4-8）求取质量示值误差 Δm。

$$\bar{m} = \frac{1}{5} \cdot \sum_{i=1}^{5} m_i \qquad (4\text{-}7)$$

$$\Delta m = \bar{m} - m_s = \frac{1}{5} \cdot \sum_{i=1}^{5} m_i - m_s \qquad (4\text{-}8)$$

式中，$i = 1$、…、5，实验次数；m_i 为第 i 次所测试的质量值；$\bar{m}$ 为仪器测得的标准砝码的质量平均值；m_s 为检定证书给出的砝码实际质量值，mg；Δm 为质量的示值误差，mg；

在以上 5 次测试结果所得的质量结果中，分别选取最大值记为 m_{max}，最小值为 m_{min}，利用等式（4-9）计算质量的重复性：

$$S_m = |m_{max} - m_{min}| \qquad (4\text{-}9)$$

式中，S_m 为质量的重复性，mg；m_{max} 为 5 次测试结果中的质量最大值，mg；m_{min} 为 5 次测试结果中的质量最小值，mg。

图 4-4 是在 35℃下向坩埚中加入 1mg 的砝码并等温 5min 后得到的实验数据。分别对每次测量结果取平均，得到的数值列于表 4-4 中。另外，在表 4-4 中还分别列出了由 10mg 和 20mg 砝码得到的测量数据，以及由此计算得到的平均值、质量示值误差和质量重复性指标。

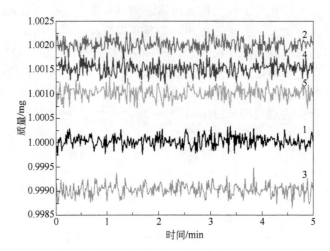

图 4-4　根据等温实验数据确定不同测量次数下 1mg 砝码的读数 m_i

（实验条件：流速为 50mL/min 的氮气气氛下，在 35℃下等温 35min，
1mg 砝码加入至洁净的敞口氧化铝坩埚）

表 4-4　由不同质量的砝码测得的质量及计算所得各项指标

砝码修正值	质量/mg					平均值/mg	质量示值误差/mg	重复性/mg
	测量次数 1	测量次数 2	测量次数 3	测量次数 4	测量次数 5			
1mg	1.000	1.002	0.999	1.002	1.001	1.001	0.001	0.003
10mg	10.001	10.004	10.002	9.998	10.005	10.002	0.002	0.007
20mg	20.003	19.999	20.006	20.005	19.992	20.001	0.001	0.014

在《热重分析仪检定规程》（JJG 1135—2017）[3]中，要求仪器的质量示值误差 ≤0.001m_s+0.020mg（即对于 1mg 的砝码，仪器的质量示值误差应≤0.021mg；对于 10mg 的砝码，误差应≤0.030mg；对于 20mg 的砝码，误差应≤0.040mg），要求仪器的质量重复性指标≤0.001m_s+0.004mg（即：对于 1mg 的砝码，仪器的质量重复性指标应≤0.005mg；对于 10mg 的砝码，仪器的质量重复性指标应≤0.014mg；对于 20mg 的砝码，仪器的质量重复性指标应≤0.024mg）。显然，在表 4-4 中分别得到的质量示值误差和质量重复性指标的数值均远低于该检定规程中所要求的限值。

（6）温度示值误差和温度重复性指标的校准

在热重实验过程中，温度示值误差和温度重复性是影响测得的 TG 曲线中温度数据的准确性的重要参数。对于独立式热重分析仪而言，通常使用居里点标准物质来校准仪器的温度[5,6]，也可采用在本书第 3 章中所介绍的吊丝熔断法[5]根据所用的已知熔点的金属丝跌落的温度来校准。对于同步热分析仪而言，通常使用已知熔点的标准物质来校准仪器的温度。在本部分内容中，仅介绍通过居里点标准物质校准温度的方法。

在校准时，首先打开气氛气体（例如 N_2）并根据仪器的操作规程的要求设定相应的流速。然后打开加热炉，在吊篮或者支架上放置洁净的空坩埚后，关闭加热炉。在设定的温度（通常为略高于室温的某一个温度）下达到平衡后，将质量读数清零，打开加热炉。取下样品坩埚，把一定质量的标准物质放入坩埚内，然后把坩埚放回样品支持器上，坩埚不加盖子，关闭加热炉。待质量读数稳定后，记录质量测量值。在控制软件中设定相应的温度控制程序、文件名、坩埚、气氛及流速等信息。实验时，待质量读数稳定后，开始记录质量-温度曲线。在设定的气氛下按照温度控制程序得到在等温下的实验曲线。

在《热重分析仪检定规程》（JJG 1135—2017）[3]中，建议的实验条件为：首先打开 N_2 气氛气体，根据仪器的操作规程的要求设定相应的流速。打开加热炉，在试样支持器上放置好空氧化铝坩埚，关闭加热炉。在 35℃ 保持恒温，待质量读数稳定后归零。打开加热炉，取下样品坩埚。用分析天平初步称取热分析标准物质 10.00mg±0.50mg，放入氧化铝坩埚中并与坩埚底部有良好接触，然后把坩埚放回样品支持器上，关闭加热炉，坩埚不加盖。待质量读数稳定后，记录质量测量值。然后在加热炉的外侧（或者通过电磁线圈加载磁场）加载磁场。根据所用的居里点标准物质的转变温度设定合适的温度范围（例如，当使用金属镍标准物质时，温度范围可以设置为从 250℃ 到 450℃）进行程序升温，升温速率为 10℃/min，记录 TG 曲线，得到标准物质的转变台阶。通过分析软件确定转变台阶结束位置的外推温度 T_1，保留小数点后 1 位。

依照以上步骤，更换样品，重复测试 4 次，分别读取外推起始温度，记为 $T_2 \sim T_5$。

在实验结束后，可以利用以下形式的等式（4-10）来求取以上 5 次测试结果的平均值 $\bar{T}$，利用等式（4-11）求取温度示值误差 ΔT。

$$\bar{T} = \frac{1}{5} \cdot \sum_{i=1}^{5} T_i \tag{4-10}$$

$$\Delta T = \bar{T} - T_s = \frac{1}{5} \cdot \sum_{i=1}^{5} T_i - T_s \tag{4-11}$$

式中，$i = 1$、2、…、5，分别代表实验次数；T_i 为第 i 次所测试的外推起始温度；$\bar{T}$ 为仪器测得的标准物质的外推起始温度的平均值；T_s 为标准物质的标准值，℃；ΔT 为温度的示值误差，℃。

在以上 5 次测试结果所得到的外推起始温度中，选取最大值记为 T_{max}，最小值记为 T_{min}。利用等式（4-12）计算温度重复性：

$$S_T = |T_{max} - T_{min}| \qquad\qquad (4-12)$$

式中，S_T 为温度的重复性，℃；T_{max} 和 T_{min} 分别为 5 次测试结果所得的外推起始温度中的最大值和最小值。

图 4-5 是在不同测量次数下由 Ni 居里点标准物质测得的 TG 曲线，按照图示的方法可以通过外推切线的交点来确定相应的外推起始温度 T_i。分别对每次测量结果取平均，所得到的数值列于表 4-5 中。另外，由此计算得到的温度平均值、温度示值误差和温度重复性指标也列于表 4-5 中。

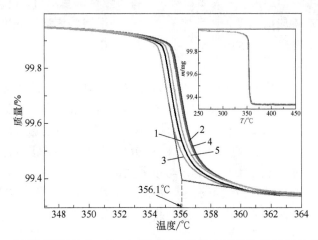

图 4-5　在不同测量次数（1~5）下由 Ni 居里点标准物质测得的 TG 曲线
（实验条件：流速为 50mL/min 的氮气气氛下，从 250℃开始以 10℃/min 的加热速率升温至 450℃，33~35mg 的 Ni 居里点标准物质加入至洁净的敞口氧化铝坩埚）

表 4-5　由不同测量次数得到的 TG 曲线计算得到的居里转变温度以及计算所得各项指标

标准物质	居里转变温度/℃					平均值/℃	标准值/℃	温度示值误差/℃	温度重复性/℃
	测量次数 1	测量次数 2	测量次数 3	测量次数 4	测量次数 5				
Ni	356.8	357.3	356.1	357.4	357.1	357.0	358.6	−1.6	1.3

在《热重分析仪检定规程》（JJG 1135—2017）[3]中，要求仪器的温度示值误差≤4.0℃（对于 Ni 标准物质），要求仪器的温度重复性指标≤2.0℃。显然，在表 4-5 中分别得到的温度示值误差（−1.6℃）和温度重复性指标的数值（1.3℃）均低于该检定规程中所要求的限值。

（7）最大称量灵敏度的校准

在表 4-1 中所列的《热分析仪检定规程》[JJG（教委）014—1996][4]中的 TG 仪计量特性中，还包括了热重分析仪的质量测量的最大灵敏度参数，该参数由 TG 曲线的最大噪声的峰高值确定。由于数据采集频率和对曲线的平滑处理均会影响基线的噪声，因此在确定该参数时，应在较高的数据采集频率（例如 1 数据点/秒）下并且不对曲线进行任何平滑处理的条件下得到该参数。例如，在图 4-6 中给出了在 35℃下等温得到的一条基线的数据。图中的曲线的数据采集频率为 1 数据点/秒，并且未进行平滑处理，在图中标出了最大噪声的峰高数值。根据图中最大噪声峰的峰值和底部的数值的差值，可以得到最大灵敏度值为 0.0132mg–0.0127mg = 0.0005mg（即 0.5μg），该数值低于表 4-1 中 A 等级的最大灵敏度值 1μg。显然，该数值还取决于所选取的时间（对于等温实验而言）或者温度（对于非等温实验而言）的范围，由不同范围的 TG 曲线所得到的最大灵敏度之间的差别较大。

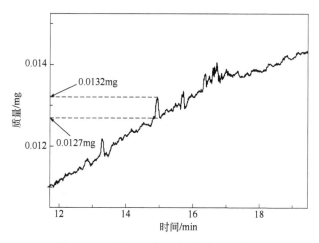

图 4-6　在等温条件下得到的 TG 曲线

（实验条件：流速为 50mL/min 的氮气气氛下，在 35℃下等温 20min，
未添加任何样品的洁净的敞口氧化铝坩埚）

4.2.6　校准结果的表述

在校准工作结束后，需要及时记录原始数据并完成相应的校准报告。

（1）原始数据的记录

在按照以上所介绍的相应的方法进行校准时，应在比较规范的记录表中及时记录每一个过程的原始数据，在对原始数据进行计算后得到的相应的参数的数值也应填入记录表中。表 4-6 为《热重分析仪检定规程》（JJG 1135—2017）[3]中提供的原始记录表格。

表 4-6　《热重分析仪检定规程》（JJG 1135—2017）中提供的原始记录表格[3]

原始记录号 ＿＿＿＿＿＿＿＿＿＿＿＿＿＿＿＿＿

仪器名称 ＿＿＿＿＿＿＿＿＿＿＿＿＿＿　　　　型号 ＿＿＿＿＿＿＿＿＿＿＿＿＿＿

出厂编号 ＿＿＿＿＿＿＿＿＿＿＿＿＿＿　　　制造厂 ＿＿＿＿＿＿＿＿＿＿＿＿＿

送检单位 ＿＿＿＿＿＿＿＿＿＿＿＿＿＿　　　环境温度 ＿＿＿＿＿＿＿＿＿＿℃

环境湿度 ＿＿＿＿＿＿＿＿＿＿％RH　　　　砝码检定证书编号 ＿＿＿＿＿＿＿＿＿

居里点标准物质编号 ＿＿＿＿＿＿＿＿　　　居里点标准物质批号 ＿＿＿＿＿＿＿＿

居里点不确定度（$k = 2$）＿＿＿＿＿＿　　热分析标准物质编号 ＿＿＿＿＿＿＿

热分析标准物质批号 ＿＿＿＿＿＿＿＿＿　熔点不确定度（$k = 2$）＿＿＿＿＿＿＿

证书编号 ＿＿＿＿＿＿＿＿＿

1．通用技术要求 ＿＿＿＿＿＿＿＿＿＿＿

2．质量零点漂移

　　质量极大值（m_{max}）＿＿＿＿＿＿　　质量极小值（m_{min}）＿＿＿＿＿＿

　　质量零点漂移（Δm_{zero}）＿＿＿＿＿

3．质量基线漂移

　　质量极大值（m_{max}）＿＿＿＿＿＿　　质量极小值（m_{min}）＿＿＿＿＿＿

　　质量基线漂移（$\Delta m_{baseline}$）＿＿＿＿＿

4．质量重复性和示值误差

砝码修正值/mg	测量 1/mg	测量 2/mg	重复性/mg	平均值/mg	示值误差/mg

5．升温速率示值误差

　　开始计时样品温度（T_0）＿＿＿＿＿＿　　35min 样品温度（T_{35}）＿＿＿＿＿

　　升温速率误差（Δv）＿＿＿＿＿＿

6．居里点的重复性和示值误差

标物	认定值/℃	质量 1/mg	测量 1/℃	质量 2/mg	测量 2/℃	重复性/℃	平均值/℃	示值误差/℃

7．熔点的重复性和示值误差

标物	认定值/℃	质量 1/mg	测量 1/℃	质量 2/mg	测量 2/℃	重复性/℃	平均值/℃	示值误差/℃

检定日期 ＿＿＿＿年＿＿月＿＿日　　　检定员 ＿＿＿＿＿＿核验员 ＿＿＿＿＿＿

（2）校准结果的处理

校准结果应在校准报告或者校准证书上反映出来。通常，在校准证书或者校准报告中应至少包括以下的信息：

（a）标题"校准证书"或者"校准报告"；

（b）实验室名称和地址；

（c）进行校准的地点（如果与实验室的地址不同）；

（d）证书或者报告的唯一性标识（如编号），每页及总页数的标识；

（e）客户的名称和地址；

（f）被校准对象的描述和明确标识；

（g）进行的校准的日期，如果与校准结果的有效性和应用有关时，应说明被校对象的接收日期；

（h）如果与校准结果的有效性和应用有关时，应对被校样品的抽样程序进行说明；

（i）校准所依据的技术规范的标识，包括名称及代号；

（j）本次校准所用测量标准的溯源性及有效性说明；

（k）校准环境的描述；

（l）校准结果及测量不确定度的说明；

（m）对校准规范的偏离说明；

（n）校准证书或校准报告签发人的签名、职务或等效标识；

（o）校准结果仅对被校对象的有效性的声明；

（p）未经实验室书面批准，不得部分复制证书的声明。

表 4-7　《热重分析仪检定规程》（JJG 1135—2017）中提供的检定报告的参考格式[3]

C.1　检定证书/检定结果通知书

证书编号：××××—××××
检定机构授权说明
检定环境条件及地点： 温度：　　　　℃　　　　　　　　地点： 湿度：　　　　%RH　　　　　　　其他：
检定使用的计量基（标）准装置/主要标准器/主要仪器

名称	测量范围	不确定度/准确度	证书编号	证书有效期至 （YYYY-MM-DD）
热重分析仪 　检定装置				

第×页　共×页

C.2 检定证书

证书编号：××××—××××

检定结果

检定项目	检定结果
通用技术要求	合格
质量零点漂移/mg	≤0.05mg
质量基线漂移/mg	≤0.20mg
质量重复性/mg	≤
质量示值误差/mg	不超过±
升温速率示值误差/%	不超过±3.0%
居里点重复性/℃	≤2.0℃
居里点示值误差/℃	不超过±
熔点重复性/℃	≤1.0℃
熔点示值误差/℃	不超过±
检定结论	合格

－ － － － － 以下空白 － － － － －

第×页　共×页

其中，以上第（1）项中的测量不确定度计算部分内容，应按照影响最终的测量结果的各个因素确定相应的不确定度分量，通过将这些不确定度分量进行合成，最终得到扩展不确定度（$k = 2$）。在校准报告或者校准证书中用扩展不确定度的形式来表示校准结果。有关不确定度评估的方法详见第4.5节。

由于在校准报告中不需要得出结论，但需要在校准报告或者校准证书中给出仪器的各个性能参数。在《热重分析仪检定规程》（JJG 1135—2017）[3]中提供了检定报告的格式（表4-7），校准报告也可以参考类似的格式进行编写。在完成校准工作后，通常将表4-6中的原始记录表与表4-7的校准报告一起归档保存。

4.3　同步热分析仪的校准方法

　　对仪器进行定期或者不定期的校准或者检定是全面评价同步热分析仪的工作状态的一种十分重要的质量控制方法。对于实际使用同步热分析仪的实验室工作人员而言，应熟练掌握对同步热分析仪进行校准的方法和应注意的问题。另外，即使不直接使用同步热分析仪进行实验，在科研论文和实验报告中利用由同步热分析仪得到的实验数据时，也应了解在实验时所用仪器的校准方法和校准结果，以便对得到的实验数据进行合理的不确定度分析，评价所得结果的合理性。在实际应用中，由于同步热分析仪未被列入强制检定仪器的目录中，另外国内的大多数计量检定机构目前未开展该类仪器的检定项目，因此当前的同步热分析仪器主要采用校准的方式来得到仪器的各项性能参数。由于目前我国还未制定相关的同步热分析仪的校准规范，在实际的校准中通常分别采用已经发布的 TG 和 DTA（或 DSC）仪器的检定规程。在本文中，介绍了根据现有的检定规程校准仪器的方法。

　　在本章第 4.2 节中结合实例介绍了独立式热重分析仪的校准方法，在实际应用中，有相当多的热重实验是通过以 TG-DTA 和 TG-DSC 形式存在的同步热分析仪完成的[7]。因此，下面将以 TG-DSC 形式的同步热分析仪为例介绍其校准方法。

　　在实验过程中，通过 TG-DSC 实验可以同时得到 TG 曲线和 DSC 曲线的信息。因此，在对这类仪器进行校准时，除了应按照第 4.2 节中介绍的独立式热重分析仪的质量校准方法对仪器进行校准外，还应使用标准物质分别对温度和热效应进行校准。

　　为了保证内容的完整性，便于在对同步热分析仪进行校准时直接参考本部分内容，因此在本部分内容中简要地重复列出了第 4.2.5 节中关于质量校准的内容。

4.3.1　校准依据

　　1997 年，原国家教委于发布了《热分析仪检定规程》[JJG（教委）014—1996][4]，其中对于新安装、使用中和修理后的热分析仪如差热分析仪（DTA）、差示扫描量热仪（DSC）和热重分析仪（TG）的检定作了规范。在表 4-1、表 4-8 和表 4-9 中，分别列出了在该版本的检定规程中关于 TG 仪、DTA 仪和 DSC 仪的计量特性和等级评定表。其中，在表 4-8 中所列的是工作温度范围在$-150 \sim 720{}^\circ\!\text{C}$的独立式 DSC 仪的计量参数。由于结构设计形式和工作原理上的较大的差异，与 TG 联用的工作温度范围在室温$\sim 1500{}^\circ\!\text{C}$的 TG-DSC 仪的计量特性指标远低于表 4-8 中所列的这些指标参数。在实际应用中，在对这类仪器进行校准时通常参照表 4-9 中所列的 DTA 仪的计量特性来对这类仪器的状态进行评估。

表 4-8 《热分析仪检定规程》［JJG（教委）014—1996］中的
DSC 仪计量特性和等级评定[4]

仪器等级	最大灵敏度 s /μW	温度精度 Δt /℃	温度准确度 Δt/℃	量热精度/%	量热准确度 /%	温度范围 t /℃
A	≤10	±0.2	±0.2	±0.5	±1	−150~720
B	≤50	±1.0	±1.0	±1	±1.5	
C	50~100	±1.5	±2.0	±2	±2	

表 4-9 《热分析仪检定规程》［JJG（教委）014—1996］中的
DTA 仪计量特性和等级评定[4]

仪器等级	最大灵敏度 s/℃	温度精度 Δt/℃	温度准确度 Δt/℃	温度范围 t/℃
A	0.2	±2	±2	室温~1500
B	0.5	±3	±3	
C	1	≤±5	≤±5	

2002 年，原国家质量监督检验检疫总局发布了由中国计量科学研究院等单位编写的针对 DSC 仪的检定规程《示差扫描热量计检定规程》（JJG 936—2002)[8]，该检定规程对于独立式 DSC 和与热重分析仪联用的 DSC 的校准方法统一进行了描述。在该检定规程中，将两类结构形式和工作原理相差较大的 DSC 技术的计量特性统一做了要求，如表 4-10 所示。与表 4-8 相比，在表 4-10 中所列的计量特性指标中的 A 等级的温度准确度数值高了一个数量级，温度精度、量热精度、量热准确度等参数的数值也高了 3 倍以上。

表 4-10 《示差扫描热量计检定规程》（JJG 936—2002）中规定的 DSC 仪计量特性[8]

序号	技术指标 检测项目	级别		
		A	B	C
1	基线噪声（50~500℃）/(mJ/s)	0.2	0.4	0.6
2	基线漂移（50~500℃）/(mJ/s)	1.0	2.0	2.5
3	程序升温重复性/%	1	2	3
4	程序升温速率偏差/%	<10	<15	<20
5	周期升降温重复性/℃	0.5	1.0	3.0
6	分辨率	100	96	90
7	温度的偏差/℃	2	3	6
8	热量重复性/%	2	4	8
9	热量偏差/%	3	5	10

如前所述，2017 年，原国家质量监督检验检疫总局发布了由中国计量科学研究院等单位编写的针对热重分析仪的检定规程《热重分析仪检定规程》（JJG 1135—2017)[3]，其对 TG 仪的计量特性要求如表 4-2 所示。在已经发布的这两个检定规程

中，不同版本的检定规程文件对热重分析仪的计量要求之间存在着较大的差别（参见表 4-1 和表 4-2）。在对 TG-DSC 仪的热重部分进行校准时，校准方法和仪器的计量特性要求可以参考该检定规程。

在对 TG-DSC 仪进行校准时，应按照所用的检定规程或者校准规范中的要求进行实验，并对所得到的数据进行分析，得到需要确定的相关参数的数值。通常为了便于确定仪器的工作状态，在相应的校准规范或者检定规程中对于仪器的环境条件、标准物质、气氛气体、仪器的工作条件等做了具体的要求，在进行校准时应按照这些要求进行实验。由于当前我国尚未发布对应于 TG-DSC 仪的检定规程或者校准规范，因此在以下的内容中将结合以上所列的两个检定规程的内容，来介绍同步热分析仪的校准方法。

4.3.2　仪器校准时的环境条件要求

与本章第 4.2.2 节中所描述的独立式热重仪校准时的环境条件要求相似，在 TG-DSC 仪正常工作和进行校准时，其所处的工作环境应满足第 4.2.2 节的要求。

4.3.3　仪器校准时需要的标准物质和辅助设备

（1）标准物质

对于具有差热分析或差示扫描量热功能的仪器，在校准时使用热分析有证标准物质，其量值包括熔点和熔化焓，熔点外推起始温度扩展不确定度应满足所用的校准规范或者检定规程的要求。在表 4-11 中列出了根据金属的熔点进行温度校准的常用标准物质及建议采用的温度校准程序[8]。

表 4-11　根据金属的熔点进行温度校准的常用标准物质及建议采用的温度校准程序[8]

标准物质名称	居里点认定值/℃	熔点认定值/℃	取样量/mg	升温范围/℃	升温速率/(℃/min)
铟（In）	—	156.52	10	50~200	10
锡（Sn）	—	231.81	10	150~280	10
铅（Pb）	—	327.77	10	230~380	10
锌（Zn）	—	420.67	10	320~480	10

（2）砝码

在校准时，应使用标称值为 1mg、10mg、20mg 的 F1 等级不锈钢砝码。所用的砝码经过计量检定合格，使用时处于有效期内。同时，在砝码检定证书中应给出砝码的质量修正值。

（3）气氛气体

校准时通常使用氮气作为气氛气体，其纯度不低于 99.99%（体积分数）。实验时，仪器的气氛控制系统应能保证仪器在测试过程中气流稳定。同时，气体的流量应连续可控。另外，在实验过程中还应确保仪器的气流通路不漏气、无堵塞现象。

4.3.4　仪器的准备工作

在校准工作开始之前，应确保仪器的气路保持正确的连接状态，气源的压力正常，仪器的气密性可以满足实验的要求。在校准工作开始之前，所使用的 TG-DSC 仪应按照相关标准或者仪器的操作规程中要求的常规校正方法完成了校正。校正时的实验条件应与所采用的校准规范或者检定规程中所要求的实验条件保持一致，这些实验条件主要包括试样状态、试样用量、试样支架、升温速率、坩埚、气氛气体种类与流速等。

4.3.5　TG-DSC 仪的校准项目

在《热重分析仪检定规程》（JJG 1135—2017）[3]中规范了热重分析仪的检定项目（表 4-3），在对 TG-DSC 仪器的基线进行校准时通常也应按照规程中的要求对这些项目进行校准。在表 4-3 中，分别列出了在首次检定、后续检定和使用中检查时需要校准的项目。在首次检定时，需要分别对表中所列的全部项目进行校准。在后续开展的定期和不定期校准工作中，需要对除了质量零点漂移、温度变化速率的示值误差之外的项目进行校准。在使用过程中需要对仪器的工作状态进行评价时（例如期间核查工作），可以仅需对仪器的外观及功能要求、质量示值误差、温度重复性和温度示值误差这四个关键指标进行校准。

在 TG-DSC 仪的使用过程中需要对仪器的状态进行评价时（例如期间核查工作），除了需要对仪器按照以上所述的四个关键指标进行校准外，还应对与 DSC 相关的量热精度和量热准确性指标进行校准。

在实际应用中，分别按照以下的方法对每个需要校准的项目进行校准。

（1）外观及功能检查

在正式开始校准之前，通常应按照以下的方法对仪器的外观及功能要求进行检查：

（a）通过目视检查，以确认待校准的 TG-DSC 仪的外观和铭牌中应有仪器名称、仪器型号、仪器编号、制造商名称。

（b）仪器的额定工作电源的电压、频率以及仪器的工作环境应满足第 4.2.2 节中所列的各项要求。

（c）仪器各组成部分应完整，控制面板上所有按键和开关均能正常工作。

（d）仪器与电脑中的控制软件之间应保持良好的通信功能，仪器面板上显示的信息的数值与控制软件保持一致。

（e）对仪器的功能进行检查时，通常只检查仪器所能达到的最高温度。按照操作规程的要求启动仪器，并按照规定的实验条件测定仪器所能达到的最高温度。待实验自动结束时从所记录的 TG-DSC 曲线确定仪器实际达到的最高温度。

在实验开始之前，在仪器的控制软件中分别输入相应的实验起始温度（室温开始的实验通常不需要输入）、终止温度、升温速率（常用的加热速率为 10℃/min）、文件名、坩埚、气氛（通常为 N_2 气）及流速等信息。

需要特别指出，在 TG-DSC 仪运行实验时，在仪器的控制软件中所设定的数据采集频率对于按照相应的校准规范所得到的性能参数也会产生较大的影响。因此，在校准时应明确所采用的数据采集频率。在实际应用中，通常采用的数据采集频率为 1 数据点/秒。

（2）程序升温速率校准

当 TG-DSC 仪的温度按照一定的温度变化速率发生线性变化时，该速率与理论值之间往往会有一定的偏差，这种偏差是仪器的加热炉和温度控制单元性能的反映，是评价热重分析仪的加热单元和温度控制单元稳定性的一个指标。

校准时，打开加热炉，在支架上放入一只合适材质的洁净的坩埚，选择合适的气氛并设定相应的流速，关闭加热炉。根据实验的温度范围，在控制软件中设定相应的温度控制程序、文件名、坩埚、气氛及流速等信息。待质量读数稳定后，清零。开始实验，得到相应的基线。在仪器的分析软件中打开相应的文件，计算在一定的温度范围内得到的基线的斜率。

在《热重分析仪检定规程》（JJG 1135—2017）[3]中，建议的实验条件为：在氮气的气氛下，由 25℃ 开始以 10℃/min（记为 β）的加热速率升温至 500℃。

另外，为了便于溯源，在《热重分析仪检定规程》（JJG 1135—2017）[3]中建议用秒表自实验开始时进行计时，将软件中记录下的不同时刻的温度与由秒表记录下的温度值进行对比。实际上，通过这两种不同的方式得到的时间之间差别不大，通常由软件中记录下的时间值来直接确定不同的时刻所对应的温度值。

在对所用的 TG-DSC 仪进行校准时，按照第 4.2.5 节（2）中所介绍的方法来校准程序升温速率。

（3）等温下质量零点漂移量的校准

天平的质量零点漂移可以评价天平在等温条件下的测量数据的波动信息，是评价 TG-DSC 仪天平的稳定性的一个指标。

校准时，首先打开气氛气体（例如 N_2）并根据仪器操作规程的要求设定相应的流速。打开加热炉，在支架上放置洁净的空坩埚后，关闭加热炉。在仪器的控制软件中分别设定相应的温度控制程序、文件名、坩埚、气氛及流速等信息。在《热重分析仪检定规程》（JJG 1135—2017）[3]中，建议的实验条件为：在氮气的气氛下，在 25℃ 下等温 30min。由于 25℃ 接近室温，不利于仪器控制温度，因此通常选取在略高于室温的温度（例如 35℃ 或者 40℃）下进行等温实验来确定 TG-DSC 仪的零点质量漂移。

实验时，待仪器的质量读数几乎保持不变时开始实验。仪器运行预先设定的等温程序，温度设在 35℃。待质量读数稳定后归零，开始记录实验数据。按照第 4.2.5

节（3）中所介绍的方法来校准等温下质量零点漂移量。

（4）动态质量基线漂移量的校准

TG-DSC 仪动态质量基线偏移量可以反映仪器在动态温度变化条件下的稳定性，是影响实验所得的质量准确度的一个十分重要的指标。

校准时，首先打开气氛气体（例如 N_2）并根据仪器的操作规程的要求设定相应的流速。然后打开加热炉，在支架上放置洁净的空坩埚后，关闭加热炉。在控制软件中设定相应的温度控制程序、文件名、坩埚、气氛及流速等信息。实验时，待仪器状态稳定后，将质量读数清零，在设定的气氛下按照温度控制程序得到在恒定的加热速率下一定的温度范围内的实验曲线。

在《热重分析仪检定规程》（JJG 1135—2017）[3]中，建议的实验条件为：在一定的氮气气氛流速下，在 25℃下保持恒温，待质量读数稳定后归零。之后以 10℃/min升温速率加热至 500℃，得到相应的 $m\text{-}T$（质量-温度）曲线。按照第 4.2.5 节（4）中介绍的方法来校准动态质量基线漂移量。

（5）质量示值误差和质量重复性指标的校准

在 TG-DSC 实验过程中，质量示值误差和质量重复性是影响测得的 TG 曲线中质量数据的准确性的重要参数。

在校准质量示值误差时，首先打开气氛气体（例如 N_2）并根据仪器的操作规程的要求设定相应的流速。然后打开加热炉，在支架上放置洁净的空坩埚后，关闭加热炉子。在设定的温度（通常为略高于室温的某一个温度）下达到平衡后，将质量读数清零，打开加热炉。取下样品坩埚，把已知质量的砝码放入坩埚内，然后把坩埚放回样品支持器上，关好炉子。待质量读数稳定后，记录质量测量值。在控制软件中设定相应的温度控制程序、文件名、坩埚、气氛及流速等信息。实验时，待质量读数稳定后，开始记录质量测量值。在设定的气氛下按照温度控制程序得到在等温下的实验曲线。

在《热重分析仪检定规程》（JJG 1135—2017）[3]中，建议采用的实验条件为：在一定的氮气气氛流速下，在 25℃下保持恒温，打开加热炉，在支架上放置好空坩埚，关上加热炉。在 25℃保持恒温，待质量读数稳定后归零。打开加热炉，取下样品坩埚，把 1mg 砝码放入坩埚内，然后把坩埚放回在支架上，关好炉子。待质量读数稳定后，记录质量测量值 m_1。依照以上步骤，更换样品，重复测试 1 次，分别记录质量测量值，记为 m_2。在完成 1mg 砝码的实验后，分别更换 10mg 和 20mg 的砝码，按照以上的操作步骤分别记录质量测量值。

在实际应用中，为了便于在控温的条件下得到等温下的质量值，所选取的等温温度通常为略高于室温的某一个温度（例如，在 35℃或者 40℃下）。另外，在对最终的校准结果进行不确定度分析时，需要记录至少 5 次以上的重复测量结果，即需要重复以上操作 4 次，分别得到质量测量值 $m_2 \sim m_5$。

按照第 4.2.5 节（5）中所介绍的方法来校准质量示值误差和质量重复性指标。

（6）温度示值误差和温度重复性指标的校准

在热重实验过程中，温度示值误差和温度重复性是影响测得的 TG 曲线中温度数据的准确性的重要参数。对于同步热分析仪而言，通常使用已知熔点的标准物质来校准仪器的温度。

在校准时，首先打开气氛气体（例如 N_2）并根据仪器的操作规程的要求设定相应的流速。然后打开加热炉，在支架上放置洁净的空坩埚后，关闭加热炉。在设定的温度（通常为略高于室温的某一个温度）下达到平衡后，将质量读数清零，打开加热炉。取下样品坩埚，将一定质量的标准物质放入坩埚内，然后把坩埚放回样品支持器上，坩埚不加盖子，关闭加热炉。待质量读数稳定后，记录质量测量值。在控制软件中设定相应的温度控制程序、文件名、坩埚、气氛及流速等信息。实验时，待质量读数稳定后，开始记录质量-温度曲线。在设定的气氛下按照温度控制程序得到实验曲线。

在《热重分析仪检定规程》（JJG 1135—2017）[3]中，建议的实验条件为：首先打开 N_2 气氛气体，并根据仪器的操作规程的要求设定相应的流速。打开加热炉子，在试样支持器上放置好空氧化铝坩埚，关上炉子。在 35℃ 保持恒温，待质量读数稳定后归零。打开炉子，取下样品坩埚。用分析天平初步称取热分析标准物质 $10.00mg\pm0.50mg$，放入氧化铝坩埚中并与坩埚底部有良好接触，然后把坩埚放回样品支持器上，关闭加热炉子，坩埚不加盖。待质量读数稳定后，记录质量测量值。根据所用的熔点标准物质的转变温度设定合适的温度范围（例如，当使用金属 Zn 标准物质时，温度范围可以设置为从 350℃ 到 500℃）进行程序升温，升温速率为 10℃/min，同时记录 TG 曲线和 DSC 曲线，在 DSC 曲线中可以得到标准物质熔融过程中产生的吸热峰。通过分析软件，在峰开始阶段的基线的外延与偏离基线的峰沿中最大斜率处切线的交点处确定外推温度 T_1，保留小数点后 1 位。

依照以上步骤，更换样品，重复测试 4 次，分别读取外推起始温度，记为 $T_2\sim T_5$。通常需要根据不同的温度范围选用一个以上的标准物质进行温度和热效应校准。

在实验结束后，利用等式（4-10）求取以上 5 次测试结果的平均值 $\bar{T}$，利用等式（4-11）求取温度示值误差 ΔT。

在以上 5 次测试结果所得的外推起始温度中，选取最大值记为 T_{max}，最小值为 T_{min}。利用等式（4-12）计算温度重复性。

图 4-7 是在不同测量次数下 Zn 标准物质的 DSC 曲线。对每次测量结果取平均，得到的数值列于表 4-12 中。另外，由此计算得到的平均值、温度示值误差和温度重复性指标也列于表 4-12 中。

在《热重分析仪检定规程》（JJG 1135—2017）[3]和《热分析仪检定规程》[JJG（教委）014—1996][4]中，要求 TG 和 DTA 仪器的温度示值误差和温度重复性指标均应≤2.0℃（表 4-2 和表 4-3）。在《示差扫描热量计检定规程》（JJG 936—2002）[8]

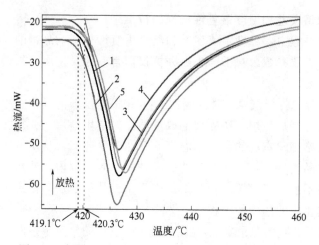

图 4-7　在不同测量次数下 Zn 标准物质的 DSC 曲线

（实验条件：流速为 50mL/min 的氮气气氛下，从 350℃开始以 10℃/min 的升温速率加热
至 500℃，约 10mg 的 Zn 熔点标准物质加入至洁净的敞口氧化铝坩埚）

**表 4-12　由不同测量次数得到的 DSC 曲线计算得到的外推初始温度以及
计算得到的平均值、温度示值误差和温度重复性指标**

标准物质	外推初始温度/℃					平均值/℃	标准值/℃	温度示值误差/℃	温度重复性/℃
	第 1 次	第 2 次	第 3 次	第 4 次	第 5 次				
Zn	419.5	419.1	420.5	420.3	420.6	420.0	420.7	−0.7	1.5

中要求 DSC 仪器的温度示值误差指标应≤2.0℃（表 4-4），周期性温度重复性指标（指不重新制样，直接重复运行温度程序条件下得到的 DSC 曲线）应≤1.0℃。显然，在表 4-12 中得到的温度示值误差（−0.7℃）符合以上所列的检定规程的要求，温度重复性指标的数值（1.5℃）满足《热重分析仪检定规程》（JJG 1135—2017）[3]和《热分析仪检定规程》（JJG（教委）014—1996）[4]中 DTA 所要求的限值。由于表 4-12 中的数值是重新制样的条件下得到的重复性试验数据，得到的结果已经超出《示差扫描热量计检定规程》［JJG 936—2002］[8]中要求 DSC 仪器的周期性温度重复性指标应≤1.0℃的限值。在《热分析仪检定规程》［JJG（教委）014—1996］[4]中对独立式 DSC 仪所要求温度重复性的限值为 0.2℃，而该数值则又远高于该限值。

　　在《示差扫描热量计检定规程》（JJG 936—2002）[8]中，提出了通过对同一个试样进行重复性加热的方法来计算其温度重复性指标，规定按照以下的方式确定周期性升、降温度重复性指标：称取标准物质铟（In）约 3～5mg，称量准确到 0.01mg，装入铝坩埚中，加盖后放在试样支持器内。实验用的升温速率为 10℃/min，由室温加热到 200℃，记录铟的熔融温度，然后以 10℃/min 的速率降温到 100℃，记录凝固温度，按此方法再重复检定 1 次（在重复实验的过程中均不更换参比物和试样）。在实际的校准工作中，通常需要重复 5 次实验。对于本文中所讨论的无制冷系统的 TG-DSC，只校准其熔融温度的重复性。图 4-8 中给出了在周期性升温过程中不同测量次数下由铟标准物质测得的 DSC 曲线。对每次测量结果取平均值列于表 4-13 中。另外，由此计算得到的平均值和周期性升温的温度重复性指标也列于表 4-13 中。由表 4-13 可见，所得到的周期性温度重复性指标为 0.6℃，低于《JJG 936—2002 示差扫描热量计检定规程》[8]中要求 DSC 仪器的周期性温度重复性指标应≤1.0℃ 的限值。

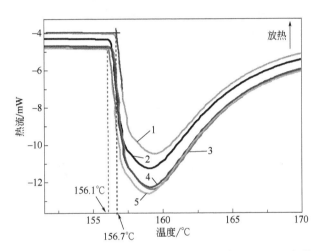

图 4-8　在周期性升温过程中不同测量次数下由 In 标准物质测得的 DSC 曲线

（实验条件：流速为 50mL/min 的氮气气氛下，从室温开始以 10℃/min 的升温速率
加热至 200℃，约 3mg 的 In 熔点标准物质加入至洁净的加盖铝坩埚中）

表 4-13　在周期性升温过程中由不同测量次数得到的 DSC 曲线计算得到的
外推初始温度以及计算得到的平均值和周期性温度重复性指标

标准物质	外推初始温度/℃					平均值/℃	标准值/℃	周期性温度重复性/℃
	第 1 次	第 2 次	第 3 次	第 4 次	第 5 次			
In	156.7	156.4	156.3	156.3	156.1	156.4	156.5	0.6

（7）最大称量灵敏度的校准

在表 4-1 中所列的《热分析仪检定规程》[JJG（教委）014—1996][4]中的 TG 仪计量特性中，还包括了 TG-DSC 仪质量测量的最大灵敏度参数，该参数由 TG 曲线的最大噪声的峰高值确定。由于数据采集频率和对曲线的平滑处理均会影响基线的噪声，因此在确定该参数时，应在较高的数据采集频率（例如 1 数据点/秒）且不

对曲线进行任何平滑处理的条件下得到。

按照本章第 4.2.5 节（7）中所介绍的方法来校准最大称量灵敏度。

（8）DSC 曲线的噪声和基线漂移量

在《示差扫描热量计检定规程》（JJG 936—2002）[8]中，规定了通过以下方法确定 DSC 曲线的噪声和基线偏移量：

取两个带盖的空白铝坩埚，分别放在试样支持器和参比物支持器上，设置氮气的流速为 50mL/min。从室温加热到 50℃，恒温到基线稳定后开始加热，以 10℃/min 速率程序升温到 500℃，记录 DSC 基线、计算噪声和偏移量，其结果应符合表 4-10 中的规定。图 4-9 为在这种条件下得到的 DSC 曲线。图中分别给出了 50℃ 和 500℃ 下的热流值，可以计算出基线的最大漂移量为 5.01mW，该数值远远超出《示差扫描热量计检定规程》（JJG 936—2002）[8]中规定的最大基线漂移量数值 1.0mW（A 级）（表 4-10）。

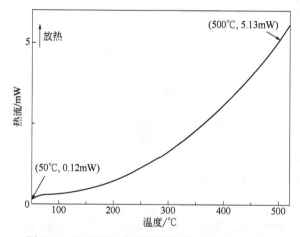

图 4-9　用于确定基线漂移量的空白 DSC 曲线

（实验条件：流速为 50mL/min 的氮气气氛下，自 50℃开始，以 10℃/min 的升温速率
加热至 520℃，未添加任何样品的洁净的加盖铝坩埚）

《示差扫描热量计检定规程》（JJG 936—2002）[8]中规定的基线噪声应小于 0.2mW（见表 4-10），该指标与《热分析仪检定规程》[JJG（教委）014—1996][4]中 DSC 仪的计量特性中所列出的 DSC 仪的热流信号的最大灵敏度（见表 4-9）是同一个指标参数，该参数由 DSC 曲线的最大噪声的峰高值确定。由于数据采集频率和对曲线的平滑处理均会影响基线的噪声，因此在确定该参数时，应在较高的数据采集频率（例如 1 数据点/秒）下并且不应对曲线进行任何平滑处理的条件下得到该参数。为了便于显示，在图 4-10 中给出了在 342~350℃ 范围的一条基线的数据。图 4-10 中曲线的数据采集频率为 1 数据点/秒，并且未进行平滑处理，图中已经标出了最大噪

声的峰高数值。根据图中最大噪声峰的峰值和底部的数值的差值，可以得到最大灵敏度值为 0.01mW（即 10μW），该数值恰好等于表 4-9 中 A 等级的最大灵敏度值 10μW（该指标对应于独立式的 DSC 仪得到的数据）。另外，由图 4-10 得到的该指标远小于表 4-10 中所列的在《示差扫描热量计检定规程》（JJG 936—2002）[8]中规定的基线噪声值（≤0.2mW）。

显然，该数值还取决于在计算时所选取的时间（对于等温实验）或者温度（对于非等温实验）的范围，由不同范围的 DSC 曲线所得到的最大灵敏度之间的差别较大。

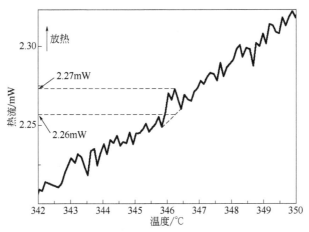

图 4-10　用于确定基线噪声的 DSC 曲线（由图 4-9 中曲线局部放大得到）
（实验条件：流速为 50mL/min 的氮气气氛下，自 50℃开始，以 10℃/min 的
升温速率加热至 520℃，未添加任何样品的洁净的加盖铝坩埚）

（9）量热准确度和量热精度的校准方法

在对 TG-DSC 仪进行校准时，由 DSC 曲线确定的温度示值误差、温度重复性[与温度相关的这两个参数在本章第 4.3.5 节（6）中已进行了详细的介绍]、量热准确度和量热精度是评价仪器工作性能的十分关键的参数。

在校准时，首先打开气氛气体（例如 N_2）并根据仪器的操作规程要求设定相应的流速。然后打开加热炉，在支架上放置洁净的空坩埚（通常在样品支架和参比支架上各放置一只坩埚）后，关闭加热炉。在设定的温度（通常为略高于室温的某一个温度）下达到平衡后，将质量读数清零，打开加热炉。取下样品坩埚，把一定质量的标准物质放入样品坩埚内，然后把坩埚放回样品支持器上，坩埚不加盖子，关闭加热炉。待质量读数稳定后，记录质量测量值。在仪器的控制软件中分别设定相应的温度控制程序、文件名、坩埚、气氛及流速等信息。实验时，待质量读数稳定后，开始记录质量-温度曲线。在设定的气氛下按照温度控制程序得到实验曲线。在实验中，通过 DSC 曲线可以同时获得标准物质的转变温度和转变热效应的信息（如

图 4-7 和图 4-8）。

分别对图 4-7 和图 4-8 中 Zn 和 In 标准物质的 DSC 曲线中的吸热峰进行积分，通过曲线的面积可以得到第 i 次实验中的熔融热 Q_i。利用等式（4-13）将所得到的峰面积 A_i 对试样质量 m_i 进行归一化处理，可以得到单位质量的 Zn 和 In 标准物质在熔融过程中的热效应 ΔH_i。

$$\Delta H_i = \frac{Q_i}{m_i} = \frac{A_i}{m_i} \tag{4-13}$$

利用等式（4-14）可以得到 5 次实验结果的平均值 $\Delta \bar{H}$：

$$\Delta \bar{H} = \frac{1}{5} \cdot \sum_{i=1}^{5} \Delta H_i \tag{4-14}$$

将等式（4-13）代入至等式（4-14）中，可得：

$$\Delta \bar{H} = \frac{1}{5} \cdot \sum_{i=1}^{5} \Delta H_i = \frac{1}{5} \cdot \sum_{i=1}^{5} \frac{A_i}{m_i} \tag{4-15}$$

于是，可以用以下等式表示热量示值误差：

$$\delta = \frac{\Delta \bar{H} - \Delta H_S}{\Delta H_S} = \frac{\frac{1}{5} \cdot \sum_{i=1}^{5} \Delta H_i - \Delta H_S}{\Delta H_S} = \frac{\frac{1}{5} \cdot \sum_{i=1}^{5} \frac{A_i}{m_i} - \Delta H_S}{\Delta H_S} \tag{4-16}$$

在以上形式的等式中，$i = 1、2、\cdots、5$，为不同的实验次数；Q 为标准物质吸收的热量，由仪器熔融峰积分所得，J；m 为标准物质的质量，mg；ΔH_i 为第 i 次所测试的热量，J/g；$\Delta \bar{H}$ 为仪器测得的标准物质的热量平均值，J/g；ΔH_S 为标准物质的热量标准值，J/g；δ 为热量的示值误差，J/g。

按照以下的方法可以计算得到量热精度：

在以上 5 次测试结果所得到的热量数值中，分别选取最大值记为 ΔH_{max}、最小值记为 ΔH_{min}。利用以下形式的等式计算量热精度 $S_{\Delta H}$：

$$S_{\Delta H} = \frac{|\Delta H_{max} - \Delta H_{min}|}{\Delta \bar{H}} \times 100\% = \frac{|\Delta H_{max} - \Delta H_{min}|}{\frac{1}{5} \cdot \sum_{i=1}^{5} \Delta H_i} \times 100\% \tag{4-17}$$

式中，$S_{\Delta H}$ 为量热精度，百分比形式表示的无量纲数值；ΔH_{max} 为 5 次测试结果所得热量中的最大值，J/g；ΔH_{min} 为 5 次测试结果所得热量中的最小值，J/g。

在表 4-14 中，分别列出了由图 4-7 和图 4-8 中 Zn 和 In 的吸热峰面积所得到的 ΔH_i、标准物质的标准热焓值 ΔH_S 以及计算得到的热效应的示值误差和量热精度参数。

表 4-14　由图 4-7 和图 4-8 中 Zn 和 In 的吸热峰面积所得到的 ΔH_i、标准物质的

标准热焓值 ΔH_S 以及计算得到的热效应的示值误差和量热精度参数

标准物质	ΔH_i/(J/g)					平均值/(J/g)	标准值/(J/g)	量热示值误差/%	量热精度/%
	第 1 次	第 2 次	第 3 次	第 4 次	第 5 次				
In	28.6	28.3	28.6	28.1	27.8	28.3	28.5	-0.7	2.8
Zn	109.3	109.5	108.0	108.7	108.9	108.9	108.4	0.5	1.4

在《热分析仪检定规程》[JJG（教委）014—1996][4]中，要求 DSC 仪的量热示值误差（即量热准确度）和量热精度的指标分别应≤±1%（A 级）和≤±0.5%（A 级）（表 4-9）。在《示差扫描热量计检定规程》（JJG 936—2002）[8]中要求 DSC 仪的量热示值误差（即量热准确度）和量热精度的指标分别应≤±3%（A 级）和≤±2%（A 级）（表 4-10）。显然，在表 4-11 中得到的量热示值误差（即量热准确度）均符合《热分析仪检定规程》[JJG（教委）014—1996][4]和《示差扫描热量计检定规程》（JJG 936—2002）[8]中对 DSC 的性能要求。然而，在表 4-11 中的量热精度参数则不符合《热分析仪检定规程》[JJG（教委）014—1996][4]的要求，却符合《示差扫描热量计检定规程》（JJG 936—2002）[8]中对 DSC 的性能要求。由此也可以反映出 TG-DSC 和独立式 DSC 仪器之间的结构形式和工作原理的差异对量热精度参数所造成的较为显著的影响。

（10）量热分辨率的校准方法

在《示差扫描热量计检定规程》（JJG 936—2002）[8]中规定了对 DSC 仪的分辨率进行校准的方法，可以采用如下的方法校准 TG-DSC 仪中 DSC 部分的分辨率：

在一定流量的氮气气氛下，打开加热炉，在试样及参比物支持器上放置好空坩埚，关上炉子。待质量读数稳定后归零，再打开炉子，取下样品坩埚。取标准物质铅（Pb）约 6mg 和硝酸钾（KNO_3）约 2mg 适当混合后放入坩埚内，然后把坩埚放回样品支持器上，关闭加热炉。在仪器的控制软件中分别设定相应的温度控制程序、文件名、坩埚、气氛及流速等信息。通常设定的升温测试程序为：升温速率 10℃/min，温度范围为室温至 450℃，得到相应的温度-热流曲线。按照图 4-11 中所示的方法在数据分析软件中对曲线进行相应的处理[8]。

DSC 曲线的量热分辨率 R 定义如下：

$$R = \left(1 - \frac{y}{y_1}\right) \times 100 \qquad (4-18)$$

式中，R 表示分辨率；y_1 表示标准物质铅（Pb）的峰高，℃；y 表示在峰间区从基线到实验曲线的最小距离，℃。

在得到的 DSC 曲线中可以方便地确定相应的 x 和 y 值，分别将其代入等式（4-18）中，即可计算得到相应的 R 值。在《示差扫描热量计检定规程》（JJG 936—2002）中规定了 DSC 的分辨率应接近 100（A 级）。

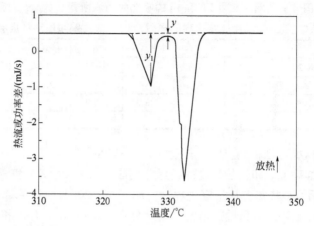

图 4-11　一定比例的铅（Pb）和硝酸钾（KNO₃）混合物的 DSC 曲线示意图[8]

4.3.6　校准结果的表述

在校准工作结束后，需要及时记录原始数据并完成相应的校准报告。

（1）原始数据的记录

在分别按照以上第 4.3.5 节中所介绍的方法对 TG-DSC 仪进行校准时，应在比较规范的记录表中及时记录每一个过程的原始数据，在对原始数据进行计算后得到的与质量、温度相关的相应参数的数值应填入类似表 4-6 的记录表中，在校准过程中得到的与热效应、温度相关的相应参数的数值应填入类似于表 4-15 的记录表中，其中表 4-15 为《示差扫描热量计检定规程》（JJG 936—2002）[8]中提供的原始记录表格。

表 4-15　《示差扫描热量计检定规程》（JJG 936—2002）中提供的原始记录表格[8]

示差扫描热量计检定记录表

仪器名称＿＿＿＿＿＿＿＿＿＿＿＿，型号规格＿＿＿＿＿＿＿＿＿＿＿＿＿＿

记录仪型号＿＿＿＿＿＿＿＿＿＿，设备编号＿＿＿＿＿＿＿＿＿＿＿＿＿＿

制造厂＿＿＿＿＿＿＿＿＿＿＿＿，出厂编号＿＿＿＿＿＿＿＿＿＿＿＿＿＿

送检单位＿＿＿＿＿＿＿＿＿＿＿＿＿＿＿＿＿＿＿＿＿＿＿＿＿＿＿＿＿＿

环境温度＿＿＿＿＿＿＿＿＿＿＿，环境湿度＿＿＿＿＿＿＿＿＿＿＿＿＿＿

标准物质名称、编号＿＿＿＿＿＿＿＿＿＿＿＿＿＿＿＿＿＿＿＿＿＿＿＿＿

依据检定规程的名称及编号＿＿＿＿＿＿＿＿＿＿＿＿＿＿＿＿＿＿＿＿＿＿

一、外观检查

二、基线检定

检测项目	温度范围/℃	检定结果/(mJ/s)
基线噪声		
基线漂移		

续表

三、程序升温重复性检定（升温速率：　　　　）

时间/min	第一次/℃	第二次/℃	第三次/℃	相对极差/%
0				
1				
2				
3				
4				
5				
6				
7				
8				
9				
10				

四、程序升温速率的检定

温度/℃　速率/(℃/min)　时间/min	2	5	10	20
0				
10				
升温速率误差/%				

五、周期升、降温度重复性检定（升、降温速率：　　　　）

熔融温度/℃	①	误差/℃	
	②		
凝固温度/℃	①	误差/℃	
	②		

六、分辨率检定

Pb_____mg，KNO₃_____mg

量程_____mJ/s，升温速率_____℃/min

分辨率结论_____

七、温度及热量检定（升温速率：　　　　）

标准物质名称	取样量/mg	熔融温度/℃			熔融热/(J/g)		
		标准值	实测值	误差	标准值	实测值	误差/%

检定日期_____　检定员_____　核验员_____

119

（2）校准结果的处理

校准结果应在校准报告或者校准证书上反映出来。通常，在 TG-DSC 仪的校准报告或者校准证书中应至少包括以下的信息（与独立式热重仪的校准证书所包括的信息基本相同）：

（a）标题"校准证书"或者"校准报告"；

（b）实验室名称和地址；

（c）进行校准的地点（如果与实验室的地址不同）；

（d）证书或者报告的唯一性标识（如编号），每页及总页数的标识；

（e）客户的名称和地址；

（f）被校准对象的描述和明确标识；

（g）进行校准的日期，如果与校准结果的有效性和应用有关时，应说明被校对象的接收日期；

（h）如果与校准结果的有效性和应用有关时，应对被校样品的抽样程序进行说明；

（i）校准所依据的技术规范的标识，包括名称及代号；

（j）本次校准所用测量标准的溯源性及有效性说明；

（k）校准环境的描述；

（l）校准结果及测量不确定度的说明；

（m）对校准规范的偏离说明；

（n）校准证书或校准报告签发人的签名、职务或等效标识；

（o）校准结果仅对被校对象的有效性的声明；

（p）未经实验室书面批准，不得部分复制证书的声明。

其中，以上第（1）项中的测量不确定度计算部分内容，应按照影响最终的测量结果的各个因素确定相应的不确定度分量，通过将这些不确定度分量进行合成，最终得到扩展不确定度（$k = 2$）。在校准报告或者校准证书中用扩展不确定度的形式来表示校准结果。

虽然在校准报告或者校准证书中不需要做是否符合要求的结论，但需要在其中给出仪器的各个性能参数。在《热重分析仪检定规程》（JJG 1135—2017）[3]和《示差扫描热量计检定规程》（JJG 936—2002）[8]中分别提供了检定报告的格式（参见表 4-7和表 4-16），校准报告也可以参考类似的格式进行编写。在完成校准工作后，通常需要将表 4-6 和表 4-15 中的原始记录表与表 4-7 和表 4-16 中的校准报告一起归档保存。

表 4-16 《示差扫描热量计检定规程》（JJG 936—2002）中提供的检定报告的参考格式[8]

检定证书

一、外观检查_____

二、基线噪声_____

基线偏移_____

三、程序升温重复性_____

四、程序升温速率误差＿＿＿＿＿＿＿＿＿＿＿＿＿＿＿＿＿＿＿＿＿＿＿＿＿

五、熔融峰温度重复性＿＿＿＿＿＿＿＿＿＿＿＿＿＿＿＿＿＿＿＿＿＿＿＿＿

　　凝固峰温度重复性＿＿＿＿＿＿＿＿＿＿＿＿＿＿＿＿＿＿＿＿＿＿＿＿＿

六、Pb、KNO_3 熔融峰的分辨率＿＿＿＿＿＿＿＿＿＿＿＿＿＿＿＿＿＿＿＿

七、温度及热量检定结果

名称	温度误差/℃	热量重复性/%	热量误差/%
In			
Sn			
Pb			
Zn			

结论：

4.4 独立式热重分析仪校准结果的不确定度评定方法

在本章第 4.3 节和第 4.4 节中分别结合实例介绍了独立式热重分析仪和同步热分析仪的校准方法，在实际应用中，在完成校准工作之后还需要对校准结果进行不确定度分析。因此，在本部分内容中将以独立式热重分析仪的校准结果为例介绍不确定度评定过程。

4.4.1 不确定度评定方法简介

在已经发布的校准规范《测量不确定度评定与表示》（JJF 1059.1—2012）[9]和《化学分析测量不确定度评定》（JJF 1135—2005）[10]中，均明确要求对校准结果进行不确定度评定。测量不确定度是表征合理地赋予被测量值的分散性的方式，是与测量结果相联系的参数。

不确定度与误差之间存在着明显的区别，主要表现在以下几个方面[11]：①误差是被测量的单个结果和真值的差值，而不确定度则用一个区间的形式表示；②误差是一个理想的概念，不可能被确切地知道。修正后的分析结果可能非常接近于被测量的数值，因此误差可以忽略，但是不确定度可能还会很大。

常见的不确定度主要包括以下几类[12,13]：

（1）A 类标准不确定度

A 类标准不确定度是指可以用统计的方法进行评定的不确定度分量，通常用 u_A 表示：

$$u_A = S(x) = \sqrt{\frac{\sum_{i=1}^{n}(x_i - \overline{x})^2}{n-1}} \tag{4-19}$$

上式即为贝塞尔公式，其中，n 为测量的总次数；x_i 为第 i 次测量的结果；$\bar{x}$ 为测量的平均值。

（2）B 类标准不确定度

B 类标准不确定度是指不能用统计方法进行评定的不确定度分量，通常用 u_B 表示：

$$u_B = \frac{a}{k} \tag{4-20}$$

式中，a 为置信区间，可以由在测量过程中所用的设备或者标准物质的检定证书或者校准结果得到；k 为包含因子。当置信概率为 95% 时，$k = 1.96$；当数据满足矩形分布（即均匀分布）时，$k = \sqrt{3}$ [10]。

（3）合成标准不确定度

合成标准不确定度是指将 A 类和 B 类标准不确定度平方之后加和再开方得到的算术平方根，通常用 u_C 表示：

$$u_C = \sqrt{[u_A]^2 + [u_B]^2} \tag{4-21}$$

（4）扩展不确定度

扩展不确定度是指被测量的值以较高的置信概率存在的区间宽度。将合成标准不确定度乘以一个因子 k（该因子称为包含因子）即可得到扩展不确定度，用 U 表示。扩展不确定度又称报告不确定度，用下式表示：

$$U = k \cdot u_C = k \cdot \sqrt{[u_A]^2 + [u_B]^2} \tag{4-22}$$

式中，k 为置信因子。当置信概率为 95% 时，$k = 2$；当置信概率为 99% 时，$k = 3$；当置信概率为 68.3% 时，$k = 1$ [10]。

4.4.2 热重实验中的不确定度评定

在对热重实验结果进行不确定度评定时，通常需要考虑以下几个方面的因素。

（1）热重实验中对结果的影响因素分析

对于独立式热重（简称 TG）仪而言，在实验过程中仪器的结构形式、天平的灵敏度、气氛气体的类型及流速、坩埚材质及形状、样品状态及用量、制样方式等因素均会对实验结果造成影响。在对由 TG 实验得到的结果进行分析时，应充分考虑这些影响因素对结果所产生的影响。

（2）影响热重分析仪校准结果的不确定度因素分析及评定

在对 TG 仪进行校准时，通常采用所依据的校准规范［例如，可以采用《热重分析仪检定规程》（JJG 1135—2017）[3]］中要求的实验条件。例如，通常使用质量接近的已知特征转变温度的标准物质，在指定的温度控制程序下对仪器的测量结果进行评定。在进行不确定度评定时，除了需要考虑标准物质自身对测量结果带来的影响之外，还应考虑仪器自身设计因素对结果产生的影响，这些因素主要包括基线噪声、基线漂移等。概括来说,影响测量得到的特征转变温度和质量的因素可以分别用如图 4-12 和图 4-13 形式的示意图来描述。

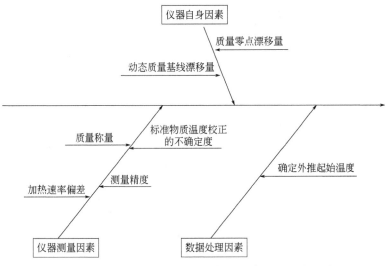

图 4-12 影响 TG 仪特征转变温度校准结果的因素示意图

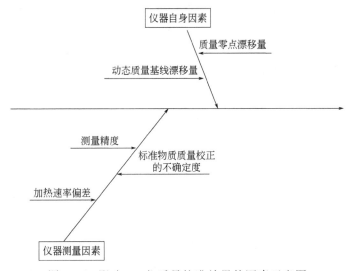

图 4-13 影响 TG 仪质量校准结果的因素示意图

以下将分别讨论这些影响因素产生的不确定度评价过程。

4.4.3 TG 仪温度测量不确定度评定方法

在对由热重分析仪测量的温度进行不确定度评定时,应按照以下的方法充分考虑每一个影响因素对测量结果的影响程度。

（1）仪器自身因素对测量结果的不确定度评定

概括来说，仪器的自身因素对测量结果不确定度的影响主要包括以下几个方面：

① 质量零点漂移量　对 TG 曲线的质量零点漂移量（即基线噪声）的不确定度分量的评定几乎都是采用分析软件记录基线噪声，用测量噪声最大峰高的测量值的不确定度作为最小检测极限的不确定度分量，用 B 类不确定度评定方法进行评价。基线噪声对于检测限来说就是一种干扰，是在不确定度评定时必须予以考虑的因素。由于噪声是一个在一定范围内随机变化的瞬时量，是影响检测限的主要因素之一，噪声值的大小直接影响检测限的不确定度，因此在计算检出限时应采用基线噪声最大值。按均匀分布考虑，其标准不确定度分量可以用下式表示：

$$u_B(噪声) = \frac{a}{k} = \frac{噪声}{\sqrt{3}} \tag{4-23}$$

式中，"噪声"为测量得到的基线噪声的均方差与仪器允许的最大基线噪声的比值。在实际应用过程中，该不确定度分量在最终的结果中的影响权重较低，通常可以忽略不计。

② 动态质量基线漂移　动态质量基线漂移（即基线漂移）对于最终的测量结果有较大的影响，在进行不确定度评定时需考虑这一因素。实验时，由在一定条件下的 TG 曲线可以计算得到其在一定温度范围内的基线漂移量。由于基线漂移是仪器在一定温度范围内的测量性能的反映，其受支架类型、气氛、炉体设计等因素影响，因此用 B 类不确定度评定方法。按均匀分布考虑，其标准不确定度分量可用下式表示：

$$u_B(基线漂移) = \frac{a}{k} = \frac{d}{\sqrt{3}} \tag{4-24}$$

式中，d 为通过测量得到的基线漂移量的均方差与仪器允许的最大漂移量的比值。该不确定度分量受实验时所选取的温度范围和数据采集频率影响较大，不同条件下得到的测量结果差别较大，在一些不确定度评定中，为了减少这种波动对分析结果的影响而忽略该分量。

（2）仪器测量因素对测量结果的不确定度评定

概括来说，仪器的测量因素对测量结果不确定度的影响主要包括以下几个方面：

① 加热速率最大偏差对结果的影响　加热速率是仪器的温度控制单元的温度控制能力的综合反映，其对最终测量结果也会产生一定程度的影响。通常用在一定温度范围内实际测量的加热速率与设定的加热速率的差值来表示加热速率的最大偏差（β_{max}），偏离程度为加热速率最大偏差与设定加热速率的比值。加热速率的最大偏差对测量结果的影响可用 B 类不确定度评定方法进行评价，按均匀分布考虑，其标准不确定度分量可用下式表示：

$$u_B(\beta_{\max}) = \frac{a}{k} = \frac{\beta_d}{\sqrt{3}} \tag{4-25}$$

式中，β_d 为多次测量得到的加热速率的偏差平均值与预先设定的加热速率的比值。

② 标准物质称量对结果的影响　称量时所用的天平的检定结果和称量结果的重复性都会对结果产生影响，以下分别进行讨论。

（a）天平校准：该不确定度分量用 B 类不确定度评定方法。假设天平的检定证书上给出的置信区间为 +/−m'mg，则由天平检定带来的不确定度分量为：

$$u_B(m_{\mathrm{corr}}) = \frac{a}{k} = \frac{m'}{\sqrt{3}} \tag{4-26}$$

（b）称量重复性：实验时用到的标准物质的质量对最终结果也会产生影响。通常用多次重复称量的方法来评定由称量带来的不确定度影响，可用 A 类不确定度评定方法，其标准不确定度分量可用下式表示：

$$u_A(m_r) = S(x) = \sqrt{\frac{\sum_{i=1}^{n}(x_i - \overline{x})^2}{n-1}} = \sqrt{\frac{\sum_{i=1}^{n}(m_i - \overline{m})^2}{n-1}} \tag{4-27}$$

式中，m_i 为第 i 次的质量测量结果；$\overline{m}$ 为 n 次测量的平均值。

另外，还可以根据《化学分析中不确定度的评估指南》（CNAS-GL 006—2019）[14] 来进行计算称量重复性的不确定度分量：分析天平的重复性可近似为 0.5×最后一位有效数字，所用的最后一位有效数字为 0.01mg。假设所用的天平的灵敏度为 +/−0.01mg，则

$$u_A(m_r) = 0.5 \times 0.01\mathrm{mg} = 0.005\mathrm{mg} \tag{4-28}$$

③ 标准物质测量精度（重复性）的不确定度影响　实验时，采用已知标准值的标准物质在一定的实验条件下测量得到的数值与标准值之间存在一定的差异，通常用 A 类不确定度评定方法来进行评定。其标准不确定度分量可用下式表示：

$$u_A(T_{\mathrm{onset}}) = S(x) = \sqrt{\frac{\sum_{i=1}^{n}(x_i - \overline{x})^2}{n-1}} = \sqrt{\frac{\sum_{i=1}^{n}(T_{\mathrm{onset},i} - \overline{T}_{\mathrm{onset}})^2}{n-1}} \tag{4-29}$$

式中，$T_{\mathrm{onset},i}$ 为第 i 次实验的外推起始温度；$\overline{T}_{\mathrm{onset}}$ 为 n 次测量得到的外推起始温度的平均值。

④ 标准物质温度校正引起的不确定度　在对仪器进行温度校正时，通常使用已知转变温度的标准物质对仪器测量的温度进行校正，由标准物质特征值带来的不确定度也应予以考虑。假设所用的标准物质的证书上的数值为 95% 置信区间（$k = 2$）的外推起始温度为 $T_{\mathrm{onset},0} \pm \Delta T_0$，通常用 B 类不确定度评定方法来进行评定。假设测

量结果为均匀分布，则其标准不确定度分量可用下式表示：

$$u_B(T_{corr}) = \frac{a}{k} = \frac{\Delta T_0}{\sqrt{3}} \tag{4-30}$$

（3）数据处理因素对特征转变温度测量结果的不确定度评定

对于居里点法校准的结果而言，通常用外推终止温度 T_{endset}（即基线与斜率最大的切线的交点）作为仪器测量的特征温度。在确定该特征温度时由于基线选择方法的差异，会对最终得到的结果产生影响。因此，在进行不确定度评定时应考虑这种影响，通常用 A 类不确定度评定方法来进行评定。其标准不确定度分量可用下式表示：

$$u_A(T_{calc}) = S(x) = \sqrt{\frac{\sum_{i=1}^{n}(x_i - \bar{x})^2}{n-1}} = \sqrt{\frac{\sum_{i=1}^{n}(T_{calc,i} - \bar{T}_{calc})^2}{n-1}} \tag{4-31}$$

式中，$T_{calc,i}$ 为第 i 次计算得到的外推起始温度；$\bar{T}_{calc}$ 为由 n 次计算得到的外推起始温度的平均值。

（4）TG 仪特征转变温度校准结果的合成不确定度评定

综上分析，TG 特征转变温度仪校准结果的合成相对不确定度可以用下式表示：

$$u_{C,rel}(T_{endset}) = \frac{u_C(T_{endset})}{T_{endset}} = \sqrt{[u_A]_{rel}^2 + [u_B]_{rel}^2}$$

$$= \sqrt{\left[\frac{u_B(\text{噪声})}{\text{噪声}}\right]^2 + \left[\frac{u_B(\text{漂移量})}{\bar{d}}\right]^2 + \left[\frac{u_B(\beta_{max})}{\bar{\beta}}\right]^2 + \left[\frac{u_B(m_{corr})}{\bar{m}}\right]^2 + \cdots}$$

$$\sqrt{\cdots + \left[\frac{u_B(T_{corr})}{T_{corr}}\right]^2 + \left[\frac{u_A(m_r)}{\bar{m}}\right]^2 + \left[\frac{u_A(T_{endset})}{T_{endset}}\right]^2 + \left[\frac{u_A(T_{calc})}{T_{calc}}\right]^2} \tag{4-32}$$

因此，$u_C(T_{endset})$ 可用以下等式表示：

$$u_C(T_{endset}) = T_{endset} \cdot \left\{ \sqrt{\left[\frac{u_B(\text{噪声})}{\text{噪声}}\right]^2 + \left[\frac{u_B(\text{漂移量})}{\bar{d}}\right]^2 + \left[\frac{u_B(\beta_{max})}{\bar{\beta}}\right]^2 + \cdots} \right.$$

$$\left. \sqrt{\cdots + \left[\frac{u_B(m_{corr})}{\bar{m}}\right]^2 + \left[\frac{u_B(T_{corr})}{T_{corr}}\right]^2 + \left[\frac{u_A(m_r)}{\bar{m}}\right]^2 + \left[\frac{u_A(T_{endset})}{T_{endset}}\right]^2 + \left[\frac{u_A(T_{calc})}{T_{calc}}\right]^2} \right\} \tag{4-33}$$

（5）TG 仪特征转变温度校准结果的扩展不确定度评定

95%置信概率（$k = 2$）时的扩展不确定度结果为

$$U = k \cdot u_C = 2 \times u_C(T_{endset}) \tag{4-34}$$

4.4.4　TG 仪的质量测量不确定度的评定方法

在对由热重分析仪测量的质量进行不确定度评定时，应按照以下的方法充分考虑每一个影响因素对测量结果的影响程度。

（1）仪器自身因素对测量结果的不确定度评定

在实际应用中，主要从质量零点漂移量（即基线噪声）和动态质量漂移量（即基线漂移）两方面分别对仪器自身因素对测量结果产生的影响进行不确定度评价，具体参见第 4.4.3 节（1）中①和②中的内容，在此不作重复介绍。

（2）仪器测量因素对测量结果的不确定度评定

在实际应用中，主要从以下几个方面分别对仪器测量因素对结果产生的影响进行不确定度评价：

① 加热速率最大偏差（$\beta_{\max}$）对结果的影响　评定方法参见第 4.4.3 节（2）①中的内容，在此不作重复介绍。

② 标准物质（通常为砝码）测量精度（重复性）的不确定度影响　校准时用已知质量的标准物质（通常为砝码）测量精度对质量测量结果的不确定度影响的评定方法请参见第 4.4.3 节（2）③中的内容，不确定度分量用下式表示：

$$u_A(m) = S(x) = \sqrt{\frac{\sum_{i=1}^{n}(x_i - \overline{x})^2}{n-1}} = \sqrt{\frac{\sum_{i=1}^{n}(\Delta m_i - \overline{\Delta m})^2}{n-1}} \qquad （4\text{-}35）$$

式中，Δm_i 为第 i 次实验的质量测量值；$\overline{\Delta m}$ 为由 n 次测量得到的标准物质的质量平均值。

③ 标准物质质量校正引起的不确定度　在对仪器进行质量校正时，通常使用已知质量的标准物质对仪器测量的质量进行校正，由标准物质特征值带来的不确定度也应予以考虑。假设所用的标准物质的证书上的数值为 95% 置信区间（$k = 2$）的质量为 $m_0 \pm \Delta m'$，通常用 B 类不确定度评定方法来进行评定。假设测量结果为均匀分布，则其标准不确定度分量可用下式表示：

$$u_B(m_{\text{corr}}) = \frac{a}{k} = \frac{\Delta(m')}{\sqrt{3}} \qquad （4\text{-}36）$$

（3）TG 仪质量校准结果的合成不确定度评定

综上分析，TG 仪质量校准结果的合成相对不确定度可以用下式表示：

$$u_{C,\text{rel}}(m) = \frac{u_C(m)}{m} = \sqrt{[u_A]_{\text{rel}}^2 + [u_B]_{\text{rel}}^2}$$

$$= \sqrt{\left[\frac{u_B(\text{噪声})}{\text{噪声}}\right]^2 + \left[\frac{u_B(\text{漂移量})}{\overline{d}}\right]^2 + \left[\frac{u_B(\beta_{\max})}{\overline{\beta}}\right]^2 + \cdots}$$

$$\sqrt{\cdots + \left[\frac{u_B(m_{corr})}{m_0}\right]^2 + \left[\frac{u_A(m)}{\overline{m}}\right]^2} \qquad (4\text{-}37)$$

因此，$u_C(m)$ 可用以下等式表示：

$$u_C(m) = m \cdot \left\{\sqrt{\left[\frac{u_B(\text{噪声})}{\text{噪声}}\right]^2 + \left[\frac{u_B(\text{漂移量})}{\overline{d}}\right]^2 + \left[\frac{u_B(\beta_{max})}{\overline{\beta}}\right]^2 + \cdots}\right.$$

$$\left.\sqrt{\cdots + \left[\frac{u_B(m_{corr})}{m_0}\right]^2 + \left[\frac{u_A(m)}{\overline{m}}\right]^2}\right\} \qquad (4\text{-}38)$$

（4）TG 仪质量校准结果的扩展不确定度评定

95%置信概率（$k = 2$）时的扩展不确定度结果为

$$U = k \cdot u_C = 2 \times u_C(m) \qquad (4\text{-}39)$$

4.5 同步热分析实验中的不确定度的评定方法

在本章第 4.4 节中以独立式热重分析仪的校准结果为例介绍不确定度评定过程，在实际应用中，有相当多的热重实验是通过以 TG-DTA 和 TG-DSC 形式存在的同步热分析仪完成的。因此，在本部分内容中将以 TG-DSC 形式的同步热分析仪为例介绍校准结果的不确定度评定过程。

在实验过程中，通过 TG-DSC 实验可以同时得到 TG 曲线和 DSC 曲线的信息。因此，在对这类仪器的校准结果进行不确定度评定时，除了应按照第 4.4 节中介绍的由独立式热重分析仪 TG 曲线的质量校准结果对质量进行不确定度评定外，还应通过同时测量得到的 DSC 曲线的温度和热效应校准结果对温度和热效应进行不确定度评定。

4.5.1 不确定度评定方法简介

在对 TG-DSC 实验结果进行不确定度评定时，需要考虑以下几个方面的因素。

（1）**实验中对结果的影响因素分析**

对于 TG-DSC 仪而言，在实验过程中仪器的结构形式、天平的灵敏度、支架类型、气氛气体的类型及流速、坩埚材质及形状、样品状态及用量、制样方式等因素均会对实验结果造成影响。在对由 TG-DSC 实验得到的校准结果进行分析时，应充分考虑这些影响因素对结果所产生的影响。

（2）**影响 TG-DSC 仪校准结果的不确定度因素分析及评定**

在对 TG-DSC 仪进行校准时，通常采用所依据的校准规范［例如，可以采用《热重分析仪检定规程》（JJG 1135—2017）[3]对与仪器的热重部分的质量测量相关的参数进行校准，采用《示差扫描热量计检定规程》（JJG 936—2002）[8]对与仪器的温度和热效应测量相关的参数进行校准〕中要求的实验条件。例如，通常使用质量接近的已知特征转变温度的标准物质在指定的温度控制程序下对仪器的测量结果进行评定。在进行不确定度评定时，除了需要考虑标准物质自身对测量结果带来的影响之外，还应考虑仪器自身设计因素对结果产生的影响，这些因素主要包括基线噪声、基线漂移等。概括来说，影响测量得到的特征转变温度、质量和热效应的因素可以分别用如图 4-12、图 4-13 和图 4-14 形式的示意图来描述：

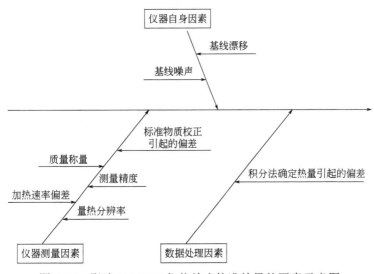

图 4-14　影响 TG-DSC 仪热效应校准结果的因素示意图

以下将分别讨论由这些影响因素产生的不确定度评定方法。

4.5.2　TG-DSC 仪温度测量不确定度评定方法

在对 TG-DSC 仪的测量温度进行不确定度评价时，应按照以下的方法来充分考虑每一个影响因素对测量结果的影响程度。

（1）仪器自身因素对测量结果的不确定度评定

在实际应用中，主要从 TG-DSC 基线噪声和基线漂移两方面分别对仪器自身因素对测量结果产生的影响进行不确定度评价，方法同第 4.4.3 节（1）。

（2）仪器测量因素对测量结果的不确定度评价

同第 4.4.3 节（2）。

（3）**数据处理因素对特征转变温度测量结果的不确定度评价**

通常用外推起始温度（基线与斜率最大的切线的交点）来作为仪器测量的特征温度。在确定该特征温度时由于基线的选择方法的差异，会对最终得到的结果产生影响。因此，在进行不确定度评价时应考虑这种影响，通常用 A 类不确定度评定方法来进行评价。其标准不确定度分量可用等式（4-31）表示。

（4）TG-DSC 仪特征转变温度校准结果的合成不确定度评价

综上分析，TG-DSC 仪温度校准结果的合成相对不确定度可以用下式表示：

$$
u_{C,\mathrm{rel}}(T_{\mathrm{onset}}) = \frac{u_C(T_{\mathrm{onset}})}{T_{\mathrm{onset}}} = \sqrt{[u_A]_{\mathrm{rel}}^2 + [u_B]_{\mathrm{rel}}^2}
$$

$$
= \sqrt{\left[\frac{u_B(\text{噪声})}{\text{噪声}}\right]^2 + \left[\frac{u_B(\text{漂移量})}{\bar{d}}\right]^2 + \left[\frac{u_B(\beta_{\max})}{\bar{\beta}}\right]^2 + \left[\frac{u_B(m_{\mathrm{corr}})}{\bar{m}}\right]^2 + \cdots}
$$

$$
\sqrt{\cdots + \left[\frac{u_B(T_{\mathrm{corr}})}{T_{\mathrm{corr}}}\right]^2 + \left[\frac{u_A(m_r)}{\bar{m}}\right]^2 + \left[\frac{u_A(T_{\mathrm{onset}})}{T_{\mathrm{onset}}}\right]^2 + \left[\frac{u_A(T_{\mathrm{calc}})}{T_{\mathrm{calc}}}\right]^2} \tag{4-40}
$$

因此，$u_C(T_{\mathrm{onset}})$ 可用以下等式表示：

$$
u_C(T_{\mathrm{onset}}) = T_{\mathrm{onset}} \cdot \left\{ \sqrt{\left[\frac{u_B(\text{噪声})}{\text{噪声}}\right]^2 + \left[\frac{u_B(\text{漂移量})}{\bar{d}}\right]^2 + \left[\frac{u_B(\beta_{\max})}{\bar{\beta}}\right]^2 + \cdots} \right.
$$

$$
\left. \sqrt{\cdots + \left[\frac{u_B(m_{\mathrm{corr}})}{\bar{m}}\right]^2 + \left[\frac{u_B(T_{\mathrm{corr}})}{T_{\mathrm{corr}}}\right]^2 + \left[\frac{u_A(m_r)}{\bar{m}}\right]^2 + \left[\frac{u_A(T_{\mathrm{onset}})}{T_{\mathrm{onset}}}\right]^2 + \left[\frac{u_A(T_{\mathrm{calc}})}{T_{\mathrm{calc}}}\right]^2} \right\} \tag{4-41}
$$

（5）TG-DSC 仪特征转变温度校准结果的扩展不确定度评价

95%置信概率（$k = 2$）时的扩展不确定度结果为

$$
U = k \cdot u_C = 2 \times u_C(T_{\mathrm{onset}}) \tag{4-42}
$$

4.5.3　TG-DSC 仪的质量测量不确定度评定方法

在对由 TG-DSC 仪的测量质量进行不确定度评价时，应按照以下的方法来充分考虑每一个影响因素对测量结果的影响程度。

（1）仪器自身因素对测量结果的不确定度评定

在实际应用中，主要从以下质量零点漂移量（即基线噪声）和动态质量漂移量（即基线漂移）两个方面分别对仪器自身因素对测量结果产生的影响进行不确定度评价，具体评价方法见第 4.4.3 节（1）中的内容。

（2）仪器测量因素对测量结果的不确定度评定

在实际应用中，主要从以下几个方面分别对仪器测量因素对测量结果产生的影响进行不确定度评价：

① 加热速率最大偏差（$\beta_{\max}$）对结果的影响　评定方法参见第 4.4.3 节（2）①中的内容，在此不作重复介绍。

② 标准物质（通常为砝码）测量精度（重复性）的不确定度影响 评定方法参见第 4.4.3 节（2）③中的内容，不确定度分量用下式表示：

$$u_{\mathrm{A}}(m) = S(x) = \sqrt{\frac{\sum_{i=1}^{n}(x_i - \overline{x})^2}{n-1}} = \sqrt{\frac{\sum_{i=1}^{n}(\Delta m_i - \overline{\Delta m})^2}{n-1}} \qquad (4\text{-}43)$$

式中，Δm_i 为第 i 次实验的质量测量值；$\overline{\Delta m}$ 为 n 次测量得到的标准物质的质量平均值。

③ 标准物质质量校正引起的不确定度 在对仪器进行质量校正时，通常使用已知质量的标准物质对仪器测量的质量进行校正[15]，由标准物质特征值带来的不确定度也应予以考虑。假设所用的标准物质的证书上的数值为 95%置信区间（$k = 2$）的质量为 $m_0 \pm \Delta m'$，通常用 B 类不确定度评定方法来进行评价。假设测量结果为均匀分布，则其标准不确定度分量可用下式表示：

$$u_{\mathrm{B}}(m_{\mathrm{corr}}) = \frac{a}{k} = \frac{\Delta m'}{\sqrt{3}} \qquad (4\text{-}44)$$

（3）TG-DSC 仪质量校准结果的合成不确定度评定

综上分析，TG-DSC 仪质量校准结果的合成相对不确定度 $u_{\mathrm{C,rel}}(m)$ 和合成不确定度 $u_{\mathrm{C}}(m)$ 可以用等式（4-37）和等式（4-38）表示。

（4）TG-DSC 仪质量校准结果的扩展不确定度评定

95%置信概率（$k = 2$）时的扩展不确定度结果为

$$U = k \cdot u_{\mathrm{C}} = 2 \times u_{\mathrm{C}}(m) \qquad (4\text{-}39)$$

4.5.4 TG-DSC 仪的热效应测量不确定度评定方法

在对由 TG-DSC 仪的热效应测量结果进行不确定度评价时，应按照以下的方法来充分考虑每一个影响因素对测量结果的影响程度。

（1）仪器自身因素对测量结果的不确定度评定

在实际应用中，主要从基线噪声和基线漂移两方面仪器自身因素对测量结果产生的影响进行不确定度评价，评定方法同本部分中 DSC 曲线的转变温度中的不确定分析的评定方法，具体参见第 4.4.3 节（1）。

（2）仪器测量因素对测量结果的不确定度评价

在实际应用中，主要从以下几个方面分别对仪器的测量因素对测量结果产生的影响进行不确定度评价：

① 加热速率最大偏差对结果的影响 加热速率的最大偏差（$\beta_{\max}$）对热量测量结果的不确定度影响的评定方法同本部分中 DSC 曲线的转变温度中的不确定分析中相应的评定方法。

② 标准物质称量对结果的影响 标准物质称量对热量测量结果的不确定度影响的评定方法同本部分中 DSC 曲线的转变温度中的不确定分析中相应的评定方法。

③ 标准物质测量精度（重复性）的不确定度影响 实验时，采用已知标准值的标准物质在一定的实验条件下测量得到的数值与标准值之间存在一定的差异，通常用 A 类不确定度评定方法来进行评价。其标准不确定度分量可用下式表示：

$$u_{\rm A}(\Delta H) = S(x) = \sqrt{\frac{\sum_{i=1}^{n}(x_i - \overline{x})^2}{n-1}} = \sqrt{\frac{\sum_{i=1}^{n}(\Delta H_i - \overline{\Delta H})^2}{n-1}} \tag{4-45}$$

式中，ΔH_i 为第 i 次实验测得的热量；$\overline{\Delta H}$ 为 n 次测量得到的热量的平均值。

④ 标准物质热量校正引起的不确定度 在对仪器进行温度校正时，通常使用已知转变热的标准物质对仪器测量的热量进行校正，由标准物质特征值带来的不确定度也应予以考虑。假设所用的标准物质的证书上的数值为 95% 置信区间（$k=2$）的转变热为 $\Delta H_0 \pm \Delta(\Delta H_0)$，通常用 B 类不确定度评定方法来进行评价。假设测量结果为均匀分布，则其标准不确定度分量可用下式表示：

$$u_{\rm B}(\Delta H_{\rm corr}) = \frac{a}{k} = \frac{\Delta(\Delta H_0)}{\sqrt{3}} \tag{4-46}$$

（3）数据处理因素对特征转变温度测量结果的不确定度评价

通常用对测量得到的峰进行积分得到的峰面积来表示仪器测量的转变热。在确定峰面积时，由于基线的选择范围和方法会对积分结果带来影响，因此在进行不确定度评价时应考虑这种影响，通常用 A 类不确定度评定方法来进行评价。其标准不确定度分量可用下式表示：

$$u_{\rm A}(\Delta H_{\rm calc}) = S(x) = \sqrt{\frac{\sum_{i=1}^{n}(x_i - \overline{x})^2}{n-1}}$$
$$= \sqrt{\frac{\sum_{i=1}^{n}(\Delta H_{{\rm calc},i} - \overline{\Delta H}_{\rm calc})^2}{n-1}} \tag{4-47}$$

式中，$\Delta H_{{\rm calc},i}$ 为第 i 次计算得到的峰面积；$\overline{\Delta H}_{\rm calc}$ 为 n 次计算得到的峰面积的平均值。

（4）TG-DSC 仪转变热校准结果的合成不确定度评价

综上分析，TG-DSC 仪热量校准结果的合成相对不确定度可以用下式表示：

$$u_{\rm C,rel}(\Delta H) = \frac{u_{\rm C}(\Delta H)}{\Delta H} = \sqrt{[u_{\rm A}]_{\rm rel}^2 + [u_{\rm B}]_{\rm rel}^2}$$

$$= \sqrt{\left[\frac{u_{\mathrm{B}}(\text{噪声})}{\text{噪声}}\right]^2 + \left[\frac{u_{\mathrm{B}}(\text{漂移量})}{\overline{d}}\right]^2 + \left[\frac{u_{\mathrm{B}}(\beta_{\max})}{\overline{\beta}}\right]^2 + \left[\frac{u_{\mathrm{B}}(m_{\mathrm{corr}})}{\overline{m}}\right]^2 + \cdots}$$

$$\sqrt{\cdots + \left[\frac{u_{\mathrm{B}}(\Delta H_{\mathrm{corr}})}{\Delta H_{\mathrm{corr}}}\right]^2 + \left[\frac{u_{\mathrm{A}}(m_{\mathrm{r}})}{\overline{m}}\right]^2 + \left[\frac{u_{\mathrm{A}}(\Delta H)}{\Delta H}\right]^2 + \left[\frac{u_{\mathrm{A}}(\Delta H_{\mathrm{calc}})}{\Delta H_{\mathrm{calc}}}\right]^2} \quad （4\text{-}48）$$

因此，$u_{\mathrm{c}}(\Delta H)$ 可用以下等式表示：

$$u_{\mathrm{C}}(\Delta H) = \Delta H \cdot \left\{ \sqrt{\left[\frac{u_{\mathrm{B}}(\text{噪声})}{\text{噪声}}\right]^2 + \left[\frac{u_{\mathrm{B}}(\text{漂移量})}{\overline{d}}\right]^2 + \left[\frac{u_{\mathrm{B}}(\beta_{\max})}{\overline{\beta}}\right]^2 + \left[\frac{u_{\mathrm{B}}(m_{\mathrm{corr}})}{\overline{m}}\right]^2 + \cdots} \right.$$

$$\left. \sqrt{\cdots + \left[\frac{u_{\mathrm{B}}(\Delta H_{\mathrm{corr}})}{\Delta H_{\mathrm{corr}}}\right]^2 + \left[\frac{u_{\mathrm{A}}(m_{\mathrm{r}})}{\overline{m}}\right]^2 + \left[\frac{u_{\mathrm{A}}(\Delta H)}{\Delta H}\right]^2 + \left[\frac{u_{\mathrm{A}}(\Delta H_{\mathrm{calc}})}{\Delta H_{\mathrm{calc}}}\right]^2} \right\} \quad （4\text{-}49）$$

（5）TG-DSC 仪特征转变热校准结果的扩展不确定度评价

95%置信概率（$k=2$）时的扩展不确定度结果为

$$U = k \cdot u_{\mathrm{C}} = 2 \times u_{\mathrm{C}}(\Delta H) \quad （4\text{-}50）$$

4.6　仪器工作状态的判断依据

　　在本章之前的内容中分别介绍了热重分析仪的温度和质量校正方法、仪器校准方法以及评价校准结果的方法等方面的内容，在实际工作中除了需要定期对仪器进行校准以确保其处于正常的工作状态之外，还应经常对仪器的工作状态进行判断。当仪器的关键工作参数出现异常时，应及时查找并分析原因。由于按照仪器的校准规范或者检定规程对仪器的工作状态进行判断时需要对仪器的各项指标进行较为全面的评估，比较繁琐、费时，通常通过标准物质验证、样品复测、基线形状的变化、曲线中出现异常变化等方法来判断仪器的工作状态。下面将分别对这些方法进行介绍。

4.6.1　标准物质验证

　　在实际工作中，经常采用标准物质来确认仪器的工作状态。在实验过程中，在得到的实验曲线中标准物质表现出特征变化。将由实验得到的这种特征变化值与标准物质的证书中相应的参考值进行对比，如果该偏差值超出证书中提供的不确定度范围、或者超出相应的检定规程、或者校准规范中允许的特征参数值的范围时，则可以判断仪器的工作状态可能出现异常。例如，图 4-15 为独立式热重分析仪在工作约 1 个月后用 Ni 标准物质验证其温度准确度得到的 TG 曲线和 DTG 曲线（图中虚线）。为了便于对比，在图中列出了对仪器进行温度校正后立即用标准物质进行验证得到的 TG 曲线和 DTG 曲线（图中实线），两次实验均在相同条件下完成。实验时所用的标准物质证书中提供的特征转变温度为 358.2℃±1.1℃，在《热重分析仪检定规程》（JJG 1135—2017）[3]中规定用 Ni 标准物质对 TG 仪进行温度校准时，所测得的温度不应超出 4℃范围。由图 4-15 可见，在对仪器进行温度校正后立即验证得到的数据为 358.6℃，该值在标准物质证书和《热重分析仪检定规程》（JJG 1135—2017）[3]中规定的温度变化范围内，表明仪器处于正常的工作状态。而当仪器在工作了一个月之后，再重新使用同一个标准物质进行实验时，得到的特征转变温度为 368.8℃，该值比原来的值升高了 10.2℃，已远超出标准物质证书和《热重分析仪检定规程》（JJG 1135—2017）[3]中规定的温度变化范围。因此，可以判断仪器处于非正常的工作状态。此时应确认仪器测量热电偶或者支架是否受到污染，另外对于吊篮式热重分析仪应确认热电偶的位置是否发生变化。在解决了以上这些问题后，应重新对所用的热重分析仪进行温度校正并用标准物质验证。

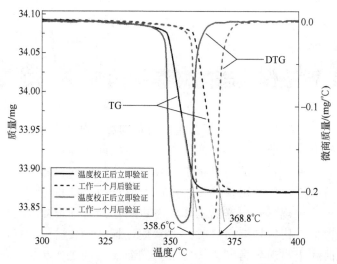

图 4-15　不同时期用 Ni 标准物质得到的 TG 曲线和 DTG 曲线
（实验条件：50mL/min 氮气气氛下，以 10℃/min 的加热速率由室温升温至 500℃，敞口氧化铝坩埚）

4.6.2　样品复测

在实验过程中，通过已经测量过的样品在相同条件下重新进行实验，并比较两次实验结果之间的差异，可以判断仪器是否处于正常的工作状态。当然，两次测量所用的样品的性质在两次实验期间不应发生变化，即样品的性质比较稳定。图 4-16 是在不同时期使用同一种碳酸钙样品得到的 TG 曲线和 DTG 曲线。

由图可见：

① DTG 曲线的峰值温度由校正后的 791.2℃升高到了 798.1℃，所得到的温度值升高了 6.9℃；

② 在实验过程中相同的质量（例如 80%）下，TG 曲线所对应的温度由校正后的 759.6℃升高到了 766.7℃，温度升高了 7.1℃；

③ 不同时期的 TG 曲线的失重量几乎没有发生变化，为 44.02%，表明样品没有发生变化。

以上这些现象表明，在不同时期即使用同一个样品在相同的条件下进行实验所得到的结果之间存在着较大的差别，表明仪器的状态出现了变化。应确认仪器测量热电偶或者支架是否受到污染，另外对于吊篮式热重分析仪应确认热电偶的位置是否发生变化。在解决了以上的这些问题之后，应重新进行温度校正并用标准物质验证。

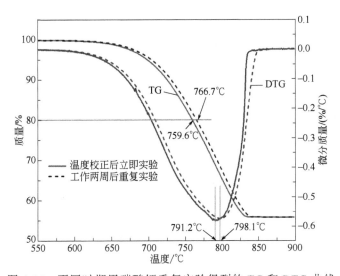

图 4-16 不同时期用碳酸钙重复实验得到的 TG 和 DTG 曲线

（实验条件：50mL/min 氮气气氛下，以 10℃/min 的升温速率由室温加热至 900℃，敞口氧化铝坩埚）

4.6.3 基线形状的变化

当仪器的工作状态发生变化时，通过实验所得到的基线形状也会出现明显的变化。一般来说，基线的变化主要表现在漂移程度和弯曲度两个方面。图 4-17 为在不同时期通过空白实验得到的 TG 曲线。由图可见，在仪器工作两个月后得到的在室温至 500℃基线的漂移量为-0.476mg，比校正后立即进行实验得到的基线的漂移量增加了-0.315mg。此时应确认仪器测量热电偶或者支架是否受到污染，在解决这些问题后，重新进行基线校正并重新验证。

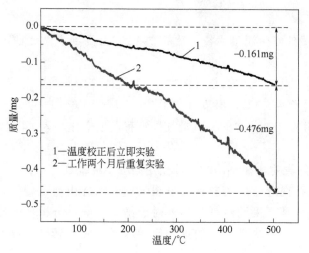

图 4-17 不同时期分别得到的空白实验的 TG 曲线

（实验条件：50mL/min 氮气气氛下，以 10℃/min 的加热速率由室温升温至 500℃，敞口氧化铝坩埚）

4.6.4 曲线中出现异常变化

在实验过程中，当仪器状态发生变化时，在所测量得到的曲线中会表现出一些异常变化，主要表现在以下两方面。

（1）仪器测量的特征值与预期差别较大

影响仪器测量特征值的因素比较多，除了实验条件因素（如制样、坩埚类型、气氛气体种类及流速、温度控制程序、检测器差异等）之外，当仪器的工作状态发生变化时，所得到的测量结果也会受到影响。图 4-18 为在不同的仪器状态下由同一种样品在相同的条件下得到的 TG 曲线。该物质是一种性质较稳定的加入了少量（约为 5%）无机填料的聚合物，在高温下发生裂解后会形成一定比例的炭化物（约 40%）。图中曲线 1 表明，当温度高于 600℃时，质量残留量为 4.6%（该数值与加入的无机填料的比例接近）；而曲线 2 中当温度高于 600℃时的质量残留量为 43.3%，与预期的约 40%的炭化物的比例十分接近。造成如此大的差距的原因在于，在实验 1 过程中有较多的空气进入了样品的周围，虽然实验是在氮气气氛下进行的，但由于氧的存在加速了炭化物的氧化分解，至 600℃时，炭化物全部分解完毕，仅剩余无机填料（曲线 1）。造成空气渗入至炉内的主要原因在于：①切换至氮气气氛的平衡时间不够，导致仍有少量空气存在于试样周围；②加热炉出口堵塞，导致氮气气氛无法有效地置换其中残留的空气中的氧分子；③仪器密封不严。

（2）曲线出现异常漂移或者波动

当仪器的工作状态出现异常时，得到的 TG 曲线中有时会表现出异常的漂移或者波动现象。图 4-19 为在不同的仪器状态下，由同一种样品在相同的条件下得到的 TG 曲线。由图可见，通过两次实验所得到的曲线在 300℃以下表现出高度的一致性。

当温度高于 300℃时，图中的虚线曲线出现了异常的抖动现象。该现象可能是由于异常的振动或者热重分析仪的悬丝的不规则摆动（常见于吊篮式结构的热重分析仪）引起的，这些异常现象导致仪器的工作状态发生了变化。

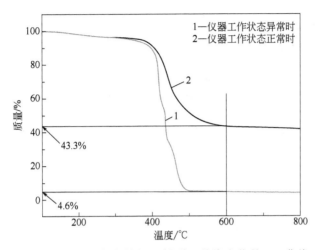

图 4-18　由不同状态的仪器得到一种聚合物的 TG 曲线

（实验条件：50mL/min 氮气气氛下，以 10℃/min 的加热速率由室温升温至 800℃，敞口氧化铝坩埚）

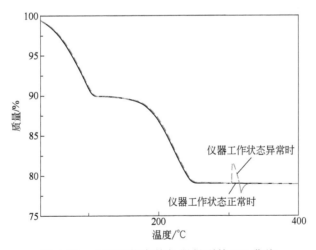

图 4-19　由不同状态的仪器得到的 TG 曲线

（实验条件：50mL/min 氮气气氛下，以 10℃/min 的加热速率由室温升温至 400℃，敞口氧化铝坩埚）

参 考 文 献

[1] 中华人民共和国国家标准. GB/T 6425—2008 热分析术语.

[2] 杨小林, 贺琼. 分析检验的质量保证与计量认证. 北京: 化学工业出版社, 2018.

[3] 中华人民共和国国家计量检定规程. JJG 1135—2017 热重分析仪检定规程.

[4] 现代分析仪器计量检定规程. JJG（教委）014—1996 热分析仪检定规程.

[5] 刘振海, 徐国华, 张洪林等. 热分析与量热仪及其应用. 2 版. 北京：化学工业出版社, 2011.

[6] 中华人民共和国教育行业标准. JY/T 0589.4—2020 热分析方法通则 第 4 部分 热重法.

[7] 丁延伟. 热分析基础. 合肥: 中国科学技术大学出版社, 2020.

[8] 现代分析仪器计量检定规程. JJG 936—2002 示差扫描热量计检定规程.

[9] 中华人民共和国国家计量技术规范. JJF 1059.1—2012 测量不确定度评定与表示.

[10] 中华人民共和国国家计量技术规范. JJF 1135—2005 化学分析测量不确定度评定.

[11] 耿维明. 测量误差与不确定度评定. 北京: 中国计量出版社, 2011.

[12] 倪育才. 实用测量不确定度评定. 5 版. 北京: 中国质检出版社, 2016.

[13] 倪晓丽. 化学分析测量不确定度评定指南. 北京: 中国质检出版社, 2008.

[14] 中国合格评定国家认可委员会. CNAS-GL 006—2019 化学分析中不确定度的评估指南. 2019.

[15] 中华人民共和国教育行业标准. JY/T 0589.5—2020 热分析方法通则 第 5 部分 热重-差热分析和热重-差示扫描量热法.

第**5**章　热重实验的影响因素

5.1　引言

　　仪器处于正常的工作状态是可以进行相应的热重实验的基本前提条件，在本书第 4 章中分别介绍了判断热重分析仪状态的方法。在正式开始实验之前，有必要了解影响热重实验结果的因素。由于热重曲线是在实验过程中所采用的实验条件下样品质量变化信息的最终综合反映形式，因此清楚地了解影响热重曲线的主要因素对于准确地解析曲线起着十分重要的作用[1]。

　　在实际应用中，影响热分析曲线的因素很多，不同的因素对于实验的影响程度也不尽相同。因此，在进行数据分析时应合理地考虑这些因素的影响，以免由于一些因素的干扰而影响对实验结果的判断。

　　概括来说，影响热重实验的因素主要包括仪器因素、操作条件因素和人为因素三大类[2,3]，在本章中将详细分析在热重实验过程中以上所列的三大类因素对实验结果的影响。其中，①仪器因素主要包括结构形式、仪器关键部件（天平、测温元件等）的灵敏度以及加热方式等方面，这些因素对于实验结果会产生不同程度的影响，可以通过仪器基线校正或者扣除空白基线的方法来消除其对结果产生的影响。②与仪器因素相比，实验时所采用的操作条件对热重实验结果的影响程度是最大也是最复杂的。实验的操作条件因素主要包括制样条件、温度程序、实验时所使用的容器（通常称为坩埚）和支架类型（该因素有时会归类于仪器因素）、实验气氛的种类和流速等。这些不同的因素对于曲线的影响不同，在曲线解析时应结合实际情况来分析这些因素对曲线产生的影响。③在实际应用中数据采集频率、仪器状态异常等其他因素也会对实验曲线产生不同程度的影响。

5.2　仪器因素

　　受设计形式差异的影响，仪器因素主要包括结构形式、仪器关键部件（天平、测温元件等）的灵敏度以及加热方式等方面，这些因素对于实验结果会产生不同程度的影响。

5.2.1　仪器结构形式的影响

在第3章中介绍了热重分析仪的不同结构形式，概括来说，根据试样与天平刀线的相对位置不同，可以将热重分析仪分为下皿式（也称吊篮式）、上皿式和水平式三种[4]。不同结构形式的仪器对结果产生的影响程度不同。

（1）气氛气体在仪器中流动方式的影响

对于热重分析仪而言，试样周围和天平周围气氛气体的流动方式对于实验结果会产生不同程度的影响。当试样在实验过程中产生气体产物时，气氛气体在仪器中的流动方式会对气体产物逸出的过程产生不同程度的影响，因此不同结构形式的仪器对测量结果也会产生不同程度的影响。通常，可以通过基线校正的方式来消除这种形式的影响。

对于任意一种结构形式的热重分析仪而言，当气氛气体在流经仪器时，其通常首先流经天平室部分，之后再进入加热炉并经过试样周围，最终由加热炉出口流出。一些结构形式的仪器为了便于采用多种实验气氛并避免一些气氛对天平部件的影响，通常采用天平室气氛气体（通常称为天平气）和样品室气氛气体（通常称为反应气体或者吹扫气体）分离的方法。在图5-1中给出了气氛气体流经水平式结构的热重分析仪部分的示意图。

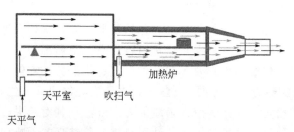

图 5-1　气氛气体流经水平式结构的热重分析仪部分的示意图

在实验过程中，气氛气体在仪器中的流动方式取决于所采用的热重分析仪的结构形式。实际上，气氛气体在不同结构形式热重分析仪中的流动方式之间存在着较大的差别，主要表现在以下几个方面：

① 对于下皿式结构的热重分析仪而言，当气氛气体流经天平室之后，其自上而下进入加热炉并流至试样的周围，最后由加热炉的出口逸出（如图5-2所示）。在图5-2中，气氛气体在仪器中自上而下流经加热炉，气体的流动使坩埚中的试样承受了一个与试样自身的重力方向相同的气流的作用力，由此得到的试样的表观质量比真实质量要高。气体的密度越大，该影响将变得越显著。另外，较大的气氛气体的流速所产生的影响也越大，由此得到的表观增重现象也越显著。

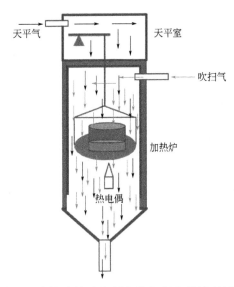

图 5-2 下皿式结构的热重分析仪的气氛气体流经过程示意图

② 对于上皿式结构的热重分析仪而言，当气氛气体在流经仪器的天平室之后，其自下而上进入加热炉并流至试样的周围，最后由加热炉出口逸出（如图 5-3 所示）。在图 5-3 中，气氛气体在仪器中自下而上流经加热炉，气体的流动使坩埚中的试样承受了一个与试样自身的重力方向相反的气流的作用力，由此得到的试样的表观质量比真实质量要低。气体的密度越大，该影响将变得越显著。另外，较大的气氛气体的流速所产生的影响也越大，由此得到的表观失重现象也越显著。

在实际应用中，为了抵消由于气体流动而产生的这种形式的作用力（浮力）的影响，一些商品化的仪器将与热重分析仪的天平横梁的两端相连接的支架同时放置于同一加热炉中（即采用双支架结构），如图 5-4 所示。在这种情况下，由于气体流动所产生的浮力效应可以相互抵消。

③ 对于水平式结构的热重分析仪而言，当气氛气体在流经仪器的天平室之后，其水平进入加热炉并流至试样周围，最后由加热炉出口逸出（如图 5-1 所示）。在这种流动方式中，假设气体保持匀速流动，试样置于气体的包围中。由此产生的气氛气体的作用力明显低于以上介绍的上皿式和下皿式结构的热重分析仪中的作用力，因此由于气氛气体的流动对质量产生的影响可以忽略不计。

（2）支架自身受热不均匀的影响

对于热重分析仪而言，由于质量测量系统（天平室）在处于室温附近（通常略高于室温）的恒定温度下工作，在实验时位于加热炉中的试样所处的温度通常按照设定的程序变化，因此在从试样至天平室之间的区域存在着温度差。这种形式的温度差通常会导致连接试样和天平横梁的部件发生微小的形变，从而引起测量体系重心的变化，最终会产生表观的质量变化。对于上皿式结构的热重分析仪而言，通常采用如图 5-4 所示

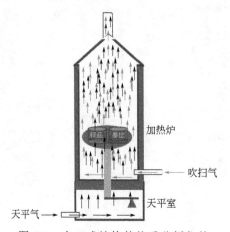

图 5-3　上皿式结构的热重分析仪的
气氛气体流经过程示意图

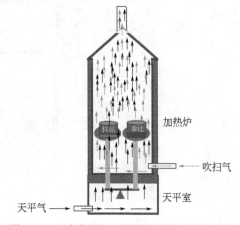

图 5-4　双支架上皿式结构的热重分析仪的
气氛气体流经过程示意图

的双支架的结构形式来削弱这种影响。对于水平式结构的热重分析仪，其通常也采用类似的双支架的结构形式。

　　对于以上所介绍的由于气氛气体流动和支架自身受热不均匀而对质量测量带来的影响，通常采用基线校正的方法来消除。通过以上分析可见，当气氛气体的种类和流速发生较大的改变时，也应及时进行基线校正处理。

5.2.2　天平灵敏度的影响

　　如前所述，天平的灵敏度和量程密切相关。灵敏度越高，实验时所用的样品量就越少。对于上皿式和水平式结构形式的热重分析仪而言，由于其支架本身具有一定的质量，由此导致天平的量程比下皿式结构的热重分析仪的量程要大。另外，不同工作原理的天平的灵敏度之间也存在着较大的差别。例如，与之前介绍的偏移式天平相比，自动回零式天平的灵敏度明显较高。

5.2.3　加热炉的影响

　　在热重实验过程中，温度变化主要是通过加热炉和温度控制单元实现的。一般来说，加热炉的体积和加热方式对于 TG 曲线的形状也会产生较大的影响。为了使实验数据具有较好的重复性，试样在加热炉中应位于控温较好的炉体区域（即通常所指的均温区）。炉体越大，均温区所占的比例越小。实验时，通过温控装置调整加热功率，使处于加热炉均温区的试样的温度尽可能与加热炉的温度保持一致。炉体越大，控温的难度也随之提高。对于含有等温段的温度控制程序而言，其对于加热炉的控温能力提出了更高的要求。当加热速率较快时，炉体越大则越难在较短的时间内实现在设定的温度下等温。一些商品化仪器采用红外加热的方式，可以比较方便、准确地实现在加热过程中的等温实验，另外还可以实现在较快的升温/降温速率下的实验。

对于以上所介绍的这些与仪器相关的影响因素而言，可以通过仪器基线校正或者扣除空白基线的方法来消除其对结果产生的影响。理论上，除天平灵敏度的影响因素之外，在经过这种处理后得到的实验曲线中可以忽略由这些因素产生的影响。例如，图 5-5 为扣除空白基线前得到的聚四氟乙烯（PTFE）的 TG-DTG-DSC 曲线。由图可见，TG、DTG 和 DSC 曲线中自室温开始至 100℃ 范围出现了波动（参见图 5-5 中虚线框区域），其中 TG 曲线自实验开始出现了明显的质量增加现象，这种现象与 PTFE 自身结构和性质变化无关，是由于仪器自身因素引起的。此时，需要通过扣除空白基线来消除这种异常现象。如图 5-6 为通过空白实验得到的 TG-DTG-DSC 曲线，图中的曲线在室温开始至 100℃ 范围也出现了相应的波动现象（参见图 5-6 中虚线框区域），这种波动现象是由于以上所介绍的多种仪器因素引起的。在图 5-5 中的曲线分别扣除了如图 5-6 所示的空白基线之后，可以得到如图 5-7 所示的 TG-DTG-DSC 曲线。

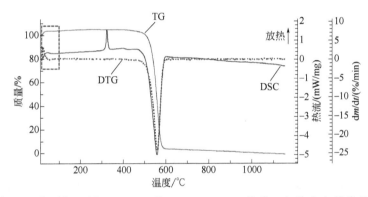

图 5-5　聚四氟乙烯（PTFE）的 TG-DTG-DSC 曲线（扣除空白基线前）
（实验条件：流速为 50mL/min 的氮气气氛，由室温开始以 10℃/min 的升温速率
加热至 1150℃，敞口氧化铝坩埚，样品用量为 8.562mg）

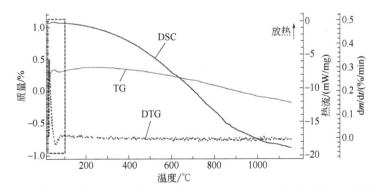

图 5-6　坩埚中不加样品的空白实验的 TG-DTG-DSC 曲线（即空白基线）
（实验条件：流速为 50mL/min 的氮气气氛，由室温开始以 10℃/min 的升温速率
加热至 1150℃，敞口氧化铝坩埚，坩埚中不添加任何样品）

图 5-7 中的 TG、DTG 和 DSC 曲线中在室温开始至 100℃ 范围没有出现如图 5-5 和图 5-6 所示的波动（参见图 5-7 中虚线框区域），表明在实验过程中仪器影响因素得到了有效的扣除。

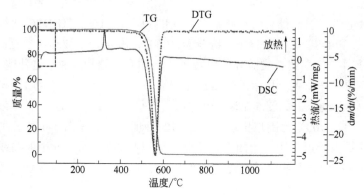

图 5-7　聚四氟乙烯(PTFE)的 TG-DTG-DSC 曲线（扣除图 5-6 中的空白基线后）
（实验条件：流速为 50mL/min 的氮气气氛，由室温开始以 10℃/min 的升温速率
加热至 1150℃，敞口氧化铝坩埚，样品用量为 8.562mg）

5.3　操作条件因素

与仪器因素相比，实验时所采用的操作条件即实验条件对热重实验结果的影响程度是最大也是最复杂的，在进行曲线解析时应充分了解这些因素的影响。

概括来说，实验的操作条件因素主要包括制样条件、温度程序、实验时所使用的容器（通常称为坩埚）和支架类型、实验气氛的种类和流速等。在以下内容中，将分别对这些影响因素进行分析。

5.3.1　制样因素

制样不仅仅是进行热重实验的第一步，也是对最终的实验结果产生较大影响的关键步骤。不同的操作者对于样品的处理方法、样品用量、操作习惯等方面存在着较为显著的差别，而这些差异将可能会对实验结果带来影响。例如，对于大多数热重实验而言，一般每次使用的试样量约为坩埚体积的 1/3~1/2（对于快速分解或可能会对仪器造成潜在危害的样品，在实验时的样品用量将更低）。不同的操作者之间对于需要加入试样量的判断存在着差异，实验时加入试样量的体积和试样在坩埚中的堆积方式对于在热分解时逸出气体的挥发过程会产生不同程度的影响，最终将导致得到的实验数据发生变化。另外，实验时所用试样的粒度及形状也会影响最终得到的曲线的形状和位置。对于大多数实验而言，试样的粒径不同会引起气体产物扩散行为的变化，导致气体的逸出速率发生改变，从而引起曲线的形状发生变化。一般情况下，试样的粒径越小，发生反应的表面积越大，反应速率越快，最终反映在曲线上的初始分解温度和终止分解温度降低，同时反应区间变窄，而且分解反应也进行得越彻底。

概括来说，在制样过程中影响热重实验的因素主要包括样品处理、取样方法、样品用量及加载方式等方面[1]。其中，①样品处理主要包括在制样时对样品所进行的干燥、粉碎、切割、筛分等处理过程；②取样方法主要包括在制样时从样品中取样的方法，主要包括取样的位置和取样方式等；③样品用量主要指在热重实验时所采用的样品量；④样品的加载方式主要是指将实验时一定量的样品加入样品容器（即坩埚）中的方法。以上所列的这些制样过程中的因素均会对实验结果产生不同程度的影响，在以下的内容中展开叙述。

（1）样品处理方法的影响

一般来说，热重法对所用的样品的状态没有严格的要求，处于液态、块状、粉状、晶态、非晶态等形式的样品均可以进行这类实验。另外，在实验前也可以不对样品进行专门的处理而直接进行测试。但对于比较潮湿的样品，一般需要在实验前进行干燥处理（特殊要求除外），以避免因溶剂的存在或吸潮而引起的曲线变形，给后续的曲线解析工作带来不便。

干燥处理：在热重实验中，为了得到更好的实验结果，通常需要对样品进行一些必要的处理。例如，对于一些容易受到环境影响（例如从环境中吸潮、氧化等）的样品而言，在制样时应尽可能快速地操作，以尽可能减少环境的干扰。对于一些特别容易从环境中吸潮的样品，在进行热重分析实验时，可以在实验时所采用的温度控制程序中加入一个预干燥处理的过程，以使样品从环境中吸收的水分在实验正式开始之前得到彻底地去除。图5-8为预干燥前后的秸秆的TG曲线，在预干燥前的秸秆均已在150℃下进行了干燥处理。由图可见，在进行预干燥处理之前，样品在室温至120℃的范围内出现了一个约4%的缓慢失重过程，该过程是由于样品从环境中吸收了少量的水分而引起的；而经在加热炉中预干燥处理（处理方法为：在50mL/min流速的空气气氛下，由室温开始以10℃/min的升温速率升温至100℃、等温15min、降至30℃以下，敞口氧化铝坩埚。经此预干燥处理程序之后，不打开加热炉直接进行正式实验）后，TG曲线在该范围的失重过程消失，证实该预干燥方法是十分有效的。

粉碎、切割、筛分等其他处理：在制样时，有时需要对样品进行粉碎、切割、筛分等处理。通常在进行了这种粉碎和切割等处理之后，还需要对样品进行干燥和筛分处理，以保证实验结果的重复性。需要注意，在进行这些处理后，样品的状态已经发生了明显的变化，由实验所得到的TG曲线的形状也将随之发生较为显著的变化。图5-9为一种块状碳酸钙样品在粉碎成200目的粉末样品前后的TG曲线。由图可见，在进行粉碎、干燥处理后，碳酸钙的分解温度明显降低，分解完成的温度由粉碎前的 921.5℃ 下降至 883.5℃，温度下降了 38.0℃。这是由于在经过粉碎处理后，样品的粒径变小，比表面积变大。当发生分解时，发生反应的表面积变大。另外，较小的粒径也有利于气体产物的逸出，使分解反应更加容易进行。因此，粉碎后的样品的热分解温度下降。

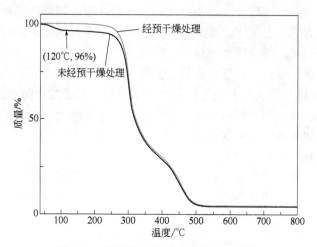

图 5-8　预干燥前后的秸秆的 TG 曲线

（实验条件：在 50mL/min 流速的空气气氛下，由室温开始以 10℃/min 的升温速率
加热至 800℃，敞口氧化铝坩埚）

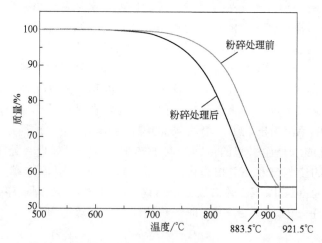

图 5-9　经粉碎处理前后的碳酸钙样品的 TG 曲线

（实验条件：在 50mL/min 流速的空气气氛下，由室温开始以 10℃/min 的升温速率
加热至 1000℃，敞口氧化铝坩埚）

需要注意：由于对样品进行的粉碎、切割等处理方法对实验结果有较为显著的影响，因此并非所有的样品在进行热重实验时必须进行粉碎、切割和筛分等预处理。当需要研究样品在真实存在状态下的热稳定性时，在实验时仅需要将样品切割处理

成适用于坩埚体积的尺寸即可。

（2）取样方法的影响

对于单一组分的物质而言，取样时不存在组分不均匀的问题。而对于大多数多组分物质而言，取样时应注意样品组分的代表性。通常采用粉碎、研磨、切割等方式将块状样品混匀后再进行取样，由于每次进行热重实验时所需要的试样量较小，有时需要采用运行多次重复实验的方法来真实地反映样品的热性质。对于无须进行粉碎、研磨、切割等方式处理的物质，在实验时需要在不同的部位取样进行实验。取样时，应充分考虑样品的边缘与中间、表面与内层等位置。对于外观存在明显分层、聚集等现象的样品，在取样时也应予以兼顾。在取样时，应对由不同区域获得的样品进行标记。实验结束后，在进行曲线解析时应结合取样位置进行综合分析。

（3）样品用量的影响

热重实验时的样品用量对于所得到的热重曲线也有较大的影响。对于多组分体系而言，在进行热重实验时，由于在实验时加入的样品量过少，导致由实验所得到的含量较少的组分的信息的准确度通常会受到影响。反过来，如果加入的样品量过多，则会影响气体产物的逸出过程，并由此导致曲线发生变形、分辨率变差等现象。图 5-10 为不同试样用量的一种植物秸秆样品的 TG 曲线。由图可见，不同的样品量对于曲线的形状产生了较大的影响。随着样品量的增加，TG 曲线中台阶的数量变少并且转变过程移向了更高的温度。这表明，当样品量增加后，样品中产生的气体来不及扩散至气相使变化过程移向了更高的温度范围，由此导致在实验过程中出现的多个过程无法得到有效的分离。因此，应结合实际选择合适的样品量进行实验。

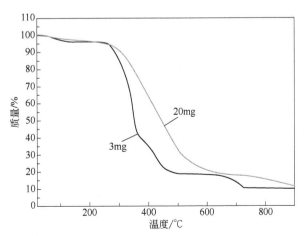

图 5-10　不同试样用量的植物秸秆样品的 TG 曲线

（实验条件：在 50mL/min 流速的空气气氛下，由室温开始以 10℃/min 的加热速率
加热至 900℃，敞口氧化铝坩埚）

一般来说，TG、TG-DTA 和 TG-DSC 实验的样品用量一般为坩埚体积的 1/3~1/2。对于密度较大的无机样品而言，所对应的试样质量一般为 10~20mg；对于在实验过程中不发生熔融或者剧烈分解的样品而言，在保证仪器安全的前提下，可根据需要适当地加大试样量。另外，热分析串接联用仪（通常为热重分析仪与红外光谱、质谱或 GC/MS 联用技术，其中的热分析部分主要为热重分析仪、热重-差热分析仪和热重-差示扫描量热仪）对试样的要求与该类热分析仪对试样的要求相同。

（4）样品加载方式的影响

在制样过程中的最后一步是将选用的样品加载至相应的样品容器（即坩埚）中，这一步看似简单，但也是较为关键的一步，在实际实验中其重要性通常被忽视。受不同的操作者的习惯差异的影响，在实验过程中样品的加载方式之间存在着一定的差别。概括来说，较为规范的样品加载方式主要包括以下几个方面[2,5]：

① 对于液体样品而言，应使用移液枪或者较细的棒状物蘸取液体，将适量的样品滴至坩埚底部的中心位置，使液滴均匀地向四周扩散。应注意：在加载样品时不应使样品沾在坩埚内壁。对于含有易挥发的组分的液体样品而言，应快速地将其滴在坩埚底部，并将其转移至仪器中，并关闭加热炉，尽快开始实验。

② 对于薄膜样品而言，应将其剪至尺寸比坩埚内径略小的形状，将其平铺于坩埚底部。如果样品较轻，则需要叠加多层样品。

③ 对于粉末或者细颗粒样品而言，应使其平铺于坩埚底部。对于较为疏松的样品，可以用镊子轻轻地夹住坩埚壁，在实验台上轻轻地敲几下，使样品与坩埚底部保持紧密接触。在制样时，不应通过外力压紧样品以使其与坩埚的底部保持充分接触。

在图 5-11 中分别给出了向坩埚中加载颗粒状样品的规范操作和不规范操作示意图。

(a)　　　　　　　　(b)

图 5-11　向坩埚中加颗粒状样品的规范操作（a）和
不规范操作（b）示意图

④ 对于纤维状样品而言，可以用剪刀将其剪成适合坩埚内径尺寸的形状，将其平铺于坩埚底部［图 5-12（a）］，也可以将其盘绕成环形平铺于坩埚的底部［图 5-12（b）］，但不应将其揉成团直接丢于坩埚底部［图 5-12（c）］。

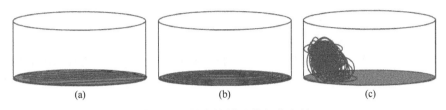

图 5-12　纤维状样品的加载方法

（a）将待测样品剪成适合坩埚内径尺寸的形状，使其平铺于坩埚底部；（b）将待测样品盘绕成环形平铺于
坩埚底部；（c）将待测样品揉成团并直接丢于坩埚底部，为不规范的样品加载方式

5.3.2　坩埚因素

坩埚是在热重实验时用于盛装试样的容器，不同型号的仪器和不同的实验条件对坩埚的要求也不相同。另外，在实验时采用不同材质和形状的坩埚以及是否加盖子对于所得到的实验结果也会产生不同程度的影响。

（1）坩埚材质的影响

当试样在加热过程中有气体产物逸出时，实验中逸出气体的速率受坩埚的材质和形状的影响。因此，在 TG 实验时所用的坩埚的形状和材质均会影响最终所得到的曲线的形状和位置。

在确定 TG 实验所用的坩埚的材质时，应注意坩埚是在热重实验时用于盛装试样的容器，在实验过程中其不能与试样发生任何形式的反应，也不能在高温下对试样的反应过程具有催化作用（包括加速和减速作用）。例如，图 5-13 为一种聚合物纤维材料分别在铂坩埚和氧化铝坩埚中进行实验得到的 TG 和 DTG 曲线。由图可见，使用铂坩埚得到的 TG 曲线在 200~500℃ 范围内出现了两个较为明显的失

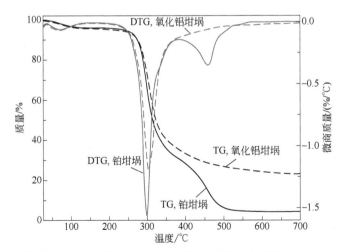

图 5-13　一种聚合物纤维材料在铂坩埚和氧化铝坩埚中得到的 TG 和 DTG 曲线

（实验条件：流速为 50mL/min 的氮气气氛，由室温以图中所示的升温速率
加热至 700℃，坩埚分别为敞口铂坩埚和敞口氧化铝坩埚）

重台阶,而由氧化铝坩埚得到的 TG 曲线则在该温度范围内出现了一个较为明显的失重台阶。当加热至 700℃时,由氧化铝坩埚所得到的 TG 曲线的剩余质量(22.8%)远大于由铂坩埚得到的 TG 曲线的剩余质量(4.5%)。这是由于铂坩埚中的铂在聚合物发生分解时对于分解过程起到了明显的催化加速作用,使该聚合物的热分解过程进行得更加彻底。

图 5-14 为一种含 Cl 的复合材料在铝坩埚和氧化铝坩埚中分别得到的 TG 曲线。由图可见,使用两种坩埚得到的 TG 曲线在 250℃以下的形状基本一致,随着温度的进一步升高,TG 曲线的形状出现了较为明显的变化。当加热至温度为 500℃时,使用氧化铝坩埚得到的 TG 曲线的剩余质量为 18.84%,而由铝坩埚得到的 TG 曲线的剩余质量为−1.87%,二者之间的差异达到了 20.71%。造成这种差异的主要原因在于样品中含有的 Cl 在分解时与铝坩埚发生了反应,形成了相应的金属有机化合物,最终以气态形式离开实验体系。由于在实验开始前已扣除了坩埚的质量(即进行了去皮处理),在实验过程中坩埚质量的进一步损失导致出现超出理论值的质量变化。相比之下,氧化铝坩埚在实验过程中不参与反应,由此得到的结果更接近真实的过程。

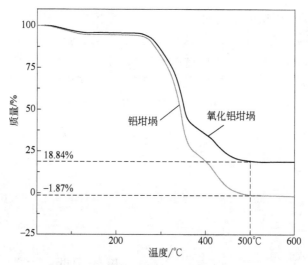

图 5-14　一种含 Cl 的复合材料在铝坩埚和氧化铝坩埚中得到的 TG 曲线
(实验条件:流速为 50mL/min 的氮气气氛,由室温以图中所示的升温速率
加热至 600℃,坩埚分别为敞口铝坩埚和敞口氧化铝坩埚)

另外,在确定坩埚的材质时应注意坩埚的最高使用温度。例如:铝坩埚的最高使用温度一般不能超过 600℃(当高于此温度时,坩埚自身会发生变形甚至熔融),其他材质的金属坩埚(如铜坩埚、镍坩埚、不锈钢坩埚等)在一定温度下的氧化性气氛中会发生不同程度的氧化。

（2）坩埚形状的影响

当试样在分解过程中快速产生较多的气体时，应使用底部较大的坩埚，同时在实验时应加入较少的试样量，以利于气体产物的逸出。在这种条件下得到的 TG 曲线的重复性明显好于由底部较小的坩埚得到的曲线。

图 5-15 为初始质量接近（约 15mg）的五水合硫酸铜在内径为 4.5mm、高度分别为 4mm 和 10mm 的氧化铝坩埚中得到的 DTG 曲线。由图可见，当初始质量接近时，通过较深的坩埚（高度为 10mm）得到的 DTG 曲线比通过较浅的坩埚（高度为 4mm）得到的失水过程发生的温度高，并且分辨率也随之而下降。这种现象表明，较深的坩埚不利于气体产物的逸出，导致质量变化过程发生的温度升高，相邻过程的分辨率下降。

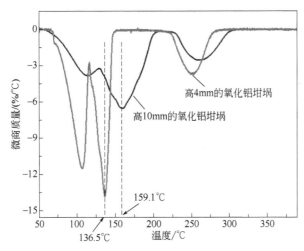

图 5-15　初始质量接近（约 15mg）的五水合硫酸铜在内径为 4.5mm、
高度分别为 4mm 和 10mm 的氧化铝坩埚中得到的 DTG 曲线
（实验条件：流速为 50mL/min 的氮气气氛，由室温以图中所示的升温速率
加热至 600℃，坩埚为敞口氧化铝坩埚）

（3）坩埚加盖的影响

对于急速分解的样品而言，由于这类样品在短时间内产生了大量的气体，气体在逸出时易将尚未来得及发生分解的试样带离坩埚，在实验时通常使用加盖的坩埚。在坩埚的盖子上通常具有一个形状规则的小孔，以便气体及时逸出。相比于不加盖子的热重实验而言，由加盖后的坩埚得到的热分析曲线的形状通常会产生比较大的变化，过程中特征量的变化温度也比不加盖时要高。有时由加盖的坩埚得到的 TG 曲线会出现难以解释的过程，并且这类曲线的重复性也比由敞口的坩埚得到的 TG 曲线的重复性差[1]。图 5-16 为在坩埚加盖前后分别得到的一种由草酸钙、氢氧化镁、氧化钙组成的混合物的 TG 曲线。由图可见，在加盖后 TG 曲线整体向高温方向移动，并且在 350~450℃范围内出现了两个连续的台阶变化。根据样品的组成信息，

可以判断该温度范围对应于草酸钙分解成一氧化碳和碳酸钙的过程，该过程为一步过程，在该温度范围得到的 TG 曲线应为一个台阶。而在加盖后，在 350~450℃范围内出现了两个连续的台阶变化，与真实的过程不相符。当把坩埚盖去除后，该范围的失重台阶变成了一个，与预期的过程一致。

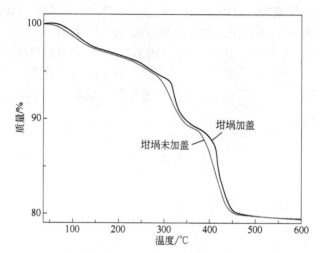

图 5-16　一种由草酸钙、氢氧化镁、氧化钙组成的混合物在坩埚
加盖前后分别得到的 TG 曲线

（实验条件：流速为 50mL/min 的氮气气氛，由室温以图中所示的
升温速率加热至 600℃，氧化铝坩埚）

另外，当样品在加热过程中由于发生快速分解而导致飞溅现象时，由于样品中未分解的部分被气体带离坩埚，通常会导致 TG 曲线中出现异常的失重现象。例如，图 5-17 为在敞口氧化铝坩埚中加热得到的高锰酸钾样品的 TG-DTG 曲线。由图可见，在 250~350℃范围内样品发生了快速的失重过程，对应于高锰酸钾分解产生锰酸钾、二氧化锰和氧气的过程，该过程的理论失重量为 10.1%。然而，图中 TG 曲线则出现了 90%以上的失重现象，这表明在快速产生氧气的过程中出现了气体产物将未分解的高锰酸钾和分解形成的固体产物锰酸钾和二氧化锰带离坩埚的现象。另外，在失重过程中，图 5-17 中的温度-时间曲线在质量快速减少的温度范围未出现波动，也表明该质量减少的过程中未出现较为明显的热效应，如此大的质量变化是由于气体带离固态物质而产生的。

图 5-18 为高锰酸钾样品在加载扎孔盖子的氧化铝坩埚中加热得到的 TG-DTG 曲线。由图可见，样品在 220~300℃范围内发生了快速的失重过程，对应于高锰酸钾分解产生锰酸钾、二氧化锰和氧气的过程，该过程与理论失重量 10.1%保持一致。实验过程中，在样品上方加载的坩埚盖子有效地抑制了气体产物带离固态反应物和固体产物离开测量体系的过程，实验时所产生的气体则可以缓慢地从坩埚盖子的小孔中逸出，由此得到的实验结果与理论值接近。

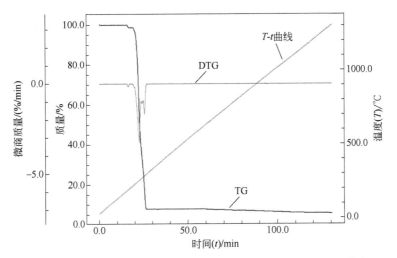

图 5-17　高锰酸钾样品在敞口氧化铝坩埚中的 TG 和 DTG 曲线

（实验条件：流速为 50mL/min 的氮气气氛，由室温以图中所示的升温速率
加热至 1400℃，敞口氧化铝坩埚）

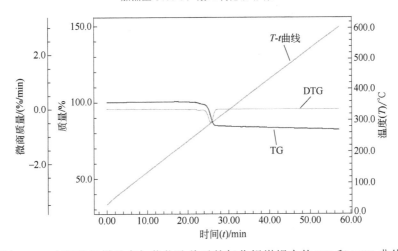

图 5-18　高锰酸钾样品在加载扎孔盖子的氧化铝坩埚中的 TG 和 DTG 曲线

（实验条件：流速为 50mL/min 的氮气气氛，由室温以图中所示的升温速率
加热至 600℃，加载扎孔盖子的氧化铝坩埚）

　　需要注意，当在坩埚的顶部加载了相应的盖子之后，由于气体的逸出方式发生了变化，加载的盖子不利于气体的逸出，由此得到的实验曲线的特征变化温度高于由敞口坩埚所得到的实验曲线。

5.3.3　实验气氛因素

　　在热重实验的操作条件中，除了制样方法和坩埚的材质、形状等因素对实验结果会产生影响外，实验气氛的种类、流动方式和流速往往也会影响实验曲线。

对于大多数物质而言，在热重分析实验中与试样相接触的气氛十分重要，在不同的实验气氛下得到的热重分析曲线具有比较显著的差别。在设计实验方案时，应结合实验目的来选择合适的实验气氛。此外，在对所得到的曲线进行解析时，首先必须十分清楚地了解在实验时所采用的气氛对曲线的影响程度。

在热重分析实验时可选择的气氛通常为静态气氛（真空、高压、自然气氛）或动态气氛（氧化性气氛、还原性气氛、惰性气氛、反应性气氛），实验时应根据需要选择合适的实验气氛和流速。实验气氛的流速一般不宜过大。在较大的气氛气体的流速下，往往会出现较轻的试样来不及发生完全分解而被气流带离测量体系的现象，从而影响热重曲线的形状和位置。另一方面，过低的流速不利于分解产物及时排出，一般会导致热分解温度升高，严重时也会影响反应机理。

在选择实验气氛时应明确其在实验过程中的作用。

对于两个相邻的过程而言，可以通过改变实验气氛来实现相邻过程的有效分离[2]。例如，图 5-19 为碳酸锶在不同气氛下的 DTA 曲线。由图可见，当实验气氛由空气切换为 CO_2 时，$SrCO_3$ 的晶型转变温度（立方晶型变为六方晶型）基本维持在 927℃ 不变，而初始分解温度由 950℃ 升高至 1150℃，升高了 200℃，变化很大。这是由于 CO_2 气氛的存在不利于碳酸锶分解为 CO_2 和氧化锶，导致反应在更高的温度下进行。

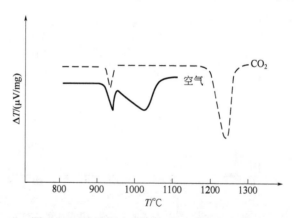

图 5-19　碳酸锶在不同气氛下的 DTA 曲线

对于含有复合材料或者含有有机物的混合物而言，通过对比其在氧化性气氛和惰性气氛下的分解过程，可以确定其中的无机组分和有机组分的相对含量。对于含有 C、H、O、N 等元素的有机物而言，在惰性气氛下发生热裂解过程，最容易从键合最弱的结构部分发生裂解，该过程通常在较低的温度下发生。对于一些键合作用较强、含有不饱和键的结构单元，在惰性气氛下容易形成结构更稳定的化合物，在惰性气氛不容易发生彻底的分解。在氧气分子的存在下，这种较稳定的化合物容易发生氧化分解。根据不同组分在不同温度范围发生的热分解过程，可以确定热稳定性不同的组分的含量。

例如，图 5-20 为一种树脂产品分别在氮气和空气气氛下得到的 TG 曲线。由图可见，在 300℃以下，样品在不同气氛气体下的 TG 曲线的形状接近，表明气氛气体未与分解产物或者样品发生反应，其作用仅是将逸出气体带离测量体系。随着温度的升高，当温度高于 300℃时，在氮气气氛下，样品的质量随温度升高缓慢下降，表明在样品中不稳定基团分解变成气体后，余下的固态或者液态组分随温度升高继续发生热裂解，形成热稳定性更高的结构。该过程进行得比较缓慢，这种缓慢的质量变化过程一直持续到实验时的最高温度。在空气气氛下，在 300~500℃范围内样品的质量出现了较为快速的下降，并且当温度高于 500℃时，样品的质量随温度的升高不再发生变化，这表明气氛气体中的氧气分子将样品中相对稳定的有机组分彻底氧化，最终变成稳定性较高的二氧化碳、水等小分子气体产物，脱离质量测量体系，表现为较明显的质量减少过程。在实际应用中，根据这种变化过程可以确定样品中含有的有机组分和无机组分的比例。本例中，当温度升高至 800℃时，在空气气氛下的质量剩余量为 3.87%，表明样品中含有的无机组分的含量约为 4%以下。

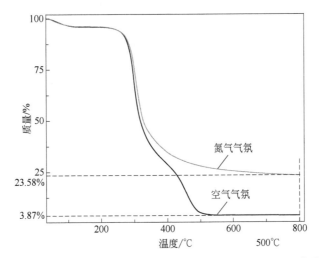

图 5-20　一种树脂产品在氮气和空气气氛下得到的 TG 曲线

（实验条件：气氛气体的流速为 50mL/min，由室温以 10℃/min 的升温速率
加热至 800℃，坩埚为敞口氧化铝坩埚）

另外，当在实验过程中采用反应性气氛时，应充分评估这种气氛在实验条件下对仪器的关键部件的安全性。一些反应性气氛如 H_2、纯氧等在高温下可能与仪器的关键部件发生反应，对仪器造成不可逆的损害。在这种条件下，会影响最终得到的实验数据。

5.3.4　温度程序因素

在热重实验的操作条件因素中，除了制样方法、坩埚的材质、形状和实验气氛等因素对结果的影响之外，在实验时所采用的温度程序也会对实验曲线产生较大的影响。

对于同一个试样，如果采用不同的温度程序通常会导致最终得到的实验曲线产生较为显著的变化。一般来说，温度变化速率的快慢对热分析曲线的基线、峰形和温度都会产生较为显著的影响。温度变化速率越快，意味着在较短的时间间隔内会发生更多的反应。另外，温度变化速率的升高还会影响相邻峰的分辨率。通常，较低的温度变化速率使相邻的峰易于分开，而温度变化速率太高则容易导致相邻的过程重叠在一起。当温度变化速率较低时，加热炉和其中的样品趋近于热平衡；在较高的温度变化速率下，它们并不是处于热平衡状态，较高的温度变化速率可能会在样品中产生一个不平衡的温度分布。一般来说，过热现象可能会在高加热速率的情况下出现。

在热分析实验中所采用的温度控制程序主要包括升温、降温、等温以及这些方式的组合等形式，其中以在一定的温度范围内按照恒定的升温/降温速率的方式改变温度的温度控制程序最为常用。

对于 TG、TG-DTA 和 TG-DSC 实验，由于所用仪器的加热炉体积较小，实验时的试样量较小，常用的温度扫描速率一般为 10℃/min。

对于线性升温或降温的过程而言，采用较快的升温速率可以有效地提高仪器的灵敏度，但这样会导致分辨率下降，从而使相邻的转变过程更难分离。一般情况下，在实际应用中，应综合考虑转变的性质和仪器的灵敏度，折中选择一个合适的温度扫描速率。

一般而言，较高的升温速率会使测得的转变温度移向高温，而较慢的升温速率则会使测得的转变温度移向低温。通常通过多个温度扫描速率实验，在数据分析时通过外推至 0 温度扫描速率的方法可以得到较为准确的转变温度。例如，图 5-21 和图 5-22

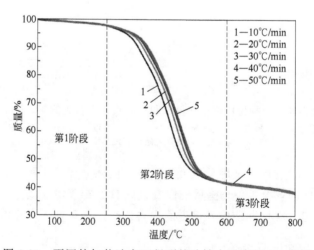

图 5-21　不同的加热速率下得到的改性木质素的 TG 曲线

（实验条件：仪器型号为美国 TA 仪器公司 Q5000 热重分析仪，实验气氛为氮气气氛，流速为 40mL/min，温度范围为室温~800℃，升温速率如图所示，样品用量为 10mg 左右，氧化铝坩埚）

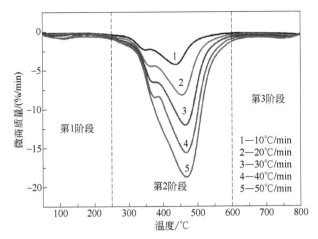

图 5-22　与图 5-21 中的 TG 曲线相对应的 DTG 曲线

（实验条件：仪器型号为美国 TA 仪器公司 Q5000 热重分析仪，实验气氛为氮气气氛，流速为 40mL/min，温度范围为室温~800℃，升温速率如图所示，样品用量为 10mg 左右，氧化铝坩埚）

分别为在不同的升温速率下得到的改性木质素的 TG 和 DTG 曲线[6]。由图可见，随着升温速率的升高，台阶整体移向高温方向（图 5-21），DTG 曲线中两个相邻失重过程对应的峰的分辨率随升温速率升高而下降（图 5-22）。当升温速率为 10℃/min 时，在 DTG 曲线中两个相邻的过程对应的峰较明显。随着升温速率升高，当升温速率为 50℃/min 时，这两个过程逐渐融合为一个过程。造成这种现象的主要原因是木质素本身的导热性能较差，不利于分解过程中的热量传递，在较快的升温速率下的分解反应不易进行，从而导致曲线整体移向高温范围[7]。

降温实验主要用于 DSC 或者 TMA、DMA 实验中，在热重实验中偶尔有采用。当实验过程中需要降至较低温度时，需要考虑降温设备的制冷能力。在不同的温度范围，仪器的降温能力存在着较大的差别。

5.4　其他影响因素

在热重实验中，除了以上所介绍的仪器因素和操作条件因素会对实验结果产生不同程度的影响之外，在实际应用中数据采集频率、仪器状态异常等其他因素也会对实验曲线产生不同程度的影响，下面将对这些因素进行简要的分析。

5.4.1　数据采集频率的影响

对于大多数实验而言，在实验过程中采用的 1 数据点/秒的数据采集频率足以准确记录实验过程中试样的性质的变化信息。对于一些非常快速的变化过程而言，通过仪器默认的数据采集频率无法实时记录下该过程中的变化信息。例如，对于热分解进行很快的过程，完成该过程所需的时间往往只需要几秒或者更短，此时如果再使用默认的 1 数据点/秒的数据采集频率显然无法记录下实验过程中的变化信息。对于耗时很长的等温实验或者较低加热速率的实验（例如，加热速率低于 1℃/min），如果仍然使用 1 数据点/秒的数据采集频率，将会导致得到的数据文件非常大，经常会出现在数据分析软件中无法分析或者分析速度十分缓慢的现象。另外，在这种条件下得到的曲线的基线的噪声也很大，有时会影响对曲线中正常的变化的分析。

实验时的数据采集频率对 DTG 曲线的形状产生的影响较大。理论上，在对曲线进行求导时的取点间隔越小所得到的 DTG 曲线越符合实际，但由此得到的各点的数据点之间的波动较大，即曲线上的"毛刺"较多，如图 5-23 所示。由图可见，由于数据采集频率较大，通过对 TG 曲线进行求导处理所得到的 DTG 曲线的基线中毛刺较为明显。

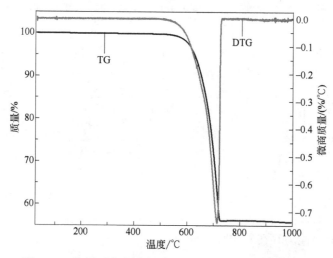

图 5-23　数据采集频率较大时得到的 TG 和 DTG 曲线

一般情况下，在对采用相同的数据采集频率所得到的不同加热速率下的热重曲线进行求导处理后，在较高的加热速率下得到的 DTG 曲线将变得比较平滑[2]。这是因为对于较快的加热速率而言，其完成相同的温度范围的温度扫描所需要的时间较短，由此采集到的数据点也比较少，因此曲线变得较为平滑。在实际应用中可以通过调整数据采集频率的方法来改善这种现象，即较小的加热速率因时间较长，可以加大采集点的间距（即降低数据采集频率）。而较大的加热速率由于实验用时较短，需要适当加大数据采集频率。

5.4.2　仪器工作环境的影响

在实验过程中，热重分析仪所处工作环境中的温度、湿度均会对实验数据产生不同程度的影响。

一些灵敏度较高的热重分析仪器对于所处的实验室环境的温度变化十分敏感，实验室环境的温度波动 3~5℃则会引起基线的变形。此外，一些容易潮解的试样在进行热重实验时，实验室的湿度变化也会引起热重曲线的形状发生变化。

实验时，在实验室内所发生的一些意外的振动也会影响热重分析仪的正常工作，这些振动最终也会反映在所得到的实验曲线上。图 5-24 为在实验室环境发生变化前后同一样品的 TG 曲线，由图可见，曲线 1 在 700℃附近出现了较为剧烈的波动。在重复进行的实验中（图中曲线 2）在该温度附近未出现质量的变化，由此可以判断该过程为实验室环境（主要为异常振动）引起的异常变化。

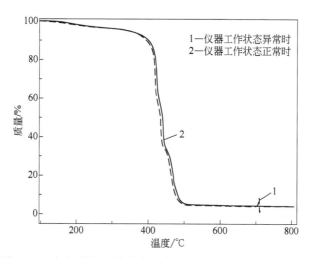

图 5-24　在实验室环境发生变化前后同一样品的 TG 曲线

5.4.3　人为因素的影响

除了仪器因素和实验条件会对实验结果造成影响之外，一些人为因素也会对热分析实验结果造成影响。

一般来说，只要严格按照操作规程进行实验，大多数情况下均可以得到比较正常的实验结果，而不需要考虑人为操作因素的影响。鉴于热分析方法本身的特殊性，一些人为的操作也会对实验结果造成不同程度的影响。即使对于从事多年热分析工作的技术人员而言，操作习惯的差异也会对实验造成不同的影响。概括来说，人为因素的影响主要表现在以下几个方面。

（1）制样习惯的影响

不同的操作者对于加入容器支持器上试样的状态的判断不同，而这些差异可能会对实验结果带来影响。例如，对于大多数热重实验而言，一般每次使用的试样量约为坩埚体积的 1/3~1/2（快速分解可能会对仪器造成潜在危害的样品除外）。对于加入试样量的判断不同人之间存在着差异，加入试样量的体积和试样在坩埚中的堆积方式对于热分解时逸出气体的挥发会有不同的影响，由此得到的实验数据会有一定差异。

（2）仪器工作状态的判断

一般来说，在使用正常仪器时应按照操作规程的要求定期进行检定和核查，以免在仪器工作状态异常下完成实验。但是，在仪器长时间的工作过程中偶尔会出现一些不易被察觉的状态变化，仪器在这种"亚健康"状态下完成的实验数据一般不易被及时察觉出异常。一般来说，与正常状态下的数据相比，在这种状态下所得到的实验数据的准确性和重复性会差很多。如果发现有类似的现象出现，则应及时采取相应的措施进行补救。由于不同的操作人员对这种状态的判断标准不同，从而导致采取的措施有差异，由此也会对实验结果带来不同程度的影响。

5.4.4　试样自身性质变化的影响

在研究材料的热分解过程时，试样本身的反应热（潜热）、导热能力、比热容都会对曲线产生影响。一般来说，试样本身在实验过程中出现的较大的吸热或放热过程会引起其周围的温度低于或高于加热炉的温度，从而引起热分析曲线的异常变形，消除这种现象的有效办法是减少试样的使用量和尽可能使用较浅的实验容器。

图 5-25 为以时间为横坐标所得到的存在过热现象的 TG-DTG 曲线，由图可见，当样品发生过热现象时，样品的温度开始偏离线性。图 5-26 为偏离线性关系时的局部放大图。由图 5-25 和图 5-26 可见，由于试样自身的放热引起温度-时间曲线发生了偏离。在放热过程开始阶段，温度-时间曲线的斜率开始增加。而当该放热过程结束时，

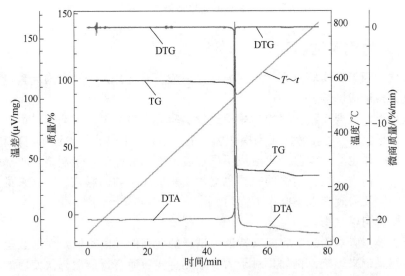

图 5-25　当存在过热现象时所得到的 TG-DTG 曲线（以时间为横坐标）

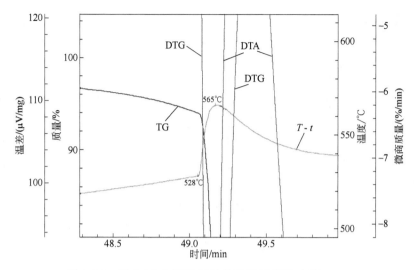

图 5-26　图 5-25 中偏离线性关系的局部放大图

温度-时间曲线的斜率开始下降，最终回归线性。当使用温度作为横坐标时，得到如图 5-27 所示的热重曲线，图中 TG 和 DTG 曲线均出现了"畸变"现象。出现这种"畸变"现象的原因在于，在发生过热现象的过程中，温度-时间曲线呈现"峰"的状态。在以温度为横坐标进行作图时，会出现两个时间对应于一个相同的温度的现象，这样得到的 TG 曲线就会出现一个温度对应于两个质量的现象（图 5-27）。

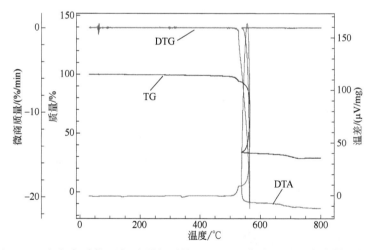

图 5-27　当存在过热现象时所得到的 TG-DTG 曲线（以温度为横坐标）

这种"畸变"曲线会对曲线分析尤其是动力学分析带来很大的干扰，通常采用减少样品用量、采用浅皿坩埚和增加气氛气体流速等方法来减弱这种过热或过冷现象的方法来尽可能地避免这种"畸变"曲线。

另外，试样本身在加工时如果存在结构不均匀或存在气泡、裂痕等缺陷时，也会对实验曲线带来较大的负面影响，最终会导致曲线出现"失真"的现象。

5.4.5　实验过程中条件改变的影响

在实验时，有时需要根据实验目的在实验过程中切换气氛。在切换气氛时，通常由于气体的密度、流速、导热性的差异会对相应的热分析曲线的形状产生影响。在图 5-28 中，在实验过程中降低了气氛气体的流速，这种操作导致 TG 曲线产生了约 1.5%的失重。显然，这个失重过程与样品无关。在进行数据分析时应忽略这个失重过程。在改变气氛流速时对曲线产生的质量变化与仪器结构有关。对于上皿式热重分析仪而言，气氛气体的流向是由位于试样坩埚上方的天平室向下流经试样，流速减小会引起表观的失重现象。反之，对于下皿式结构的热重分析仪而言，当由下至上的气氛气体的流速变小时则会引起表观的增重现象。

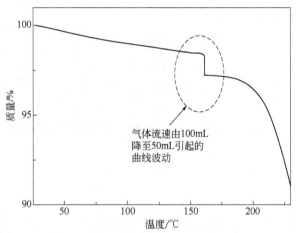

气体流速由100mL
降至50mL引起的
曲线波动

图 5-28　实验过程中气体流速的变化对 TG 曲线的影响

（实验条件：氮气气氛，从室温开始以 10℃/min 的升温速率加热至 500℃，敞口氧化铝坩埚。
在 160℃时，氮气气氛的流速由 100mL/min 降至 50mL/min）

因此，当在实验过程中需要改变气氛气体的条件时，需要在试样不发生变化的基线不变的阶段进行，以避免对曲线中有效变化信号的干扰。在设计气氛变化程序时务必注意这方面的影响。

5.4.6　残留冷凝物的影响

在较高温度下由于试样分解或挥发产生的气体产物，在仪器加热炉或样品支持器（通常为吊篮或者支架）的低温区域会出现冷凝现象。在实验过程中产生的这些冷凝物的存在会对后续的实验造成影响，同时也会腐蚀仪器的相关部件。因此，定期对仪器的关键部位进行清洁是十分必要的。

　　另外，当在仪器的加热炉或者样品支持器中存在冷凝物时，这些冷凝物会对后续的实验造成以下的影响。

（1）在后续实验中冷凝物的分解造成的影响

　　由于仪器的加热炉中样品位置正好位于炉子的恒温区，在此区域之前和之后位置的温度会依次下降。在热重分析仪中，气氛气体在流经仪器时，通常先流经仪器的天平室，然后再进入加热炉流经样品，最后从加热炉出口流出。当在实验过程中样品发生质量减少而逸出气体产物时，生成的气体在气氛气体的作用下被带出仪器的加热炉。当这些气体产物在流经仪器的恒温区之外时，一些沸点较低的气体产物将在此区域发生冷凝。这些冷凝物可能会附着在加热炉的内壁，也可能会附着在样品周围的坩埚外壁、支架或者吊篮上。如图 5-29 所示为冷凝物在水平式热重分析仪中发生沉积现象的示意图。由图可见，气氛气体在进入热重分析仪中时，其从左至右依次流经仪器的天平室，然后再进入加热炉流经样品，最后从加热炉出口流出。当在实验过程中坩埚中的试样开始发生质量减少而逸出气体时，气体产物在自左至右流动的气氛气体的驱动下，从坩埚上方稳定地流至加热炉出口。当一部分气体产物在实验过程中发生冷凝时，冷凝物主要分布在图中标识的区域。

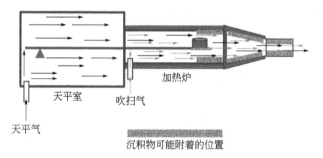

图 5-29　冷凝物在水平式热重分析仪中发生沉积现象的示意图

　　如果在接下来的实验中更换了一只洁净的坩埚，则附着在坩埚外壁的冷凝物的影响可以忽略不计。除此之外，附着在加热炉内壁和支架或者吊篮上的冷凝物有可能会影响后续的实验结果。如图 5-30 为在支架上附着的冷凝物在实验过程中发生氧化分解的条件下得到的活性炭颗粒样品在空气气氛下的 TG 曲线。由图可见，在实验过程中得到的热重曲线的总失重量大于 100%（为 109.5%），多出的这部分质量（9.5%）是由于在高温下支架上的冷凝物氧化分解引起的。这部分冷凝物在实验开始前对除试样外与天平相连的部分进行清零操作时已经扣除了其本身的质量，在实验过程中如果这部分质量发生氧化分解则会引起额外的质量减少。

　　因此，当在实验开始之前观察到热重分析仪的支架或者吊篮的外观（如形状、颜色等）发生了较为明显的变化时，则需要在实验前验证冷凝物是否在加热过程中会发生变化。验证方法为：向支架中加入空坩埚（也可不加坩埚直接开始实验），设

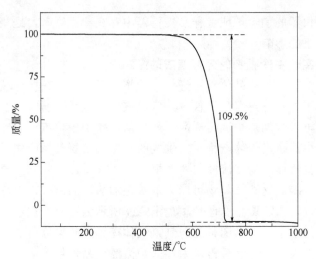

图 5-30　在支架上附着的冷凝物在实验过程中发生氧化分解的条件下
得到的活性炭颗粒样品在空气气氛下的 TG 曲线

（实验条件：流速为 100mL/min 的空气气氛，从室温开始以 10℃/min 的
升温速率加热至 1000℃，敞口氧化铝坩埚）

定相应的实验条件（其中采用的气氛通常为实验时所用流速的气氛气体，有时为了
去除冷凝物，直接采用氧化性气氛如空气）后质量清零，并开始实验，实验结束后
计算所得到的热重曲线的失重量。如果在实验过程中的失重量超出了仪器自身的基
线波动范围，则可认为在实验过程中有冷凝物发生了分解。此时应采取其他的措施
清理相应的冷凝物，并重新进行上述实验以确保已经消除了冷凝物的影响。

（2）冷凝物沉积造成加热炉出口气流不畅

当在实验过程中产生的冷凝物沉积在图 5-29 中所示的区域时，随着沉积物的依
次增加，容易在加热炉出口累积，最终导致气氛气体流动不畅或者堵塞。在这种条
件下进行实验得到的实验数据与气氛流动畅通的条件下相比，数据的重复性变差，
严重时会造成数据失真。当沉积物在加热炉出口累积导致堵塞现象时，气氛气体无
法在加热炉内保持正常、平稳流动，造成样品周围的实验气氛与预期的实验气氛不
同。图 5-31 是在热重分析仪的加热炉出口堵塞的异常工作状态下得到的一种植物秸
秆的 TG 曲线，由图可见，当温度低于 400℃时，无论加热炉出口是否发生堵塞，
所得到的 TG 曲线的形状接近。然而，当温度高于 400℃时，在加热炉出口发生堵
塞时得到的 TG 曲线出现了明显的质量减小过程，而在加热炉出口保持畅通的条件
下得到的 TG 曲线在此阶段保持质量缓慢减小。当温度为 600℃时，在加热炉出口
发生堵塞的条件下得到的 TG 曲线的剩余质量为 14.45%，而在加热炉出口保持畅通
的条件下得到的 TG 曲线的剩余质量为 37.42%，二者之间的质量差达到了约 23%。
这表明，加热炉出口堵塞引起了样品所处的气氛环境的变化。当加热炉出口发生堵
塞时，即使向仪器中通入一定流速的气氛气体，实际上在样品周围的气氛与实际通

入的气氛之间存在着较大的差别。当采用惰性气氛气体时，堵塞的加热炉出口导致样品周围的气氛与通入的气氛气体之间存在着较慢的交换过程。即使通入较长时间的气氛气体，在样品周围仍然存在着一定浓度的残余氧气分子，这些残余氧会在高温下与秸秆中的有机组分发生氧化反应，由此导致图 5-31 中的曲线变化。

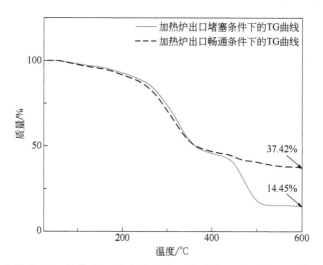

图 5-31　在热重分析仪的加热炉出口堵塞的异常工作状态下得到的一种植物秸秆的 TG 曲线
（实验条件：流速为 100mL/min 的高纯氮气气氛，从室温开始以 10℃/min 的
升温速率加热至 600℃，敞口氧化铝坩埚）

　　因此，在实际应用中，应定期检查加热炉出口是否保持畅通。如果发现出口气体流动不畅或者发生了堵塞，则应及时予以疏通，以保证仪器处于正常工作状态。

参 考 文 献

[1] 丁延伟, 郑康, 钱义祥. 热分析实验方案设计与曲线解析概论. 北京: 化学工业出版社, 2020.

[2] 丁延伟. 热分析基础. 合肥: 中国科学技术大学出版社, 2020.

[3] 蔡正千. 热分析. 北京: 高等教育出版社, 1993.

[4] 刘振海, 徐国华, 张洪林等. 热分析与量热仪及其应用. 2 版. 北京：化学工业出版社, 2011.

[5] 徐颖. 热分析实验. 北京: 学苑出版社, 2011.

[6] Lu X Y, Dai P, Zhu X J, Guo H Q, Que H, Wang D D, Liang D X, He T, Dong Y G, Li L, Hu C J, Xu C Z, Luo Z Y, Gu X L. Thermal behavior and kinetics of enzymatic hydrolysis lignin modified products. Thermochim Acta, 2020, 688: 178593.

[7] Ma Z, Chen D, Gu J, Bao B, Zhang Q. Determination of pyrolysis characteristics and kinetics of palm kernel shell using TGA-FTIR and model-free integral methods. Energy Convers Manage, 2015, 89: 251-259.

第 **III** 部分

实验方案设计与
实验过程

第**6**章 热重实验方案设计

6.1 引言

在本书第 5 章中介绍了影响热重实验的多种因素，在了解了这些因素对实验结果的影响程度后，在实际应用中应结合样品的性质和实验目的采用合理的实验方案进行实验，本章中将简要介绍热重实验方案设计的原则和方法。

在正式开始热重分析实验之前，实验者应综合考虑所确定的实验方法（即采用的热重分析实验仪器）、样品信息以及实验条件等各方面的因素，结合实验目的和所研究的样品的性质来拟定合理的实验方案。在实验前拟定科学、合理的实验方案是决定热分析实验成败的十分关键的因素之一[1]。

在设计热重实验方案时，应综合考虑所确定的实验方法（即采用的热重分析实验仪器）、样品信息以及实验条件等各方面的因素，结合实验目的和所研究的样品的性质来拟定一个科学、合理的实验方案。

概括来说，设计一个合理的热重实验方案主要应包括以下几个方面的内容：

① 应结合样品性质和实验目的选择合适的热重分析仪。当在实际应用中需要根据特殊的实验目的实现在真空、高压、还原气氛、强氧化气氛、腐蚀性气氛、蒸汽等特殊条件下的实验时，应确认所用的热重分析仪是否配置了特殊的附件来实现这些特殊的实验条件。

② 应结合实验目的和影响热重曲线的因素来选择合适的操作条件。这些操作条件主要包括试样状态、制样方法、实验气氛、温度控制程序、实验容器或支架、仪器结构形式以及仪器状态等。

③ 控制实验环境，按照规范进行实验。

下面将较为系统地介绍以上所述的热重实验方案设计的原则和方法。

6.2 热重分析仪的选择

选择合适的热重分析仪是确定热分析实验方案的第一步。在进行实验之前，实验者应根据实验目的和样品的性质信息来选择合适的热重分析仪进行实验。在本章中所指的热重分析仪不仅仅局限于独立式热重分析仪，还包括与热重分析仪联用的热重-差热分析仪、热重-差示扫描量热仪、热重/红外光谱联用仪、热重/质谱联用仪、热重/气相色谱/质谱联用仪等形式的热分析联用仪。

6.2.1 热重分析仪的选择原则

在实际应用中，可以实现热重实验的热重分析仪的结构差别较大，主要包括水平式、下皿式（即吊篮式）和上皿式三大类。对于每种结构形式的仪器而言，其性能参数（如灵敏度、控温精度等）、气氛气体的流动方式、实验温度范围、温度变化速率等方面均存在着不同的差异。另外，有时需要根据特殊的实验目的来实现在真空、高压、还原性气氛、强氧化性气氛、腐蚀性气氛、蒸汽等特殊条件下的热重实验。

在一些应用中，需要得到除了样品在加热过程中的质量信息之外的热效应信息和在实验过程中产生的气体的种类和含量的信息，此时需要采用与热重分析仪联用的热重-差热分析仪、热重-差示扫描量热仪、热重/红外光谱联用仪、热重/质谱联用仪、热重/气相色谱/质谱联用仪等形式的热分析联用仪进行实验以满足实验目的。

由以上不同形式的热重分析仪得到的热重曲线之间存在着一定的差异，因此，在实际应用中应结合样品性质和实验目的选择合适的热重分析仪进行实验。

6.2.2 根据实验目的和样品性质选择合适的热重分析仪

在进行热重实验前应明确实验目的。一般来说，用于热重实验的大多数样品在实验过程中通常具有不同程度的质量变化。在一些特殊的应用领域中，需要通过热重实验证明在实验条件下样品具有较好的热稳定性，在此条件下质量通常不发生变化。

（1）当实验过程中质量不发生明显的质量变化时

对于一些较弱的质量变化过程，通常需要采用灵敏度较高的热重分析仪进行实验。有时为了较为准确地测量这种过程，会采用加大样品用量的方法来提高灵敏度。因此，在确定热重分析仪时应首先确认所采用的热重分析仪的质量测量系统的灵敏度和量程。

在图6-1中分别给出了由不同灵敏度的热重分析仪得到的一种矿物的TG曲线，由图可见，由低量程、高灵敏度的热重分析仪得到的 TG 曲线在实验过程中出现了三个相对独立的微弱失重过程，而由大量程、低灵敏度的热重分析仪得到的 TG 曲线则在实验过程中仅出现了一个连续的失重过程。

对于一些大量程、低灵敏度的热重分析仪而言，有时通过加大样品量的方法来提高质量变化过程检测的灵敏度。图 6-2 为在实验时采用不同样品量的实验条件下得到的一种多组分无机物的 TG 曲线，由图可见，随着试样量加大，TG 曲线整体移向高温。另外，在 250~450℃范围内，随着试样量加大，该过程由一个独立的失重台阶变成了三个相对独立的质量减少过程，分别对应于每种组分的质量变化过程。

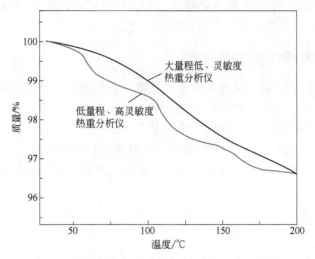

图 6-1　由不同灵敏度的热重分析仪得到的一种矿物的 TG 曲线
（实验条件：氮气气氛、流速为 50mL/min，由室温以 10℃/min 的
升温速率加热至 200℃，敞口氧化铝坩埚，试样用量大约 8mg）

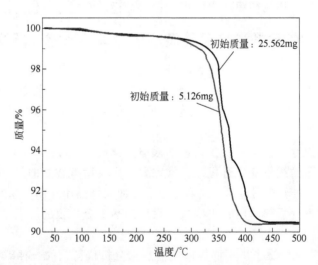

图 6-2　在不同试样量下得到的一种多组分无机物的 TG 曲线
（实验条件：氮气气氛、流速为 50mL/min，由室温以 10℃/min 的
升温速率加热至 500℃，敞口氧化铝坩埚）

在选择热重分析仪时，应确认仪器所用坩埚的最大容量是否可以满足实验要求。为了避免在实验过程中试样内部与表面形成温度梯度，在进行该类热重实验时，坩埚中的试样量通常不超过总容量的 1/3 或者 1/2[2]。在仪器天平量程允许的前提下，

通常通过使用特制的可以容纳大容量坩埚的大样品支架来实现该类实验。

（2）当在实验过程中发生明显的质量变化时

当试样在实验过程中出现明显的质量变化时，试样中有相当多的组分变成了气体。当试样结构和/或组成较为复杂时，如果需要研究实验过程中试样的结构变化机理，则通常需要使用与红外光谱仪、质谱仪或气相色谱/质谱联用仪联用的热重分析仪来跟踪在实验过程中产生的气体的特征结构信息。如果仅需要得到试样的质量变化过程，则通过热重分析仪或同步热分析仪即可达到实验目的。

（3）当在实验过程中发生快速、明显的质量变化时

当试样在实验过程中出现快速、明显的质量变化时，表明在试样中发生了较为剧烈的反应（例如含能材料的爆炸反应），在短时间内有相当多的试样组分变成了气体。在选用热重分析仪时，应考虑仪器承受该剧烈反应的能力，以免由于剧烈的质量变化对仪器的部件尤其是天平部分造成损害。对于该类反应而言，通常需要采用浅皿坩埚并向坩埚中加入尽可能少的样品和较大的气氛气体流速，在选择热重分析仪时应确认仪器的性能指标和配置是否可以满足上述要求。

6.2.3 特殊条件下的热重分析仪选择

当在实际应用中需要根据特殊的实验目的实现在真空、高压、还原性气氛、强氧化性气氛、腐蚀性气氛、蒸汽等特殊条件下的实验时，应确认所用的热重分析仪是否配置了特殊的附件来实现这些特殊的实验条件。

（1）真空实验

在进行该类实验时，应首先确认仪器的密封性以及所采用的机械泵系统是否可以满足实验需求。对于一些密度较小的样品，仪器的真空部分应具有可以调节真空度（可以通过调节真空泵的抽速或调节阀的开放程度实现）的功能，以免样品在达到真空的过程中被抽离测量体系。

另外，对于一些在实验过程中特别容易发生氧化的样品而言，如果在实验过程中不希望样品发生氧化过程，在正式开始实验之前，应在盛有样品的坩埚放至样品支持器（通常为吊篮或者支架）中并关闭加热炉之后，向热重分析仪中通入设定流速的惰性气氛气体并平衡较长的时间（通常在 30min 以上）后，开始运行实验。在图 6-3 中列出了在此条件下得到的一种还原铁粉的热重曲线。在正式实验开始之前，仪器的坩埚中试样已经在 100mL/min 的 N_2 气氛下室温平衡了 30min。由图可见，当温度高于 261.6℃时，试样的质量开始出现缓慢的增加；当温度升高至 471.1℃时，增重现象变得更加明显；当温度为 600℃时，样品的增重量约为 10%。这种增重现象是由在试样所处的加热炉内部空间中残余的氧气分子与铁粉之间发生了氧化反应而引起的。在正式开始实验之前，虽然已经用高纯度的氮气气氛通过长时间的吹扫方式置换了炉内空间中的氧气分子，但由于常压下的气体分子在置换过程中进行得比较缓慢，并且由于氮气和氧气的密度接近，又增加了这种置换的难度，因此采用在常压下的气体置换方法通常很难达到较好的去除炉内气氛中残留氧的效果，导致在实验过程中出现了如图 6-3 中所示的不希望发生的增重现象。

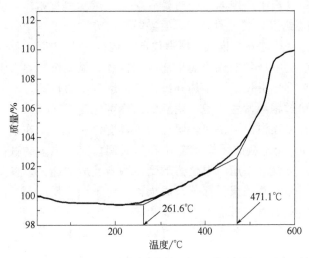

图 6-3　在 100mL/min 的氮气气氛下室温平衡 30min 后得到的一种还原铁粉的 TG 曲线
（实验条件：氮气气氛、流速为 50mL/min，常压下室温吹扫 30min，由室温以 10℃/min 的
升温速率加热至 600℃，敞口氧化铝坩埚）

　　为了消除这种增重现象，真实地反映在加热过程中易发生氧化的样品在惰性气氛下的热性质，通常使用可以实现真空实验功能的热重分析仪来完成该类实验。在正式开始实验之前，在将盛有样品的坩埚放至仪器的样品支持器（通常为吊篮或者支架）中并关闭加热炉之后，依次打开与热重分析仪相连的真空控制系统中的控制阀和真空泵，使试样所处环境的压力缓慢、稳定地下降，抽真空一段时间（通常为15min 以上）使样品保持在真空状态。然后打开真空控制阀，缓慢通入实验时所采用的高纯氮气气体，使试样所处环境的压力缓慢、稳定地升至常压状态。在实际实验中，通常需要依次重复 3 次以上的抽真空、回填气体操作。在完成以上操作后，依次关闭真空控制系统中的控制阀和真空泵，向热重分析仪中通入设定流速的氮气气氛，并开始实验。

　　图 6-4 为在与图 6-3 中相同的还原铁粉样品和相同的实验条件下采用一种可以实现真空实验功能的热重分析仪得到的 TG 曲线。在正式实验开始之前，通过抽真空、回填氮气的方法（重复 3 次）去除加热炉内残余的氧气分子。由图 6-4 可见，在实验过程中 TG 曲线的质量并没有出现如图 6-3 所示的增重现象。在 150℃以下出现的约0.5%的失重过程是由于试样中含有的少量水分的汽化引起的。当温度为 600℃时，试样的残余质量为 99.41%，即在 150~600℃范围，试样的质量出现了约 0.1%的失重，与图 6-3 中出现的约 10%的增重现象相比，该质量变化可以忽略不计。在此条件下得到的 TG 曲线比仅通过简单的惰性气氛气体吹扫的条件得到的结果更符合预期。

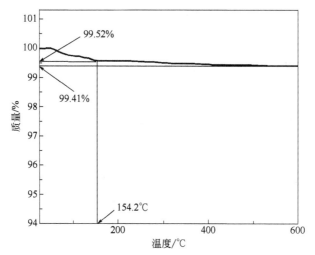

图 6-4　通过抽真空、回填氮气的方法去除加热炉内残余的氧气分子之后
在 100mL/min 的氮气气氛下得到的一种还原铁粉的热重曲线

（实验条件：氮气气氛、流速为 50mL/min，正式实验开始之前，通过抽真空、
回填氮气的方法去除加热炉内残余的氧气分子，由室温以 10℃/min 的
升温速率加热至 600℃，敞口氧化铝坩埚）

因此，对于一些在高温下性质不稳定（例如容易发生氧化）的样品而言，采用具有真空实验功能的热重分析仪可以得到理想的实验结果。

（2）高压实验

在进行该类实验时，需要确认仪器的高压部件所实现的压力和高压气体的种类是否可以满足实验需求以及仪器可以承受的最大压力。由于仪器在不同温度范围所实现的最高压力氛围不同，应明确在不同的温度下所实现的压力是否可以满足实验需求。

（3）还原性气氛

在进行该类实验时，应首先确认仪器的密封性是否可以满足实验需求。可以实现这类实验的仪器，通常还需要具有真空实验的功能。由于还原性气氛具有易燃、易爆炸的风险，在实验前通常需要通过反复抽真空并填充高纯度惰性气氛气体的方法来驱除仪器中存在的残余氧。

另外，在进行这类实验时，需做好防护措施（尤其是通风系统），以免在实验过程中出现安全风险。

（4）强氧化性气氛和腐蚀性气氛

在进行该类实验时，应首先确认仪器的关键部件（如天平、热电偶等与气氛气体接触的部件）在实验的温度范围内是否与所采用的强氧化性气氛发生反应。另外，还需做好防护措施（尤其是通风系统），以免在实验过程中出现安全风险。

（5）湿度环境下的实验

在进行该类实验时，应首先确认仪器的关键部件（如天平、热电偶等与气氛气体接触的部件）在实验的温度范围内是否会与较高湿度的气氛发生反应。另外，还应确认湿度的控制方式（范围、速率等）是否可以满足要求。

6.2.4　仪器软件的数据采集频率

如前所述，对于大多数实验而言，在实验过程中 1 数据点/秒的数据采集频率足以准确记录实验过程中试样的性质的变化信息。对于一些非常快速的变化过程，通过仪器默认的数据采集频率无法实时记录下该过程中的变化信息。例如，对于热分解过程很快的过程，完成该过程所需的时间往往只需要几秒钟甚至更短，此时如果再使用默认的数据采集频率显然是无法记录下实验过程中的变化信息的[3]。如图 6-5 为一种改性聚苯乙烯在数据采集频率为 5 数据点/秒的条件下得到的 TG-DTG 曲线，由图可见当采用该较高的数据采集频率时，DTG 曲线在 325.1℃处出现了一个肩峰，这表明在该聚合物分解过程中，由于改性处理，导致其热分解机理出现了变化。由于该质量变化过程进行得较为快速，如果采用默认的数据采集频率则可能无法检测到这个过程。图 6-6 为在仪器的控制软件默认的数据采集频率 1 数据点/秒的条件下得到的 TG-DTG 曲线。由图 6-6 中的 DTG 曲线可见，除了曲线变得更加光滑以外，在图 6-5 中 325.1℃处出现的一个肩峰变得更加微弱，几乎看不到这个现象，这是由于在实验时采用了较低的数据采集频率引起的。因此，对于在加热过程中出现的较快速的质量变化过程而言，应采用较高的数据采集频率，以免遗漏在实验过程中出现的变化信息。

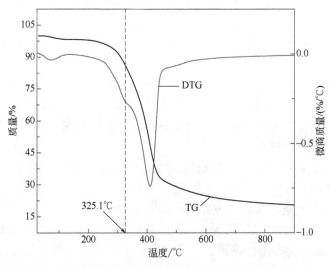

图 6-5　改性聚苯乙烯在数据采集频率为 5 数据点/秒的条件下得到的 TG-DTG 曲线

（实验条件：氮气气氛、流速为 50mL/min，由室温以 20℃/min 的升温速率
加热至 900℃，敞口氧化铝坩埚；数据采集频率为 5 数据点/秒）

　　另外，对于耗时很长的等温实验或者较低加热速率的实验（例如，加热速率低于 1℃/min），如果仍然使用 1 数据点/秒的数据采集频率，将会导致所得到的数据文件非常大，经常会出现在数据分析软件中无法分析或者分析速度十分缓慢的现象。另外，在这种条件下得到的曲线其基线噪声也很大，有时会影响对曲线中正常变化过程的分析。

　　一般情况下，采用相同的数据采集频率得到的不同加热速率下的热重曲线经微分后，在较快的加热速率下得到的 DTG 曲线较平滑（如图 6-6 所示）。这是因为对于较快的加热速率而言，完成相同的温度范围的温度扫描所需要的时间较短，采集到的数据点也比较少，因此曲线较为平滑。可以通过调整数据采集频率的方法来改善这种现象，即较小的加热速率由于时间较长，可以加大数据采集点间距，而较大的加热速率由于实验用时较短，则应适当加大数据采集频率。

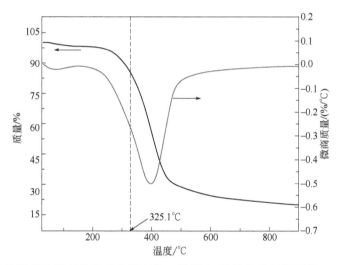

图 6-6　改性聚苯乙烯在数据采集频率为 1 数据点/秒的条件下得到的 TG-DTG 曲线

（实验条件：氮气气氛、流速为 50mL/min，由室温以 20℃/min 的升温速率
加热至 900℃，敞口氧化铝坩埚，数据采集频率为 1 数据点/秒）

6.3　操作条件的选择

　　在确定了合适的热重分析仪之后，在实际应用中应结合样品性质和实验目的设计合理的实验方案，选择合适的操作条件，以下将简要介绍在设计热重实验方案时操作条件的选择方法。

　　概括来说，应结合实验目的和影响热重曲线的因素来选择合适的操作条件，这些操作条件主要包括试样状态、制样方法、实验气氛、温度控制程序、实验容器或支架、仪器结构形式以及仪器状态等[1]。下面将介绍在实际应用中结合这些影响因素设计合理的实验条件的方法。

6.3.1　确定实验条件的基本原则

在根据实验目的和实验样品信息确定了相应的热重分析仪之后，应选择合适的操作条件来进行热重实验。实验时，需要确定的操作条件主要包括以下几方面。

（1）试样量/试样形状的选择

由于实验时所使用的热重分析仪器的种类、结构形式、实验条件等因素的差异，导致不同的仪器（有时也包括不同的实验条件）对试样量或试样形状的要求差别较大。

一般来说，热重实验的样品用量一般为坩埚体积的 1/3~1/2[2,3]。对于密度较大的无机物样品而言，所对应的试样质量一般为 10~20mg；对于在实验过程中不发生熔融和剧烈分解的样品，在保证仪器安全的前提下，可根据需要适当加大试样量。另外，热重分析仪与红外光谱、质谱或 GC/MS 联用的串接式联用仪对试样的要求与该类热分析仪对试样的要求相同。

对于以上的 TG、DTA、TG-DTA、TG-DSC 实验而言，这些方法对样品的状态没有严格的要求，液态、块状、粉状、晶态、非晶态等形式的样品均可以进行这类实验。实验前可以不对样品进行专门的处理，直接进行测试。对于比较潮湿的样品，一般在实验前进行干燥处理，以避免因溶剂或吸潮而引起的曲线变形。如果需要确定在实验过程中每一个过程的质量变化量时，则需要扣除样品从环境中吸收的水分等的影响，由此对数据分析带来诸多不便。另外，当试样从环境中吸收水分时，还有可能导致其结构发生变化（例如形成水合物、发生水解等形式的化学反应等），由此得到的实验曲线并非原结构形式的样品的真实的 TG 曲线，显然在这种条件下得到的 TG 曲线无法满足实验目的的要求。

图 6-7 为一种在实验前未经干燥处理的一水合草酸钙样品的 TG-DTG 曲线。由图可见，试样在 110.3℃以下出现了约 10%的失重过程，该过程对应于样品中含有的水分。随着温度的升高一水合草酸钙样品依次出现了失去结晶水（约 120~220℃）、失去一分子一氧化碳（约 400~500℃）和失去一分子二氧化碳（约 750~950℃）。由图 6-7 可见，样品在 762.5~908.5℃范围内的质量减少量为：62.32%-35.56% = 26.76%，在该温度范围内发生的质量减少过程对应于碳酸钙失去一分子二氧化碳形成氧化钙的过程。对于高纯度的一水合草酸钙化合物而言，该过程的理论失重量应为 30.14%。在图 6-7 中得到的该质量损失过程的失重量为 26.76%，明显低于该理论值。在实验过程中得到的较小的失重量是由于样品中含有的水分引起的，在计算时需要扣除这部分含量。不考虑样品中含水量时，该过程的失重量应为：(62.32%-35.56%)/0.8999 = 29.74%。

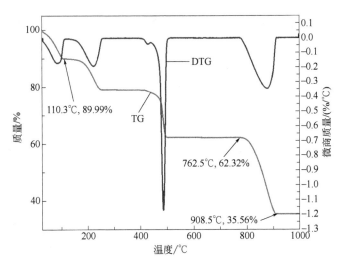

图 6-7　在实验前未经干燥处理的一水合草酸钙样品的 TG-DTG 曲线

（实验条件：氮气气氛、流速为 50mL/min，由室温以 10℃/min 的升温速率
加热至 1000℃，敞口氧化铝坩埚）

图 6-8 为对图 6-7 中的样品在 100℃下干燥处理 30min 后得到的 TG-DTG 曲线。由图可见，在图 6-7 中 110℃下出现的约 10%的失重过程已经消失，表明在热重实验开始之前进行的干燥处理过程有效地消除了样品中含有的多余的吸附水和游离水。另外，图 6-8 中样品在 762.7~908.2℃范围内的失重量为：68.93%-39.31% = 29.62%，在该温度范围内发生的质量减少过程对应于碳酸钙失去一分子二氧化碳形成氧化钙

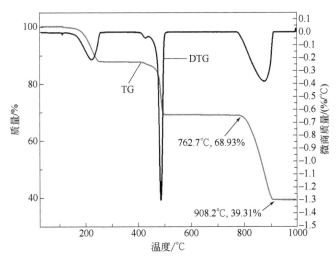

图 6-8　经 100℃干燥处理 30min 后得到的一水合草酸钙样品的 TG-DTG 曲线

（实验条件：氮气气氛、流速为 50mL/min；由室温以 10℃/min 的加热速率
加热至 1000℃，敞口氧化铝坩埚）

177

的过程，该数值与图 6-7 中的 TG 曲线在扣除样品中含有的多余的吸附水和游离水的含量后得到的 29.74% 的失重量十分接近。

对于特别容易从环境中吸潮的样品，有时需要在将样品加入至仪器中的支架或者吊篮之后，在正式开始实验之前先设置一个预加热程序（最高温度通常不高于150℃），以原位消除样品从环境中吸收的水分的影响。在该预加热处理过程结束之后，待仪器降至室温后（不打开加热炉）再正式开始实验。

对于在空气下特别不稳定的样品（例如极易与空气中的氧气或者水分发生反应），则需要将热重分析仪放置在特制的无氧、干燥的环境中进行实验。

另外，在实验时所用的试样的粒度及形状也会影响 TG 曲线的形状和位置。对于大多数实验而言，试样的粒径不同会引起气体产物扩散速率的变化，导致气体的逸出速率变化，从而引起曲线的形状发生变化。一般情况下，试样的粒径越小，比表面积越大，样品中发生反应的表面活性位越多，导致反应速率越快。反映在曲线上的起始分解温度和终止分解温度降低，同时反应区间变窄，而且分解反应进行得也越彻底。

在实验时如果对样品进行了研磨、粉碎等处理后，得到的曲线的形状也会随之发生变化。图 6-9 为两种平均粒径分别为 15μm 和 200μm 的碳酸钙样品的 TG 曲线。由图可见，对于平均粒径为 15μm 的碳酸钙样品，在温度为 522.1~723.9℃ 范围出现了一个较为明显的失重台阶，质量变化的温度跨度为 723.9℃－522.1℃ ＝ 201.8℃；对于平均粒径为 200μm 的碳酸钙样品，在温度为 615.9~832.8℃ 范围出现了一个较为明显的失重台阶，质量变化的温度跨度为 832.8℃－615.9℃ ＝ 216.9℃；图中两种不同粒径的碳酸钙样品的 TG 曲线中失重台阶的高度十分接近，均接近 44%，结合

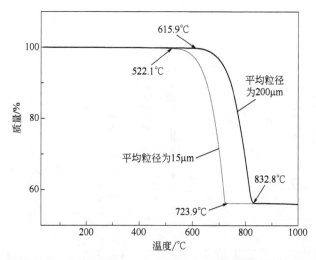

图 6-9　两种平均粒径分别为 15μm 和 200μm 的碳酸钙样品的 TG 曲线

（实验条件：氮气气氛、流速为 50mL/min，由室温以 10℃/min 的升温速率
加热至 1000℃，敞口氧化铝坩埚）

碳酸钙的化学结构，可以判断该过程为碳酸钙分解变为二氧化碳和氧化钙的分解反应，质量减小对应于气态产物二氧化碳的逸出过程。另外，通过图 6-9 还可看出，粒径较小的样品的分解温度明显低于粒径较大的样品，并且 15μm 的碳酸钙样品的分解温度范围也比 200μm 的碳酸钙样品窄 216.9℃−201.8℃ = 15.1℃，这种现象与以上内容中所分析的原因一致。

因此，在制样时应根据需要采用不同形态的样品进行热重实验。

（2）实验气氛的选择

热重实验时可选择的气氛通常为静态（真空、高压、自然气氛）或动态气氛（氧化性气氛、还原性气氛、惰性气氛、反应性气氛），实验时应根据需要选择合适的实验气氛和流速。实验时实验气氛的流速一般不宜过大。在较大的流速下，往往会出现较轻的试样来不及发生完全分解而被气流带离测量体系的现象，从而影响热分析曲线的形状和位置。而过低的流速不利于分解产物及时排出，一般会使分解温度升高，严重时也会影响反应机理。

在选择实验气氛时应明确实验气氛在实验过程中的作用。在《热分析实验方案设计与曲线解析概论》[1]一书中列出了在热分析实验中气氛气体的选择方法，为了保持本部分内容的完整性并便于读者参考，因此在以下内容中重复列出了在实际应用中气氛的选择方法：

① 如果仅是通过气氛使炉内温度保持均匀、及时将实验过程中产生的气体产物带离实验体系，通常选用惰性气氛。

② 如果需要考查试样在特定的气氛下的行为时，应选择特定的实验气氛。此时的气氛的作用可以是惰性气氛，也可以是反应性气氛。

③ 当需要研究试样在自然气氛（即自发性气氛）下的热行为时，此时样品室不需要通入气氛气体（将流速设为 0 或者关闭气体开关）。需注意，当试样发生分解时，这种实验方式通常会污染检测器。

④ 对于相邻的两个过程，可以通过改变实验气氛来实现相邻过程的有效分离。

⑤ 对于含有复合材料或者含有有机物的混合物，通过对比其在氧化性气氛和惰性气氛下的分解过程可以确定无机组分和有机组分的相对含量。对于含有 C、H、O、N 等元素的有机物，在惰性气氛下其发生热裂解过程，键合最弱的结构部分最容易发生裂解，该过程通常在较低的温度下发生。对于一些键合作用较强、含有不饱和键的结构单元，在惰性气氛下容易形成结构更稳定的化合物，在惰性气氛不容易发生彻底的分解。在氧气分子的存在下，这种较稳定的化合物容易发生氧化分解。根据不同组分在不同温度范围发生的热分解过程，可以确定热稳定性不同的组分的含量。

⑥ 当使用反应性气氛时，应充分评估气氛在实验条件下对仪器的关键部件的安全性。一些反应性气氛如 H_2、纯氧等在高温下可能与仪器的关键部件发生反应，对仪器造成不可逆的损害。在使用这些气体时，应按照操作规程进行实验，避免仪器和人身受到伤害。

综合以上分析，TG 实验中实验气氛的作用除了保持试样周围温度的均匀性之外，还可以将实验时产生的气体产物及时带离实验体系。在一些应用中，实验气氛还与试样或分解产物发生进一步的反应。

在设定 TG 实验中的气氛条件时应注意以下几个方面的问题：

① 明确实验气氛的性质。如需研究试样在不同温度下的热裂解过程，则需采用相对于整个实验体系为惰性（即在实验过程中不参与反应）的气氛气体，此时气氛气体的主要作用为及时将分解过程中产生的气态产物带离测量体系。

② 当需要根据热稳定性质的差异来确定混合物组分时，通常需要根据组分的性质采用惰性气氛加反应性气氛的方法。在实际应用中，可以通过分别对比惰性气氛下和反应性气氛下的 TG 曲线的方法来确定组分含量，也可通过在一次实验中在不同的温度范围采用不同的气氛条件的方法来确定。

③ 在设置气氛气体的流速时，应充分考虑样品的密度和分解性质。对于较轻的样品和比较剧烈的分解过程（即在分解时产生大量的气体，容易将未分解的产物带出坩埚）而言，应采用较高的气氛流速。当仍然无法得到理想的实验曲线时，则应采用在坩埚上方加载带有小孔的盖子的方法来消除未分解的试样被气体带离测量体系而对 TG 曲线产生的影响。

因此，在开始热重分析实验前，选择一个最佳的实验条件是决定实验成败的关键因素，在实验时应根据实验目的和样品选择合适的实验条件。

（3）温度控制程序的选择

在热重实验中所采用的温度控制程序主要包括升温、降温、等温以及这些方式的组合等形式，其中以在一定的温度范围内按照恒定的升温/降温速率的方式改变温度的温度控制程序最为常用。在选择温度控制程序时需要分别考虑以下几个方面的因素：

① 温度扫描速率的选择　对于线性升温或降温的过程而言，采用较快的升温速率可以有效地提高仪器的灵敏度，但这样会导致分辨率下降，从而使相邻的过程更难分离。一般情况下，在实际应用中，应综合考虑转变的性质和仪器的灵敏度，折中选择一个合适的温度扫描速率。

对于 TG、DTA、DSC、TG-DTA 和 TG-DSC 实验，由于所用仪器的加热炉体积较小、实验时的试样量较小，常用的温度扫描速率一般为 10℃/min [3,4]。

一般而言，较高的升温速率会使测得的转变温度移向高温，而较慢的降温速率则会使测得的转变温度移向低温。通常通过多个温度扫描速率实验，在数据分析时外推至 0 温度扫描速率的方法得到较为准确的转变温度。例如，图 6-10 为一种塑料在不同的升温速率下的 TG 曲线，由图可见，随着升温速率增大，TG 曲线中质量开始减少的温度依次升高，失重结束的温度也相应地移向了更高的温度。由图 6-10 还可看出，在 250~600℃范围的失重台阶在升温速率为 5℃/min 时呈现出三个相对独立的失重过程，而在较高的升温速率（当升温速率高于 10℃/min 时）下，这两个台阶的分离程度变差。当升温速率高于 40℃/min 时，这三个相对独立的失重过程变成了一个过程。由此可见，当需要研究的对象含有多个热稳定性接近的组分时，需要采用较低的升温速率，以使热稳定性接近的每个过程保持相对分离的状态。

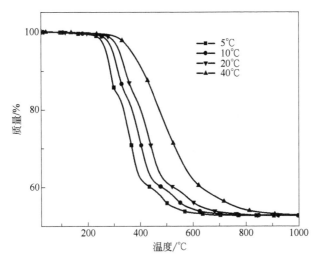

图 6-10　一种塑料在不同的升温速率下的 TG 曲线
（实验条件：氮气气氛、流速为 100mL/min，由室温以 10℃/min 的
升温速率加热至 1000℃，敞口氧化铝坩埚）

　　综合以上分析，在实验过程中，当需要研究样品中含有的多个质量变化过程时，需要采用相对较低的温度扫描速率，以获得较好的分离效果。

　　② 温度范围的选择　实验时，应根据样品的性质和实验目的选择合适的实验温度范围。对于热重实验而言，大多数实验从室温开始进行，实验的最高温度以在实验中可以观察到完整的所关注的变化过程为准。对于热稳定性较低的物质，实验时采用的最高实验温度可以覆盖物质的分解过程即可，不必持续到仪器可以达到的最高温度。例如，如图 6-11 所示为一种玉米秸秆在空气气氛下得到的 TG 曲线。由图可见，样品在 463.1℃以上的质量不再随温度升高而变化，残留量为 4.88%。该实验的最高温度设置在 500℃即可满足实验要求，而不必设置在仪器可以达到的最高温度 1500℃。

　　在进行等温实验时，从开始温度达到设定温度所需的时间越短越好（即热惯性越小越好），以避免所关注的变化在达到设定温度的过程中已经发生。例如，图 6-12 为一种聚合物在 400℃等温过程中得到的 TG 曲线，图中分别列出了从室温开始按照不同的升温速率达到设定的等温温度的 TG 曲线。由图可见，在较低的升温速率下，样品在达到所设定的等温温度之前就已经开始出现了较为明显的质量减少过程。而在较高的升温速率下，当样品的质量还没来得及出现明显的变化时，其所处的温度就已经达到了所设定的恒温温度。显然，在以上所列举的后一种情况（即采用较高的升温速率）下得到的等温条件下的质量变化信息更接近实验目的的要求。

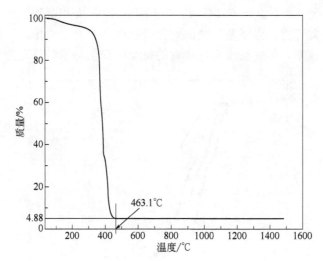

图 6-11　一种玉米秸秆在空气气氛下的 TG 曲线

（实验条件：空气气氛、流速为 50mL/min，温度范围为室温至 1500℃，
升温速率为 10℃/min，敞口氧化铝坩埚）

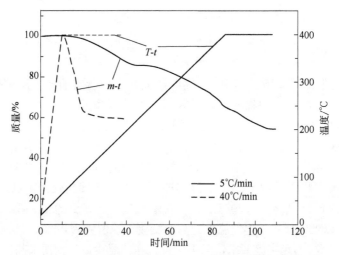

图 6-12　一种聚合物在 400℃等温过程中得到的 TG 曲线

（实验条件：氮气气氛、流速为 50mL/min，温度范围为室温至 400℃，400℃下等温 30min，
加热速率分别为 5℃/min 和 40℃/min，敞口氧化铝坩埚）

当然，在实验过程中采用较高的加热速率达到设定的等温温度时，还应注意加热过程中的热惯性所带来的影响。图 6-13 为由一种热重分析仪得到的一种聚合物样品的热重曲线。由图可见，在设定的 40℃/min 的加热速率下，在加热过程中，试样所达到的最高温度为 427.8℃，已经明显高于所设定的 400℃的等温温度。显然，样品在该温度下出现了更加快速的质量减少现象。即使在此之后试样所处的温度缓慢

地降到了设定的温度并保持恒定，但在此条件下所得到的 TG 曲线已不是在真实的等温条件下的质量减少过程了。

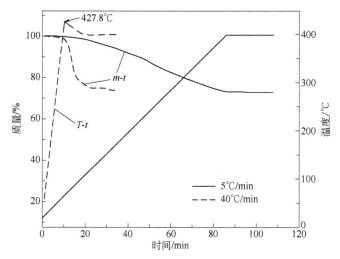

图 6-13　一种聚合物在 400℃等温过程中得到的 TG 曲线（存在热惯性时）
（实验条件：氮气气氛、流速为 50mL/min，温度范围为室温至 400℃，400℃下等温 30min，
加热速率分别为 5℃/min 和 40℃/min，敞口氧化铝坩埚）

因此，在选择合适的温度程序时，应充分了解所使用的热重分析仪的热惯性信息，并在此基础上选择一个合适的加热速率，使仪器在热惯性可以忽略的前提下尽可能快速地达到所设定的等温温度。

（4）实验容器或支持器的选择

在实验前选用实验容器或者支持器（对于热重实验而言为坩埚）时应遵循以下几个原则：

① 在实验过程中坩埚不能与试样之间发生任何形式的化学反应，也不能对所发生的这些过程起加速或者减速的催化作用，应根据反应的本质来选择合适材质的坩埚。

② 对于实验时试样来不及发生反应而飞溅的过程，应在坩埚上方加载一个带有小孔的盖子。

③ 由于不同材质的坩埚的正常使用温度范围不同，应根据实验的温度范围来选择合适材质的坩埚。

④ 在实验时，为了使在加热过程中产生的气体产物及时被带离试样表面，应尽可能选择具有较大内径、边缘较低形状的坩埚。然而，在实际应用中，由于用来支撑坩埚的支架或者吊篮尺寸的限制，在一些特殊的应用中为了尽可能多地加载一些样品，则需要在底部内径不变时采用较高边缘形状的坩埚。另外，对于在实验中会发生熔融的样品，为了避免液态的物质沿坩埚内壁溢出而污染支架或者吊篮，也需

要采用较高边缘形状的坩埚。

对于 TG、DTA、DSC 以及同步热分析仪而言，由于其测试对象主要是粉末形式的样品，在实验时通常用坩埚来盛装实验用的样品。无论是坩埚还是支架，其在实验过程中均不能与试样发生任何形式的反应。

一般来说，用于热重分析实验的坩埚主要有敞开式和密封式两大类。坩埚的材质有很多种，常用的主要有铝、石墨、金、铂、银、陶瓷和不锈钢等材质，实验时应根据样品的状态、性质和测量目的合理地选择坩埚的形状和材质。

敞开式坩埚是指在实验时通常不加盖子的情形，当需要加盖子时，将盖子小心置于坩埚顶部开口位置即可，常用于 TG 实验。

在 TG 实验中，对于剧烈分解的样品而言，除了采用尽可能少的试样量外，通常使用浅皿坩埚。同时，加大气氛气体的流速，使分解产物及时被带离测量体系。当使用敞口坩埚时，在出现试样来不及分解即被带出坩埚（迸溅现象）的情况下，也应采用坩埚加盖扎孔的方法。通常在盖子中心位置打一个圆形的小孔，以便在实验过程中产生的气体产物及时逸出。

需要注意，相比于不加盖的实验，由加盖后的坩埚得到的热重曲线的形状通常会产生比较大的变化，相应的特征温度也比不加盖时要高。图 6-14 为一种含有剧烈分解有机组分的树脂材料在实验时的坩埚加载带有小孔的盖子前后的 TG 曲线。由图可见，当试样坩埚不加载盖子时，在 150℃附近时 TG 曲线出现了急剧的失重，加热至 155℃时质量剩余量不足 1%；而在加载盖子后，TG 曲线在 150℃附近出现了连续的多个失重台阶。加热至 1100℃附近时，剩余质量为 9%。由此可见，对于该试样而言，当试样中的有机组分发生急剧分解时，瞬间产生的大量气流会将坩埚中

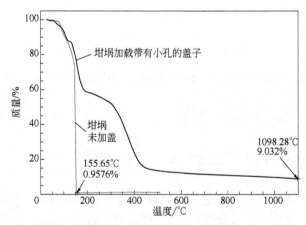

图 6-14 一种含有剧烈分解有机组分的树脂材料在实验时的坩埚加载带有小孔的盖子前后的 TG 曲线

（实验条件：流速为 100mL/min 的氮气气氛，由室温以 10℃/min 的升温速率加热至 1100℃，氧化铝坩埚）

未分解的组分带走而引起大量的失重（即在分解时发生了剧烈的样品迸溅现象）。当在坩埚上加载了带有小孔的盖子后，盖子可以有效地阻止在剧烈分解时产生的气体将未分解的组分带离坩埚，在该条件下得到的 TG 曲线更加接近样品中每种组分的分解过程。

另外，在选择坩埚的材质时还应注意不同材质的坩埚可以承受的最高温度。例如，铝坩埚的最高使用温度一般不应超过 600℃，在进行更高温度的实验时可选择使用金坩埚或者铂坩埚。研究分解反应的 TG、DTA 实验一般不能用铝坩埚，常用氧化铝、陶瓷、铂、铜、不锈钢等材质的坩埚，在使用时应注意坩埚的最高使用温度。如果样品中含磷、硫和卤素等，则不能用铂坩埚。铂对许多有机反应和无机反应有催化作用，如对棉纤维、聚丙烯腈等聚合物的分解过程有催化氧化作用。碱性物质通常不使用陶瓷类坩埚，含氟的聚合物易与硅形成硅化合物也不能使用陶瓷坩埚。

在向坩埚中加载试样之前，应注意检查坩埚的底部是否平整，还应确认其中是否存在裂纹。铝坩埚通常一次性使用，而大多数实验中的铂坩埚、金坩埚和刚玉坩埚则可重复使用。在重复使用的过程中，坩埚的清洗很重要，清洗方法因内部残留物质成分不同而不同。对于可以取出的残渣，取出后再进行清洗、烘干后可以再次使用。大多数残留物难以清理，如果残留物是有机物，可以用酒精喷灯或者便携式燃烧器灼烧；当残留物是金属时，需用稀盐酸或稀硝酸浸泡；当残渣是玻璃、陶瓷时，可用氢氟酸清洗。在使用酸进行浸泡时需要考虑坩埚的材质。铂坩埚不能使用王水，刚玉坩埚（氧化铝）不能使用氢氟酸。在实际工作中常常将污染过的坩埚积累到较多的数量（通常为几十个）后，依次用酸、酒精、丙酮浸泡，超声波清洗，之后再分别用大量水、去离子水浸泡冲洗，最后置马弗炉中高温灼烧。

需要特别强调指出，由于铝本身是一种性质较为活泼的金属，其不仅在较高的温度（尤其是高于 600℃时）易发生氧化和熔融现象，而且还容易与酸性或者碱性样品发生反应。另外，当样品分解过程中的产物（包括气体产物）呈现出相应的酸性或者碱性特征时，其也会与铝坩埚发生反应，从而引起相应的质量变化。由于在正式加入试样之前已经对仪器显示的质量（包括坩埚的质量）进行了清零处理，可以确保在加入试样之后仪器所显示的质量示数为试样自身的质量。在实验过程中，当坩埚与试样或者产物发生了反应时，会导致质量异常，有时所得到的质量变化百分比超过 100%，属于异常的实验结果。例如，图 6-15 为一种含有 S 和 N 元素的有机药物分子的 TG 曲线，在实验过程中采用了铝坩埚。由于在分解过程中形成了含有 S 和 N 的氧化物，这些氧化物是酸性化合物，其易与铝坩埚发生反应，形成相应形式的金属有机化合物或者其他形式的铝盐。在热分解过程中，含有铝的分子片段会被动态流动的气氛气体带离测量体系，从而导致在实验过程中总的质量变化超过 100%（总失重量达到了-116.99%）。为了避免这种异常现象，通常需要采用性质比较稳定的氧化铝坩埚或者铂坩埚（当使用铂坩埚时，还应确保在实验过程中 Pt 不起催化作用）。在图 6-15 中也列出了采用氧化铝坩埚重新进行热重实验之后所得到的 TG 曲线。由图可见，在样品发生分解的过程中，质量减少的总量为 99.92%，表明样品在实验过程中发生了完全分解，产物以气体形式脱离了测量体系。另外，与由铝坩埚所得到的 TG 曲线相比，使用氧化铝坩埚得到的 TG 曲线的形状也随之发生了明显的变化，这也从另一个角度间接地证实了在样品发生分解的过程中，铝坩埚本身参与了分解反应，在此条件下得到的 TG 曲线也是异常的。

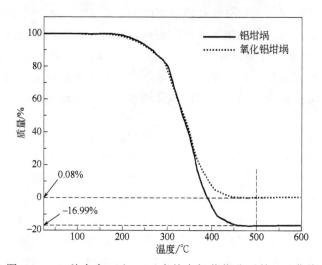

图 6-15　一种含有 S 和 N 元素的有机药物分子的 TG 曲线

（实验条件：氮气气氛、流速为 50mL/min，温度范围为室温至 400℃，400℃下等温 30min，升温速率分别为 50℃/min 和 40℃/min，分别采用敞口氧化铝和铝坩埚进行实验）

（5）控制环境下的实验条件的选择

在确定以上条件后，有时还要根据需要来选择在实验时是否需要控制湿度、磁场、电场、光照等条件。

应结合实际的实验目的判断所使用的热分析仪能否满足特殊条件的实验要求，仪器通常以附件的形式来实现上述的特殊实验条件。在实验时，根据实验需要在仪器的控制软件中设置相应的实验参数。

（6）**数据采集频率的设置**

对于大多数实验而言，在实验过程中 1 数据点/秒的数据采集频率足以准确记录实验过程中试样的性质的变化信息。对于一些非常快的变化过程而言，由仪器默认的数据采集频率无法实时记录下该过程中的变化信息。另外，对于耗时很长的等温实验或者较低加热速率的实验（例如，加热速率低于 0.1℃/h）而言，如果仍然使用 1 数据点/秒的数据采集频率，将会导致得到的数据文件非常大，经常会出现在数据分析软件中无法分析或者分析速度十分缓慢的现象。另外，在这种条件下得到的曲线其基线噪声也很大，有时会影响对曲线中正常的变化的分析。

综上分析，实验者应综合考虑仪器、样品等各方面的因素结合实验目的来拟定合理的实验方案，这是决定热重分析实验成败的十分关键的因素之一。

6.3.2 选择热重实验操作条件时需注意的问题

在设计实验方案时，相比热重分析仪的选择而言，确定合理的热重实验方案显得尤为重要，其合适与否是决定实验成败的十分关键的要素。在《热分析实验方案设计与曲线解析概论》[1]一书中详细地列举了在选择热分析实验操作条件时需要注意的问题，分别涵盖了制样、确定实验气氛、温度控制程序以及坩埚等多个方面，为了保持本部分内容的相对完整性和便于读者在使用本书时可以直接参考，因此在以下部分内容中重复列举了这部分内容，以简要介绍在热重实验中与操作条件设置相关的需注意的常见问题。

（1）制样

理论上，除气体状态之外的所有状态的物质均可用于热重实验。在制样时应注意以下问题：

① 在实际的实验过程中，如果对于样品中含有的溶剂或者从环境中吸附的水分等组分不感兴趣，为了避免这些组分对于曲线的干扰，应首先对用于 TG 实验的样品进行预干燥处理。

② 对于含有大量溶剂的溶液样品（浓度大于 3%~5%）或者含有易挥发组分的样品而言，需要由热重实验确定其组分时，应首先在控制软件中编辑相应的实验信息并对空白坩埚进行称重、去皮操作。然后快速制样，同时将坩埚放置在仪器的支架或吊篮中，并关闭炉体后尽快开始实验。

③ 每次实验的试样量一般为坩埚体积的 1/3~1/2。对于需要通过分解过程确定样品中含量较低的组分时，试样量应尽可能多，以提高测量的灵敏度。对于样品中含有在高温下易发生爆炸或快速分解的样品而言，应选取尽可能少的试样量进行实验，同时应采用尽可能大的气氛气体的流速。

④ 对于块状样品或者薄膜样品，在制样时应将试样放置在坩埚底部的正中间位置，以保证实验结果的重复性。

⑤ 对于混合物样品或分布不均匀的块状样品，在取样时应尽可能保证样品的均匀性和代表性，必要时应进行多次重复实验。

（2）实验气氛

TG 实验中实验气氛的作用除了保持试样周围温度的均匀性之外，还可以及时将实验时产生的气体产物及时带离实验体系。在一些应用中，实验气氛还与试样或分解产物发生进一步的反应。在设定 TG 实验中的气氛条件时应注意以下几个方面的问题：

① 明确实验气氛的性质。如需考查试样在不同温度下的热裂解过程，则需采用相对于整个实验体系为惰性（即在实验过程中不参与反应）的气氛气体，气氛气体

的主要作用为及时将分解过程中产生的气态产物带离测量体系。

② 当需要根据热稳定性质的差异来确定混合物组分时，通常需要根据组分的性质采用惰性气氛加反应性气氛的方法。在实际应用中，可以通过分别对比惰性气氛下和反应性气氛下的 TG 曲线的方法来确定组分含量，也可通过在一次实验中在不同的温度范围采用不同的气氛条件的方法来确定。

③ 在设置气氛气体的流速时，应充分考虑样品的密度和分解性质。对于较轻的样品和比较剧烈的分解过程（即在分解时产生大量的气体，将未分解的产物带出坩埚），应采用较低的气氛流速。如果通过降低流速还无法得到理想的实验曲线时，则应采用在坩埚上方加载带有小孔的盖子的方法来消除未分解的试样被气体带走对曲线产生的影响。

（3）温度程序

按照采用的实验模式不同，TG 实验主要分为两种类型：（i）等温（或静态）热重法，即在恒温下，测定物质质量的变化与时间的关系，通常以时间为横坐标；（ii）非等温（或动态）热重法，即在程序控温（一般是升温）下，测量物质质量与温度的关系，通常以温度为横坐标。在这两种实验模式中，以非等温（或动态）热重法最为常用。常用的非等温热重实验为在一定的气氛下，由室温开始以恒定的升温速率加热至最高温度。在实际应用中，还会采用其他形式的温度控制程序（如在加热过程中在某一温度下设置等温或者降温操作）。

温度程序通常会对 TG 曲线产生十分重要的影响，由不同的温度程序得到的曲线差别很大。在设定温度程序时，应结合实验目的和样品自身的性质设定合适的温度程序。在设置温度程序时，应注意以下几个方面：

① 对于易从环境中吸水的样品，需要在仪器中进行"原位"干燥。在设置温度程序时，通常在进行正式的加热实验之前设置一个室温至 100~150℃并等温的预处理程序。如图 6-16 为含有预干燥处理的温度控制程序下得到的煤粉的 TG 曲线。由图可见，在干燥处理阶段，试样的质量变化了$(3.276-3.561)\div3.561\times100\% = -8\%$。即在该阶段试样的质量减少了 8%，对应于样品中含有的水分和其他易挥发物质。在降至室温后重新进行加热的过程中，在室温至 100℃范围没有再出现明显的质量变化。

② 当需要对物质的质量变化过程进行动力学分析时，通常采用多速率非等温动力学分析法。此时，需要得到 3 条以上的不同升温速率下的 TG 曲线。实验时选择的升温速率应具有一定的变化范围（如成倍变化），常用的升温速率为 5℃/min、10℃/min、20℃/min、40℃/min。在一系列升温速率下得到的 TG 曲线中，随升温速率增大，TG 曲线一般整体向高温方向移动。

另外，在进行动力学分析时，在所选择的升温速率范围内，曲线的形状应相似，不应出现明显的形状变化。图 6-17 为在一系列不同的升温速率下得到的五水合硫酸铜的 DTG 曲线。由图可见，随着升温速率的增大，图中的 DTG 曲线整体向高温方向移动，但也出现了峰形的明显变化，主要表现在较高温度下的峰随升温速率的增大明显增强。在较低的升温速率（20℃/min）下，DTG 曲线的两个峰高相差不大。而当升温速率增大至 100℃/min 以上时，高温处的峰已经明显比低温位置的峰强了几倍，这表明在较高的升温速率下结晶水的失去机制发生了明显的变化。由于在图 6-17 中的升温速率范围下得到的 DTG 曲线的峰形出现了明显的变化，因此这些曲线不适合被用来进行动力学分析。

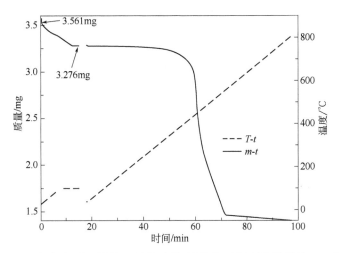

图 6-16　在含有预干燥处理的温度控制程序下得到的煤粉的 TG 曲线

（实验条件：流速为 100mL/min 的氮气气氛，由室温以 10℃/min 的升温速率加热至 100℃，
等温 5min，然后快速降至室温，以 10℃/min 的升温速率加热至 800℃，敞口氧化铝坩埚）

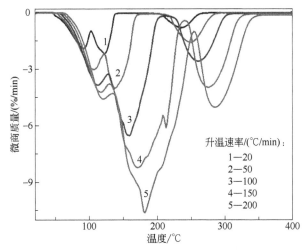

图 6-17　在一系列不同的升温速率下得到的五水合硫酸铜的 DTG 曲线

（实验条件：流速为 100mL/min 的氮气气氛，由室温以图中所示的升温速率加热至 400℃，
温度范围为室温~400℃，敞口氧化铝坩埚）

此外，当进行等温下的动力学分析时，在不同的温度下得到的 TG 曲线的形状应相似，不应出现明显的形状变化。

③ 当 TG 曲线中出现了多个连续变化的台阶时，应采用较低的升温速率或者采用速率超解析的方法使相邻的台阶尽可能分开，以准确确定每一个过程的特征变化量。图 6-18 为分别在 5℃/min 和 10℃/min 的升温速率下得到的金属有机化合物的 TG 曲线，由图可见，在较低的加热速率（5℃/min）下得到的 TG 曲线中的每一个失重台阶的形状均比在 10℃/min 下的明显得多。由此可见，通过较低的升温速率可以有效地分离几个连续的过程。

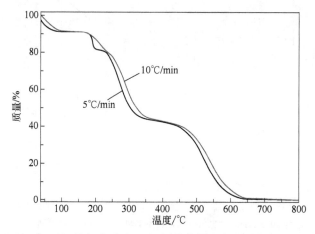

图 6-18　在不同的加热速率下得到的金属有机化合物的 TG 曲线
（实验条件：流速为 50mL/min 的氮气气氛，由室温以图中所示的升温速率
加热至 800℃，敞口氧化铝坩埚）

（4）坩埚

坩埚是在实验中用来盛装试样的容器，试样在加热过程中有气体产物逸出时，实验中逸出气体的速率受坩埚形状的影响。因此，在 TG 实验时所用的坩埚的形状和材质均会影响 TG 曲线的形状和位置。在确定 TG 实验所用的坩埚时，应注意以下问题：

① 坩埚是在热重实验时用于盛装试样的容器，在实验过程中不能与试样发生任何形式的反应，也不能在高温下对试样的反应过程具有催化作用（包括加速和减速作用）。例如，图 6-19 为一种聚合物纤维材料在铂坩埚和氧化铝坩埚中得到的 TG 和 DTG 曲线。由图可见，使用铂坩埚得到的 TG 曲线在 200~500℃范围出现了两个较为明显的失重台阶，而使用氧化铝坩埚在该温度范围则出现了一个较为明显的失重台阶。当加热至 700℃时，由氧化铝坩埚得到的 TG 曲线的剩余质量（22.8%）远大于由铂坩埚得到的 TG 曲线的剩余质量（4.5%）。这是由于铂坩埚中

的铂在聚合物发生分解时对于分解过程起到了明显的催化加速作用，使该聚合物的热分解过程进行得更加彻底。

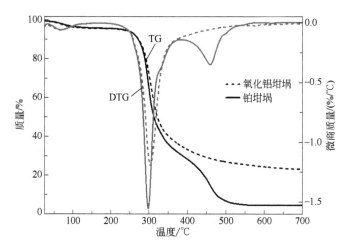

图 6-19　一种聚合物纤维材料在铂坩埚和氧化铝坩埚中得到的 TG 和 DTG 曲线

（实验条件：流速为 50mL/min 的氮气气氛，由室温以 10℃/min 的升温速率
加热至 700℃，坩埚分别为敞口铂坩埚和敞口氧化铝坩埚）

② 当试样在分解过程中快速产生较多的气体时，应使用底部较大的坩埚，同时在实验时应加入较少的试样量，以利于气体产物的逸出。在这种条件下得到的 TG 曲线的重复性明显好于由底部较小的坩埚得到的曲线。

③ 对于急速分解的样品，由于这类样品在短时间内产生了大量的气体，气体在逸出时易将尚未来得及分解的试样带离坩埚，在实验时通常使用加盖的坩埚。在坩埚的盖子上通常具有一个形状规则的小孔，以便气体及时逸出。相比于不加盖子的热重实验而言，由加盖后的坩埚得到的热重曲线的形状通常会产生比较大的变化，特征量的变化温度也比不加盖时要高。有时由加盖的坩埚得到的 TG 曲线会出现难以解释的过程，并且这类曲线的重复性也比由敞口的坩埚得到的 TG 曲线的重复性差。图 6-20 为在坩埚加盖前后分别得到的一种由草酸钙、氢氧化镁、氧化钙组成的混合物的 TG 曲线。由图可见，在加盖后 TG 曲线整体向高温方向移动，并且在 350~450℃ 范围内出现了两个连续的台阶变化。根据样品的组成信息，在该温度范围对应于草酸钙分解成一氧化碳和碳酸钙的过程，该过程为一步过程，在该温度范围得到的 TG 曲线应为一个台阶。而在加盖后，在 350~450℃ 范围内出现了两个连续的台阶变化，与真实的过程不相符。当把坩埚盖去除后，该范围的失重台阶则变为了一个，与预期的过程一致。

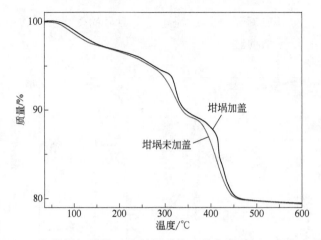

图 6-20　在坩埚加盖前后分别得到的一种由草酸钙、氢氧化镁、
氧化钙组成的混合物的 TG 曲线

（实验条件：流速为 50mL/min 的氮气气氛，由室温以 10℃/min 的
升温速率加热至 600℃，氧化铝坩埚）

6.4　实验环境的控制

在进行热重实验时，实验室环境不应出现较为剧烈的变化。通常，热重分析仪所处的工作环境中的温度、湿度、实验室内的气流波动（尤其是加热炉出口的气流不应出现明显的波动）均会对实验数据产生不同程度的影响。例如，一些容易潮解的试样在进行热重实验时，实验室的湿度变化也会引起热重曲线的形状发生变化。

另外，在实验过程中实验室内所发生的一些意外的振动也会影响热重分析仪的正常工作，这些振动最终也会反映在所得到的实验曲线上。

因此，在进行实验时应确保实验室的温度、湿度、气流等因素不对实验曲线产生影响。在设计实验方案时，应考虑这方面的因素。

参 考 文 献

[1] 丁延伟, 郑康, 钱义祥. 热分析实验方案设计与曲线解析概论. 北京: 化学工业出版社, 2020.
[2] 中华人民共和国教育行业标准. JY/T 0589.4—2020 热分析方法通则 第 4 部分 热重法.
[3] 丁延伟. 热分析基础. 合肥: 中国科学技术大学出版社, 2020.
[4] 蔡正千. 热分析. 北京: 高等教育出版社, 1993.

第 **7** 章　热重实验过程

7.1　引言

一般来说，热重实验通常包括样品的准备、实验条件设定、制样、实验和数据处理等过程，了解热重实验过程中的每个细节对于曲线解析有着十分重要的作用。

在实际应用中应结合所采用的仪器和拟定的实验条件规范地进行热重实验，得到实验数据，并在仪器的数据分析软件中对数据进行基本的处理。在本章中将结合实例详细地介绍在热重实验过程中样品的准备、实验条件设定、制样、实验和数据处理等各个过程，通过对这些过程的了解可以充分掌握热重实验过程中的每个细节，这对于曲线解析有着十分重要的作用。

7.2　样品的准备

理论上，一切非气态的试样都可以直接通过热重实验测量其质量在一定气氛和程序控制温度下随温度或时间的连续变化过程。但是，我们也应充分认识到不同状态的试样对得到的热重曲线会产生的较为显著的影响。因此，选择合适的试样状态是能否得到合理的实验结果的十分关键的一步。

一般来说，不同状态的试样在实验开始前需进行一些相应的处理才可以应用于热重实验。当然，有时也可以根据需要对样品不进行任何处理而直接进行热重实验。

在本书第5章中已对样品的状态对结果的影响进行了较为详细的阐述，为了便于读者在实验过程中直接参考本部分内容，在此部分内容中将重新强调不同类型样品的制样方法，以突出该过程的重要性。

7.2.1　固体试样

在实际应用中，固体状态的块状、粉末状、纤维状、薄膜状样品均可用于热重实验。在制样时需要注意以下几个方面[1,2]：

① 对于粉末状的试样而言，如果颗粒比较均匀则可以直接进行实验。如果试样之间的粒径差别较大，则通常需要经过研磨或筛分处理。另外，如果试样易从环境中吸湿或含有较多的水分或溶剂，则在实验前应进行干燥处理。

② 对于薄膜样品而言，可以切割成适应于坩埚内径大小的圆片状或者方形，均匀地平铺到坩埚底部，以使其重心保持在坩埚中间位置。注意不应在坩埚内任意堆积试样，这样会导致试样在分解过程中由于重心发生变化而带来表观的质量变化，从而对曲线的形状产生影响。

③ 对于大块的样品而言，可根据需要决定块状样的粉碎程度。由于试样的粒径对其分解过程也有影响，因此，如果需要研究块状样品的热稳定性，则应将样品加工成较薄的碎片，加入坩埚中铺在底部即可开始实验。如果要了解试样在粉末状态下的分解行为，则可以使用相应的粉碎技术将试样进行粉碎处理，粉碎后应进行筛分处理。理论上，使用尺寸相近的试样进行实验得到的实验数据的重现性较好。

④ 对于纤维状试样而言，应使用相应的切割工具将样品分割成小于坩埚内径的小段，实验时将小段试样平铺在坩埚底部。切勿将纤维试样揉成团直接加入到坩埚中，这样得到的实验曲线极易出现由于加热过程中重心变化而带来的表现质量变化，影响实验数据的分析。

对于固态试样而言，如果试样本身是物理混合状态的混合物，则在实验时应考虑取样时的位置差异。由于在一次热重实验中所需的试样量较少，一般在几毫克到十几毫克之间，因此每次实验的取样不一定有代表性。为了使实验数据具有较好的重复性和代表性，在取样前应将试样混合均匀。必要时还应进行平行实验，平行实验的次数一般为3~5次。

7.2.2 液体试样和黏稠试样

液体试样一般包括液态物质和溶液两种状态。

由于液体状态的物质大部分具有较强的挥发性，因此在试样加入坩埚后应尽快开始实验。对于单一组分的化合物，试样的挥发对曲线的影响不大。对于多组分的混合物，较长时间的挥发会影响试样的组成。

受热重实验灵敏度的限制，浓度较低的溶液试样不适宜直接进行热重实验。尤其是对于浓度在 3%以下的溶液。由于溶剂的挥发是一个十分缓慢的过程，并且这个过程会影响溶质的热分解过程，因此，对于较低浓度的溶液，应在实验开始前对溶液进行浓缩或干燥处理。

黏稠状试样或凝胶试样可以直接进行实验，试样中如含有较多的溶剂则应尽可能地把溶剂去除。这类试样在取样时应先混匀，从中间部位选取试样进行分析。另外，对于含有悬浮物的液体在取样前应摇匀。

7.3 确定合适的实验条件

如前所述，影响热重实验条件的因素很多，除了试样状态和仪器本身因素外，在实验时选用的实验条件如实验气氛、温度程序和实验容器等都会影响最终的实验结果。

在进行热重实验之前，应结合实验目的和样品结构、成分、性质等信息确定最终的实验方案。概括来说，在热重实验开始前需要合理确定的实验条件主要包括气氛、温度程序、坩埚的材质及形状等实验条件。在本书第 6 章中结合实例详细介绍了在热重实验中合理选择这些参数的方法，在本部分内容中不再进行重复介绍。

特别指出，在确定实验条件时需要注意以下几个方面的问题：

① 选择气氛的种类及流速以及在实验过程中是否需要根据情况更换气氛。

② 选择合适的温度程序。例如，当样品中含有多个结晶水时，应采用较慢的升温速率以提高分辨率；此外，当需要测定物质中含有的各种形式的溶剂时，也需要采用尽量慢的升温速率。

③ 选择合适材质和形状的坩埚。

7.4 实验测量

在完成样品准备和实验条件选择工作之后，接下来开始通过热重分析仪进行实验测量。一般来说，整个测量过程大致包括：仪器准备、样品制备、设定样品信息和实验条件、运行实验测量（开始实验）等过程。以下将逐一介绍这些过程。

7.4.1 仪器准备

一般情况下，如果热重分析仪在一段时间内连续使用，在实验室用电正常的前提下，仪器通常保持 24h 开机状态。如果仪器在关闭后需要重新开机，则在正式进行实验之前应保证至少 30min 的预热平衡时间。当因实验条件的需要对流入仪器的气氛气体进行调整时，也应使仪器在调整后的气氛气体条件下至少平衡 30min，以使炉内气氛气体的浓度保持一致[3]。

在仪器处于平衡稳定的状态下，在正式开始实验之前还应对实验中使用的坩埚进行质量扣除操作（即"清零"或"去皮"操作），具体做法如下：

如果热重分析仪为水平式或上皿式热重-差热分析仪，则应保证在支架的参比位置放置了一个质量相近的相同类型（材质、形状一致）的坩埚（有些结构形式的热重-差热分析仪不需要在实验过程中更换参比坩埚）。关闭加热炉，使显示屏或仪器数据采集软件中显示的天平质量几乎不变。这一过程一般至少需要几分钟,按下面板上或仪器控制软件中的"清零"按钮(一般为"tare"或"Auto Zero")。如图 7-1 为德国耐驰科学仪器公司 STA449F3 型同步热分析仪的控制软件界面,对应于使用仪器附带的内部天平称重方式来称量样品的质量(区别于外部天平称重)。点击图中右上部的称重按钮后,弹出如图 7-2 所示的窗口。在点击图中的清零按钮之前,应确保在仪器支架的样品盘和参比盘位置均放置了洁净的空坩埚(有时会向参比坩埚中加入一定量的参比物质)。点击"清零"按钮后(此时窗口中的坩埚质量显示为 0.0mg),再打开加热炉体,将坩埚取出并加载样品后再放入支架样品位置,关闭加热炉体,待质量信号稳定后点击"保存"并"确定",仪器的软件会自动读取 TG 质量信号填入"样品质量"一栏中。

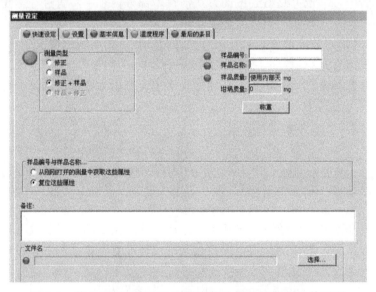

图 7-1　某公司 STA449F3 型同步热分析仪的控制软件界面

图 7-2　使用内部天平称重时软件弹出的界面窗口

当完成清零操作后,如果质量在很小的范围内变化或者不变,则表明实验中所用坩埚的空白质量已经扣除完毕,在装入试样后软件显示的质量即为试样的绝对质量。

需要特别指出的是，在一些特殊的情况下，在热重实验过程中需要使用扎孔并加盖的坩埚或向坩埚中加稀释剂，在该过程中对于坩埚盖和加入的稀释剂的质量也应在此过程中进行扣除，以确保实验过程中记录下的质量变化为试样本身的质量变化。

对于配置自动进样器热重分析仪，一般可以集中对一系列的空白坩埚依次进行清零操作，软件会对自动进样器中每一个编号的坩埚清零过程中的质量差异进行记录，在使用时应注意不要混淆坩埚的顺序。可以通过在仪器的软件中选择需要清零处理的坩埚在自动进样器的相应位置范围，由软件自动控制完成一系列坩埚的清零和加载样品之后的称重操作。以下仍以配置了自动进样器的某公司 STA449F3 同步热分析仪的控制软件为例介绍这一过程。在向仪器［图 7-3（a）］的自动进样器中相应序号的位置处放置了相应的坩埚［图 7-3（b）］之后，在仪器的控制软件中分别建立相应的宏文件（图 7-4），在宏文件中需要定义需要清零的坩埚序号和坩埚的属性（随后设定空坩埚、填充的坩埚），运行该宏文件。在仪器完成系列的清零操作之后，在仪器的控制软件中分别设置每个位置对应的样品信息和实验条件（设置方法将在以下内容中进行详细介绍）并向每个坩埚中加载相应的样品。选中需要运行的实验序号（图 7-5），仪器将通过自动进样器进行称重、加热等操作，直至实验结束，并以独立文件的形式自动保存相应的实验数据。

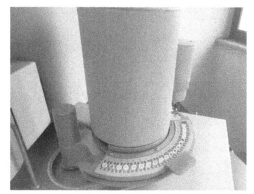

(a) 仪器全局图　　　　　　　　　　　　(b) 仪器的自动进样器部分

图 7-3　带有自动进样器的 STA449F3 同步热分析仪

7.4.2　样品制备

制样时，将待实验的试样加入至扣除空白质量之后的坩埚中，通常加入的试样量一般不应超过坩埚体积的 1/3~1/2。对于一些在高温下会发生剧烈分解（如炸药等）或熔融的样品，试样用量一般为能够覆盖坩埚底部（或者更少）。对于一些在实验过程中会发生剧烈分解的样品，可以通过使用大尺寸坩埚或加入稀释剂的方法来减少试样的热分解过程对支架或吊篮所造成的损害[1,4]。

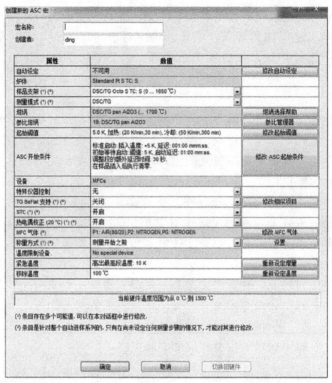

(a) 建立宏文件

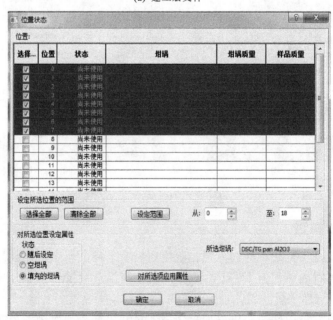

(b) 在弹出的窗口中设定需要清零处理的坩埚序号和属性

图 7-4　STA449F3 型同步热分析仪自动进样器控制软件界面

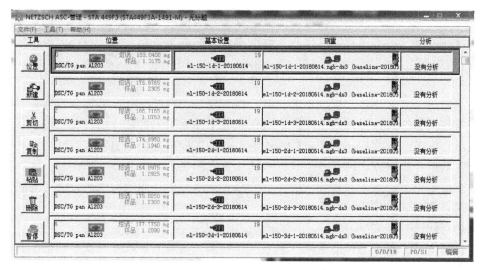

图 7-5　设置样品文件并称重后的自动进样器控制软件界面

在实际应用中，热重实验所用的试样量应视具体样品而定。由于实验用试样的密度不尽相同，仅仅简单地根据试样的质量来确定一次实验所需的试样质量是不合适的。例如，对于一些密度很小的碳材料试样而言，将坩埚装满后，试样的质量仍然不超过 1mg，此时若仍要求每次实验时试样的质量为 5~10mg 显然是不合理的。对于不同组成结构相近的一系列试样而言，为了消除实验时所使用的试样量对实验曲线的影响，在每次实验时采用的试样量应尽可能接近。

另外，对于一些性质已知的试样，当研究其在不同温度下微小的质量变化时，通常通过加大试样量来提高实验的灵敏度。例如，对于一些复合氧化物而言，由于其结构中存在的缺陷通常会产生一些氧空位，当在有氧条件下加热样品时，会产生一个微小的增重过程。这一过程中的质量变化通常小于 0.5%，如果采用较少的试样量则很难检测到这一过程。再如，在研究试样的升华过程时，通常使用不加盖坩埚和加盖扎孔坩埚下的热重实验曲线进行对比。

制样时，将适量的试样加入至坩埚中。用镊子夹住坩埚在桌面上振动几下，使试样均匀地分布在试样底部。

对于一些较易挥发和不稳定的液体黏稠试样或易吸潮的粉末试样，加载试样摇匀的操作要快，以免试样在空气中停留太久而发生变化。

在按照上述方法完成向坩埚中加载样品的操作之后，打开加热炉，用镊子小心地将试样加入热重分析仪的吊篮或支架上。及时关闭加热炉，在仪器控制软件中设置试样信息和操作条件，待软件显示的质量读数不发生变化时，即可开始实验。

对于一些较易挥发的液体试样而言，由于试样的质量一直在发生变化，此时应在天平清零操作后提前在控制软件中设定好相应的信息，然后将试样放入支架或吊篮中并关闭加热炉，尽快开始实验。

对于配有自动进样器的仪器，应按照以上介绍的方法依次向不同序号的坩埚中加载样品，特定坩埚序号中的样品和数据文件之间务必严格对应，不得混淆。

7.4.3　设定样品信息和实验条件等信息

目前的商品化热重分析仪都配有可以控制仪器的控制软件和数据分析软件，不同厂家的仪器的软件界面各不相同，但在软件中需要输入的试样信息和实验条件等功能信息大多十分相似。对于在软件中输入的与实验相关的信息而言，其可以在后期进行数据分析时方便地在分析软件中进行查看和显示。

一般来说，在正式实验开始前，需要在控制软件的界面中输入的信息主要包括样品信息和实验条件信息[5]。

1）样品信息

样品信息主要包括样品名称、编号、送样人、实验人、批次、文件名等。目前有相当一部分仪器的软件不支持中文输入，在有些软件中可以输入试样的中文名称，因此建议用英文字母和数字表示以上信息。其中文件名是记录实验过程的重要信息，对于绝大多数热分析仪器而言，在其控制软件中对文件名的输入方式差别不大。目前绝大多数商品化仪器的控制软件中要求文件名中不能出现汉字、标点符号、"/"等特殊字符，支持输入字母和/或数字的组合形式。一般来说，文件名应易辨识，且不宜太长（一般不超过 6~8 位）。有时为了避免混淆，常采用最后 4 位数字为日期的形式。一些商品化的仪器为了便于保存测量文件，在设定文件名时具有添加文件夹的功能。此时可以采用样品提供者或者实验测试者的姓名（姓名用字母表示）作为文件夹的名称，也可以用实验日期作为文件夹的名称。图 7-6 是 STA449F3 型同步热分析仪的控制软件打开后的软件界面。点开"文件"选项后出现下拉菜单，如果选中菜单中的"新建"选项，则可以重新开始编辑实验文件。如果所需要进行的实验与之前的某次实验条件相同，则可以选中"打开"选项，找到之前的某次实验的文件，直接调用其中的实验条件进行实验。当然，新建的实验数据文件的文件名和样品信息可能会和之前有所区别。为了便于理解，下面以新建实验文件为例说明在控制软件中编辑实验文件的方法。

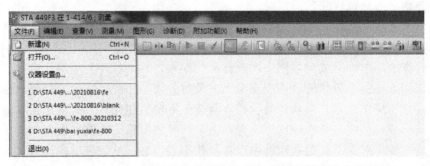

图 7-6　STA449F3 型同步热分析仪的控制软件打开后的软件界面

　　点击选中图 7-6 菜单中的"新建"选项，则会弹出如图 7-7 所示的名为"测量设定"窗口，在窗口中包括"设置""基本信息""温度程序""最后的条目"等选项，其中需要输入的信息用红色符号标识。图 7-7 中显示的信息为"设置"选项对应的仪器参数信息，可以方便地看到在实验时采用的仪器的关键工作参数，主要包括仪器型号、加热炉体、样品支架、测量模式、坩埚等信息。在正式进行样品实验时，一般不需要对该选项进行修改。

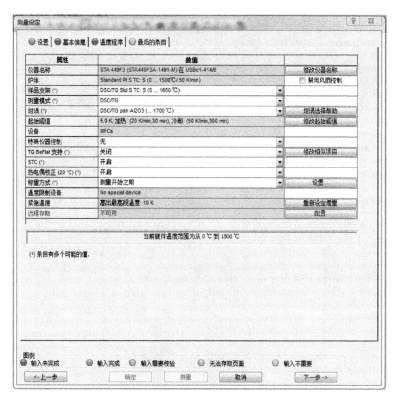

图 7-7　"测量设定"窗口中的"设置"信息界面

　　点击图 7-7 中的"基本信息"选项或者"下一步"按钮，则界面切换为"基本信息"界面信息状态（图 7-8）。图 7-8 中显示的信息为"基本信息"选项对应的仪器参数信息，主要包括测量类型、样品、参比、实验室及操作者、气氛气体、温度校正和灵敏度校正等信息。需要在此界面分别勾选或者输入相应的实验信息。其中：①"测量类型"中的"修正"选项对应于空白实验，如果在此条件下运行实验，得到的实验数据文件可以作为基线在后续的处理中进行扣除。如果需要在之后的实验中自动扣除该基线，则需要在编辑实验数据文件时，直接调用该实验文件（即点击选中"打开"选项，在弹出的窗口中选中该文件，直接调用其中的实验条件）的实验条件并选中"修正+样品"选项。在之后的实验中得到的 TG 和 DSC 曲线即为自动扣除该基线后的结果。②在"样品"信息栏中分别输入样品编号和样品名称信息，样品质量将在实验开始前由天平读取。③实验中如果用到参比物，则应在界面中的"参比"信息栏中输入参比的名称和质量等信息。④在"温度校正"和"灵敏度校正"信息栏中分别调入之前完成的对支架进行校正得到的温度校正和灵敏度校正文件。如果不需要使用这两个校正文件，则在相应的信息栏中分别勾选"不使用"选项。完成以上设置后，基本信息左侧的符号由红色自动切换为绿色状态。

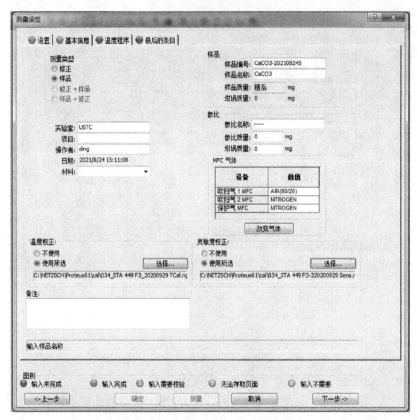

图 7-8　"测量设定"窗口中的"基本信息"信息界面

2）实验条件信息

与实验条件相关的信息主要有：

① 试样质量　一般不需要手动输入试样的质量，可以通过软件读取天平的示数来实现，由于试样加入坩埚之前，空白坩埚的质量已经进行了扣除，软件显示的质量即为实验时试样的质量。目前普遍采用实验开始时采集到的第一个质量信号作为试样的初始质量。在大多数软件中还有一个备注选项，可以在其中输入一些需要特别注明的实验信息如试样来源、取样、处理方法等信息。

② 温度程序信息　温度程序信息主要包括实验时的升温/降温速率、不同温度

下的等温时间以及实验开始温度、最高温度等信息。对于温度调制热重实验，还应输入温度调制的振幅和调制周期。对于速率控制热重实验，除输入实验温度范围和线性温度变化速率外，还应输入有质量变化时的最小速率，以便仪器在此速率以上自动调整升温/降温速率。

③ 气氛种类及流速　在控制软件中应及时记录下实验时所使用气氛的种类和流速。对于一些配有数字控制的质量流量计的仪器而言，输入的流量即为实验时气氛的流速。对于其他类型的流量计，需先调节流量计的示数，再将流量输入到软件中。无论使用以上何种流量计，都应使用皂膜流量计测量气氛在加热炉出口的流速，将其数字作为实验时所用气氛的最终流速。

以下仍以 STA449F3 型同步热分析仪的控制软件为例，介绍实验条件信息的输入过程。

点击图 7-8 中的"温度程序"选项或者"下一步"按钮，则界面切换为"温度程序"设定界面状态（图 7-9）。图 7-9 中显示的信息为与"温度程序"和"气氛"选项对应的信息，其中可以通过在界面中选择相应的"步骤分类"选项和在"程序"

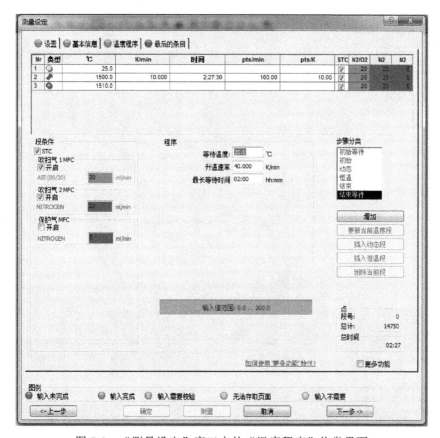

图 7-9　"测量设定"窗口中的"温度程序"信息界面

栏中输入相应的数值来完成温度程序的设定，同时可以通过勾选"段条件"栏中的气氛气体种类并输入相应的流量数值来设定在每一个温度程序中气氛气体的状态。设定后的程序温度和气氛气体信息在界面的上半部分显示。完成以上设置后，基本信息左侧的符号由红色自动切换为绿色状态。

点击图 7-9 中的"最后的条目"选项或者"下一步"按钮，则界面切换为"最后的条目"界面状态，同时会弹出一个窗口提示输入本次实验的文件名。输入相应的文件名后，窗口界面状态如图 7-10 所示。可以看到，图 7-10 中"最后的条目"左侧的符号由红色自动切换为绿色状态。点击图中的"下一步"或者"确定"按钮即可完成实验文件的编辑。

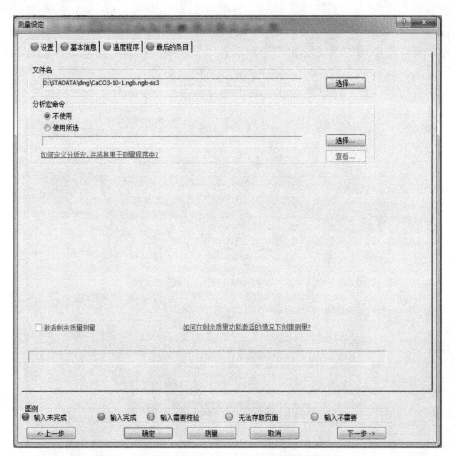

图 7-10 输入文件名后"测量设定"窗口中的"最后的条目"信息界面

对于配有自动进样装置的仪器而言，应依次输入自动进样器中的某坩埚所对应位置序号的样品的基本信息、实验条件以及文件名等信息，过程与以上所介绍的内容大体相似，此处不再作进一步介绍。

7.4.4 运行实验测量

在输入以上信息后，待试样的质量信号稳定后（易挥发试样除外），可以按下控制软件中的"开始"按钮开始实验，加热炉将按照已经设定温度控制信息分别对试样进行升温、降温、等温等操作，由仪器的测量装置实时记录下这些过程中的质量变化信息并保存。在实验结束后，实验过程中的试样信息、实验程序、实验数据等信息将单独生成一个文件，可以使用仪器附带的分析软件打开这个文件并进行相关的数据处理。

由于热重分析仪天平的灵敏度非常高，在实验过程中实验室内仪器工作台旁尤其不可以出现较大的振动，炉子出口附近也不应有较大的气流波动。例如，由于实验室内空调出风口和电风扇易引起气流波动，因此其应与炉子出口保持足够大的距离。

对于大多数热重实验而言，试样的初始质量通常为开始记录数据的第一个数据点。以下我们仍以 STA449F3 型同步热分析仪的控制软件为例介绍在软件中开始实验的操作过程。点击图 7-10 中的"下一步"或者"确定"后会弹出如图 7-11 所示的开始实验界面。当需要对空坩埚进行清零时，可以点击图中的"清零"按钮。当向清零后的坩埚中加入一定量的实验所需的试样后，关闭加热炉并平衡一段时间后，质量在短时间内基本保持不变，此时可以点击图中的"开始"按钮。同时软件的界面切换为如图 7-12 所示的界面，由图 7-12 中的界面可以看到不同时刻下 TG 信号（质量）、DSC 信号（热流）、温度随时间的曲线。另外，通过界面中的小窗口还可以方便地得到当前仪器的测量信号数值和实验剩余时间信息。

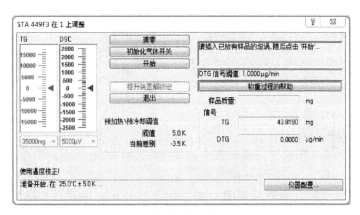

图 7-11　控制软件中开始实验的界面

对于配有自动进样装置的仪器而言，则可以依次选中需要运行的自动进样器相应位置编号的样品文件并开始运行实验，仪器将依次完成所选中样品的实验并自动保存数据形成相应的数据文件。

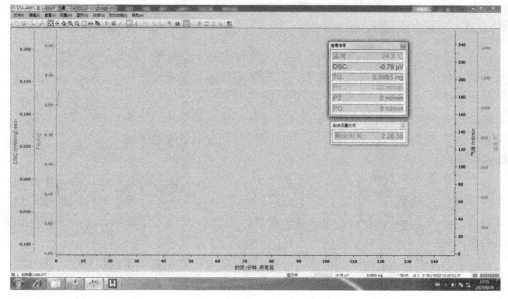

图 7-12　实验运行过程中仪器的控制软件界面

7.5　基本数据处理

在获得热重实验数据之后，接下来需要通过仪器附带的分析软件打开实验时生成的原始数据文件，对得到的实验数据进行基本的处理。

7.5.1　热重曲线的基本作图规范

由于数据采集软件是以时间为单位进行计时的，对于恒定升温/降温速率的实验而言，可以通过下式将时间换算成温度：

$$T = T_0 + \beta \cdot t \tag{7-1}$$

式中，T_0 为实验开始的温度；t 为实验时间；β 为升温速率。

对于 TG 曲线，在数据采集软件中的每一时刻 t 都记录下了相对应的温度和质量。在作图时，可以直接用温度轴作为横轴，也可以根据等式（7-1）将时间列直接转换为温度。通常用纵轴表示质量。为了便于比较，一般通过数据分析软件将试样的绝对质量（单位一般为毫克）转换为相对质量（用百分数表示）。实验开始时的质量为 100%，实验中每一时刻（即温度）的质量百分数为以百分比表示的试样相对初始质量的质量分数，如图 7-13 所示。

由图 7-13 可见，试样质量变化的实际过程通常为一个渐变的过程，并不是在某温度瞬间完成的，因此热重曲线的形状不呈直角台阶状，而是有过渡和倾斜区段的曲线。

在热重曲线中，纵坐标表示质量（一般用百分比表示）从上向下减少，横坐标表示温度或时间从左向右增加。

7.5.2　微商热重曲线的基本作图规范

微商热重曲线通常用来表示质量变化速率随温度或时间的变化关系，由质量曲线对温度或时间求导得到，如图 7-14 所示。

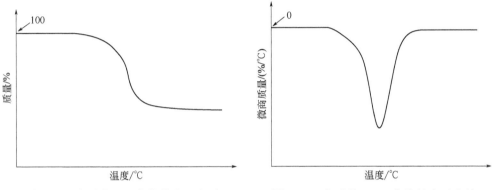

图 7-13　典型的 TG 曲线的表示方法　　　　图 7-14　典型的 DTG 曲线的表示方法

由实验直接得到的 DTG 的单位一般是 mg/s，可以通过以下换算关系式分别将 DTG 的单位转化为%/s、%/min 或%/℃：

$$\mathrm{mg/s} \xrightarrow{\div m_0 \times 100\%} \%/\mathrm{s} \xrightarrow{\times 60} \%/\mathrm{min} \xrightarrow{\div \beta (\text{℃}/\mathrm{min})} \%/\text{℃} \qquad （7\text{-}2）$$

为了便于比较，DTG 的单位应该换算为%/s（时间较短时）、%/min（时间较长时）、%/℃（线性加热时）的形式。

7.5.3　在仪器分析软件中曲线的绘制过程

以下将以美国 TA 仪器公司通用的热分析数据处理软件 TA Universal Analysis 为例，介绍对得到的热重实验数据进行基本处理的方法。

图 7-15 为打开 TA Universl Analysis 软件后的界面。可以通过点击"File"菜单下的"Open"选项，在弹出的窗口（如图 7-16 所示）中打开之前完成的实验数据文件，在这里我们以仪器软件附带的一水合草酸钙的热重实验数据文件为例来介绍在该软件中对数据进行处理的基本过程。

选中图 7-16 中的"TGA-Caox.001"文件，可以在窗口的右半部分看到该实验数据文件所对应的仪器型号、样品名称与编号、实验条件以及日期等信息。点击"OK"按钮后，会弹出如图 7-17 所示的新窗口。在图 7-17 中，界面的左上部分分别显示了该数据文件所在的位置（C:\TA\Data\TGA\TGA-Caox.001）和创建时间（1995 年 5 月

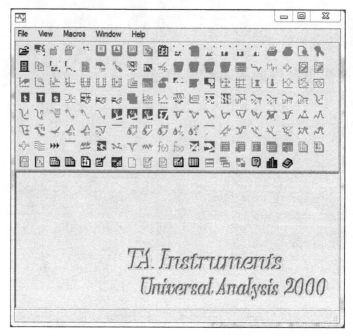

图 7-15　TA Universal Analysis 软件的打开界面

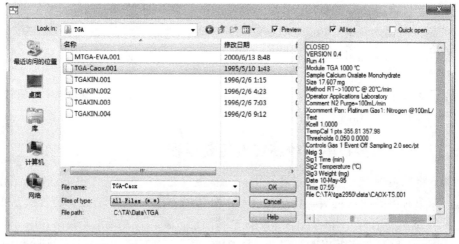

图 7-16　点击图 7-15 中的"File"菜单下的"Open"选项后弹出的窗口界面

10 日 7 时 55 分)、仪器型号（TGA 1000℃）信息。在界面窗口的下半部分分别显示了样品名称（Calcium Oxalate Monohydrate，即一水合草酸钙）、初始质量（17.6070mg）、操作者（Applications Laboratory）、实验方法（RT→1000℃ @ 20℃/min，即以 20℃/min 的升温速率由室温加热至 1000℃）以及实验文件的备注信息（N2 Purge = 100mL/min，即在实验时采用氮气气氛，流速为 100mL/min）等实验相关的信息。

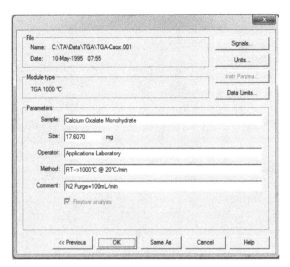

图 7-17　点击图 7-16 中的"OK"按钮后弹出的窗口界面

　　另外，可以通过分别点击图 7-17 中的界面右上部分的"Signals""Units""Instr Params""Data Limits"选项来设置在作图时显示的信号类型、单位、仪器参数（实验结束后无法修改，因此显示为灰色）和数据显示范围，当然也可以在作图界面中通过右键菜单的形式来对这些参数进行修改（下文中将单独介绍），接下来分别介绍这些选项的设置过程。

　　点击图 7-17 中的"Signals"选项，将弹出图 7-18（a）所示的窗口界面，图中分别包含了对四个 Y 轴和 X 轴的设置选项，可以通过下拉菜单或者勾选的方法来设置相应的参数。点击图中 Y1 栏中的信号"Signal"选项，出现如图 7-18（b）所示的下拉菜单。菜单中可以分别选中时间、温度、质量（以百分比显示）或者质量变化，通常选中质量"Weight（%）"选项。另外，在 Y1 栏的右半部分为数据的显示类型"Type"选项，主要包括线性形式显示（对应"Normal"选项）、对数形式显示（对应"Log"选项）、倒数形式显示（分别对应"Inverse"选项和"Inverse×1000"选项）和导数形式显示（主要包括对时间求导、对温度求导、二阶对温度和时间求导几种不同的选项），如图 7-18（c）为选中"Normal"选项的界面（即线性形式显示所选中的质量数据）。

　　当需要在图中同时显示微商热重曲线（对应于两个不同数值范围的纵坐标轴）时，首先在图 7-18（a）中的 Y2 栏中的类型"Type"选项中，选中"Derivative（temp）"选项，如图 7-18（d）所示；然后在 Y2 栏中的信号"Signal"选项中选中"Deriv. Weight（%/℃）"选项，如图 7-18（e）所示。对于仅采用了单一形式的线性升温速率的实验而言，图 7-18 中的横坐标（窗口下半部分）X 轴栏通常选中为温度。点击窗口中的"Save"选项，可以保存为默认打开的模板，之后再打开文件时默认界面中的选项。点击"OK"按钮，回到图 7-17 的界面。

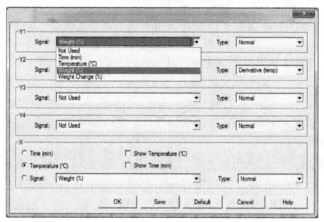

(a) 界面总览

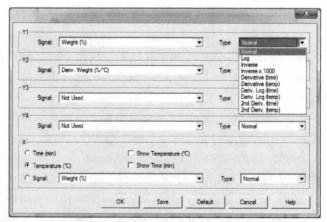

(b) Y1坐标轴（即左侧纵坐标轴）栏信号"Signal"选项
下拉菜单选项中选中"Weight (%)"的界面

(c) Y1坐标轴（即左侧纵坐标轴）栏曲线显示类型"Type"
选项下拉菜单选项中选中"Normal"的界面

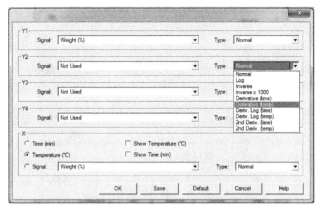

(d) Y2坐标轴（即右侧纵坐标轴）栏曲线显示类型"Type"
选项下拉菜单选项中选中"Derivative (temp)"的界面

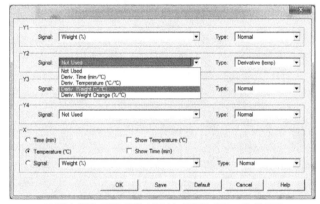

(e) Y2坐标轴（即右侧纵坐标轴）栏信号"Signal"选项下
拉菜单选项中选中"Deriv. Weight (%/℃)"选项的界面

图 7-18　设定数据图中不同坐标轴显示参数的界面

在图 7-17 中，点击"Units"选项，将弹出图 7-19（a）所示的窗口界面，在其中可以设置不同物理量的单位形式。图中包括了热分析中常用的时间、温度、频率、压力的单位设置选项以及 DSC、DTA、TGA、TMA、DMA 等技术中测量物理量的单位设置选项，其中显示的形式为默认的显示参数。点击"TGA"选项栏中的"Weight"选项，可以看出分别有 μg、mg 和%三种显示形式，通常选中"%"的显示形式，如图 7-19（b）所示。点击窗口中的"Save"选项，可以保存为默认打开的模板，之后再打开文件时默认界面中的选项。点击"OK"按钮，回到图 7-17 的界面。

在图 7-17 中，点击"Data Limits"选项，将弹出图 7-20 所示的窗口界面，在其中可以选择不同的显示形式，可以分别按照全范围、时间、温度等方式进行显示。例如，如果选择了温度范围选项，点击"OK"按钮后将弹出如图 7-20（b）所示的窗口界面，在其中可以输入相应的数字来设置起止温度范围，点击"OK"按钮后回到图 7-17 的界面。

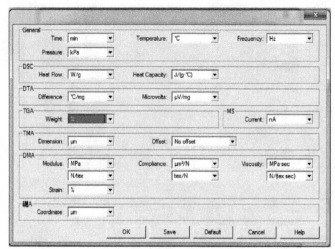

(a) 界面总览

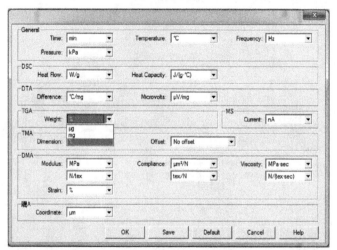

(b) "TGA" 栏中质量 "Weight" 选项下拉菜单选项中选中 "%" 选项的界面

图 7-19　设定数据图中数据单位显示参数的界面

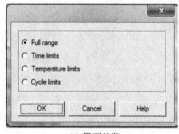

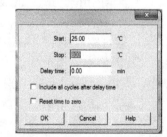

(a) 界面总览　　　　　(b) 选中温度范围选项后弹出的设置温度范围的界面

图 7-20　设定数据图中曲线显示范围参数的界面

点击图 7-17 中的 OK 按钮，在数据分析软件中显示出按照以上设置参数的要求绘制的 TG-DTG 曲线，如图 7-21 所示。

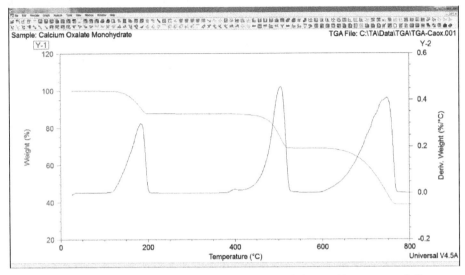

图 7-21　在 TA Univeral Analysis 数据分析软件中显示的 TG-DTG 曲线

可以选中软件中的相关图标和菜单选项来对曲线中的变化进行标注、计算和进一步的数学处理，限于篇幅，在本部分内容中不再展开介绍。图 7-22 为进行基本处理后的 TG-DTG 曲线，从中可以看出 TG 曲线和 DTG 曲线中每一个特征变化开始、最快和结束阶段的特征值。

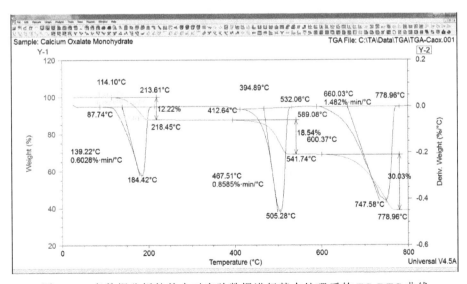

图 7-22　在数据分析软件中对实验数据进行基本处理后的 TG-DTG 曲线

对于大多数商品化热重分析仪所附带的数据处理软件而言，除了可以实现以上介绍的绘制 TG 曲线和 DTG 曲线的功能之外，还可以实现标注图中曲线的特征温度、计算一定范围内的质量变化、对曲线进行平滑处理、对 DTG 曲线中的峰进行积分等功能。在接下来的第 8 章中将详细介绍在仪器数据分析软件中对数据进行以上处理的方法，限于篇幅在本章中不再赘述。

在软件中进行基本的处理之后，往往需要在专业的数据处理软件如 Origin 软件中对数据进一步处理并进行规范的作图。在这种情况下，需要通过仪器的数据分析软件将实验数据导出为 ASCII 码格式的数据文件。

以下仍以 TA Univeral Analysis 数据分析软件为例介绍数据的导出过程，方法如下：

首先点击软件的"File"选项，在菜单中选中"Export Data File"，在该选项下还可以进一步选择是否仅导出图中显示的数据，如图 7-23 所示。当然，通过软件还可以导出 PDF 格式的文件，即选中图 7-23 中 File 菜单下的"Export PDF File"选项，在弹出的窗口中输入 PDF 文件的名称即可。在按照图 7-23 所示依次选中"File""Export Data File""Plot Signal Only"选项后，将弹出如图 7-24 所示的窗口，按照图中的设置参数，点击"Finish"按钮，在弹出的窗口中输入导出的.txt 文件的名称即可得到.txt 格式的数据文件。双击打开该文件，可以看到其中的实验数据，如图 7-25 所示，图中包括了在实验时采用的样品信息、仪器信息、实验条件等实验参数和实验数据。实验数据一共包括四列，分别是 Time（min）、Temperature（℃）、Weight（mg）、Deriv. Weight（%/℃）。注意导出的质量数据的单位是 mg，在其他的数据分析软件中作图时需做换算，将其转换为百分比形式。在本书第 9 章中将详细介绍在 Origin 软件中的作图方法，在此不做重复性介绍。

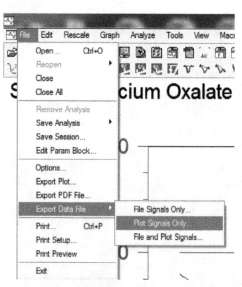

图 7-23　在 TA Univeral Analysis 数据分析软件中导出实验数据的菜单选项

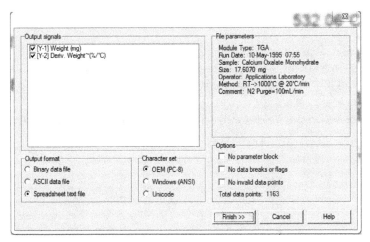

图 7-24 依次点击图 7-23 中的选项后弹出的窗口界面

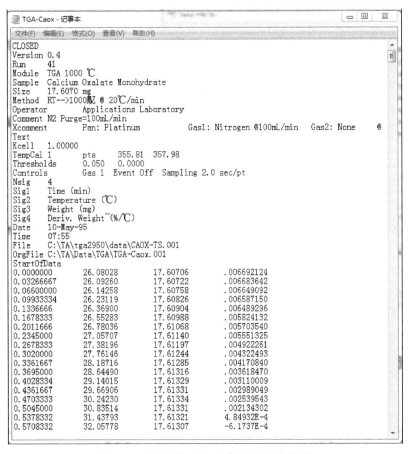

图 7-25 导出的文本文件打开后的界面

参 考 文 献

[1] 丁延伟. 热分析基础. 合肥: 中国科学技术大学出版社, 2020.

[2] 中华人民共和国教育行业标准. JY/T 0589.4—2020 热分析方法通则 第 4 部分 热重法.

[3] 刘振海, 徐国华, 张洪林等. 热分析与量热仪及其应用. 2 版. 北京: 化学工业出版社, 2011.

[4] 蔡正千. 热分析. 北京: 高等教育出版社, 1993.

[5] 丁延伟, 郑康, 钱义祥. 热分析实验方案设计与曲线解析概论. 北京: 化学工业出版社, 2020.

第 **IV** 部分

实验数据处理与作图

第**8**章 在仪器分析软件中分析热重实验数据

8.1 引言

在按照本书第 7 章中所介绍的方法完成样品准备并按照设定的实验参数在热重分析仪上运行实验后，可以得到测量的数据文件，通过仪器附带的数据分析软件可以打开该数据文件并进行进一步的数据作图、处理与分析。实际上，由不同厂商的仪器测量所生成数据文件的格式之间具有较大的差别。通常需要在仪器附带的数据分析软件中打开测量得到的数据文件，并在软件中对测量数据进行相关的处理。

本章将结合实例介绍通过仪器厂商提供的数据分析软件分析热重实验数据的过程，主要包括数据文件导入、单位换算、作图、确定特征物理量、平滑、求导、积分、多曲线对比以及数据导出等过程。在实际应用中，不同仪器厂商的数据分析软件的功能和界面之间存在着较大的差别，在这类软件中进行以上处理时应结合所使用的软件进行数据处理。

8.2 在仪器数据分析软件中导入实验数据的过程

在第 7 章中已经简要地介绍了在仪器的数据分析软件中对数据文件的处理过程，因此在本章中将结合实例较为详细地介绍热重实验数据的导入、数据处理过程和基本的作图方法。

下面以美国 Perkin Elmer 公司的热重分析仪附带的 Pyris Data Analysis 数据分析软件为例介绍热重实验数据的导入过程及基本的数据处理过程。

例如，导入样品的实验条件信息如下：

① 样品名称：一水合草酸钙（分子式 $CaC_2O_4 \cdot H_2O$，分子量为 146），分析纯，使用前密封、干燥保存；

② 用于 TG 实验的样品的初始质量：12.843mg，由仪器的天平单元在实验开始前自动读取；

③ 实验气氛：高纯氮气，流速 50mL/min；

④ 坩埚：敞口氧化铝坩埚；

⑤ 温度程序：温度范围为室温至 920℃，升温速率为 10℃/min；

⑥ 仪器名称及型号：美国 Perkin Elmer 公司 TGA 8000 热重分析仪。

在实验结束后，打开仪器的数据分析软件，在数据分析软件窗口中打开需要分析的数据文件，如图 8-1 所示。点击"打开"按钮后，在窗口中即可得到由测量数据绘制的热重曲线（图 8-2）。

图 8-1　在热重仪的数据分析软件中打开实验原始文件

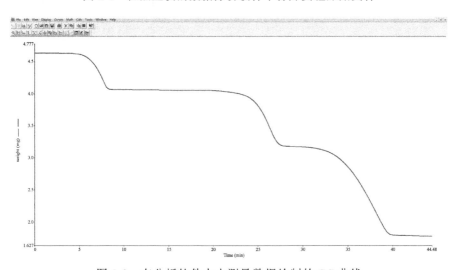

图 8-2　在分析软件中由测量数据绘制的 TG 曲线

8.3 在仪器分析软件中实验数据的基本作图过程

为了便于分析，首先需要在软件中对测得的 TG 曲线的纵坐标（质量）进行归一化处理，将纵坐标由绝对质量（单位为 mg）换算为以质量百分比形式表示的相对质量（图 8-3）。对于只含有一个线性加热程序的 TG 实验而言，TG 曲线的横坐标通常用温度表示（图 8-3）。对于温度程序中含有一个或多个等温段的实验而言，TG 曲线的横坐标通常用时间表示。此时，在图中通常增加一列显示温度的纵坐标表示温度-时间程序，以便查找不同时间所对应的温度（图 8-4）。

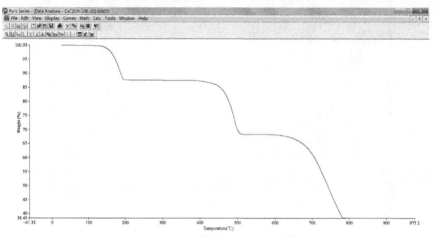

图 8-3　在分析软件中将纵坐标归一化后的 TG 曲线

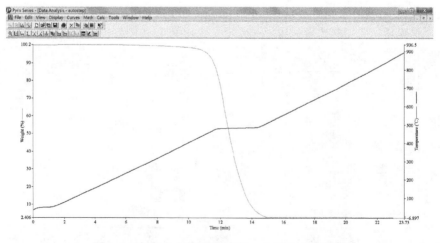

图 8-4　含有多个等温段的归一化后的 TG 曲线

　　在数据分析软件中可以通过拖动鼠标或者点击相应的图标来选择相应的范围，以显示不同的温度或时间、质量范围的变化。例如，可以通过点击图 8-5 中的"Display"菜单中的"Rescale X"和"Rescale Y"选项来调整图中横坐标和纵坐标的显示范围。点击"Rescale X"选项后，将会弹出如图 8-6 所示的窗口，在窗口中分别输入温度的最小值为 300℃，最大值为 500℃，点击"Rescale"选项，则软件界面将变为如图 8-7 所示的在 300~500℃ 范围的 TG 曲线。

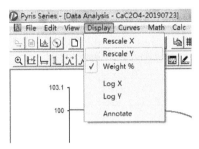

图 8-5　仪器分析软件中修改 X 轴和
　　　　Y 轴显示范围的选项

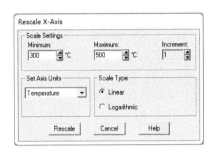

图 8-6　点击图 8-5 中"Rescale X"
　　　　选项后弹出的窗口界面

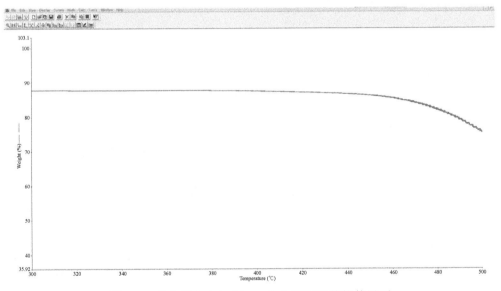

图 8-7　点击图 8-6 中"Rescale"选项后的软件界面

　　图 8-7 中显示的是 300~500℃ 范围的 TG 曲线，图中的纵坐标显示范围过大，此时需要通过点击"Rescale Y"选项来调整 Y 轴（质量轴）的显示范围。可以按照以上介绍的调整 X 轴显示范围的方法来调整 Y 轴的显示范围，图 8-8 为 X 轴在 300~500℃、Y 轴在 70%~90% 范围的 TG 曲线。由图可见，曲线在该范围出现了较大的

毛刺现象,可以通过平滑处理的方法来消除这种毛刺,在下一节中将介绍对曲线进行数学处理的方法。

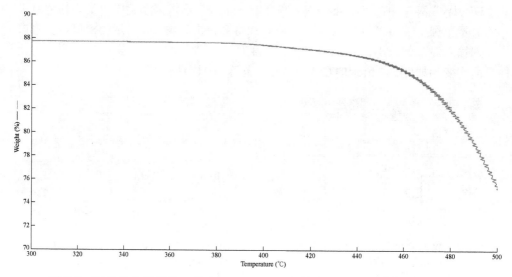

图 8-8　在软件中显示的 X 轴在 300~500℃、Y 轴在 70%~90%范围的 TG 曲线

由于不同仪器厂商所提供的数据分析软件的操作方式之间存在着一定程度的差异,因此在实际应用中应按照相应软件的操作规范来进行相应的数据处理。

8.4　仪器分析软件中实验数据的数学处理

按照本章第 8.3 节中所介绍的方法,在仪器附带的数据分析软件中打开测量的数据文件并进行基本的作图之后,接下来往往需要对数据进行进一步的换算、求导、积分、平滑等数学处理。一般而言,在仪器附带的分析软件中可以较为方便地实现对实验所得 TG 曲线的换算、求导、积分、平滑等简单的数学处理。下面将结合实例介绍常见的对实验数据的数学处理方法。

为了方便叙述,本部分仍以上述 Pyris Data Analysis 数据分析软件为例介绍基本的数据处理过程,数据文件所对应的实验信息与本章第 8.3 节中所列条件相同。

8.4.1　换算处理

在按照本章第 8.3 中所介绍的方法进行数据导入和基本作图操作之后,可以得到如图 8-2 所示的 TG 曲线。图 8-2 中,横坐标轴为时间(以 min 为单位),纵坐标为质量(以 mg 为单位)。如前所述,对于在实验过程中仅以单一的线性升温速率完成的实验,横坐标通常以温度的形式表示,即应按照等式(8-1)的数学关系将时间转换为温度。

$$T = T_0 + \beta \cdot t \qquad (8\text{-}1)$$

式中，T 为某一时刻 t 时对应的温度，℃；T_0 为实验开始（即时刻 $t = 0$ 时）的温度，℃；β 为升温速率，℃/min。

对于本例中所用的数据分析软件，可以通过点击图 8-9 中的 "Temp/time X-axis" 图标将时间转换为温度（如图 8-10 所示）。另外，通过重复点击该图标可以将横坐标轴的温度重新转换为时间形式。

图 8-9　数据分析软件中将时间转换为温度的图标

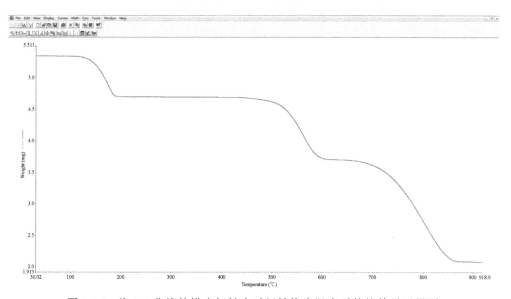

图 8-10　将 TG 曲线的横坐标轴由时间转换为温度后的软件显示界面

在实际应用中，对于温度连续变化的过程而言，为了便于确定样品在实验过程中质量变化的程度和比较不同样品的质量变化信息，通常将纵坐标轴中的质量数据按照等式（8-2）的方法将绝对质量换算成为以百分比形式表示的相对质量。

$$w = \frac{m_\mathrm{T}}{m_0} \times 100\% \qquad (8\text{-}2)$$

式中，m_0 为实验时所用样品的初始质量，通常用 mg 的形式表示；m_T 为实验过

程中某一温度 T 下试样的质量，通常用 mg 的形式表示；w 为对初始质量归一化后得到的在某一温度下的相对质量，以百分比的形式表示。

对于本例所用的数据分析软件，可以通过点击图 8-11 中的 "Display" 菜单下的 "Weight %" 选项将绝对质量转换为以百分比形式表示的相对质量（如图 8-12 所示）。另外，通过重复点击该图标可以将纵坐标轴的相对质量重新转换为绝对质量形式。

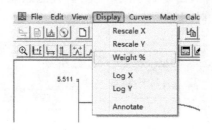

图 8-11　数据分析软件中将绝对质量转换为相对质量的菜单选项

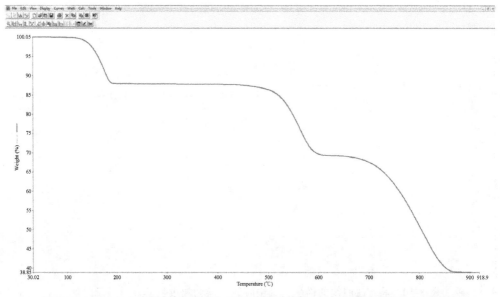

图 8-12　将 TG 曲线的纵坐标轴由绝对质量转换为相对质量后的软件显示界面

在仪器的数据分析软件中经过以上转换，即可得到图 8-12 中横坐标为温度（单位为℃）、纵坐标为以百分比形式表示的相对质量的 TG 曲线。

8.4.2　求导处理

在对曲线进行归一化处理后，接下来通常需要对曲线进行微分处理，以得到微商热重曲线（即 DTG 曲线）。首先在数据分析软件中选中需要进行求导处理的 TG

曲线，然后点击"Math"菜单下的"Derivative"选项（图 8-13），即可得到 TG 曲线的一阶导数曲线（见图 8-14）。同理，在分析软件中选中 DTG 曲线，同时在数据分析软件中点击"Math"菜单下的"Derivative"选项，即可得到 TG 曲线的二阶导数曲线（即 DDTG 曲线，对应于图 8-14 中噪声较为显著的曲线）。按照这种方法，可以在数据分析软件中得到 TG 曲线的 n 阶导数曲线。

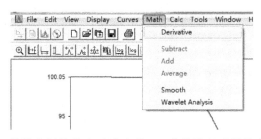

图 8-13　数据分析软件中对选中的 TG 曲线进行求导的菜单选项

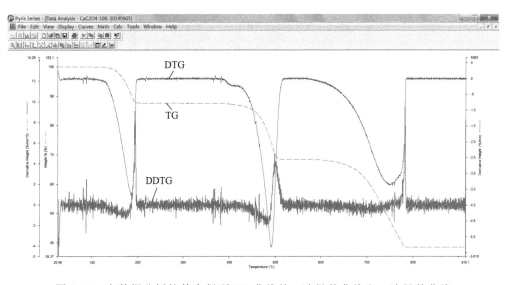

图 8-14　在数据分析软件中得到 TG 曲线的一阶导数曲线和二阶导数曲线

8.4.3　平滑处理

在图 8-14 中可以看出经求导处理后得到的 DTG 曲线和 DDTG 曲线具有较大的噪声。对于噪声较大的曲线，通常通过平滑处理来降低噪声对曲线形状的影响。在分析软件中点击"Math"菜单下的"Smooth"选项，即可对选中的曲线进行平滑处理。在弹出的窗口（图 8-15）中，可以设置不同的参数来调整平滑的程度，图中可以选择的参数有平滑的温度范围、算法（包括标准算法、中位值算法和平均值算法三种类型，默认的为标准算法）和平滑的邻近点数。在平滑时设置不同的参数会对得到的曲线产生不同程度的影响。

需要指出，不同仪器厂商提供的平滑算法之间存在着较大的差别，在实际应用中应根据所使用仪器分析软件的特点来灵活选择平滑的参数。

对曲线进行平滑的基本要求是尽可能降低基线的噪声，同时不应改变特征信号的形状变化。对图 8-14 中的 DTG 曲线进行适度平滑后得到的曲线如图 8-16 所示，由图可见除基线的噪声明显下降外，图中 DTG 曲线的峰形与图 8-14 相比没有发生明显变化。图 8-17 中的 DTG 曲线变得更加光滑，但峰的尖锐程度变差，同时位于 400℃附近较弱的肩峰也消失了。显然，这种平滑方式丢失了实验过程中样品的重要变化信息，并且较钝的峰也导致相应过程的特征物理量发生了意外的变化，因此这种过度平滑方式是不可取的。

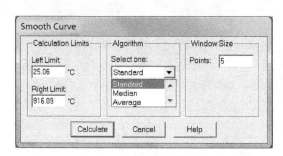

图 8-15　仪器分析软件的平滑窗口中的可调参数

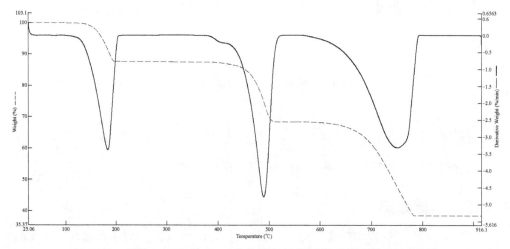

图 8-16　对图 8-14 中的 DTG 曲线进行适度平滑后得到的 DTG 曲线

8.4.4　积分处理

对于求导得到的 DTG 曲线，通常需要通过积分处理得到该曲线中的每一个峰所对应的面积。理论上，DTG 曲线（图 8-16）中的每个峰的峰面积应与该峰所对应

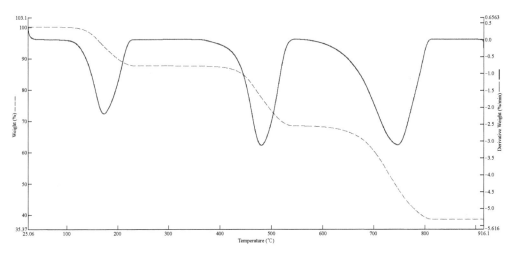

图 8-17　对图 8-14 中的 DTG 曲线进行过度平滑后得到的 DTG 曲线

的 TG 曲线中相应的台阶的高度相等。当需要对 DTG 曲线进行积分处理时，则需在软件中选中"Calc"菜单下的"Peak Area"选项（图 8-18）。点击该选项后，在弹出的窗口中手动输入或者通过移动鼠标选中需要积分的范围（图 8-19）。在图 8-19 中，除了可以选择积分的范围外，还可以选择积分时可以选用的基线类型，以及在积分后得到的初始点、峰值点和终止点的特征信息，除此之外还可以得到积分曲线信息。在图 8-20 中分别列出了对该范围的峰进行积分处理后得到的峰的初始点、峰值点和终止点的温度与质量变化速率，以及积分曲线信息。在实际应用中，可以通过调整图 8-19 中相应的选项信息的方式来部分显示以上的信息。

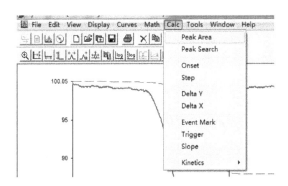

图 8-18　在数据分析软件中对选中的 DTG 曲线中的
峰进行积分处理时的菜单选项

当然，不同仪器厂商所提供的数据分析软件的操作方式之间存在着一定程度的差异，在实际应用中应按照相应软件的操作规范来进行相应的数据处理。

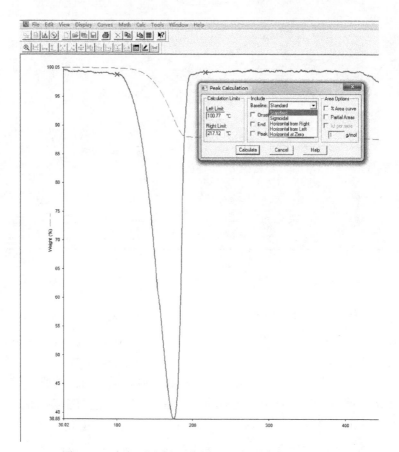

图 8-19　在仪器分析软件的积分窗口中的可调参数

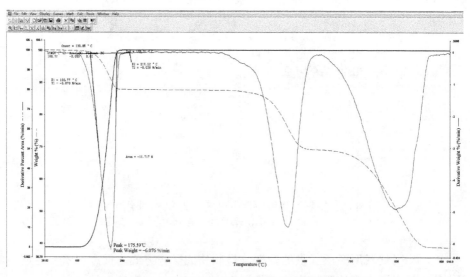

图 8-20　对峰进行积分处理后所得到的信息

8.5　热重曲线中特征物理量的确定方法

在实际应用中，在仪器附带的数据分析软件中对所得到的实验数据进行基本的作图并进行基本的数学处理之后，往往需要标注出 TG 曲线可以反映的特征信息，在本部分内容中将结合实例介绍确定这些特征信息的方法。

8.5.1　TG 曲线中常用的特征温度表示方法

对于得到的热重曲线而言，所使用的仪器的灵敏度的差异会对曲线的形状产生不同程度的影响。而对于同一台仪器，实验条件的不同也会对曲线形状的变化产生较为显著的影响。为了便于比较和研究，研究人员规定了 TG 曲线的一些特征温度。

热重曲线中的质量变化反映了试样的性质在温度或时间的变化过程中发生了变化，对于一个变化过程，一般用温度（或时间）和质量来同时进行描述。对于温度连续变化的过程，通常用特征温度来描述过程进行的程度，常用的特征温度主要包括初始温度（initial temperature，一般用 T_i 表示）、外推起始温度（extraplot onset temperature，用 T_{onset} 表示）、终止温度（final temperature，用 T_f 表示）、外推终止分解温度（extraplot end temperature，用 T_e 或 T_{end} 表示）、$n\%$ 分解温度（$n\%$ temperature，用 $T_{n\%}$ 表示）和最快质量变化温度（DTG 峰值温度，peak temperature，用 T_p 表示）[1,2]，这些特征温度可以方便地使用分析软件在曲线图中标注出来。

目前主要有以下几种确定 TG 曲线的特征温度"起始温度"的方法，如图 8-21 所示：

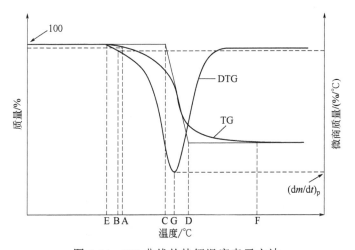

图 8-21　TG 曲线的特征温度表示方法

① 以质量变化的数值达到最终的质量变化量的某一百分数时的温度值作为反应起始温度（对应于图 8-21 中 A 点）。

$n\%$ 特征温度为当质量减少 $n\%$ 时的温度，可以直接在热重曲线中标出（$T_{n\%}$），常用的 $n\%$ 分解温度主要有 0%、1%、2%、5%、10%、15%、20%、25%、50%时的 $T_{n\%}$，0%分解温度是指试样保持质量不变的最高温度。

这种温度比较容易确定，可以用来简单地比较在相同条件下得到的热重曲线之间的特征温度的差异。

② 以质量变化速率达到某一规定数值时的温度作为特征起始温度（对应于图 8-21 中 B 点）。

③ 以质量变化过程达到某一预定点时质量变化曲线的切线（如 TG 曲线斜率最大点处的切线）与平台延伸线交点所对应的温度作为"外推特征起始温度"（图 8-21 中 C 点）和"外推特征终止温度"（对应于图 8-21 中 D 点）。

与 T_i 和 T_f 相比，T_{onset} 和 T_{end} 受人为主观判断的影响较小，常用来表示试样的特征质量变化温度，而 T_i 和 T_f 则常用来表示质量变化范围的起止温度。

④ 以质量变化达到 TG 曲线上某两个预定点的连线（切割线）与平台延伸线交点所对应的温度作为过程的起始温度（对应于图 8-21 中 E 点）和过程终止温度（对应于图 8-21 中 F 点）。

由 DTG 曲线得到的最快质量变化温度也称最大速率温度或 DTG 峰值温度（T_p），是指质量变化速率达到最大时的温度（对应于图 8-21 中 G 点），可以直接由 DTG 曲线的峰值获得，T_p 对应的质量变化速率即为反应的最大质量变化速率，常用 $(dm/dt)_p$ 表示（图 8-21）。

除了以上特征温度外，还经常用 10%正切温度（TTN）、加和温度（ΣT）和积分程序分解温度（integral procedural decomposition temperature，简称 IPDT）来表示一个过程的特征温度[3-5]。其中，①10%正切温度（TTN）是通过正切温度（TN）与失重 10%时面积比的乘积得到的，而正切温度则通过 TG 曲线最大失重速率点的切线与温度轴的交点温度来确定。正切温度（TN）与起始分解温度有关，而面积比涉及起始分解程度。试样越稳定，这两个数值就越大。②在分解完成后达到恒重时的残余质量 C 值加 1 再除以 2，以此商值为余重 C 时所对应的温度，即为加和温度 ΣT。③积分程序分解温度法根据失重曲线下面的面积来分析高分子聚合物的热稳定性，提供了对不同材料进行比较的共同基础。

但是无论采用何种方法确定初始温度，都具有相应的特殊性和局限性，至今尚未得到一种公认的普遍适用的方法。如图 8-21 所示，常用图中 C 点外推起始温度或 A 点预定质量变化百分比（通常为 5%）温度来表征物质的热稳定性。

8.5.2 TG 曲线中常用的特征质量的表示方法

对于在实验过程中只含有一个质量变化过程的 TG 曲线（如图 8-22），可以以等式（8-3）的形式计算出实验过程中质量变化百分比 $\Delta m\%$：

$$\Delta m\% = \frac{m_0 - m_1}{m_0} \times 100\% \qquad (8\text{-}3)$$

式中，m_0 为实验开始时的样品质量；m_1 为质量变化结束后的质量。

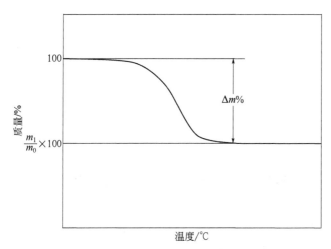

图 8-22　只含有一个质量变化过程的 TG 曲线的 Δm 的确定方法

对于含有两个质量变化步骤的 TG 曲线（图 8-23），第一步和第二步的质量变化百分比 $\Delta m_1\%$ 和 $\Delta m_2\%$ 可以分别用以下形式的等式表示：

$$\Delta m_1\% = \frac{m_0 - m_1}{m_0} \times 100\% \qquad (8\text{-}4)$$

$$\Delta m_2\% = \frac{m_1 - m_2}{m_0} \times 100\% \qquad (8\text{-}5)$$

等式（8-4）和等式（8-5）中，m_1 为第二步质量变化开始时（即第一步质量变化结束时）的质量；m_2 为第二步质量变化结束时的质量；m_0 为实验开始时的样品质量。

类似地，对于一个含有 n 个台阶的 TG 曲线，其第 i 个台阶的质量变化百分比 $\Delta m_i\%$ 可以用以下等式表示：

$$\Delta m_i\% = \frac{m_{i-1} - m_i}{m_0} \times 100\% \qquad (8\text{-}6)$$

在等式（8-6）中，m_i 为第 i 个台阶质量变化结束时的质量；m_{i-1} 为第 i 个过程的质量变化开始时的质量；m_0 为实验开始时的样品质量。

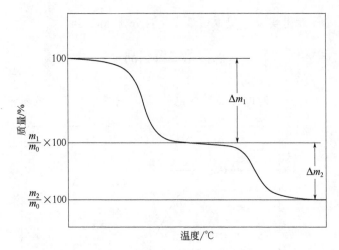

图 8-23   含有两个质量变化过程的 TG 曲线的 Δm 的确定方法

8.5.3   在仪器的分析软件中确定以上特征变化信息的方法

为了方便叙述，本部分仍以美国 Perkin Elmer 公司的热重分析仪附带的 Pyris Data Analysis 数据分析软件为例介绍基本的数据处理过程，数据文件所对应的实验信息与本章第 8.3 节中所列条件相同。

图 8-24 为在仪器附带的数据分析软件中按照之前介绍的方法进行数据导入、求导、平滑处理后得到的 TG-DTG 曲线。

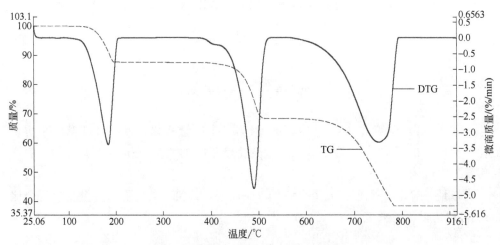

图 8-24   在仪器附带的数据分析软件中进行数据导入、求导、
平滑处理后得到的 TG-DTG 曲线

由图 8-24 可见，在实验温度范围内，在 TG 曲线中出现了三个较为明显的质量减少阶段。可以通过数据分析软件来分别对每个质量减少阶段进行分析，分析后的

结果如图 8-25 所示，图中出现的三个质量变化过程分别为：

① 第一个质量减少阶段发生在 119.1~208.0℃范围内，试样的质量由 119.1℃时的 99.86%减少至 208.0℃时的 87.63%，质量减少了 12.23%；

② 第二个质量减少阶段发生在 373.0~527.2℃范围内，试样的质量由 373.0℃时的 87.48%减少至 527.2℃时的 68.36%，质量减少了 19.12%；

③ 第三个质量减少阶段发生在 570.7~794.0℃范围内，试样的质量由 570.7℃时的 68.35%减少至 794.0℃时的 38.5%，质量减少了 29.85%；

④ 当温度为 794.0℃时，质量剩余量为 38.50%。

另外，在图 8-25 中还标注了每个质量变化开始阶段的外推起始温度（即 Onset 温度），外推起始温度的定义是基线与斜率最大处的切线的交点。以上三个质量变化过程的外推起始温度分别为 158.1℃、463.5℃和 684.3℃。

在 TG 曲线中还经常使用固定质量变化百分比温度 $T_{n\%}$ 来表示分解的程度，常用的 $n\%$ 为 1%、5%、10%、15%等，在数据分析软件中可以方便地由质量百分比确定相应的特征温度。限于篇幅，在此不再展开叙述。

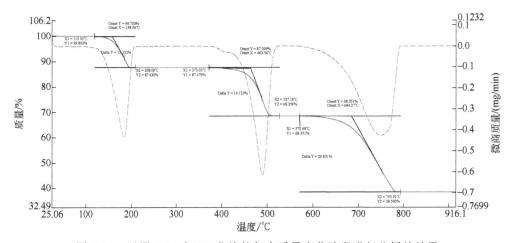

图 8-25　对图 8-24 中 TG 曲线的每个质量变化阶段进行分析的结果

在图 8-24 中，DTG 曲线在以上三个质量变化阶段中也相应地出现了三个峰，在软件中可以十分方便地分别确定每个阶段的外推起始温度和峰值温度，并且还可以在软件中通过积分的方法分别确定每个峰的面积，如图 8-26 所示。由图 8-26 可见，每个质量变化过程的特征变化信息如下：

① 在 99.3~220.0℃范围内，在 DTG 曲线中出现了一个与质量减少方向一致的峰。由 DTG 曲线所得到的外推起始温度为 143.2℃，低于由 TG 曲线所确定的外推起始温度值 158.1℃；峰值温度为 183.7℃，峰值温度代表在该温度处质量的减少速率最快。纵坐标对应于最大失重速率，为-0.4324mg/min。

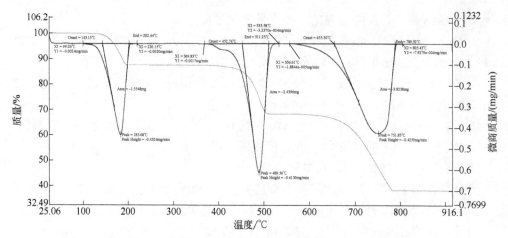

图 8-26　对图 8-24 中的 DTG 曲线的每个质量变化阶段进行分析的结果

为了便于对比分析，通常将该值进行以下形式的换算：

$$-0.4324\text{mg/min}\div12.843\text{mg}\div10\text{℃/min}\times100\% = -0.34\%/\text{℃} \qquad (8\text{-}7)$$

式中，-0.4324mg/min 为由分析软件确定的峰值的质量变化速率；12.843mg 为试样的初始质量；10℃/min 为实验时采用的升温速率。

通过这种换算过程可以得到以 %/℃ 形式表示的质量减少速率，例如上式中得到的 $-0.34\%/\text{℃}$ 所代表的物理意义为：在该温度（即峰值温度）下，每升高 1℃，试样的质量减少 0.34%。通过该值可以比较不同的质量变化过程和不同样品之间的质量变化速率。

另外，通过对该峰面积积分，可以得到峰面积为 -1.5548mg，换算为百分比形式为 $-1.5548\text{mg}\div12.843\text{mg}\times100\%=-12.11\%$。该值对应于 TG 曲线中相应台阶的高度，表示在该范围内的质量减少百分比。由 TG 曲线计算得到的质量减少量为 12.23%，高于由 DTG 曲线计算的峰面积（-12.11%）。较小的积分数值是由于峰面积积分时的误差引起的，对于较为清晰的独立质量变化台阶，通常用由 TG 曲线确定的质量变化百分比来表示该阶段的质量变化百分比。

② 在 370~534℃ 范围内，DTG 曲线中出现了一个与质量减少方向一致的峰。另外，在该峰较低的温度侧出现了一个较弱的峰，该峰对应于较小的颗粒或表面发生的分解过程。为了便于与 TG 曲线的结果进行对比分析，在确定特征量的变化时暂不考虑该微弱变化的影响。由 DTG 曲线得到的外推起始温度为 452.7℃，低于由 TG 曲线所确定的外推起始温度值 463.5℃，峰值温度为 489.6℃，最大失重速率为 $-0.48\%/\text{℃}$。峰面积为 -19.00%，低于由 TG 曲线计算得到的质量损失百分比（19.12%）。

③ 在 556.6~805.4℃ 范围内，在 DTG 曲线中出现了一个与质量减少方向一致的峰。DTG 曲线中该峰的外推起始温度为 655.3℃，低于由 TG 曲线确定的外推起始

温度值 684.3℃。峰值温度为 751.9℃，最大失重速率为–0.33%/℃。峰面积为–29.77%，低于由 TG 曲线计算得到的质量减小百分比（29.85%）。

需要特别指出，由不同的仪器生产厂商所提供的数据分析软件的操作方式之间存在着一定程度的差异，在实际应用时应按照相应软件的操作规范来进行处理。

8.6 在仪器分析软件中多曲线对比和数据导出方法

在仪器附带的数据分析软件中进行了基本的作图、基本的数学处理并根据需要标注出 TG 曲线可以反映的特征信息之后，往往需要在分析软件中对比由实验得到的多条曲线之间的差异并导出实验数据，在本部分内容中将结合实例介绍在分析软件中对比由实验得到的多条曲线之间的差异和数据导出的方法。

8.6.1 软件中多条曲线的对比与分析方法

作为软件的基本功能之一，在大多数商品化仪器所附带的数据分析软件中可以实现不同样品、不同测试条件和不同测试次数下的多条曲线的对比分析。为了便于对比，在软件中可以实现曲线之间的上下移动（常用于 DSC 曲线或 DTA 曲线，通常不适用于 TG 曲线和 DTG 曲线）。不同的曲线之间可以通过改变线的类型、颜色或添加不同的标注符号来进行区分，在图 8-27 中分别给出了不同的升温速率下得到的 $CuSO_4 \cdot 5H_2O$ 的 TG 曲线，在图中用数字标识了不同升温速率的曲线。由图可以清晰地看出升温速率的变化对曲线的形状和特征量的影响：当升温速率变大时，曲线整体向高温方向移动；对于多质量变化过程的 TG 曲线而言，升温速率变大会引起曲线的分辨率下降（例如，在图 8-27 中的室温至 300℃ 范围内出现的质量减少过程）。

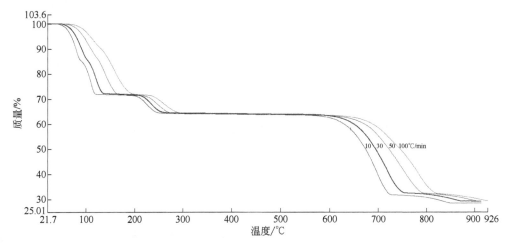

图 8-27 在仪器附带的数据分析软件中绘制得到的不同升温速率下 $CuSO_4 \cdot 5H_2O$ 的 TG 曲线

　　需要注意，在比较每条曲线时，通常需要将纵坐标轴中的质量进行归一化处理，在图中以百分比的形式显示（图 8-27）。

　　在数据分析软件中，可以通过点击软件中相应的选项修改曲线的颜色、形状、粗细，以便于更好地区分每条曲线。图 8-27 为在美国 Perkin Elmer 公司的 Pyris Data Analysis 软件中绘制得到的在不同升温速率下 $CuSO_4 \cdot 5H_2O$ 的 TG 曲线，在软件中选中需要编辑的曲线，右击鼠标，在弹出的菜单（图 8-28）中可以选择 "Change Curve Color" 选项，可以在弹出的窗口中设置不同的曲线颜色，也可以通过选择 "Change Line Style" 选项将曲线设置为实线或者虚线等不同的曲线类型。

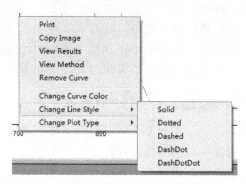

图 8-28　改变曲线的颜色或类型的菜单选项

8.6.2　数据的导出

　　在撰写科研论文或者报告时，通常需要在通用的专业数据分析软件中对数据进行进一步的处理和对比。作为商品化热分析仪所附带的软件必备的基本功能之一，可以将在分析软件窗口中打开的测量文件中的数据导出为可以在通用的专业数据分析软件（如 Excel、Origin、Matlab 等）中分析的格式。导出文件的格式通常为.txt 或.csv 的形式，在其他分析软件中可以直接导入这些文件，进行下一步的分析。

　　例如，可以通过点击 "File" 菜单下 "Export Data" 选项中的 "ASCII format" 子项或者 "CSV format" 子项，在弹出的窗口中输入文件名称和保存位置，即可得到.txt 文件或者.csv 格式的导出文件（图 8-29）。

　　另外，还可以通过在软件窗口选中相应的曲线，然后点击 "Edit" 菜单下的 "Copy" 选项（图 8-30），将曲线对应的相应数据复制到空白的.txt 格式的文件或者.csv 格式的文件中；点击 "Edit" 菜单下的 "Copy Image" 选项（图 8-30）将曲线图片复制到空白的.doc 文件或者.csv 文件中。导出后的 Excel 格式的文件界面如图 8-31 所示。

　　需要特别指出，由不同的仪器生产厂商所提供的数据分析软件的操作方式之间存在着一定程度的差异，在实际应用时应按照相应软件的操作规范来进行处理。

图 8-29　数据导出菜单选项

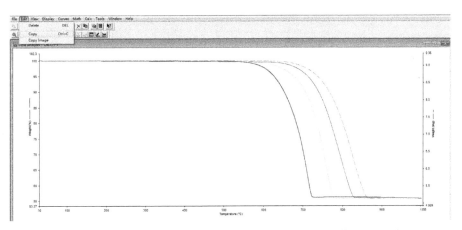

图 8-30　点击 Edit 界面下的不同选项导出曲线对应的数据或者图片

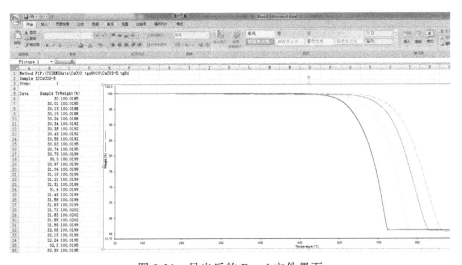

图 8-31　导出后的 Excel 文件界面

参 考 文 献

[1] 丁延伟. 热分析基础. 合肥: 中国科学技术大学出版社, 2020.

[2] 中华人民共和国教育行业标准. JY/T 0589.4-2020 热分析方法通则 第 4 部分 热重法.

[3] 陈镜泓, 李传儒. 热分析及其应用. 北京: 科学出版社, 1985.

[4] 蔡正千. 热分析. 北京: 高等教育出版社, 1993.

[5] 高家武. 高分子材料热分析曲线集. 北京: 科学出版社, 1990.

第9章 在 Origin 软件中热重曲线的作图与数据处理

9.1 引言

在本书第 8 章中分别介绍了在仪器附带的数据分析软件中对由实验得到的 TG 数据的导入、基本作图、数学处理、特征量确定等方法，然而在实际应用中，通常不同生产厂家仪器附带的数据分析软件差别较大，且大多数不相兼容。另外，不同的软件之间的功能差别较大，经常会出现在作图和数据处理时无法满足相关需求的现象。因此，在撰写科研论文或者报告时，往往需要在通用的专业数据分析软件中对数据进行进一步的处理和对比。

Origin 软件是由 OriginLab 公司于 1991 年推出的较流行的专业函数绘图软件。该产品具有两大主要功能：数据分析和绘图。其操作简便、功能开放，是目前多个领域公认的快速、灵活、易学的绘图和数据分析软件。该软件既可以满足一般用户的绘图需求，也可以满足高级用户数据分析、函数拟合的需要[1-4]。

在本章中将以由仪器的分析软件导出的热重曲线为例，结合实例介绍在常用的 Origin 软件中分析热重实验数据的过程，主要包括数据文件打开、单位换算、作图、确定特征物理量、平滑、求导、积分、多曲线对比以及数据导出等过程。在撰写科研论文或者报告时，可以直接使用在 Origin 软件中对数据进行进一步的处理和对比的图和数据。

9.2 在 Origin 软件中的基本作图方法

在 Origin 软件中可以实现在仪器附带软件中对实验得到的 TG 数据的导入、基本作图、数学处理、特征量确定等功能，由于其具有不受仪器专业软件约束、易编辑等优势，在多个领域中得到了十分广泛的应用。

9.2.1 在 Origin 软件中导入实验数据并进行基本的数学处理的方法

在由仪器导出的.txt 或.csv 格式的热重实验数据文件中，通常默认的第一列数据为时间（单位通常为 s 或者 min）、第二列数据为温度（单位通常为℃）、第三列为质量数据（单位通常为 mg）、第四列为微商质量数据（单位通常为 mg/s 或者 mg/min）（图 9-1）。当然，由不同厂商的仪器分析软件导出的数据形式之间存在着较大的差别。在将这些数据导入至 Origin 后，通常需要做一些转换处理。

```
TGA-Caox - 记事本
文件(F) 编辑(E) 格式(O) 查看(V) 帮助(H)
Nsig     4
Sig1     Time (min)
Sig2     Temperature (℃)
Sig3     Weight (mg)
Sig4     Deriv. Weight(mg/min)
Date     05-Feb-20
Time     10:02
File     C:\data\CAOX-TS.001
OrgFile  C:\TGA\TGA-Caox.001
StartOfData
0.0000000    26.08028    17.60706    -.08561026
0.03266667   26.09260    17.60722    -.08561026
0.06600000   26.14258    17.60758    -.08561026
0.09933334   26.23119    17.60826    -0.1065745
0.1336666    26.36900    17.60904    -0.1229686
0.1678333    26.55283    17.60988    -0.1258471
0.2011666    26.78036    17.61068    -0.1199980
0.2345000    27.05707    17.61140    -0.1075237
0.2678333    27.38196    17.61197    -.09514499
```

图 9-1 由某厂商的热重分析仪分析软件导出的文本格式的文件界面

在 Origin 软件的表格窗口中，通过数据粘贴或导入的方法将需要进一步分析的 TG 数据复制到空白的表格中并设置相应列的表头名称（见图 9-2）。图 9-2 中的表格为复制图 9-1 中的数据后得到的界面图，表中：

第一列为时间列，单位为 min。在 Origin 软件中通常默认第一列为作图时的 *X* 轴，如果不需要使用该列的数据作为 *X* 轴，则需要修改该列的属性值。

第二列为温度列，单位为℃。对于温度程序中仅含有升温或降温过程的实验，通常用温度列的数据作为 *X* 轴，在作图时需将该列的属性由 *Y* 轴改为 *X* 轴。

第三列为不同时刻或温度下的质量数据列，为%形式的数据。需要说明，在图 9-2 中的该列数据为导入的.txt 文件中的数据，单位为 mg，需按照以下的方法通过整列运算将绝对质量换算为百分比形式的相对质量：①选中整列数据；②右击鼠标并点击菜单中的“Set Column Values”选项，在弹出的窗口（图 9-3）中输入“Col(Weight)/17.607*100”［注：表达式中 Col(Weight) 代表质量列的数据，通常将实验开始采集到的第一个质量数据 17.607mg 作为试样的初始质量］；③点击“OK”按钮，即可将质量列由单位为 mg 的绝对质量整体换算为百分比形式的相对质量。

第四列为不同时刻或温度下的微商质量数据列，单位为%/℃。需要说明，在图 9-2 中的该列数据为导入的.txt 文件中的数据，单位为 mg/min。对于温度程序中仅含有升温或降温过程的实验，需按照类似上述通过整列运算将绝对质量换算为百分比形式的相对质量的方法，将单位为 mg/min 形式的微商质量数据列整体转换为%/℃形式的微商质量数据列。通过在弹出的类似窗口（图 9-3）中输入"Col(Deriv.Weight)/17.607*100/10［注：表达式中 Col(Deriv.Weight)/17.607 *100 意为将以 mg 为单位的绝对质量转换为百分比形式的相对质量，10 为升温速率，17.607mg 为试样的初始质量］。

经过数据转换后的表格窗口如图 9-4 所示。

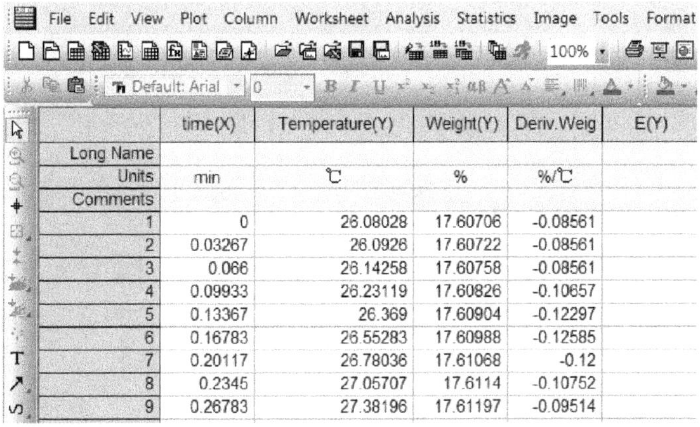

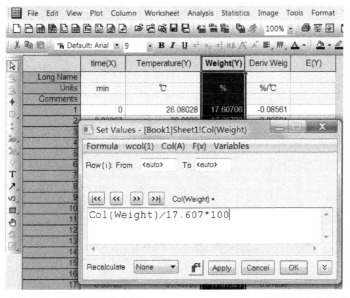

图 9-2　将图 9-1 中的数据导入至 Origin 软件后的界面

图 9-3　选中数据列点击菜单中的"Set Column Values"选项后弹出的窗口界面

	time(X1)	Temperature(X2)	Weight(Y2)	Deriv.Weight(Y2)	E(Y2)
Long Name					
Units	min	℃	%	%/℃	
Comments					
1	0	26.8028	100.0238	0.01814	
2	0.03267	27.152	100.0263	0.01343	
3	0.066	27.825	100.0276	0.00979	
4	0.09933	28.452	100.0288	0.00714	
5	0.13367	29.029	100.0301	0.00521	
6	0.16783	29.561	100.0288	0.00374	
7	0.20117	30.04	100.0276	0.00286	
8	0.2345	30.474	100.0263	0.00212	
9	0.26783	30.878	100.0263	0.00151	

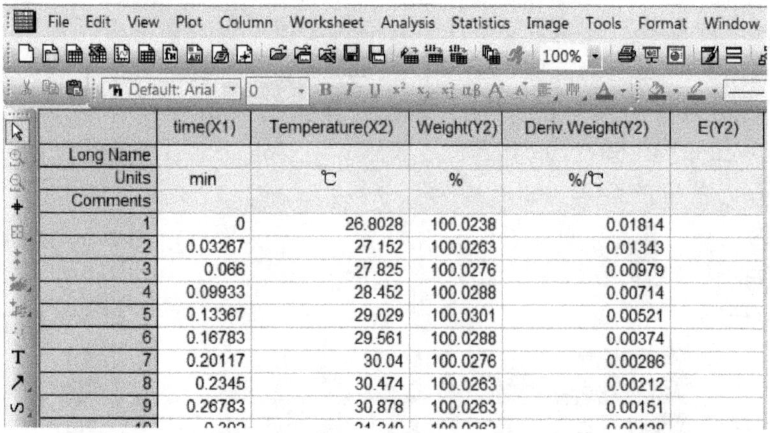

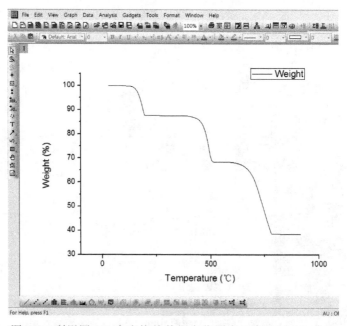

图 9-4　质量列和微商质量列换算后最终形式的数据

9.2.2　在 Origin 软件中作图

同时选中图 9-4 表格中的温度列和质量列进行作图，可以得到如图 9-5 所示的 TG 曲线。分别对图 9-5 中曲线的形状、坐标轴等的样式进行修改，以满足相应的报告、学术期刊等对图片的要求（图 9-6）。

同时选中图 9-4 中表格的温度列和微商质量列进行作图，并对图中曲线的形状、坐标轴等的样式进行修改，可以得到满足要求的 DTG 曲线（图 9-7）。

图 9-5　利用图 9-4 中表格的数据在作图窗口中绘制 TG 曲线

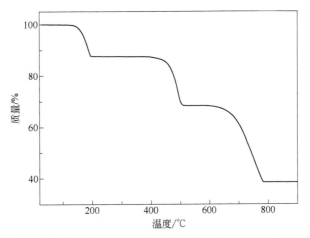

图 9-6　调整图 9-5 中曲线图的相关参数后得到满足学术期刊论文要求的 TG 曲线

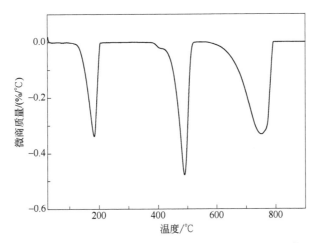

图 9-7　利用图 9-4 中表格的数据在作图窗口中绘制符合要求的 DTG 曲线

在对 TG 曲线进行分析时,有时需要同时结合相应的 DTG 曲线来进行综合分析。由图 9-6 和图 9-7 可见,TG 曲线和 DTG 曲线的纵坐标的变化范围差别很大,TG 曲线的纵坐标在 30%~100%范围内变化,而 DTG 曲线则在 (−0.6~0)%/℃范围内变化。因此,无法在同一 Y 轴所显示的范围内同时得到满意的 TG 和 DTG 曲线。此时需要采用同一 X 轴和两个不同范围的 Y 轴来作图,分别表示在相同的温度下质量和微商质量的信息。

在 Origin 软件中,可以按照以下的方法得到这种形式的 TG-DTG 曲线:①同时选中表格窗口中的温度列、质量列和微商质量列;②点击鼠标的右键,在弹出的菜单中依次选中 Plot、Multi-Curve、Double-Y 选项(图 9-8);③得到如图 9-9 所示的 TG-DTG 曲线;④按照要求依次对图 9-9 中曲线的形状、颜色、坐标轴等的样式进行修改,得到满足报告、学术期刊等对图片要求的图 9-10。

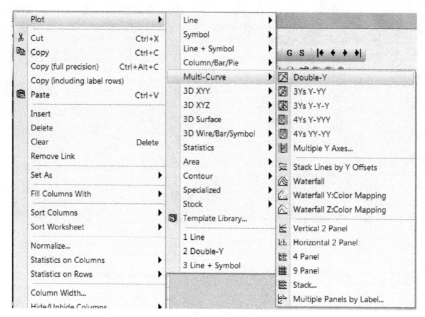

图 9-8　点击鼠标右键后弹出的菜单选项

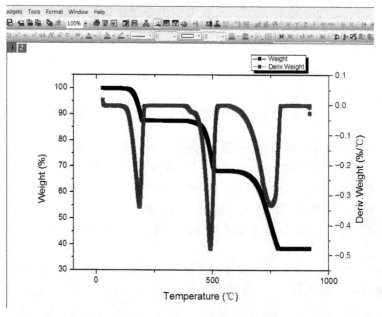

图 9-9　在 Origin 软件中通过双 Y 轴作图法得到的 TG-DTG 曲线

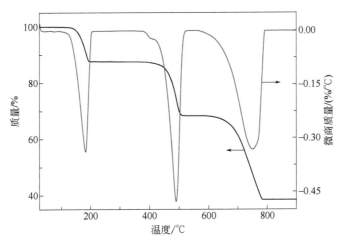

图 9-10　利用图 9-4 中表格的数据在作图窗口中绘制符合要求的 TG-DTG 曲线

9.3　在 Origin 软件中的微分处理方法

在实际应用中，通常需要对 TG 曲线进行微分处理以得到 DTG 曲线。DTG 曲线通常可以由仪器的分析软件直接对 TG 曲线进行一阶微分得到，无法得到仪器软件导出的 DTG 曲线的情况下，可以由 Origin 软件的微分功能得到。

与商品化仪器所附带的数据分析软件相比，Origin 软件的数学处理功能十分强大。在 Origin 软件中，可以方便地对曲线和实验数据进行微分处理。

以下以碳酸钙样品的 TG 实验为例，介绍在 Origin 软件中对 TG 曲线进行微分处理的方法。

实验条件如下：

样品：分析纯碳酸钙（150℃干燥处理）；

样品用量：15.253mg；

实验气氛及流速：高纯氮气、50mL/min；

坩埚：敞口氧化铝坩埚。

图 9-11 为按照本章中第 9.2.2 节中所介绍的方法在 Origin 软件中由仪器分析软件导出的数据绘制得到的 TG-DTG 曲线。

在图 9-11 中给出了由仪器的数据分析软件得到的 DTG 曲线，下面介绍在 Origin 软件中得到 DTG 曲线的方法，并将得到的 DTG 曲线与图 9-11 中的 DTG 曲线进行对比。

在 Origin 软件中有两种对 TG 曲线微分处理的方法：

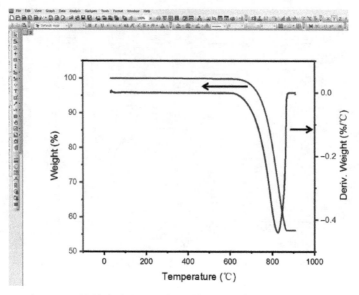

图 9-11　在 Origin 软件中由仪器分析软件导出的数据得到的 TG-DTG 曲线

① 在数据表格窗口中选中需要处理的数据列（默认 X 轴数据列可以不选中）（图 9-12），依次选中"Analysis"菜单下的"Mathematics"选项、"Differentiate"选项和"Open Dialog"选项，在弹出的对话框（图 9-13）中设定微分处理的相关参数。在图 9-13 中可以选择微分处理的数据范围、阶数、平滑参数以及是否需要绘制微分曲线等参数。在确定了相应的参数之后，点击"OK"按钮，即可得到如图 9-14 所示的微分曲线。在表格窗口中也相应地新增了微分得到的数据列（图 9-15 中 F 列和 G 列）。

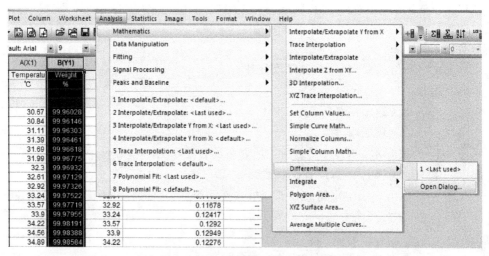

图 9-12　在表格窗口中对 TG 数据进行微分处理的菜单选项

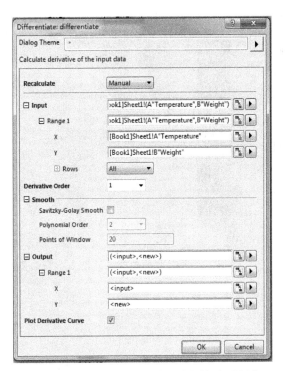

图 9-13　点击微分处理选项后弹出的对话框窗口

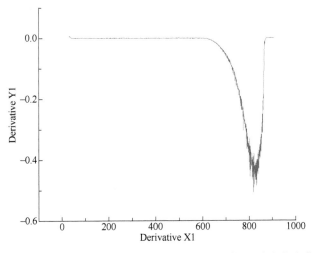

图 9-14　在 Origin 软件中按照图 9-13 中的参数得到的微商曲线

	A(X1)	B(Y1)	C(X2)	D(Y2)	E(Y2)	F(X3)	G(Y3)
Long Name	Temperatu	Weight		Deriv. Weight		Derivative X	Derivative Y
Units	℃	%		%/℃			
Comments							1st derivative of "Weight"
F(x)=							
1	30.67	99.96028	30.67	-0.00315	--	30.67	0.00694
2	30.84	99.96146	30.65	0.07158	--	30.84	0.00638
3	31.11	99.96303	30.67	0.06332	--	31.11	0.00573
4	31.39	99.96461	30.84	0.08196	--	31.39	0.00544
5	31.69	99.96618	31.11	0.08608	--	31.69	0.00523
6	31.99	99.96775	31.39	0.08953	--	31.99	0.00515
7	32.3	99.96932	31.69	0.09388	--	32.3	0.00571
8	32.61	99.97129	31.99	0.10023	--	32.61	0.00635
9	32.92	99.97326	32.3	0.10812	--	32.92	0.00624
10	33.24	99.97522	32.61	0.11199	--	33.24	0.00605
11	33.57	99.97719	32.92	0.11678	--	33.57	0.00656
12	33.9	99.97955	33.24	0.12417	--	33.9	0.00726
13	34.22	99.98191	33.57	0.1292	--	34.22	0.00658
14	34.56	99.98388	33.9	0.12949	--	34.56	0.00587
15	34.89	99.98584	34.22	0.12276	--	34.89	0.00523
16	35.24	99.98742	34.56	0.11196	--	35.24	0.00405

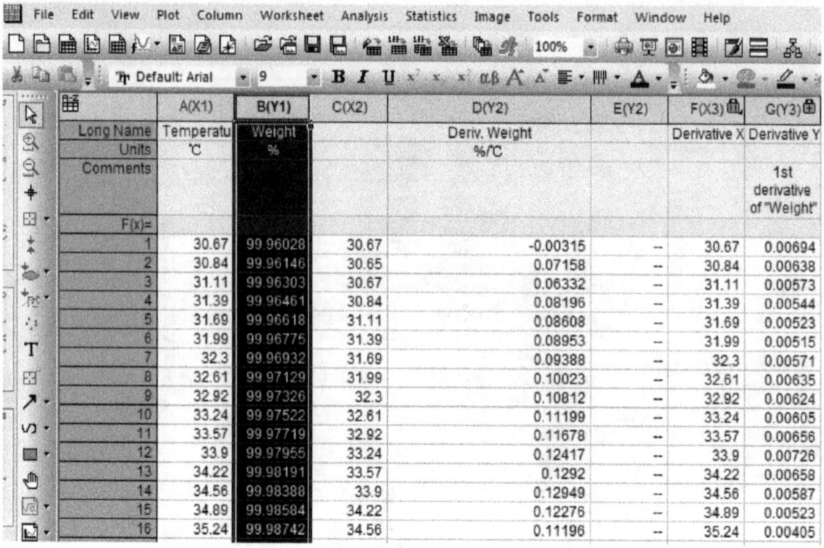

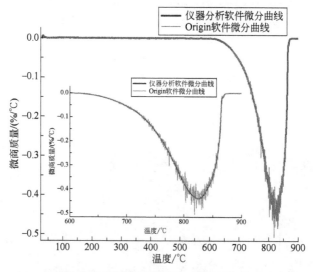

图 9-15 新增了微分得到的数据列后的表格窗口界面

为了验证由 Origin 软件得到的微商曲线与由仪器的数据分析软件得到的曲线之间的差别，分别将由两种不同的数学处理方法得到的 DTG 曲线放在一张图中进行对比（图 9-16）。

图 9-16 由 Origin 软件得到的微商曲线与由仪器的数据分析软件得到的曲线之间的对比图（插图为局部放大图）

② 可以在图中选中 TG 曲线，按照①中所描述的方法进行微分，即依次选中“Analysis”菜单下的“Mathematics”选项、“Differentiate”选项和“Open Dialog”

选项（图 9-17），在弹出的对话框（图 9-13）中设定微分处理的相关参数。在图 9-13 中可以选择微分处理的数据范围、阶数、平滑参数以及是否需要绘制微分曲线等参数。确定相应的参数后，点击 OK，即可得到如图 9-14 所示的微分曲线。在表格窗口中也相应地新增了微分得到的数据列（参见图 9-15 中 F 列和 G 列）。

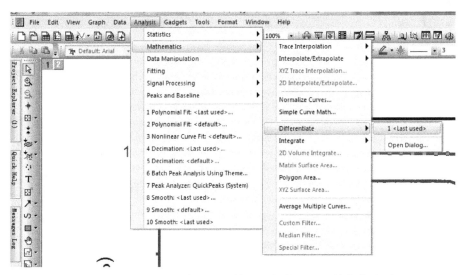

图 9-17　在图形窗口中对 TG 数据进行微分处理的菜单选项

由图 9-16 可见，由 Origin 软件对 TG 曲线微分得到的 DTG 曲线的噪声较大，需要进行相应的平滑处理。

9.4　在 Origin 软件中的平滑处理方法

在 Origin 软件中，可以方便地对曲线和实验数据进行平滑处理。对于得到的 TG 曲线而言，在 Origin 软件中进行微分处理后，得到的曲线通常呈现出较为明显的"毛刺"现象，即曲线的噪声比较大（如图 9-16 所示）。此时通常需要对曲线进行平滑处理。与商品化仪器所附带的数据分析软件相比，Origin 软件的数学处理功能十分强大。

在 Origin 软件中，与在本章第 9.3 节中所介绍的微分处理方法相似，可以分别在表格窗口和图形窗口中对选中的曲线进行平滑处理。为方便起见，以下仅介绍在图形窗口中对选中的 DTG 曲线进行平滑处理的方法。

① 在图 9-16 中选中需要平滑的曲线；

② 依次选中"Analysis"菜单下的"Signal Processing"选项、"Smooth"选项和"Open Dialog"选项（图 9-18）；

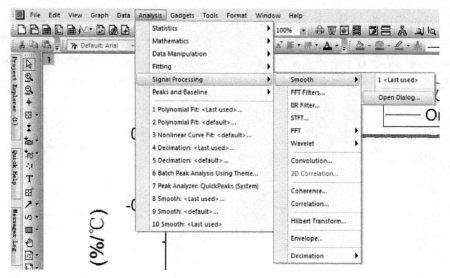

图 9-18　在图形窗口中对 TG 数据进行平滑处理的菜单选项

③ 在弹出的窗口（图 9-19）中，设置平滑的数据范围、方法和相应的参数。例如，选择 Savitzky-Golay 方法，将点数设置为 50。点击"OK"选项后会自动显示平滑处理后的曲线，如图 9-20 中浅色曲线所示。平滑后相应的数据显示在表格文件中自动增加的一列中（图 9-21 中 H 列）。

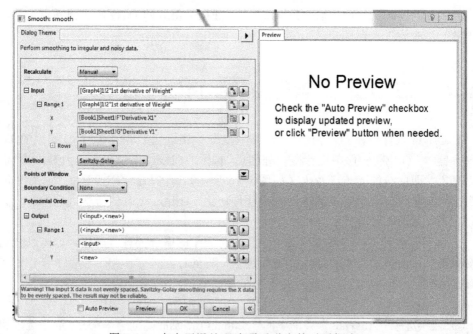

图 9-19　点击平滑处理选项后弹出的对话框窗口

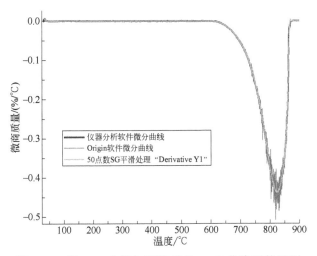

图 9-20　图 9-16 中叠加平滑后的 DTG 曲线后的界面

D(Y2)	E(Y2)	F(X3)	G(Y3)	H(Y3)
Deriv. Weight			Derivative X	Derivative Y	Smoothed Y1
%/°C				
			1st derivative of "Weight"	50 pts SG smooth of "Derivative Y1"
Col("Deriv. Weight")/20				
-1.57308E-4	--	30.67	0.00694	0.00734
0.00358	--	30.84	0.00638	0.00709
0.00317	--	31.11	0.00573	0.00684
0.0041	--	31.39	0.00544	0.00659
0.0043	--	31.69	0.00523	0.00635
0.00448	--	31.99	0.00515	0.00611
0.00469	--	32.3	0.00571	0.00588
0.00501	--	32.61	0.00565	0.00565
0.00541	--	32.92	0.00624	0.00542
0.0056	--	33.24	0.00605	0.0052
0.00584	--	33.57	0.00656	0.00499
0.00621	--	33.9	0.00726	0.00477
0.00646	--	34.22	0.00658	0.00456
0.00647	--	34.56	0.00587	0.00436
0.00614	--	34.89	0.00523	0.00416
0.0056	--	35.24	0.00405	0.00396
0.00492	--	35.57	0.00351	0.00377
0.00429	--	35.91	0.00346	0.00358
0.00399	--	36.25	0.00347	0.0034

图 9-21　新增了平滑后得到的数据列后的表格窗口界面

　　由图 9-20 可见，平滑后的曲线（图中浅色曲线）的噪声明显下降。在图 9-22 中分别列出了由仪器分析软件得到的微分曲线和 Origin 软件对 TG 曲线进行微分并平滑后得到的曲线，由图可见由这两种不同的方法得到的曲线之间存在着较小的差别。因此，可以在 Origin 软件中对 TG 曲线进行微分、平滑处理，以得到与由仪器的数据分析软件绘制一致的 DTG 曲线。

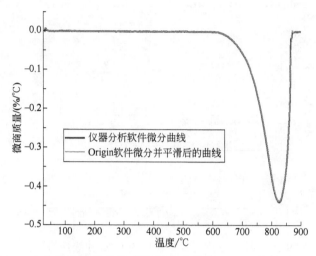

图 9-22　由仪器分析软件得到的微分曲线和 Origin 软件对 TG 曲线
进行微分并平滑后得到的曲线对比

9.5　在 Origin 软件中的积分处理方法

对于得到的 DTG 曲线而言，在实际应用中，有时需要对曲线进行积分处理。例如，对于一些质量变化过程相邻的 TG 曲线，此时通常需要通过 DTG 曲线进行积分的方法来分别确定每一个过程对应的质量变化（图 9-23）。

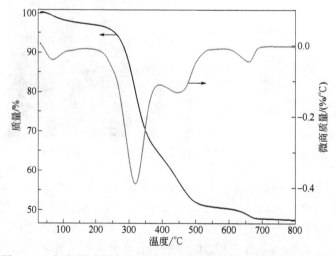

图 9-23　在实验过程中出现多步连续质量变化的 TG-DTG 曲线

理论上，对 DTG 曲线积分得到的峰面积应与由相应的 TG 曲线的台阶计算得到的质量变化相等。

与商品化仪器所附带的数据分析软件相比，Origin 软件的数学处理功能十分强大。在 Origin 软件中，可以方便地对曲线和实验数据进行积分处理。

为了叙述方便，以下以仅含有一个质量变化台阶的碳酸钙的失重过程为例，介绍对 DTG 曲线的积分方法。实验条件与本章第 9.3 节中所列相同。

图 9-24 为在仪器的数据分析软件中得到的 TG-DTG 曲线，根据之前介绍的方法，可以确定在 600~900℃范围内，TG 曲线的失重台阶的质量变化为-43.703%，DTG 曲线的峰面积为-43.489%。由于受积分方法的影响，峰面积的数值通常低于台阶的高度值。

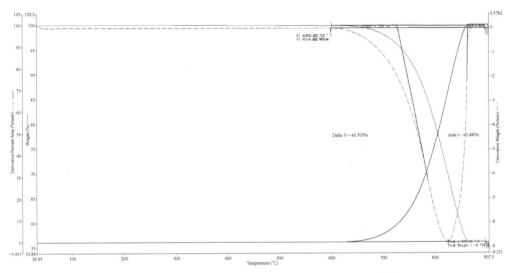

图 9-24　由仪器的分析软件绘制得到的 TG-DTG 曲线

图 9-25 是根据仪器的数据分析软件导出的数据绘制的 TG-DTG 曲线。需要指出，图 9-24 中 DTG 曲线的纵坐标为%/min，在计算峰面积时需要通过横坐标（温度，单位为℃）×纵坐标（单位为%/min）÷加热速率（20℃/min）得到。为了计算方便，对于仅含有线性加热程序的实验，通常在图中将 DTG 曲线的纵坐标的单位由%/min 换算为%/℃的形式，如图 9-25 所示。在图 9-25 中，对 DTG 曲线进行积分时，通过横坐标（单位为℃）×纵坐标（单位为%/℃）得到。

以下介绍在 Origin 软件中对 DTG 曲线进行积分的方法。

与之前介绍的对曲线进行微分或者平滑处理的操作相似，可以分别在表格窗口和图形窗口中对选中的曲线进行积分处理。为方便起见，以下仅介绍在图形窗口中对选中的 DTG 曲线进行积分处理的方法。具体操作过程如下：

① 在图 9-25 中选中需要积分的曲线（DTG 曲线）。

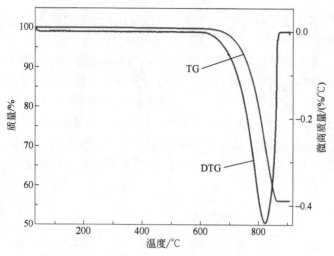

图 9-25　在 Origin 软件中绘制的 TG-DTG 曲线

② 依次选中"Analysis"菜单下的"Mathematics"选项、"Integrate"选项和"Open Dialog"选项（图 9-26）。

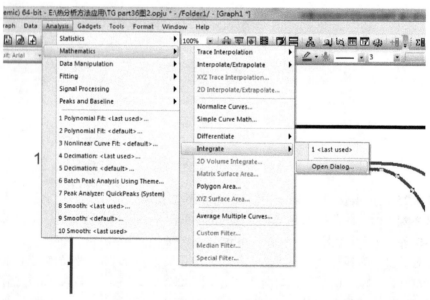

图 9-26　在图形窗口中对 DTG 曲线进行积分处理的菜单选项

③ 在弹出的窗口（图 9-27）中，设置积分的数据范围、方法和相应的参数。在图 9-27 所示的窗口中，设置面积类型为数学面积（即"Mathematical Area"选项），基线为由峰结束后的位置所做的直线（即勾选"Use End Points Straight Line as Baseline"选项）。

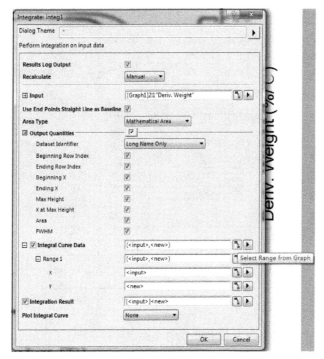

图 9-27　点击积分处理选项后弹出的对话框窗口

④ 在图 9-27 中的对话框窗口中设定积分范围，可以通过手动输入积分的起止范围，也可点击图 9-27 中"Integral Curve Data"行中图标（即图中"Select Range from Graph"框对应的图标），在图中通过移动鼠标选中积分范围。点击该图标后，曲线中会出现两条黑色的双箭头竖线（图 9-28），移动竖线的位置即可确定积分范围。

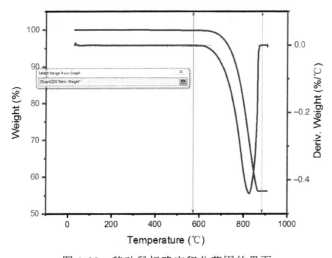

图 9-28　移动鼠标确定积分范围的界面

⑤ 确定范围后，点击回车键即返回至图 9-27 的对话框窗口。点击确认键后在新的窗口中生成新的积分曲线和积分结果（图 9-29）。

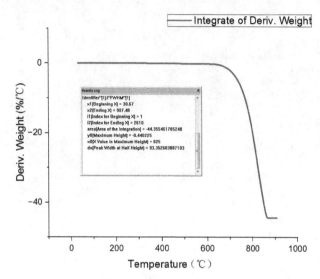

图 9-29　在 Origin 软件中对 DTG 曲线进行积分的结果和积分曲线

由图 9-29 中的积分结果中的数据可见，积分得到的峰面积为-44.355%。该值略高于由仪器的数据分析软件和 TG 曲线的台阶计算得到的结果。这是由于积分时选取峰结束区域的直线作为基线引起的。为了减少这种误差可以选取适用于峰变化前后的基线作为积分时的基线，可以在 Origin 软件中自动生成这种类型的基线，限于篇幅，在本部分内容中不再展开叙述。

9.6　在 Origin 软件中标注特征量的方法

本节将在之前第 8 章中介绍的在仪器的分析软件中标注曲线的特征量的方法基础上，介绍在 Origin 软件中标注 TG 曲线和 DTG 曲线的特征量的方法。

为了叙述方便，在本部分内容中仍以之前介绍的仅含有一个质量变化台阶的碳酸钙的失重过程为例，介绍标注 TG 曲线和 DTG 曲线的特征量的方法。实验条件与本章第 9.3 节中所列相同。

图 9-30 为根据之前介绍的方法在 Origin 软件中绘制的 TG-DTG 曲线。

9.6.1　标注曲线的特征温度的方法

在 Origin 软件中可以方便地标注 TG 曲线的多个特征温度，为了便于显示，将图 9-30 中的 TG 曲线和 DTG 曲线分别独立列于图 9-31 和图 9-32 中。

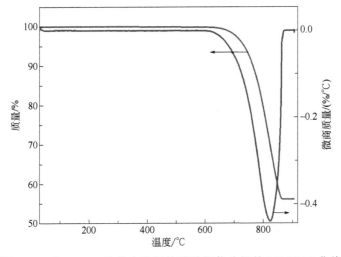

图 9-30 在 Origin 软件中绘制的碳酸钙热分解的 TG-DTG 曲线

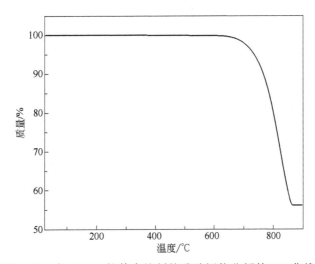

图 9-31 在 Origin 软件中绘制的碳酸钙热分解的 TG 曲线

（1）外推起始温度的标注方法

通常以反应达到某一预先设定点时 TG 曲线的切线（如 TG 曲线斜率最大点处的切线）与 TG 曲线中的平台开始发生质量变化的延伸线的交点所对应的温度作为"外推起始温度"。

在图 9-33 中，过 DTG 曲线的峰值做一条垂线，其与 TG 曲线的交点为 A（对应于 822.6℃），分别过 A 点和台阶开始发生质量减少的 B 点（对应于 601.5℃）做切线，两条切线的交点 C 即为外推起始温度 T_{onset}（对应于 769.1℃），如图 9-33所示。

257

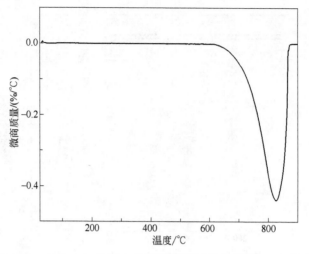

图 9-32 在 Origin 软件中绘制的碳酸钙热分解的 DTG 曲线

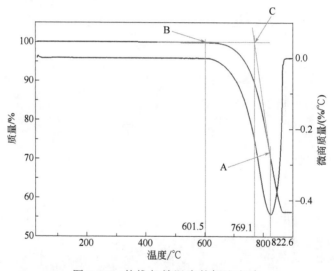

图 9-33 外推起始温度的标注方法

（2）外推终止温度的标注方法

在实际应用中，可以用类似的方法标注 TG 曲线的外推终止温度（T_{endset}）。通常以反应到达某一预先设定点时 TG 曲线的切线（如 TG 曲线斜率最大点处的切线）与平台不再发生质量变化的延伸线交点所对应的温度作为"外推反应终止温度"。

同样地，在图 9-34 中过 DTG 曲线的峰值做一条垂线，其与 TG 曲线的交点为 A（对应于 822.6℃），分别过 A 点和台阶不再发生质量减少的 D 点（对应于 876.3℃）做切线，切线的交点 E 即为外推终止温度 T_{endset}（对应于 859.5℃），如图 9-34 所示。

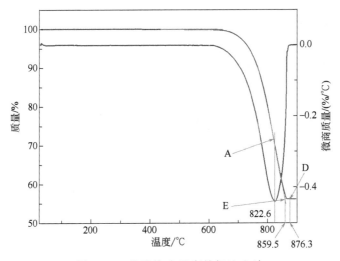

图 9-34　外推终止温度的标注方法

（3）初始温度的标注方法

初始温度 T_i 是指质量开始减少的温度，即图 9-35 中 B 点所对应的温度。有时以 DTG 曲线中的峰开始偏离基线的温度点作为起始温度，参见图 9-35 中的 G 点。

（4）终止温度的标注方法

类似地，可以用与确定初始温度相似的方法来确定 TG 曲线的终止温度。T_f 是指质量停止发生变化时的温度，即图 9-35 中 D 点所对应的温度。有时以 DTG 曲线中的峰重新回到基线的温度点作为终止温度，参见图 9-35 中 H 点。

与 T_i 和 T_f 相比，T_{onset} 和 T_{endset} 受人为主观判断的影响较小，常用来表示试样的特征分解温度，而 T_i 和 T_f 则常用来表示质量变化范围的起止温度。

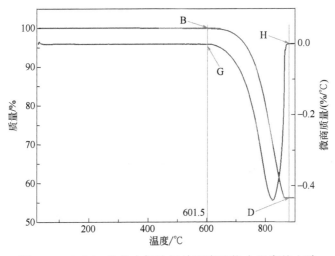

图 9-35　Origin 软件中标注初始温度和终止温度的方法

259

（5）n%特征温度的标注方法

n%特征温度（$T_{n\%}$）是以质量变化的数值达到最终变化质量的某一百分数时的温度值的一种特征温度表示方法。

n%特征温度为质量变化（通常为减少）n%时的温度，可以直接由图 9-31 中的热重曲线标出（$T_{n\%}$）。常用的 n%特征温度主要有 0%、1%、5%、10%、15%、20%、25%、50%时的 $T_{n\%}$，其中 0%特征温度是指试样保持质量不变的最高温度。图 9-36 为标注了以上所列的 n%特征温度后的 TG 曲线，由于该过程的总失重量约为 44%，因此在图中没有标注失重 50%的特征温度 $T_{50\%}$。

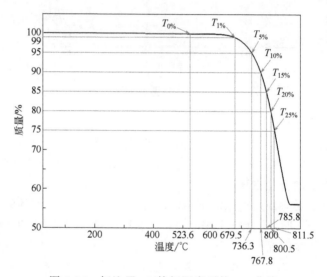

图 9-36　标注了 n%特征温度后的 TG 曲线

以上所列的这些特征温度比较容易确定，可以用来简单比较在相同条件下得到的热重曲线之间的特征温度的差异。

（6）最大变化速率温度的标注方法

由 DTG 曲线可以方便地确定样品在实验过程中质量变化最快的温度，也称最大速率温度或 DTG 峰值温度（T_p），是指质量变化速率最大的温度。可以直接由图 9-32 中 DTG 曲线的峰值获得，T_p 对应的质量变化速率即为反应的最大质量变化速率，常用 $(dm/dT)_p$ 表示（图 9-37）。

9.6.2　标注曲线的特征质量变化的方法

对于图 9-35 中的 TG 曲线，可以通过确定质量开始变化的点 B 对应的质量百分比 $m_1\%$ 和质量变化结束的点 D 对应的质量百分比 $m_2\%$ 由等式（9-1）来计算失重百分比 $\Delta m\%$：

$$\Delta m\% = m_1\% - m_2\% \tag{9-1}$$

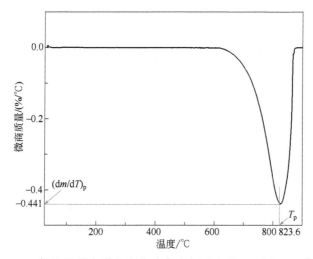

图 9-37　标注了最大质量变化速率和相对应的 T_p 后的 TG 曲线

在图 9-38 中给出了碳酸钙热分解 TG 曲线的失重百分比的计算过程。

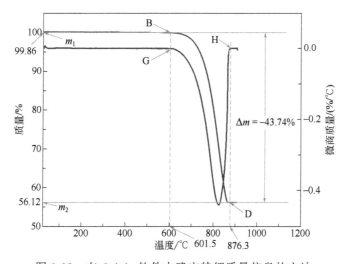

图 9-38　在 Origin 软件中确定特征质量信息的方法

由图 9-38 可见，在 601.5~876.3℃范围，TG 曲线的质量由 99.86%降低至 56.12%，质量下降了-43.74%。另外，也可对图 9-32 中的 DTG 曲线按照本章第 9.5 节中所介绍的方法进行积分，得到峰面积为-43.25%，该数值比由 TG 曲线计算得到的数值略低，但基本保持一致。

对于曲线中含有多个质量变化过程的 TG 曲线，也可在 Origin 软件中按照以上所介绍的方法确定特征温度和特征质量信息，限于篇幅，在此不再进行重复性的介绍。

9.7 在 Origin 软件中的多曲线作图方法

在实际应用中，通常需要对比不同实验条件下得到的 TG 曲线的变化。本节将以一组不同条件下得到的热重曲线为例，介绍在常用的 Origin 软件中对多条 TG 曲线进行对比的方法。

在 Origin 软件中可以实现在不同的测试条件和不同的测试次数下得到的多条曲线的对比分析。与仪器附带的数据分析软件相比，在 Origin 软件中可以方便地实现曲线之间的上下移动、改变曲线的形状、颜色或添加不同的标注符号等方式来进行区分。

下面以在不同加热速率下得到的碳酸钙样品的 TG 曲线为例，介绍在 Origin 软件中进行多曲线作图的方法。

实验条件如下：

样品：分析纯碳酸钙（150℃干燥处理）；

样品用量：15mg 左右，以实际测量结果为准（参见表 9-1）；

实验气氛及流速：高纯氮气、50mL/min；

坩埚：敞口氧化铝坩埚；

温度程序：室温~900℃范围内，加热速率分别为 5℃/min、10℃/min、15℃/min、20℃/min。

表 9-1　不同实验次数所用的样品质量

序号	加热速率/(℃/min)	样品质量/mg
1	5	15.736
2	10	15.874
3	15	15.813
4	20	15.911

图 9-39 为在仪器的数据分析软件中得到的不同速率的 TG 曲线，图中的数字代表不同的加热速率（单位℃/min）。

下面将介绍在 Origin 软件中得到不同曲线对比图的方法。

9.7.1 数据导入及基本处理

在仪器的数据分析软件中分别导出不同加热速率下得到的 TG 曲线对应的.txt 格式或者.csv 格式的数据文件。

在 Origin 软件中，将这些数据导入到一个表格文件中，修改每列数据对应的数据信息。按照本章第 9.2.1 节中所介绍的方法依次完成以下处理：

① 导入.txt、.csv 格式的 ASCII 文件；

② 对质量信号进行归一化处理；

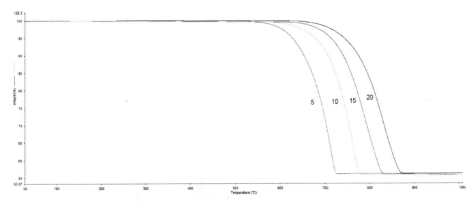

图 9-39　在仪器的数据分析软件中得到的不同速率的 TG 曲线图

③ 定义每一列的表头信息，在定义每一列的"Long Name"时，加上不同的样品的加热速率信息；

④ 修改不同数据列对应的坐标轴属性。分别将温度列定义为 X 轴，质量列定义为 Y 轴。

完成以上操作后，可以得到如图 9-40 所示的表格文件窗口。

	A(X1)	B(Y1)	C(X2)	D(Y2)	E(X3)	F(Y3)	G(X4)	H(Y4)
Long Name	Temperature	Weight5	Temperatu	Weight10	Temperature	Weight15	Temperatur	Weight20
Units	℃	%	℃	%	℃	%	℃	%
Comments	5K/min	5K/min	10K/min	10K/min	15K/min	15K/min	20K/min	20K/min
F(x)=								
1	30	100.0185	30.04	100.0213	30	100.0095	30.29	99.97777
2	30.01	100.0185	30.09	100.0236	30	100.0105	30.28	99.97951
3	30.13	100.0188	30.39	100.0254	30.04	100.0119	30.37	99.98125
4	30.19	100.0188	30.65	100.0273	30.17	100.013	30.66	99.98333
5	30.24	100.0188	30.78	100.0288	30.35	100.0144	30.99	99.98541
6	30.34	100.0192	31.02	100.0307	30.53	100.0158	31.32	99.98715
7	30.38	100.0192	31.24	100.0326	30.72	100.0172	31.64	99.98923
8	30.49	100.0192	31.45	100.034	30.9	100.02	32.33	99.9941
9	30.56	100.0192	31.74	100.0355	31.08	100.0186	31.99	99.9941
10	30.63	100.0195	31.95	100.037	31.25	100.0218	32.66	99.99618
11	30.74	100.0195	32.2	100.0385	31.42	100.0232	32.98	99.99896
12	30.79	100.0199	32.47	100.04	31.58	100.0249	33.3	100.0014
13	30.9	100.0199	32.68	100.0415	31.75	100.0263	33.63	100.0038
14	30.97	100.0199	32.96	100.0427	31.91	100.0281	33.95	100.0066
15	31.04	100.0199	33.2	100.0442	32.07	100.0298	34.29	100.0094
16	31.16	100.0199	33.43	100.0453	32.24	100.0312	34.61	100.0118
17	31.21	100.0199	33.71	100.0468	32.4	100.0327	34.95	100.0156
18	31.31	100.0199	33.95	100.0479	32.57	100.0337	35.28	100.0156
19	31.4	100.0199	34.2	100.049	32.73	100.0348	35.62	100.0188
20	31.45	100.0199	34.47	100.0498	32.9	100.0355	35.95	100.0188
21	31.58	100.0199	34.71	100.0509	33.06	100.0365	36.29	100.0201
22	31.63	100.0199	34.97	100.0516	33.22	100.0372	36.63	100.0215
23	31.72	100.0202	35.23	100.0524	33.39	100.0379	36.95	100.0229
24	31.83	100.0202	35.47	100.0531	33.55	100.0386	37.3	100.0243
25	31.88	100.0202	35.73	100.0546	33.71	100.0397	37.63	100.0267
26	31.93	100.0202	35.98	100.0546	33.87	100.0404	37.97	100.0267
27	32.06	100.0054	36.23	100.0554	34.05	100.0411	38.3	100.0278
28	32.13	100.0199	36.5	100.0561	34.21	100.0418	38.64	100.0288
29	32.24	100.0199	36.74	100.0565	34.37	100.0425	38.97	100.0288
30	32.3	100.0195	36.99	100.0572	34.54	100.0435	39.32	100.0309
31	32.39	100.0195	37.26	100.0576	34.7	100.0442	39.66	100.0323
32	32.49	100.0192	37.5	100.0584	34.87	100.0446	39.99	100.0333
33	32.54	100.0192	37.76	100.0584	35.03	100.0453	40.33	100.034
34	32.66	100.0192	38.02	100.0591	35.19	100.046	40.67	100.0361
35	32.73	100.0192	38.27	100.0595	35.35	100.0467	41	100.0361
36	32.81	100.0188	38.52	100.0599	35.52	100.0474	41.33	100.0368
37	32.92	100.0188	38.78	100.0602	35.69	100.0481	41.68	100.0379
38	32.97	100.0188	39.03	100.0606	35.85	100.0485	42.01	100.0386
39	33.08	100.0188	39.28	100.0614	36.01	100.0492	42.35	100.0392
40	33.16	100.0188	39.54	100.0617	36.18	100.0499	42.68	100.0392
41	33.21	100.0185	39.79	100.0617	36.35	100.0502	43.02	100.0406
42	33.33	100.0185	40.05	100.0621	36.52	100.0509	43.35	100.0413
43	33.38	100.0185	40.3	100.0621	36.69	100.0516	43.69	100.042
44	33.49	100.0185	40.55	100.0625	36.85	100.052	44.03	100.0425
45	33.58	100.0185	40.81	100.0629	37.02	100.0527	44.37	100.0434

图 9-40　经数据导入并进行归一化后得到的数据表格窗口

9.7.2　作图

同时选中图 9-40 中数据表格中的 A~H 列，右击鼠标，在弹出的菜单选项中依次选中"Plot""Line""Line"选项（图 9-41），可以得到如图 9-42 所示的默认格式的不同加热速率的 TG 曲线。

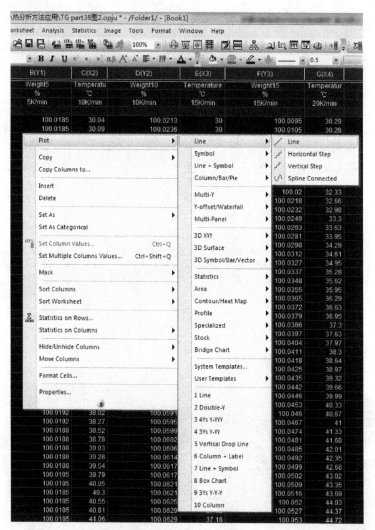

图 9-41　选中数据进行作图的菜单选项

9.7.3　得到符合要求的曲线图

在图 9-42 中，可以根据需要分别设定曲线的颜色、尺寸以及坐标轴的样式等。图 9-43 为按照某期刊对论文中图的格式要求进行修改所得到的该样品的彩色 TG 曲

线。由图 9-43 可以清晰地看出在不同的加热速率下所得到的 TG 曲线中相应的失重
台阶的形状和位置的变化信息。

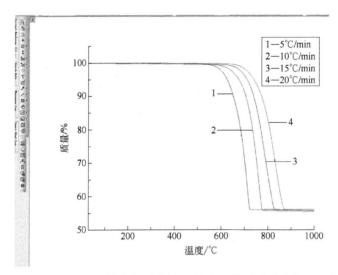

图 9-42　在 Origin 软件中得到的默认格式下的不同速率的 TG 曲线

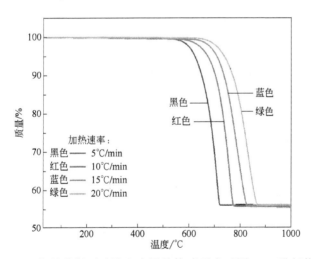

图 9-43　按照某期刊对论文中图的格式要求对图 9-42 进行修改
所得到的该样品的彩色 TG 曲线

在实际应用中，当需要得到黑白曲线图时，通常在曲线上加入不同的符号来区
分不同条件下得到的 TG 曲线。

做法如下：

① 双击图中曲线，在弹出的窗口（图 9-44）中修改作图类型（Plot Type），从
"Line" 选项改为 "Line+Symbol"，点击 "OK"。

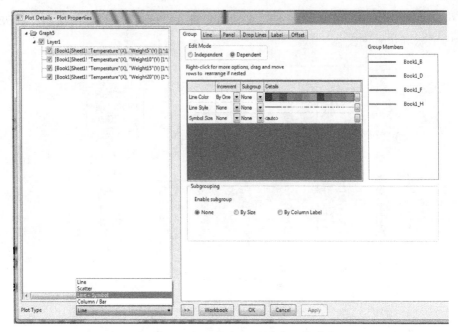

图 9-44　修改曲线类型的窗口界面

② 由步骤①可以得到图 9-45。在图 9-45 中，默认的每条曲线中的相应符号如果不能符合要求，可以双击相应的曲线，分别在弹出的窗口（图 9-46）中的"Symbol"和"Line"选项中进行修改，以得到符合要求的曲线和符号的类型、颜色和尺寸。图 9-47 为修改后得到的图。

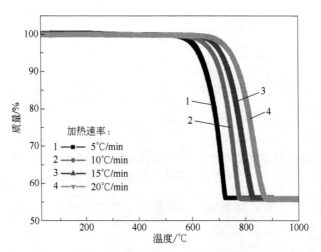

图 9-45　在不同加热速率下得到的 TG 曲线上添加不同的符号后得到的默认条件下的图

（原图为彩色，其中 1 为黑色，2 为红色，3 为蓝色，4 为绿色）

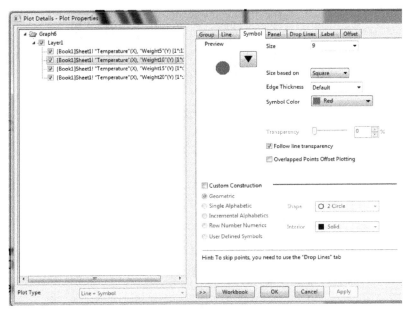

图 9-46　在弹出的窗口中的"Symbol"和"Line"选项中分别进行修改，
以得到符合要求的曲线和符号的类型、颜色和尺寸

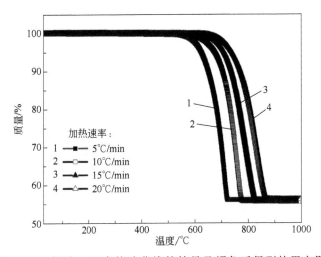

图 9-47　在图 9-46 中修改曲线的符号及颜色后得到的黑白图

③ 由于在图 9-47 中的数据点比较密集，为了得到较好的区分度，需要每隔一些数据点叠加相应的符号。分别双击相应的曲线，在弹出的窗口（图 9-48）中选择"Drop Lines"选项，在下方的"Skip Points"选栏中输入需要跳过的点的数量，例如 200，修改后得到图 9-49。需要特别说明：对于在本例中不同加热速率下得到的数据而言，由于采点频率相同（1 数据点/秒），在进行跳点标记时，对于较低加热速率的数据，需跳过更多的数据点。

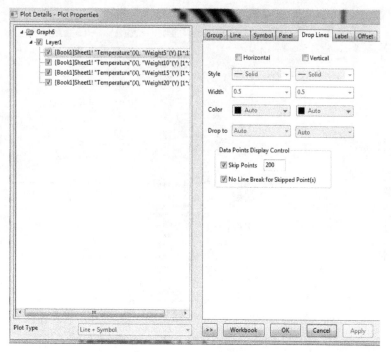

图 9-48 修改需跳过点的数量的窗口界面

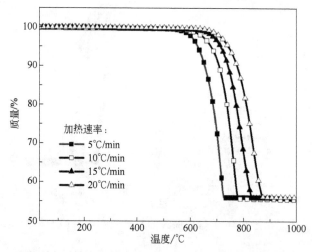

图 9-49 对于不同速率下的曲线设定跳过一定数量的点后得到的曲线+符号图

④ 在图 9-49 中，空心的正方形符号位于直线上方，如果需要使该符号位于曲线之间，则可点击相应的曲线，在弹出的窗口中选中"Line"选项（图 9-50），将"Gap to Symbol"选项中的勾选去掉，选中"Drop Lines in Front"选项，可以得到图 9-51 中所示的符合要求的 TG 曲线图。

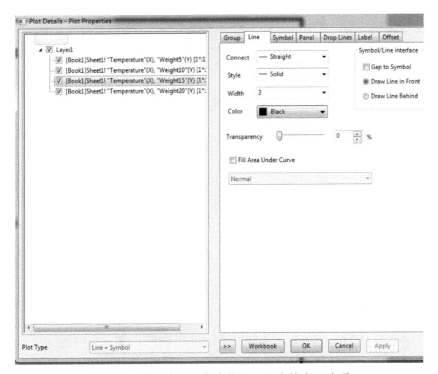

图 9-50　修改符号和曲线的显示顺序的窗口选项

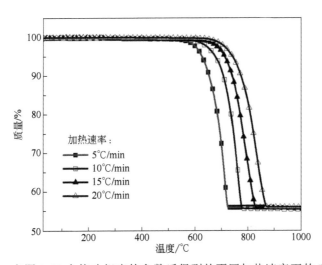

图 9-51　在图 9-50 中修改相应的参数后得到的不同加热速率下的 TG 曲线

同样地，也可以按照以上介绍的方法得到不同加热速率下的 DTG 曲线。限于篇幅，在本部分内容中不再展开进行重复性介绍。

参 考 文 献

[1] 王秀峰, 江红涛. 数据分析与科学绘图软件 ORIGIN 详解. 北京: 化学工业出版社, 2008.

[2] 彭娟, 宋伟明, 孙彦璞. 物理化学实验数据的 Origin 处理. 北京: 化学工业出版社, 2019.

[3] 张建伟. ORIGIN9.0 科技绘图与数据分析超级学习手册. 北京: 人民邮电出版社, 2014.

[4] 王健. Origin9.1 科技绘图及数据分析. 北京: 机械工业出版社, 2018.

第 **V** 部分

热重曲线解析

第10章 热重曲线的描述

10.1 引言

在选择了相应的热重分析仪并按照既定的实验方案完成实验，并在仪器的数据分析软件和常用的 Origin 软件中对实验得到的 TG 数据进行基本作图、数学处理、特征量确定以及多曲线对比等处理之后，需要正式开始对 TG 曲线的解析工作。

热重曲线解析是热重实验过程中很重要的一个环节。概括来说，宏观意义上的曲线解析主要包括以下几个环节[1]：

① 热分析曲线的获取；②实验数据的导入与基本分析；③在作图软件中对热分析曲线的作图和进一步分析；④曲线的描述；⑤曲线的初步解析；⑥曲线的综合解析；⑦ 撰写实验报告或科研论文。

在本书第 7~9 章中分别阐述了上述第①至第③个环节，自本章之后的几章内容中将分别对以上其他几个环节进行逐一阐述。严格意义上的曲线解析过程仅包括以上第④~⑦个环节，自本章开始将陆续介绍与这几个环节相关的内容。

作为对曲线进行解析的第一步，在对实验数据进行一些必要的处理之后，需要在实验报告和论文中准确地描述由实验曲线可以得到的一些信息，这一步也可以看作为对热重曲线进行解析的前期准备工作。通常，在描述曲线中所发生的变化时必须结合样品信息、实验条件等信息，这些信息主要包括实验时所用的仪器信息、样品来源及处理方法、实验时所采用的温度控制程序、坩埚类型、气氛信息以及其他需要描述的必要信息（如数据采集频率、特殊附件）等。在本章中将结合文献实例，详细介绍在实验报告和论文中描述这些信息的方法。

另外，在描述由实验得到的曲线时，应按照相关标准和习惯的要求规范表示热重曲线，在本章中将结合实例详细介绍热重曲线的规范表示方法并分析在规范表述热重曲线时的常见问题。在对所得到的曲线进行描述时，应准确、全面、规范地从曲线的形状、位置等角度进行分析。本章中将结合文献实例，详细介绍在实验报告和论文中描述实验所得到的曲线的形状和位置以及变化趋势的方法。

10.2　热重实验相关信息的描述

在实际应用中对热重曲线进行解析时，除了需要考虑样品的结构、组成和性质等信息外，还应密切结合实验中所采用的实验条件，并对这些条件进行真实、充分、准确地描述[1]。

概括而言，在实验报告和论文中需要描述的与热重实验相关的信息主要包括以下几个方面：①实验时所用的仪器信息；②样品来源及处理方法；③实验时所采用的实验条件信息，主要包括温度控制程序、坩埚类型、气氛信息以及其他需要描述的必要信息（如数据采集频率、特殊附件等）。在以下内容中分别对这些信息的描述方法进行介绍。

10.2.1　仪器信息描述

在科研论文和报告中，应尽可能全面、详细、真实地记录在实验过程所采用的仪器的生产厂商、型号等信息。如果在实验过程中用到了如天平、干燥箱、研磨机等辅助设备，在描述实验条件时也应予以记录，主要记录这些辅助设备的生产厂商、型号、工作参数等信息。如果在实验时所用的仪器在商品化仪器的基础上做了一定形式的改进，并且实验是在进行了这种功能拓展后的仪器上进行的，则还应详细描述仪器的技术改进细节。另外，对于一些对数据质量要求较高的实验，还应包含描述仪器使用标准物质进行校准的结果等信息。

10.2.2　样品来源及处理方法描述

样品的来源主要包括以下几个方面的信息：

① 样品是自制还是从别处获得？

② 自制的样品应详细描述制备过程和条件。

③ 对于从别处获得的样品也应说明详细的来源，尽可能详细提供有关样品的制备工艺、表征样品的结构、组成和典型性质等信息。

④ 从生产厂商购买的成熟商品，应注明厂商名称、CAS 编号和/或产品号、批号等信息。

样品的处理方法主要包括在实验前对样品进行的干燥、研磨、特殊条件保存等处理，这些处理过程均会影响最终得到的热分析曲线的形状。

在科研论文和报告中，应真实、全面地详细记录以上与样品相关的信息。

10.2.3　实验条件信息的描述

在本书第 5 章中已经阐述了实验条件对所得到的热分析曲线的影响，在描述热重曲线时应如实描述在实验中所采用的实验条件。

概括来说，需要描述的实验条件主要包括以下几个方面[1]：

① 与实验室环境相关的信息，如温度、湿度的变化等。虽然这些与环境相关的信息不一定需要全部都写入科研论文中，但应养成良好的记录习惯，必要时可以为在遇到一些异常数据需要寻找原因时提供参考。

② 制样方法。不同的制样方法对于最终结果会产生影响，应予以记录。在实际应用中描述制样过程时应主要包括样品的加载方式、取样位置、取样量、样品形状等信息。

③ 实验气氛。实验时所采用的气氛对曲线有不同程度的影响，应详细描述所使用的气氛气体的种类、纯度、流速、流动方式、气氛打开/关闭的时间或温度等信息。

④ 温度控制程序。温度控制程序主要包括在实验过程中所采用的程序控制温度的变化方式。实验时采用的温度控制程序主要分为：线性升/降温；线性升/降温至某一温度后等温；在某一温度下进行等温实验；步阶式升/降温；循环升/降温等形式。为了描述清晰起见，对于一些较为复杂的温度控制程序可以在论文或报告中列表或者单独作图表示，在图 10-1 中给出了一种较为复杂的温度控制程序。由图可见，在实验过程中采取了不同的等温段，在不同的实验阶段的升温速率和降温速率也发生了变化。

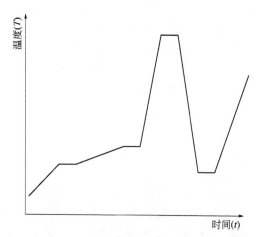

图 10-1　实验时采用的线性升温/降温与等温过程组合的复杂程序的温度-时间曲线

另外，在一些特殊的应用中，还会采用速率超解析和温度调制等实验模式。在这类实验中所采用的温度控制程序与传统的温控方式相比有很大的差别，应详细记录相关的参数。如图 10-2 为采用不同的温度调制程序时的温度时间（T-t）曲线，图中的 T-t 曲线对应的数学关系可以用等式（10-1）表示[2]：

$$T = T_0 + \beta \cdot t + A \cdot \sin(2\pi \cdot \nu \cdot t) \equiv T_0 + \beta \cdot t + A \cdot \sin\left(\frac{2\pi}{P} \cdot t\right) \qquad （10\text{-}1）$$

式中，T_0 是起始温度；β 是升温速率；ν、P 和 A 分别是周期性变化的频率、周期和幅度。

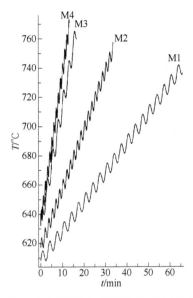

图 10-2　采用不同的温度调制程序时的温度-时间曲线（即 T-t 曲线）[2]

图 10-2 中不同的温度调制程序对应的参数分别列于表 10-1 中[2]。

表 10-1　图 10-2 中不同的温度调制程序对应的参数[2]

温度程序	β/(K/min)	A/K	P/s	T_0/K
M1	2	5	200	608.15
M2	4	5	100	617.15
M3	8	7	150	632.15
M4	10	6	60	634.15

⑤ 坩埚。在本书之前的多个相关章节中讨论了坩埚对于最终结果的影响，应详细描述在实验时采用的坩埚的材质、形状（包括外径、高度等信息）、体积以及是否加盖子（包括加盖方式、盖子的形状和材质等信息）、是否扎孔等信息。

⑥ 其他实验条件信息。当在实验过程中使用了其他辅助功能和测量模式时，应详细描述相关的实验参数。例如：（i）在进行光照、电场、磁场、控制湿度等特殊环境下的实验时，应记录与控制环境相关的关键参数；（ii）在进行热重分析技术与其他分析技术的联用（如热重/红外光谱联用、热重/质谱联用、热重/红外光谱/质谱联用等）实验时，除了应描述与热重分析仪以及与其联用的分析仪器的工作参数之外，还应描述与传输管线的实验条件相关参数，如传输管线的连接方式、工作温度、材质、管径等信息；（iii）对于一些实验时间较短和实验时间相当长的实验，应描述

数据采集频率；（iv）其他有必要详细描述的实验参数。

10.2.4　在实际应用中对实验相关信息描述的实例

以下结合已经发表的科研论文中对实验信息的描述方法来介绍在不同的应用领域中描述以上所介绍的实验相关信息的方法。

（1）传统热重实验的相关信息描述实例

在 Müller 等人发表的论文"Combining in-situ X-ray diffraction with thermogravimetry and differential scanning calorimetry – An investigation of Co_3O_4, MnO_2 and PbO_2 for thermochemical energy storage"[3]中对于热重实验相关的信息进行了如下描述。

① 样品来源描述

氧化钴（Ⅱ，Ⅲ）（99.995%，CAS 1308-06-1）、氧化锰（Ⅳ）（99.99%，CAS 1313-13-9）和氧化铅（Ⅳ）（99.998%，CAS 1309-60-0）购自 Sigma-Aldrich，未作进一步处理。

② 仪器及实验条件信息描述

使用配有水蒸气炉的 Netzsch TGA/DSC 449 C Jupiter®对加热过程中发生的氧化还原反应进行热分析，该水蒸气炉包括风冷控制的双层夹套。加热炉的工作温度范围为 25℃至 1250℃，由 S 型热电偶测量温度。在室温和 1100℃之间测量钴和锰样品，在室温和 750℃之间测量铅样品。实验时所用的氧气和氮气的纯度为 99.999%，购自 Messer 公司。使用 21% O_2 和 79% N_2 的混合气体实现在空气中进行的所有实验，气体流量为 25mL/min。混合气体通过 Vögtlin 仪器公司的"red-y"质量流量控制器进行控制和混合。制样时，在敞口 Al_2O_3 坩埚中加入 20mg 的样品，实验时的加热和冷却速率均为 10℃/min。在正式实验之前，使用制造商提供的 In、Sn、Bi、Zn、Al 和 Ag 标准物按照 Netzsch 公司建议的方法对 DSC 进行温度校准。

（2）特殊条件下的热重实验的相关信息描述实例

在 Zhou 等人发表的论文"Fuel heat of vaporization values measured with vacuum thermogravimetric analysis method"[4]中描述了在真空条件下的热重实验条件，主要包括以下几个方面的信息。

① 样品信息

论文中用于研究的可再生燃料包括商品化的生物柴油和几种特殊实验用途的碳氢化合物混合物。生物柴油为通过油脂与甲醇交换制得的脂肪酸甲酯。

② 仪器及实验条件信息描述

使用商品化的热重分析仪（注：原文中未提及仪器厂商和型号）进行测量，仪器可以测量样品的初始质量低至 0.1mg 的样品，实验时从室温到 350℃以恒定的温度变化速率进行加热。为了能够高灵敏度并且准确地测量液体燃料在不同压力下的沸点，该仪器配备了以下组件：（i）由可达到 100 Torr 的无油真空泵来产生真空，避免了传统的真空油泵可能会产生的泵油污染。另外，由燃料产生的蒸汽会污染常规真空泵的泵油，导致油的使用寿命缩短并增加维护成本。实验时通过数字压力表测量实验过程中压力的变化信息。在仪器的真空系统中安装了体积为 500mL 压力舱和针形阀，可以使测量系统的压力控制在±0.1Torr 精度。（ii）使用压片机密封铝制的 TGA 坩埚，在锅盖的正中央具有通过激光钻制的 0.05mm 的孔，加载的这种盖子可以抑制试样的飞溅。这种孔的形状既应足够大以防止坩埚内产生自增压，又应足够小以限制扩散到坩埚外部。

将 5~10mg 的样品装入铝坩埚中。坩埚用盖子加以密封，在盖子的中心具有一个 50μm 的激光钻孔，然后将坩埚放置到 TGA 仪器上。逐渐降低仪器的压力，然后使用无油真空泵使压力维持在设置的压力值。一旦压力数值达到平衡，仪器即以恒定的加热速率开始加热。

（3）采用复杂温度控制程序时的实验条件信息描述

在 Prak 等人发表的论文 "Determining the thermal properties of military jet fuel JP-5 and surrogate mixtures using differential scanning calorimetry/thermogravimetric analysis and differential scanning calorimetry methods" [5]中描述了在等温、线性非等温和速率超解析条件下的热重实验条件，主要包括以下几个方面的信息。

① 样品信息

正十二烷、丁基环己烷、丁基苯和 2,2,4,4,6,8,8-七甲基壬烷从纯度大于 99%（TCI，奥尔德里奇）的供应商处获得。JP-5 是从海军航空系统司令部获得的，之前已经过表征[6]并在柴油发动机中燃烧[7]。通过将每种成分依次移至超净小瓶中并在每次添加后称量小瓶来制备纯成分的混合物。

② 仪器信息及制样方法描述

实验中分别使用（i）独立的差示扫描量热仪（TA 仪器公司 Q20）和（ii）热重-差示扫描量热联用仪（TA 仪器公司 SDT650）两种不同的仪器测定纯组分、混合物和喷气燃料的热性质。实验中使用铝坩埚进行实验，制样时分别用（i）带有 75μm 直径针孔的铝盖和（ii）没有针孔的完全封闭的铝盖密封铝坩埚。每次实验时使用微升注射器坩埚底部中加入约 15μL 的样品。

③ 温度控制程序描述

（i）DSC 实验条件描述

实验中采用独立的差示扫描量热仪来测量每种溶液的比热容，依据修订后的 ASTM E1260-11 标准来测定比热容。实验过程中，对于用密封盖密封且没有扎孔的铝坩埚，温度范围从 10℃升至 120℃。对于带针孔盖的铝坩埚，实验的最高温度为 350℃，在实验过程中样品发生了完全汽化。根据实验测得的比热容数据可以用来估算蒸发温度附近时的比热容。所有的差示扫描量热实验采用高纯氮气气氛的流速为 50mL/min，使用蓝宝石作为标准物质。

（ii）TG-DSC 实验条件描述

热重-差示扫描量热技术用于确定每个样品完全蒸发过程所需的热量，仪器使用

TA TRIOS 软件中提供的标准的质量和温度程序进行校准。温度校准的范围覆盖了实验的测量范围，校准时在 90μL 氧化铝坩埚中加入镍、铝和铂合金标准物质。用蓝宝石标准物质校准热流信号，用铅标准物质校准热效应。所有的热重-差示扫描量热实验的天平气和吹扫气气氛均采用高纯氮气气氛，流速为 50mL/min。

TG-DSC 实验采用三种不同的实验模式，即：(i)等温实验、(ii)速率超解析动态升温实验、(iii)线性升温实验。根据等温实验可以确定在特定温度下纯化合物的蒸发热数据。等温实验的温度控制程序为：首先在低于目标等温温度 10℃下"平衡"样品，然后在 10℃/min 的加热速率下加热至所需等温温度。这种相对比较温和地达到目标实验温度的方法降低了在目标测量温度附近由于热惯性引起的过热峰现象。Fioroni 等人[8]在室温下研究了每提升 1mile（约 1.6km）的海拔高度对汽油/乙醇混合物的 DSC-TGA 等温实验的影响。相比之下，我们的实验是在接近海平面的高度下进行的，实验的开始测量温度为每种纯物质成分的沸点温度以下 5℃到 10℃不等。

在 TA TRIOS 软件中运行速率超解析动态实验方法（简称 Hi Res Dynamic），确定喷气燃料的温度上升速率。在"Hi Res Dynamic"模式下，加热炉的温度首先快速升高（加热速率为 30℃/min），当天平检测到质量开始出现明显的损失时，加热速率开始下降，质量减少越快，加热速率降低越大，直至降至最低加热速率，使相邻的台阶得到有效分离。通过这种实验模式可以方便地针对感兴趣的分析物（纯组分、替代物和 JP-5 喷气燃料）来灵活设定合适的温度控制程序，根据通过 TG-DSC 实验确定的热量和由差示扫描量热法测量的比热容数据，可以确定蒸发热。

再如，在 Miura 等人完成的论文 "Formulation of the heat generation rate of low-temperature oxidation of coal by measuring heat flow and weight change at constant temperatures using thermogravimetry –differential scanning calorimetry" [9]采用了在不同的恒定温度下切换气氛气体的方法，根据 TG-DSC 实验的热流和质量变化信息研究了煤低温氧化的产热速率。以下介绍其中所包含的样品和实验条件的描述过程。

（a）样品信息描述

在表 10-2 中分别列出了实验所用的三种煤的成分信息，其中 A 样品和 S1 样品是印度尼西亚褐煤，C 样品是澳大利亚烟煤。实验前首先将所得到的煤样研磨至直径小于 150μm，并储存在密封袋中，以防止在大气中发生氧化。实验前将密闭袋打开取样，并将剩余的煤样转移到密封箱中，放入冰箱中保存。

表 10-2　实验用煤样的成分信息

煤样	元素分析/%					工业分析/%		
	C	H	N	S	O	FC	VM	ash
A	73.1	5.1	1.1	0.1	20.6	50.0	48.0	2.0
S1	71.1	5.1	1.0	0.2	22.6	46.4	49.9	3.7
C	77.1	5.4	1.6	0.8	15.1	63.7	29.6	6.7

（b）TG-DSC 实验条件描述

采用 TG-DSC 同步热分析仪（STA 449F3，NETZSCH）同时测量了恒定温度下煤氧化过程中的质量和热流变化信息。在图 10-3 中给出了在实验过程中测量得到的典型曲线。向 PtRh 坩埚（6.8m×3m，直径高）中加入约 15mg（干燥）煤样并放置在支架的样品位置，在支架的参比位置放置一个相同的 PtRh 空坩埚。实验时，将样品坩埚和参比坩埚在 100mL/min 的 N_2 气氛中以 20K/min 的速率从室温加热至 107℃并等温 15min，以蒸发煤样品表面吸附的水分。在图 10-3 的 TG 曲线中的质量减少幅度很大，表明 A 煤样支架的固有水分含量超过 25%。随着质量的减少，热流曲线向吸热方向发生变化，并产生了较大的吸热峰。在等温阶段结束之后，以 10K/min 的加热或冷却速率使样品坩埚和参比坩埚达到一个恒定的反应温度（对应于图 10-3 的 150℃），并等温 20min。待温度保持恒定后，气氛气体由 N_2 切换为干燥的空气，流速为 100mL/min，开始运行氧化实验。在氧化过程中，随着 TG 曲线中质量的轻微增加，同时在 DSC 曲线中检测到虽然较弱但比较清晰的放热方向的热流曲线变化过程（对应于曲线中的放热峰）。在氧化 30 min 后，重新将气氛气体切换回 N_2 以终止该氧化过程，待热流基线基本不变后停止实验。在图 10-3 中所示的质量变化和热流曲线均经过了在完全相同的实验条件下运行空白样品坩埚和参比坩埚实验测量质量和热流的"修正实验"的基线扣除处理。研究工作中分别在 50℃、70℃、90℃、107℃、120℃、135℃、150℃七个恒定反应温度下进行氧化实验。

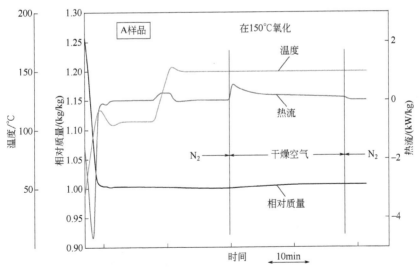

图 10-3 TG-DSC 实验得到的典型曲线[9]

（4）热重仪与其他仪器联用时的实验条件信息描述

在一些应用领域中，热重分析技术通常与其他分析技术如红外光谱、质谱等分析技术联用，分析在实验过程中逸出气体的种类和结构信息。在描述这类实验条件时，除了应分别介绍联用的这些技术的工作参数之外，还应描述连接方式和连接系统的工作参数。

在 Hotová 等人发表的论文 "Quantitative TG/MS analysis of evolved gases during the thermal decomposition of carbon containing solids" [10] 中建立了由热重/质谱（TG/MS）联用技术定量测定固体分解过程中挥发出气体成分的方法，表明热重/质谱联用技术可作为定量检测含碳物质热分解过程中析出气体的一种有效手段。以下为论文中 TG/MS 相关的实验参数描述内容。

实验用的热重/质谱联用仪由 SetsysEvolution 热重分析仪（法国 Setaram 公司）与四极杆质谱 QMG 700（德国 Pffeifer 公司）通过 SuperSonic 联用系统（法国 Setaram 公司）直接联用。在 SuperSonic 联用系统中，气体通过两级压降系统加速。其运动速率高于声速，通过采样孔（一次真空，10Pa）和掠锥孔（二次真空，1mPa）瞬间传输到离子源（聚焦离子束、钨灯丝、阴极电压为 70kV，发射电流 1.0A），可以有效避免分子的任何凝聚或重组过程[11]。采用法拉第探测器检测碎片离子，将质量在 1~20mg 范围的 9 个不同质量的标准物质分别加入 α-Al_2O_3 的坩埚中（$CaC_2O_4·H_2O$，Sigma-Aldrich）进行实验，测定和验证仪器的比例常数。在氩气气氛下（流量为 20mL/min）以 10K/min 的加热速率从 15℃ 到 1000℃ 进行实验，得到 TG/MS 曲线。采用 MID 模式（多离子检测）分别监测 H_2O（$m/z = 18$）、CO（$m/z = 28$）、O_2（$m/z = 32$）和 CO_2（$m/z = 44$）的 MS 信号。

通过已知热分解机理的化合物可以确定所建立的 TG/MS 定量分析方法，所使用的化合物分别为 $(COOH)_2·2H_2O$（MACH chemikálie 公司），$NaHCO_3$（Penta 公司）和 HCOONa（LACHEMA 公司）。在与 $CaC_2O_4·H_2O$ 热分解条件相同的条件下，分别使用质量为 5mg、10mg 和 15mg 的样品对以上三种化合物进行实验。根据每种化合物的热分解机理选择需要监测的质谱信号。

综合以上分析，在实验报告和论文中应如实地详细描述与热分析实验相关的实验条件信息。

10.3　热重曲线的规范作图

由热重分析技术所得到的曲线是在程序控制温度和一定气氛下物质的性质与温度或时间关系的反映，即热重曲线（TG 曲线）。TG 曲线的横坐标一般为温度或时间，纵坐标为所检测的物理量（即质量）。为了便于对比，通常将实验得到的在不同时间或者温度下的质量数据对初始样品质量进行归一化处理，得到百分比形式的相对质量[12,13]。

当试样在加热过程中因发生物理或化学变化而有挥发性产物逸出或转变为其他的状态或结构形式时，通常伴随着质量的变化过程。因此，由热重曲线可以得到其组成、热稳定性、热分解及生成的产物等与所测量的性质相关联的重要信息。另外，还可以通过动力学分析方法对热重曲线进行分析，从而得到不同的过程所对应的动力学参数的信息。

本书第9章和第10章中分别介绍了在仪器的数据分析软件和专业数据处理软件中处理热重实验数据的方法，在这些软件中可以根据需要绘制在特定的实验条件下的热重曲线。对热重曲线进行规范作图是曲线解析的十分重要的一步，在实际应用中应按照相关标准和习惯的要求规范表示热重曲线[1]。

10.3.1 热重曲线的规范表示方法

概括来说，在描述热重曲线时，应遵循以下几个原则[12]：

① 曲线中的横坐标自左至右表示物理量（通常为时间或者温度）的增加，纵坐标自下至上表示物理量（通常为百分比表示的质量分数）的增加。如图 10-4 为典型的热重曲线示意图。由图 10-4 可见：

（ⅰ）TG 曲线图的纵坐标表示质量，图 10-4 为归一化后的百分比形式的质量，实验开始的点为 100%，对应于实验开始时质量不发生变化的时刻（或者对应的温度），纵坐标中质量的数据从下向上依次增加。

（ⅱ）对于在线性加热的实验条件下得到的 TG 曲线，图 10-4 的横坐标表示温度，其单位通常为℃。在一些热力学和动力学研究中，横坐标的单位为 K。横坐标中的温度从左向右依次增加。

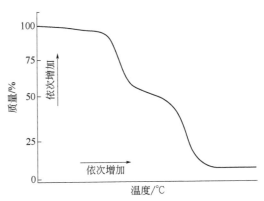

图 10-4 典型的热重曲线示意图
（纵坐标物理量为质量）

注意：此处所指的纵坐标通常为由仪器的检测器测量的物理量（对于 TG 曲线而言，纵坐标为质量或者相对质量），而横坐标则通常为时间或温度。

② 为了便于对比实验过程中不同样品之间或者不同的实验条件下样品的质量变化程度，通常用归一化后的检测物理量（即百分比形式的相对质量）表示热重曲线的纵坐标。

例如，对于 TG 曲线，在作图时通常将纵坐标由绝对质量（单位为 mg）换算成为以质量百分比形式表示的相对质量（图 10-4 纵坐标）。

需要特别指出，在一些实际应用中，用质量变化或者质量损失来作为 TG 曲线的纵坐标，如图 10-5 和图 10-6 分别为用质量变化和质量损失作为 TG 曲线的纵坐标时得到的 TG 曲线。由图可以得到以下信息：

（ⅰ）在图 10-5 中，纵坐标为百分比形式表示的质量变化数据，对应于在实验过程中不同时刻或者温度下样品的质量相对于初始质量的变化百分比，从中可以看到样品在实验过程中的质量变化程度，从下向上数值依次增加。

（ii）在图 10-6 中，纵坐标为百分比形式表示的质量损失数据，对应于在实验过程中不同时刻或者温度下样品的质量相对于初始质量的减少的百分比，从中可以看到样品在实验过程中的质量减少程度，从上向下数值依次增加。

对比图 10-5 与图 10-6 可以看出，在实验过程中，图 10-6 中的质量损失数值与图 10-5 中的质量变化数值的符号相反，这是因为在图 10-6 中用质量损失表示质量变化时，其本身已具有了减少的含义。另外，在用图 10-6 的作图方法表示 TG 曲线时，纵坐标的数值从下向上依次减小，与大多数作图习惯不一致。

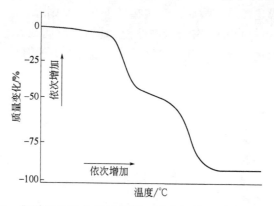

图 10-5　典型的热重曲线示意图（纵坐标物理量为质量变化）

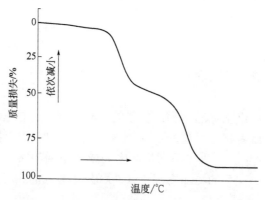

图 10-6　典型的热重曲线示意图（纵坐标物理量为质量损失）

③ 对于线性升温/降温的实验而言，横坐标为温度，单位常用℃表示（图 10-4）。在进行热力学或动力学分析时，横坐标的单位一般用 K 表示。

对于含有等温条件的热重曲线的横坐标应为时间，通常在纵坐标中增加一列温度列。当只需要显示某一温度下的等温曲线时，则不需要在纵坐标中增加一列温度。如图 10-7 为在实验过程中采用了等温段的热重曲线示意图。与图 10-4 相比，图 10-7

中的横坐标为时间，同时增加了一列温度坐标（右纵坐标）。由图 10-7 可见，在实验中采用了两个不同的等温阶段，并且在实验过程中加热速率（对应于图中温度对时间曲线的斜率）也发生了变化。为了便于显示在等温阶段和不同的加热速率下的质量信息，用时间表示图中的横坐标。

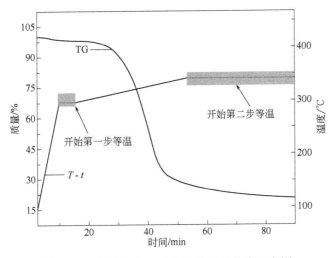

图 10-7　典型的含有等温段的热重曲线示意图

④ 微商热重曲线（DTG 曲线）是热重曲线的一阶导数曲线，是在实验过程中样品的质量变化速率的实时反映，其中的每一个数据点分别对应于 TG 曲线中每一点的切线。DTG 曲线中纵坐标对应的物理量通常为质量对温度或者时间的微分，用微商质量表示，常用的单位为%/min 或者%/℃。图 10-8 中给出了由 TG 曲线一阶求导得到的典型 DTG 曲线，其数值对应于右侧纵坐标，名称为微商质量，单位为%/℃。

另外，图 10-8 中的 TG 曲线（对应于图中左侧坐标轴）的百分比形式的质量初始点的数值为 100，与此相对应的 DTG 曲线（对应于图中右侧坐标轴）的微商质量的初始点的数值为 0。在实验过程中，百分比形式表示的质量通常在 0~100 范围内变化（对于增重过程有时会高于 100），而微商质量的变化范围通常为 0~1。由于这两种物理量之间的变化范围差别很大，因此通常需要用两个具有不同显示范围的独立的纵坐标轴同时表示（图 10-8）这两种曲线的变化。如果使用同一个坐标轴同时表示图 10-8 中的质量和微商质量的变化，在此条件下得到的曲线如图 10-9 所示。由图 10-9 可以看到 TG 曲线的质量变化过程，虽然该曲线的显示范围比图 10-8 中的大，导致图中的一些过程看起来不是特别明显，但从中仍可以分辨出发生的主要的几个质量变化过程。然而，与图 10-8 相比，图 10-9 中的 DTG 曲线为位于 0 点附近的一条接近水平的直线，从中无法看出在实验过程中出现的几个质量变化过程所对应的峰。这是由于在作图时采用了同一个纵坐标轴引起的，由于百分比形式的质量数值变化范围比较大，导致在 0~1 范围变化的微商质量在图中看起来是一条几乎不变的水平直线。因此，必须采用两个具有独立显示范围的纵坐标轴来分别显示这两个在不同范围内同时发生变化的物理量（如图 10-8 所示）。

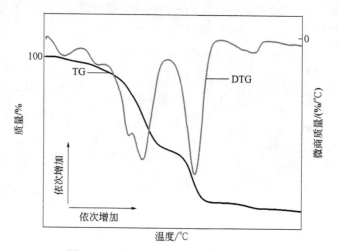

图 10-8　典型的 TG-DTG 曲线示意图

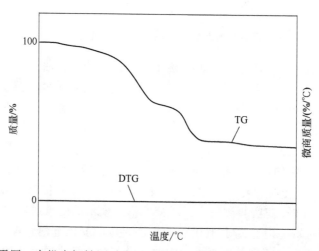

图 10-9　使用同一个纵坐标轴同时表示质量和微商质量得到的 TG-DTG 曲线示意图

在实际应用中，由一些商品化仪器的数据分析软件导出的微商质量数据的单位为 mg/s 或者 mg/min。为了便于比较，通常需要将微商质量数据的单位换算为%/s（时间较短时）、%/min（时间较长时）、%/℃（线性加热时）的形式。

在正式进行作图之前应将其按照以下关系式换算成为%/℃或者%/min 的形式。

$$\text{mg/s} \xrightarrow{\div m_0 \times 100\%} \%/\text{s} \xrightarrow{\times 60} \%/\text{min} \xrightarrow{\div (\text{℃/min})} \%/\text{℃} \qquad (10\text{-}2)$$

在实际应用中，可以在仪器的数据分析软件中通过修改软件设置或者简单的菜单选项操作等方式将微商质量显示为%/℃或者%/min 的形式。如图 10-10 为在美国 TA 仪器公司的 TA Universal Analysis 数据分析软件中通过在菜单选项中修改纵坐标设置得到的一水合草酸钙的 TG-DTG 曲线。其中，图中右侧纵坐标为微商质量，单位为%/℃。通过图中的菜单选项还可以选中其他选项，如显示成%/min 的形式。

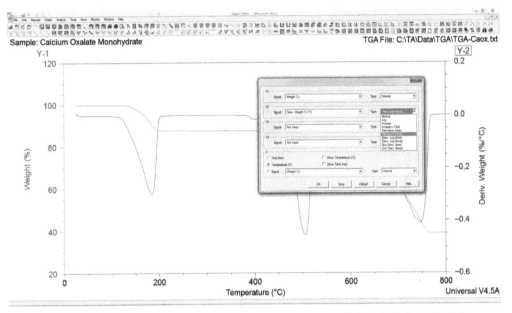

图 10-10　在美国 TA 仪器公司的 TA Universal Analysis 数据分析软件中将通过
在菜单选项中修改纵坐标设置得到的一水合草酸钙的 TG-DTG 曲线

需要特别指出，在 Origin 软件中绘制 DTG 曲线时，如果由仪器的数据分析软件导出的文本文件中的微商质量的单位为 mg/s，则应首先在软件中按照等式（10-2）的换算关系式进行换算，得到%/℃或者%/min 形式的微商质量数据。以下结合实例介绍换算过程。

例如图 10-11 为由仪器的数据分析软件 ta60 导出的聚丙烯（PP）的 TG-DTA 实验数据文件的界面，实验仪器为日本岛津公司的 DTG-60H 热重-差热分析仪。图中数据文件的上半部分分别列出了样品条件和实验参数（包括实验气氛、坩埚、温度程序等信息），下半部分列出了记录的实验数据，不同数据列对应于不同的物理量，其中第四列为以 mg 为单位的样品质量、第五列为以 mg/s 为单位的样品的微商质量。在 Origin 软件中作图时应将这些单位进行换算，以下简要介绍换算过程。

在 Origin 软件的表格窗口中，通过数据粘贴或导入的方法将需要进一步分析的 TG 数据复制到空白的表格中，删除其中的 DTA 数据列（第三列）并设置相应列的表头名称（图 10-12）。图 10-12 中的表格为复制图 10-11 中的数据并设置表头的信息后得到的界面图，图中的表格主要包含以下信息：

```
File Name:       F:\TA\TAData\DTG_Data\pp 18-13 2021-03-21-Corrected.tad

[File Information]
File Name:       pp 18-13 2021-03-21.tad
Sample Name:     pp
Acquisition Date         21/03/21
Acquisition Time         18:13:41(+0800)
Detector:        DTG-60H
Serial No:       C30574300122TK
Operator:        dyw
Atmosphere:      Nitrogen
Flow Rate:       50[ml/min]
Cell:   Alumina
Sample Weight:  4.038[mg]
Molecular Weight:        0.00


[Program]
[Sampling Parameters]
Sampling Time [ sec ]:  1.0
Start Acquisition Setting:       Acquisition measurement simultaneously
Stop Acquisition Setting:        Acquisition measurement simultaneously


[Temp Program]
Temp Rate        Hold Temp       Hold Time       Gas
[C/min ]         [  C   ]        [  min  ]
10.00   600.0   0       Argon


[Data]
Time    Temp    DTA     TGA     DrTGA
sec     C       uV      mg      mg/sec
0.00    35.67   0.06    4.0367  -0.000019
1.00    35.76   0.06    4.0366  -0.000029
2.00    35.75   0.07    4.0366  -0.000034
3.00    35.81   0.08    4.0366  -0.000033
4.00    35.82   0.08    4.0365  -0.000034
5.00    35.99   0.08    4.0365  -0.000035
6.00    36.08   0.09    4.0365  -0.000035
7.00    36.22   0.10    4.0364  -0.000035
8.00    36.28   0.12    4.0364  -0.000035
```

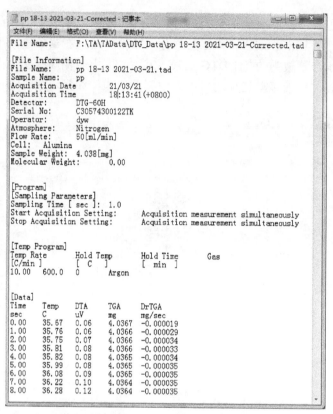

图 10-11　由仪器的数据分析软件 ta60 导出的聚丙烯（PP）的 TG-DTA 实验数据文件的界面，实验仪器为日本岛津公司的 DTG-60H 热重-差热分析仪

	A(X1)	B(Y1)	C(Y1)	D(X2)
Long Name	Time	Temperatu	Weight	Derivative
Units	s	℃	mg	mg/s
Comments				
F(x)=				
1	0	35.67	4.0367	-1.9E-5
2	1	35.76	4.0366	-2.9E-5
3	2	35.75	4.0366	-3.4E-5
4	3	35.81	4.0366	-3.3E-5
5	4	35.82	4.0365	-3.4E-5
6	5	35.99	4.0365	-3.5E-5
7	6	36.08	4.0365	-3.5E-5
8	7	36.22	4.0364	-3.5E-5
9	8	36.28	4.0364	-3.5E-5
10	9	36.47	4.0364	-3.3E-5
11	10	36.59	4.0363	-3.1E-5
12	11	36.79	4.0363	-2.7E-5
13	12	36.97	4.0363	-2.4E-5
14	13	37.14	4.0363	-2E-5
15	14	37.4	4.0362	-1.9E-5

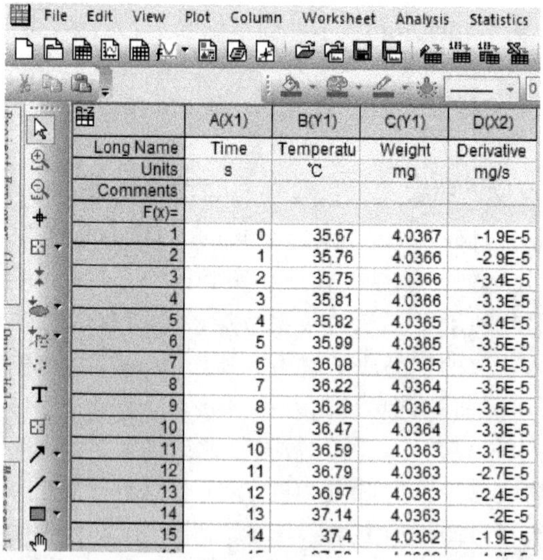

图 10-12　将图 10-11 中的数据文件导入至 Origin 软件后的界面

（i）第一列为时间列，单位为 s。在 Origin 软件中通常默认第一列为作图时的 X 轴，如果不需要使用该列的数据作为 X 轴，则需要修改该列的属性值。

（ii）第二列为温度列，单位为℃。对于温度程序中仅含有升温或降温过程的实验，通常用温度列的数据作为 X 轴（对于单一加热速率条件下的数据），在作图时需将该列的属性由 Y 轴改为 X 轴。

（iii）第三列为不同时刻或温度下的质量数据列，在进行规范作图时，单位应为 %。在本书第 9 章中介绍了将该列单位为 mg 的绝对质量数据换算为百分比形式的相对质量的方法，在此不做重复性介绍。

（iv）第四列为不同时刻或温度下的微商质量数据列，在进行规范作图时，单位为%/℃。需要说明，在图 10-12 中的该列数据为导入的.txt 文件中的数据，单位为 mg/s。对于温度程序中仅含有升温或降温过程的实验，需按照类似以上通过整列运算将绝对质量换算为百分比形式的相对质量的方法，将单位为 mg/s 形式的微商质量数据列整体转换为%/℃形式的微商质量数据列。通过在弹出的类似窗口（图 10-13）中输入 Col("Derivative Weight")/4.034*100*60/10［注：表达式中 Col("Derivative Weight")/4.034*100 意为将以 mg 为单位的绝对质量转换为百分比形式的相对质量，10 为加热速率（对应于实验时采用的加热速率 10℃/min），4.034mg 作为试样的初始质量］，60 为将原单位中的时间 s 转换为时间 min 时的系数。

经过数据转换后的表格窗口如图 10-14 所示。

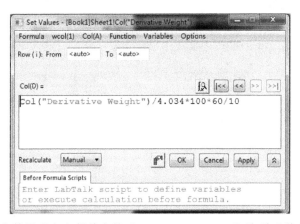

图 10-13　选中数据列点击菜单中的"Set Column Values"选项后弹出的窗口界面

同时选中图 10-14 表格中的温度列、质量列和微商质量列，并点击鼠标的右键，在弹出的菜单中依次选中 Plot、Multi-Curve、Double-Y 选项（图 10-15），可以得到如图 10-16 所示的 TG-DTG 曲线。按照要求依次对图 10-16 中曲线的形状、颜色、坐标轴等的样式进行修改，得到满足报告、学术期刊等要求的图片（如图 10-17 所示）。

Long Name	A(X1) Time	B(X2) Temperatu	C(Y2) Weight	D(Y2) Derivative Weight
Units	s	℃	%	%/℃
Comments				
F(x)=			Col("Weight")/4.037*100	Col("Derivative Weight")/4.034*100*60/10
1	0	35.67	99.99257	-0.00283
2	1	35.76	99.99009	-0.00431
3	2	35.75	99.99009	-0.00506
4	3	35.81	99.99009	-0.00491
5	4	35.82	99.98761	-0.00506
6	5	35.99	99.98761	-0.00521
7	6	36.08	99.98761	-0.00521
8	7	36.22	99.98514	-0.00521
9	8	36.28	99.98514	-0.00521
10	9	36.47	99.98514	-0.00491
11	10	36.59	99.98266	-0.00461
12	11	36.79	99.98266	-0.00402
13	12	36.97	99.98266	-0.00357
14	13	37.14	99.98266	-0.00297
15	14	37.4	99.98018	-0.00283
16	15	37.59	99.98018	-0.00283
17	16	37.91	99.98018	-0.00283
18	17	38.1	99.98018	-0.00297
19	18	38.41	99.98018	-0.00312
20	19	38.63	99.97771	-0.00342
21	20	39	99.97771	-0.00357
22	21	39.26	99.97771	-0.00387
23	22	39.62	99.97771	-0.00402
24	23	39.87	99.97523	-0.00431
25	24	40.23	99.97523	-0.00446
26	25	40.58	99.97523	-0.00461
27	26	40.92	99.97523	-0.00461
28	27	41.31	99.97275	-0.00476
29	28	41.62	99.97275	-0.00476
30	29	42	99.97275	-0.00461
31	30	42.38	99.97027	-0.00476
32	31	42.8	99.97027	-0.00476
33	32	43.17	99.97027	-0.00461
34	33	43.53	99.9678	-0.00461
35	34	43.91	99.9678	-0.00446

图 10-14 质量列和微商质量列换算后最终形式的数据

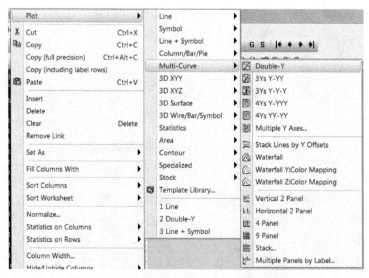

图 10-15 点击鼠标右键后弹出的菜单选项

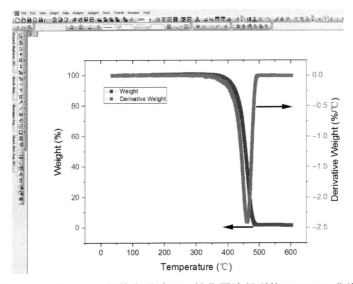

图 10-16　在 Origin 软件中通过双 Y 轴作图法得到的 TG-DTG 曲线

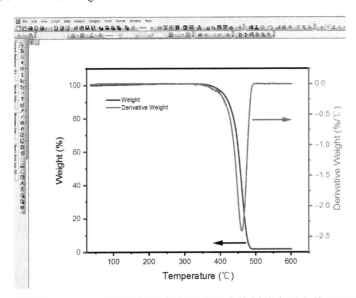

图 10-17　利用图 10-14 中表格的数据在作图窗口中绘制符合要求的 TG-DTG 曲线

　　另外，对于不含等温段的恒速率非等温实验而言，DTG 曲线中微商质量的单位通常为%/min；对于不含等温段的多速率非等温实验（即加热速率在实验过程中发生了变化），由于在实验过程中包含了多个温度变化速率，为了便于比较，无论横坐标是否用温度表示，微商质量的单位通常用"%/min"的形式表示（如图 10-18）；对于含有等温段的热重实验由于横坐标用时间表示，微商质量的单位通常为%/min。

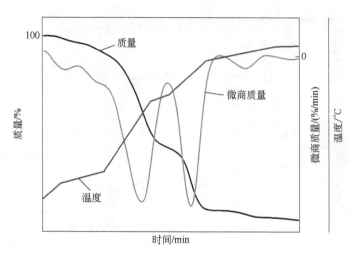

图 10-18　实验中含有多个加热速率的条件下得到的典型 TG-DTG 曲线

⑤ 规范表示热重曲线和微商热重曲线中台阶、峰的变化。由热重曲线可以确定转变过程的特征温度或特征时间以及质量变化等信息。如果在曲线中出现了多个转变过程，则需要分别描述每个转变的特征温度或特征时间、质量的变化。对于多个转变过程，则需由曲线分别确定每个过程的特征温度或特征时间、质量的变化。在本书第 8 章和第 9 章中分别介绍了在仪器的数据分析软件和 Origin 软件中确定过程的特征温度或特征时间、质量的变化的方法，在此不作重复性介绍。

对于图中仅包括单条热重曲线的情形而言，当实验过程中的特征转变过程不多于两个（包括两个）时，应在图中空白处标注转变过程的特征温度或时间、质量变化等信息；当曲线中的特征转变过程多于两个时，应分别列表说明每个转变过程的特征温度或时间、质量变化等信息。例如，图 10-19 中给出了一种纸张样品的 TG-DTG 曲线，图中的 TG 曲线出现了两个较为明显的质量损失过程。在仪器附带的数据分析软件 TA Universal Analysis 中分别对这两个过程进行处理，处理结果如图 10-19 所示。图中 TG 曲线中分别标注了每个过程对应的变化的温度范围以及相应的质量减少百分比数值，DTG 曲线中分别标注了每个峰的外推起始温度、峰值温度以及峰面积。其中峰面积的单位为%·min/℃，该值乘以相应的加热速率即可得到以百分比表示的面积，理论上该数值应与 TG 曲线中相应的台阶高度值一致。在实际应用中，如果在科研论文中报道由实验得到的 TG-DTG 曲线时，通常需要在 Origin 软件中重新绘制符合相应的期刊要求的图片，在本书第 9 章中介绍了相应的绘制方法，本部分内容中不作重复介绍。

当在图中需要对比多条曲线时，每条曲线的特征温度或时间、质量变化等信息应列表说明。例如，在文献[14]中给出了三种含环三磷腈多功能热固性环氧树脂在氮气气氛和空气气氛下的 TG 和 DTG 曲线，分别如图 10-20 和图 10-21 所示。图中

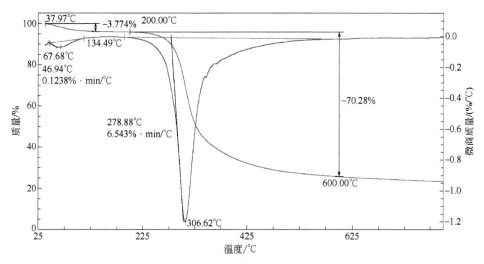

图 10-19 一种纸张样品的 TG-DTG 曲线

（实验条件：美国 TA 仪器公司 Q5000IR 热重分析仪，实验气氛为氮气气氛、流速 100mL/min，加热速率为 10℃/min，温度范围为室温~800℃，敞口氧化铝坩埚）

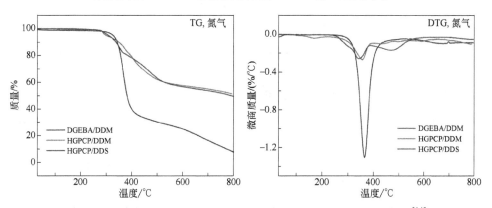

图 10-20 在氮气气氛下三种热固性环氧树脂的 TG 和 DTG 曲线[14]

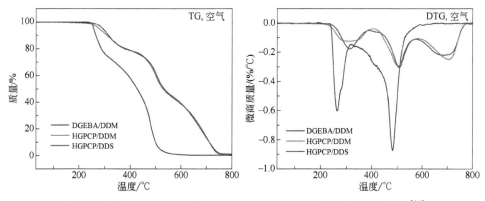

图 10-21 在空气气氛下三种热固性环氧树脂的 TG 和 DTG 曲线[14]

分别给出了三种环氧树脂在氮气气氛（图 10-20）和空气气氛（图 10-21）下的 TG 曲线和相应的 DTG 曲线，图中由每条曲线确定的初始分解温度（分别对应于 5% 和 10% 质量损失时的温度）T_5 和 T_{10}、最快分解温度（对应于 DTG 曲线的峰值温度）T_{max}（DTG 曲线出现多个峰时对应于多个 T_{max} 温度）、在 700℃ 和 750℃ 时的剩余质量（对应于焦含量）分别列于表 10-3 和表 10-4 中。

表 10-3　三种环氧固化体系在氮气气氛下的热稳定性参数[14]

样品	T_5/℃	T_{10}/℃	T_{max1}/℃	T_{max2}/℃	700℃时焦含量/%	750℃时焦含量/%
DGEBA/DDM	326	342	367	—	16.3±0.03	11.9±0.04
HGPCP/DDM	299	348	356	439	54.8±0.10	53.2±0.11
HGPCP/DDS	308	337	342	470	53.6±0.09	51.8±0.10

表 10-4　三种环氧固化体系在空气气氛下的热稳定性参数[14]

样品	T_5/℃	T_{10}/℃	T_{max1}/℃	T_{max2}/℃	T_{max3}/℃	700℃时焦含量/%	750℃时焦含量/%
DGEBA/DDM	257	264	263	480	—	0.2±0.01	0.1±0.01
HGPCP/DDM	278	308	304	501	710	13.9±0.05	1.2±0.02
HGPCP/DDS	292	314	313	506	685	13.2±0.02	1.8±0.01

10.3.2　热重曲线规范表示中的常见问题分析

综合以上分析，在对热重曲线进行作图时，图中的横坐标和纵坐标分别对应于实验中检测的物理量即温度/时间和质量，名称也应用物理量的名称表示，而不应使用所使用的热重方法的名称来笼统表示。在实际应用中表示热分析曲线时，存在着相当多的不规范现象。在《热分析实验方案设计与曲线解析概论》一书第 9 章中[1]列举了几种常见的 TG 曲线的表示方式，为了保持内容的完整性和便于参考，以下重复列出了书中的这部分内容。在图 10-22 中（a）~（i）图分别给出了 TG 曲线几种常见的表示形式。其中，

① 在图 10-22（a）中，TG 曲线的纵坐标为 TG，用 % 形式表示。TG 为热重法的总称，为由不同温度或时间下得到的质量信息，仅用其作为纵坐标是不合适的。

② 在图 10-22（b）中，TG 曲线的纵坐标为质量损失（失重量），用 % 形式表示。"质量损失/%"表示的是失重的百分比，而图中纵坐标的数值为从 100% 开始减少，意味着实验从一开始就已经失重了 100%，显然这是不合理的。

③ 在图 10-22（c）中为 TG 曲线的规范表示形式。纵坐标为质量，用 % 形式表示。由图可以清晰地看出样品在不同的温度下的质量百分比信息，通过计算台阶的高度可以定量反映过程进行的程度。

④ 在图 10-22（d）中，TG 曲线的纵坐标为质量损失（失重量），用 % 形式表示。

"质量损失/%"表示的是失重的百分比，而图中纵坐标的数值为从 0 开始逐渐减少的负值形式，由于"质量损失"本身已经包含了减少的含义，再继续用负值形式表示质量减少则变成了增加，这种表示形式也是不合理的。

⑤ 在图 10-22（e）中，TG 曲线的纵坐标为质量变化，用%形式表示。质量变化/%表示的是质量变化的百分比，图中纵坐标的数值为从 0 开始逐渐减少的负值形式表示发生了质量减少过程，这是一种相对合理的 TG 曲线的另一种表示形式。

⑥ 在图 10-22（f）中，TG 曲线的纵坐标为质量，用%形式表示，而图中纵坐标的数值为从 0 开始减少的以百分比形式表示的负值形式，其实表示的是样品自实验开始发生的质量变化的百分比信息，而非样品在不同温度下的质量百分比信息。显然这种表示形式也是不合理的。

⑦ 在图 10-22（g）中，TG 曲线的纵坐标用实验时所用的样品的绝对质量表示，单位为 mg，由图可以看出样品在不同的温度下的质量信息，但这种形式的 TG 曲线无法直观地定量反映过程进行的程度。另外，这种表达形式仅反映了实验时所用的样品量的质量变化，不便于直观地比较不同的 TG 曲线之间的变化规律。

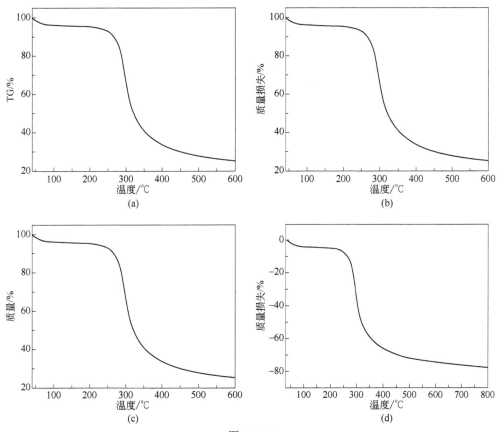

图 10-22

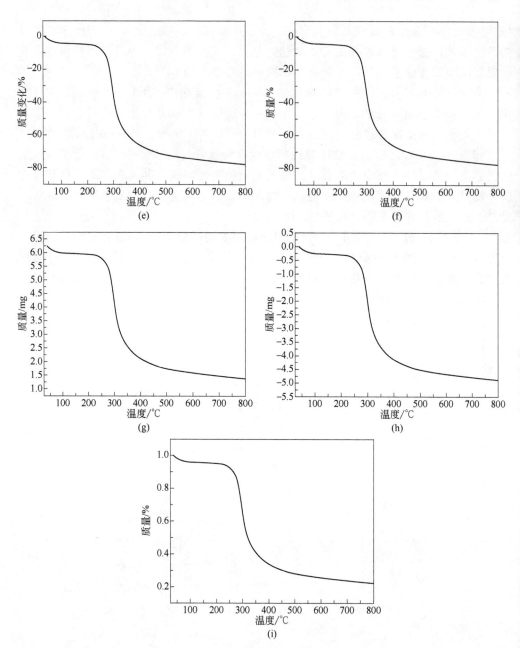

图 10-22　TG 曲线几种常见的表示形式

⑧ 图 10-22（h）与图 10-22（f）相似，TG 曲线的纵坐标用实验时所用的样品的绝对质量表示，单位为 mg，而图中纵坐标的数值为从 0 开始减少的负值形式，其实表示的是样品自实验开始发生的质量信息，而非样品在不同温度下的质量信息。显然这种表示形式也是不合理的。

⑨　在图 10-22（i）中，纵坐标为质量，用%形式表示。由图可以清晰地看出样品在不同温度下的质量百分比信息，通过计算台阶的高度可以定量反映过程进行的程度。但是，图中纵坐标的数值为从 1 开始逐渐减少的数值形式。其实这种数值为未转化为百分比形式的归一化后的相对质量。如果用百分比形式表示，纵坐标中的数值应乘以 100%。

综合以上分析，对于 TG 曲线而言，建议优先采用图 10-22（c）和图 10-22（e）的表示形式。

除了以上不规范的表示形式外，在实际应用中还存在其他形式的不规范作图。例如，图 10-23 为某报告中提供的由实验得到的 TG-DSC 曲线。在图中分别列出了TG 曲线、DSC 曲线和 DTG 曲线。其中主要存在以下几个方面的问题：

①　图 10-23 中 TG 曲线的纵坐标为"质量损失/%"表示的是实验过程中样品失重的百分比，而图中纵坐标的数值从 100%开始减少，意味着从实验一开始就已经失重了 100%，显然这是不合理的。正确的作法是应将图中的"质量损失/%"改为"质量/%"。

②　图 10-23 中 DSC 曲线的纵坐标为"热流（Heat Flow）"，为在实验中检测到的热流信号。但图中给出的归一化后的热流的单位为 μV/mg（该单位为 DTA 检测到的归一化后的温度差的单位），实际上归一化后的热流单位为 mW/mg 或者 W/g。因此，图中的 DSC 曲线的热流单位表示不规范，应改为 mW/mg 或者 W/g。

③　图 10-23 中 DTG 曲线的纵坐标对应的物理量为 DTG，单位为%/℃。其中，DTG 是对 TG 曲线一阶微商后得到的完整的微商热重曲线的简称，其一共包括横坐标温度和纵坐标对应的微商质量信息。因此，在图中仅用 DTG 表示该曲线的纵坐标

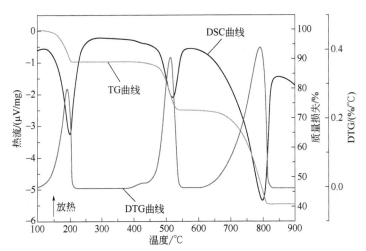

图 10-23　不规范表示的一水合草酸钙的 TG-DSC 曲线（含有多处不规范表示）

（实验条件：在流速为 50mL/min 的氮气气氛下，由室温开始以 10℃/min 的
加热速率加热至 900℃，敞口氧化铝坩埚）

是不合适的,应将 DTG 改为微商质量(Derivative Weight)。

另外,从数学角度,对 TG 曲线求导时,当质量变化对应于失重引起的向下的台阶时,在该范围得到的 DTG 曲线的峰的方向应与台阶的变化方向保持一致。因此,图中的 DTG 曲线的峰的方向应为向下方向。

基于以上分析,在对图 10-23 中不规范的表示进行修改后得到图 10-24,由图可方便地得到物质在不同的温度下的变化信息。

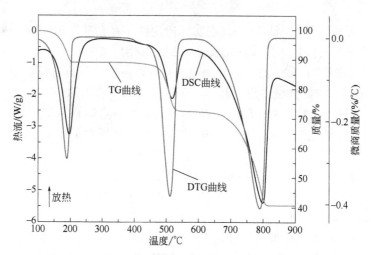

图 10-24　规范表示的一水合草酸钙的 TG-DSC 曲线

(实验条件:在流速为 50mL/min 的氮气气氛下,由室温开始以 10℃/min 的
加热速率加热至 900℃,敞口氧化铝坩埚)

10.4　由热重实验得到曲线的描述方法

在描述热重曲线时,应准确、全面、规范地从曲线的形状、位置等角度进行分析。当在实验过程中样品的质量发生变化时,TG 曲线通常表现为向上(对应于质量增加的过程)或者向下(对应于质量减少的过程)的台阶的形式。在描述这些曲线时,应重点描述台阶所覆盖的温度或者时间的起止范围(对应于曲线的横坐标)、台阶的数量(对应于实验中发生的多个过程或者多个组分的变化)和台阶的高度(对应于质量变化的程度)。除此之外,在描述 TG 曲线时,还应详细描述曲线中台阶的形状。不同的质量变化对应的台阶的形状可能不同。一般来说,质量的变化过程越迅速,得到的台阶越陡峭,反之则越平缓。

概括来说,应从以下几个角度来描述由实验所得到的热重曲线。下面将结合实例介绍描述热重曲线的方法。

10.4.1 描述曲线的形状和位置

TG 曲线在实验过程中的变化通常以台阶的形式出现，这些变化过程在 DTG 曲线中表现为相应的峰。在描述 TG 曲线的形状时应详细说明这些变化形式的个数、位置以及台阶的高度（即质量变化百分比）等信息，类似地，在描述 DTG 曲线的形状时应详细说明这些变化形式的个数、位置、峰值以及峰面积（对应于 TG 曲线的台阶高度）等信息。例如，图 10-25 为一水合草酸钙的 TG 曲线，其中通过仪器所附带的 TA Universal Analysis 数据分析软件对曲线中的特征量进行了标注。在实验论文或者报告中可以用以下文字描述图中 TG 曲线的形状：

"由图 10-25 可见，在实验过程中，TG 曲线分别在 107.1~210.4℃、390.1~532.6℃和 601.5~773.6℃范围内一共出现了三个向质量减少方向变化的台阶，三个台阶的高度不相同。"

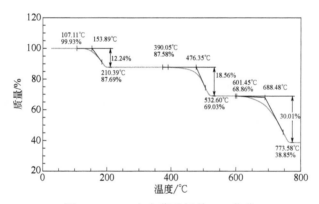

图 10-25　一水合草酸钙的 TG 曲线

（实验条件：美国 TA 仪器公司 Q5000IR 热重分析仪，实验气氛为氮气气氛、流速 100mL/min，
加热速率为 20℃/min，温度范围为室温~800℃，敞口氧化铝坩埚）

对于 DTG 曲线而言，应分别描述其峰的个数、峰形、峰值、峰面积以及确定峰面积时的开始和结束的温度或者时间范围等信息。图 10-26 为由图 10-25 中的 TG 曲线求导得到的 DTG 曲线，其中通过仪器所附带的 TA Universal Analysis 数据分析软件对曲线中的特征量进行了标注。在实验论文或者报告中可以用以下文字描述图中 DTG 曲线的形状：

"由图 10-26 可见，在实验过程中，DTG 曲线分别在与图 10-25 中相应的温度范围出现了三个向质量减少方向变化的峰，并且这三个峰的高度和形状存在着较为明显的差异。值得注意的是，在对应于 390.1~532.6℃范围内的质量变化过程中，在 DTG 曲线中出现一个较为明显的峰之前还出现了一个较弱的向质量减少方向的峰，表明在该主过程之前还存在着一个较弱的质量变化过程，这个现象在 TG 曲线中无法明显看出来。"

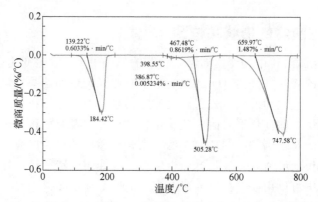

图 10-26　与图 10-25 中的 TG 曲线对应的一水合草酸钙的 DTG 曲线

（实验条件：美国 TA 仪器公司 Q5000IR 热重分析仪，实验气氛为氮气气氛、流速 100mL/min，
加热速率为 20℃/min，温度范围为室温~800℃，敞口氧化铝坩埚）

10.4.2　展开描述每一个特征变化

在描述了曲线的大体形状后，接下来需要分别对其中的每一个特征变化进行描述，通常从图中的横坐标和纵坐标所对应的物理量变化的角度分别进行描述。例如，可以用以下的文字来描述图 10-25 中 TG 曲线的每一个特征变化：

"图 10-25 中 TG 曲线中出现的这三个台阶分别对应于以下三个质量减少阶段：（i）第一个质量减少阶段发生在 107.1~210.4℃范围内，试样的质量由 107.1℃时的 99.93%减少至 210.4℃时的 87.69%，质量减少了 12.24%；（ii）第二个质量减少阶段发生在 390.1~532.6℃范围内，试样的质量由 390.1℃时的 87.58%减少至 532.6℃时的 69.03%，质量减少了 18.56%；（iii）第三个质量减少阶段发生在 601.5~773.6℃范围内，试样的质量由 601.5℃时的 68.86%减少至 773.6℃时的 38.85%，质量减少了 30.01%；（iv）当温度为 773.6℃时，质量剩余量为 38.85%。

另外，在图 10-25 中 TG 曲线的每个质量减少开始阶段的外推起始温度（即 Onset 温度）可以分别为由每一个台阶开始质量变化的基线和斜率最大处的切线交点确定，分别为 153.9℃、476.4℃和 688.5℃。"

同样地，对于图 10-26 中的 DTG 曲线中的峰可以进行以下形式的描述：

"图 10-26 中 DTG 曲线中的这三个峰分别对应于图 10-25 中的三个向质量减少方向变化的台阶，由每个峰可以得到以下信息：（i）发生在 107.1~210.4℃范围内的峰值温度为 184.4℃，峰面积为 0.6033%·min/℃×20℃/min=12.07%，对应的外推初始温度为 139.2℃。（ii）如前所述，在 390.1~532.6℃范围内的 DTG 曲线中出现了两个峰，低温范围出现的峰明显弱于高温侧，低温侧的峰值温度为 398.55℃，峰面积为 0.005234min/℃×20℃/min=0.11%，对应的外推起始温度为 386.9℃。高温侧的峰值温度为 505.3℃，峰面积为 0.8619%·min/℃×20℃/min=17.24%，对应的外推初始温度为 467.5℃。在该温度范围的总失重量为 12.07%+0.11%=17.35%。（iii）发生在

601.5~773.6℃范围内的峰值温度为 747.6℃，峰面积为 1.487%·min/℃×20℃/min=29.74%，对应的外推初始温度为 660.0℃。"

对比由 TG 曲线和 DTG 曲线得到的特征物理量可以发现：

① 由 TG 曲线确定的外推初始温度（三个过程分别为：153.9℃、476.4℃和 688.5℃）比由 DTG 曲线确定的值（三个过程分别为：139.2℃、467.5℃和 660.0℃）高。

② 通过 DTG 曲线确定的峰面积数值（三个过程分别为：12.07%、17.35%和 29.74%）明显低于由 TG 曲线确定的台阶的高度（三个过程分别为：12.24%、18.56% 和 30.01%），这是由于在仪器的数据分析软件中对相应的峰进行积分通常假定为两侧对称的高斯峰，而在实际上得到的峰并非理想的高斯峰，由此导致一部分面积没有计算在内而引起面积数值偏小。

③ DTG 曲线中出现一个较为明显的峰之前还出现了一个较弱的向质量减少方向的峰，表明在该主过程之前还存在一个较弱的质量变化过程。这个现象在 TG 曲线中无法明显看出来，这也从另一个角度表明了 DTG 曲线对于较弱的质量变化过程的高灵敏度优势。

在实际应用中，对于类似图 10-25 和图 10-26 的曲线，为了描述方便通常对其中的特征物理量列表说明，如表 10-5 和表 10-6 所示，由表可以清晰地看出每个过程中特征量的信息。

表 10-5　图 10-25 中 TG 曲线的每个台阶对应的特征量

温度范围/℃	外推起始温度/℃	失重百分比/%
107.1~210.4	153.9	12.24
390.1~532.6	476.4	18.56
601.5~773.6	688.5	30.01

表 10-6　图 10-26 中 DTG 曲线的每个峰对应的特征量

温度范围/℃	外推起始温度/℃	最快分解温度（对应峰值温度）/℃	由峰面积确定的失重百分比/%
107.1~210.4	139.2	184.4	12.07
390.1~532.6	467.5	505.3	17.35
601.5~773.6	660.0	747.6	29.74

10.4.3　含有多样品或多实验条件下得到的曲线的描述

在实际的应用中，经常需要对比多个样品或多个实验条件下得到的热重曲线。对比时，应从图中曲线的形状、相同点或相似点、变化趋势和差别的角度分别进行描述。

例如，如图 10-27 为一种金属有机化合物在合成后（图中 1 号样品）和放置了一周时间后（图中 2 号样品）的 TG 曲线和 DTG 曲线。在对该图进行描述时，除了需要按照以上内容中所介绍的方法对图中的曲线分别进行基本描述和进一步展开描述之外，还应对比样品差异和实验条件变化所引起的曲线形状的变化。例如可做以下描述：

"由图 10-27 可见，2 号样品在放置一段时间后在 100~400℃范围的质量减少温度低于 1 号样品，表明在放置过程中样品中的配体出现了一定程度的氧化。"

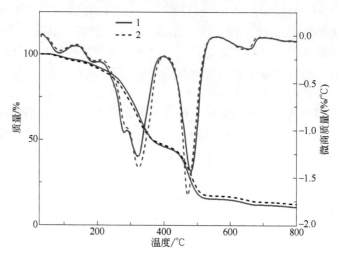

图 10-27　一种金属有机化合物在合成后（1 号样品）和放置了
一周时间后（2 号样品）的 TG 曲线和 DTG 曲线

（实验条件：氮气气氛，流速为 50mL/min；温度程序：温度范围为室温~800℃，加热速率为 10℃/min；
样品用量：1 号样品为 10.215mg，2 号样品为 10.652mg；50μL 敞口氧化铝坩埚）

另外，对于一张图中含有多条曲线的情形，可以通过列表的形式列出每条曲线的特征量，然后再分析其变化规律。例如，在 Das 等人[15]利用非等温热重实验和等温热重分析技术在惰性气氛（氮气）和反应性气氛（空气）环境下对聚对苯二甲酸乙二醇酯废饮料瓶（简称 PET-SDB）的降解行为和降解动力学研究工作中，PET-SDB 样品在惰性（氮气）和氧化（空气）气氛下、不同加热速率的 TG 曲线和 DTG 曲线分别如图 10-28 所示，在不同温度下进行等温实验得到的 TG 曲线如图 10-29 所示，在表 10-7 中分别列出了由图 10-28 和图 10-29 中不同条件下得到的曲线的特征参数信息。

在论文[15]中按照以下的方式描述了图 10-28 中曲线的变化趋势。

在惰性（N_2）气氛和氧化性（空气）气氛下得到的 PET-SDB 样品的 TG 失重数据分别如图 10-28（a）和（b）所示。在热氧化气氛条件下，由于形成的焦炭在高温下燃烧，样品发生了完全的分解；而对于在惰性环境下进行的热分解过程，当残渣累积到 20%时，分解反应停止［如图 10-28（a）所示］，在之后的阶段以十分缓慢速率持续分解。随着升温速率的增加，热重曲线整体移向高温侧。实验得到的 DTG 曲线分别如图 10-28（c）和（d）所示。在之前的研究工作[16]中已经讨论过外推起

始 T_0 和峰值温度 T_m 的计算方法。在表 10-7 中分别给出了在不同的热重实验条件下得到的曲线的特征分解温度 T_0、T_m 值和剩余质量。对比这些数据可以发现，外推起始温度 T_0 和峰值温度 T_m 的数值随升温速率的增加而增加。与惰性气氛下的热分解过程相比，在含氧的空气气氛下得到的特征热分解温度 T_0 和 T_m 的值较低，说明在含氧环境下 PET-SDB 的氧化分解速率要快于在惰性条件下的热裂解速率。

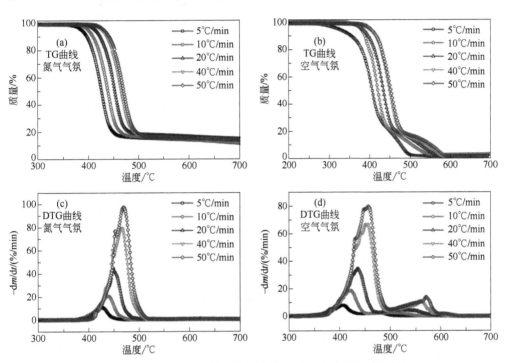

图 10-28　PET-SDB 样品在氮气气氛和空气气氛下得到的
不同速率加热下的 TG 曲线和 DTG 曲线[15]

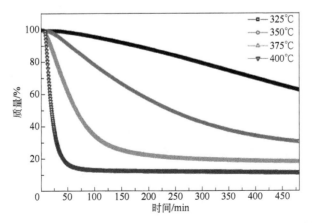

图 10-29　在不同温度下等温实验得到的 PET-SDB 样品的热重曲线（在氮气气氛下）

表 10-7 由图 10-28 和图 10-29 中不同条件下得到的曲线的特征参数信息[15]

加热条件	β/(℃/min)	终温度 (T_∞)/℃	等温保持时间(t_h)/min	初始质量(W_0)/mg	外推起始温度(T_0)/℃	(T_m)/℃	残余质量/%
非等温（N₂）	5	700	0	8.94	385	427	11.52
	10			6.56	398	438	11.89
	20			8.68	408	448	14.75
	40			7.84	417	465	14.03
	50			6.69	427	470	14.20
非等温（空气）	5			8.98	362	406	1.07
	10			7.77	374	423	2.7
	20			7.35	389	437	1.11
	40			8.82	398	455	0.47
	50			7.54	405	458	0.53
等温（N₂）	100	325	480	13.88	—		62.32
		350		11.42	—		30.21
		375		11.52	—		17.62
		400		12.65	—		11.31

　　图 10-29 为 PET-SDB 样品分别在 325℃、350℃、375℃和 400℃四种温度下进行等温实验得到的在氮气气氛下的等温分解曲线。在实验过程中，在温度达到设定的目标温度之前的非等温诱导阶段（100℃/min）的失重过程可以忽略不计，主要原因为在加热阶段所需的时间（升温速率相当高）远比在等温阶段持续的时间要短。表 10-7 中分别给出了在不同的热重实验条件下得到的曲线的特征信息。通过对比发现，在图 10-29 中等温温度保持 480min 后，样品的残余质量随等温温度的升高而变化（表 10-7）。在较低的等温温度（325℃）下，由于分解不完全，导致出现了近 62%的残余质量，而在较高的等温温度（400℃）下，实验过程中的残余质量达到了 11%。虽然在 375℃和 400℃下等温的实验后期仍在持续进行分解，但残余质量仍分别维持在 18%和 11%。在较低温度下残渣产率较高可能是由于形成了稳定的环结构，这种结构在高温下的失重量较小[17]。

　　图 10-30 为不同升温速率下 Zr(OH)₄ 的热重曲线，由图中每条曲线确定的特征量列于表 10-8[18]。

　　可以用以下方法来描述不同升温速率下 Zr(OH)₄ 的热重曲线的变化趋势：

　　由图 10-30 可见，在不同的加热速率下得到的 TG 曲线在实验温度范围内具有一个形状相似的台阶。随着升温速率的变化，TG 曲线发生了漂移现象。随着升温速率的增大，TG 曲线向高温移动。即在质量减少相同的情况下，当升温速率较高时，发生相同程度的分解所需要的温度相对较高。这是因为在试样内部存在一定的温度梯度，当升温速率较快时，分解的程度并不完全，因此产生了相对的温度滞后

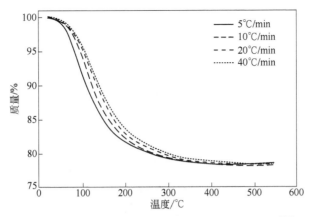

图 10-30　Zr(OH)$_4$ 在不同升温速率下的 TG 曲线[18]

表 10-8　Zr(OH)$_4$ 在不同升温速率下的热分解温度区间和质量损失[18]

升温速率/(℃/min)	温度/℃			失重量/%
	起点	峰值	终点	
5	55.6	104.9	143.7	21.7
10	66.9	115.6	170.8	21.8
20	75.2	131.5	186.8	21.5
40	82.0	153.6	202.0	21.5

现象；另一方面，不同的升温速率将造成分解反应时间的差异，如升温速率为 5℃/min 时的反应时间是 40℃/min 的 8 倍。因此，在较低的升温速率下，相当于延长了 Zr(OH)$_4$ 的热分解时间，使得失重起始温度和最大失重速率对应的温度均有所降低。

10.4.4　同一样品多种技术的测量结果的描述

在相当多的研究论文和报告中，通常会利用多种热分析实验方法来对同一个过程进行分析，从不同的角度来阐述过程中的性质变化信息。在描述时，应结合每种技术的特点来分析实验过程中的变化信息[1]。

例如，Zangaro 等人[19]使用 TG-DSC 技术研究一些以氯诺昔康为配体的过渡金属配合物在氧化性气氛和惰性气氛条件下的热分解行为。如图 10-31 为氯诺昔康锰配合物在空气和氮气气氛下分别得到的 TG-DSC 曲线。在论文中按照如下的方式描述了图中不同曲线的变化趋势：

所研究的配合物在图 10-31 中的 TG 曲线中分别出现了四个（在 N$_2$ 气氛下）和五个（在空气气氛下）质量损失过程。其中，第一个质量损失过程（位于 313.15~453.15K）对应于释放 4.5 分子结晶水的过程（$\Delta m_{Theor.} = 9.24\%$，$\Delta m_{TG,空气} = 9.08\%$，$\Delta m_{TG,N_2} = 9.08\%$），该过程在 358.15~418.15K（N$_2$ 气氛）和 363.15~453.15K（空气气氛）出现了相应的热效应。虽然通过热分析曲线无法判断在该过程中存在着重叠的脱水过程，但是由于脱水温度范围非常大，由此可以判断在该化合物中可能存在着不同类型的水合水。

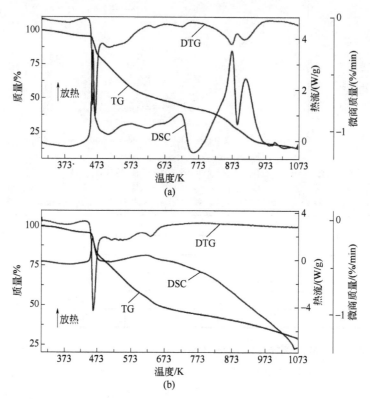

图 10-31　动态干燥空气（a）和氮气（b）气氛中氯诺昔康锰配合物的 TG-DSC 曲线

　　失去结晶水后的配合物在高达 483.15K 的温度下处于稳定状态，在此温度以上，随着温度的升高将会陆续发生三个（N₂ 气氛）或四个（空气气氛）热分解反应过程，在相应的 DSC 曲线中也伴随着热效应。

　　在空气气氛下，TG 曲线中出现质量损失过程的同时在 513.15K 处也出现了相应的放热峰，而在之后出现了一个较弱的放热峰（位于 613.15~713.15K）。在接下来出现的质量损失过程（对应于 DSC 曲线中 863.15K 处的较强的放热峰）是由于在之前的加热过程中形成的炭化物发生了燃烧反应引起的。TG 曲线中的最后一步质量损失过程和与此相对应的 DSC 曲线中 1023.15K 处的较弱的放热峰是由于残留的炭化物的氧化反应引起的。在 TG 曲线中出现的每一个失重台阶所对应的质量损失百分比分别为：21.49%、20.58%、37.50% 和 1.83%。在温度为高达 1033.15K 时的总质量损失百分比与理论上形成最终残留物锰氧化物 Mn_3O_4 的预期相符（$\Delta m_{Theor.} = 91.31\%$，$\Delta m_{TG,空气} = 90.48\%$）。

　　在氮气气氛中，在失去结晶水后的配合物发生热分解的前两个分解过程与在空气中的过程非常相似，这表明实验气氛在该化合物热降解的初始阶段几乎没有产生影响。但是，在 783.15K 之后出现了明显的差异。这可能是由于从该温度开始，在之前的分解过程中生成的炭化物仅在氮气气氛中发生热裂解，而其在空气气氛中则容易发生氧化反应。此外，在该气氛下的曲线中并没有发生与质量损失相关的过程，这可能是由于炭化物材料的热解非常缓慢引起的。

另外，在实际应用中，在比较不同条件下得到的曲线时，在同一张图中列出曲线后，通常需要对比曲线的异同和变化趋势。当在实验过程中同时采用了多种分析技术对一系列的样品进行实验时，对比曲线的异同和变化趋势的工作将变得更加复杂。在描述这些曲线的形状、位置和变化趋势时，除了需要用文字来进行系统地描述外，通常还需要通过列表的形式列出每条曲线的特征量，然后再分析其变化规律[1,12]。例如，在 Chandrababu 等人[20]通过分散在石墨碳氮化物 g-C_3N_4 上纳米 Cu/Cu_2O 的纳米复合材料对催化高氯酸铵的分解活性进行了研究，使用 TG、DSC 等技术研究了其对高氯酸铵（AP）热分解的催化活性。图 10-32 中（a）~（c）分别为加入不同比例催化剂的 AP 体系的 TG 曲线、DTG 曲线和 DSC 曲线，由曲线得到的相应特征信息列于表 10-9 中。在论文中按照以下的方式描述了图中不同曲线的变化趋势。

采用 TG-DSC 法研究了添加的 g-C_3N_4、Cu、Cu/g-C_3N_4 纳米复合材料（0.2%）对 AP 热分解的催化作用，实验得到的 TG、DTG、DSC 曲线分别如图 10-32（a）~（c）所示，由相应的曲线得到的特征数据见表 10-9。实验数据表明，g-C_3N_4 的存在对高分解温度（high temperature decomposition，简称 HTD）的影响最小，仅使 HTD 的峰值温度降低了 6℃。在 0.2% Cu、Cu/g-C_3N_4（80∶20）、Cu/g-C_3N_4（50∶50）和 Cu/g-C_3N_4（20∶80）存在的条件下，AP 的 HTD 峰值温度分别降低了 51℃、50℃、46℃和 32℃。原始 Cu 和组成比为 80∶20 的纳米复合材料 Cu/g-C_3N_4（80∶20）的 HTD 降低程度接近，需要注意在组成比为 80∶20 的 Cu/g-C_3N_4（80∶20）纳米复合材料中铜的含量仅为 80%。在本研究中分解温度的降低值明显优于之前报道的值（约 3.5 倍）[21,22]。Dubey 等人[22]在 AP 中加入 1%（质量分数，下同）的 Cu 纳米颗粒（20nm）后可以使 HTD 降低 74℃。Rios 等人[21]使用抗坏血酸作为还原剂制备的 3% 的 Cu 纳米颗粒使 HTD 值降低了 97℃。他们还研究了 Cu/rGO（50∶50）纳米复合材料的催化效果，结果还发现在添加了 1%的纳米复合材料后使 AP 的 HTD 值降低了 68℃。研究结果还表明所制备的 Cu 和组成比为 80∶20 的 Cu/g-C_3N_4 对 AP 热分解的催化作用与其比表面积和活性金属含量无关。因此，即使在组成比为 80∶20 的 Cu/g-C_3N_4 体系中活性催化含量有所下降，其在 g-C_3N_4 上的较好分散性使其成为 AP 催化热分解的较佳选择。

如图 10-32（c）所示的纯 AP 体系和加入催化剂（即 g-C_3N_4、Cu、Cu/g-C_3N_4 纳米复合物）后的 AP 体系的 DSC 曲线，对应于 AP 从正交晶系向立方晶系的相变的在 245℃处的吸热峰不受催化剂存在的影响。所有催化剂对热分解过程中释放的

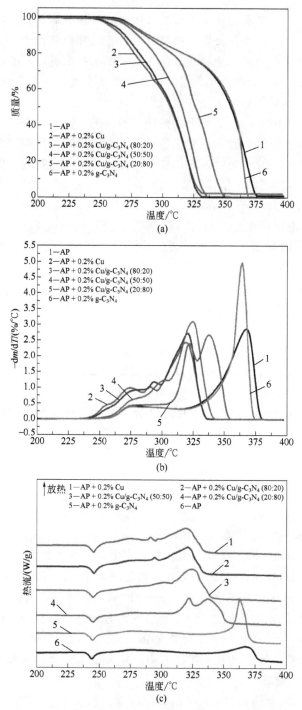

图 10-32　加入不同比例催化剂的高氯酸铵（AP）体系的（a）TG 曲线、
（b）DTG 曲线、（c）DSC 曲线

表 10-9　由图 10-32 中加入不同比例催化剂的高氯酸铵（AP）体系的（a）TG 曲线、
（b）DTG 曲线、（c）DSC 曲线得到的特征量信息

样品名称	第一个台阶的 LTD 温度 $T_s/℃$	第二个台阶的 HTD 温度 $T_s/℃$	$\Delta H/(J/g)$
AP	275	370	1550
AP+0.2% g (C$_3$N$_4$)	274	364	1740
AP+0.2% Cu/g-C$_3$N$_4$ (20:80)	276	338	1830
AP+0.2% Cu/g-C$_3$N$_4$ (50:50)	276	324	1910
AP+0.2% Cu/g-C$_3$N$_4$ (80:20)	277	320	1940
AP+0.2% Cu	274	319	1860

热效应都会产生影响，其中在 0.2%的组成比为 80：20 的 Cu/g-C$_3$N$_4$ 存在下得到的 ΔH 值是纯 AP 体系中释放的热量的 1.3 倍。正如预期的那样，由于合适的比表面积和较高的 Cu/Cu$_2$O 含量的综合影响作用，组成比为 80：20 的 Cu/g-C$_3$N$_4$ 的性能优于 Cu 纳米颗粒以及其他两种比例的纳米复合材料，这表明在反应过程中 g-C$_3$N$_4$、Cu 和 Cu$_2$O 纳米颗粒具有协同效应。因此，所研制的 Cu/g-C$_3$N$_4$（80：20）纳米复合材料是一种很有前途的 AP 热分解催化剂，可以大大提高推进剂的燃烧速率，降低质量损失量。

在实际应用中，通常将热重分析技术（或者同步热分析技术）与质谱分析技术和/或红外光谱分析技术联用，以研究在样品的质量发生变化时逸出气体的结构和成分信息。在描述通过多种联用的实验技术得到的曲线时，首先需要分别描述由联用的每类技术得到的实验曲线的形状和变化趋势，然后再对比由不同的技术得到的信息之间的异同。例如，在 Badran 等人[23]对二甲双胍热氧化分解机理的研究工作中，通过 TG-DSC/MS 技术得到了不同温度下二甲双胍分子的结构变化过程。图10-33 和图 10-34 中分别给出了样品的 TG-DSC 曲线和在实验过程中由与 TG-DSC 联用的质谱技术得到的特征离子曲线[23]。在论文中描述了图中不同曲线的变化趋势，如下所述：

由实验得到的二甲双胍热氧化分解的 TG 曲线和 DSC 曲线如图 10-33 所示。在二甲双胍的氧化分解过程中，在图 10-33 中的 TG 曲线在 200~650℃范围内出现多个质量损失过程，并伴随着热流的变化。二甲双胍的 DSC 曲线在 222℃出现的第一个较为尖锐的吸热峰对应于其熔融过程。在此温度以上出现的质量损失台阶及其对应的 DSC 峰信息分别列于表 10-10 中。在空气气氛中，在 500℃以下的 DSC 曲线中没有出现放热峰，这表明完美结晶的二甲双胍在 200~500℃的中温范围内进行了热分解，而在 500℃之后才开始发生实际的氧化过程。

在研究二甲双胍热氧化分解过程中，除了可以得到 TG-DSC 曲线之外，在实验过程中产生的气体产物同时可以通过质谱技术进行检测，质谱的工作条件和传输管线的参数如实验部分所述。在图 10-34 中给出了在实验过程中检测到的主要特征离子

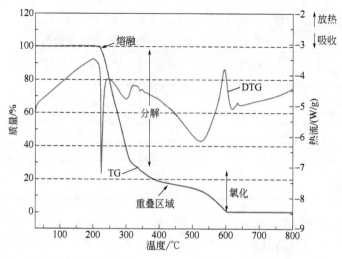

图 10-33　在空气气氛的流速为 100mL/min、加热速度为 5K/min 实验条件下
得到的二甲双胍氧化的 TG-DSC 曲线[23]

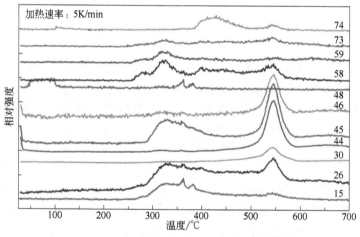

图 10-34　二甲双胍在空气气氛中的氧化过程中逸出的
主要气体产物的质谱选择特征离子曲线[23]

表 10-10　二甲双胍氧化的 TG 分析[23]

步骤	温度/℃	质量损失/%	热流曲线的形状	对应过程
1	200~225	1.8	尖锐的吸热峰	熔化（222℃）和失去吸附水
2	225~250	13.8	较宽的吸热峰	分解
3	250~290	33.5	较弱的吸热峰	分解
4	290~350	24.0	较弱的吸热峰	分解
5	350~450	9.1	较弱的吸热峰	分解
6	450~650	17.8	明显的放热峰	氧化

峰的质量曲线，在 250~600℃之间监测到了逸出气体的变化，在不同的质量曲线中出现了相应的峰，这种现象与 TG 曲线中的结果一致。

　　在他们的研究工作中，通过对比这些质量数的特征离子随温度的变化信息，提出了二甲双胍热氧化分解的机理。

参 考 文 献

[1] 丁延伟, 郑康, 钱义祥. 热分析实验方案设计与曲线解析概论. 北京: 化学工业出版社, 2020.

[2] Budrugeac P. Estimating errors in the determination of activation energy by advanced nonlinear isoconversional method applied for thermoanalytical measurements performed under arbitrary temperature programs, Thermochim Acta, 2020, 684: 178507.

[3] Müller D, Knoll C, Artner W, Harasek M, Gierl-Mayer C, Welch J M, Werner A, Weinberger P. Combining in-situ X-ray diffraction with thermogravimetry and differential scanning calorimetry – An investigation of Co_3O_4, MnO_2 and PbO_2 for thermochemical energy storage. Solar Energy, 2017, 153: 11-24.

[4] Zhou G C, Roby S, Wei T, Yee N. Fuel heat of vaporization values measured with vacuum thermogravimetric analysis method. Energy Fuels, 2014, 28: 3138-3142.

[5] Prak D J L, Foley M P, Dorn L, Trulove P C, Cowart J S, Durkin D P. Determining the thermal properties of military jet fuel JP-5 and surrogate mixtures using differential scanning calorimetry/thermogravimetric analysis and differential scanning calorimetry methods. Energy Fuels, 2020, 34: 4046-4054.

[6] Prak D J L, Fries J M, Gober R T, Vozka P, Kilaz G, Johnson T R, Graft S L, Trulove P C, Cowart J S. Densities, viscosities, speeds of sound, bulk moduli, surface tensions, and flash points of quaternary mixtures of n-dodecane (1), n-butylcyclohexane (2), n-butylbenzene (3), and 2,2,4,4,6,8,8-heptamethylnonane (4) at 0.1 MPa as potential surrogate mixtures for military jet fuel, JP-5. J Chem Eng Data, 2019, 64: 1725-1745.

[7] Cowart J, Foley M P, Prak D J L. The development and testing of Navy jet fuel (JP-5) surrogates. Fuel, 2019, 249: 80-88.

[8] Fioroni G M, Fouts L, Christensen E, Anderson J E, McCormick R L. Measurement of heat of vaporization for research gasolines and ethanol blends by DSC/TGA. Energy Fuels, 2018, 32: 12607-12616.

[9] Miura K, Ohgaki H, Sato N, Matsumoto M. Formulation of the Heat Generation Rate of Low-Temperature Oxidation of Coal by Measuring Heat Flow and Weight Change at Constant Temperatures Using Thermogravimetry -Differential Scanning Calorimetry. Energy Fuels, 2017, 31: 11669-11680.

[10] Hotová G, Slovák V. Quantitative TG/MS analysis of evolved gases during the thermal decomposition of carbon containing solids. Thermochim Acta, 2016, 632: 23-28.

[11] SETSYS EVOLUTION TGA/STA-EGA. http://www.setaram.com/setaram-products/couplings-gas-analysis/tga-sta-ms/setsys-evolution-tgasta-ega/ (accessed 04.02.2016).

[12] 丁延伟. 热分析基础. 合肥: 中国科学技术大学出版社, 2020.

[13] 中华人民共和国教育行业标准. JY/T 0589.4—2020 热分析方法通则 第 4 部分 热重法.

[14] Zhou L S, Zhang G C, Yang S S, Yang L B, Cao J P, Yang K W. The synthesis, curing kinetics, thermal properties and flame rertardancy of cyclotriphosphazene- containing multifunctional epoxy resin, Thermochim Acta, 2019, 680, 178348.

[15] Das P, Tiwari P. Thermal degradation study of waste polyethylene terephthalate (PET) under inert and oxidative environments, Thermochim Acta, 2019, 679: 178340.

[16] Das P, Tiwari P. Thermal degradation kinetics of plastics and model selection, Thermochim Acta, 2017, 654: 191-202.

[17] Hill D J T, Dong L, O'Donnell J H, George G, Pomery P. Thermal degradation of polymethacrylonitrile. Polym

Degrad Stab, 1993, 40: 143-150.

[18] 孙敏达, 朱志庆. 氢氧化锆热分解反应动力学研究. 应用化工, 2007, 36(12): 1211-1214.

[19] Zangaro G A C, Carvalho A C S, Ekawa B, do Nascimento A L C S, Nunes W D G, Fernandes R P, Parkes G M B, Ashton G P, Ionashiro M, Caires F J. Study of the thermal behavior in oxidative and pyrolysis conditions of some transition metals complexes with Lornoxicam as ligand using the techniques: TG-DSC, DSC, HSM and EGA (TG-FTIR and HSM-MS). Thermochim Acta, 2019, 681: 178399.

[20] Chandrababu P, Thankarajan J, Nair V S, Raghavan R. Decomposition of ammonium perchlorate: Exploring catalytic activity of nanocomposites based on nano Cu/Cu$_2$O dispersed on graphitic carbon nitride. Thermochim Acta, 2020, 691: 178720.

[21] Rios P L, Povea P, Cerda-Cavieres C, Arroyo J L, Morales-Verdejo C, Abarca G, Camarada M B. Novel in situ synthesis of copper nanoparticles supported on re-duced graphene oxide and its application as a new catalyst for the decomposition of composite solid propellants. RSC Adv, 2019, 9: 8480-8489.

[22] Dubey R, Srivastava P, Kapoor I, Singh G. Synthesis, characterization and cata-lytic behavior of Cu nanoparticles on the thermal decomposition of AP, HMX, NTO and composite solid propellants. Thermochim Acta, 2012, 549: 102-109.

[23] Badran I, Manasrah A D, Hassan A, Nassar N N. Kinetic study of the thermo-oxidative decomposition of metformin by isoconversional and theoretical methods. Thermochim Acta, 2020, 694: 178797.

第11章 热重曲线的解析原则

11.1 引言

理论上，在按照预先制订的实验方案完成了热重实验之后，即可得到相应的热重曲线。概括来说，热重曲线是使所研究的样品按照设定的实验方案在热重分析仪中进行实验所得到的实验结果（即质量随温度或时间变化关系曲线）的最终体现形式。在对热重曲线进行解析时，应密切结合在实验时所用样品的结构、成分、性质、制备或处理条件等信息，并结合所使用的热重分析方法自身的特点和实验条件对曲线进行科学、规范、准确、合理、全面的解析。

在《热分析实验方案设计与曲线解析概论》一书[1]中概括性地介绍了在解析热分析曲线时通常遵循的科学性、规范性、准确性、合理性、全面性等原则，在本章中结合大量的实例详细介绍在解析热重曲线时应遵循的这些原则，主要包括以下几个方面：

① 科学性解析原则。当所得到的热重曲线的形状和位置在实验条件下发生变化时，在对这些变化进行解析时，应首先考虑在得到的曲线中出现的这些与质量变化相关的现象所对应的科学意义。主要表现在：（i）应根据所使用的热重分析技术的基本原理、实验过程和应用领域，了解通过热重分析技术可以解决的科学问题；（ii）应充分了解所测量的样品在实验过程中可能会发生的变化，以及所发生的这些变化通过所使用的热重分析技术得到的曲线中应表现的具体形式；（iii）应结合实验目的、样品信息、所用的实验方法和实验条件对曲线中出现的变化进行科学的解释；（iv）当由所得到的曲线无法得到所需要研究的现象时，应及时调整实验方案。

② 规范性解析原则。主要包括：（i）按照相应的标准或者规范的要求绘制规范的实验曲线；（ii）在所得到的 TG 曲线中规范确定每一个特征变化的物理量；（iii）规范描述热重实验曲线所对应样品的结构、成分以及前处理信息、实验条件、曲线形状和变化的信息；（iv）使用规范的术语结合样品信息、实验条件和实验目的分析曲线变化所对应的过程中样品的结构、成分和性质的变化。

③ 准确性解析原则。主要包括：（i）在对曲线进行解析之前应了解所用实验仪

器的工作状态，以确保在仪器处于正常的工作状态下得到合理的实验数据；（ⅱ）结合样品的结构、成分、性质和处理条件等信息准确解析所得到的实验曲线；（ⅲ）结合实验中所采取的温度控制程序、实验气氛、坩埚等实验条件准确解析所得到的实验曲线。

④ 合理性解析原则。主要包括：（ⅰ）正确区分实验过程中的异常因素对曲线的影响；（ⅱ）结合样品的实际信息和实验条件对曲线进行合理的解析；（ⅲ）基线的不合理扣除对热分析曲线的影响。

⑤ 全面性解析原则。主要包括：（ⅰ）结合样品信息和实验条件尽可能全面地解析曲线；（ⅱ）结合热分析联用技术尽可能全面地解析曲线；（ⅲ）结合其他分析手段尽可能全面地解析曲线。

在实际应用中，通常应遵循以上原则解析由实验得到的热重曲线。

11.2　热重曲线的科学性解析原则

科学性原则是在对热重曲线进行解析时需要首先遵循的基本原则。在实际应用中运行热重实验所得到的曲线是在实验过程中所采用的实验条件和所研究的样品的结构、成分以及性质变化信息的综合反映，在进行曲线解析时应充分挖掘在曲线中出现的各种形式变化所对应的科学含义。

11.2.1　简介

在对热重曲线进行解析时，首先应了解所研究的物质随温度或时间变化所发生的化学变化和物理变化的基本规律，并根据热重方法自身的特点，综合分析由热重曲线所得到的与质量相关的信息和辅证方法的信息，以科学、严谨的准则，对所得到的实验曲线进行科学的解析。

当所得到的热重曲线的形状和位置在实验条件下发生变化时，在对这些变化进行解析时，应首先考虑在得到的曲线中出现的这些与质量变化相关的现象所对应的科学意义。主要表现在以下几个方面：

① 应熟悉所使用的热重分析技术的基本原理、实验过程和应用领域，以了解通过热重分析技术可以解决的科学问题。

② 应充分了解所测量的样品在实验过程中可能会发生哪些变化，以及所发生的这些变化在所使用的热重分析技术得到的曲线中应表现的具体形式。

③ 应结合实验目的、样品信息、所用的实验方法和实验条件对曲线中出现的变化进行科学的解释。

④ 当由所得到的曲线无法得到所需要研究的现象时，应及时调整实验方案。

11.2.2　根据所采用的热重分析技术的特点确定可能解决的科学问题

在使用不同结构形式的热重分析技术解决具体的科学问题时，应首先了解不同的热重分析技术的基本原理、实验过程和应用领域。例如，当需要对如图 11-1 所示的聚四氟乙烯（PTFE）的 TG-DSC 曲线进行解析时，发现在 DSC 曲线中 300~350℃范围内出现了一个向吸热方向的峰，表明该过程为吸热过程。同时，还注意到该样品的 TG 曲线和 DTG 曲线在该温度范围内并没有出现明显的变化，即 TG 曲线中没有出现质量变化台阶（无论是向增重方向还是失重方向）、在 DTG 曲线中也没有出现峰，表明 DSC 曲线中的吸热峰对应于一个无质量变化的吸热过程。理论上，对于吸热过程所对应的变化过程而言，主要为分解、熔融、汽化、升华以及固相相转变等物理或化学过程。由于在实验过程中有气体产生的分解、汽化、升华过程均伴随着质量的变化，因此可以首先排除图中的吸热过程对应于这些过程的可能性。根据以上的这些信息可以初步判断该吸热过程是由于 PTFE 样品在该温度范围发生了固相相转变或熔融过程引起的。

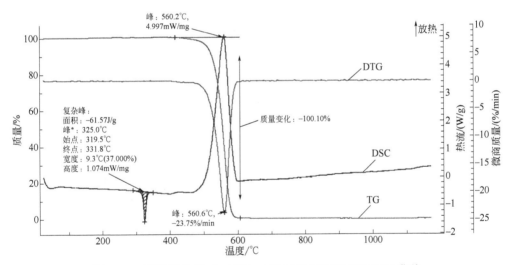

图 11-1　聚四氟乙烯（PTFE）在空气气氛下的 TG-DSC 曲线

（实验条件：加热速率 10℃/min，温度范围为室温~1200℃，
空气气氛、流速 50mL/min，敞口氧化铝坩埚）

实际上，可以通过一个简单的加热实验即可验证该过程为固相相转变还是熔融过程，即：向坩埚（为了便于对比在实验前后样品的外观变化，在实验中采用了铝坩埚）中加入 PTFE 试样后，加热至 350℃即停止加热，待温度降至室温附近时打开加热炉，取下坩埚。可以发现坩埚中的试样由原来的棱角分明的白色粉末状态变成了沉积于坩埚底部的透明的薄膜状态［如图 11-2（b）所示］，由此可以判断该试

样在加热过程中发生了熔融过程。由于 DSC 曲线在室温~350℃范围内出现了一个峰值温度在 325℃的吸热峰，且熔融过程为吸热过程，因此可以判断该过程为熔融过程，另外该温度范围与文献[2]中所报道的熔融温度数值接近。

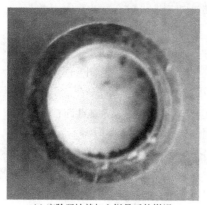

(a) 实验开始前加入样品后的坩埚　　　　　　　(b) 实验结束后降至室温的坩埚

图 11-2　在进行 TG-DSC 实验前后坩埚中的 PTFE 样品状态的变化
（加热速率：10℃/min；温度范围：室温~350℃；空气气氛，流速 50mL/min；密封铝坩埚）

在本实例中，在判断熔融过程时，充分利用了由 DSC 曲线得到的吸热峰和在吸热峰产生的温度范围内的 TG 曲线中没有发生质量变化这一特征。

另外，在解析所得到的热重曲线时，应充分考虑实验目的和所用仪器的技术参数。例如，Araujo 等人[3]利用高分辨率热重分析技术研究了正丁醇在有序介孔材料中的热脱附行为，并据此计算出了镧系元素掺杂的 MCM-41 材料的比表面积和介孔体积。在该研究中利用了热重分析仪的速率超解析技术，该技术可以根据不同的分解速率来自动调整加热速率，从而可以将相邻的两个质量变化过程进行分离。MCM-41 在正丁醇中浸泡处理后，其表面吸附的正丁醇分子会随着温度的升高而发生脱附，表现出质量的减少。在图 11-3 中分别给出了经正丁醇浸泡处理后的两个样品在加热过程中得到的热重曲线。从图中可以看出，在 40℃左右出现了大量的质量损失，该过程对应于大量（过量）正丁醇的蒸发过程，随后正丁醇从材料中的介孔中及孔壁上发生了热脱附。实验得到的两个样品的热重曲线的形状比较相似，均呈现出两个台阶。在以时间为横坐标绘制的 DTG 曲线上可以更加清晰地看出这两个过程（参见图 11-4 和图 11-5）。第一步质量变化过程发生在 40~60℃之间，反映了正丁醇从材料中的介孔的内部汽化，随后进一步从介孔的孔壁逐渐发生热脱附，这个过程发生在 60℃和 140℃之间。因此，通过在该温度范围内得到的高分辨热重数据可以计算出所研究样品的介孔体积和比表面积。由于在高分辨率热重实验过程中，加热速率是自动调节的，即温度不是时间的线性函数，因此通过依赖于时间的热重曲线可以更加方便地确定与总吸附体积和单层吸附体积相关的特征点，通过这些特征点可以分别计算出材料的介孔体积和比表面积。

从图 11-4 和图 11-5 中可以看出，以时间为横坐标绘制的 DTG 曲线出现了较为明显的峰值（由 a 表示）和相邻的肩峰（由 b 表示）。通过曲线中峰值减去剩余质量可以得到吸附质量，该值可以换算为吸附体积。通过每克样品中发生热脱附的正丁醇的摩尔数再乘以液态正丁醇的摩尔体积，则可以得到介孔体积。将 TG 曲线上 b 点的峰值减去剩余质量可以得到单分子层吸附体积，假设正丁醇分子的横截面积已知，则可以将该吸附体积转化为样品的比表面积。在计算时采用的正丁醇的摩尔体积为 $98.7cm^3/mol$，截面积为 $4.0×10^{-19}m^2/$分子，由此可以计算出所研究样品的介孔

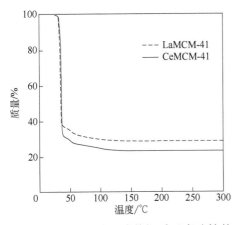

图 11-3　用正丁醇浸渍的镧系元素改性的 MCM-41 样品在加热过程中的热重曲线（假设在热重分析测量开始时记录的正丁醇浸渍样品的质量为 100%）[3]

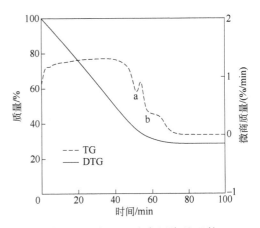

图 11-4　在正丁醇中浸泡处理的 LaMCM-41 样品的 TG 曲线和 DTG 曲线（以时间为横坐标）[3]

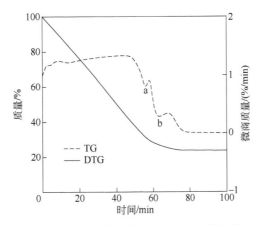

图 11-5　在正丁醇中浸泡处理的 CeMCM-41 样品的 TG 曲线和 DTG 曲线（以时间为横坐标）[3]

体积和比表面积（数值列于表 11-1）。从该表中可以看出，由正丁醇的 TG 曲线得到的热脱附数据计算得到的材料中介孔的孔体积数值与由氮吸附获得的数据非常一致。另外，由以上的热重分析技术确定的比表面积数值与根据氮吸附数据在 0.003~0.03 相对压力范围内计算得到的 BET 表面积数值十分接近（表 11-1）。

表 11-1 通过热重曲线和氮吸附数据确定的 CeMCM-41 和 LaMCM-41 样品的介孔的体积和比表面积信息[3]

参数	方法	LaMCM-41	CeMCM-41
比表面积/(m²/g)	N₂ 吸附，BET，0.04~0.2p/p₀	590	699
	N₂ 吸附，BET，0.003~0.03p/p₀	468	550
	正丁醇，HR TGA	447	545
孔体积/(cm³/g)	N₂ 吸附，αₛ-图分析	0.37	0.40
	正丁醇，HR TGA	0.37	0.45

通过以上由高分辨热重分析技术确定多孔材料的孔体积和比表面积的实例，可以看出，通过热重曲线确定材料的孔体积和比表面积参数的基本前提是所使用的热重分析仪可以实现高分辨（即速率超解析）实验，对于无法实现该类实验的仪器是无法达到这种实验目的的。另外，对于一些需要大样品量、高真空、高压、高升温/降温速率实验条件下的热重实验要求，应选择相应的仪器来满足实验需求。因此，在对实验所得到的热重曲线进行解析时，应充分了解并综合考虑所采用的热重分析技术的特点。

11.2.3 结合样品结构信息科学解析曲线中的特征信息

在通过热重实验所得到的曲线中，样品在实验过程中所发生的结构变化过程均包含在其中。在对曲线进行解析时，应充分考虑样品的结构信息。下面以一种 CaO 和 $CaCO_3$ 混合物的 TG 曲线为例来说明结合样品的结构信息来解析热重曲线的方法。图 11-6 为通过实验得到的 TG 曲线。由图可见，TG 曲线在 550~850℃范围内出现了一个失重台阶，失重量为 36.50%。根据样品的结构信息，其中的产物 CaO 的热稳定性很高（熔点为 2570℃，沸点为 2850℃），在实验的温度范围内不会出现质量变化。据此可以做出以下的判断：该失重台阶是由于样品中的 $CaCO_3$ 组分在高温下分解成 CO_2 和 CaO，形成的气态 CO_2 引起样品的质量减小，最终形成曲线中的失重台阶。另外，根据反应方程式可以计算出纯 $CaCO_3$ 物质分解引起失重的理论值为 44%。由于在图 11-6 中的 TG 曲线对应的样品中含有一定量的 CaO，该物质具有很高的热稳定性且在实验温度范围不发生质量变化，因此得到的失重量低于理论值。由此可以通过下式计算得到混合物样品中 $CaCO_3$ 的含量 w_{CaCO_3}：

$$\frac{w_{CaCO_3}}{w_{纯CaCO_3}} = \frac{w_{CaCO_3}}{100\%} = \frac{36.50\%}{44.00\%} \tag{11-1}$$

上式可以变形为：

$$w_{CaCO_3} = \frac{36.50\%}{44.00\%} \times 100\% = 82.96\% \qquad (11\text{-}2)$$

因此，样品中碳酸钙的含量为 82.96%，氧化钙的含量为 100%−82.96% = 17.04%。

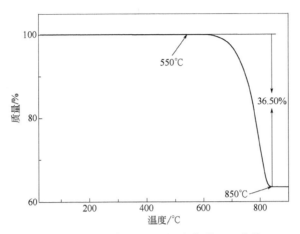

图 11-6　CaO 和 CaCO₃ 混合物的 TG 曲线

（实验条件：将 10.5mg 样品平铺于敞口氧化铝坩埚中，在流速为 50mL/min 的
氮气气氛中由 25℃升温至 900℃，升温速率为 10℃/min）

　　在以上实例中，利用了混合物中的一种组分在实验过程中发生了质量变化而另一种组分在加热过程中不发生质量变化的原理来确定 TG 曲线中台阶的归属并由此确定混合物中的组分。

　　在实际应用中，对于较复杂的样品组成和分子结构的体系，其在加热过程中的结构变化会变得更加复杂，对于所得到的曲线的解析难度也随之加大。在这种情况下，通常采用多种分析技术同时分析的方法对曲线进行解析。在解析时除了需要结合样品的结构信息外，还应分别考虑所使用的每种分析技术的特点。

　　以下以两种基于 2,4-二氟苯甲酸和 5,5′-二甲基-2,2′-联吡啶的镧系三元配合物的热分解机理的研究为例[4]，说明通过与热重分析技术联用的红外光谱分析技术对实验得到的 TG-DSC 曲线的解析方法。

　　图 11-7 为对配合物 [Tb(2,4-DFBA)₃(5,5′-DM-2,2′-bipy)]₂(H₂O)₂（**1**）进行实验得到的 TG-DTG-DSC 曲线，实验时采用的加热速率为 10K/min，实验气氛为动态流动的空气，通过实验可以研究该化合物的热稳定性以及结构分解过程。图 11-7 中的实验结果表明，在空气条件下，利用 TG 和 DSC 技术测量得到的所有曲线之间存在着较好的对应关系，其中 TG 曲线出现了三个失重台阶。在表 11-2 中列出了对应于 TG-DTG-DSC 曲线中的每个步骤中观察到的质量损失、变化温度范围和相应的峰值温度。表 11-2 中也列出了所研究的另一种配合物[Dy(2,4-DFBA)₃(5,5′-DM-2,2′-bipy)]₂(H₂O)₂（**2**）的特征参数。由图 11-7 和表 11-2 可见，配合物 **1** 的第一个失重台阶发生的温度范围为 404.2~717.2K，失重率为 23.48%（根据配合物 **1** 的结构式计

算得到的这一过程的理论失重量为 24.30%），该过程可能对应于 H_2O 和 5,5′-DM-2,2′-bipy 的汽化过程。在此过程中伴随着一个较弱的吸热峰（峰值温度 $T = 506.2K$；焓变 $\Delta H = 45.74J/g$）。第二步和第三步的质量损失过程发生在 717.2K 和 1251.2K 之间（分别对应于 DSC 曲线上的两个放热峰，即峰值温度 $T_1 = 700.8K$，$\Delta H_1 = 408.6J/g$；$T_2 = 749.8K$，$\Delta H_2 = 1951J/g$），根据该失重台阶的高度可以初步判断该过程对应于 6 个分子的 2,4-DFBA 配体的分解过程（理论值为 53.25%，通过热重曲线计算得到的失重率为 53.85%）。在实验的最终阶段，该配合物完全分解成为 Tb_4O_7 的形式，总失重率为 77.33%，与理论失重率（77.55%）基本一致。根据上述分析，配合物的热分解反应机理与相应的分子结构有关。

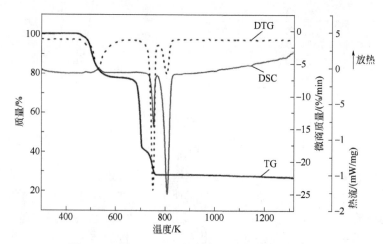

图 11-7　以 10K/min 的加热速率得到的配合物 [Tb(2,4-DFBA)₃(5,5′-DM-2,2′-bipy)]₂(H₂O)₂ 的 TG-DTG-DSC 曲线[4]

表 11-2　由两种配合物的 TG-DTG-DSC 曲线所确定的特征数据[4]

步骤		温度范围/K	DTG T_p/K	失重率/%		可能的气态分解产物	中间体和残留物
				实验值	理论值		
1	Ⅰ	404.2~598.2	501.25	23.48	24.30①	2(H₂O+5,5′-DM-2,2′-bipy)	[Tb₂(2,4-DFBA)₆]
	Ⅱ	598.2~717.2	698.75	38.11	53.25②	6(2,4-DFBA)	Tb₄O₇
	Ⅲ	717.2~1251.2	747.65	15.74			
	合计			77.33	77.55③		
2	Ⅰ	404.2~618.2	498.25	23.24	24.19①	2(H₂O+5,5′-DM-2,2′-bipy)	[Dy₂(2,4-DFBA)₆]
	Ⅱ	618.2~722.2	705.95	37.28	53.50②	6(2,4-DFBA)	Dy₂O₃
	Ⅲ	722.2~1309.2	753.65	16.28			
	合计			76.80	77.69③		

① H₂O 和 5,5′-DM-2,2′-bipy 的理论总失重率；

② 2,4-DFBA 的理论总失重率；

③ 总失重速率。

为了确定在配合物热分解过程中的气态产物信息，采用了与热重-差示扫描量热技术联用的红外光谱技术法对在加热过程中逸出的气体分子进行分析，通常通过这种联用技术来识别加热过程中产生的挥发性产物，以确定热分解机理[5]。在与图 11-7 相同的实验条件下加热配合物 [Tb(2,4-DFBA)$_3$(5,5′-DM-2,2′-bipy)]$_2$(H$_2$O)$_2$，其在热分解过程中产生的气态产物的 FTIR 光谱的堆叠图见图 11-8，在分解过程的不同温度下得到的气体的红外光谱图列于图 11-9。在温度为 598.7K 的气体的红外光谱（对应于图 11-7 中的第一个失重台阶）中，在 3471~3921cm^{-1} 波数范围的吸收峰为由水分子振动引起的特征带。同时，在光谱中出现了在 2324~2368cm^{-1} 范围内由 CO$_2$ 分子振动引起的特征带。此外，可由以下几个特征吸收带 $v_{C=C}$（1552cm^{-1}、1563cm^{-1}、1599cm^{-1}）、$v_{C=N}$（1468cm^{-1}）、v_{C-H}（2891~3028cm^{-1}）、v_{C-N}（1131cm^{-1}、1217cm^{-1}）、v_{C-H}（1060、1028、825 cm^{-1}）来识别主要逸出气体分子的特征结构信息，根据这些信息可以确定在该温度下产生的气体对应于在热分解过程中游离水分子和 5,5′-DM-2,2′-bipy 的汽化过程。图 11-9 中温度为 702.8K 时的红外光谱图对应于配合物分子的第二步分解过程，在该谱图中不仅观察到了较强的 CO$_2$ 特征吸收带（2307~2359cm^{-1}、669cm^{-1}）和较弱的 H$_2$O 的特征吸收带（3579~3897cm^{-1}），还观察到了一些与小分子有机化合物相关的特征吸收带：$v_{C=O}$（1776cm^{-1}）、$v_{C=C}$（1529cm^{-1}、1613cm^{-1}）、v_{C-H}（856cm^{-1}）。以上这些特征红外光谱吸收带信息表明在该温度下 2,4-DFBA 配体的结构已经被破坏，发生了分解。在 746.0K 下得到的红外光谱图对应于配合物的最后一个分解过程，其中主要是 CO$_2$ 的特征强吸收带（2263~2393cm^{-1}、669cm^{-1}）。同时，还检测到了 H$_2$O（3641~3740cm^{-1}）的一些小分子峰，表明在该温度下配体发生了完全的分解。

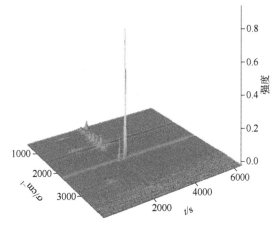

图 11-8　配合物 [Tb(2,4-DFBA)$_3$(5,5′-DM-2,2′-bipy)]$_2$(H$_2$O)$_2$ 在热分解过程中产生的气态产物的 FTIR 光谱的堆叠图[4]

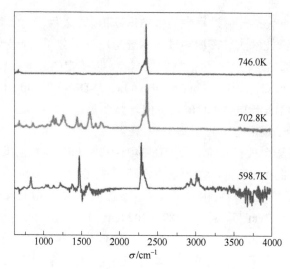

图 11-9   配合物 [Tb(2,4-DFBA)$_3$(5,5′-DM-2,2′-bipy)]$_2$(H$_2$O)$_2$ 热分解过程中
逸出气体的 2D FTIR 光谱[4]

在以上的实例中，通过 TG 曲线中的失重量结合样品的结构信息可以推断出每一个失重过程中所发生的结构变化，利用与 TG-DSC 技术联用的红外光谱技术检测了在分解过程中产生的气体分子的特征结构信息，为判断热分解机理提供了强有力的验证数据。通过实验得到的这些信息对于科学解释实验曲线并提出合理的热分解机理提供了强有力的证据。

11.2.4   科学解析曲线中的微弱变化信息

在进行曲线解析时，不可避免地会遇到一些十分微弱的变化信息。在对这些微弱的信号进行解析时，应充分结合样品的结构信息和实验条件来进行合理地解析。

例如，图 11-10 为二水合草酸亚钴的热重曲线，利用仪器附带的数据分析软件对 TG 曲线中的每个台阶进行了数据处理。图中在 850~950℃范围出现了一个失重量为 2.67%的微弱的台阶，根据台阶的形状可以排除仪器自身对曲线造成的影响，推测应为加热过程中样品的结构变化引起的。

下面详细介绍分析过程。

由图 11-10 可见，热重曲线在实验的温度范围一共出现了 3 个失重台阶，分别为：（i）在 128.4~264.0℃范围失重率 18.65%；（ii）在 264.0~325.4℃范围失重率 36.29%；（iii）在 884.0~954.3℃范围失重率 2.67%。

根据二水合草酸亚钴的结构和在每个温度范围的失重量信息，可以对曲线中出现的这些质量变化过程做出以下的归属，即：（i）在加热过程中，该化合物随着温度的升高首先失去二分子水变为草酸亚钴（对应于 TG 曲线中出现的第一个失重台阶）；（ii）随着温度的进一步升高，草酸亚钴失去 CO 和 CO$_2$ 变成 Co$_3$O$_4$（对应于

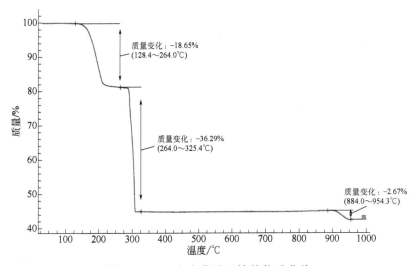

图 11-10　二水合草酸亚钴的热重曲线

（实验条件：实验仪器为德国耐驰公司 TGA209F1 热重分析仪，加热速率为 10℃/min，
空气气氛、流速为 50mL/min，敞口氧化坩埚）

TG 曲线中出现的第二个失重台阶）；（iii）在高温下 Co_3O_4 进一步分解变成 CoO 和
O_2（对应于 TG 曲线中出现的第三个失重台阶）。

这些过程可以分别用以下化学方程式表示：

$$CoC_2O_4 \cdot 2H_2O \longrightarrow CoC_2O_4 + 2H_2O \quad (128.4 \sim 264℃) \tag{11-3}$$

$$CoC_2O_4 + \frac{2}{3}O_2 \longrightarrow \frac{1}{3}Co_3O_4 + 2CO_2 \quad (264.0 \sim 325.4℃) \tag{11-4}$$

$$\frac{1}{3}Co_3O_4 \longrightarrow CoO + \frac{1}{6}O_2 \quad (884.0 \sim 954.3℃) \tag{11-5}$$

具体判断过程如下：

根据以上化学反应方程式，在失去 2 分子结晶水的过程中，理论上的失重率
应为：

$$w_{H_2O} = \frac{2 \times M_{H_2O}}{M_{CoC_2O_4 \cdot 2H_2O}} \times 100\% = \frac{2 \times 18}{183} \times 100\% = 19.67\% \tag{11-6}$$

由实验测得的这个过程的失重率为 18.65%（对应于 TG 曲线中出现的第一个失
重台阶），比理论值低 1.02%，在合理的范围内。

在由草酸亚钴失去 2 分子二氧化碳形成 Co_3O_4 的过程中，理论上的失重率应为：

$$w_{CO_2} = \frac{2 \times M_{CO_2} - \frac{2}{3} \times M_{O_2}}{M_{CoC_2O_4 \cdot 2H_2O}} \times 100\% = \frac{2 \times 44 - \frac{2}{3} \times 32}{183} \times 100\% = 36.44\% \tag{11-7}$$

由实验测得的这个过程的失重量为 36.29%（对应于 TG 曲线中出现的第二个失重台阶），比理论值低 0.15%，在合理的范围内。

在高温下 Co_3O_4 进一步分解变成 CoO 和 O_2 的过程中，理论上的失重率应为：

$$w_{O_2} = \frac{\frac{1}{6} \times M_{O_2}}{M_{CoC_2O_4 \cdot 2H_2O}} \times 100\% = \frac{\frac{1}{6} \times 32}{183} \times 100\% = 2.91\% \qquad (11\text{-}8)$$

由实验测得的这个过程的失重率为 2.67%（对应于 TG 曲线中出现的第三个失重台阶），比理论值低 0.24%，在合理的范围内。

在本例中，结合二水合草酸亚钴在加热过程中的失重量与结构变化的对应关系，科学地解释了在加热过程 TG 曲线中在 850~950℃ 范围出现的一个失重率为 2.7% 的微弱的台阶所对应的结构变化过程。

另外，在实际应用中，除了结合样品的结构信息之外，还应考虑在实验过程中所采用的实验方法和实验条件的影响，合理解析曲线中出现的一些较弱的变化。例如，在图 11-11 和图 11-12 中分别给出三种不同类型的环氧树脂在氮气和空气气氛下的 TG 曲线和 DTG 曲线[6]。由图可见，样品所处的气氛对其热分解行为产生了十分明显的影响，在空气气氛下的分解过程变得更加复杂。在空气气氛下，TG 曲线中的台阶形状和个数以及与此相应的 DTG 曲线的峰形均出现了明显的变化，在解析这些变化时需结合样品的结构组成和实验气氛的变化，对这些曲线中较为显著的主要过程和一些较弱的变化进行科学的分析[1]。

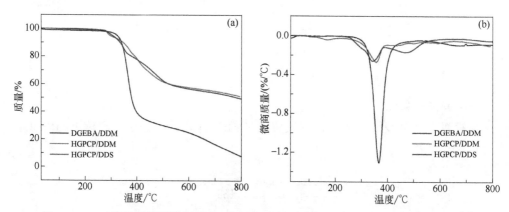

图 11-11　三种环氧热固性树脂在 N_2 气氛下的 TG 曲线（a）和 DTG 曲线（b）[6]

在实际应用中，对曲线中出现的特征变化进行解析时，有时会出现结合样品信息和实验条件无法解析的变化。例如，图 11-13 为在空气气氛和 15℃/min 的加热速率下得到的一水合草酸钙的 TG-DTG 曲线。由图可见，在实验开始的室温~53℃ 范围 TG 曲线中出现了 4.66% 的增重现象，在 DTG 曲线中相应地出现了与此过程相应的增重峰。结合一水合草酸钙的结构和实验时采用的实验条件，在升温过程中自室

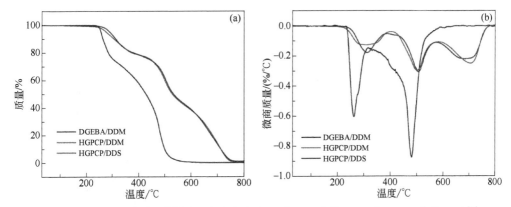

图 11-12　三种环氧热固性树脂在空气气氛下的 TG 曲线（a）和 DTG 曲线（b）[6]

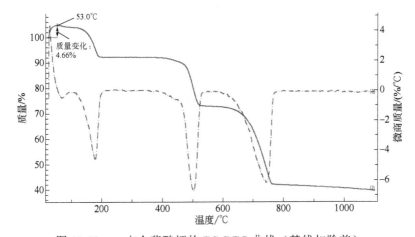

图 11-13　一水合草酸钙的 TG-DTG 曲线（基线扣除前）
（实验条件：加热速率：15℃/min；空气气氛，流速为 50mL/min；敞口氧化坩埚）

温开始出现的这种增重过程与样品的组成和结构变化无关，该现象不具有科学意义。结合所用仪器的结构特点，发现这种增重现象与样品在实验过程中的结构组成变化信息无关，由此可以推测这种现象可能与仪器的气流方式和结构形式有关，通常需要通过扣除空白基线的方式来消除这种影响。在图 11-14 中给出了在实验结束后进行扣除基线（所得基线的实验条件与样品相同）处理后得到的在空气气氛和 15℃/min 的加热速率下得到的一水合草酸钙的 TG-DTG 曲线，由图可见这种增重现象基本消失，接下来可以结合样品信息和所采用的实验条件对曲线中出现的变化进行科学的分析。

　　另外，在实验过程中还可能会出现由于实验时环境中的异常波动、坩埚中样品的重心发生变化等现象引起曲线中出现相应的异常变化，在进行曲线解析时应合理甄别这些现象。另外，在本章关于曲线解析的合理性解析原则部分将详细讨论这些异常影响。

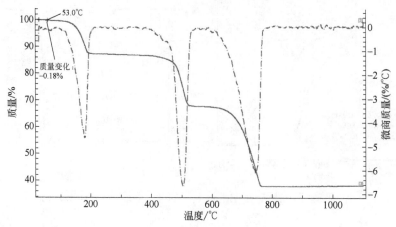

图 11-14　一水合草酸钙的 TG-DTG 曲线（基线扣除后）

（实验条件：加热速率 15℃/min，空气气氛、流速为 50mL/min，敞口氧化坩埚）

11.3　热重曲线的规范性解析原则

在热重曲线解析中除了应遵循科学性原则之外，还应遵循规范性原则。

此处所指的规范性解析主要包括以下几个方面的含义：①按照相应的标准或者规范要求绘制规范的实验曲线；②在所得到的 TG 曲线中规范确定每一个特征变化的物理量；③规范描述热重实验曲线所对应样品的结构、成分以及前处理信息、实验条件、曲线形状和变化的信息；④使用规范的术语结合样品信息、实验条件和实验目的分析曲线变化所对应的过程中样品的结构、成分和性质的变化。

11.3.1　规范表示实验曲线

在对热重曲线进行解析时，应规范地表示由相应的 TG 曲线所得到的信息。此处所指的规范主要指曲线的作图以及对曲线所反映的信息的描述等应符合相关的规范和标准的要求。在大多数科研论文和报告中，通常以图表的形式列出由热重曲线得到的特征数据。在本书第 8 章和第 9 章中分别介绍了在仪器的数据分析软件和 Origin 软件中规范作图的方法，在实际应用中进行规范作图时应特别注意以下几点：

① 在得到的热重曲线中，横坐标中自左至右表示时间或者温度的增加，纵坐标中自下至上表示物理量（通常为百分比形式表示的质量）的增加。在图 11-15 中给出了典型的 TG 曲线，由图可见，横坐标为温度，自左至右表示温度依次递增。图中的纵坐标为质量，为了便于比较，通常用归一化后的质量百分比表示，自上至下表示质量依次递减。

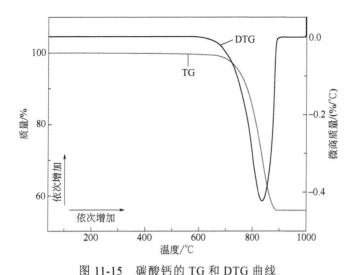

图 11-15　碳酸钙的 TG 和 DTG 曲线

（实验条件：加热速率 10℃/min，温度范围为室温~1000℃，氮气气氛、
流速 20mL/min，敞口氧化铝坩埚）

② 对于单条热重曲线，当实验过程中发生的特征转变过程不多于两个（包括两个）时，通常在图中空白处标注转变过程的特征温度或时间、归一化表示的质量等信息；当特征转变过程多于两个时，通常采用列表说明每个转变过程的特征温度或时间、质量等信息的方法。当需要对得到的多条曲线对比作图时，对每条曲线的特征温度或时间、质量等信息也应采用列表说明的方式进行表述。对于一张图中含有多条曲线的情形，可以通过列表的形式列出每条曲线的特征量，然后再分析其变化规律。在本书第 10 章中结合实例介绍了对于这类情形的作图方法，此处不再作重复性介绍。

③ 作图时，还应遵循以下几点做法：

（a）热重曲线的纵坐标通常用归一化后的质量表示，纵坐标的名称为质量或者相对质量，相对质量用%的形式表示。

（b）对于线性加热/降温的测试，横坐标为温度，单位常用℃表示。进行热力学或动力学分析时，横坐标的单位一般用 K 表示。

（c）对于含有等温条件的热重曲线横坐标应为时间，需要在纵坐标中增加一列温度。当只需显示某一温度下的等温曲线时，则不需要在纵坐标中增加一列温度。

例如，图 11-16 为在室温~800℃范围内、以 10℃/min 的加热速率的实验条件下得到的横坐标以时间表示的一种纸张的 TG-DTG 曲线。

由图 11-16 可见，在实验温度范围内，TG 曲线中出现了三个质量变化阶段。在 DTG 曲线中，在每个质量变化阶段均呈现了不同的峰。

另外，在分析图 11-16 中的曲线时很容易发现存在一个这样的问题，即不太方便由图 11-16 确定每一个质量变化阶段所对应的温度范围。在确定相应的温度时，需要先根据质量确定横坐标对应的时间，然后再找到图中的温度曲线所对应的温度（如图 11-16 中的虚线所示），这种做法显得比较费力、费时且不直观。在这种情况下，应以温度为横坐标进行作图，如图 11-17 所示，这样可以方便地确定每个质量变化阶段中相应的质量所对应的特征温度信息（如图 11-17 中的虚线所示）。

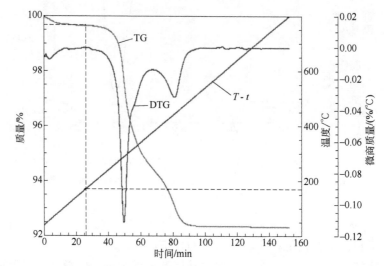

图 11-16 在室温~800℃范围内、以 10℃/min 的加热速率的实验条件下
得到的横坐标以时间表示的一种纸张的 TG-DTG 曲线
（实验条件：流速为 50mL/min 的空气气氛，敞口氧化铝坩埚）

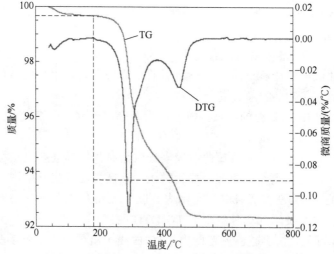

图 11-17 在室温~800℃范围内、以 10℃/min 的加热速率的实验条件下得到的
横坐标以温度表示的一种纸张的 TG-DTG 曲线
（实验条件：流速为 50mL/min 的空气气氛，敞口氧化铝坩埚）

对于较复杂的温度控制程序（尤其当含有等温段时）而言，横坐标通常以时间表示。

如图 11-18 为温度控制程序中含有多个等温阶段的横坐标以温度表示的 TG 曲线，不难看出图中的曲线在每个等温的温度下存在着陡降的现象。这种现象是由于在等温时出现了质量的减少而引起的。当以温度为横坐标轴进行作图时，这种质量减少表现为某一个温度点下的质量变化，在以温度作为横坐标作图时这种变化就会表现为陡降现象。当将横坐标改为如图 11-19 所示的以时间表示的在温度控制程序中含有多个等温阶段的 TG 曲线时，不难看出图中的曲线在每个等温的温度陡降现象消失了。因此，可以方便地得到在每个温度下的质量变化信息。

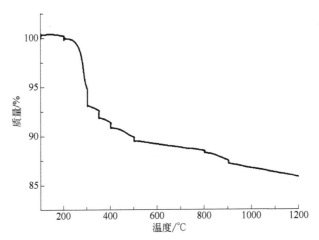

图 11-18　含有多个等温阶段的复杂温度控制程序下的 TG 曲线（横坐标以温度表示）

（实验条件：流速为 50mL/min 的空气气氛，敞口氧化铝坩埚）

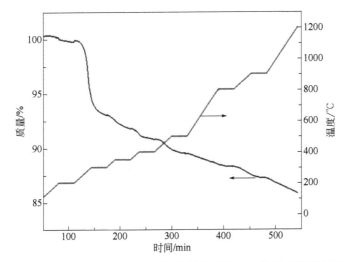

图 11-19　含有多个等温阶段的复杂温度控制程序下的 TG 曲线（横坐标以时间表示）

（实验条件：流速为 50mL/min 的空气气氛，敞口氧化铝坩埚）

11.3.2　规范确定热重曲线中的特征物理量

在热重实验过程中，当物质的结构和成分发生变化时，其质量通常会相应地发生变化。对于热重曲线而言，当在实验过程中质量发生了明显的变化时，在曲线中通常表现为向上（增重）或者向下（失重）的台阶。在对热重曲线进行解析时，应按照相应的标准或规范的要求来规范表示这些特征物理量。

以下结合教育行业标准《热分析方法通则 第 4 部分 热重法》（JY/T 0589.4—2020）[7]中对热重曲线的特征物理量的确定要求来介绍由热重曲线确定相应的特征物理量的方法。

（1）TG 曲线特征物理量的表示方法

由 TG 曲线可确定变化过程的特征温度和质量变化等信息。应从以下几个方面描述 TG 曲线：

（a）起始温度或时间，由外推起始准基线可确定最初偏离热重曲线的点，通常以 T_i 或 t_i 表示。

（b）外推始点温度或时间，外推起始准基线与热重曲线的起始边或台阶的拐点或类似的辅助线的最大线性部分所做切线的交点，通常以 T_{eo} 或 t_{eo} 表示。

（c）外推终点温度或时间，外推终止准基线与热重曲线的终止边、或台阶的拐点、或类似的辅助线的最大线性部分所做切线的交点，通常以 T_{ef} 或 t_{ef} 表示。

（d）终点温度或时间由外推终止准基线可确定最后偏离热分析曲线的点，通常以 T_f 或 t_f 表示。

（e）预定质量变化百分数温度或时间，预定质量变化百分数（假定以 $n\%$ 表示）所对应的温度或时间，通常以 $T_{n\%}$ 或 $t_{n\%}$ 表示。

（f）质量变化率，一定温度或时间范围内的质量变化百分比，通常以 $M\%$ 表示。

图 11-20 中以非等温 TG 曲线为例，示出了以上特征物理量的表示方法。

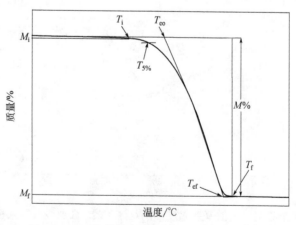

图 11-20　TG 曲线的特征物理量的表示方法

（2）DTG 曲线特征物理量的表示方法

由 DTG 曲线可确定在质量变化过程中的特征温度和质量变化速率等信息，应从以下几个方面描述 DTG 曲线：

（a）最大质量变化速率，试样在质量变化过程中，质量随温度或时间的最大变化速率，即 DTG 曲线的峰值所对应的质量变化速率，常用 r_T 或 r_t 表示。

（b）最大质量变化速率温度或时间，质量变化速率最大时所对应的温度或时间，即 DTG 曲线的峰值所对应的温度或时间，通常以 T_p 或 t_p 表示。

图 11-21 以由图 11-20 中 TG 曲线得到的 DTG 曲线为例，示出了 DTG 曲线的各物理量的表示方法。图中的峰面积对应于图 11-20 中的失重百分比 $M\%$。

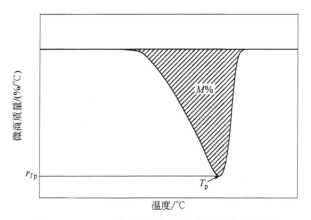

图 11-21　DTG 曲线的特征物理量的表示方法

需要特别指出，受所采用的曲线积分方法的影响，由 DTG 曲线的峰面积确定的质量变化百分比数值通常比直接通过 TG 曲线的台阶高度确定的质量变化百分比小。

在实际应用中，以上所列出的这些特征物理量可以在仪器的数据分析软件或者 Origin 软件中方便地确定，在本书第 8 章和第 9 章中详细介绍了在软件中确定这些物理量的方法，在此不再重复介绍。

需要特别指出，以上所提及的 $n\%$ 特征温度（$T_{n\%}$）为质量变化（通常为减少）$n\%$ 时的温度，可以在 Origin 软件中直接在热重曲线标出。常用的 $n\%$ 特征温度主要有当质量变化为 0%、1%、5%、10%、15%、20%、25%、50% 时的 $T_{n\%}$，其中 0% 特征温度是指试样保持质量不变的最高温度。在图 11-22 中列出了标注以上所列的 $n\%$ 特征温度后的 TG 曲线，由于该过程的总失重量约为 44%，因此在图中没有标注失重 50% 的特征温度 $T_{50\%}$。在实际应用中，通过 $T_{n\%}$ 可以定量地比较不同实验次数或者不同的样品之间同类型的变化间的差异，确定起来也十分方便，因此得到了较为广泛的应用。

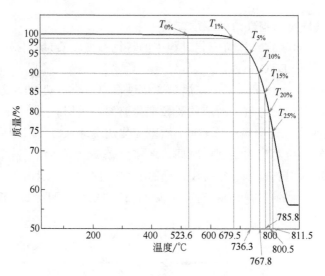

图 11-22　标注了 $n\%$ 特征温度后的 TG 曲线

　　例如，可以通过 TG 曲线中 $T_{d,5\%}$ 和 $T_{d,10\%}$ 值的变化趋势来比较合成的一系列杂萘酮-荧醚酮酮（PPFEKK）共聚物的热稳定性[8]。图 11-23 中列出了由热重分析法测定的合成的系列共聚物在不同气氛（氮气和空气）中的 TG 曲线和 DTG 曲线[8]，与曲线相应的特征数据如表 11-3[8]所示。由图 11-23 和表 11-3 可见，所研究的共聚物在氮气和空气中均在 450℃以下保持稳定。在氮气气氛下，共聚物在 513~560℃和 540~573℃时分别保持95%的质量和90%的质量。其中，结构中仅含有 BHPF单元的 PPFEKK0100 的热稳定性最好，其在氮气气氛下的 $T_{d,5\%}$ 为 560℃，表明 BHPF单元的引入可以提高共聚物的热稳定性。此外，由 DTG 曲线可以发现含有 DHPZ单元的 PPFEKK 在 N_2 中经历了两次热降解过程，而 PPFEKK0100 只经历了一次热降解过程。随着共聚物分子链中 BHPF 含量的增加，树脂的热分解温度逐渐升高。然而，在空气气氛下的实验曲线中没有呈现出同样的趋势。共聚物的 $T_{d,5\%}$、$T_{d,10\%}$ 和 $C_{y,800}$（即 800℃下的剩余质量）值均不随苯酚单体比例的变化而发生明显变化，这表明共聚物在氧气存在下可能会经历一个复杂的降解过程。这些热重实验结果表明，BHPF 单元在分子链中的引入提高了共聚物的热稳定性。此外，通过调整 BHPF 和 DHPZ 单体单元的比例，可以得到具有不同耐热性能的共聚 PAEK树脂。

表 11-3　用热重分析（TGA）研究了 PPFEKK 的热性能[8]

样品	氮气气氛				空气气氛			
	$T_{d,5\%}$[①]/℃	$T_{d,10\%}$[①]/℃	T_{max}[②]/℃	$C_{y,800}$[③]/%	$T_{d,5\%}$[①]/℃	$T_{d,10\%}$[①]/℃	T_{max}[②]/℃	$C_{y,800}$[③]/%
PPFEKK10000	513	540	519,570	64.2	515	531	609	1.8
PPFEKK7525	520	547	520,572	65.6	520	544	661	0.8
PPFEKK5050	534	557	522,576	63.8	519	536	600	1.2

续表

样品	氮气气氛				空气气氛			
	$T_{d,5\%}^{①}/℃$	$T_{d,10\%}^{①}/℃$	$T_{max}^{②}/℃$	$C_{y,800}^{③}/\%$	$T_{d,5\%}^{①}/℃$	$T_{d,10\%}^{①}/℃$	$T_{max}^{②}/℃$	$C_{y,800}^{③}/\%$
PPFEKK2575	536	557	521,578	61.2	521	538	593	1.8
PPFEKK0100	560	573	582	62.6	520	535	579	1.7

① 在加热速率 20℃/min 条件下得到的 TG 曲线中失重率 5%和 10%的温度；
② 在加热速率 20℃/min 条件下得到的 TG 曲线中最大分解速率对应的温度；
③ 在加热速率 20℃/min 条件下得到的 TG 曲线中 800℃时的焦含量。

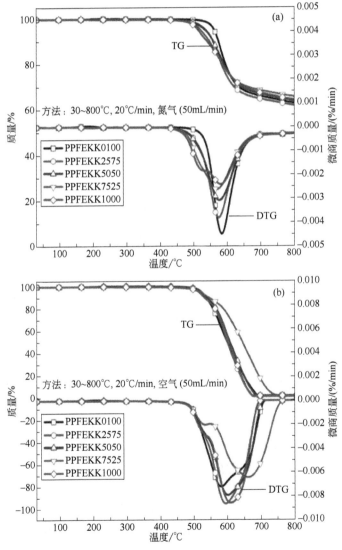

图 11-23　在氮气气氛（a）和空气气氛（b）下得到的 PPFEKK
共聚物的 TG 曲线和 DTG 曲线[8]

在得到的 TG 曲线中，以下几种情形不宜直接用 $T_{n\%}$ 表示质量变化过程中的特征温度：

① 当实验过程中的 TG 曲线的质量总变化量不到 5% 时，无法确定 $n\% > 5\%$ 以上的 $T_{n\%}$。

② 当 TG 曲线中出现多个连续变化的台阶时，通常不用 $T_{n\%}$。

例如，对于图 11-24 所示的热重曲线，样品在加热过程中出现了多个连续的质量变化台阶，在 DTG 曲线中也相应地出现了多个峰。在这种情况下，通常不用 $T_{n\%}$ 表示每个变化过程进行的程度。

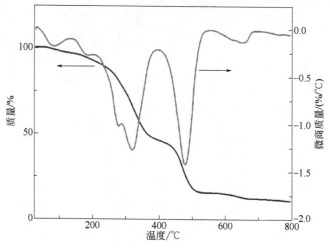

图 11-24　一种植物秸秆的 TG-DTG 曲线

（实验条件：流速为 50mL/min 的空气气氛，加热速率为 10℃/min，敞口氧化铝坩埚）

③ 当所关注的 TG 曲线的台阶的初始质量不是从 100% 开始，或者在之前已出现了质量变化过程时，通常不用 $T_{n\%}$ 表示。

例如图 11-25 为一种含有一定量的水分的一水合草酸钙的 TG-DTG 曲线，由图可见在室温~113.8℃ 范围内样品出现了约为 10% 的失重量，此时如果分析曲线中第二个失重过程（对应于失去分子中一个结晶水的过程）中的特征温度时，无法用 $T_{5\%}$ 或者 $T_{10\%}$ 来表示分解的不同阶段。有时在分析这些过程时，忽略第一个质量变化过程，将第一个过程结束后的质量作为初始质量，进行归一化处理（如图 11-26 所示），图中的 DTG 曲线也需进行相应的处理，在这种条件下可以得到 $T_{5\%}$ 和 $T_{10\%}$（图中已分别标注）。但注意这个过程的总失重量为 23%，假设将该失重过程看作从一个质量为 100% 到 0% 的独立的过程，图 11-26 中的 $T_{5\%}$ 温度实际对应于该过程进行了 22%，而图 11-26 中的 $T_{10\%}$ 温度则实际对应于该过程进行了 44% 时的温度。因此，在这种条件下得到的 $T_{n\%}$ 与实际意义上的特征初始温度之间存在着一定的差别。在实际应用中，通常用 $T_{n\%}$ 表示一个在实验过程中仅出现一个质量变化过程的 TG 曲线。对于多个质量变化过程的 TG 曲线而言，则通常采用热分析动力学的分析方法，将所研究的过程换算为一个从 0~100%范围变化的独立过程（即得到反应进度随温度或时间的曲线），之后再用 $T_{n\%}$ 表示过程中的特征温度。例如，图 11-26 中所关注的 113~260℃的质量变化过程可以换算为图 11-27 的形式。需要特别指出，由图 11-27 中得到的 $T_{5\%}$温度和 $T_{10\%}$温度对应的是过程进行到 5%或者 10%时所分别对应的温度（即将该过程看作是一个初始质量从 100%减少至 0%的独立过程），而非该样品的绝对质量分别减少了 5%或者 10%时所分别对应的温度。

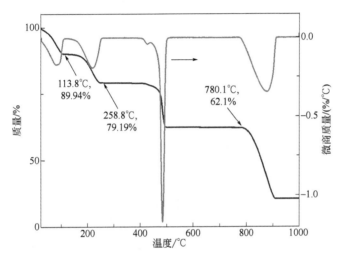

图 11-25　一种含有一定量水分的一水合草酸钙的 TG-DTG 曲线
（实验条件：流速为 50mL/min 的空气气氛，加热速率为 10℃/min，敞口氧化铝坩埚）

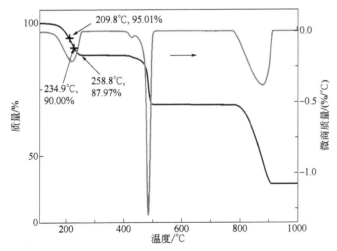

图 11-26　一种含有一定量水分的一水合草酸钙的 TG-DTG 曲线（不考虑 113℃以下的
质量变化过程，将 113℃的质量作为初始质量重新作图得到）
（实验条件：流速为 50mL/min 的空气气氛，加热速率为 10℃/min，敞口氧化铝坩埚）

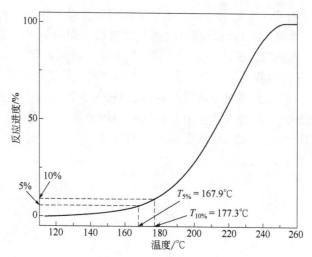

图 11-27　将图 11-26 中在 113~260℃范围的 TG 曲线的失重过程换算为一个
从 0~100%范围变化的独立过程后得到的反应进度曲线

（实验条件：流速为 50mL/min 的空气气氛，加热速率为 10℃/min，敞口氧化铝坩埚）

当在实验过程中 TG 曲线呈现出多个台阶时，在 DTG 曲线的相应范围也会出现相应的峰。当在实验过程中出现的多个过程彼此之间有重叠时，在 TG 曲线中出现的台阶之间无法呈现独立分离状态，同时在 DTG 中的峰也会呈现肩峰的形式。在对这类曲线进行解析时，通常需要对 DTG 曲线中的峰进行数学处理，得到分离状态的峰，每个峰对应于一个独立的过程。例如，在文献[9]中对玛雅蓝（MB）型颜料多步热分解研究中，采用对 DTG 曲线去卷积处理，得到每一个分解过程的 DTG 曲线。以下简要说明数据处理过程。

在图 11-28 中给出了基于凹凸棒石（P-MR）和海泡石（S-MR）的 MR 样品的 TG-DTG 曲线，图中的曲线是在不同的加热速率 β（图中已标注相应的 β）和流速为 300mL/min 的空气条件下得到的。文献研究结果表明[10]，不加 MB 的凹凸棒石和海泡石的热分解过程的 DTG 曲线中分别出现了 3 个和 4 个相邻的 DTG 峰。曲线中的前三个峰分别对应于沸石水、第一配位水和第二配位水的脱除过程，海泡石的第四个 DTG 峰是来自结构水的热脱附过程。在图 11-28（a）中 P-MR 的 TG-DTG 曲线中可以观察到 3 个相邻的 DTG 峰，其中每个 DTG 峰的温度对应于坡缕石加热脱去不同形式的水的过程。在 P-MR 样品中加入的甲基红可以引起额外的热分解过程，由此可能导致温度范围变宽和第 3 个 DTG 峰面积的增加。在图 11-28（b）中的 S-MR 的 TG-DTG 曲线中显示出了 5 个相邻的 DTG 峰，其中第一、第二、第四和第五 DTG 峰分别对应于海泡石中不同结构类型的水的热脱附过程。DTG 曲线中额外出现的第 3 个峰是由于甲基红的热分解引起的，另外甲基红的加入还引起了温度范围变宽和第 4 个峰的面积增加。

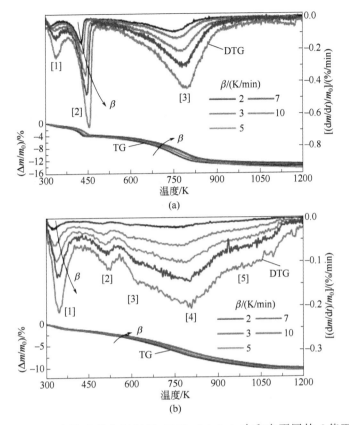

图 11-28　在流动的空气气氛（300mL/min）中和在不同的 β 值下
得到的 MR 样品的 TG-DTG 曲线[9]

（a）P-MR 样品（初始质量 $m_0 = 4.88\text{mg}\pm0.02\text{mg}$）和（b）S-MR 样品（初始质量 $m_0 = 4.69\text{mg}\pm0.06\text{mg}$）

由于图 11-28 中 DTG 曲线中的峰呈现相邻的重叠状态，在数据分析时需要对这些峰进行分离，以分析与纤维状矿物中掺入的有机分子热分解相关的每个步骤。通过分峰处理，可以将 MB 型颜料热分解的整个多步骤过程分解为单个反应步骤。在分峰时，通常利用以下形式的等式（11-9）对实验得到的 DTG 曲线进行数学解卷积[11-13]：

$$\frac{\mathrm{d}m}{\mathrm{d}t} = \sum_{i=1}^{N} F_i(t) \tag{11-9}$$

式中，N 为峰的总个数；$F_i(t)$ 为拟合分量峰 i 的统计函数。通过等式（11-9）计算得到的曲线对实验得到的 DTG 曲线进行拟合，使用等式（11-10）的 Weibull 函数进行计算得到图 11-28 中所有组分的峰。

$$F_i(t) = a_0 \cdot \left(\frac{a_3-1}{a_3}\right)^{\frac{1-a_3}{a_3}} \cdot \left\{\frac{t-a_1}{a_2} + \left(\frac{a_3-1}{a_3}\right)^{\frac{1}{a_3}}\right\}^{a_3-1} \cdot$$

$$\exp\left[-\left\{\frac{t-a_1}{a_2}+\left(\frac{a_3-1}{a_3}\right)^{\frac{1}{a_3}}\right\}^{a_3}+\frac{a_3-1}{a_3}\right] \tag{11-10}$$

式中，a_0、a_1、a_2 和 a_3 分别对应于峰的高度、峰位、峰宽和峰的参数。

在对 DTG 曲线中的峰进行去卷积处理的过程中，为了使分峰后的结果与 DTG 曲线更匹配并具有统计学意义，除了可以直接进行分离的 DTG 峰外，在其中还添加了一些次要峰。图 11-29 中给出了典型的 MR 样品的 DTG 曲线的去卷积处理结果。在对拟合效果进行统计比较后，分别在对 P-MR 和 S-MR 的 DTG 曲线拟合时添加了 5 个小峰和 4 个小峰，并添加可以分离的 DTG 峰。对于 P-MR 样品，第 1、2、3、6 个峰对应于凹凸棒石的热脱水过程。同样地，对于基于海泡石的样品，即 S-MR，

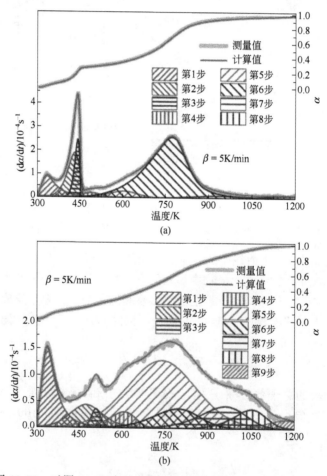

图 11-29　对图 11-28 中的曲线进行去卷积处理后得到的结果[9]
（a）P-MR 样品；（b）S-M 样品

第 1、2、3、5、9 个峰属于海泡石的热脱水。因此，去卷积处理 DTG 曲线得到的其他峰均归属于有机分子的热分解。在两个样品中，有 4 个 DTG 峰是由于甲基红的热分解引起的。

由经去卷积处理后得到的结果可以得到每个独立反应步骤的贡献，这种贡献程度可以通过每个分离峰的面积相对于总峰面积的比值来进行评价。另外，通过在不同加热速率 β 值下得到的分离峰可以得到各反应步骤的动力学数据，据此可以进行动力学分析。经去卷积处理后得到的详细结果和对每个数学分离后的峰进行动力学分析后得到的活化能 E_a 分别列于表 11-4 中。

表 11-4　对图 11-29 中的 DTG 曲线经去卷积处理后每个分离峰的面积对总峰面积的贡献（ c_i ），以及使用 Friedman 方法通过从不同 β 值下的一系列分离峰确定的活化能 E_a 值[9]

样品	第 i 个峰	来源	c_i	$E_{a,i}/(\text{kJ/mol})$①
P-MR	1	坡缕石	0.08±0.01	63.1±3.0（$0.1 \leq \alpha_1 \leq 0.9$）
	2	坡缕石	0.08±0.01	69.4±3.9（$0.1 \leq \alpha_2 \leq 0.9$）
	3	坡缕石	0.12±0.02	90.2±2.3（$0.1 \leq \alpha_3 \leq 0.9$）
	4	甲基红	0.05±0.01	72.9±18.1（$0.1 \leq \alpha_4 \leq 0.9$）
	5	甲基红	0.16±0.01	139.6±3.2（$0.4 \leq \alpha_5 \leq 0.9$）
	6	坡缕石	0.40±0.02	212.5±22.1（$0.1 \leq \alpha_6 \leq 0.9$）
	7	甲基红	0.07±0.02	183.4±46.8（$0.1 \leq \alpha_7 \leq 0.9$）
	8	甲基红	0.03±0.01	272.0±79.5（$0.1 \leq \alpha_8 \leq 0.9$）
S-MR	1	海泡石	0.10±0.01	46.2±12.8（$0.1 \leq \alpha_1 \leq 0.9$）
	2	海泡石	0.05±0.01	140.3±5.3（$0.1 \leq \alpha_2 \leq 0.7$）
	3	海泡石	0.10±0.01	102.4±3.1（$0.1 \leq \alpha_3 \leq 0.6$）
	4	甲基红	0.04±0.02	110.5±4.9（$0.1 \leq \alpha_4 \leq 0.6$）
	5	海泡石	0.41±0.06	135.5±21.0（$0.1 \leq \alpha_5 \leq 0.9$）
	6	甲基红	0.11±0.02	125.1±0.8（$0.1 \leq \alpha_6 \leq 0.8$）
	7	甲基红	0.09±0.02	134.9±4.5（$0.1 \leq \alpha_7 \leq 0.9$）
	8	甲基红	0.06±0.02	270.8±84.9（$0.1 \leq \alpha_8 \leq 0.9$）
	9	海泡石	0.02±0.02	568.9±42.8（$0.1 \leq \alpha_9 \leq 0.9$）

①为括号中 α_i 范围内的平均值。

11.3.3　规范描述热重曲线所对应的样品和实验条件信息

通常，在实验报告和论文中需要规范描述实验相关信息，主要包括以下几个方面[1,14]：①实验时所用的仪器信息（主要包括仪器厂商和型号，如果做了改进应详细说明）；②样品的结构、组成、来源及处理方法；③实验时所采用的实验条件信息，主要包括温度控制程序、坩埚类型、气氛种类及流速信息以及其他需要描述的必要信息（如数据采集频率、特殊附件等）。在本书第 10 章中分别结合实例介绍了描述以上信息的方法，在此不再展开介绍。

11.3.4 规范描述热重曲线并分析曲线中的变化

在实际应用中，在对所绘制的 TG 曲线中出现的台阶或者 DTG 曲线中的峰进行解析时，应从以下几个角度描述得到的曲线[1]：

① 应描述所得到的曲线中出现的变化所处的位置（即相应的温度或者时间范围）、形状；

② 定量描述对应于过程进行程度特征物理量（质量变化、特征温度或者特征时间等）；

③ 当图中包含不同样品或者不同实验条件下得到的多条曲线时，除了描述以上信息外，还应客观、准确地描述这些曲线的异同。

在从以上所介绍的角度分别对所得到的曲线进行描述之后，应结合所研究样品的结构和组成信息、处理条件、温度控制程序、实验时所采用的实验气氛、坩埚类型等信息规范解析曲线中所出现的变化，在解析时应规范使用相应的术语对这些变化所对应的物理和化学过程进行描述。

对于已知结构的化合物，在解析 TG 曲线中出现的质量变化过程时，应结合其结构性质对过程中发生的物理变化或者化学变化进行分析。例如，在分析一水合草酸钙的 TG 曲线时，可以通过在实验过程中出现的质量变化来判断相应过程的分解机理。如图 11-30 为一水合草酸钙的热重曲线，图中的热重曲线在实验的温度范围一共出现了 3 个失重台阶，分别为：①在 113.0~217.5℃失重 12.12%；②在 399.7~527.1℃失重 18.91%；③在 608.0~813.0℃失重 29.53%。

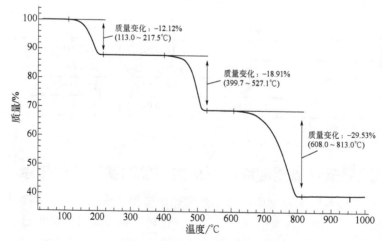

图 11-30 一水合草酸钙的热重曲线

（实验条件：德国耐驰公司 TGA209F1 热重分析仪，实验气氛为空气，
流速为 50mL/min，加热速率为 10℃/min，敞口氧化铝坩埚）

假设 TG 曲线中每个台阶仅对应于一个过程，根据一水合草酸钙的分子量（$M_W = 146$）和 TG 曲线中的质量变化台阶，可以判断在不同的过程中结构发生了以下的变化：

① 对于第一步失重过程，分解成气体部分占所有分子的比例为 12.12%，可以由下式判断该过程中失去分子的分子量 M_{W1}：

$$M_{W1} = 146 \times 12.12\% = 17.69 \qquad (11\text{-}11)$$

根据一水合草酸钙的结构，可以判断在加热过程中，TG 曲线中出现的这个台阶对应于失去一分子水（水的 M_W 为 18）的过程，该过程结束后，样品结构形式变为草酸钙。

② 对于第二步失重过程，分解成气体部分占所有分子的比例为 18.91%，可以由下式判断该过程中失去分子的分子量 M_{W2}：

$$M_{W2} = 146 \times 18.91\% = 27.61 \qquad (11\text{-}12)$$

根据一水合草酸钙的结构，可以判断在加热过程中，TG 曲线中出现的这个台阶对应于失去一分子 CO（CO 的 M_W 为 28）的过程，该过程结束后，样品结构形式变为碳酸钙。

③ 对于第三步失重过程，分解成气体部分占所有分子的比例为 29.53%，可以由下式判断该过程中失去分子的分子量 M_{W3}：

$$M_{W3} = 146 \times 29.53\% = 43.11 \qquad (11\text{-}13)$$

根据一水合草酸钙的结构，可以判断在加热过程中，TG 曲线中出现的这个台阶对应于失去一分子 CO_2（CO_2 的 M_W 为 44）的过程，该过程结束后，样品结构形式变为氧化钙。

综合以上分析可以得出以下判断：根据一水合草酸钙的结构，在加热过程中，该化合物随着温度的升高依次会出现失去一分子水变为草酸钙、失去一分子一氧化碳变为碳酸钙和失去一分子二氧化碳变为氧化钙的结构变化过程，即当温度高于 813.0℃时，一水合草酸钙分解成为固态的氧化钙。

这些过程可以分别用以下化学方程式表示：

$$CaC_2O_4 \cdot H_2O \longrightarrow CaC_2O_4 + H_2O \quad (113.0 \sim 217.5℃) \qquad (11\text{-}14)$$

$$CaC_2O_4 \longrightarrow CaCO_3 + CO \quad (399.7 \sim 527.1℃) \qquad (11\text{-}15)$$

$$CaCO_3 \longrightarrow CaO + CO_2 \quad (608.0 \sim 813.0℃) \qquad (11\text{-}16)$$

根据以上化学反应方程式，在失水过程中（113.0~217.5℃），理论上的失重率应为：

$$w_{H_2O} = \frac{M_{H_2O}}{M_{CaC_2O_4 \cdot H_2O}} \times 100\% = \frac{18}{146} \times 100\% = 12.32\% \qquad (11\text{-}17)$$

由实验测得该过程的失重率为 12.12%，比理论值低 0.20%，在合理的范围内。
同样地，可以分别确定在失去一分子 CO 和 CO₂ 的过程中的理论失重率为：

$$w_{CO} = \frac{M_{CO}}{M_{CaC_2O_4 \cdot H_2O}} \times 100\% = \frac{28}{146} \times 100\% = 19.18\% \qquad (11\text{-}18)$$

$$w_{CO_2} = \frac{M_{CO_2}}{M_{CaC_2O_4 \cdot H_2O}} \times 100\% = \frac{44}{146} \times 100\% = 30.14\% \qquad (11\text{-}19)$$

由实验测得的这两个过程的失重率分别为 18.91% 和 29.53%，分别比理论值低
0.27% 和 0.61%，在合理的范围内。

另外，对于不同的样品或者在不同的实验条件下得到的 TG 曲线，在实际应用
中通常需要对比多条曲线的异同，并根据一些变化趋势发现规律。为了叙述方便，
对于曲线中的特征量通常以表格的形式给出。在解析这类曲线时，在描述了所得到
的曲线的形状和位置变化之后，通常需要结合样品和实验条件信息分析实验中的这
些现象和规律。

例如，在 Roussi 等人[15]对 ABS 等聚合物的热分解行为的研究结果中，对于在
不同的升温速率下得到的 ABS 的 TG 曲线和 DTG 曲线进行了描述，并分析了其中
的变化所对应的分解过程。

如图 11-31 中分别给出了不同的升温速率和 20mL/min 的氮气气氛下得到的 ABS
的 TG 曲线和 DTG 曲线[15]。由图可见，在较低的升温速率下，样品分解过程的开始
温度和结束温度均较其他较高的升温速率下低。在 200℃ 和 300℃ 之间出现了一个较
弱的分解过程，质量损失小于 5%。在 2.5℃/min、5℃/min、10℃/min、20℃/min 的
升温速率下，曲线中主要的分解过程分别出现在 300~476℃、310~492℃、317~516℃
和 326~522℃ 范围内。在 700℃ 时，在不同的加热速率下得到的残留物的质量在 1.3%±
0.4% 范围波动，在 2.5℃/min、5℃/min、10℃/min、20℃/min 的升温速率下，DTG
曲线的峰值温度分别为 404℃、418℃、431℃ 和 448℃。由 DTG 曲线的变化趋势可
以看出，在较低的升温速率下得到的曲线中看起来像肩峰的部分在较高的升温速率
下变得更加明显，其强度和分离性明显增强。文献研究结果表明 ABS 的主要降解分
为两步进行[16-18]：第一步从 365℃ 左右开始，分别在 425℃、436℃、447℃ 和 456℃
结束，结束温度取决于升温速率，而第二步则从第一步的结束温度开始，直到分解
结束。第一步对应于挥发性化合物的损失[17]。Suzuki 等人[18]应用热重/傅里叶变换
红外光谱技术（TG/FTIR）研究了 ABS 的分解过程，结果表明在 340℃ 开始有丁二
烯分子逸出，在 350℃ 开始有苯乙烯逸出，而单体丙烯腈在 400℃ 开始逸出[18]。Yang
等人[16]根据 DTA 实验发现在 TG 曲线的第一步失重过程中至少有 3 个峰相互重叠，
这表明在 TG 曲线中出现的这个失重过程并不是一个简单的化学反应，而是同时发
生了几个化学反应[16]。第二步分解过程对应于在第一步分解过程中形成的网状产物
中较强键的断裂，主要指 C—C 主链键的断裂[17]。

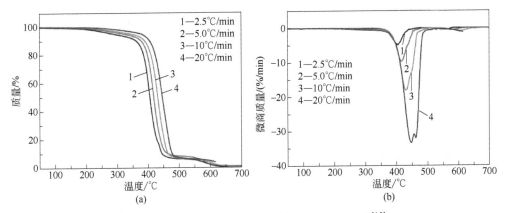

图 11-31　升温速率对 ABS 热降解过程的影响[15]

(a) TG 曲线；(b) DTG 曲线

在研究较复杂组成的分解机理时，通常需要将 TG 或者 TG-DSC 与红外光谱技术或者质谱技术进行联用，以得到在质量变化过程中逸出的气体产物的结构信息。在解析这类曲线时，通常需要分别描述由每种分析技术得到的曲线的形状、位置等特征信息，还需要结合每种分析技术的特点从不同的角度来综合分析这些信息，得到预期的结论。例如，通过热分析联用技术可以确定天然碳硫硅钙石在 Ar 和空气气氛下的热分解反应机理[19]。样品在加热过程中经历了包括脱水、去羟基化、炭化和脱硫等阶段，通过这些阶段可以得到不同结晶度的固体残渣，在最高温度下生长的主要固相是斜硅钙石。基于得到的实验结果，可以提出碳硫硅钙石热分解的化学反应过程，阐述碳硫硅钙石热分解的反应机理。图 11-32 中给出了天然碳硫硅钙石样品分别在 Ar 和空气气氛下的 TG-DTG-DSC 曲线和由与热分析仪联用的质谱技术得到的特征选择离子曲线[19]。由图中的 TG、DTG 和 DSC 曲线可见，样品在加热过程中的热分解过程可以分为 5 个阶段，分别对应于 5 个温度范围，每个阶段的特征变化参数分别列于表 11-5[19]中。图 11-32 中的 TG 曲线中出现的 5 个台阶之间相对独立，据此可以更方便地计算出每个阶段的质量损失。表 11-5 中分别列出了以上 5 个质量损失过程中产生的逸出气体产物。在第一个质量变化阶段（分别对应于 Ar 气氛下的温度范围为 345.6~493.8K，空气气氛下的温度范围为 341.3~530.8K），出现了最为明显的质量损失，该过程是由于样品中的水汽化释放引起的（失重量为 38%~39%）。第二个失重阶段（对应的温度范围为 580.0~830.0K）是由于在分解过程中 CO_2、SO_2、O_2 和水蒸气的逸出引起的，其失重率分别为在 Ar 中 4.09% 和空气中 4.67%。第三个质量损失阶段（对应的温度范围为 900.0~1030.0K）对应于 CO_2 和 O_2 的逸出过程，在 Ar 和空气气氛下的质量损失分别为 1.51% 和 1.11%。第四个质量损失阶段（对应的温度范围为 1180.0~1320.0K）对应于 SO_2 和 O_2 的逸出过程，在 Ar 和空气气氛下的质量损失分别为 1.88% 和 1.14%。第五个质量损失阶段（对应的温度范围为 1400.0~1670.0K）对应于 SO_2 和 O^{2-} 的逸出过程，产生了约 10% 的质量损失。

表 11-5 在 Ar 和空气中逸出的气相物质的温度范围和质量损失[19]

热分解台阶	Ar 气氛			空气气氛			逸出气体
	T_{infl}/K	温度范围/K	质量损失/%	T_{infl}/K	温度范围/K	质量损失/%	
1st	430.3	345.6~493.8	39.21	437.8	341.3~530.8	38.26	H_2O，O^{2-}
2nd	698.1	626.5~820.8	4.09	707.0	580.1~833.4	4.67	H_2O，CO_2，SO_2，O^{2-}
3rd	969.4	908.2~1030.8	1.51	995.8	918.8~1033.0	1.11	CO_2，O^{2-}
4th	1267.8	1180.0~1304.5	1.88	1269.8	1216.8~1322.9	1.14	CO_2，O^{2-}
5th	1576.6	1394.1~1606.8	10.23	1578.2	1457.6~1669.1	9.71	SO_2，O^{2-}
5 个台阶的总失重率			56.92			54.89	台阶失重率总和
室温~1673K 范围的总失重率			59.71			56.86	总失重率

注：T_{infl}.*—拐点温度。

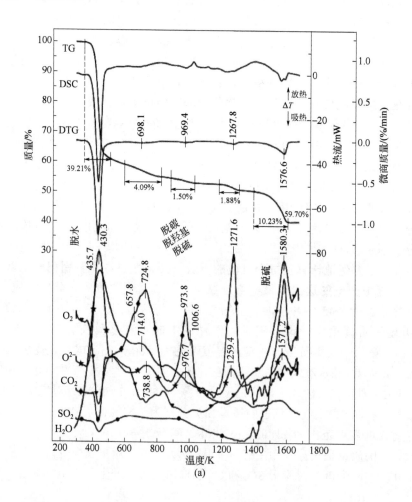

(a)

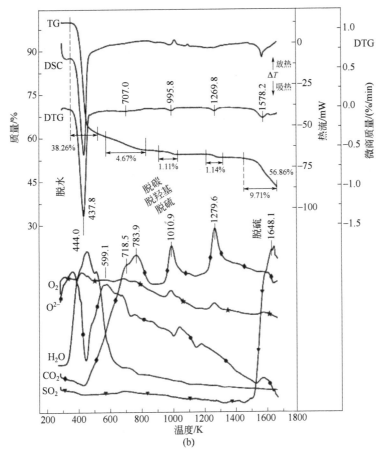

图 11-32　天然碳硫硅钙石样品分别在 Ar 气氛（a）和空气气氛（b）的
TG-DTG-DSC 曲线（加热至 1673K）[19]

对比样品在两种气氛下的实验结果，可以发现：

① 分解过程中的 5 个阶段的温度范围比较接近。在 Ar 气氛下的特征温度比空气气氛下低约 50K；

② 在 Ar 气氛下各阶段的质量损失量比空气中高 0.50%~2.85%；

③ 在空气气氛下，最后一个阶段的分解过程没有完全结束，而在 Ar 气氛下，该阶段完全结束，剩余质量大约比空气气氛下高 3%（见表 11-5）。

根据以上分析结果并结合原位 X 射线衍射分析技术对于分解产物的物相分析结果，可以提出在加热过程中天然碳硫硅钙石以下形式的热分解机理：

① 第一个失重阶段（对应的温度范围为 340.0~530.0K）对应于碳硫硅钙石脱水过程，结构变化过程可用以下形式的化学反应方程式表示：

$$Ca_3Si(OH)_6(CO_3)(SO_4) \cdot 12H_2O \longrightarrow CaSiO_3 \cdot CaCO_3 \cdot CaSO_4 \cdot 2H_2O + 13H_2O \quad (11\text{-}20)$$

$$2Ca_3Si(OH)_6(CO_3)(SO_4)\cdot12H_2O \longrightarrow$$

$$Ca(HCO_3)_2 + Ca(HSO_4)_2 + Ca(OH)_2 + 2SiO_2 + 3CaO + 27H_2O \quad (11\text{-}21)$$

② 第二个失重阶段（对应的温度范围为 580.0~830.0K）对应于 $Ca(OH)_2$、$Ca(HCO_3)_2$ 和 $Ca(HSO_4)_2$ 的脱羟基、脱碳和脱硫过程，结构变化过程可用以下形式的化学反应方程式表示：

$$CaSiO_3\cdot CaCO_3\cdot CaSO_4\cdot2H_2O \longrightarrow CaSiO_3\cdot CaCO_3\cdot CaSO_4 + 2H_2O \quad (11\text{-}22)$$

或

$$CaSiO_3\cdot CaCO_3\cdot CaSO_4\cdot2H_2O \longrightarrow CaSiO_3 + CaCO_3 + CaSO_4 + 2H_2O \quad (11\text{-}23)$$

$$Ca(OH)_2 \longrightarrow CaO + H_2O \quad (11\text{-}24)$$

$$Ca(HCO_3)_2 \longrightarrow CaCO_3 + CO_2 + H_2O \quad (11\text{-}25)$$

$$Ca(HSO_4)_2 \longrightarrow CaSO_4 + SO_2 + H_2O + \tfrac{1}{2}O_2 \quad (11\text{-}26)$$

③ 第三个失重阶段（对应的温度范围为 900.0~1030.0K）对应于方解石脱碳（CO_2）的过程，结构变化过程可用以下形式的化学反应方程式表示：

$$CaCO_3 \longrightarrow CaO + CO_2 \quad (11\text{-}27)$$

$$CaO + CaSiO_3 \longrightarrow Ca_2SiO_4 \quad (11\text{-}28)$$

$$CaCO_3 + 2Ca_2SiO_4 \longrightarrow Ca_5(SiO_4)_2(CO_3) \quad (11\text{-}29)$$

$$CaSO_4 + 2Ca_2SiO_4 \longrightarrow Ca_5(SiO_4)_2(SO_4) \quad (11\text{-}30)$$

④ 第四个失重阶段（对应的温度范围为 1180.0~1320.0K）对应于灰硅钙石脱碳（CO_2）的过程，结构变化过程可用以下形式的化学反应方程式表示：

$$Ca_5(SiO_4)_2(CO_3) \longrightarrow 2Ca_2SiO_4 + CaO + CO_2 \quad (11\text{-}31)$$

$$Ca_5(SiO_4)_2(CO_3) \longrightarrow 2CaSiO_3 + 3CaO + CO_2 \quad (11\text{-}32)$$

⑤ 第五个失重阶段（对应的温度范围为 1400.0~1670.0K）对应于硬石膏和钙矾石的脱硫过程，结构变化过程可用以下形式的化学反应方程式表示：

$$2Ca_5(SiO_4)_2(SO_4) \longrightarrow 4Ca_2SiO_4 + 2CaO + 2SO_2 + O_2 \quad (11\text{-}33)$$

$$2Ca_5(SiO_4)_2(SO_4) \longrightarrow 4CaSiO_3 + 6CaO + 2SO_2 + O_2 \quad (11\text{-}34)$$

$$2CaSO_4 \longrightarrow 2CaO + 2SO_2 + O_2 \quad (11\text{-}35)$$

11.3.5 在结果报告或者研究论文中通常需要包含的规范信息

在结果报告或者研究论文中，应将测试数据结合热重曲线来规范描述曲线所对应的实验条件以及所得到的信息。通常，在最终形式的结果报告中应包括以下内容中的几种或全部信息[1,14]：

① 标明试样和参比物的名称、样品来源、外观、检测时间、样品编号、委托单位、检测人、校核人、批准人及相关信息；

② 标明所用的测试仪器名称、型号和生产厂家；

③ 列出所要求的测试项目，说明测试环境条件；

④ 列出测试依据；

⑤ 标明制样方法和试样用量，对于不均匀的样品，必要时应说明取样方法；

⑥ 列出测试条件，如气体类型、流量、升温（或降温）速率、坩埚类型、支持器类型、文件名等信息；

⑦ 列出测试数据和所得曲线；

⑧ 必要时和可行时可给出定量分析方法和结果的评价信息。

在出具的检测报告中应尽可能全部包括以上所列举的信息。在科研论文或研究报告中，应至少包括以上内容中的①、②、⑤、⑥、⑦等方面的内容。其中①部分内容中"外观、检测时间、样品编号、委托单位、检测人、校核人、批准人及相关信息"在论文中一般不需要提供。

11.4　热重曲线的准确性解析原则

在对热重曲线进行解析时，除了应满足以上的科学性和规范性的要求外，还应尽可能准确地对曲线所蕴含的信息进行表述。此处所指的准确除了数据准确外，还包括对曲线所对应过程的准确归属等方面的内容。

一般来说，对热重曲线的准确性解析原则主要包括以下几个方面的内容：

① 在对曲线进行解析之前应了解所用实验仪器的工作状态，以确保在仪器处于正常的工作状态下得到合理的实验数据；

② 结合样品的结构、成分、性质和处理条件等信息，准确解析所得到的实验曲线；

③ 结合实验中所采取的温度控制程序、实验气氛、坩埚等实验条件，准确解析所得到的实验曲线。

11.4.1　实验数据的准确性判断

在对热重曲线进行解析之前，十分有必要对实验所用的仪器的状态有较为详细的了解，通常通过对所用的仪器定期或不定期校准或者检定来确保实验所得到的数据的准确性[20]。在本书第 4 章中详细介绍了判断仪器状态的方法，在本部分内容中不再进行重复性介绍。

在对热重曲线进行解析的过程中出现以下情况时，应及时了解获得曲线所使用的热重分析仪器的工作状态，以确保实验曲线是在仪器处于正常的工作状态下获得的[1]：

（1）曲线中出现一些与实验条件、样品信息相矛盾的信息

先看一个实例。

图 11-33 为一种植物秸秆在惰性气氛（N_2）下得到的 TG 和 DTG 曲线。由图可见，在 N_2 气氛中，样品发生的热反应主要是热分解反应，TG 曲线有两个失重阶段：水分析出阶段（室温~155℃范围）和挥发分析出阶段（155℃以上）。由于木质素的热稳定性较半纤维素和纤维素更高，在挥发分析出阶段首先是纤维素和半纤维素分解，随着温度升高至380℃之后，主要是木质素的分解。但在图 11-33 中容易看出，当温度高于 380℃时，在 TG 曲线中出现了加速失重的特征，这种特征是生物质和其他有机物或高分子化合物在空气气氛中氧化分解的典型特征。曲线中表明在分解过程中有氧参与的另一个典型特征是：当温度高于 570℃时，质量不随温度的升高而继续减少，表明样品中的有机碳发生了彻底的氧化分解。这些信息与实验时要求的惰性气氛（氮气气氛、流速 50mL/min）不一致，TG 曲线无法解释。这种情况下需要核实实验时所用的仪器状态，需核实的问题主要包括：

① 气氛流速是否正常？

② 气体的纯度是否满足要求？

③ 仪器的加热炉的出气口是否保持畅通？

④ 实验开始前，仪器加热炉及天平室内的残留氧有没有被彻底置换？

在确认不存在以上问题时，重新进行实验。

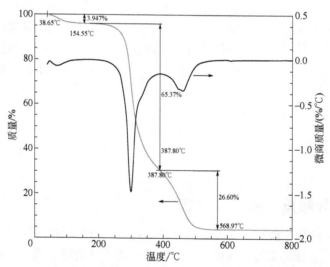

图 11-33　植物秸秆在惰性气氛下得到的 TG-DTG 曲线

（实验条件：氮气气氛、流速 50mL/min，加热速率 10℃/min，敞口氧化铝坩埚）

图 11-34 为调整仪器状态后重新进行以上实验所得到的 TG 曲线。与图 11-33 相比，图 11-34 中的 TG 曲线在第二阶段反应之后变化较为缓慢，在 800℃下的剩余量约为27%以上。从 DTG 曲线可以看出，在图 11-33 中的 DTG 曲线出现了两个较为显著的失重峰，而在图 11-34 中的 DTG 曲线则仅存在一个明显的失重峰。产生上

述差异的原因是图 11-33 中的 TG 曲线在实验过程中存在一定浓度的氧气，空气中 O_2 的存在会引起木质素分解产物炭的氧化燃烧，同时由于该反应属于放热反应，放出的热量会加快木质素的裂解，更多分解产物燃烧失重，因此图 11-33 中的 TG 曲线在第三阶段的失重明显比图 11-34 中的 TG 曲线要高。

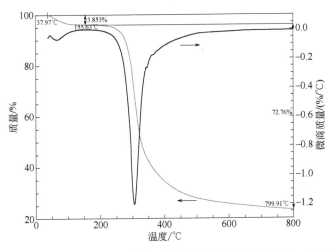

图 11-34　调整仪器状态后植物秸秆在惰性气氛下得到的 TG 曲线
（实验条件：氮气气氛、流速 50mL/min，加热速率 10℃/min，敞口氧化铝坩埚）

另外，在曲线解析时应谨慎对待在曲线中出现的急剧变化的较弱的尖峰，这类信号可能是在实验过程中由于检测器工作环境的异常波动引起的，大多和样品的变化无关。热重分析仪所处的工作环境中的温度、湿度均会对实验数据产生不同程度的影响。

一些灵敏度较高的热重分析仪器对于所处的实验室环境的温度变化十分敏感，当实验室环境的温度波动 3~5℃时会引起基线的变形。此外，在对一些容易潮解的样品进行热重实验时，实验室的湿度变化也会引起热重曲线的形状发生变化，这种变化会影响最终的测量结果。

实验室内所发生的一些意外的振动也会影响热重分析仪的正常工作，这些振动最终也会反映在所得到的实验曲线上。例如，图 11-35 为在实验室环境发生变化前后同一样品的 TG 曲线，由图可见，曲线在 700℃附近出现了较为剧烈的波动（图中已标注）。在重复进行的实验中在该温度附近未出现质量的变化，由此可以判断该过程为实验室环境（主要为异常振动）引起的异常变化。

因此，对于这种无法正常解释的现象，在对曲线进行解析时应通过文献调研、对仪器状态、实验条件等方面的了解来进行确认，以免出现对曲线不准确解析的现象。

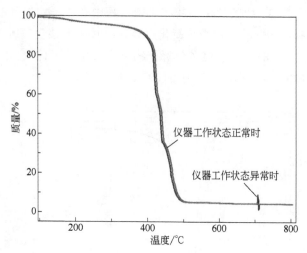

图 11-35　在实验室环境发生变化前后同一样品的 TG 曲线

（2）所获得的热重曲线中的特征值与文献或预期的数值偏离较大

在对热重曲线进行解析时，经常会出现所获得的曲线中的特征值与文献或预期的数值偏离较大的情形。此时，应结合所研究的样品的具体情况（如制备工艺、处理条件、样品量等的差别）和所采用的实验条件来进行综合分析。如果在考虑了这些因素后仍出现无法正常解析的情况，则应考虑所使用的仪器的状态是否正常。

概括来说，对仪器状态的了解主要包括以下几方面的内容：

① 仪器是否按照要求进行了校准或者检定。

当存在以下情形时，应及时对仪器进行校准：（i）使用性能相差较大的不同坩埚或支持器类型时，应分别做校准。（ii）当使用密度相差较大的不同气氛时，应分别做校准。（iii）根据仪器使用频率，在支持器没有发生较大污染、无关键部件更换、仪器没有大修的情况下应定期进行校准。在仪器状态发生较明显变化等异常情况下，应及时进行校准。（iv）首次使用或维修更换了新的支持器时，应进行校准。

只有当仪器的校准或者检定结果能满足实验要求时，才可以用来进行热重实验。

② 仪器操作者有无按照仪器的操作规程的要求规范进行实验。

③ 在对曲线进行分析时，有无按照要求进行基线校正、归一化、平滑或其他处理。

另外，在曲线解析时如果没有对所得曲线进行基线校正、平滑、归一化等处理，所得到的曲线与正常曲线之间有时会存在较大的差别。

图 11-36 是平滑前的一种植物秸秆样品的 TG 和 DTG 曲线，图 11-37 是利用仪器的分析软件对图 11-36 中的 TG 曲线进行过度平滑后得到的 TG 和 DTG 曲线。由图 11-36 可见，在实验温度范围内，样品的 TG 曲线中分别出现了 3 个明显的质量减少过程，在 DTG 曲线中也相应地出现了 3 个明显的峰。而当对 TG 曲线进行过度的平滑之后，所得到的 TG 曲线和 DTG 曲线的形状均出现了明显的变化（图 11-37）。

在图 11-37 中，图 11-36 中 TG 曲线的 3 个明显的台阶消失，并且在 200~600℃范围内出现了连续的失重过程；DTG 曲线也由 3 个明显分立的峰演变成了一个具有肩峰的较宽的峰。如果在对曲线解析时使用了如图 11-37 所示的曲线，则会得到和图 11-36完全不同的结论。

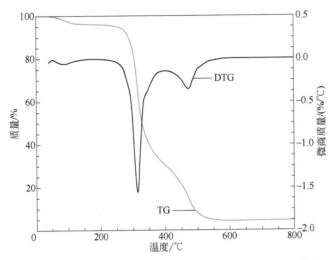

图 11-36　一种植物秸秆样品平滑处理前的 TG-DTG 曲线

（实验条件：氮气气氛、流速 50mL/min，加热速率 10℃/min，敞口氧化铝坩埚）

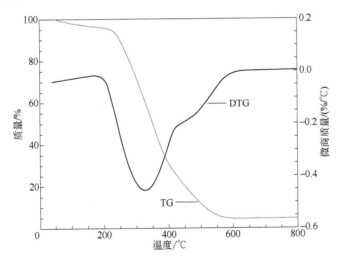

图 11-37　对图 11-36 中的热重曲线进行了过度平滑处理后的 TG-DTG 曲线

（实验条件：氮气气氛、流速 50mL/min，加热速率 10℃/min，敞口氧化铝坩埚）

11.4.2　结合样品的结构、成分和性质等信息准确解析热重曲线

在对热重曲线进行解析时，应结合样品的信息对曲线进行准确的分析。在实验

过程中，样品的结构状态发生变化尤其是发生分解时通常会伴随着质量的变化，在曲线解析时应重复考虑所研究样品的结构、成分和性质等方面的信息[1]。下面结合实例来介绍如何结合样品的信息来准确分析得到的热重曲线。例如，图 11-38 为一种由一水合草酸钙和碳酸钙组成的混合物的热重曲线，在实验的温度范围一共出现了 3 个失重台阶，分别为：①在 99.7~209.4℃失重 6.16%；②在 408.0~527.5℃失重 9.54%；③在 593.7~858.0℃失重 36.63%。

分别结合混合物中所包含的一水合草酸钙和碳酸钙的结构和性质信息，可以作出以下判断：①图 11-38 中的第 1 个失重台阶对应于一水合草酸钙失去结晶水的过程；②图 11-38 中的第 2 个失重台阶对应于草酸钙失去一分子 CO 变成碳酸钙的过程；③图 11-38 中的第 3 个失重台阶对应于碳酸钙失去一分子二氧化碳变成 CaO 的过程。显然，第 1 步和第 2 步失重是由于一水合草酸钙分解失重引起的，而第 3 步失重则是由于一水合草酸钙和碳酸钙同时分解引起的。

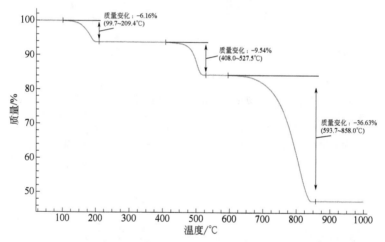

图 11-38　由一水合草酸钙和碳酸钙组成的混合物的热重曲线

（实验条件：仪器为德国耐驰公司 TGA209F1 热重分析仪，实验气氛为空气，流速为 50mL/min，加热速率为 10℃/min，敞口氧化铝坩埚）

另外，在以上对 TG 曲线中每个台阶对应的结构变化过程的归属的基础上，可以分别通过以下方法来计算混合物中一水合草酸钙和碳酸钙的含量：

① 根据第 1 步失重台阶计算一水合草酸钙的含量

由以上分析可知，对于纯的一水合草酸钙，在加热过程中失去一分子结晶水变成草酸钙的理论失重量为 12.32%，在图 11-38 中对应于该过程的失重率为 6.16%，由此可以计算出在混合物中一水合草酸钙的百分含量为：

$$w_{CaC_2O_4 \cdot H_2O} = \frac{6.16\%}{12.32\%} \times 100\% = 50.00\% \tag{11-36}$$

该数值与理论值 50%完全相同。

② 根据第 2 步失重台阶计算一水合草酸钙的含量

类似地，还可以根据对应于草酸钙失去一分子 CO 变成碳酸钙的过程的第 2 步失重台阶来计算一水合草酸钙的含量。由以上分析可知，对于纯的一水合草酸钙，在加热过程中失去 CO 变成 $CaCO_3$ 的理论失重率为 19.18%，在图 11-38 中对应于该过程的失重率为 9.54%，由此可以计算出混合物中一水合草酸钙的百分含量为：

$$w_{CaC_2O_4 \cdot H_2O} = \frac{9.54\%}{19.18\%} \times 100\% = 49.74\% \tag{11-37}$$

该数值比理论值 50%低 0.26%，与理论值十分接近。

由以上分析方法得到的结果中，图 11-38 中第 1 步和第 2 步失重过程得到的结果都比较可靠。

在以上实例中，通过 TG 曲线的解析分别对曲线中每一个失重台阶所对应的化学变化过程进行了归属，并结合混合物中每种组分的性质确定了其中每种组分的相对含量。

在实际应用中，通过热重实验还可以研究铁氧化物在实验过程中的结构变化过程，在不同温度范围的质量变化程度是确定在不同的阶段出现的结构的主要判断依据[21]。

图 11-39 中分别给出了在流速为 100mL/min 的氢气气氛下和不同的加热速率下得到的三价铁氧化物还原过程中的 TG 曲线和 DTG 曲线[21]，实验过程中加热速率在 10~50℃/min 范围内变化。当加热速率升高时，由图 11-39 可以看出，在加热过程中出现的质量损失过程移向了更高的温度范围。在加热过程中出现的第一个失重阶段发生在 300~500℃ 范围内，出现了 3.34%的质量损失，该过程与 $Fe_2O_3 \rightarrow Fe_3O_4$ 的还原反应的理论质量损失量一致。随后在更高的温度下出现了两个质量损失过程，在较低的加热速率（<30℃/min）下这两个相邻的过程不明显，这表明在这种条件下进行的还原反应可能遵循 $Fe_3O_4 \rightarrow Fe$ 机制。因此，在一些使用低加热速率的研究工作中没有发现形成中间态的维氏体结构的过程[22,23]。然而，即使在 10℃/min 的加热速率下，在一阶导数曲线中也显示出了两个叠加的峰，并且由于还原反应过程中活化能的差异，在较高的加热速率下，这两个峰出现了明显的不同。因此，可以推测 $Fe_3O_4 \rightarrow FeO$ 中间态的还原反应确实存在于所研究的加热速率范围下的热过程，但这种过程在较低的加热速率下由于更接近平衡而变得更不明显。图 11-39 中表现出的另一个重要特征是由活化能差异引起的还原峰变化的温度范围变宽：当加热速率为 10℃/min 时，在 800℃左右达到完全还原（质量损失为 29.98%）；而当加热速率为 40℃/min 时，直到在 1350℃时才达到完全还原（质量损失为 29.82%）。表 11-6 总结了氢还原 Fe_2O_3 时对应的每个质量损失过程。

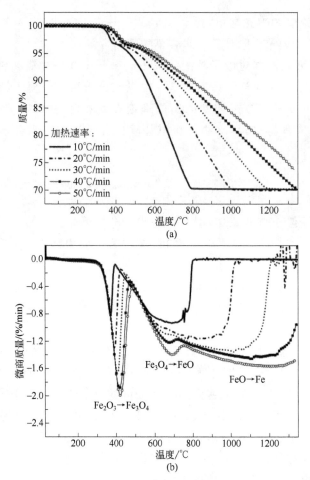

图 11-39 加热过程中还原 Fe_2O_3 样品得到的 TG 曲线（a）和 DTG 曲线（b）[21]

表 11-6 在 TG 曲线中氢还原 Fe_2O_3 时对应于每个过程的质量损失[21]

还原步骤	反应方程式	温度范围/℃	理论失重率/%	加热速率为 40℃/min 时测得的失重率/%
$Fe_2O_3 \rightarrow Fe_3O_4$	$3Fe_2O_3 + H_2 = 2Fe_3O_4 + H_2O$	300~500	3.34	3.49
$Fe_3O_4 \rightarrow FeO$	$Fe_3O_4 + H_2 = 3FeO + H_2O$	450~800	6.91	5.66
$FeO \rightarrow Fe$	$FeO + H_2 = Fe + H_2O$	700~1350	22.27	20.67
$Fe_2O_3 \rightarrow Fe$	$Fe_2O_3 + 3H_2 = 2Fe + 3H_2O$	300~1350	30.06	29.82

11.4.3　结合实验方法的自身特点准确解析热重曲线

在对热重曲线进行解析时，除了应结合样品的信息之外，还应充分考虑由不同的实验方法得到的信息之间的差别。在实际实验中，不同的热重分析仪由于其结构形式差异，导致仪器的灵敏度、气密性等参数之间存在一定的差异，由此会导致实验曲线之间存在着一定的不同。在本书之前的内容中详细分析了由这些差异带来的影响，在此不再重复介绍。在对实验得到的曲线进行解析时，应充分考虑这些差异对曲线带来的影响。例如，图 11-40 为在一台最高工作温度为 1000℃的热重分析仪上得到的 TG-DTG 曲线，图中的热重曲线中 700~1000℃范围的失重台阶在最高温度时还没有达到水平，即台阶还没有完全结束。因此，在这种条件下无法对该曲线中的这个过程进行准确的解析。需要重新更换一台最高实验温度在 1000℃以上的热重分析仪进行实验。图 11-41 为由另一台最高工作温度为 1500℃的热重分析仪上得到的同一样品的 TG-DTG 曲线，实验时的温度范围为室温~1100℃，其他条件同图 11-40。

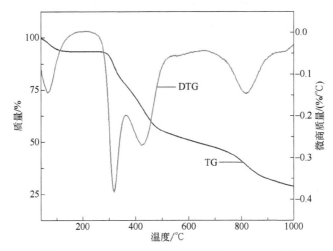

图 11-40　一种金属有机化合物的 TG-DTG 曲线

（实验条件：流速为 50mL/min 的氮气气氛，由室温以 10℃/min 的加热速率加热至 1000℃，敞口氧化铝坩埚）

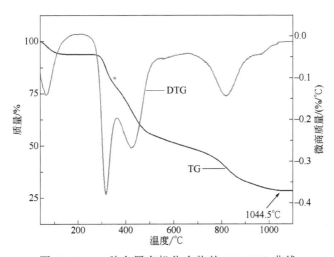

图 11-41　一种金属有机化合物的 TG-DTG 曲线

（实验条件：流速为 50mL/min 的氮气气氛，由室温以 10℃/min 的加热速率加热至 1100℃，敞口氧化铝坩埚）

在图 11-41 中，TG 曲线的最后一个台阶在 1044.5℃以上保持水平，即高于该温度时样品的质量不再随温度发生变化，由此可以准确确定在该过程中质量减少的百分比。

另外，在对热重曲线进行解析时还应考虑仪器灵敏度的影响。例如，对于灵敏度为 1μg 的热重分析仪，当在实验过程中出现了几微克的微小变化时，这种变化很可能是由于仪器自身的正常波动引起的。当需要证明这种变化是由于样品本身还是仪器正常波动引起时，需要通过加大试样量（通常需要增大至原试样量的一倍以上）重复进行实验来证实。如果重新进行实验后该台阶变得更加明显，则可以证明该质量变化过程是由于样品自身变化导致的。反之，如果该台阶的高度仍保持不变，则表明该台阶是由于仪器自身因素引起的。例如，图 11-42 是一种钒氧化物的 TG-DSC 曲线，图中的 TG 曲线在实验过程中出现了明显的波动，并且这种波动幅度相当大（超过 1%）。这种幅度的波动对于大多数 TG 实验而言是不合理的，在这种情况下无法判断图中在 300℃以上出现的 1%以上的质量变化是仪器自身的波动还是样品的质量变化引起的。出现这种现象的原因主要来源于仪器的灵敏度限制，例如假设仪器天平的灵敏度为 0.01mg，如果在实验时加入了 1mg 的样品，则实验时出现 1%的质量变化可以认为是质量的正常波动。在这种情况下，应通过更换灵敏度更高的实验仪器或者大幅加大实验时的样品用量的方法来改善数据质量。需要特别注意，在有些情况下，简单地加大样品用量会改变 TG 曲线的形状，从而改变反应机理，在本书第 5 章中已详细分析过这种影响，在此不再重复介绍。

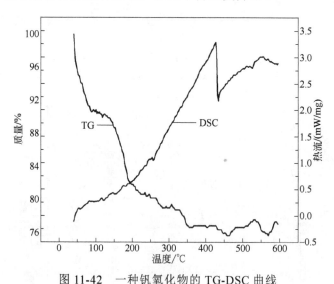

图 11-42　一种钒氧化物的 TG-DSC 曲线

11.4.4　结合实验条件准确解析热重曲线

在实验过程中，所采用的实验条件（如温度控制程序、样品量、制样条件、气氛、坩埚类型等）对热重曲线的形状和特征量的变化均会产生不同程度的影响。在对曲线解析时，必须充分考虑实验条件对曲线带来的影响。

　　通常，实验时采用的温度程序对所得到的曲线的位置和形状会产生不同程度的影响。例如，图 11-43 为分别在 5℃/min 和 10℃/min 的加热速率下得到的金属有机化合物的 TG 曲线，由图可见，在较低的加热速率（5℃/min）下得到的 TG 曲线中每一个失重台阶的形状均比在 10℃/min 下的曲线明显得多。由此可见，通过较低的加热速率可以有效地分离几个连续的过程。在对曲线进行解析时，需准确分析这些因素对曲线产生的影响。

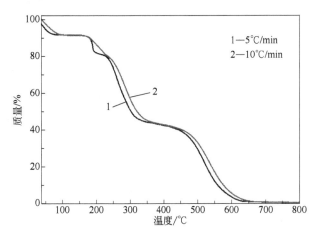

图 11-43　在不同的加热速率下得到的金属有机化合物的 TG 曲线
（实验条件：流速为 50mL/min 的氮气气氛，由室温以图中所示的
加热速率加热至 800℃，敞口氧化铝坩埚）

　　另外，在实验中采用的不同的实验气氛对于曲线的形状也会产生较为显著的影响，在对得到的曲线进行解析时应结合样品结构及在相应气氛下可能发生的变化进行准确解析。例如，通过 TG-DSC 实验不仅可以确定镧（Ⅲ）、铈（Ⅲ）与 3,5-二甲氧基苯甲酸酯（DMBz）单羧酸配体配合物 La(DMBz)$_3$·2H$_2$O 和 Ce(DMBz)$_3$ 的配体和结晶水的个数，还可以研究其在不同气氛下的热行为[24]。实验结果表明，在实验时采用的气氛气体对其热解行为影响很大。

　　图 11-44 中分别列出了在空气气氛和氮气气氛中使用 10℃/min 的加热速率和初始质量约 10.0mg 的实验条件下得到的镧和铈配合物的 TG-DTG-DSC 曲线[24]，由图中相应的曲线得到的特征物理量的变化信息分别列于表 11-7 和表 11-8 中[24]。对于在空气气氛下镧配合物的热分解过程而言，在 TG 曲线和 DTG 曲线中 64℃ 处观察到质量损失过程，在 DSC 曲线中相应地出现了一个峰值为 91℃ 的小吸热峰，这一步失重过程是由于脱结晶水引起的。在完成了这个质量损失步骤之后，无水形式的配合物在相当宽的温度范围内保持较高的热稳定性。对于空气气氛下得到的 TG-DTG-DSC 曲线，无结晶水形式的配合物其热稳定性高达 326℃（对于 La 基配合

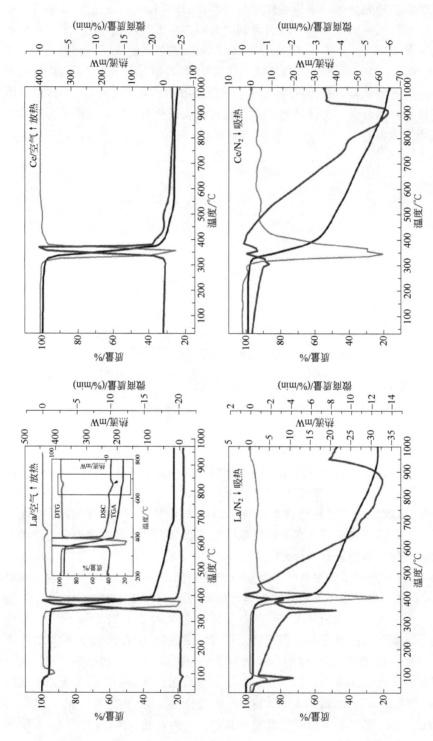

图 11-44 在空气气氛和氮气气氛中使用 10℃/min 的加热速率和初始质量约 10.0mg 的实验条件下得到的镧和铈配合物的 TG-DTG-DSC 曲线[24]

图中 DSC 曲线的峰向上表示放热、向下表示吸热

表 11-7　在空气和氮气气氛中进行实验得到的镧和铈配合物的 TG-DTG-DSC 曲线所对应的特征数据，其中在空气气氛下的质量损失和形成的金属氧化物的量可以用来计算化学计量比[24]

质量损失过程	物理量名称	[La(DMBz)₃]·2H₂O 空气	[La(DMBz)₃]·2H₂O N₂	[Ce(DMBz)₃] 空气	[Ce(DMBz)₃] N₂
1st	θ/℃ *m	64~100 0.45mg（4.50%）	72~102 0.41mg（4.10%）	299~381 6.61mg（66.10%）	262~416 3.8mg（38.00%）
2nd	T_p/℃ θ/℃ *m	91 ↓ 326~401 6.12mg（61.30%）	91 ↓ 350~439 4.159mg（41.59%）	371 ↑ 381~560 0.82mg（8.20%）	306 ↓，326 ↓，356 ↓ 416~1000 3.61mg（36.10%）
3rd	T_p/℃ θ/℃ *m	392 ↑ 401~639 0.855mg（8.55%）	356 ↓↓，396 ↓，436 ↓ 439~943 3.101mg（31.01%）	465~550 ↑ — —	909 ↓ — —
4th	T_p/℃ θ/℃ *m	— 639~700 0.315mg（3.15%）	— — —	— — —	— — —
残留物	T_p/℃ *m	673 ↓ La₂O₃ 2.25mg（22.50%）	— La₂O₃ 2.33mg（23.30%）	— CeO₂ 2.57mg（25.70%）	— CeO₂+R 2.59mg（25.90%）

注：θ 为温度范围；*m 为在 TG 曲线中确定的台阶的失重量，单位为 mg，括号中给出了相对失重量；T_p 为在 DSC 曲线中的峰值温度，单位为℃；↑ 表示放热过程；↓ 表示吸热过程；↓↓ 表示相转变；DMBz 表示 3,5-二甲氧基苯甲酸酯；R 表示残炭物。

表 11-8　在空气气氛中得到的配合物的质量损失和理论失重量对比[24]

配合物	H₂O/%		配体/%		剩余质量/%	
	理论值	实验值	理论值	实验值	理论值	实验值
[La(DMBz)₃]·2H₂O	5.01	4.50	77.32	77.50	22.67	22.50
[Ce(DMBz)₃]	—	—	74.89	74.30	25.18	25.70

注：DMBz = 3,5-二甲氧基苯甲酸酯。

物）和 315℃（对于 Ce 基配合物）。在这些温度以上，配体的热分解过程基本上对应于两个质量损失阶段。在这些过程中，铈基配合物的热分解温度范围比镧基配合物低。根据实验结果，可以认为这种现象与铈离子在热分解过程中的氧化价态由三价变为四价有关系。实验过中出现的这种放热过程（对应于 371℃的较强放热峰）可能与同时发生的配体有机物的分解反应有关，这种放热现象有利于提高样品内部的温度。另外，与同一配体配位的其他稀土离子相比，Ce 更有助于有机物在较低的温度下较快速地进行热分解。

在 La 基配合物的热重曲线中，在 401~639℃区间的后两个失重阶段缓慢失重，这种现象与形成的炭化物的进一步热分解有关。在 639~700℃区间的失重过程伴随着 673℃的吸热峰，这个过程与二氧碳酸盐的分解反应（La₂O₂CO₃→La₂O₃ + CO₂）有关。在该反应中，根据热力学定律，CO₂ 在氧化性气氛下是稳定的，该体系吸收的能量（由键断裂产生）大于所释放的能量（由产物形成时产生），即 $\Delta H > 0$。在图 11-44 的插图中给出了局部放大显示的 DSC 曲线，通过在 y 轴上放大 5 倍后的曲线可以更直观地观察到 673℃ 下的这个热效应。此外，由于在反应中容易形成二氧化碳酸盐，对于与羧酸盐配体配位的镧金属离子更容易形成。可以用稀盐酸溶液对在此温度下获得的残留物进行定性测试，以证明存在碳酸盐。对于铈基配合物体系，在 381~560℃ 范围的 TG 曲线的最后一步失重过程与 DSC 曲线中在 465~550℃ 区间的一个放热峰相对应。此外，与镧基配合物的缓慢失重台阶类似，DTG 曲线也没有在这个温度范围出现明显的峰。在分解的最后阶段，配体完全分解，形成的残留物是氧化物 La_2O_3 和 CeO_2，在氧化性气氛（空气）中形成的这种残留物中不含碳。因此，通过比较在氧化气氛下的 TG 曲线的每个台阶的失水率、配体分解引起的失重和生成氧化物的量的实验结果（表 11-7）与理论结果（表 11-8），可以确定这些化合物的结构式为 $[La(DMBz)_3 \cdot 2H_2O]$ 和 $[Ce(DMBz)_3]$。

在图 11-44 中的氮气气氛中得到的 TG-DTG-DSC 曲线的形状和位置，与空气气氛中得到的曲线之间存在着相当大的差异，这种差异是由于氧与释放的挥发物发生反应而导致有机物的降解和/或燃烧，而在氮气气氛中，在高温下只有能量转移（热）而产生较多的挥发性化合物的反应。另一方面，对于与失去水合水相关的过程，在两种气氛下所得曲线的形状和位置相似。由于失去水合水只需要吸收能量，这种现象证实了实验气氛和挥发性产物之间存在着相互作用。对于在加热过程中产生的第二个质量变化过程，与样品中的有机物部分（即配体）在空气和氮气气氛中的分解过程相应的曲线的形状和位置发生了显著的变化。在空气气氛下，在 DSC 曲线中出现了较强的放热峰，而在氮气气氛中得到的 DSC 曲线中则出现了强度明显变弱的吸热峰。

在氮气气氛中观察到的另一个有趣的现象是在 DSC 曲线中出现了峰值位于 356℃（La）处的一个尖锐的吸热峰（图 11-44），在与此相对应的 TG 曲线和 DTG 曲线中没有出现相应的质量损失，这种变化是由于无水形式的镧配合物的熔融引起的。另外，在 DSC 曲线中 396℃ 和 436℃ 处出现的吸热峰可能与配合物中有机物部分的热分解过程有关。由图 11-44 中的 DTG 曲线可见，在 350~439℃ 之间有机物出现了快速的分解。因此，通过对比在 DTG 和 DSC 曲线上出现的变化之间的关系，可以判断出现的熔融过程对在该范围进行的快速分解反应有促进作用。TG 曲线中的最后一个失重台阶出现在 439℃ 以上，DTG 曲线中没有出现相应的峰，这个过程与炭化物的缓慢热分解过程有关。

在 TG 曲线中，铈基配合物的第一个热分解过程发生在 262~416℃ 之间。与镧基配合物体系不同，在这个温度范围的 DSC 曲线中出现了三个吸热峰，其中前两个峰在 306℃ 和 326℃ 处出现了重叠，这与 TGA 曲线上质量变化趋势出现较弱的变化以及两个较明显的重叠的 DTG 峰相一致。因此，热分解过程的开始阶段可能出现了脱羧现象。而位于 356℃ 的 DSC 峰和相邻的重叠 DTG 峰（364℃）可能是由于有机物的热分解反应引起的，反应结束后的残留物中含有芳烃。在 TG 曲线中 416~1000℃之间的最后一个失重过程，在 DTG 曲线中的相应位置没有出现明显的峰。

综上所述，从两种气氛下得到的 TG-DTG-DSC 曲线中可以观察到一些物理化学过程，如：热行为、配合物的化学计量比、相变、热稳定性、分解步骤和形成稳定的剩余物的温度。利用热重-差示扫描量热法/傅里叶变换红外光谱分析技术可以对分解过程中每一步逸出的分解产物进行鉴定。具体地说，对于这种分析技术而言，在氮气气氛下得到的实验数据比空气气氛中更容易分析，原因是在空气中有机物的碎裂导致产生大量的一氧化碳（CO）和二氧化碳（CO_2）产物，这些峰容易与有机碎片的特征峰发生重叠，从而掩盖一些重要的信息。

11.5　热重曲线的合理性解析原则

在热重曲线解析过程中，除了应遵循科学性、规范性和准确性的原则之外，还应遵循合理性的原则。

11.5.1　简介

在考虑曲线的合理性时，应充分考虑以下几个方面的因素：

（1）正确看待实验过程中的异常因素对曲线的影响

在一些热重曲线中，有些信号不一定为样品自身发生变化得到的信息。由于热重分析仪中所用的质量测量单元的灵敏度较高，当实验过程中仪器所处的环境发生意外的振动时，在曲线中通常会出现异常的抖动现象。在本章第 11.4 节介绍曲线的准确性解析原则中对于仪器工作状态对曲线的影响做了分析，在此不再进行重复介绍。

通常，仪器的工作状态异常也会反映在实验所得曲线中。如图 11-45 为一种聚氯乙烯材料（PVC）在氮气气氛下得到的 TG-DTG 曲线，由图可见，在实验过程中 TG 曲线的质量出现了大幅的波动，在 700℃以上出现了明显的质量增加。这与预期的 PVC 材料的 TG 曲线明显不一致，推测仪器出现了故障。在实验结束后打开加热炉发现样品颜色由白色变为黑色泡沫状，表明仪器的温控和加热单元正常，高温下的质量曲线大幅上升与样品在分解时出现的鼓泡现象有关。由此可以得出以下结论：①仪器的天平部分出现了故障，导致得到的 TG 曲线出现大幅波动现象；②实验时应采用尽可能少的样品量，以避免由于分解时产生的鼓泡现象导致曲线质量的异常变化。

在排除了天平的故障并对仪器重新进行校准之后，采用较少的样品量并按照图 11-45 中相同的条件进行实验，得到的实验曲线如图 11-46 所示。图中 TG 和 DTG 曲线的分解过程对应于 PVC 在不同温度下的结构变化，是正常的曲线。

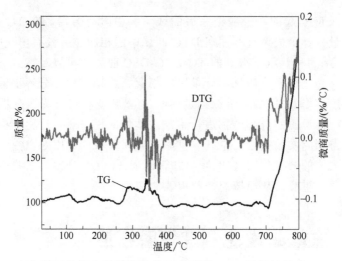

图 11-45　在仪器工作状态异常的条件下得到的 PVC 材料的异常 TG-DTG 曲线
（实验条件：在 50mL/min 流速的氮气气氛下，由室温开始以 10℃/min 的
加热速率加热至 800℃，敞口氧化铝坩埚）

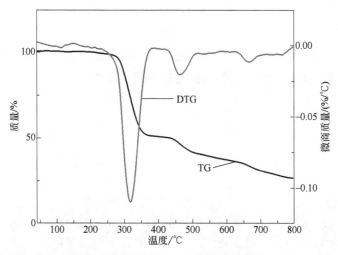

图 11-46　在仪器工作状态正常后进行图 11-45 中的实验得到的 PVC 材料的 TG-DTG 曲线
（实验条件：在 50mL/min 流速的氮气气氛下，由室温开始以 10℃/min 的
加热速率加热至 800℃，敞口氧化铝坩埚）

（2）正确看待实验过程中实验室环境对曲线的影响

对于容易从环境中吸收水分的样品，在得到的 TG 曲线中通常在 100℃下会出现较弱的失重台阶，解析时应考虑这种因素。例如，图 11-47 为一种植物的秸秆在进行预干燥处理前后分别得到的 TG 曲线，在经预干燥处理前秸秆均已在 150℃下进行了干燥处理。由图可见，样品在预干燥处理前，在室温~120℃范围仍然出现了 4% 的缓慢失重过程，该过程是由于样品从环境中吸收了少量的水分引起的。而经在

所用的热重分析仪的加热炉中预处理（处理方法：在 50mL/min 流速的空气气氛下，由室温开始以 10℃/min 的加热速率加热至 100℃、等温 15min、降至 30℃以下，敞口氧化铝坩埚。预干燥后加热炉不打开直接进行正式实验）后，图 11-47 中在该范围的 TG 曲线的质量减少过程消失，这表明该预干燥方法是十分有效的。

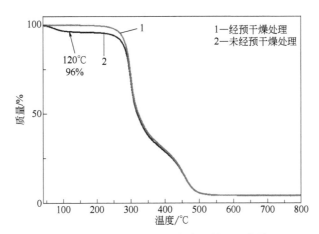

图 11-47　预干燥前后的秸秆的 TG 曲线

（实验条件：在 50mL/min 流速的空气气氛下，由室温开始以 10℃/min 的
加热速率加热至 800℃，敞口氧化铝坩埚）

（3）基线的不合理扣除对热分析曲线的影响

通常情况下所得到的热分析曲线为在实验过程中和/或实验后扣除仪器基线后得到的，扣除基线的目的主要是消除仪器自身因素对曲线的影响。对于热重曲线而言，扣除基线的主要目的是为了消除浮力效应、对流效应、支架的热胀冷缩等因素对曲线形状的影响。

在进行基线扣除时，应尽可能在与样品的实验条件一致的条件下进行。在实际应用中，不合理的基线扣除会造成曲线的变形。图 11-48 为选择了不合适的基线进行扣除后得到的异常的 TG-DTG-DSC 曲线，由图可见在 TG 曲线中在实验开始阶段出现了无法解释的增重现象，在重新进行基线扣除处理后得到的 TG 曲线中没有出现这种异常增重的现象（图 11-49）。

在实际应用中，在对实验得到的 TG 曲线进行解析时，偶尔会遇到 TG 曲线的质量变化百分比出现超过 100%的不合理现象。出现这种现象的原因除了与样品和坩埚发生反应引起额外的失重有关之外，与不合理的处理也有关系。如图 11-50 为一种石蜡样品在空气气氛下以 10℃/min 的加热速率得到的 TG-DTG-DSC 曲线，实验时采用的为敞口氧化铝坩埚。当温度高于 200℃时，样品开始发生了分解，随着温度的升高，分解速率逐渐达到最大，之后缓慢分解。当温度接近 600℃时，样品完全分解。TG 曲线中样品在 599.9℃时的剩余质量为−5.31%，理论上当样品在实验过程

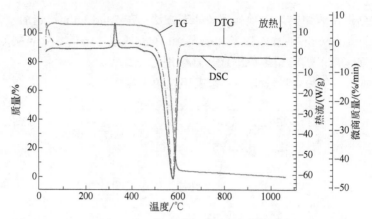

图 11-48　不合适的基线扣除得到的聚四氟乙烯（PTFE）样品的
异常 TG-DTG-DSC 曲线

（实验条件：在 50mL/min 流速的氮气气氛下，由室温开始以 20℃/min 的
加热速率加热至 800℃，敞口氧化铝坩埚）

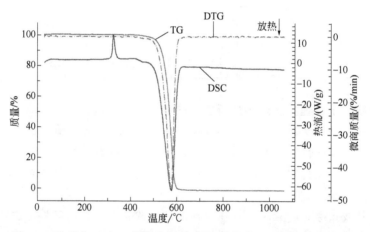

图 11-49　进行了合理的基线扣除后得到的聚四氟乙烯（PTFE）
样品的 TG-DTG-DSC 曲线

（实验条件：在 50mL/min 流速的氮气气氛下，由室温开始以 20℃/min 的
加热速率加热至 800℃，敞口氧化铝坩埚）

中发生了完全分解时，剩余质量应为 0，说明数据出现了异常。由于实验时采用的坩埚为氧化铝材质，样品及分解产物（主要为含有 C、H 元素的有机小分子）不会与坩埚发生反应而产生额外的失重，由此可以推测剩余质量出现负值的现象是由于基线的过度漂移引起的。在相同的实验条件下向仪器中加入空坩埚重新进行空白实验得到基线，将样品的实验数据减去空白基线并将质量重新进行归一化处理，重新绘图得到的曲线如图 11-51 所示。图中的 TG 曲线在 599.9℃时的剩余质量为 0.06%，表明样品在该温度下发生了完全分解，数据在合理的范围内。

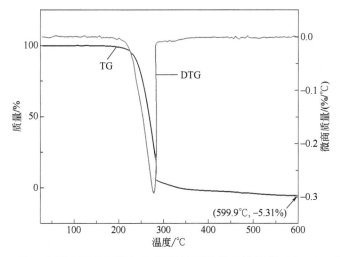

图 11-50 由不合适的基线扣除得到的石蜡样品的异常 TG-DTG 曲线

（实验条件：在 50mL/min 流速的空气气氛下，由室温开始以 10℃/min 的
加热速率加热至 600℃，敞口氧化铝坩埚）

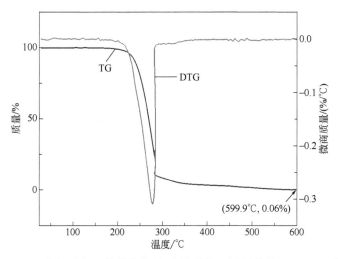

图 11-51 进行了合理的基线扣除后得到的石蜡样品的 TG-DTG 曲线

（实验条件：在 50mL/min 流速的空气气氛下，由室温开始以 10℃/min 的
加热速率加热至 600℃，敞口氧化铝坩埚）

11.5.2 结合样品的实际信息对曲线进行合理的解析

通过热重法可以实时监测样品的质量在可控的气氛和温度程序下发生的变化信息，通过实验得到的热重曲线可以用来确定样品的结构、成分和性质的变化。

例如，通过热重法可以准确地分析出高分子材料中填料的含量。根据实验过程中填料的物理化学特性的变化，可以判断出填料的种类。一般情况下，在空气气氛下，高分子材料在 500℃左右基本全部氧化分解，因此对于 600~800℃之间的失重过程可以判断为碳酸盐的分解，失重量为放出的二氧化碳的质量，由此可以计算出碳酸盐的含量。剩余量即为热稳定填料的含量，如玻纤、钛白粉、锌钡白等的含量。对于高分子材料中填料种类的判断，也可以通过热重法与红外光谱相结合来进行分析。由热重法只能得出填料的含量，通常无法分析出填料的种类，将热重实验得到的残渣进行红外光谱分析，即可判断出填料的种类。例如，通过热重分析技术可以准确地确定添加了不同比例的纳米二氧化硅的环氧树脂中这两种组分的比例[25]。

如图 11-52 为纯 Epikote 828 环氧树脂在三种不同条件下进行热分解得到的 TG-DTG 曲线[25]。图 11-52（a）中的曲线表明 Epikote 828 样品在大约 250℃开始发生降解，反应在大约 680℃结束。图中的 TGA 曲线可以分为 4 个不同的阶段，这些阶段在图 11-52（a）中分别标记为 A、B、C 和 D。其中：①阶段 A 中 0.1%（质量分数）的微弱的失重过程是由于含水率或水分蒸发所引起的。②阶段 B 对应于树脂在氮气中的分解过程。失重过程从 380℃开始，一直持续到 550℃，失重量为 81.4%。③在阶段 C 时，温度在 550℃保持 1h 后，将气氛气体由氮气自动切换为空气，继续加热。树脂残留物从 565℃开始燃烧，在 680℃结束，该过程的质量损失为 18.5%。环氧树脂及其残留物的最高降解温度分别为 440℃和 615℃，这两个温度分别通过图中 DTG 曲线的峰值确定［参见图 11-52（a）中标注（i）和（ii）的位置］。④在阶段 D 中，高温下的树脂残渣在空气气氛下继续加热后没有剩余的物质，这表明在树脂中不含无机物杂质。

在图 11-52 中分别给出了纯 Epikote 828 环氧树脂在空气气氛［见图 11-52（b）］和氮气气氛［见图 11-52（c）］中进行热分解得到的 TG-DTG 曲线。其中在空气气氛下环氧树脂的最高降解温度出现在 421℃，比图 11-52（a）中在氮气气氛下分解的温度约低 20℃，该过程中的总质量损失为 73.3%。树脂残渣的最大降解温度为 610℃，总质量损失为 26.6%。可以看出，环氧树脂及其残渣的混合物在 530~550℃的温度范围发生分解，这使得在空气气氛下燃烧环氧树脂时［见图 11-52（a）］比在氮气气氛下分解时［见图 11-52（c）］产生了更多的树脂残留物，这种现象是采用 550℃作为等温温度的主要依据。通过将环氧树脂在氮气中从 25℃加热到 550℃，并在 550℃下保温 1h，可获得恒定的残留量，据此可以计算出环氧树脂的实际残留量。

通过在氮气气氛下从 25℃到 800℃加热树脂样品可以验证由图 11-52（a）中获得的树脂残留量数据的准确性。TG 曲线表明，在 600~700℃之间，残留量几乎不变，约为 18%［如图 11-52（c）所示］，这个结果与由图 11-52（a）中得到的信息一致。

在同图 11-52 相同的温度程序下，分别对不同纳米二氧化硅含量的树脂样品进行三次实验。图 11-53 为三种条件下每个不同二氧化硅含量的样品的 TG 曲线和 DTG 曲线对比图，由曲线得到的相应的特征物理量列于表 11-9 中。图 11-53（a）表明，所有样品在 250℃左右开始分解，纳米复合材料表现出与纯环氧树脂相似的热分解

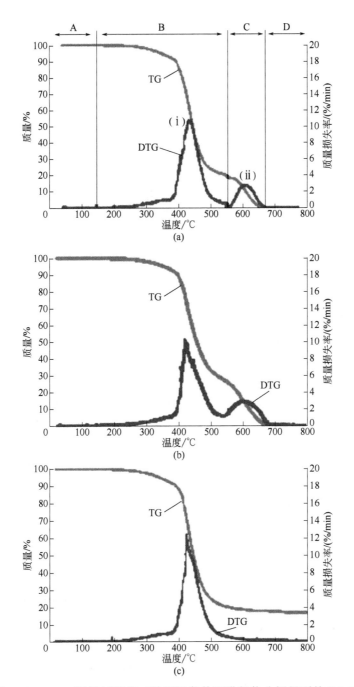

图 11-52　纯 Epikote 828 环氧树脂在三种不同条件下进行热分解得到的 TG-DTG 曲线[25]

温度控制程序：（a）在氮气气氛下从 25℃加热到 550℃，然后在 550℃下等温 1h，最后在空气中加热到
800℃；（b）在 25℃到 800℃的空气气氛中加热，（c）在 25℃到 800℃的氮气气氛中加热。

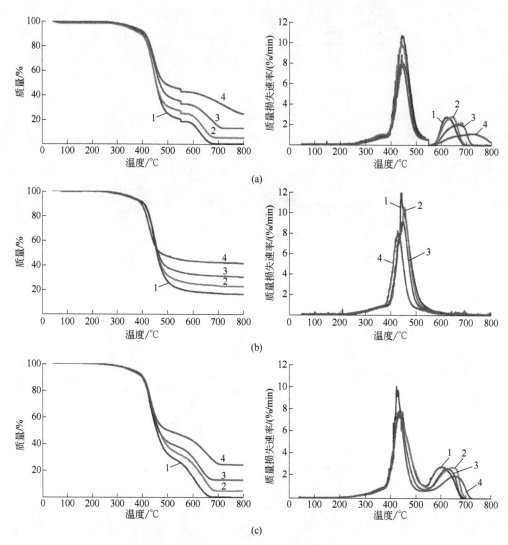

**图 11-53　不同含量的纳米二氧化硅改性后的 Epikote 828 树脂在三种
不同条件下进行热分解得到的 TG-DTG 曲线[25]**

温度控制程序：（a）在氮气气氛下从 25℃加热到 550℃，然后在 550℃下等温 1h，然后在空气中加热到 800℃；通过在 550℃等温下的质量信息来确定环氧树脂的残留量；（b）在 25℃到 800℃的空气气氛中加热；（c）在 25℃到 800℃的氮气气氛中加热

纳米二氧化硅含量：1—0；2—5%；3—13%；4—25%

机理。然而，在分解的最后一个阶段［对应于图 11-52（a）中阶段 D］，在空气气氛中加热纳米复合材料后的残留物是其中含有的二氧化硅纳米填料。在表 11-9 中分别列出了对应于纯环氧树脂和经纳米 SiO$_2$ 改性后的环氧树脂及其残炭的平均组成、质量分数和最高降解温度信息。

表 11-9 由图 11-53 中的曲线所得到的纳米二氧化硅填充 Epikote 828 树脂在实验过程中的特征物理量信息[25]

加热程序	环氧树脂体系	质量分数/%			最快分解温度/℃	
		环氧树脂	残炭量	纳米 SiO$_2$ 填料	环氧树脂	残炭量
加热程序 1[①]	纯物质	81.33±0.17	18.29±0.15	—	438.61±2.20	609.67±4.02
	含 5%纳米 SiO$_2$	74.44±0.25	19.80±0.32	5.36±0.03	441.85±3.60	650.79±4.20
	含 13%纳米 SiO$_2$	65.51±0.74	20.70±0.65	12.96±0.08	442.33±2.08	680.03±5.46
	含 25%纳米 SiO$_2$	56.68±0.15	17.25±0.37	25.23±0.33	444.39±2.84	740.73±7.54
加热程序 2[②]	纯物质	81.60±0.25	18.32±0.23	—	430.17±3.90	—
	含 5%纳米 SiO$_2$	74.34±0.18	—		451.72±2.82	
	含 13%纳米 SiO$_2$	66.97±0.32	—		446.67±1.93	
	含 25%纳米 SiO$_2$	56.03±0.16	—		428.22±2.09	
加热程序 3[③]	纯物质	73.02±0.59	26.83±0.64	—	424.34±1.81	605.69±2.09
	含 5%纳米 SiO$_2$	68.00±0.30	26.18±0.23	5.04±0.12	435.14±2.59	647.70±1.41
	含 13%纳米 SiO$_2$	63.03±0.44	23.26±0.37	13.02±0.10	430.48±0.72	631.99±1.64
	含 25%纳米 SiO$_2$	53.91±0.20	20.77±0.58	24.85±0.22	431.38±1.06	654.59±1.19

① 加热程序 1：首先在氮气气氛下由 25℃加热至 550℃，然后在 550℃下等温 1h，最后再在空气气氛下加热至 800℃。

② 加热程序 2：在氮气气氛下由 25℃加热至 800℃。

③ 加热程序 3：在空气气氛下由 25℃加热至 800℃。

表 11-9 中的特征数据表明，对于第一种温度控制程序得到的结果而言，纯树脂和纳米 SiO$_2$ 改性树脂在 440℃左右经历最大热降解反应，其总失重百分比随着纳米二氧化硅含量的增加而下降。在 550℃保持 1h 后，实验气氛由氮气自动转换为空气然后继续加热，因此，环氧树脂燃烧后留下的残炭被烧掉，总质量损失约为 17%~20%。表 11-9 中的特征数据还表明，碳残留物的最高降解温度［由失重量与样品温度曲线的第二个峰确定，如图 11-53（a）所示］随着纳米二氧化硅含量的增加而升高。例如，在环氧树脂基体中添加 13%的纳米二氧化硅后，实验得到的碳残留物的最高降解温度与纯树脂相比提高了 70℃。这种现象表明纳米填料与基体的界面之间结合非常牢固，因此需要更高的温度来去除附着在颗粒表面的环氧树脂。最后，样品在高温下暴露在空气中的残留物是其中含有的二氧化硅纳米填料。在表 11-9 中给出了所研究的三种纳米改性复合材料体系中的纳米二氧化硅含量分别为 5.36%±0.03%、12.96%±0.08%和 25.23%±0.33%。

另外，通过图 11-53 中的样品在另外两种加热条件的实验结果［图 11-53 中（b）（c）］可以验证由第一种温度控制程序［图 11-53（a）］确定的环氧树脂和二氧化硅纳米填料的含量数据的准确性（见表 11-9）。通过在氮气气氛下从 25℃加热到 800℃得到的 TG 曲线可以确定所研究的每个样品中环氧树脂的含量，如图 11-53（b）所示的热重曲线表明在 600~700℃温度范围的质量残留量几乎保持恒定。在表 11-9 中，通过第二种加热程序得到的实验曲线［图 11-53（b）］确定的环氧树脂的平均含量与通过第一种加热程序确定的环氧树脂的平均含量数据十分接近。与图 11-53（a）中采用的第一种加热程序所得到的结果相比，在空气气氛下每种样品中的环氧树脂及其残留物的最高降解温度发生在较低的温度［图 11-53（c）］。采用第三种加热程序得到最高实验温度下的残留物含量与由第一种加热程序得到的环氧树脂中纳米二氧化硅的数据一致，如表 11-9 所示。

在以上所列举的实例中，结合样品的实际信息，通过热重分析技术合理分析了不同二氧化硅添加量的环氧树脂的热稳定性并确定了填料的含量。

在实际应用中，在对得到的 TG 曲线进行解析时还应考虑样品在实验条件下的性质。如果在实验过程中样品发生了较为剧烈的结构变化（通常表现为质量急剧变化），通常会导致在此过程中产生的气态物质将不应发生分解的那部分固态组分带离测量体系，从而引起异常的质量变化。在这种情况下，如果将应发生分解的那部分固态组分当作气态组分来进行处理，将会得到不合理的实验结论。例如，图 11-54（a）为一种改性的树脂材料的 TG-DTG 曲线，在实验过程中采用了敞口的氧化铝坩埚。由图可见，当加热至 90℃以上时样品开始出现明显的质量减少现象。当在 150℃质量减少至 70%时，出现了剧烈的分解现象，并且该分解过程十分快速，至 150.8℃时该过程结束。随后质量不随温度升高而变化，质量接近 0。根据对样品信息的了解，其中加入了一些无机填料和其他热稳定性较好的组分，这些组分在 150℃附近不可能发生完全分解。为证明是否发生了在分解时伴随的迸溅现象，在氧化铝坩埚

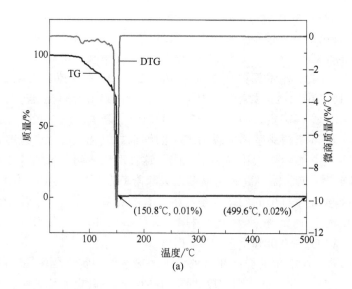

(a)

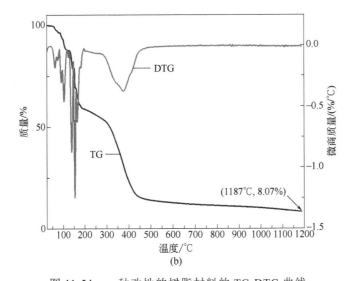

图 11-54　一种改性的树脂材料的 TG-DTG 曲线

[实验条件：在 50mL/min 流速的氮气气氛下，由室温开始以 20℃/min 的加热速率
加热至 500℃；（a）敞口氧化铝坩埚，（b）加带孔盖的氧化铝坩埚]

上方加载了中间带有小孔的盖子，加样后重新进行了热重实验，结果如图 11-54（b）所示。图中的 TG 曲线表明，在坩埚加盖后，当温度低于 200℃时，在 90~200℃范围的失重量为 41%，200~520℃范围的失重率为 45.5%，520~1200℃范围内出现了缓慢的质量减少过程，失重率为 5%，残渣量为 8%，这种现象与预期一致。由此可以判断，在该实例中，通过不加盖的坩埚进行实验得到的实验曲线为不合理曲线；经过加盖处理后重新实验得到的 TG 曲线符合预期的实验结论，是合理的曲线。

11.5.3　结合实验条件对曲线进行合理的解析

在对热重曲线进行解析时，除了需结合样品信息外，还应结合实验时所采用的实验条件对曲线进行合理的解析。在进行曲线解析时，需要考虑的实验条件主要包括：仪器因素、操作条件因素和人为因素三大类。其中，①仪器因素主要包括仪器的结构形式、天平灵敏度等；②实验条件因素主要包括制样条件、实验气氛、温度程序、坩埚材质及形状等；③其他因素主要包括仪器工作中实验室环境和仪器自身状态等。

实验时采用的不同条件对于 TG 曲线的影响程度差别较大，在实际解析时应分别考虑这些因素的影响，合理地对得到的实验曲线进行解析。例如，图 11-55 为一种树脂产品分别在氮气气氛和空气气氛下得到的 TG 曲线。由图可见，在 300℃以下，样品在不同气氛气体下的 TG 曲线的形状接近，表明气氛气体未与分解产物或者样品发生反应，其作用仅是将逸出气体带离测量体系。随着温度的升高，当温度高于 300℃时，在氮气气氛下，样品的质量随温度升高缓慢下降。表明在样品中不稳定基团分解变成气体后，余下的固态或者液态组分随温度升高继续发生热裂解，形成热稳定性更高的结构。该过程进行得比较缓慢，缓慢的质量变化过程一直持续到实验最高温度。在空气气氛下，在 300~500℃ 范围样品的质量出现了较为快速的下降，并且当温度高于 500℃ 时，样品的质量随温度的升高不再发生变化。这表明气氛气体中的氧气分子将样品中相对稳定的有机组分彻底氧化，变成稳定性较高的二氧化碳、水等小分子气体产物，脱离质量测量体系，表现为较明显的质量减少过程。在实际应用中，根据这种变化过程可以确定样品中含有的有机组分和无机组分的比例。本例中，当温度升高至 800℃ 时，在空气气氛下的质量剩余量为 3.87%，表明样品中含有的无机组分的含量约为 4%以下。

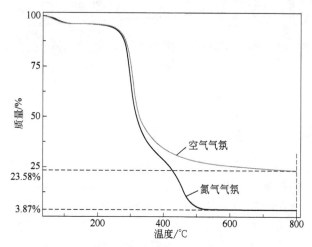

图 11-55　一种树脂产品在分别氮气气氛和空气气氛下得到的 TG 曲线
（实验条件：气氛气体的流速为 50mL/min，由室温以 10℃/min 的
加热速率加热至 800℃，敞口氧化铝坩埚）

　　在实际应用中对温度程序中包含等温段的曲线进行解析时，在绘制所得到的曲线时，应以时间作为横坐标，以便清晰地对在等温过程中的质量变化进行分析。如图 11-56 为一种负载了贵金属的催化剂载体在空气气氛下采用了先加热然后等温的温度程序得到的 TG-DTG 曲线，图中的横坐标为温度。由图可见，在加热过程中，样品出现了约 2.5% 的质量减少现象；当温度升高至 60℃ 时，在等温过程中出现了 0.4% 的质量增加。然而，由于等温条件下的实验数据在如图 11-56（a）所示的曲线中仅对应于 60℃ 位置，从中无法看到质量增加的过程。因此，应以时间为坐标轴来显示质量的变化过程。为了便于比较样品在实验过程中的温度变化，在图中通常增加一列温度的信息。对于图 11-56（a）的曲线以时间为横坐标轴重新作图，得到的曲线如图 11-56（b）所示，由图不仅可以看到在加热过程中的温度和质量变化过程，还可以看到在等温时质量的变化信息。根据样品的结构信息，可以合理地解析曲线中出现的质量变化对应的化学过程。

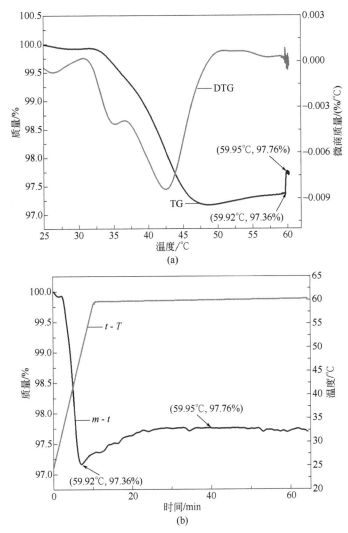

图 11-56 一种负载了贵金属的催化剂载体空气气氛下采用了先
加热然后等温的温度程序得到的 TG-DTG 曲线

（a）以温度为横坐标；（b）以时间为横坐标

（实验条件：空气气氛气体的流速为 50mL/min，由室温以 5℃/min 的加热速率
加热至 60℃，在 60℃下等温 5min，敞口氧化铝坩埚）

另外，对于一些在实验过程中发生了剧烈反应得到的热重曲线而言，在反应过程中通常伴随着较为显著的热效应，这种热效应会影响样品所处的温度，从而使该过程的温度偏离设定的温度控制程序，这种现象通常称为过热（对于局部放热反应）或者过冷（对于局部吸热反应）现象。对于线性加热过程中出现的过热现象，在反应过程中温度会经历一个在反应过程中先高于程序温度然后在反应结束后再回到程序温度的过程。当以温度为横坐标作图时，由此会导致曲线出现变形，即出现一个

温度对应于两个不同质量的现象。如图 11-57（a）为在氮气气氛下得到的高氯酸铵样品的 TG-DTG-DTA 曲线，可以看到图中的这三条曲线的形状和常见的曲线相比均出现了很大的异常。这种现象是由于高氯酸铵在加热时剧烈分解过程中产生大量的热量造成的，这种过热现象导致了在以温度为横坐标得到的异常曲线。对于在这种情况下得到的曲线，不方便确定反应过程中的特征物理量。因此在对曲线解析时，

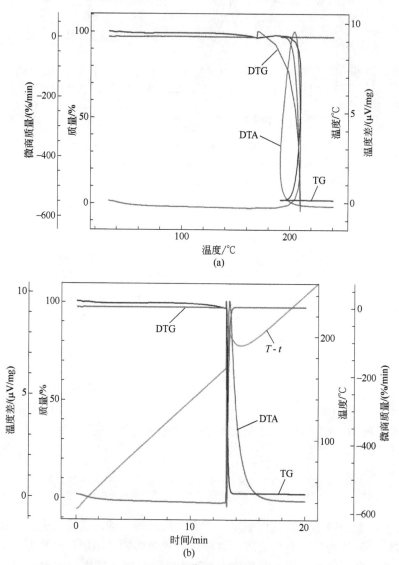

图 11-57　在氮气气氛下得到的高氯酸铵的 TG-DTG-DTA 曲线

（a）以温度为横坐标；（b）以时间为横坐标

（实验条件：氮气气氛气体的流速为 50mL/min，由室温以 10℃/min 的加热速率加热至 250℃，坩埚为敞口氧化铝坩埚）

通常以时间为横坐标，以便清晰地对在反应过程中的质量变化、热效应和特征温度进行分析。对于图11-57（a）中的曲线以时间为横坐标重新作图，得到的曲线如图11-57（b）所示。由图中不仅可以看到在加热过程中的高氯酸铵发生分解反应的过程，曲线的形状不再显得异常；而且通过图中的温度曲线还可以观察到样品发生剧烈分解反应时样品温度的升高过程。结合样品的结构信息，可以合理地解析曲线中出现的质量变化和热效应对应的化学反应过程。

11.6　热重曲线的全面性解析原则

在实际应用中，应分别结合实验目的、样品信息和实验条件信息，按照本章前面几节所介绍的这些原则对所得到的曲线进行尽可能全面的解析。此外，还应考虑由热分析曲线反映的信息的全面性，必要时应结合除热分析技术外的实验结果来尽可能全面地验证这些信息的可靠性。

11.6.1　结合样品信息和实验条件尽可能全面地解析热分析曲线

在对曲线进行解析时，在描述了由实验所得曲线的形状和位置（对于多曲线还应比较曲线之间的差异和变化趋势）以及由此得到的特征物理量信息后，应密切结合实验时所用的样品信息和实验条件对曲线中出现的各种变化尽可能全面地解析，在解析时应遵循本章前几节介绍的科学性、规范性、准确性和合理性原则，从不同的角度尽可能充分地挖掘由曲线所反映的信息。另外，在对曲线进行解析之前应明确实验目的，尽可能多地获得曲线中与实验目的相关的信息。以下结合实例介绍结合样品信息和实验条件尽可能全面地解析热分析曲线的方法。例如，下面通过 TG 曲线可以确定 $CoSeO_4 \cdot 5H_2O$ 的热分解机理[26]。

图 11-58 为 $CoSeO_4 \cdot 5H_2O$ 实验后得到的 TG-DTG-DTA 曲线[26]。图中 TG 曲线表现出了 5 个质量损失过程，可以分别进行如下的分析：

① 图中第一步和第二步失重过程发生在 30.0~173.0℃ 范围，这两个失重过程的重叠程度较高。根据样品的结构信息，可以判断这两个相邻的失重过程对应于失去4分子结晶水的过程。理论上，每分子的 $CoSeO_4 \cdot 5H_2O$ 失去 4 分子结晶水的理论失重率应为 24.68%。根据图 11-58 中的 TG 曲线可以确定在 30.0~173.0℃ 范围失重率为 24.87%，该值与失去 4 分子结晶水的理论失重率十分接近。在该过程中，DTA曲线出现了一个十分明显的吸热峰，这个热效应是由于结晶水的失去引起的。

② 结合以上①中的分析和 $CoSeO_4 \cdot 5H_2O$ 的结构信息，可以判断在 173.0~319.0℃ 范围的 TG 曲线中出现的第三步失重过程为失去 1 分子结晶水的过程。该过程的理论失重率为 6.16%，由 TG 曲线确定的失重率为 6.03%，二者的数值十分接近。在该过程结束后，样品的结构由 $CoSeO_4 \cdot 5H_2O$ 形式变为 $CoSeO_4$。另外，在

该温度范围 DTA 曲线出现了一个较弱的吸热峰。除此之外，在该吸热峰之后还出现了一个放热峰（$T_p = 250.5℃$），这表明在实验过程中出现了一个固-固相变，这个相变过程可以通过 XRD 实验进行深入研究。

③ 由于在加热过程中硒酸盐容易被还原成亚硒酸盐离子的形式，由此可以判断在实验过程中会形成中间物 $CoSeO_3$[27,28]。在本实验中，由于混合物的热稳定性影响，没有得到稳定的 $CoSeO_3$，最终在 412.0~560.0℃ 范围得到了相对较为稳定的中间态的钴氧化物（Co_3O_4）。TG 曲线中对应该过程的失重率为 40.69%，按照由一分子 $CoSeO_4$ 分解失去一分子 SeO_2 和 1/3 分子 O_2 最终形成相对稳定的 Co_3O_4 产物的反应机理来计算，得到的理论失重率应为 41.66%，这两个数值之间十分接近。该反应过程在 DTA 曲线中表现为一个在 473~556℃ 范围的吸热峰，如图 11-58（b）中放大图所示。

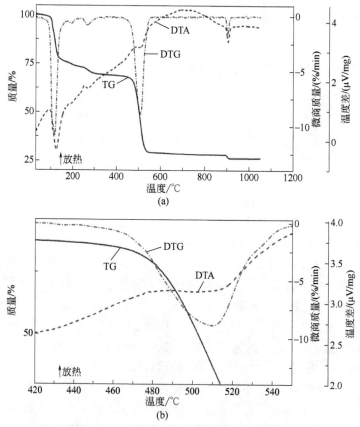

图 11-58　$CoSeO_4 \cdot 5H_2O$ 的 TG-DTG-DTA 曲线[26]

（a）全温度范围曲线；（b）在 420.0~550℃ 之间放大显示的曲线

（实验条件：仪器型号为 STA 449 F3，200μL α-氧化铝敞口坩埚，在干燥空气气氛，流速为 50mL/min，加热速率为 10.0℃/min，温度范围为 30.0~1000.0℃，样品质量为 10.0mg）

④　在 864~961℃范围的 TG 曲线中出现的第五个失重过程是由于氧化钴（Ⅱ，Ⅲ）转化为氧化钴（Ⅱ）引起的[29,30]，该过程在曲线中的失重率为 1.89%，理论值为 1.82%，二者十分接近。同时，在 DTA 曲线中出现了一个峰值为 903.2℃的吸热峰，该吸热过程与以上反应有关。

基于以上分析，在实验过程中 $CoSeO_4 \cdot 5H_2O$ 的热分解机理可以表示成以下的形式[26]：

$$3(CoSeO_4 \cdot 5H_2O) \xrightarrow[-12H_2O]{\Delta T = 30~173℃} 3(CoSeO_4 \cdot H_2O) \tag{11-38}$$

$$3(CoSeO_4 \cdot H_2O) \xrightarrow[-3H_2O]{\Delta T = 173~319℃} 3CoSeO_4 \tag{11-39}$$

$$3CoSeO_4 \xrightarrow[-3SeO_2, \ -O_2]{\Delta T = 412~560℃} Co_3O_4 \tag{11-40}$$

$$Co_3O_4 \xrightarrow[-1/2O_2]{\Delta T = 864~961℃} 3CoO \tag{11-41}$$

在本例中，围绕由 TG-DTG-DTA 曲线分析 $CoSeO_4 \cdot 5H_2O$ 的热分解机理的实验目的，结合实验得到的 TG 曲线和 DTA 曲线以及 $CoSeO_4 \cdot 5H_2O$ 的化学结构式，全面分析了 TG 曲线中每一步质量变化和对应的结构变化之间的对应关系，结合其他研究结果和文献，最终提出了 $CoSeO_4 \cdot 5H_2O$ 的热分解机理。

11.6.2　结合热分析联用技术尽可能全面地解析热分析曲线

近年来，热分析联用技术成为热分析发展的主要趋势。将热重分析技术与其他近代分析技术结合，使宏观的热分析数据和微观的结构分析手段有机地结合在一起，可以更加全面地阐明材料的质量变化与结构之间的关系。由热分析仪中的热重分析仪以及同步热分析仪与其他仪器的特点和功能相结合而实现的热分析联用仪，不仅扩大了仪器的应用范围，节省了实验费用和时间，而且更加有效地提高了分析测试的准确性和可靠性。通过热分析联用技术除了能够增加可取得的信息之外，还可以提高分辨率，使实验条件标准化，并且能够提高测量结果的选择性。因此，在对热分析曲线进行解析时应尽可能结合与所使用的热分析技术联用的红外光谱技术、质谱技术、气相色谱/质谱联用技术等的实验结果，对曲线中的每一个变化给出尽可能全面的解析。

（1）应用热重/红外光谱联用技术尽可能全面地解析热分析曲线

热重/红外光谱（TG/FTIR）联用技术是利用气氛气体（通常为氮气或空气）将热分解过程中产生的挥发分或分解产物流经恒定在高温下（通常为 200~250℃）的金属管道及气体池，将分解产物引入红外光谱仪的光路，并通过红外检测器分析判断逸出气组分结构的一种技术。由于该技术弥补了由热重法只能确定热分解温度热失重百分含量而无法确切给出挥发气体组分的定性结果的不足，因而在许多的有机材料和无机材料的热稳定性和热分解机理研究中得到了广泛应用。

在对通过 TG/FTIR 实验得到的曲线进行解析时，首先应分别分析由热重曲线和红外光谱曲线得到的信息，然后结合样品结构信息和实验条件对这些信息进行综合分析。

下面以配合物 [Cu(bpy)$_2$(O$_2$SO$_2$)]·CH$_3$OH (bpy = 2,2′-联吡啶) 的热分解机理研究为例详细介绍全面解析由 TG/FTIR 联用技术得到的实验曲线的方法[31]。限于篇幅，在该实例中仅介绍由这种联用技术得到的结论，对于解析过程不作详细介绍。

所研究的 [Cu(bpy)$_2$(O$_2$SO$_2$)]·CH$_3$OH 配合物的结构式如图 11-59 所示[31]。图 11-60 中给出了该配合物的 TG-DTG 曲线，图中的曲线表明在加热过程中，配合物的质量损失主要发生在 5 个特征温度范围内，每个特征温度范围都存在局部质量变化最快的温度（分别对应于 DTG 曲线中出现的峰值 T_1、T_2、T_3、T_4 和 T_5，在图 11-60 中已标注）。与图 11-60 中特征温度 T_2、T_3、T_4 下逸出气体的红外光谱分别列于图 11-61 中。结合 TG/FTIR 分析结果可以得出以下结论：

① 第一个失重过程中出现的最快质量损失温度为 T_1，在 77℃左右，该过程对应于 H$_2$O 的蒸发（质量损失约为 2%），这可能与合成过程和制样过程中导致的粉末中的残留水有关。

② 配合物分解的第一个过程发生在 180~225℃范围，分解速率在 T_2 时达到最大，约 210℃。在此温度范围内，样品质量减少了约 30%。由图 11-61（a）中的红外光谱可以判断在该温度范围的主要分解产物为甲醇（CH$_3$OH）和 2,2′-联吡啶分子。因此，该配合物热分解过程初始阶段的反应为逸出 CH$_3$OH 和 2,2′-联吡啶分子。

③ 配合物分解的第二个过程发生在 225~245℃范围，分解速率在 T_3 时达到最大值，对应的温度约为 230℃。在此温度范围内，样品质量减少了约 5%。由图 11-61（b）中的红外光谱可以判断在该温度范围的主要热分解产物为 2,2′-联吡啶分子。另外，在逸出的气体中出现了 H$_2$O 和 CO$_2$ 分子。

④ 配合物分解的第三个过程发生在 260~372℃范围，分解速率在 T_4 时达到最大值，对应的温度约为 325℃。在此温度范围内，样品质量减少了约 25%。由图 11-61（c）中的红外光谱可以判断在该温度范围的主要热分解产物为 SO$_2$、2,2′-联吡啶、H$_2$O 和 CO$_2$ 分子。这种现象表明，与铜（Ⅱ）中心配位的无机离子 SO$_4^{2-}$发生了降解形成 SO$_2$ 分子。

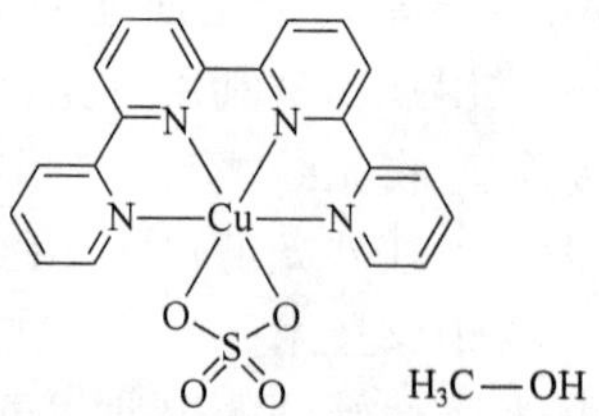

图 11-59　配合物 [Cu(bpy)$_2$(O$_2$SO$_2$)]·CH$_3$OH 的结构式

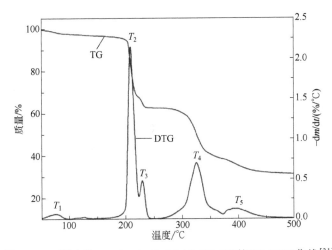

图 11-60　配合物$[Cu(bpy)_2(O_2SO_2)]\cdot CH_3OH$的TG-DTG曲线[31]

（实验条件：70μL 敞口 α-Al_2O_3坩埚，样品质量约为 5.0mg，加热速率为 10℃/min，
动态空气气氛，流速为 50mL/min，温度范围为 30~800℃）

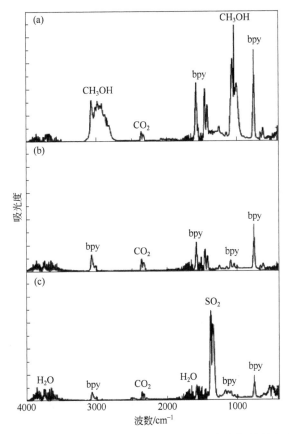

图 11-61　与图 11-60 中特征温度 T_2、T_3、T_4 下逸出气体的红外光谱[31]

⑤ 配合物分解的最后一个过程发生在 373~465℃范围，分解速率在 T_5 时达到最大值，对应的温度为约 393℃。在此温度范围内，样品质量降低了约 7%。红外光谱显示在该过程中存在 H_2O、CO_2 和 2,2′-联吡啶分子。

根据以上分析，配合物[Cu(bpy)$_2$(O$_2$SO$_2$)]·CH$_3$OH（bpy = 2,2′-联吡啶）的热分解机理按照先逸出甲醇分子，然后在约 180~372℃下分解有机配体（2,2′-联吡啶分子）和在约 260~372℃范围分解无机配体（SO$_4$$^{2-}$）的顺序进行。

（2）应用热重/质谱（TG/MS）联用技术尽可能全面地解析热分析曲线

热重分析技术与质谱联用可以有效地用于热分解的研究，因而被广泛用于材料、环境等领域。热重（TG）法和质谱（MS）联用技术是一种能定性或定量地测定物质释放的挥发性物质或气体的成分和质量数随着温度变化的一种技术。TG/MS 联用技术可以分析体系在温度变化过程中逸出气体的成分，根据逸出气体的信息和热分析数据可对材料的热分解途径给出全面的表征，进而探讨热分解的机理。TG/MS 联用技术目前已经广泛地运用到科研和生产的许多领域，主要可以用来确定物质的结构和组成、推测反应机理、进行动力学分析、研究反应转化过程、定性分析产物等。下面以一水合草酸钙的热分解机理研究为例来介绍热重/质谱联用技术。

1）实验样品信息

样品：一水合草酸钙（白色粉末）；

实验气氛：高纯 He，流速 100mL/min；

坩埚：敞口氧化铝坩埚；

温度范围：室温~900℃；

加热速率：20℃/min；

仪器：美国 Perkin Elmer 热重（型号 Pyris 1）/红外光谱（型号 Frontier）/气相色谱（型号 Clarus 680）/质谱（型号 Clarus SQ8T）联用仪；

传输管线温度：热重分析仪至红外光谱仪温度、红外光谱仪气体池温度、红外光谱仪至气相色谱仪温度、GC/MS 八通阀温度均为 280℃，泵抽速 60mL/min，由 TL-9000 联用装置控制；

GC/MS 仪工作条件：柱温箱 280℃，载气 He 流速 1mL/min，MS 传输线温度 280℃、EI 源、源电压 70eV、源温度 280℃；

MS 检测通过选择离子扫描（质量数为 12、18、28、32、44）和全范围离子扫描（质量数范围 44~300）进行。

2）热重数据分析

图 11-62 为一水合草酸钙的 TG-DTG 曲线。TG 曲线随着温度的升高，先后在 150~200℃、400~520℃、620~850℃范围内出现了三个质量减少的台阶。在相应的失重台阶范围内，DTG 曲线也相应地出现了三个向失重方向的峰，DTG 曲线的峰面积

对应于失重台阶的高度。根据文献和样品的结构信息可以推断，这三个质量减少过程分别对应于一水合草酸钙随温度升高先后出现了失去一分子结晶水、一分子 CO 和一分子 CO_2 的三个结构变化过程。

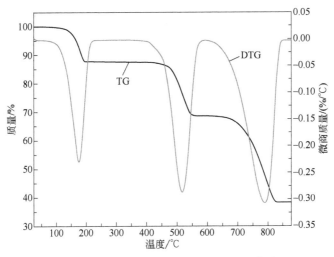

图 11-62 一水合草酸钙的 TG-DTG 曲线

（实验条件：高纯 He 气氛、流速 100mL/min，由室温以 20℃/min 的
加热速率加热至 900℃，坩埚为敞口氧化铝坩埚）

3）质谱数据分析

由于一水合草酸钙在加热过程中分别出现了失去一分子结晶水、失去一分子CO 和失去一分子 CO_2 的三个结构变化过程，因此在数据分析时需要分别将由实验时得到的 MS 数据中 m/z 为 18、32 和 44 的选择离子曲线（即 SIR 曲线）和总离子流曲线（TIC 曲线）所对应的数据作图分析。为了便于对比，通常将 TIC 和 SIR 曲线与 TG-DTG 曲线放在一起进行分析。

由质谱得到的 TIC 曲线反映了在实验过程中由质谱仪检测得到的气体产物的整体信息，该曲线与 DTG 曲线对应。图 11-63 为 TG、DTG、TIC MS 曲线的对比图。

由图 11-63 可见，在每一个质量变化阶段，TIC MS 曲线所对应的气体的含量均发生了相应的变化。根据对样品结构信息的了解，在实验时对可能的特征产物 H_2O（m/z 18）、CO_2（m/z 44）和 O_2（m/z 32）进行了 SIR 检测。图 11-64 为 TG、DTG、TIC 和 SIR 曲线的对比图。

由图 11-64 可见，m/z 分别为 44、18、32 的 SIR 曲线在加热过程中分别出现了检测峰。其中，m/z 18 的 SIR 曲线的峰对应于为 H_2O 的逸出过程，m/z 44 的 SIR 曲线的峰对应于为 CO_2 的逸出过程。对于一水合草酸钙而言，25min 左右的峰对应于 CO 的产生，在实际的检测过程中，由于 O_2 的存在，CO 会被快速地氧化为 CO_2，

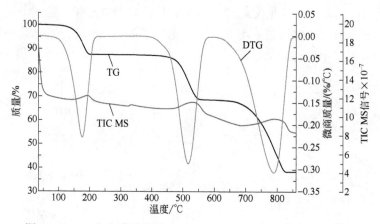

图 11-63　一水合草酸钙的 TG、DTG、TIC MS 曲线的对比图

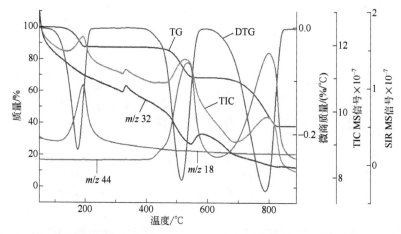

图 11-64　TG、DTG、TIC 和 SIR 曲线的对比图

少量的 CO 由于其质量数为 28，与空气中的 N_2 的质量数相同，该变化过程通常被淹没在背景中而很难被检测到。但是，可以通过在该温度范围内检测到的 O_2 浓度的下降（图 11-64 中在 450~550℃范围向下的倒峰）来证明该氧化过程。如果不存在该氧化过程，由空气中渗入的氧浓度（作为背景）在检测过程中几乎保持不变，当 CO 氧化为 CO_2 时，背景中的氧浓度会降低。当反应结束时，氧浓度会回到正常水平。

（3）应用热分析/红外光谱/质谱联用技术尽可能全面地解析热分析曲线

通过热重/红外光谱联用技术和热重/质谱联用技术既可以得到物质在反应过程中的气体产物的种类信息，也可以定量得到某些气体量的信息。在应用中将热分析技术同时和红外光谱、质谱两种技术结合，可以使得到的气体信息更全更可靠。热分析/红外光谱/质谱联用技术（TA/FTIR/MS）将热分析仪中逸出的气体先引入红外光谱仪分析其官能团结构,再将红外光谱出口的气体部分引入质谱(绝大部分排出),测定其分子量,以更好地实现定性、定量分析。

与前两种联用技术相比,由这类分析技术得到的信息更加全面,解析起来也更加复杂、费时。解析的顺序与之前介绍的 TG/IR 和 TG/MS 的顺序相似,即分别分析由热重曲线、红外光谱图、质谱图得到的信息,然后结合样品的结构信息和实验条件对这些信息进行全面、综合地分析,通过其中互相验证和互为补充的实验数据,得到最终的实验结论。限于篇幅,在此不再举例说明。

11.6.3 结合其他分析手段尽可能全面地解析热分析曲线

在以上内容中结合实例介绍了通过热分析技术自身和热分析联用技术来尽可能全面地解析热分析曲线的方法。在实际应用中,经常会结合除热分析技术外的其他分析技术来全面地解析热重曲线,以达到实验目的。以下结合实例简要进行分析。

例如,将热重法和 XRD、化学滴定、FTIR、元素分析等分析方法相结合,可以全面地研究实验室合成得到的锰（Ⅱ）、铁（Ⅲ）、钴（Ⅱ）、镍（Ⅱ）、铜（Ⅱ）和锌（Ⅱ）离子与硝氟酸（Hnif）形成的配合物的结构组成、物理化学性质、在空气和氮气气氛中的热稳定性以及抗菌活性[32]。通过实验可以得到以下信息:

① 利用元素分析（EA）、EDTA 滴定和 TG-DTG-DSC 分析可以确定配合物的形式 $M(nif)_2 \cdot nH_2O$（其中,M 表示金属离子,nif 为硝氟酸根离子,$n = 1 \sim 2.25$）。其中,含有 Fe(Ⅲ)离子的配合物化学式是 $Fe(nif)_3 \cdot H_2O$。由此可以得硝氟酸配体以两种不同的方式与金属离子结合的结论。另外,得到的化合物是非电解质,难溶于水和有机溶剂（如二甲基亚砜、甲醇和乙醇）。

② 傅里叶变换红外光谱分析表明,硝氟酸配体的羧酸基团参与了金属离子的配位,且配位不是通过氨基的氮原子进行的。此外,对傅里叶变换红外光谱数据的详细分析表明,以两种不同方式与金属离子结合的硝氟酸配体共存。

③ TG-DTG-DSC 分析结果表明,所获得的配合化合物的热分解是一个多阶段过程,分解过程取决于配合物中的金属离子和气氛。脱水化合物在空气中的热分解分两步、三步或五步进行,分别形成各自的金属氧化物（Mn_3O_4、Fe_2O_3、CoO、NiO、CuO 和 ZnO）。在氮气气氛下,热分解过程可以分为 4~6 个阶段。分解的最终产物是各自的金属氧化物,但锰（Ⅱ）和锌（Ⅱ）离子的络合物除外,其降解过程尚未完成,最终产物是氧化物和灰烬的混合物。实验结果还表明这些化合物的脱水分两步进行。

④ 通过差示扫描量热实验检测了样品中含有的水分子的性质和相变过程。研究结果表明所得化合物脱水的两阶段过程,分别对应于水分子以不同的原子间距参与分子间和分子内键的过程。

⑤ 利用 TG/IR/MS 联用技术可以研究合成化合物的分解途径,最终确定配合物在热氧化和热解过程中逸出的气态产物。

⑥ 抗菌研究结果表明，与单一的配体化合物相比，配合物的抗菌活性增加。其中含有锌离子的配合物对大肠杆菌和铜绿假单胞菌都具有最有效的抗菌活性，该化合物对大肠杆菌的最低抑菌浓度比尼氟酸低 31 倍。此外，这种化合物的抗菌效果是氯霉素（最低抑菌浓度为 0.50mg/mL）的 5 倍和卡那霉素（最低抑菌浓度为 0.12mg/mL）的 1.25 倍。另外，锰（Ⅱ）、铁（Ⅲ）和钴（Ⅱ）配合物对革兰氏阳性菌（金黄色葡萄球菌）具有抗菌活性，其最低抑菌浓度分别比尼氟酸低 10 倍、3.4 倍和 2.5 倍。

参 考 文 献

[1] 丁延伟，郑康，钱义祥. 热分析实验方案设计与曲线解析概论. 北京: 化学工业出版社, 2020.

[2] Pucciariello R, Villani V. Melting and crystallization behavior of poly(tetrafluoroethylene) by temperature modulated calorimetry. Polymer, 2004, 45: 2031-2039.

[3] Araujo A S, Jaroniec M. Determination of the surface area and mesopore volume for lanthanide-incorporated MCM-41 materials by using high resolution thermogravimetry. Thermochim Acta, 2000, 345: 173-177.

[4] Du D D, Ren N, Zhang J J. Construction of lanthanide ternary complexes based on 2,4-difluorobenzoic acid and 5,5′-dimethyl-2,2′-bipyridine: Crystal structures, thermoanalysis and luminescence properties. Thermochim Acta, 2021, 696: 178839.

[5] Lyszczek R, Podkóscielna B, Lipke A, Ostasz A, Puszka A. Synthesis and thermal characterization of luminescent hybrid composites based on bisphenol a diacrylate and NVP. J Therm Anal Calorim, 2019, 138: 4463-4473.

[6] Zhou L S, Zhang G C, Yang S S, Yang L B, Cao J P, Yang K W. The synthesis, curing kinetics, thermal properties and flame rertardancy of cyclotriphosphazene-containing multifunctional epoxy resin. Thermochim Acta, 2019, 680: 178348.

[7] 中华人民共和国教育行业标准. JY/T 0589.4—2020 热分析方法通则 第4部分 热重法.

[8] Bao F, Zong L S, Li N, Song Y Y, Pan Y X, Wang J Y, Jian X G. Synthesis of novel poly(phthalazinone fluorenyl ether ketone ketone)s with improved thermal stability and processability. Thermochim Acta, 2020, 683: 178184.

[9] Yamamoto Y, Okazaki T, Sakai Y, Iwasaki S, Koga N. Kinetic analysis of the multistep thermal decomposition of Maya Blue type pigments to evaluate thermal stability. J Therm Anal Calorim, 2020, 142: 1073-1085.

[10] Yamamoto Y, Koga N. Thermal decomposition of Maya Blue: extraction of indigo thermal decomposition steps from a multistep heterogeneous reaction using a kinetic deconvolution analysis. Molecules, 2019, 24(13): 2515.

[11] Koga N, Goshi Y, Yamada S, Pérez-Maqueda L A. Kinetic approach to partially overlapped thermal decomposition pro-cesses. J Therm Anal Calorim, 2013, 111(2): 1463-1474.

[12] Perejón A, Sánchez-Jiménez P E, Criado J M, Pérez-Maqueda L A. Kinetic analysis of complex solid-state reactions. A new decon-volution procedure. J Phys Chem B, 2011, 115(8): 1780-1791.

[13] Svoboda R, Málek J. Applicability of Fraser–Suzuki function in kinetic analysis of complex crystallization processes. J Therm Anal Calorim, 2013, 111(2): 1045-1056.

[14] 丁延伟. 热分析基础. 合肥: 中国科学技术大学出版社, 2020.

[15] Roussi A T, Vouvoudi E C, Achilias D S. Pyrolytic degradation kinetics of HIPS, ABS, PC and their blends with PP and PVC. Thermochim Acta, 2020, 690: 178705.

[16] Yang S, Castilleja J R, Barrera E V, Lozano K. Thermal analysis of an acryloni-trile–butadiene–styrene/SWNT

composite. Polym Degrad Stabil, 2004, 83 (3): 383-388.

[17] Fatu D, Geambas G, Segal E, Budrugeac P, Ciutacu S. On the thermal decomposition of the copolymer ABS and of nylon polyamide. Thermochim Acta, 1989, 149: 181-187.

[18] Suzuki M, Wilkie C A. Thermal degradation of acrylonitrile-butadiene- styrene terpolymer as studied by TGA/FTIR. Polym. Degrad. Stabil, 1995, 47 (2): 217-221.

[19] Kostova B, Petkova V, Kostov-Kytin V, Tzvetanova Y, Avdeev G. TG/DTG-DSC and high temperature in-situ XRD analysis of natural thaumasite. Thermochim Acta, 2021, 697: 178863.

[20] 刘振海, 徐国华, 张洪林等. 热分析与量热仪及其应用. 2 版. 北京：化学工业出版社，2011.

[21] Wendel J, Manchili S K, Hryha E, Nyborg L. Oxide reduction and oxygen removal in water-atomized iron powder: a kinetic study. J Therm Anal Calorim, 2020, 142: 309-320.

[22] Wimmers O J, Arnoldy P, Moulijn J A. Determination of the reduction mechanism by temperature-programmed reduction: application to small iron oxide (Fe_2O_3) particles. J Phys Chem, 1986, 90: 1331-1337.

[23] Pourghahramani P, Forssberg E. Reduction kinetics of mechani-cally activated hematite concentrate with hydrogen gas using nonisothermal methods. Thermochim Acta, 2007, 454: 69-77.

[24] Tenorio K V, Fortunato A B, Moreira J M, Roman D, D'Oliveira K A, Cuin A, Brasil D M, Pinto L M C, Colman T A D, Carvalho C T. Thermal analysis combined with X-ray diffraction/Rietveld method, FT-IR and UV-vis spectroscopy: Structural characterization of the lanthanum and cerium (Ⅲ) polycrystalline complexes. Thermochim Acta, 2020, 690: 178662.

[25] Jumahat A, Zamani N R, Soutis C, Roseley N R N. Thermogravimetry analysis of nanosilica-filled epoxy polymer. Materials Research Innovations, 2014, 18: sup6, S6-274-S6-279.

[26] Machado R G, Gaglieri C, Alarcon R T, de Moura A, de Almeida A C, Caires F J, Ionashiro M. Cobalt selenate pentahydrate: Thermal decomposition intermediates and their properties dependence on temperature changes. Thermochim Acta, 2020, 689: 178615.

[27] Gaglieri C, Alarcon R T, de Moura A, Caires F J. Nickel selenate: a deep and efficient characterization, J. Therm. Anal. Calorim. 2020, 139: 1707-1715.

[28] de A Agostini P R, de C Agostini E, Giolito I, Ionashiro M. Thermal decomposition of magnesium and calcium selenates, Thermochim. Acta, 1989, 145: 367-371.

[29] Caires F J, Lima L S, Carvalho C T, Giagio R J, Ionashiro M. Thermal behavior of malonic anid, sodium malonate and its compounds with some bivalent transition metal ions. Thermochim Acta, 2010, 497: 35-40.

[30] Nune W D G, Teixeira J A, Ekawa B, do Nascimento A L C S, Ionashiro M, Caires F J. Mn(Ⅱ), Fe(Ⅱ), Co(Ⅱ), Ni(Ⅱ), Cu(Ⅱ) and Zn(Ⅱ) transition metals iso-nicotinate complexes: Thermal behavior in N_2 and air atmospheres and spectroscopic Characterization. Thermochim Acta, 2018, 666: 156-165.

[31] Rytlewski P, Jagodziński B, Wojciechowska A, Moraczewski K, Malinowsk R. TG-FTIR coupled analysis to predetermine efective precursors for laser-activated and electroless metallized materials. J Therm Anal Calorim, 2020, 141: 697-705.

[32] Zapała L, Kosinska-Pezda M, Byczynski L, Zapała W, Maciołek U, Woznicka E, Ciszkowicz E, Lecka-Szlachta K. Green synthesis of niflumic acid complexes with some transition metal ions (Mn(Ⅱ), Fe(Ⅲ), Co(Ⅱ), Ni(Ⅱ), Cu(Ⅱ) and Zn(II)). Spectroscopic, thermoanalytical and antibacterial studies. Thermochim Acta, 2021, 696: 178814.

第**12**章 热重曲线的解析方法

12.1 引言

　　本章将按照热重曲线解析的科学性、规范性、准确性、合理性和全面性的原则，进一步依据样品的结构、成分、性质、处理条件等信息和所采用的实验方法等信息对由曲线得到的一些变化进行解析，并结合实例分析对曲线进行初步解析和综合解析的过程。

　　在对曲线进行初步解析时，应分别结合样品的结构、成分和性质等信息和实验过程中采用的实验气氛、温度控制程序和制样方法等条件信息来解释曲线中发生的变化。

　　在对曲线进行综合解析时，应分别通过多种分析技术对曲线进行互补分析、验证分析，以得到更加全面、准确的解析结果。在一些应用领域中，还需要通过外推方法对由热重曲线得到的特征物理量进行综合分析。

12.2 热重曲线的初步解析方法

　　理论上，在由热重实验得到的曲线中，其中所包含的信息与样品的结构、成分、性质、处理工艺等信息以及在实验过程中所采用的实验条件密切相关[1,2]。在进行曲线解析时，应密切结合以上这些信息。概括来说，应从以下几个角度来对实验得到的曲线进行初步解析。

12.2.1 结合样品信息解释曲线中发生的变化

　　样品的结构、成分、性质及处理工艺等信息对由热重实验得到的曲线有着十分重要的影响，在进行曲线解析时应密切结合这些信息。

　　下面以草酸盐混合物的热重曲线为例，介绍由所得到的曲线解析样品的结构在实验过程中的变化过程并确定混合物组成的方法。

　　如图 12-1 为一种由一水合草酸钙和二水合草酸亚钴组成的混合物的热重曲线。可以对曲线做以下形式的描述：

由图可见，热重曲线在实验的温度范围一共出现了 5 个失重台阶，分别为：
（i）在 91.6~215.1℃失重 14.99%；（ii）在 215.1~338.6℃失重 18.31%；（iii）在 401.5~
551.2℃失重 9.42%；（iv）在 589.5~771.9℃失重 14.24%；（v）在 867.5~954.3℃失重 1.00%。

　　显然，以上所列的每一个台阶分别对应于在升温过程混合物中每种组分的结构
变化。在对该曲线进行解析时，为了便于归属图 12-1 中 TG 曲线的每个台阶对应的
结构变化，分别对所研究的混合物中包含的每种组分（即一水合草酸钙和二水合草
酸亚钴）单独进行了热重实验，所得到的 TG 曲线分别如图 12-2 和图 12-3 所示。

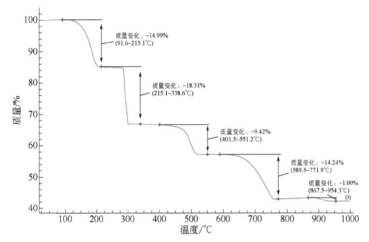

图 12-1　由一水合草酸钙和二水合草酸亚钴组成的混合物的热重曲线

（实验条件：德国耐驰公司 TGA209F1 型热重分析仪，加热速率 10℃/min，
空气气氛、流速为 50mL/min，敞口氧化坩埚）

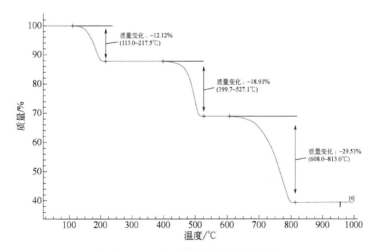

图 12-2　一水合草酸钙的热重曲线

（实验条件：德国耐驰公司 TGA209F1 型热重分析仪，加热速率 10℃/min，
空气气氛、流速为 50mL/min，敞口氧化坩埚）

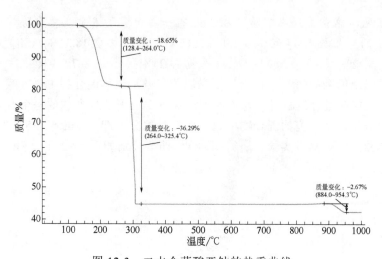

图 12-3　二水合草酸亚钴的热重曲线

（实验条件：德国耐驰公司 TGA209F1 型热重分析仪，加热速率 10℃/min，
空气气氛、流速为 50mL/min，敞口氧化坩埚）

可以按照本书第 10 章中介绍的方法对图 12-2 中一水合草酸钙的热重曲线按照以下的方式进行描述：

由图可见，热重曲线在实验温度范围一共出现了 3 个失重台阶，分别为：（ⅰ）在 113.0~217.5℃失重 12.12%；（ⅱ）在 399.7~527.1℃失重 18.91%；（ⅲ）在 608.0~813.0℃失重 29.53%。

同样地，对图 12-3 中二水合草酸亚钴的热重曲线描述如下：

由图可见，热重曲线在实验温度范围一共出现了 3 个失重台阶，分别为：（ⅰ）在 128.4~264.0℃失重 18.65%；（ⅱ）在 264.0~325.4℃失重 36.29%；（ⅲ）在 884.0~954.3℃失重 2.67%。

在对图 12-1~图 12-3 曲线中发生的变化进行了规范性的描述之后，接下来需要按照在本书第 11 章中所介绍的科学性、准确性、规范性和全面性的原则对曲线进行解析。

例如，对于图 12-2 中单一组分的一水合草酸钙的热重曲线，结合所分析样品的化合物结构式和曲线中的失重过程，可以按照以下的分析过程对每个台阶所对应的过程进行归属。

对于一水合草酸钙体系，假设图 12-2 中 TG 曲线中每个台阶仅对应于一个过程，根据一水合草酸钙的分子量（$M_W=146$）和 TG 曲线中的质量变化台阶，可以分别按照以下的方法判断在不同的质量变化过程中样品结构发生的变化。

① 对于第一步失重过程，该过程中分解成气体部分占所有分子的比例为 12.12%，可以由下式判断该过程中失去分子的分子量 M_1：

$$M_1 = 146 \times 12.12\% = 17.69 \qquad (12\text{-}1)$$

式中，146 为一水合草酸钙的分子量。

根据一水合草酸钙的结构，可以判断在加热过程中，TG 曲线中出现的这个台阶对应于失去一分子水（M_{H_2O} 为 18）的过程。即在该过程结束后，样品结构形式变为草酸钙。

② 对于第二步失重过程，该过程中分解成气体部分占所有分子的比例为 18.91%，可以由下式判断该过程中失去分子的分子量 M_2：

$$M_2 = 146 \times 18.91\% = 27.61 \qquad (12\text{-}2)$$

根据一水合草酸钙的结构，可以判断在加热过程中，TG 曲线中出现的这个台阶对应于失去一分子 CO（M_{CO} 为 28）的过程。即在该过程结束后，样品结构形式变为碳酸钙。

③ 对于第三步失重过程，该过程中分解成气体部分占所有分子的比例为 29.53%，可以由下式判断该过程中失去分子的分子量 M_3：

$$M_3 = 146 \times 29.53\% = 43.11 \qquad (12\text{-}3)$$

根据一水合草酸钙的结构，可以判断在加热过程中，TG 曲线中出现的这个台阶对应于失去一分子 CO_2（M_{CO_2} 为 44）的过程。即在该过程结束后，样品结构形式变为氧化钙。

综合以上分析可以初步得出以下判断：根据一水合草酸钙的结构，在加热过程中，该化合物随着温度的升高依次会出现失去一分子水变为草酸钙、失去一分子一氧化碳变为碳酸钙和失去一分子二氧化碳变为氧化钙的结构变化过程，即当温度高于 813℃时，一水合草酸钙分解成为固态的氧化钙。

这些过程可以分别用以下化学方程式表示：

$$CaC_2O_4 \cdot H_2O \longrightarrow CaC_2O_4 + H_2O \quad (113.0 \sim 217.5℃) \qquad (12\text{-}4)$$

$$CaC_2O_4 \longrightarrow CaCO_3 + CO \quad (399.7 \sim 527.1℃) \qquad (12\text{-}5)$$

$$CaCO_3 \longrightarrow CaO + CO_2 \quad (608 \sim 813℃) \qquad (12\text{-}6)$$

在以上分析中，结合曲线解析的科学性和准确性原则，根据样品的结构式和 TG 曲线中每一个过程的失重量信息，初步判断了每一步质量变化所对应的气体产物的结构信息。接下来需要结合该化合物在每一步失重的理论值与由 TG 曲线得到的每一个过程的失重量（即实验值）进行对比，确定以上判断的合理性。

结合以上化学反应方程式（12-4）~式（12-6）和 TG 曲线中的质量变化信息，可以做出以下判断：

在 TG 曲线中出现的第一个质量变化过程即失水过程中（113.0~217.5℃），理论失重量应为：

$$w_{H_2O} = \frac{M_{H_2O}}{M_{CaC_2O_4 \cdot H_2O}} \times 100\% = \frac{18}{146} \times 100\% = 12.32\% \tag{12-7}$$

由实验测得该过程的失重率为 12.12%，比理论值低 0.20%，在合理的范围内。

同样地，可以分别确定在失去一分子 CO 和 CO_2 的过程中的理论失重率为：

$$w_{CO} = \frac{M_{CO}}{M_{CaC_2O_4 \cdot H_2O}} \times 100\% = \frac{28}{146} \times 100\% = 19.18\% \tag{12-8}$$

$$w_{CO_2} = \frac{M_{CO_2}}{M_{CaC_2O_4 \cdot H_2O}} \times 100\% = \frac{44}{146} \times 100\% = 30.14\% \tag{12-9}$$

由实验测得的这两个过程的失重率分别为 18.91% 和 29.53%，分别比理论值低 0.27% 和 0.61%，在合理的范围内。

由此可以判断，以上基于 TG 曲线中每一步的质量变化台阶所得到的判断是科学、准确、合理的。如果需要进一步验证该结论的合理性，可以通过 X 射线衍射技术（XRD）、红外光谱技术（FTIR）或者无机元素分析技术等手段对每一个质量变化阶段结束后的产物进行分析，确定元素组成或者结构与通过以上分析得到的结论的一致性。另外，也可以用与热重分析技术联用的红外光谱或者质谱技术实时分析在加热过程中逸出的气体产物的结构信息，证明以上的判断。

同样地，可以采用以上分析一水合草酸钙的 TG 曲线中每一个质量变化过程所对应的化学过程的方法来对图 12-3 中二水合草酸亚钴化合物的 TG 曲线中出现的质量变化过程所对应的化学过程进行分析，并作出以下判断：

根据二水合草酸亚钴的结构和图 12-3 中的 TG 曲线可以推测化合物在加热过程中经历的结构变化顺序为：在加热过程中，该化合物随着温度的升高失去二分子水变为草酸亚钴，同时失去 CO 和 CO_2 变成 Co_3O_4，在高温下 Co_3O_4 进一步分解变成 CoO 和 O_2。

这些过程可以用以下化学方程式表示：

$$CoC_2O_4 \cdot 2H_2O \longrightarrow CoC_2O_4 + 2H_2O \quad (128.4 \sim 264.0℃) \tag{12-10}$$

$$CoC_2O_4 + \frac{2}{3}O_2 \longrightarrow \frac{1}{3}Co_3O_4 + 2CO_2 \quad (264.0 \sim 325.4℃) \tag{12-11}$$

$$\frac{1}{3}Co_3O_4 \longrightarrow CoO + \frac{1}{6}O_2 \quad (884.0 \sim 954.3℃) \tag{12-12}$$

同理，可以按照以下的方法验证这种推断的合理性：

根据以上化学反应方程式，在失去 2 分子结晶水的过程中，理论失重率应为：

$$w_{H_2O} = \frac{2 \times M_{H_2O}}{M_{CoC_2O_4 \cdot 2H_2O}} \times 100\% = \frac{2 \times 18}{183} \times 100\% = 19.67\% \tag{12-13}$$

由实验测得的这个过程的失重率为 18.65%，比理论值低 1.02%，在合理的范围内。

在失去 2 分子二氧化碳形成 Co_3O_4 的过程中，理论失重率应为：

$$w_{CO_2} = \frac{2 \times M_{CO_2} - \dfrac{2}{3} \times M_{O_2}}{M_{CoC_2O_4 \cdot 2H_2O}} \times 100\% = \frac{2 \times 44 - \dfrac{2}{3} \times 32}{183} \times 100\% = 36.44\% \quad （12\text{-}14）$$

由实验测得的这个过程的失重率为 36.29%，比理论值低 0.15%，在合理的范围内。

在高温下 Co_3O_4 进一步分解变成 CoO 和 O_2 的过程中，理论失重率应为：

$$w_{O_2} = \frac{\dfrac{1}{6} \times M_{O_2}}{M_{CoC_2O_4 \cdot 2H_2O}} \times 100\% = \frac{\dfrac{1}{6} \times 32}{183} \times 100\% = 2.91\% \quad （12\text{-}15）$$

由实验测得的这个过程的失重率为 2.67%，比理论值低 0.24%，在合理的范围内。

结合以上对图 12-2 和图 12-3 中单一的一水合草酸钙和二水合草酸亚钴化合物的 TG 曲线的失重过程所对应的结构变化机理的判断结论，可以对图 12-1 中出现的 5 个失重过程进行以下的解析：

① 第 1 个质量变化过程对应于混合物中一水合草酸钙和二水合草酸亚钴化合物的失去结晶水的过程。在该过程结束后，样品中每种组分的结构由一水合草酸钙和二水合草酸亚钴分别变为草酸钙和草酸亚钴，对应的化学反应方程式分别为：

$$CaC_2O_4 \cdot H_2O \longrightarrow CaC_2O_4 + H_2O \quad （12\text{-}4a）$$

$$CoC_2O_4 \cdot 2H_2O \longrightarrow CoC_2O_4 + 2H_2O \quad （12\text{-}10a）$$

② 第 2 个质量变化过程对应于混合物中草酸亚钴化合物失去 CO_2 变成 Co_3O_4 的结构变化过程。在该过程结束后，样品中每种组分的结构由草酸钙和草酸亚钴分别变为草酸钙和 Co_3O_4，对应的化学反应方程式为：

$$CoC_2O_4 + \frac{2}{3}O_2 \longrightarrow \frac{1}{3}Co_3O_4 + 2CO_2 \quad （12\text{-}11a）$$

③ 第 3 个质量变化过程对应于混合物中草酸钙失去一分子 CO 变成 $CaCO_3$ 的过程。在该过程结束后，样品中每种组分的结构由草酸钙和 Co_3O_4 分别变为 $CaCO_3$ 和 Co_3O_4，对应的化学反应方程式为：

$$CaC_2O_4 \longrightarrow CaCO_3 + CO \quad （12\text{-}5a）$$

④ 第 4 个质量变化过程对应于混合物中碳酸钙失去一分子二氧化碳变成 CaO 的过程。在该过程结束后，样品中每种组分的结构由 $CaCO_3$ 和 Co_3O_4 分别变为 CaO 和 Co_3O_4，对应的化学反应方程式为；

$$CaCO_3 \longrightarrow CaO + CO_2 \quad （12\text{-}6a）$$

⑤ 第 5 个质量变化过程对应于混合物中 Co_3O_4 分解变成 CoO 的过程。在该过程结束后，样品中每种组分的结构由 CaO 和 Co_3O_4 分别变为 CaO 和 CoO，对应的化学反应方程式为：

$$\frac{1}{3}Co_3O_4 \longrightarrow CoO + \frac{1}{6}O_2 \qquad (12\text{-}12a)$$

综合以上分析，在图 12-1 中的 TG 曲线中第 3 个质量变化过程和第 4 个质量变化过程是由于一水合草酸钙分解失重引起的，第 2 个质量变化过程和第 5 个质量变化过程则是由于二水合草酸亚钴的分解引起的，而第 1 个质量变化过程则是由于一水合草酸钙和二水合草酸亚钴同时失去结晶水引起的。

以上结合曲线解析的科学性和准确性原则，根据样品的结构式和图 12-1 中 TG 曲线中每一个过程的失重量信息，初步判断了曲线中出现每一步质量变化所对应的气体产物的结构信息。另外，在对 TG 曲线中的每一个质量变化台阶对应的样品组分结构变化过程进行了合理的归属之后，根据混合物中每一个过程的实际失重量和对于单一化合物的理论失重量之间的关系来计算混合物中一水合草酸钙和二水合草酸亚钴的含量。可以通过以下几种方法来确定混合物中的组分含量。

① 根据图 12-1 中的第 2 个失重台阶来计算二水合草酸亚钴的含量。

由以上分析可知，对于纯的二水合草酸亚钴，在加热过程中失去 CO_2 变成 Co_3O_4 的理论失重率为 36.44%，图 12-1 中 TG 曲线对应于该过程（对应于第 1 个失重台阶）的失重率为 18.31%，由此可以计算出混合物中二水合草酸亚钴的百分含量为：

$$w_{CoC_2O_4 \cdot 2H_2O} = \frac{18.31\%}{36.44\%} = 50.24\% \qquad (12\text{-}16)$$

该数值比理论值 50% 高 0.5%，在合理范围内。

② 根据图 12-1 中的第 3 个失重台阶计算一水合草酸钙的含量。

类似地，还可以根据对应于一分子的草酸钙失去一分子 CO 变成碳酸钙的过程的第 2 个失重台阶来计算一水合草酸钙的含量。由以上分析可知，对于纯的一水合草酸钙，在加热过程中失去 CO 变成 $CaCO_3$ 的理论失重率为 19.18%，图 12-1 中对应于该过程的失重率为 9.42%，由此可以计算出混合物中一水合草酸钙的百分含量为：

$$w_{CaC_2O_4 \cdot H_2O} = \frac{9.42\%}{19.18\%} = 49.11\% \qquad (12\text{-}17)$$

该数值比理论值 50% 低 0.89%，在合理范围内。

③ 根据 TG 曲线中的第 4 个失重台阶计算一水合草酸钙的含量。

同样地，可以根据对应于草酸钙失去一分子 CO_2 变成氧化钙的过程的第 4 个失重台阶来计算一水合草酸钙的含量。由以上分析可知，对于纯的一水合草酸钙，在

加热过程中失去 CO_2 变成 CaO 的理论失重率为 30.14%，图 12-1 中对应于该过程的失重率为 14.24%，由此可以计算出混合物中一水合草酸钙的百分含量为：

$$w_{CaC_2O_4 \cdot H_2O} = \frac{14.24\%}{30.14\%} = 47.25\% \qquad (12\text{-}18)$$

该数值比理论值 50%低 2.75%，误差比以上两种方法得到的含量结果略大。

④ 根据第 5 个失重台阶计算二水合草酸亚钴的含量。

由以上分析可知，图 12-1 中第 5 个失重台阶对应于 Co_3O_4 分解变成 CoO 的过程，可以据此计算出混合物中二水合草酸亚钴的含量。对于纯的二水合草酸亚钴，在加热过程中失去形成的 Co_3O_4 进一步分解变成 CoO 的理论失重率为 2.91%，图 12-1 中对应于该过程的失重率为 1.00%，由此可以计算出混合物中二水合草酸亚钴的百分含量为：

$$w_{CoC_2O_4 \cdot 2H_2O} = \frac{1.00\%}{2.91\%} = 34.36\% \qquad (12\text{-}19)$$

该数值比理论值 50%低 15.64%，误差明显高于由以上两种方法得到的含量结果。由此可以判断通过该过程计算得到的二水合草酸亚钴的含量是不可靠的，在计算时应避免采用该过程来计算混合物的含量。

在以上分析中，由图 12-1 中第 2 个和第 3 个失重台阶得到的结果相对比较可靠，而由第 5 个失重台阶得到的结果误差最大，比理论值 50%低 15.64%。因此，应通过 TG 曲线中的第 2 个和第 3 个失重过程来计算该混合物中每种组分的含量。

在以上实例中，结合热重曲线解析的原则介绍了根据样品信息解析曲线中发生的变化的方法，通过样品的结构信息和曲线中出现的特征变化成功地确定了混合物的热分解机理和每一个组分的含量。

在实际应用中，应密切结合样品的结构、成分、性质以及预处理等信息，科学、规范、准确、合理、全面地解析曲线中出现的特征信息[1]。例如，根据热重实验曲线可以准确地确定无水合氨苄西林和三水合氨苄西林混合物中的成分[3]。这种方法主要依据的原理是通过确定混合物中三水合氨苄西林在加热过程中产生的水的质量损失百分比，将其与理论值相比从而可以精确地量化其在混合物中的比例。

在图 12-4（a）和图 12-4（b）中分别给出了纯无水氨苄西林和纯三水合氨苄西林的 TG-DTA 曲线[3]。图 12-4（b）中的 DTA 曲线在 80~120℃之间出现了一个明显的吸热峰，对应于失去结晶水过程。另外，图 12-4（b）中的 TG 曲线表明，在 120℃时三水合氨苄西林的质量减少了 13.2%，该过程对应于一分子的三水合氨苄西林失去 3 分子结晶水的结构变化过程，而图 12-4（a）中的 TG 曲线表明在该温度范围无水合氨苄西林未出现明显的质量变化。这些现象充分表明，在 120℃下三水合氨苄西林的质量减少是由于三水合氨苄西林分子中结晶水的失去引起的，而不是氨苄西林发生了分解。

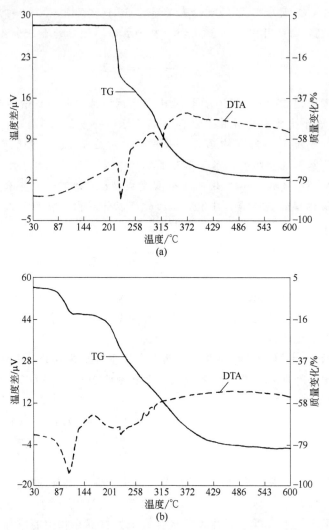

图 12-4 纯无水氨苄西林（a）和纯三水合氨苄西林（b）化合物的 TG-DTA 曲线[3]

基于此实验现象和结构分析结果，可以按照一定的比例制备由无水氨苄西林和三水合氨苄西林组成的一系列混合物，根据热重实验结果计算每种组分的含量，通过将由实验得到的含量信息与理论值相比，可以验证每种混合物的含量的准确性。在表 12-1 中列出了由不同比例混合物的 TG 曲线计算得到的失重量与理论值之间的对比信息[3]，结果表明由 TG 曲线得到的实验结果与理论值十分接近。

在该研究工作中，还通过 DSC、XRD 和干燥失重法对热重法的结果进行了验证，结果表明这些方法之间得到的结果均保持一致，说明通过热重法可以准确地确定该类混合物中的组分含量。

表 12-1　由 TG 曲线和根据含量理论计算得到的由不同比例三水合氨苄西林和无水氨苄西林组成的混合物的质量减少信息[3]

混合物含量①/%	根据 TG 曲线计算的失重量/%	理论失重率/%
0	0.0	0.0
25	3.6	3.7
50	7.1	7.2
75	9.6	10.4
100	13.2	13.4

① 三水合氨苄西林的百分含量。

在以上实例中介绍了根据 TG 曲线确定混合物中组分含量的方法，在实际应用中，结合实验得到的 TG 曲线还可以对物质的热分解机理进行分析。

对于一些小分子有机物，在发生热分解时会从较弱的键合位置发生断键，形成气态小分子，在 TG 曲线上表现为质量减少。在实际应用中，可以通过 TG 曲线来确定一些小分子有机物的热分解机理。

下面结合乙酰氨基苯酚新型偶氮染料的 TG 曲线来介绍分析该类化合物的热分解机理的方法[4]。

图 12-5 为邻苯基偶氮化合物（分子式 $C_{14}H_{13}N_3O_2$）的 TG 曲线[4]。由图可见：

① 化合物在室温~100℃范围内有一个较弱的失重台阶，该过程对应于样品中溶剂的汽化过程，其失重率为 2.1%；

② 化合物在 100~260℃范围内有一个较为明显的失重台阶，其失重率为 21.6%；

③ 化合物在 260~380℃范围内失重台阶的失重率为 14.5%；

④ 化合物在 380~500℃范围内失重台阶的失重率为 14.1%；

⑤ 当温度为 500℃时，剩余质量为 47.7%。

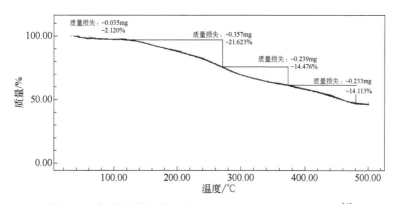

图 12-5　邻苯基偶氮化合物（$C_{14}H_{13}N_3O_2$）的 TG 曲线[4]

邻苯基偶氮化合物（$C_{14}H_{13}N_3O_2$）的结构式如图 12-6 所示。结合图 12-5 中 TG 曲线不同分解阶段和化合物结构中键合程度的差异，可以推测该化合物的结构在温度变化过程中发生了如图 12-7 所示的结构变化过程。

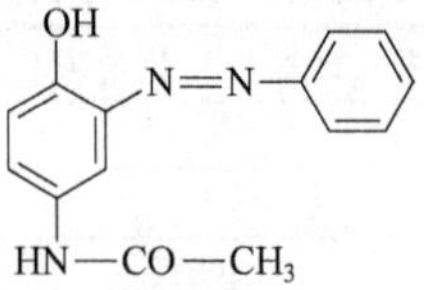

图 12-6　邻苯基偶氮化合物（$C_{14}H_{13}N_3O_2$）的结构式

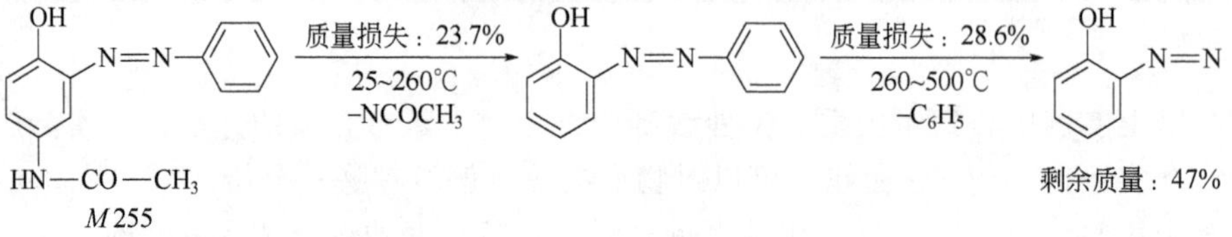

图 12-7　邻苯基偶氮化合物（$C_{14}H_{13}N_3O_2$）的热分解机理[4]

由图 12-7 中的热分解机理表明，在该化合物发生分解时首先失去一分子的乙酰氨基片段，该过程对应于 260℃ 以下的失重率为 23.7%，与理论值一致；随着温度的进一步升高，在 260~500℃ 范围内连续发生了两步失重过程，该过程对应于分子中苯环的脱去过程，失重率为 28.6%，与理论值也一致；当温度为 500℃ 时，最终产物为邻偶氮苯酚，其在结构中所占的质量百分比为 47%，与 TG 曲线中残余物的质量（47.7%）一致。

在实际应用中，对于一些结构较为复杂的化合物体系，在对由实验得到的 TG 曲线进行解析时，仅通过 TG 曲线很难对其中出现的质量变化所对应的反应机理作出准确的判断，通常需要结合与热重分析技术联用的红外光谱、质谱以及气相色谱/质谱联用等分析技术对曲线中出现的质量变化过程进行综合分析，以得到准确的分解机理。在本章第 12.3 节和第 12.4 节中将结合实例介绍这类曲线的解析方法，在此不展开叙述。

12.2.2　结合实验条件信息解释曲线中发生的变化

在本书第 5 章中较为系统地介绍了在实验时所采用的实验条件对热重曲线的影响，在对曲线进行解析时应按照科学、规范、准确、合理、全面的原则来分析这些实验条件对热分析曲线形状产生影响的原因。

例如，在通过热重分析技术对钠基蒙脱石（Na-MMT）的水合行为的研究中，首先将钠基蒙脱石样品在不同的湿度环境下吸附水，待吸附平衡后得到相应的样品[5]。通过比较不同条件下处理后的样品的 TG 曲线，可以证明不同湿度环境下得到的样品的吸附水含量和钠基蒙脱石的层间距之间存在着定量的关系。解析方法如下：

虽然通过等温吸附法和 XRD 法分别可以测定不同水合状态的 Na-MMT 的总吸附含水量和水分子在层间距中的排列方式，但通过这些方法不能准确地定量分析样品在不同湿度条件下吸附水的类型和含量。通过热重分析技术可以对吸附水进行定量研究。在图 12-8 中分别给出了不同湿度条件下得到的 Na-MMT 样品的 TG 曲线[5]，由图可见其中的台阶之间没有表现出明显的独立的质量变化过程，据此很难区分不同类型的吸附水。在这种情况下，可以通过对图 12-8 中的 TG 曲线分别进行一阶求导得到 DTG 曲线和二阶求导得到 DDTG 曲线（如图 12-9 所示），在得到的这两种曲线中均出现了一些峰，这些峰对应于 TG 曲线中包含的一些过程。

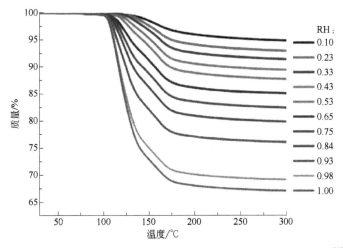

图 12-8　在不同湿度条件下得到的 Na-MMT 样品的 TG 曲线[5]

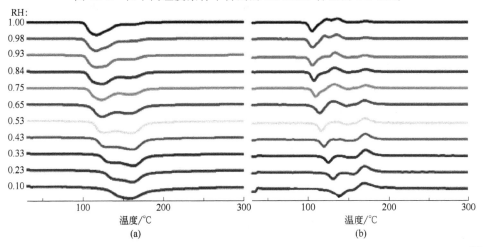

图 12-9　在不同湿度（RH）条件下得到的 Na-MMT 样品的 DTG 曲线（a）和 DDTG 曲线（b）[5]

根据图 12-9 中的 DTG 曲线和 DDTG 曲线，可以将图 12-8 中的 TG 曲线分为以下几个质量变化过程，即：首先发生容易失去的表面的游离水，表现为加热时出现的质量快速减少，之后发生的是在表面弱吸附的水的脱附过程，最后脱除的是与表面发生了较强结合的吸附水，该过程比较缓慢。其中，当 RH 为 0.10 时，所得到的

TG 曲线没有出现明显的变化，在 DTG 曲线中相应地只出现了一个峰，在 DDTG 曲线中也只有一个完整的峰，这表明热重曲线中只出现了一个主要过程。当 RH 为 0.23 时，在 DTG 曲线有两个峰（其中第一个台阶不明显，但在 DDTG 曲线中表现得十分明显），表明 TG 曲线中存在着两个台阶。随着相对湿度从 0.23 增加到 0.84，DTG 曲线中的两个峰变得更加明显。当 RH 在 0.84~1.00 之间时，DTG 曲线中出现了三个峰（其中第二个峰不明显，但在 DDTG 曲线中表现得十分明显），这表明 TG 曲线中存在着三个台阶。随着相对湿度的增加，这三个过程变得更加清晰。

在不同湿度条件下得到的 Na-MMT 样品在加热过程中出现的不同的失重过程对应的含水量如表 12-2 所示。由表中数据可以看出，在第一步失重过程的失水量数据表明 Na-MMT 中吸附水的含量随着湿度的增加而变大，这种趋势一直持续到 RH 为 0.65 时。导致这种变化的主要原因是当第 1 种形式的吸附水（即结合较强的吸附水）含量减少时，第 2 种形式的吸附水（即结合稍弱的吸附水）含量迅速增加。随后在 RH 为 0.75 时下降，这可能是由于第 3 种形式的吸附水（即结合最弱的吸附水）含量迅速增加。当 RH>0.93 时，第 2 种形式的吸附水含量继续增加，而第 3 种形式的吸附水含量迅速增加。当 RH 为 1.0 时，第 1 种形式的吸附水含量为 6.47%，与 RH 为 0.93 时第 1 种形式的吸附水含量（6.45%）相似。结果表明，第 1 种形式的吸附水含量不随总吸附水含量的增加而变化，第 1 种形式的吸附水的脱附温度高于第 2 种和第 3 种形式的吸附水。

表 12-2　在不同湿度条件下得到的 Na-MMT 样品在加热过程中
出现的不同的失重过程对应的含水量[5]

RH	含水量/%		
	3	2	1
0.10			5.23
0.23		1.85	5.31
0.33		2.21	6.09
0.43		3.75	6.87
0.53		5.36	7.67
0.65		8.32	7.91
0.75		12.22	7.79
0.84	6.45	10.87	6.45
0.93	10.22	13.27	6.45
0.98	15.36	13.78	6.46
1.00	25.42	12.15	6.47

中子散射对黏土结构的研究结果表明[6]，在黏土中吸附的水可分为以下几种类型：（i）阳离子层间水，这种水通过相邻的配位与层间阳离子结合；（ii）与阳离子层间水以氢键的形式紧密结合形成的层间表面水，这种水与阳离子相邻，或与其他

层间表层水以氢键形式松散结合，或受层间表面的限制不能自由移动；（iii）不受限制的颗粒间水或过量的表面水。样品中吸附水的含量随着水合状态、层间阳离子类型和层间电荷的变化而发生改变。当 RH 为 0.10 时，在 DTG 曲线中只出现了一个峰值，即 TG 曲线对应一个台阶。第一步的含水量随着 RH 的增加而增加，最终达到平衡。当 RH 为 1.0 时，第一步吸附水含量为 6.45%，该数值对应于在 RH 为 0.93 时第一步失水过程所对应的吸附水含量，而不是 RH 为 0.93 时吸附水含量的总和。因此，第一种形式的吸附水为阳离子层间水。

当相对湿度在 0.23~0.75 范围时，在 DTG 曲线中出现了两个峰值，分别对应于 TG 曲线中的两个台阶。第 1 种形式的吸附水为阳离子层间水，第 2 种形式的吸附水为层间表面水。当相对湿度从 0.10 增加到 0.75 时，阳离子层间水的量趋于饱和，而层间表面水的量逐渐增大，在蒙脱石中形成排列紧密的水分子层，同时形成了阳离子层间水和层间表面水。然而，在吸附量达到饱和之前阳离子层间水占主导地位。

当相对湿度在 0.84~0.93 范围时，DTG 曲线中出现了 3 个峰，分别对应于 TG 曲线中的 3 个质量变化台阶。第 1 种形式的吸附水为阳离子层间水；第 2 种形式的吸附水为层间表面水与以氢键形式紧密结合的阳离子层间水；第 3 种形式的吸附水为层间表面水，这种形式的水以松散的氢键形式结合，受层间表面的限制不能自由移动。

研究结果表明，当 RH 大于 0.95 时，会产生游离水[7]。当 RH 在 0.98~1.00 范围时，在 DTG 曲线中出现 3 个峰值，分别对应于 TG 曲线中的 3 个台阶。因此，第 1 种形式的吸附水为阳离子层间水；第 2 种形式的吸附水为层间表面水；第 3 种形式的吸附水为层间表面水和游离水之和。其中，部分层间表面水与其他层间表面水之间存在松散的氢键作用。

在以上实例中，结合文献研究结果和 TG 曲线、DTG 曲线和 DDTG 曲线在不同温度范围出现的特征变化，分别对不同湿度环境下得到的样品的吸附水含量和曲线的变化进行了解析。结果表明，在不同湿度处理条件下得到的样品的曲线出现了不同的变化，分别对应于不同的过程。

在实际应用中，在对曲线进行解析时除了需要考虑样品的处理条件之外，还应考虑实验时所采用的温度控制程序、实验气氛种类及流速、坩埚等实验条件可能对曲线的形状和位置产生的影响，应结合具体的实验条件对这些影响进行科学、准确、合理的解析。例如，在对酶解木质素（EHL）热分解行为的研究中[8]，实验时采用的加热速率对于 TG 曲线的形状和位置产生了不同程度的影响。在对这些影响进行解析时，应考虑每个质量变化过程中的分解机理。可以通过以下的方法对实验得到的曲线进行解析。

如图 12-10 和图 12-11 分别为经改性处理后的木质素样品的 TG 和 DTG 曲线，从图中可以看出，在不同升温速率下，改性后的木质素的热解过程主要分为干燥阶段（对应于图中的第 1 阶段）、快速降解阶段（第 2 阶段）和缓慢降解阶段（第 3 阶

段)[9]。由于木质素中含有大量的碳元素，因此在热解结束后会形成残炭。其中第一阶段（对应于从室温到 250℃范围）的失重过程主要是由于水的蒸发引起。当温度高于 250℃时，样品发生了分解并产生了较多的挥发物（对应于图中第 2 阶段的失重过程）。在最后一个质量变化过程（600~800℃范围，对应于图中第 3 阶段）中的主要产物是残炭（约 38.2%）。随着升温速率的增加，样品的最快降解温度（图 12-11）向较高的温度范围转移。造成这种现象的原因一方面可能是由于木质素样品自身的导热性能差[10]造成传质传热过程受限引起的，在较快速的加热速率下样品的分解过程来不及完成而移向高温范围；另一个方面的原因可能是由于样品中引入的不同官能团影响了热分解机理引起的，可以通过与热重分析技术联用的红外光谱技术对不同过程中产生的气体产物进行分析，得到相应产物的结构信息。结合这些信息，可以得到木质素在加热过程中的结构变化机理如下：

① 在分解反应的初期，反应容易在与木质素主链相连的弱连接位点上发生，这些连接位置主要包括如羟基（OH）、甲基（CH_3）和甲氧基（OCH_3）等官能团[11]。

② 随着分解反应的进一步进行，分子中三个苯丙烷单元（对羟基苯丙烷、愈创酰基苯丙烷和丁香基苯丙烷）之间的键如醚键（β-O4、α-O4 和 5-O4）、碳碳键和酯键[11]。研究结果表明[12,13]，碳碳键的热稳定性远高于其他键，因此醚键和酯键更容易断裂。另一方面，分子中氮磷的协同作用降低了活化能，提高阻燃性能。另外，在高分子材料中加入含有 N、P 官能团的阻燃剂可以改变基体的热降解机理[14,15]。

③ 在形成残炭阶段，由于残炭活性差，导致动力学分析所得到的活化能变大（约为 200kJ/mol）。在苯丙烷结构上连接的活性较高的取代基在高温范围内消失，残炭呈现多芳构性和石墨化的结构特征[16]。

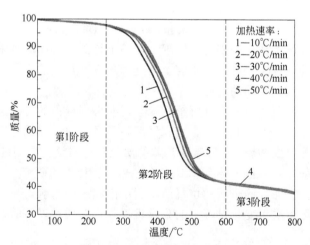

图 12-10 改性处理后的木质素样品（标记为 Lig-F）在不同的加热速率下得到的 TG 曲线[8]

（实验条件：MettlerToledo 公司 TGA/SDTA851 型热重分析仪，每次实验的样品用量大约 5~10mg，氮气气氛、流速为 40mL/min，敞口氧化铝坩埚，按照图中的加热速率从室温加热至 800℃）

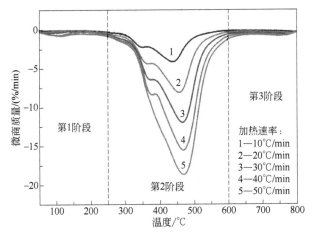

图 12-11 改性处理后的木质素样品（标记为 Lig-F）在不同的
加热速率下得到的 DTG 曲线[8]

（实验条件：MettlerToledo 公司 TGA/SDTA851 型热重分析仪，每次实验的样品用量大约 5~10mg，
氮气气氛、流速为 40mL/min，敞口氧化铝坩埚，按照图中的加热速率从室温加热至 800℃）

　　显然，在实际应用中，对所得到的热重曲线进行解析时不仅仅局限于以上的解析方法，还应结合多种实验手段对曲线中发生的变化进行解析。由这些实验技术得到的结论既可以互为补充，也可以相互验证。

12.3　热重曲线的综合解析方法

　　在结合样品信息和实验方法等信息对由曲线得到的一些变化信息进行初步的分析和解释之后，在实际应用中通常还需要对得到的热重曲线进行综合分析，以得到曲线中所蕴含的在设定的实验条件下所研究的对象的性质变化过程。

　　在解析热重曲线时，应结合多种实验手段对曲线中所发生的变化进行科学、规范、准确、合理、全面地解析。由这些实验技术得到的结论可以互为补充，也可以相互验证。概括来说，应从以下几个角度来对热重曲线进行综合解析。

12.3.1　通过多种分析技术对曲线进行互补分析

　　在实验过程中由每种分析手段得到的信息是有限的，通常采用其他分析手段来弥补这些不足。例如，通过热重曲线可以得到在一定的温度或者时间范围内的质量变化信息。对于结构较复杂的物质而言，仅通过 TG 曲线很难准确获得在实验过程中的结构变化信息。在实际应用中通常利用与热重分析仪联用的红外光谱技术、质谱技术和气相色谱/质谱联用技术来进一步分析在质量减少过程中产生的气体产物的信息，以得到在实验过程中样品的结构变化机理。由于由每种分析技术得到的可以反映样品的结构、成分和性质的信息有限，在实际应用中通常采用多种分析技术同时对不同阶段的样品（包括实验前、实验过程中和实验结束后各个阶段的样品状态）进行分析，以得到更加全面的信息，从而可以准确地解析曲线中出现的各种变化。

例如，在通过热分析方法研究高效芳基磷酸酯阻燃剂氢醌双(二-2-甲基苯基磷酸酯)（HMP）的热分解机理时，只通过热重曲线无法准确地确定其在分解过程中的结构变化，通常需要通过将热重分析技术与其他分析技术进行联用的方法来进行综合解析[1,17]。可以通过以下方式对该类实验得到的曲线进行解析。

图 12-12 为 HMP 在氮气气氛下的 TG 和 DTG 曲线，由 TG 和 DTG 曲线得到的特征量如表 12-3 所示[17]。由图 12-12 和表 12-3 可见，HMP 在 378℃开始分解，475℃分解完成。

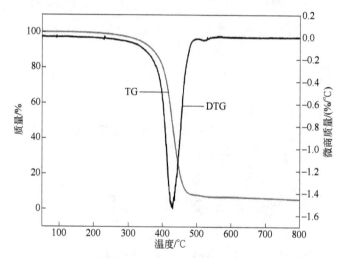

图 12-12　HMP 在氮气气氛下的 TG 和 DTG 曲线[17]

表 12-3　由 TG 和 DTG 曲线得到的在氮气气氛下的 HMP 数据[17]

样品名称	T_{onset}/℃	T_{max}/℃	质量损失百分比/%	残留百分比/%
HMP	378	426	94.6	5.4

具有一个峰的 DTG 曲线表明 HMP 在氮气下只经历了一步分解，质量损失速率最快的温度为 426℃，最大质量损失速率为 1.54%/℃。由 TG 曲线可以确定该过程的质量损失百分比为 94.6%，最终剩余 5.4%的残炭。由 TG 曲线无法确定在高温下 HMP 在分解过程中每种组分的质量变化。通过与 TG 联用的红外光谱技术可以得到在分解过程中产生的气体产物的结构信息，由此可以得到 HMP 在分解过程的结构变化信息。

图 12-13（a）为在氮气气氛下得到的 HMP 在 426℃下分解的气体产物的 FTIR 光谱，由图可见，分解产物的红外光谱图主要包括苯甲醇和邻苯二甲酸酯的吸收带。

其中邻苯二甲酸酯在 $3073cm^{-1}$ 和 $3027cm^{-1}$ 处存在拉伸振动，而邻苯二甲酸酯芳环在 $910cm^{-1}$、$772cm^{-1}$ 和 $695cm^{-1}$ 处存在变形振动。此外还在 $2938cm^{-1}$ 和 $2878cm^{-1}$ 处检测到了苯甲醇的—CH_2—基团的振动信息，在 $3660cm^{-1}$ 处检测到了羟基的振动信息。还可以看到芳族磷酸酯的特征振动，即在 $968cm^{-1}$ 和 $1170cm^{-1}$ 存在磷酸基团 P—O—C_{Ar}（即五价磷的 P—O—C 拉伸振动为 $968cm^{-1}$，O—C 拉伸振动为 $1170cm^{-1}$）。这些信息充分表明在 HMP 分解过程中产生了苯甲醇和氢醌磷酸酯。

图 12-14 为 HMP 在氮气下热降解产生的气体的三维（3D）红外光谱，由图可见，与纯 HMP 热降解获得的热解产物（苯甲醇和氢醌磷酸酯）相关的红外吸收峰（约 $3000cm^{-1}$ 和 $1000cm^{-1}$）在约 33min（对应于 380℃）后开始出现。红外吸收的最大强度出现在约 38min（对应于 430℃）处，然后强度逐渐降低（与 TG 分析中的一步分解相对应）。由于 TG 仪与 FTIR 仪之间的时间延迟，导致 TG 数据中温度略高于 T_{max}。

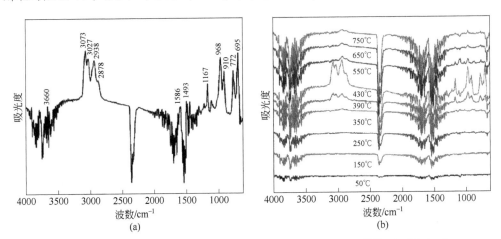

图 12-13　在氮气气氛下得到的 HMP 在 426℃下（a）和其他不同温度下热解的气体产物的 FTIR 光谱（b）[17]

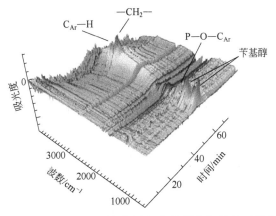

图 12-14　HMP 在氮气作用下热降解生成的所有气体的三维红外光谱[17]

由图 12-13 和图 12-14 可见，HMP 在氮气气氛下随着温度升高进一步分解。图 12-13（b）中给出了在不同温度下的 9 个热解产物的 FTIR 谱。由图 12-13（b）可见，在 390℃之前得到的光谱中存在明显的吸收峰；在 380℃处较弱的吸收峰表示热解开始，而在 430℃处的光谱则具有很强的吸收峰，这与 TG 分析中具有最大质量损失速率的温度相对应。此外，由于热解产物的残留，在最后 3 个光谱中也存在弱的吸收峰。

通过仪器软件中的 OMNIC 程序中的峰面积工具可以确定每张红外光谱图在特定波数下光谱吸收的面积，得到特定的面积随温度的曲线。

图 12-15 为 HMP 在氮气气氛下生成磷酸酯和芳香化合物的峰面积-温度曲线。图中的曲线只有一个峰，说明 HMP 的分解是一个一步过程。图 12-15（a）和图 12-15（b）中的两种产物的峰面积在约 380℃时开始迅速增加，并且在 430℃时达到峰值。与图 12-12 中的 DTG 曲线的峰值一致，各峰的温度位置也保持一致。但是，由于在高温下仍存在残留的气体产物，因此曲线在 800℃时（测量范围的终点）仍没有达到零。

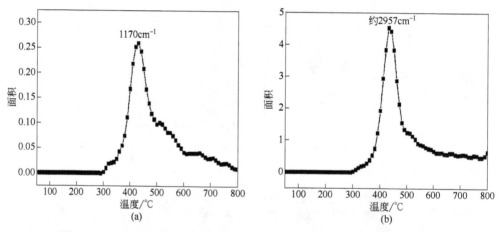

图 12-15　磷酸酯（a）和芳香化合物（b）在氮气气氛下的逸出曲线[17]

TG/FTIR 结果表明，在氮气作用下，苯甲醇和对苯二酚磷酸酯的分解是一步完成的，也就是说，HMP 的分解是一个水解过程。因此，可以提出氮气下的分解模型是 HMP 水解成苯甲醇和磷酸对苯二酚酯（图 12-16）。在水解过程中发生了重排生成苯甲醇。反应过程中的水可能来自 HMP 本身的分解，也可能来自实验环境。

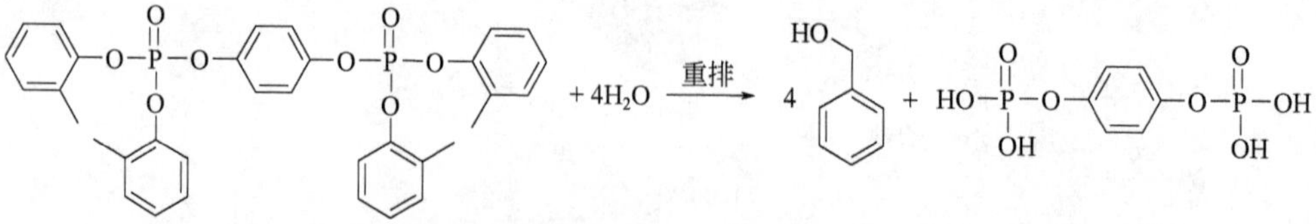

图 12-16　基于 TG/FTIR 结果提出的 HMP 在氮气下的分解模型[17]

在以上的应用实例中，通过与热重分析仪联用的红外光谱仪实时检测生成的气体产物的结构信息，最终得到了样品的热分解机理。通过热重分析仪与红外光谱仪两种技术互补，成功解决了问题。

在实际应用中，除了通过与热重分析仪联用的红外光谱、质谱、气相色谱/质谱联用技术来分析在分解过程中逸出的气体物质的结构变化信息之外，还可以通过对分解过程中或者分解后的产物的结构变化来判断样品在实验过程中的结构变化机理，对曲线中出现的各种变化给出科学、准确、合理、全面的分析。例如，在研究合成的结构较为复杂的金属有机化合物的热分解机理时，为了得到化合物在分解过程中的结构变化过程，在对配合物进行热重-差热分析实验的同时，通常还会采用红外光谱技术（IR）和 X 射线衍射技术（XRD）对不同温度下的固态产物的结构进行分析。以下结合实例介绍通过 XRD 和 IR 技术对$[Bi_6O_4(OH)_4](CH_3NHC_6H_4SO_3)_6$在不同温度下的产物进行综合分析，解析 TG-DTA 曲线的方法。

如图 12-17 为一种新型金属有机化合物$[Bi_6O_4(OH)_4](CH_3NHC_6H_4SO_3)_6$的 TG-DTA曲线[18]，在 225~644℃的温度范围内，TG 曲线中观察到样品的质量损失 $\Delta m = 26.15\%$。DTA 曲线在 $T_{max} = 373℃$ 时出现了明显的吸热效应。另外，DTA 曲线在 $T_{max} = 460℃$时出现了一个较弱的放热峰，表明样品在该温度范围出现了复杂的结构转变过程，推测这种峰比较弱的原因可能是由于同时发生的吸热反应抵消了该过程中的一部分热量。DTA 曲线在 $T_{max} = 620℃$ 时的较弱的吸热峰也与该现象相似。图 12-17 中的TG 曲线在 644~820℃范围内出现了质量损失 $\Delta m = 1.17\%$，同时在 DTA 曲线中出现了与此过程相对应的峰值 $T_{max} = 700℃$ 的吸热峰。在该温度范围的 DTA 曲线中还出现了两个相对独立的放热峰，峰值温度分别为 776℃和 819℃。曲线中出现的这些变化分别与在加热过程中由于该配合物热分解而引起的结构变化有关。

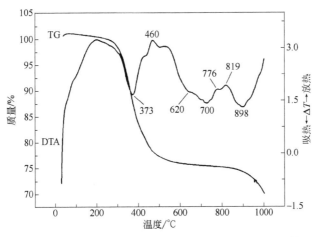

图 12-17　一种新型金属有机化合物$[Bi_6O_4(OH)_4](CH_3NHC_6H_4SO_3)_6$ 的 TG-DTA 曲线[18]

（实验条件：法国 SETARAM 公司 LABSYS evo 热重-差热分析仪，自室温开始以 10℃/min 的加热速率加热至 1000℃，Ar 气氛、流速为 20mL/min，样品的初始质量为 23.0mg，敞口氧化铝坩埚）

为了对图 12-17 中 $[Bi_6O_4(OH)_4](CH_3NHC_6H_4SO_3)_6$ 化合物的 TG-DTA 曲线中出现的变化进行解析，分别于 470℃、630℃ 和 820℃ 下进行了基于 DTA 和 TG 曲线的等温实验。将样品（$m = 35.0mg$）在以上温度下分别等温 60min，然后将样品冷却至室温并保存在干燥器中，经等温处理后的每个样品分别进行固态 FTIR 和粉末 XRD 实验，实验得到的谱图分别列于图 12-18 和图 12-19 中。

图 12-18 为分别在三个不同温度下等温后得到的固体残留物的红外光谱图（加热前样品的光谱图也列于图中），与加热前 $[Bi_6O_4(OH)_4]$ 和 $(CH_3NHC_6H_4SO_3)_6$ 化合物的红外光谱图相比 [图 12-18（a）]，在图 12-18（b）中的红外光谱图中，苯环基团（Ar）的特征吸收带 C=C(Ar)（1600~1462cm^{-1}）、C(Ar)—N（1339cm^{-1}）完全消失，归属于—CH_3 的特征吸收峰（2915cm^{-1}、2847cm^{-1} 和 1376cm^{-1}）也基本消失。另外，在 3415cm^{-1} 处的宽吸收带的强度明显下降，也表明在该温度下分子中的 v_{O-H} 和 v_{N-H} 基团明显减少，同时分别对应于样品中的磺酸基团在 1152cm^{-1} 的 v_{as,SO_2} 和 1026cm^{-1} 的 v_{s,SO_2} 特征吸收峰的强度也明显减弱。这些变化表明在图 12-17 中的 TG 曲线出现明显的质量变化的过程中 $[Bi_6O_4(OH)_4]$ 和 $(CH_3NHC_6H_4SO_3)_6$ 的结构单元发生了分解。在该过程中，化合物中的苯环发生了完全分解。

随着温度的进一步升高，在图 12-17 中的 DTA 曲线在 $T_{max} = 460℃$ 时出现的放热峰表明在该温度范围发生了复杂的结构转变过程，可以通过在 470℃ 下等温加热的样品的 XRD 图谱[图 12-19（b）]来证实这个过程。在该温度下得到的 $Bi_{14}O_{20}SO_4$ 相主要为非晶态。根据元素分析结果，在非晶相中还含有少量的氮、碳和氢，图 12-18（b）中的 FTIR 光谱图也验证了这个结论。另外，由 XRD 软件可以计算得到在该温度下的样品中非晶相含量最高可达到 81%（体积分数）。

随着温度进一步升高，在图 12-17 中的 DTA 曲线出现了在 $T_{max} = 620℃$ 的吸热峰，该吸热过程与非晶相的进一步分解有关。在 630℃ 下等温加热的样品的 XRD 图谱显示在该温度下的样品中存在 Bi_2O_3、$Bi_{28}O_{32}(SO_4)_{10}$ 和 $Bi_{14}O_{20}SO_4$ 相，并且还存在一些其他的结晶相 [图 12-19（b）]。在图 12-18（c）中的 FTIR 光谱中，这些结晶相的特征吸收带分别为在 601cm^{-1} 的 v_{Bi-O}、496cm^{-1} 的 δ_{Bi-O}、542cm^{-1} 的 v_{Bi-N}、在 1151cm^{-1} 附近的 v_{as,SO_2} 和在 1038cm^{-1} 的 v_{s,SO_2}[19]。此外，在 3440cm^{-1} 处的吸收谱带可以归属为具有宽频带吸收特性的 v_{O-H} 和 v_{N-H}。

图 12-17 中的 TG 曲线在 644~820℃ 范围出现了 $\Delta m = 1.17\%$ 的质量损失过程，该过程对应于在 $T_{max} = 700℃$ 时 DTA 曲线中的吸热峰。另外，在 DTA 曲线中还出现了 $T_{max} = 776℃$ 和 $T_{max} = 819℃$ 范围的两个相对分离的放热峰。这些变化可以用在 820℃ 等温加热样品的 XRD 图谱来解释。在该温度下的样品中含有 Bi_2O_3、BiO_2、$Bi_{14}O_{20}SO_4$、$Bi_2O(SO_4)_2$ 相以及其他未识别的结晶相 [图 12-19（c）]。另外，在图 12-17（d）中的红外光谱图中，也出现了归属于 v_{Bi-O} 的在 601cm^{-1} 的吸收带、归属于 δ_{Bi-O} 的在 497cm^{-1} 的吸收带、归属于 v_{Bi-N} 的在 527cm^{-1} 的吸收带、归属于 v_{as,SO_2}

的在 1127cm^{-1} 的吸收带和归属于 v_{s,SO_2} 的在 1058cm^{-1} 的吸收带。另外，归属于 v_{O-H} 和 v_{N-H} 的在 3440cm^{-1} 处的吸收带的强度明显低于 630℃时的强度。

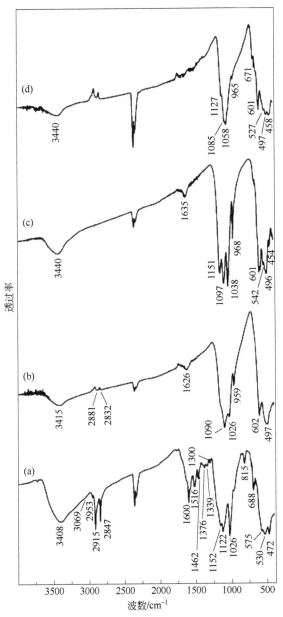

图 12-18　分别在三个不同温度下等温后得到的固体残留物的
红外光谱图（加热前样品也列于图中）[18]

（a）加热前；（b）470℃等温 1h；（c）630℃等温 1h；（d）820℃等温 1h

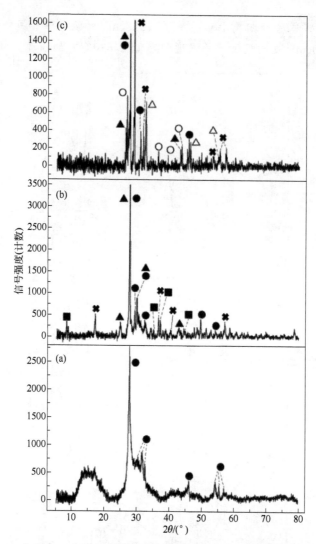

图 12-19　分别在三个不同温度下等温后得到的固体残留物的 XRD 图[18]

（a）470℃等温 1h；（b）630℃等温 1h；（c）820℃等温 1h

相表示如下：● $Bi_{14}O_{20}SO_4$；■ $Bi_{28}O_{32}(SO_4)_{10}$；▲ Bi_2O_3；△ BiO_2；○ $Bi_2O(SO_4)_2$；x 未知相

在以上应用实例中，结合在分解不同阶段的 XRD 和 FTIR 谱图分别对 TG-DTA 曲线中的变化所对应的化学过程进行了分析。

12.3.2　通过多种分析技术对热分析曲线进行验证分析

在对得到的热分析曲线进行解析时，由一种分析手段得到的信息往往是有限的，通常用其他分析手段来验证在分析时所得到的推断。可以结合样品的结构信息验证这些推断，也可以通过其他形式的实验来验证。

首先举一个简单的例子。图 12-20 为 $CaCO_3$ 的 TG 曲线,由图可见在 595~827℃ 范围样品失重量为 44.1%。结合碳酸钙的分子结构可知,其在高温下会发生分解,产物分别为 CaO 和 CO_2,化学方程式为:

$$CaCO_3(s) \longrightarrow CaO(s) + CO_2(g) \qquad (12\text{-}20)$$

该过程的失重量由 CO_2 气体逸出引起,可由下式确定 CO_2 的量:

$$w_{CO_2} = \frac{M_{CO_2}}{M_{CaCO_3}} \times 100\% = \frac{44}{100} \times 100\% = 44\% \qquad (12\text{-}21)$$

因此可以判断该过程为一分子 $CaCO_3$ 分解生成一分子 CaO 和一分子 CO_2 的过程。当然,也可以通过以下方式来证明该分解过程:

① 将高温下实验生成的固体产物进行无机元素分析(例如 X 射线荧光光谱分析)得到固体产物的元素组成;

② 通过利用与热重分析仪联用的红外光谱技术、质谱技术和气相色谱/质谱联用技术确定质量减少过程中产生的气体产物的结构信息。通过在质量减少阶段对应的在 $2336cm^{-1}$ 和 $2362cm^{-1}$ 出现的两个红外光谱吸收峰(图 12-21),可以证明在该温度下得到的气体为 CO_2。另外通过与热重分析仪联用的 MS 技术得到的 m/z 44 的选择离子流曲线在该温度范围也将出现一个明显的峰,可以进一步证明 CO_2 的存在。

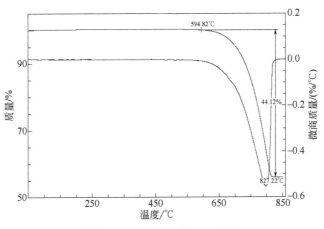

图 12-20　$CaCO_3$ 的 TG 曲线

(实验条件:氮气气氛、流速 50mL/min,温度程序为室温~850℃、加热速率为 10℃/min,敞口氧化铝坩埚)

作为热重分析技术的一个重要应用领域,通过热重曲线中的质量变化可以推断金属有机化合物的热分解机理,验证这种机理的主要依据是热重曲线中的失重量。以下结合实例介绍通过多种分析手段来综合解析配合物热分解机理的方法。

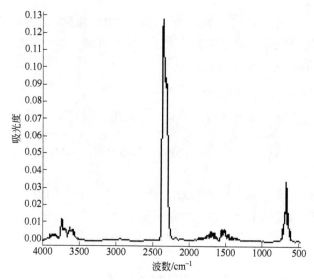

图 12-21　在 827℃时逸出气体的红外光谱图

例如，图 12-22 和图 12-23 分别为荧光化合物 2-（2-羟苯基）苯并咪唑（HPBI）与二价过渡金属离子 M^{II}（Co，Ni，Cu，Zn）形成的配合物的 TG 和 DSC 曲线[20]。

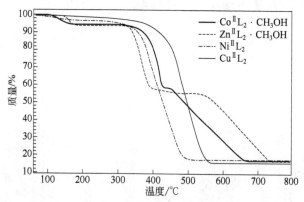

图 12-22　荧光化合物 2-(2-羟苯基)苯并咪唑（HPBI）与二价过渡
金属离子 M^{II}（Co，Ni，Cu，Zn）形成的配合物的 TG 曲线[20]

（实验条件：NETZCH-STA449C 热重-差示扫描量热仪，加热速率为 10℃/min，样品用量 2~4mg）

在图 12-22 中，配位化合物 $Co^{II}L_2 \cdot CH_3OH$ 的 TG 曲线中出现了三个主要的质量变化台阶，在图 12-23 中的 DSC 曲线中也相应地出现了热效应，表明样品的结构在实验过程中出现了变化。对于在 TG 曲线中出现的第一个质量变化台阶，由 TG 曲线可以确定其失重量为 6.24%，结合该化合物的分子量 M_C 为 510.19，可以由下式判断失重分子的大小 M_1 为：

$$M_1 = 6.24\% \times M_C = 6.24\% \times 510.19 = 31.84 \qquad (12-22)$$

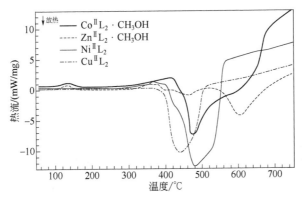

图 12-23　荧光化合物 2-(2-羟苯基)苯并咪唑（HPBI）与二价过渡金属
离子 M^{II}（Co，Ni，Cu，Zn）形成的配合物的 DSC 曲线[20]

（实验条件：NETZCH-STA449C 热重-差示扫描量热仪，加热速率为 10℃/min，样品用量为 2~4mg）

计算得到的 M_1 数值与化合物结构单元中存在的甲醇的分子量一致，表明该过程可以归属于分子中失去一分子 CH_3OH 的过程。

可以采用以下的等式来计算甲醇分子在化合物中理论含量 w_{CH_3OH} 的方法来验证该判断的准确性。

$$w_{CH_3OH} = \frac{M_{CH_3OH}}{M_C} \times 100\% = \frac{32.04}{510.19} \times 100\% = 6.28\% \qquad (12\text{-}23)$$

计算得到的该理论值与该温度范围的失重量 6.24%十分接近，有效地验证了该判断的准确性和合理性。

同样地可以判断，在该 TG 曲线中出现的第二个较为明显的台阶对应于分子中配体分子的分解过程（该过程的理论值为 15.85%，由 TG 曲线得到的实验值为 16.76%），在 DSC 曲线中出现了一个大的放热峰。在该过程之后样品继续发生缓慢分解，最终得到金属氧化物。

按照以上的分析方法可以作出以下判断：

① 对于图 12-22 中配位化合物 $Zn^{II}L_2 \cdot CH_3OH$ 的 TG 曲线中出现的第一个台阶对应于失去一分子 CH_3OH（该过程的理论值为 6.21%，由 TG 曲线得到的实验值为 6.27%）的过程，曲线中的第二个和第三个台阶分别对应于失去分子中的两个配体的过程，最后得到的固态形式的分解产物为金属氧化物（该过程的理论值为 15.72%，由 TG 曲线得到的实验值为 16.61%）。相应地在图 12-23 中 DSC 曲线中出现了与失去一分子 CH_3OH 过程相对应的吸热峰和失去两分子 2-(2-羟苯基)苯并咪唑配体相对应的两个放热峰。

② 与以上两个配合物的热分解过程相比，NiL_2 和 CuL_2 的 TG 曲线变得较为简单，这两种化合物分别从 300℃开始分解（NiL_2：理论值 15.67%，实验值 15.83%；CuL_2：理论值 16.51%，实验值 17.45%），最终得到金属氧化物。由于存在两个缓慢

分解的过程，在图 12-23 中的 DSC 曲线也因此出现了一个大的放热峰。

在本实例中涉及的以上四种配合物中，对于 Co（Ⅱ）和 Zn（Ⅱ）配合物，由于失去一个甲醇分子的温度不高（约 130℃），有效地证实了甲醇分子与金属离子之间没有发生配位作用。这两种配合物在 160~300℃之间保持较好的热稳定性，Ni（Ⅱ）和 Cu（Ⅱ）配合物在 400℃左右保持稳定，除失去甲醇分子外，其余四种配合物均具有良好的热稳定性，其中 Ni（Ⅱ）配合物的热稳定性最好。与金属离子形成的六元环结构和配体分子与金属离子之间的强配位键使其具有良好的热稳定性。另外，通过实验测量并计算从 $Co^{Ⅱ}Cl_2 \cdot CH_3OH$ 和 $Zn^{Ⅱ}L_2 \cdot CH_3OH$ 配合物中损失一个甲醇分子的 DSC 吸热峰的面积，得到的结果分别为 48kJ/mol 和 60kJ/mol，同时这两种配合物的吸热峰温度范围几乎相同，表明甲醇分子的结构形式也相同。

12.3.3　通过外推方法对热重曲线进行分析

通过实验得到的热重曲线大多在动态的温度变化条件下得到，因此通常认为在这种实验条件下得到的特征量是在非平衡状态下得到的。在实际应用中，通常通过将由一系列的不同温度扫描速率条件下的热重曲线得到的特征转变温度或者其他的特征量对温度变化速率进行外推，外推至 0 温度变化速率时得到的特征量的数值可以看作为接近平衡状态下的数值。例如，在不同的加热速率下得到的聚对苯二甲酸乙二酯废旧饮料瓶（PETSDB）在惰性气氛（氮气）和反应性气氛（空气）下、不同加热速率的 TG 曲线和 DTG 曲线分别如图 12-24 所示，在表 12-4 中分别列出了由图 12-24 中不同条件下得到的曲线的特征参数信息[21]。

表 12-4　由图 12-24 中不同条件下得到的曲线的特征参数信息[21]

加热条件	$\beta/(℃/min)$	初始温度（T_0）/℃	峰值温度（T_m）/℃
非等温（氮气）	5	385	427
	10	398	438
	20	408	448
	40	417	465
	50	427	470
非等温（空气）	5	362	406
	10	374	423
	20	389	437
	40	398	455
	50	405	458

采用类似图 12-25 所示的方法确定表 12-4 中的初始温度和峰值温度[21]。

图 12-26 中分别给出了在空气和氮气气氛下得到的不同速率下图 12-24 中曲线的 T_0 和 T_m 值，通过将不同速率下的特征温度数值外推至 0 加热速率，可以得到在接近平衡状态（即加热速率接近 0）下的 T_0 和 T_m 值，在图中分别列出了相应的数值。

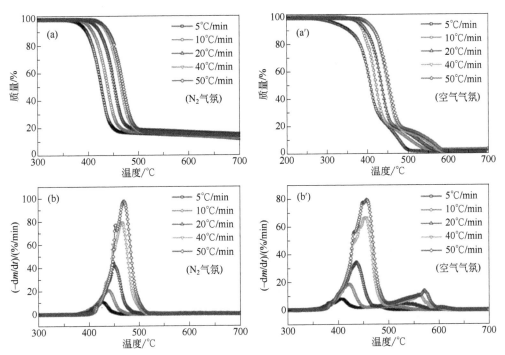

图 12-24　PET-SDB 样品在氮气气氛和空气气氛下得到的不同
加热速率下的 TG 曲线 [（a），（a'）] 和 DTG 曲线 [（b），（b'）][21]

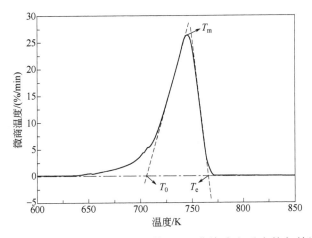

图 12-25　通过低密度聚乙烯（LDPE）的 DTG 曲线确定反应的起始温度（T_0）、
结束温度（T_e）和最大降解温度（T_m）的方法[21]

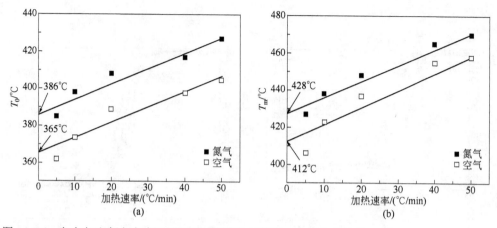

图 12-26 在空气和氮气气氛下得到的不同速率下图 12-24 中曲线的 T_0 值（a）和 T_m 值（b）

对于由热重实验得到的质量变化信息而言，如果在实验过程中的反应机理没有发生变化，所得到的质量变化受加热速率的影响不大，通常不需要通过外推得到。

参 考 文 献

[1] 丁延伟，郑康，钱义祥. 热分析实验方案设计与曲线解析概论. 北京：化学工业出版社，2020.

[2] 丁延伟. 热分析基础. 合肥：中国科学技术大学出版社，2020.

[3] Liu C L, Wu S M, Chang T C, Liu M L, Chiang H J. Analysis of a mixture containing ampicillin anhydrate and ampicillin trihydrate by thermogravimetry, oven heating, differential scanning calorimetry, and X-ray diffraction techniques. Analytica Chimica Acta, 2004, 517: 237-243.

[4] Zayed M A, Mohamed G G, Fahmey M A. Thermal and mass spectral characterization of novel azo dyes of *p*-acetoamidophenol in comparison with Hammett substituent effects and molecular orbital calculations, J Therm Anal Calorim, 2012, 107: 763-776.

[5] Xie G, Xiao Y R, Deng M Y, Zhang Q, Huang D C, Jiang L F, Yang Y, Luo P Y. Quantitative Investigation of the Hydration Behavior of Sodium Montmorillonite by Thermogravimetric Analysis and Low-Field Nuclear Magnetic Resonance, Energy Fuels, 2019, 33: 9067-9073.

[6] Gates W P, Bordallo H N, Aldridge L P, Seydel T, Jacobsen H, Marry V, Churchman G J. Neutron time-of-flight quantification of water desorption isotherms of montmorillonite. J Phys Chem: C, 2012, 116: 5558-5570.

[7] Kozlowski T. Modulated Differential Scanning Calorimetry (MDSC) studies on low-temperature freezing of water adsorbed on clays, apparent specific heat of soil water and specific heat of dry soil. Cold Reg Sci Technol, 2012, 78: 89-96.

[8] Lu X Y, Dai P, Zhu X J, Guo H Q, Que H, Wang D D, Liang D X, He T, Dong Y G, Li L, Hu C J, Xu C Z, Luo Z Y, Gu X L. Thermal behavior and kinetics of enzymatic hydrolysis lignin modified products, Thermochim Acta, 2020, 688: 178593.

[9] Ahamad T, Alshehri S M. Thermal degradation and evolved gas analysis of thiourea-formaldehyde resin (TFR) during pyrolysis and combustion. J Therm Anal Calorim, 2012, 109: 1039-1047.

[10] Ma Z, Chen D, Gu J, Bao B, Zhang Q. Determination of pyrolysis characteristics and kinetics of palm kernel shell using TGA-FTIR and model-free integral methods. Energy Convers Manage, 2015, 89: 251-259.

[11] Chu S, Subrahmanyam A V, Huber G W. The pyrolysis chemistry of a beta-*O*-4 type oligomeric lignin model

compound. Green Chem, 2013, 15: 125-136.

[12] Asmadi M, Kawamoto H, Saka S. Thermal reactions of guaiacol and syringol as lignin model aromatic nuclei. J Anal Appl Pyrol, 2011, 92: 88-98.

[13] Asmadi M, Kawamoto H, Saka S. Thermal reactivities of catechols/pyrogallols and cresols/xylenols as lignin pyrolysis intermediates. J Anal Appl Pyrol, 2011, 92: 76-87.

[14] Du X H, Zhao C S, Wang Y Z. Thermal oxidative degradation behaviours of flame-retardant thermotropic liquid crystal copolyester/PET blends. Mater Chem Phys, 2006, 98: 172-177.

[15] Wang Q, Shi W, Kinetics study of thermal decomposition of epoxy resins con-taining flame retardant components. Polym Degrad Stabil, 2006, 91: 1747-1757.

[16] Diehl B G, Brown N R, Frantz C W, Lumadue M R, Cannon F. Effects of pyrolysis temperature on the chemical composition of refined softwood and hardwood lignins. Carbon, 2013, 60: 531-537.

[17] Chen L, Yang Z Y, Ren Y Y, Zhang Z Y, Wang X L, Yang X S, Lin Yang, Zhong B H. Fourier transform infrared spectroscopy thermogravimetry analysis of the thermal decomposition mechanism of an effective flame retardant, hydroquinone bis(di-2-methylphenyl phosphate). Polym Bull, 2016, 73: 927-939.

[18] Zahariev A, Kaloyanov N, Parvanova V, Girginov C. New [Bi$_6$O$_4$(OH)$_4$](CH$_3$NHC$_6$H$_4$SO$_3$)$_6$ complex: synthesis and thermal decomposition, Thermochim Acta, 2020, 683: 178436.

[19] Nakamoto K. Infrared and Raman Spectra of Inorganic and Coordination Compounds: Applications in Coordination, Organometallic, and Bioinorganic Chemistry. Part B. Hoboken, New Jersey: John Wiley & Sons Inc, 2009: 1-12.

[20] Jiang M, Li J, Huo Y Q, Xi Y, Yan J F, Zhang F X. Synthesis, Thermoanalysis, and Thermal Kinetic Thermogravimetric Analysis of Transition Metal Co(Ⅱ), Ni(Ⅱ), Cu(Ⅱ), and Zn(Ⅱ) Complexes with 2-(2-Hydroxyphenyl)benzimidazole (HL). J Chem Eng Data, 2011, 56: 1185-1190.

[21] Das P, Tiwari P. Thermal degradation kinetics of plastics and model selection. Thermochim Acta, 2017, 654: 191-202.

第**13**章 不同应用领域中热重曲线的解析实例

13.1 引言

热重法（thermogravimetry，简称 TG）是在程序控制温度和一定气氛下，实时测量物质的质量随温度（动态）或时间（等温）变化的一种定量分析技术，其具有操作简便、准确度高、灵敏、快速以及试样微量化等优点[1,2]。热重法的主要特点是定量性强，通过实验可以准确地测量物质的质量变化及变化的速率。根据这一特点，只要物质在实验过程中发生了质量的变化，都可以采用热重分析技术来定量地研究。例如，对于存在着质量变化的如升华、汽化、吸附、脱附、吸收和大多数化学反应等物理过程和化学过程而言，都可以方便地由热重法来进行连续检测。对于在实验过程中样品不发生明显的质量变化的过程，如熔融、结晶、晶型转变和玻璃化转变之类的热行为，虽然通过热重法得不到明显的质量变化信息，但仍可以将其作为间接的数据来证明所研究的样品在实验过程中没有发生质量变化。

由热重实验得到的曲线称为热重曲线（TG 曲线），通过对 TG 曲线中的质量变化信息进行分析，可以获得样品及其可能产生的中间产物的组成、热稳定性、热分解机理以及生成的产物等信息[2]。通常在对热重曲线进行分析时，通过对 TG 曲线进行微分，得到微商热重曲线（DTG 曲线）。DTG 曲线以质量变化速率为纵坐标，自上而下表示减少；横坐标为温度或时间，从左往右表示增加[3]。

DTG 曲线主要具有以下优势[2]：①可以精确反映出每个质量变化阶段的起始反应温度、最大反应速率温度和反应终止温度；②DTG 曲线中各峰的面积与 TG 曲线上的台阶对应于样品的质量变化量；③当 TG 曲线中某些受热过程出现的台阶不明显时，利用 DTG 曲线能明显的区分开来。

在实际应用中，通常将 TG 曲线与 DTG 曲线结合起来进行分析，主要应用于以下不同的领域[4,5]：①确定物质的组成；②确定纯物质的结构式；③确定物质的热分解机理；④确定物质的热稳定性；⑤获得物质的热力学性质信息；⑥获得物质在实验过程中的动力学性质信息；

在本章的以下内容中将结合实例说明在以上不同应用领域中热重曲线的解析方法。

13.2　确定物质的组成

混合物的组成研究是物理、化学、材料等领域一个十分重要的问题，不同组成的物质的性质具有很大的差异。在确定混合物的组成时，除了通过传统的化学滴定、萃取分离等方法[6,7]外，还可以通过色谱[8,9]、质谱[10-13]和光谱[14-16]等仪器分析方法进行检测。这些仪器分析方法的原理主要是利用不同物质的吸附性质、分子量和光学性质的差异来确定物质组成。实际上，由于混合物不同组分之间结构的差异，其性质随温度变化也会产生不同的响应。例如，不同结构的物质的分解温度存在着较大的差异。因此，可以利用热重法研究混合物中的不同组分在加热过程中质量随温度的变化过程，根据这些变化来确定混合物中不同组分的含量[2,17,18]。由 TG 曲线确定样品的组成是 TG 法最常见的应用之一，以下举例说明这类曲线的解析方法。

13.2.1　确定样品中有机小分子添加剂的含量

当样品中含有有机小分子化合物添加剂时，与主组分相比，添加剂的热稳定性通常较差，主要表现在汽化温度或者分解温度明显低于主组分。根据这种热稳定性的差异引起的在不同温度范围的质量变化特征，由 TG 曲线可以方便地确定样品中添加剂的含量。例如，通过热重实验测量常压蒸馏汽油样品得到的残渣的 TG 曲线可以计算其中加入的添加剂中主要活性组分的质量损失，由此可以定量测定汽油样品中添加剂的含量。图 13-1 为采用加盖扎孔铝坩埚得到的汽油中添加剂的 TG-DTG 曲线[19]，由于在实验中采用了加盖扎孔的铝坩埚，样品中含有的溶剂和主组分得到了有效分离。

通过 DTG 峰基线之间的 TG 曲线中的质量变化可以确定汽化部分物质的质量，对应于在该过程中损失的总质量。由于添加剂完全溶解于溶剂中，因此其自身是溶液状态。根据添加剂的浓度比和热重曲线可以测定与其活性组分相关的质量损失，据此可以对汽油中的添加剂进行定量分析。通过等式（13-1）可以计算汽油样品中添加剂的浓度：

$$c_{ad} = \left(\dfrac{\dfrac{P_m}{P_A} \times 100}{T_x} \right) \times 10000 \qquad （13-1）$$

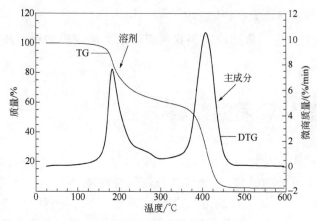

图 13-1　添加剂的 TG-DTG 曲线[19]

（实验条件：TA 公司 Q600 热重-差热分析仪，样品初始质量约为 7mg，密封扎孔的铝坩埚，
以 10℃/min 的加热速率从室温加热至 600℃，99.999%氮气气氛、流速为 100mL/min）

式中，c_{ad} 为汽油中的添加剂浓度，单位为 mg/kg；P_m 为由 TG 曲线计算得到的蒸馏残渣样品中主要活性组分的质量损失，以%形式表示；P_A 为添加剂包装信息中提供的主要活性成分的含量，以%形式表示；T_x 为通过常压蒸馏得到的添加剂浓度比。

在确定不同来源汽油中添加剂含量之前，需要对已知准确含量添加剂的汽油样品进行分析，绘制标准曲线。分别对含有 99.94mg/kg、157.30mg/kg、228.21mg/kg、500.15mg/kg、999.73mg/kg、2499.92mg/kg 和 5000.17mg/kg 添加剂 A 的汽油的蒸馏残留物进行热重实验（每个浓度的样品分别进行两次实验），如图 13-2 给出了汽油中含有 5000.17mg/kg 添加剂 A 的蒸馏残留物的 TG-DTG 曲线。根据等式（13-1），可以由每次实验得到的 TG 曲线计算汽油中添加剂 A 的浓度，得到的数据如表 13-1 所示。

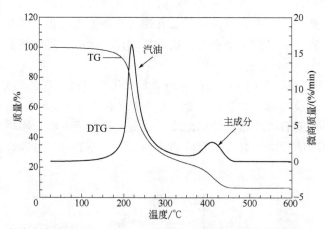

图 13-2　汽油中含有 5000.17mg/kg 添加剂 A 的蒸馏残留物的 TG-DTG 曲线[19]

（实验条件：TA 公司 Q600 热重-差热分析仪，样品初始质量约为 7mg，密封扎孔的铝坩埚，
以 10℃/min 的加热速率从室温加热至 600℃，99.999%氮气气氛、流速为 100mL/min）

表 13-1　根据含有不同浓度添加剂 A 的汽油的蒸馏残留物进行热重实验得到的相关数据[19]

样品	汽油中添加剂的真实浓度/(mg/kg)	在 TG 曲线中主组分的失重率/%	浓度比/%	汽油中添加剂的浓度/(mg/kg)	汽油中添加剂的平均浓度/(mg/kg)	标准偏差/(mg/kg)	平均相对误差/%
空白 1	0.00	---	59.96	—	—	—	—
空白 2	0.00	---	59.24	—			
100A_1	99.94	0.2914	51.20	102.27	108.97	9.48	9.04
100A_2	99.94	0.3296	51.20	115.68			
150A_1	157.30	0.6268	66.49	169.40	157.00	17.54	−0.19
150A_2	157.30	0.5350	66.49	144.59			
200A_1	228.21	0.7288	63.33	206.79	228.24	30.33	0.01
200A_2	228.21	0.8800	63.33	249.69			
500A_1	500.15	1.7310	58.01	536.20	530.51	8.05	6.07
500A_1	500.15	1.9010	65.00	524.81			
1000A_1	999.73	3.4960	57.70	1088.76	1014.45	105.10	1.47
1000A_2	999.73	3.3850	64.70	940.13			
2500A_1	2499.92	10.2200	62.60	2933.67	2635.09	422.26	5.41
2500A_2	2499.92	7.7730	59.78	2336.51			
5000A_1	5000.17	16.9200	54.45	5583.90	5340.14	344.73	6.80
5000A_2	5000.17	16.2000	57.12	5096.38			

注：--- 在 DTG 曲线中未出现峰；— 无法获得数据。

　　表 13-1 中的数据表明，从 7 个不同浓度样品得到的浓度的相对误差均低于 15%的最大允许误差水平。另外，未加入添加剂的汽油的蒸馏残渣在 DTG 曲线上没有观察到峰值，因此在 400~500℃范围内没有观察到如图 13-2 所示的添加剂主要活性组分的质量损失现象。

　　为了确定该方法适用的线性相关范围，根据 TG 曲线对汽油样品蒸馏残渣中添加剂主要活性成分的质量损失的两个结果的平均值进行了计算，以确定方法的线性相关范围。在图 13-3 中给出了汽油中添加剂浓度（以 mg/kg 为单位）与质量损失百分比之间的曲线图。图中的各点之间呈现出较好的线性关系，进行线性拟合得到的

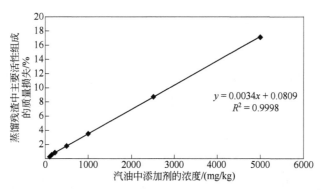

图 13-3　汽油中添加剂浓度与质量损失百分比之间的曲线图[19]

相关系数 $R^2 = 0.9998$，表明所测质量损失与活性组分各自的浓度之间具有很好的线性关系。

在以上的工作基础上，分别对从不同的供应商处得到的 15 个含有以上添加剂的汽油样品进行分析，计算结果如表 13-2 所示。在测试的 15 个汽油样品中，有两个样品中没有检测到添加剂，这表明这些汽油在销售时没有加入足够数量的添加剂。

表 13-2 由 TG 法计算从不同的供应商处得到的 15 个汽油样品的添加剂含量及相关数据[19]

样品	产地	浓度比/%	由 TG 曲线确定的失重率/%	汽油中添加剂的浓度/(mg/kg)
1	A	71.4	5.0650	1115.91
2	未知	66.08	---	—
3	未知	56.18	---	—
4	B	63.26	0.2873	71.44
5	未知	66.85	3.2220	758.18
6		66.53	5.4090	1278.93
7	A	63.51	5.7110	1414.55
8	B	68.93	0.3858	88.04
9	C	69.46	0.7712	174.65
10	C	64.01	0.8510	209.14
11	C	58.29	0.7595	204.97
12	C	64.51	0.8934	217.85
13	D	60.52	1.1350	295.02
14	B	62.71	0.3691	92.59
15	D	60.78	0.8389	217.12

注：--- 在 DTG 曲线中未出现峰；— 无法计算出。

在以上应用实例中，通过热重法对汽油中的添加剂进行定量分析，这种方法比其他方法更简单，成本效益更高，可以方便地分析汽油中的添加剂，作为燃料质量控制实验室的参考方法。

另外，还可以方便地通过 TG 法确定聚合物中添加剂的含量。图 13-4 为在不同条件下得到的聚丁酸乙烯酯（PVB）树脂的 TG 曲线[20]。由图可见，曲线 2 在 100~250℃范围的质量减少是由于增塑剂的挥发造成的，由此可以计算出增塑剂的含量（约为 30%）。由图 13-4 还可看出，即使对于在实验中采用的不含增塑剂的 PVB 树脂样品（曲线 1），在 100~250℃范围还看到了 5%左右的失重，而用正己烷萃取了增塑剂的 PVB 树脂在该温度范围内则没有看到明显失重（曲线 3）。这表明即使用于作为对照的不含增塑剂的 PVB 树脂中仍含有少量的增塑剂，使用正己烷可以有效地去除样品中含有的少量增塑剂。由于图中曲线 1 和曲线 2 在第一阶段

（100~250℃）与第二阶段（250~450℃）的失重有一定程度的重叠，因此如果降低升温速率或在等温条件下试验，则可以得到更加精确的结果。

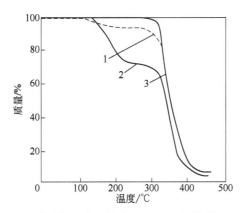

图 13-4　不同聚丁酸乙烯酯（PVB）树脂的 TG 曲线

曲线：1—不含增塑剂的 PVB 树脂；2—含有增塑剂的 PVB 树脂；
3—用正己烷萃取了增塑剂的 PVB 树脂

另外，通过 TG 曲线可以准确分析加入了不同量的苯乙烯-丁二烯-苯乙烯三嵌段共聚物（SBS）后的改性沥青样品中 SBS 的含量[21]。图 13-5 为由实验得到的不同 SBS 含量的沥青样品和 SBS 的 DTG 曲线，图中不加改性剂的沥青和改性沥青的 DTG 曲线具有相似的质量变化特征，改性剂 SBS 在 453℃处有一个失重峰。

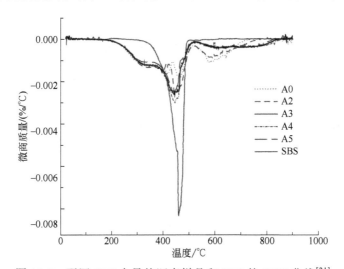

图 13-5　不同 SBS 含量的沥青样品和 SBS 的 DTG 曲线[21]

对应于图 13-5 中每条 DTG 曲线的峰面积（即每个失重过程的失重百分比）和特征温度分别列于表 13-3 和表 13-4 中。

表 13-3　由图 13-5 中 DTG 曲线确定的改性前后不同样品的失重百分比[21]

试样	第一失重峰/%	第二失重峰/%	第三失重峰/%
A0	22.088	48.439	27.658
A2	25.511	47.252	25.524
A3	25.918	51.219	21.632
A4	23.556	53.422	20.681
A5	23.938	52.825	20.818

表 13-4　由图 13-5 中 DTG 曲线确定的第二个和第三个失重峰温度[21]

试样	第二失重峰温度/℃	第三失重峰温度/℃
A0	419.5/464.2	585.5
A2	445.3	591.3
A3	445.5	607.2
A4	447.2	619.3
A5	445.7	623.1
SBS	461.3	—

由图 13-5、表 13-3 和表 13-4 可见，改性前后沥青的热分解过程可以分为三个阶段，其中第三个失重阶段的失重量随 SBS 含量的增大而逐渐减少。此外还发现改性沥青的 DTG 曲线中第三失重峰的温度随着含量的升高线性增大，尤其在 3%~5%范围内具有很好的线性关系，可以据此作为检测改性沥青中 SBS 含量的比较方便、有效的方法。

13.2.2　确定样品中无机组分和有机组分的含量

对于同时含有无机组分和有机组分的样品而言，可以利用其中不同组分的热稳定性差异由 TG 曲线来确定其中无机组分和有机组分的含量。

当样品中含有的有机组分为小分子时，在加热过程中通常会发生完全分解。在这种情况下，实验可以在惰性气氛下进行，根据有机组分的失重量可以判断其中组分含量。例如，在聚环氧乙烷/氧化石墨烯（PEO/GO）插层材料中，由于 PEO 的线型高分子的结构特征，导致其热稳定性较差，在分解过程中不易成炭，在氮气气氛下即可完全分解[22]。图 13-6 中分别给出了 PEO 插入 GO 夹层的示意图和相应的 TG-DTG 曲线[22]。图 13-6（a）为 PEO 插入 GO 夹层的示意图，PEO 分子在进入前后引起夹层间距从约 5.7Å 增加到了约 9.1Å。图 13-6（b）中的曲线表明，当 PEO 插入 GO 中间层（PEO/GO）后，其分解温度比纯 GO 和纯 PEO 明显降低。PEO/GO 中 PEO 含量 24%对应于 GO 中 PEO 的最大吸收量。PEO/GO 的 DTG 曲线中的峰值温度 T_p 比纯 GO 低约 50℃，比纯 PEO 低约 160℃。另外，当温度达到 500℃时，TG 曲线中的剩余质量之间存在着较大的差别，因此可以通过不同的剩余质量来计算

PEO/GO 中 PEO 的含量。在确定含量时,需要考虑 GO 自身的失重量,可以由图 13-6
(b) 中的 TG 曲线比较方便地确定 GO 的失重量。

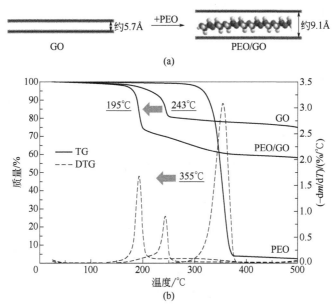

图 13-6　PEO 插入 GO 夹层的示意图和相应的 TG-DTG 曲线[22]

(a) PEO 插入 GO 夹层的示意图;(b) GO、PEO 和 24 wt%PEO/GO 的 TG 曲线和 DTG 曲线

(实验条件:仪器为美国 TA 公司 TGA Q500 热重分析仪,加热速率为 10℃/min,
气氛为 60mL/min 的氮气)

当样品中含有热稳定性较高的有机组分或者聚合物时,采用惰性气氛进行热重
实验往往会导致有机组分发生不完全分解而形成炭化物,由此得到的有机组分含量
偏低。此种情况下通常在氧化性气氛下进行热重实验,使其中的有机组分发生彻底
的氧化分解,据此可以准确地确定其中有机组分和无机组分的含量。例如,可以用
热重法测定治疗骨质疏松症片剂中的钙含量[23]。由热重曲线得到的结果与通过电感
耦合等离子体发射光谱(ICP-OES)获得的数据一致,表明热重分析技术可用于测
定含碳酸钙片剂中的钙含量。图 13-7 为 CaCO$_3$ 和不同配方的片剂的 TG 曲线,在
表 13-5 中列出了不同片剂的成分信息。

由图 13-7 可以得到以下信息:

① CaCO$_3$ 的 TG 曲线(曲线 a)在 27.0~291.4℃没有出现质量变化。随着温度
进一步升高,曲线中出现了两步质量损失。其中,(i)在 291.4~512.7℃范围的第
一步失重过程是由于样品中含有的杂质分解引起的,实验所用的样品中含有
2.2% 的杂质;(ii)在 630.2~776.2℃范围出现了第二步失重过程,质量损失率为
40.0%,表明在此温度范围 CaCO$_3$ 发生了热分解,逸出 CO$_2$ 气体产物并形成最终
残留物 CaO。

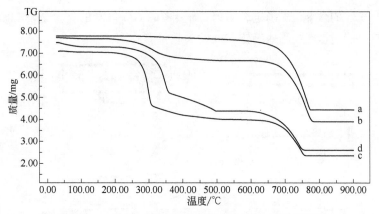

图 13-7 CaCO₃ 和不同配方的片剂的 TG 曲线[23]

（实验条件：实验仪器为日本岛津公司的 DTG 60 型热重-差热分析仪，空气气氛、流速为 50mL/min。以 10℃/min 的加热速率从室温加热到 900℃，样品的初始质量约 7mg，氧化铝坩埚。每个样品重复实验 3 次）

曲线：a—CaCO₃，样品量 7.750mg；b—AM-1，样品量 7.707mg；
c—AM-2，样品量 7.084mg；d—AM-3，样品量 7.473mg

表 13-5　图 13-7 中不同片剂 AM-1、AM-2 和 AM-3 的组分信息[23]

样品	药物中碳酸钙含量	配方	理论含钙量/%
AM-1	600mg	明胶、聚乙二醇、矿物油、维生素 D₃、羟丙基甲基纤维素（HPMC）、二氧化钛等	33.2
AM-2	600mg	硬脂酸锰、阿斯巴甜、聚维酮、聚乙二醇、甘露醇、柠檬酸等	22.7
AM-3	250mg	维生素 A、维生素 E、维生素 B₆、维生素 B₃ 等	20.9

② AM-1 片剂样品的 TG 曲线（曲线 b）中显示了三个质量损失过程。其中，（i）结合红外光谱实验数据，可以判断在 28.2~83.2℃ 范围出现的第一步失重是由于样品中含有的水分汽化引起的，含量为 0.6%；（ii）在 212.4~367.8℃ 范围出现的第二步失重过程对应于片剂中所含有的赋形剂（如明胶、聚乙二醇、矿物油、维生素 D₃、HPMC 等）的热分解引起的，对应的质量损失率为 10.1%；（iii）发生在 643.5~778.6℃ 范围的最后一个质量损失过程是由于其中的 CaCO₃ 发生热分解引起的，在升温过程中随着温度的升高逸出 CO₂ 气体产物并形成残留物 CaO，对应的质量损失量为 34.8%。在 900℃ 时最终残留物的总量为 50.7%，主要由 CaCO₃ 热分解形成的 CaO 和稳定的赋形剂（如二氧化钛）等无机物组成。

③ AM-2 片剂的 TG 曲线（曲线 c）中出现了四个质量损失。其中，（i）在 34.3℃ 和 72.9℃ 范围出现的第一步失重过程对应于样品中含有的水分汽化过程，对应的质量损失率为 0.4%；（ii）相邻的第二步和第三步失重过程所对应的温度范围分别为 229.1~314.5℃ 和 314.5~492.0℃，相对应的质量损失率分别为 33.1% 和 7.80%，这两个相邻的质量减少过程是由于片剂中所含赋形剂（如阿斯巴甜、柠檬酸、甘露醇、聚乙二醇和硬脂酸镁等）的热分解引起的；（iii）发生在 641.3~760.3℃ 范围的最后

一个质量损失过程是由于其中的 $CaCO_3$ 发生热分解引起的，逸出 CO_2 气体产物并形成残留物 CaO，对应的质量损失量为 22.2%。在 900℃时最终残留物的总量为 33.2%，主要由 $CaCO_3$ 热分解形成的 CaO 和用作赋形剂的硬脂酸镁的热分解得到的氧化镁等无机物组成。

④ AM-3 片剂的 TG 曲线（曲线 d）中出现了四个质量损失过程。其中，(i) 在 29.1~90.9℃范围出现的第一步失重过程对应于样品中含有的水分汽化过程，对应的质量损失率为 2.3%。(ii) 分别在 247.1~367.2℃范围和 367.2~505.8℃范围出现了相邻的第二个和第三个质量减少过程内，所对应的质量损失率分别为 27.5%和 10.6%。这两个相邻的质量减少过程是由于片剂中含有的诸如维生素 A、维生素 E、维生素 B_6 和维生素 D_3 的赋形剂的热分解引起的。(iii) 发生在 636.4~754.5℃范围的最后一个质量损失过程是由于其中的 $CaCO_3$ 发生热分解引起的，在该过程中逸出 CO_2 气体产物并形成残留物 CaO，对应的质量损失率为 22.1%。在 900℃时最终残留物的总量为 34.8%，主要为由 $CaCO_3$ 热分解形成的 CaO。该片剂中不含有高热稳定性的赋形剂。

在表 13-6 中列出了由图 13-7 中的热重曲线计算得到的不同样品的钙含量，其中由相应的片剂的热重曲线中最后一个失重过程的质量变化信息来计算钙含量。另外，在表 13-6 中也列出了由 ICP-OES 实验得到的钙含量的数据。由表 13-6 可见，通过这两种不同的分析技术得到的钙含量结果的一致性较好，表明可以用 TG 法来确定药物制剂中钙的百分比。与其他分析技术相比，热重分析技术具有快速、操作简单、无需复杂的前处理、样品消耗量少等优势。

表 13-6　由 TG 和 ICP-OES 联用分析不同片剂中钙含量的结果[23]

样品	由热重实验得到的数值/%				理论值/%				由 ICP 实验得到的钙含量/%
	钙含量	平均值	标准偏差	相关系数变化	钙含量	平均值	标准偏差	相关系数变化	
AM-1	32.42	31.82	1.17	0.037	33.42	33.24	0.26	0.0078	30.82
AM-2	21.12	20.15	0.88	0.044	22.56	22.72	0.17	0.0075	21.19
AM-3	20.11	19.68	0.70	0.035	21.04	20.93	0.19	0.0091	19.29

另外，还可以通过 TG 曲线来确定在高分子化合物中加入的填充剂的含量。在确定这类物质的含量时，需要采用空气气氛，使样品中的聚合物组分充分分解。例如，图 13-8 是加入了碳酸钙填充剂的苯乙烯和丙烯酸丁酯共聚物的 TG 曲线。由图可见，在样品的 TG 曲线中存在以下三个明显的失重台阶，分别为：

① 室温~120℃范围的失重台阶对应于水分的失重，由 TG 曲线可以确定水分的含量为 14%。

② 150~500℃范围的失重台阶对应于苯乙烯和丙烯酸丁酯共聚物的热分解过程，由 TG 曲线可以确定聚合物的含量为 12%（由于苯乙烯和丙烯酸丁酯共聚物分

解温度较低，因此在本例中可以认为聚合物在此温度范围内全部氧化分解）。

③ 在 600~780℃温度范围为碳酸钙分解为二氧化碳所引起的失重过程，失重量 32%，据此可以推算出碳酸钙的含量为 73%。

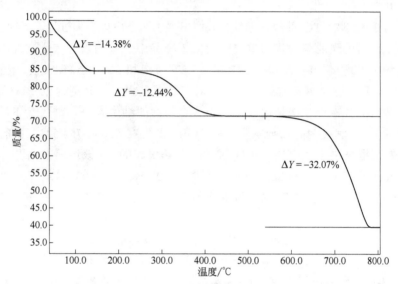

图 13-8　加入了碳酸钙填充剂的苯乙烯和丙烯酸丁酯共聚物的 TG 曲线

（实验条件：在流速为 50mL/min 的空气气氛下，以 10℃/min 的加热速率
从 40℃升温至 800℃，敞口氧化铝坩埚）

13.2.3　确定高分子共聚物或者共混物的组成

在实际应用中，可以根据高分子共聚物或者共混物中不同部分的热稳定性差异由 TG 曲线确定其组成。例如，通过 TG 曲线可以确定聚合物的接枝率。图 13-9 是氧化石墨烯（GO）辐射接枝甲基丙烯酸缩水甘油酯（GMA）的 TG 曲线。由图可见：

① 未接枝的 GO 在 100℃之前有少部分失重，是由吸附的水分子汽化引起的；在 100~200℃之间基本保持稳定；在 200~300℃范围有明显的质量损失（失重量为 15%），这种失重是由于含—COOH 等官能团的分解引起的；在 300℃以上质量缓慢减少。

② 接枝 PGMA 的 GO 在 200℃以前质量基本保持不变；在 250℃以上出现明显的质量损失，这种质量损失是由于接枝的 PGMA 和 GO 的官能团分解引起的。GO 与接枝 GO 的 TG 曲线在 400℃以后的变化趋势基本吻合。

③ PGMA 在 250℃以上开始出现质量损失，随着温度进一步升高，PGMA 几乎完全分解。

根据以上分析，可以利用式（13-2）计算 GO 的接枝率。

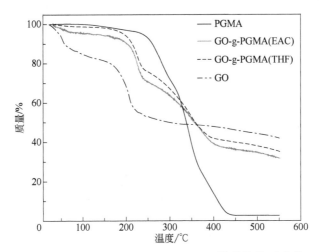

图 13-9　GO、GO-g-PGMA、PGMA 样品的热重曲线

（实验条件：在氮气气氛下，以 5℃/min 的加热速率由 30℃加热至 550℃）

$$DG（\%）=\frac{R_{G}-R}{R_{G}-R_{P}}\times100\% \tag{13-2}$$

式中，R_G、R 和 R_P 分别代表 GO、GO-g-PGMA、PGMA 在加热至 450℃时的剩余质量百分比。

根据等式（13-2）可以计算得到 GO 的接枝率。计算结果表明，GO 的接枝率在 THF 溶剂中为 17%，在 EAC 溶剂中为 25%。GO 的接枝率在 EAC 溶剂中比在 THF 溶剂中高，与其他测量手段得到的结果一致。

另外，热重法可以有效地确定并用橡胶中各组分的含量。这种方法的主要原理是利用两种并用橡胶的分解温度差异较大的性质，根据 DTG 曲线的最大质量损失速率、分解峰温度值的不同，通过面积法计算得到橡胶并用比[24]。图 13-10 为一种 NR/SBR 并用胶的 TG-DTG 曲线[24]，利用这种面积法可以由 DTG 曲线确定组分含量。在图中 DTG 曲线的 NR 峰的后沿找到斜率最大的切线 C，在 DTG 曲线的 SBR 峰的前沿找到斜率最大的切线 D，两直线交于 A 点，找到 TG 曲线上的相同温度点 O，O 点为两个胶种质量损失过程的分界点。从 B 点到 O 点的质量损失等于 NR 峰的面积，设为面积 F；从 O 点到 E 点的质量损失等于 SBR 峰的面积，设为面积 G，则 NR 的比例=F/(F+G)，SBR 的比例=G/(F+G)。

不同并用比的 NR/ESBR1500 并用胶的 TG 和 DTG 曲线如图 13-11 所示[24]。由图 13-11 可见，并用胶中 ESBR1500 的最大分解速率峰对应的分解温度为 460~470℃，且随着 ESBR1500 用量的增大而升高，但升高幅度不大；并用胶中 NR 的最大分解速率峰对应的分解温度为 393℃左右，基本不随着 NR 用量的增大而变化。

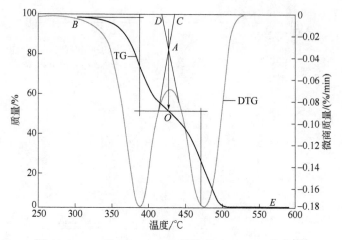

图 13-10　一种 NR/SBR 并用胶的 TG-DTG 曲线[24]

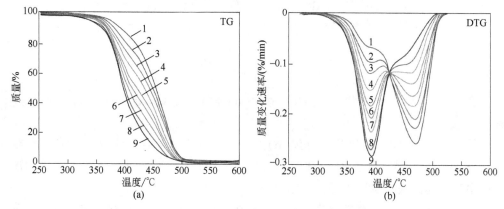

图 13-11　不同并用比的 NR/ESBR1500 并用胶的 TG（a）和 DTG（b）曲线[24]

NR/ESBR1500 并用比：1—10/90；2—20/80；3—30/70；4—40/60；
5—50/50；6—60/40；7—70/30；8—80/20；9—90/10

不同并用比的 NR/BR9000 并用胶的 TG 和 DTG 曲线如图 13-12 所示[24]。由图 13-12 可见：并用胶中 BR9000 的最大分解速率峰对应的分解温度为 460~470℃，且随着 BR9000 用量的增大而升高，但变化幅度不大；并用胶中 NR 的最大分解速率峰对应的分解温度为 393℃左右，基本不随 NR 用量的增大而变化。

采用面积法计算得到的 NR/ESBR1500 和 NR/BR9000 并用胶的并用比汇总于表 13-7[24]。由表 13-7 可见，当 NR/ESBR1500 和 NR/BR9000 并用胶的并用比接近时，面积法计算结果与已知并用比一致性很高，随着并用胶中两种橡胶用量差增大，结果的准确性逐渐下降。

以上分析表明，采用 TG 分析可以测定两种热分解温度差异较大的橡胶并用比，具有不需要复杂的样品处理、快捷、高效等优势。

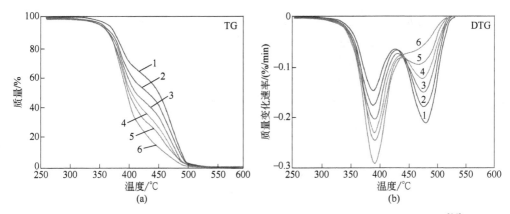

图 13-12　不同并用比的 NR/ BR9000 并用胶的 TG（a）和 DTG（b）曲线[24]

NR/BR9000 并用比：1—40/60；2—50/50；3—60/40；4—70/30；5—80/20；6—90/10

表 13-7　采用面积法计算得到的 NR/ESBR1500 和 NR/BR9000 并用胶的并用比[24]

并用体系	并用比	
	实际值	测定值
NR/ESBR1500	90/10	88/12
	80/20	82/18
	70/30	68/32
	60/40	57/43
	50/50	50/50
	40/60	40/60
	30/70	31/69
	20/80	23/77
	10/90	15/85
NR/BR9000	90/10	88/12
	80/20	74/26
	70/30	66/34
	60/40	58/42
	50/50	50/50
	40/60	39/61

在实际应用中，热重法还可以直接对热稳定性差异较大的共混聚合物进行定量分析，确定其中每种组分的含量。例如，对于聚酰胺/聚四氟乙烯（PA66/PTFE）共混聚合物体系，由于两种组分的热分解温度差异较大，因此可以通过热重分析技术确定其中每种组分的含量[25]。如图 13-13 和图 13-14 分别为 PA66/PTFE 共混体系的 TG 曲线和 DTG 曲线[25]。由图可见，在加热过程中，样品的失重过程分为两个阶段。其中，（i）第一个失重阶段从 396℃开始（图 13-13），最大失重速率温度为 401℃（图 13-14），该阶段的失重率为 33.3%；（ii）第二个失重阶段从 533℃开始（图 13-13），

最大失重速率温度为 536℃（图 13-14），该阶段的失重率为 9.2%；（iii）当温度达到 700℃以后，图 13-13 中的 TG 曲线出现一个平台，此时有机物已完全降解，剩余的物质为添加的稳定性较好的无机物，剩余质量百分比为 54.5%。

结合 FTIR 和 DSC 分析结果，可以判断曲线中出现的第一个阶段的分解过程为 PA66 的分解，第二个阶段为 PTFE 的热分解。因此，样品中 PA66 的质量分数为 33.3%，PTFE 的质量分数为 9.2%，无机添加物的质量分数为 54.5%。

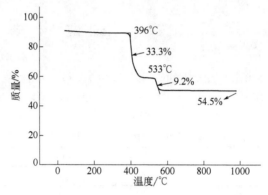

图 13-13　PA66/PTFE 共混体系的 TG 曲线[25]

（实验条件：美国 TA 公司 Discovery 550 热重分析仪，氮气气氛、流速为 40mL/min，
高分辨测量模式，灵敏度为 1.0、分辨率为 5.0，从室温加热至 1000℃）

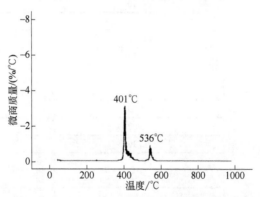

图 13-14　PA66/PTFE 共混体系的 DTG 曲线[25]

（实验条件：美国 TA 公司 Discovery 550 热重分析仪，氮气气氛、流速为 40mL/min，
高分辨测量模式，灵敏度为 1.0、分辨率为 5.0，从室温加热至 1000℃）

为了验证方法的精密度，分别对样品进行了 7 次平行实验，计算结果的相对标准偏差见表 13-8。由表中的数据可见，RSD 小于 2%，表明方法的精密度较好。

为了验证方法的准确度，分别用纯 PA66 和纯 PTFE 样品对 PA66/PTFE 共混物热分解过程进行了验证实验，结果表明，纯 PA66 和纯 PTFE 样品的初始分解温度和最大分解速率温度与 PA66/PTFE 共混物基本一致，可以确定这两个失重过程确实是由于

表 13-8　计算 PA66/PTFE 共混物组分含量的精密度试验结果（*n*=7）[25]

组分	热失重起始温度		最大失重速率温度		失重率	
	测定值/℃	RSD/%	测定值/℃	RSD/%	测定值/℃	RSD/%
PA66	397	0.40	403	0.70	33.7	1.5
PTFE	534	0.30	537	0.10	9.4	1.6

PA66 和 PTFE 的热分解引起的。另外，样品来源提供的组分含量信息为 PA66 的质量分数为 35%，PTFE 的质量分数为 10%。实验测得 PA66 的失重率为 33.7%、PTFE 的失重率为 9.4%，略小于实际添加值。表明本方法的准确度良好。

以上应用实例中采用热重分析技术测定了 PA66/PTFE 共混物中各组分含量，这种方法首先通过 FTIR 和 DSC 分析确定了各组分的种类，再通过热重法确定了各组分的含量，通过准确度和精密度验证，表明这种方法的准确度好、精密度高，适用于共混物 PA66/PTFE 中各组分含量的测定。另外，这种方法也可应用于其他种类高分子聚合物合金中各组分的含量测定，但有两个前提，即：（i）必须通过一定手段确定不同温度范围下分解的高聚物组分；（ii）共混物中各组分在热分解阶段不能有重叠或者化学反应等干扰，否则无法准确判定各组分含量。

13.2.4　确定无机混合物的含量

对于一些混合状态的无机物，根据其热稳定的差异，可以方便地通过 TG 曲线来准确确定每一组分的含量。

对于在实验过程中仅发生一种组分分解的无机混合物体系，可以通过发生分解的质量减少量与纯物质发生分解引起的理论质量减少量相比较来确定该组分的含量。例如，图 13-15 为由一种 CaO 和 $CaCO_3$ 的混合物得到的 TG 曲线。由图可见，TG 曲线在 550~850℃范围内出现了一个失重台阶，失重量为 36.50%。该失重台阶是由于碳酸钙在高温下分解成 CO_2 和 CaO 引起的，纯碳酸钙分解引起质量减少的理论值为 44%。由于在图 13-15 中的样品中含有一定量的 CaO，该物质具有很高的热稳定性且在实验温度范围不发生质量变化，因此得到的失重率低于理论值。因此可以通过下式计算得到混合物样品中的 $CaCO_3$ 的含量 w_{CaCO_3}：

$$\frac{w_{CaCO_3}}{w_{纯CaCO_3}} = \frac{w_{CaCO_3}}{100\%} = \frac{36.5\%}{44\%} \qquad (13-3)$$

以上等式可以变形为：

$$w_{CaCO_3} = \frac{36.5\%}{44\%} \times 100\% = 82.96\% \qquad (13-4)$$

因此，样品中碳酸钙的含量为 82.96%，氧化钙的含量为 100%-82.96% = 17.04%。

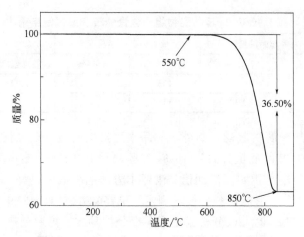

图 13-15　CaO 和 CaCO₃ 混合物的 TG 曲线

（实验条件：将 10.5mg 样品平铺于敞口氧化铝坩埚中，在流速为 50mL/min 的
氮气气氛中，由 25℃升温至 900℃，升温速率为 10℃/min）

　　在以上的实例中，利用了混合物中的一种组分在实验过程中发生了质量变化而另一种组分在加热过程中不发生质量变化的原理来确定混合物的组分。

　　对于实验过程中有多种组分会发生热分解而引起质量减少的情形，在利用热重分析技术进行组分分析时应分别对每种组分的热分解单独进行实验，结合热分解发生的温度范围和质量百分比信息对混合物的 TG 曲线中出现的变化进行分析，计算每种组分的含量。例如，可以通过热重实验分析含有一水合草酸钙、碳酸钙和草酸钠混合物的组成，实验得到的 TG 曲线如图 13-16 所示。

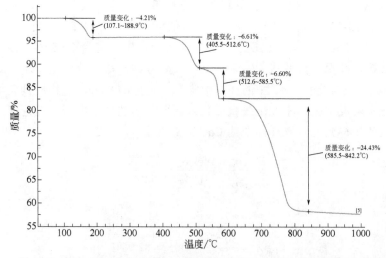

图 13-16　含有一水合草酸钙、碳酸钙和草酸钠混合物的热重曲线

（实验条件：德国耐驰公司 TGA209F1 型热重分析仪，以加热速率 10℃/min，温度范围
从室温加热至 1000℃，空气气氛、流速为 50mL/min，敞口氧化铝坩埚）

由图 13-16 可见，热重曲线在实验的温度范围一共出现了 4 个失重台阶，分别为：（i）在 107.1~188.9℃失重 4.21%；（ii）在 405.5~512.6℃失重 6.61%；（iii）在 512.6~585.5℃失重 6.60%；（iv）在 585.5~842.2℃失重 24.43%。

在解析图 13-16 中出现的每一步质量变化过程时，需要分别结合一水合草酸钙、碳酸钙和草酸钠纯物质的热重曲线判断图中每一个质量变化过程所对应的结构变化。图 13-17~图 13-19 分别为纯一水合草酸钙、碳酸钙和草酸钠的 TG 曲线，根据本书第 12 章中介绍的结合失重量确定纯无机化合物的热分解机理的方法，可以判断图 13-17~图 13-19 中 TG 曲线出现的质量变化分别对应于以下的过程：

① 在图 13-17 中，在加热过程中，一水合草酸钙分子随着温度的升高依次会出现失去一分子水变为草酸钙（对应于第一个失重台阶）、失去一分子一氧化碳变为碳酸钙（对应于第二个失重台阶）和失去一分子二氧化碳变为氧化钙（对应于第三个失重台阶）的结构变化过程。即当温度高于 813℃时，一水合草酸钙分解成为固态的氧化钙。这些过程可以用以下化学方程式表示：

$$CaC_2O_4 \cdot H_2O \longrightarrow CaC_2O_4 + H_2O（113~217.5℃） \tag{13-5}$$

$$CaC_2O_4 \longrightarrow CaCO_3 + CO（399.7~527.1℃） \tag{13-6}$$

$$CaCO_3 \longrightarrow CaO + CO_2（608~813℃） \tag{13-7}$$

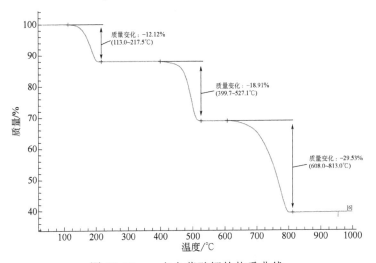

图 13-17　一水合草酸钙的热重曲线

（实验条件：德国耐驰公司 TGA209F1 型热重分析仪，加热速率 10℃/min，
空气气氛，流速为 50mL/min，敞口氧化铝坩埚）

② 在图 13-18 中，在加热过程中，随着温度的升高碳酸钙分子失去一分子二氧化碳变为氧化钙（对应于第一个失重台阶）。即当温度高于 813℃时，碳酸钙分解成为固态的氧化钙和气态的二氧化碳。该过程可以用以下化学方程式表示：

$$CaCO_3 \longrightarrow CaO + CO_2（591.2~844.4℃） \tag{13-7a}$$

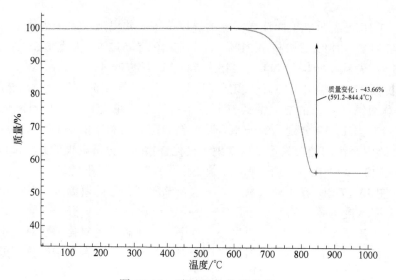

图 13-18   碳酸钙的热重曲线

（实验条件：德国耐驰公司 TGA209F1 型热重分析仪，加热速率 10℃/min，
空气气氛、流速为 50mL/min，敞口氧化铝坩埚）

③ 在图 13-19 中，在加热过程中，随着温度的升高草酸钠分子失去一分子一氧化碳变为碳酸钠。即当温度高于 850℃时，碳酸钠发生熔融。随温度升高，碳酸钠出现了汽化，导致质量出现较为缓慢的失重。

该过程可以用以下化学方程式表示：

$$Na_2C_2O_4 \longrightarrow Na_2CO_3 + CO （404.1\sim634.4℃） \tag{13-8}$$

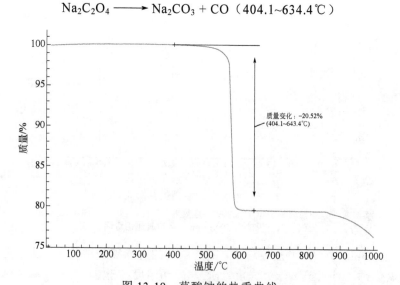

图 13-19   草酸钠的热重曲线

（实验条件：德国耐驰公司 TGA209F1 型热重分析仪，加热速率 10℃/min，
空气气氛、流速为 50mL/min，敞口氧化铝坩埚）

结合以上对图 13-17~图 13-19 中的一水合草酸钙、碳酸钙和草酸钠纯化合物的 TG 曲线的分析结论，可以对图 13-16 中的混合物的 TG 曲线中的质量变化过程所对应的结构变化进行以下归属：

① 曲线中的第一步失重过程，对应于混合物中的一水合草酸钙失去结晶水的过程，对应的化学方程式可以用等式（13-5）表示；

② 曲线中的第二步失重过程，对应于由一水合草酸钙失去结晶水形成的草酸钙失去一分子 CO 变成碳酸钙的过程，对应的化学方程式可以用等式（13-6）表示；

③ 曲线中的第三步失重过程，对应于混合物中的草酸钠失去一分子一氧化碳变成碳酸钠的过程，对应的化学方程式可以用等式（13-8）表示；

④ 曲线中的第四步失重过程，对应于由混合物中含有的一水合草酸钙分解形成的碳酸钙和混合物中本来就存在的碳酸钙共同分解失去二氧化碳变成氧化钙和碳酸钠的挥发过程，对应的化学方程式可以用等式（13-7）和等式（13-7a）表示。

综合以上分析，图 13-16 中的 TG 曲线中的第一步和第二步失重台阶是由于一水合草酸钙分解分别失去一分子结晶水和一分子一氧化碳引起的，曲线中的第三步失重台阶是由于草酸钠分解失去一分子一氧化碳引起的，而曲线中的第四步失重台阶则是由混合物中含有的一水合草酸钙分解形成的碳酸钙和混合物中本来就存在的碳酸钙共同分解失去二氧化碳变成氧化钙以及碳酸钠的挥发过程同时引起的。

因此，可以分别通过以下方法来计算混合物中一水合草酸钙、碳酸钙和草酸钠的含量：

1）确定混合物中一水合草酸钙的含量

可以通过以下两种方法分别确定一水合草酸钙的含量：

① 根据曲线中的第一步失重台阶计算混合物中一水合草酸钙的含量

对于纯一水合草酸钙化合物而言，在加热过程中失去一分子结晶水变成草酸钙的理论失重率为 12.32%，在图 13-16 中的 TG 曲线中对应于该过程的失重率为 4.21%，由此可以计算出在混合物中一水合草酸钙的百分含量为：

$$w_{CaC_2O_4 \cdot H_2O} = \frac{4.21\%}{12.32\%} \times 100\% = 34.17\% \tag{13-9}$$

该数值比混合物中该组分的实际含量 33% 高 1.17%，在合理范围内。

② 根据曲线中的第二步失重台阶计算混合物中一水合草酸钙的含量

类似地，还可以根据对应于草酸钙失去一分子 CO 变成碳酸钙这一过程对应曲线中第二步失重台阶来计算一水合草酸钙的含量。对于纯一水合草酸钙化合物，在加热过程中失去 CO 变成 $CaCO_3$ 的理论失重率为 19.18%，在图 13-16 中对应于该过程的失重率为 6.61%，由此可以计算出在混合物中一水合草酸钙的百分含量为：

$$w_{CaC_2O_4 \cdot H_2O} = \frac{6.61\%}{19.18\%} = 34.46\% \tag{13-10}$$

该数值比混合物中该组分的实际含量33%高1.46%，在合理范围内。

2）确定混合物中草酸钠的含量

此外，还可以根据对应于草酸钠失去一分子CO变成碳酸钠这一过程对应曲线中第三步失重台阶来计算草酸钠的含量。对于纯草酸钠物质，在加热过程中失去CO变成Na_2CO_3的理论失重率为20.90%，在图13-16中对应于该过程的失重率为6.60%，由此可以计算出混合物中草酸钠的百分含量为：

$$w_{Na_2C_2O_4} = \frac{6.60\%}{20.90\%} \times 100\% = 31.58\% \tag{13-11}$$

该数值比混合物中该组分的实际含量33%低1.42%，在合理范围内。

3）确定混合物中碳酸钙的含量

由于在曲线中出现的第四步失重过程中同时发生了碳酸钙分解（在该温度范围出现的碳酸钙包括混合物中含有的一水合草酸钙分解形成的碳酸钙和混合物中本来就存在的碳酸钙两部分）和碳酸钠的挥发过程，因此无法通过该过程直接确定碳酸钙的含量。在通过以上方法分别确定了混合物中一水合草酸钙和草酸钠的含量之后，可以通过间接的方法来确定混合物中碳酸钙的含量。

① 利用第一步失重台阶计算一水合草酸钙的含量结果来确定碳酸钙的含量

$$w_{CaCO_3} = 100\% - w_{CaC_2O_4 \cdot H_2O} - w_{Na_2C_2O_4} = 100\% - 34.17\% - 31.58\% = 34.25\% \tag{13-12}$$

该数值比混合物中该组分的实际含量33%高1.25%，在合理范围内。

② 利用第二步失重台阶计算一水合草酸钙的含量结果来确定碳酸钙的含量

$$w_{CaCO_3} = 100\% - w_{CaC_2O_4 \cdot H_2O} - w_{Na_2C_2O_4} = 100\% - 34.46\% - 31.58\% = 33.96\% \tag{13-13}$$

该数值比混合物中该组分的实际含量33%高0.96%，在合理范围内。

在以上分析中，由于图13-16中TG曲线的第二步和第三步失重过程紧邻，由此计算的质量变化略有偏差，导致得到的最终结果出现了较大的误差。由曲线中第一步失重过程得到的组分含量结果的误差最小，结果更加可靠。

以上介绍了通过TG曲线确定由三种无机物组成的混合物中组分含量的方法，实际上，当混合物中含有的两种以上的组分在加热过程中不同时发生质量变化时，也可以通过类似的方法确定混合物体系的组成。例如，图13-20为由一种含有$CaC_2O_4 \cdot H_2O$、CaC_2O_4、$CaCO_3$和CaO四种物质组成的混合物在空气气氛下得到的TG曲线[5]，通过该实验可以准确确定混合物中这四种组分的百分含量。由图13-20可见，TG曲线在实验温度范围内共出现了三个失重台阶。为了便于显示计算过程，图中每个失重台阶的质量减少百分比分别用$a\%$（对应于115.4~199.3℃范围）、$b\%$（对应于390.3~532.2℃范围）和$c\%$（对应于594.3~781.9℃范围）表示。根据样品的组成信息，由TG曲线可以得出以下信息：

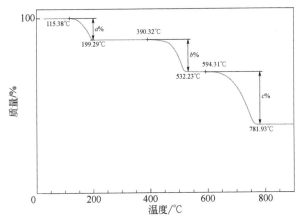

图 13-20　由 $CaC_2O_4 \cdot H_2O$、CaC_2O_4、$CaCO_3$ 和 CaO 组成的混合物在空气气氛下的 TG 曲线[5]
（实验条件：将 11.8mg 样品平铺于敞口氧化铝坩埚中，在流速为 50mL/min 的氮气
气氛中由 25℃升温至 900℃，升温速率为 10℃/min）

① 在 115.4~199.3℃范围的第一个失重台阶是由于样品中的 $CaC_2O_4 \cdot H_2O$ 失去一分子结晶水引起的，失重率为 $a\%$；

② 在 390.3~532.2℃范围的第二个失重台阶是由于样品中的 $CaC_2O_4 \cdot H_2O$ 和 CaC_2O_4 失去一分子 CO 引起的，失重率为 $b\%$；

③ 在 594.3~781.9℃范围的第三个失重台阶是由于样品中的 $CaC_2O_4 \cdot H_2O$、CaC_2O_4 和 $CaCO_3$ 失去一分子 CO_2 引起的，失重率为 $c\%$；

④ 在 781.9℃以上时，质量不变，此时的剩余质量为 $100\%-a\%-b\%-c\%$。

假设样品中 $CaC_2O_4 \cdot H_2O$、CaC_2O_4 和 $CaCO_3$ 的含量分别为 $m\%$、$n\%$ 和 $p\%$，则样品中含有的 CaO 的含量为 $(100-m-n-p)\%$。

对于纯 $CaC_2O_4 \cdot H_2O$（即纯度按照 100%计算）而言，若 $CaC_2O_4 \cdot H_2O$ 的分子量为 146、H_2O 的分子量为 18、CO 的分子量为 28、CO_2 的分子量为 44，则有以下关系式：

$$w_{H_2O} = \frac{M_{H_2O}}{M_{CaC_2O_4 \cdot H_2O}} \times 100\% = \frac{18}{146} \times 100\% = 12.3\% \tag{13-14}$$

$$w_{CO} = \frac{M_{CO}}{M_{CaC_2O_4 \cdot H_2O}} \times 100\% = \frac{28}{146} \times 100\% = 19.2\% \tag{13-15}$$

$$w_{CO_2} = \frac{M_{CO_2}}{M_{CaC_2O_4 \cdot H_2O}} \times 100\% = \frac{44}{146} \times 100\% = 30.1\% \tag{13-16}$$

根据以上对每一失重过程的分析，存在如下关系：

$$\frac{m\%}{100\%} = \frac{a\%}{12.3\%} = \frac{a}{12.3} \tag{13-17}$$

$$\frac{(m+n)\%}{100\%} = \frac{b\%}{19.2\%} = \frac{b}{19.2} \tag{13-18}$$

$$\frac{(m+n+p)\%}{100\%} = \frac{c\%}{30.1\%} = \frac{c}{30.1} \tag{13-19}$$

由等式（13-17）可得：

$$m\% = \frac{a}{12.3} \times 100\% \tag{13-20}$$

将等式（13-20）化简，可得：

$$m = \frac{100a}{12.3} \tag{13-21}$$

将等式（13-21）代入至等式（13-18），可得：

$$\frac{(m+n)\%}{100\%} = \frac{\frac{100a}{12.3} + n}{100} = \frac{b}{19.2} \tag{13-22}$$

整理等式（13-22），可得：

$$n = \frac{100b}{19.2} - \frac{100a}{12.3} \tag{13-23}$$

等式（13-19）可变形为：

$$m+n+p = \frac{100c}{30.1} \tag{13-24}$$

整理等式（13-24），可得：

$$p = \frac{100c}{30.1} - m - n \tag{13-25}$$

将等式（13-21）和等式（13-23）代入等式（13-25）中，可得：

$$p = \frac{100c}{30.1} - m - n = \frac{100c}{30.1} - \frac{100a}{12.3} - \left(\frac{100b}{19.2} - \frac{100a}{12.3}\right) = \frac{100c}{30.1} - \frac{100b}{19.2} \tag{13-26}$$

综合以上分析，该样品中各组分含量依次为

$$w_{CaC_2O_4 \cdot H_2O} = m\% = \frac{100a}{12.3}\% \tag{13-27}$$

$$w_{CaC_2O_4} = n\% = \left(\frac{100b}{19.2} - \frac{100a}{12.3}\right)\% \tag{13-28}$$

$$w_{CaCO_3} = p\% = \left(\frac{100c}{30.1} - \frac{100b}{19.2}\right)\% \tag{13-29}$$

$$w_{CaO} = (100 - m - n - p)\%$$

$$= 100\% - \frac{100a}{12.3}\% - \left(\frac{100b}{19.2} - \frac{100a}{12.3}\right)\% - \left(\frac{100c}{30.1} - \frac{100b}{19.2}\right)\% \qquad （13-30）$$

$$= \left(100 - \frac{100c}{30.1}\right)\%$$

以上实例中详细地介绍了确定多组分无机混合物中每种组分的含量的过程，通过 TG 曲线确定这类混合物的组成的方法具有操作简单、效率高、无需较为复杂的前处理、数据准确等优势，在多个领域中得到了广泛的应用。

13.3　确定纯物质的结构式

对于由单一化合物组成的物质，根据其结构单元在不同温度范围的变化信息，由 TG 曲线可以方便地确定物质的结构式。如果化合物在实验过程中不发生明显的质量变化，则无法由热重法确定其结构式。

13.3.1　确定药物分子中的结晶水个数

药物中的水分问题一直贯穿于其生产、储存和使用等各个环节，水分的含量将直接影响药物的质量。可通过测定药物的结晶水、吸附水以及吸湿特性对药物中的水分进行研究，据此可以对药物生产过程的质量控制提供重要的工艺参数。通常，化学原料药中的水分以吸附水和结晶水的形式存在，常用的水分测定方法包括卡尔费休法、干燥失重法、甲苯法、气相色谱法、单晶衍射法、差示扫描量热法和热重法。与其他方法相比，由热重法测量药物中的水分尤其是结晶水的含量具有操作简单、准确性高等优势。

在实际应用中，通常将热重分析技术与其他常用的表征手段如红外光谱法、质谱法、气相色谱/质谱联用法相结合来确定化合物的结构式。对于一个含有结晶水的未知化合物，在通过其他分析手段确定其结构式和分子量后，可以使用热重法来确定其结晶水的个数。通过 TG 曲线中不同温度范围的台阶可以确定药物分子中含有的结晶水的个数，根据结晶水的数量来确定其结构式。例如图 13-21 为一种名为硫酸阿托品的药物分子的 TG-DTA 曲线[26]。由图可见，TG 曲线在 96~125℃ 范围出现了 $w_{水} = 2.6\%$ 的失重台阶，根据该药物分子的结构式可以判断该台阶对应于失去结晶水的过程。硫酸阿托品的分子量 $M_{硫酸阿托品}$ 为 694.83。于是可以根据下式计算其中含有的结晶水的个数 n：

$$n = \frac{M_{硫酸阿托品} \times w_{水}}{M_{水}} = \frac{694.83 \times 2.6\%}{18.015} = 1.002 \qquad （13-31）$$

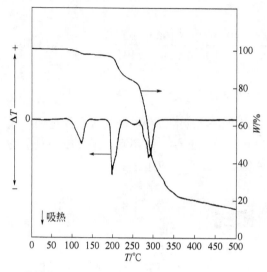

图 13-21　硫酸阿托品的 TG-DTA 曲线[26]

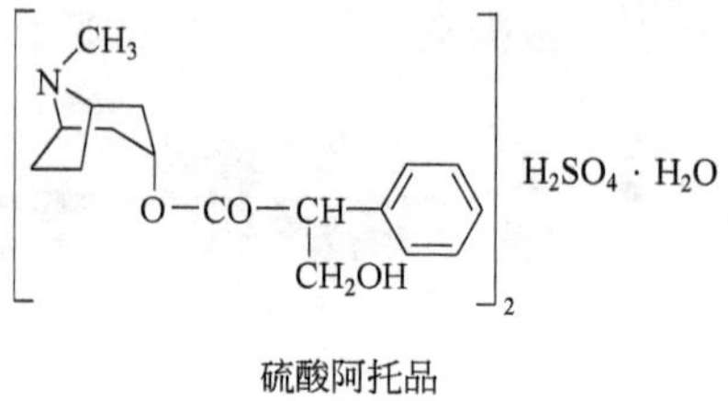

图 13-22　硫酸阿托品的分子结构

　　根据等式（13-31），可以确定硫酸阿托品中含有的结晶水的个数为 1（图 13-22）。

　　在按照等式（13-31）计算硫酸阿托品中结晶水含量时使用的 $M_{硫酸阿托品}$ 值来源于药物供应商，其中包括了一个分子结晶水的信息，由此计算得到的结晶水个数 n 可以用来评价实验时所用的样品中结晶水的完整程度。

　　在实际应用中，也可以通过热重分析技术确定有机酸盐中含有的结晶水的含量。例如，图 13-23 是 $Cu(CH_3COO)_2 \cdot H_2O$ 的 TG-DTG 曲线[27]，曲线中在 106~168℃ 范围对应的失重过程为分子中含有的结晶水的失去过程，失重率 $w_水 = 9.88\%$。假设该有机酸盐中含有的结晶水的个数未知，为 n，则该有机化合物的化学式可以表示为 $Cu(CH_3COO)_2 \cdot nH_2O$，其分子量可以用下式表示：

$$M_{Cu(CH_3COO)_2 \cdot nH_2O} = M_{Cu(CH_3COO)_2} + n \times M_{H_2O} = 181.63 + 18.02 \times n \qquad (13\text{-}32)$$

　　因此，在纯 $Cu(CH_3COO)_2 \cdot nH_2O$ 化合物中水分子的含量可以用以下形式表示：

$$w_水 = \frac{n \times M_水}{M_{Cu(CH_3COO)_2 \cdot nH_2O}} \times 100\% = \frac{18.02 \times n}{181.63 + 18.02 \times n} \times 100\% = 9.88\% \qquad (13\text{-}33)$$

　　求解以上含有一个未知数的一次方程，可得 $n = 1.10$，该值与理论值 $n = 1$ 相一致。根据实验结果得到的数值略高于理论值可能是由于样品从环境中吸收了一定量的水分，这部分多余的水分不是结晶水。在计算时把这部分水考虑在内，因此数值偏高。

　　在以上实例中，结合实例详细介绍了确定药物分子中结晶水含量的方法。在实际应用中可以采用类似的方法确定无机物中的结晶水个数。

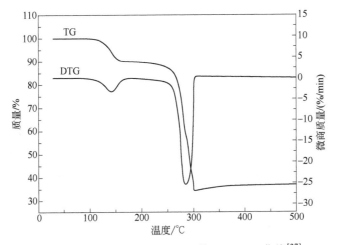

图 13-23　Cu(CH$_3$COO)$_2$·H$_2$O 的 TG-DTG 曲线[27]

（实验条件：日本岛津公司 DTG-60H 热重-差热分析仪，流速为 40mL/min 的氮气
气氛，由室温以 10℃/min 的加热速率加热至 500℃，敞口氧化铝坩埚）

13.3.2　确定无机物中的结晶水个数

测定水分最常用的方法是卡尔费休法，但在实际应用中许多化合物如碳酸盐、硼酸盐、醋酸盐、硫酸盐、还原性物质等均会与卡氏试剂发生反应，导致无法通过这种方法测定样品中的水分。TG 法测样品中的含水量是通过测定样品在加热过程中由于失水而引起的失重现象得到的，这种方法对于样品没有特别严苛的要求。另外，通过不同温度下的失水过程的差异，可以把样品中含有的结晶水和吸附水有效分离，从而分别确定这两类不同类型水的含量。

在表 13-9 中分别列出了对 15 种无机化合物和 7 种有机酸盐类药物采用热重法测定其结晶水含量的相关信息[28]，表中同时列出了相应化合物中结晶水含量的理论值。通过对比表中化合物失去结晶水的实验值和理论值，发现除碳酸钠十水合物、硫酸亚铁七水合物、葡萄糖酸钙一水合物与乳酸钙五水合物外，其他化合物用热重法测得的实验值与理论值基本一致。经分析，以上所列举的几种化合物的实验值和理论值之间出现较大偏差的原因如下：

① 对于碳酸钠十水合物，其暴露于空气易风化，且熔点在 34℃ 附近，风化作用使一部分结晶水失去，导致无法从 TG 曲线准确判断其失水量。

② 对于硫酸亚铁七水合物，其在室温开始风化，在 70~80℃ 失去五分子结晶水，在 100℃ 失去六分子结晶水，在 300℃ 变成无水化合物，样品在保存过程中的风化现象导致测量结果偏低。

③ 对于葡萄糖酸钙一水合物，其自室温开始逐渐发生质量减少，120℃ 附近出现质量急剧减少，无法判断失去所有结晶水的终点温度，这种现象是由于脱水的同时葡萄糖酸钙分解造成的。

④ 对于乳酸钙五水合物，样品在室温发生了风化，50~130℃范围出现质量急剧减少，风化现象导致测量结果偏低。

以上分析表明，TG 法具有快速、简便等优势，可用于准确定量测定大多数无机化合物及有机酸盐的结晶水个数，不适用于室温风化或潮解的样品及脱水温度与分解温度接近的样品的结晶水定量测定。

表 13-9 对 15 种无机化合物和 7 种有机酸盐类药物采用热重法
测定其结晶水含量的相关信息[28]

药品号	药品名称	失重率/%	温度范围/℃	结晶水理论值/%
无机化合物				
1	氯化钙二水合物	24.61	50~170	24.51
2	氯化钙六水合物	48.68	室温~200	49.34
3	碳酸钠一水合物	14.41	80~140	14.53
4	碳酸钠十水合物	57.55	室温~130	62.96
5	硫代硫酸钠五水合物	36.39	室温~160	36.29
6	硼酸钠十水合物	46.50	40~350	47.24
7	硫酸锌七水合物	43.37	室温~300	43.86
8	硫酸铝钾十二水合物	44.54	40~250	44.57
9	硫酸钾二水合物	20.24	100~170	20.93
10	硫酸亚铁七水合物	40.72	室温~300	45.36
11	硫酸镁七水合物	50.29	室温~320	51.16
12	磷酸氢钙二水合物	20.95	110~250	20.94
13	磷酸二氢钙一水合物	7.82	室温~170	7.15
14	磷酸氢二钠十二水合物	60.25	室温~140	60.36
15	磷酸二氢钠二水合物	23.72	室温~150	23.09
有机酸盐				
16	枸橼酸三钾一水合物	5.73	200~250	5.55
17	枸橼酸钙四水合物	12.29	室温~180	12.63
18	枸橼酸钠二水合物	12.05	150~200	12.25
19	葡萄糖酸钙一水合物	2.95	室温~250	4.02
20	醋酸钠三水合物	39.75	室温~130	39.72
21	酒石酸钠二水合物	15.61	室温~230	15.66
22	乳酸钙五水合物	27.39	室温~130	29.22

下面结合实例介绍确定无机物中结晶水含量的方法。例如，图 13-24 是磷镁石样品（结构式为 $MgHPO_4 \cdot nH_2O$）的 TG-DTG 曲线[29]。

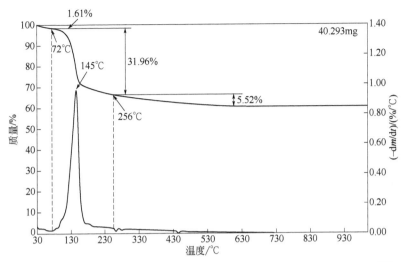

图 13-24　磷镁石样品（结构式为 $MgHPO_4 \cdot nH_2O$）的 TG-DTG 曲线[29]

由于磷镁石中 $MgHPO_4$ 的分子量为 174.34，水的分子量为 18.02，因此，磷镁石的分子量为 $174.34+18.02n$。由图 13-24 可见，TG 曲线中 250℃以下的失重过程（失重率为 31.96%）对应于磷镁石失去结晶水的过程，可以根据下式计算结晶水的个数 n：

$$n = \frac{M_{磷镁石} \times w_{水}}{M_{水}} \times 100\% = \frac{(174.34+18.02 \times n) \times 31.96\%}{18.02} \tag{13-34}$$

当然，也可以用下式的形式表示：

$$w_{水} = \frac{n \times M_{水}}{M_{磷镁石}} \times 100\% = \frac{18.02 \times n}{174.34+18.02 \times n} \times 100\% = 31.96\% \tag{13-35}$$

根据以上等式，可以分别计算出：

$$n = 4.5 \tag{13-36}$$

因此，该磷镁石的化学式为 $MgHPO_4 \cdot 4.5H_2O$。

另外，通过热重分析技术可以对嵌有硫酸盐和碱性阳离子的层状双水滑石样品进行分析，验证其组成表达式的合理性[30]。这类样品的化学通式表达形式为 $[M_6^{2+}Al_3(OH)_{18}][A^+(SO_4)_2] \cdot 12H_2O$（$M^{2+}$ = Mn, Mg, Zn；A^+ = Li, Na, K）。

图 13-25 为嵌有硫酸盐和不同碱金属阳离子的层状双水滑石化合物的 TG-DTG 曲线[30]，根据图中的 TG-DTG 曲线确定的相应矿物的化学组成和结晶水的量分别列于表 13-10 中。在锂-重辉石［图 13-25（a）］、钠-重辉石［图 13-25（b）］和钾-重辉石［图 13-25（c）］的 TG-DTG 曲线中，由于钠和硫酸盐配位水分子的不同，TG 曲线在 145~160℃范围出现了两步失水过程。另外，在曲线中的 200~250℃和 450~550℃范围出现了至少 3 个质量损失过程，这些过程是由于层状结构脱羟基引

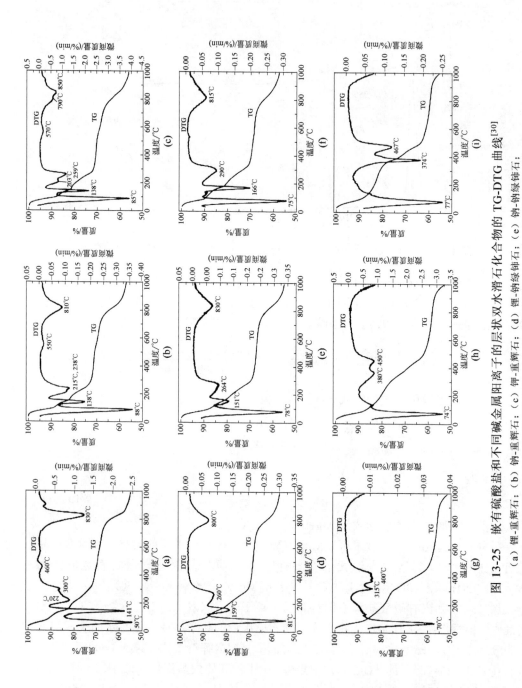

图 13-25　嵌有硫酸盐和不同碱金属阳离子的层状双水滑石化合物的 TG-DTG 曲线[30]

(a) 锂-重辉石；(b) 钠-重辉石；(c) 钾-重辉石；(d) 锂-钠绿钾石；(e) 钠-钠绿钾石；
(f) 钾-钠绿钾石；(g) 锂-碳铝镁钠矾；(h) 钠-碳铝镁钠矾；(i) 钾-碳铝镁钠矾样品

起的。在 800~850℃范围出现的最后一步失重过程是由于金属硫酸盐的分解引起的，逸出 SO_3 并形成相应的氧化物/尖晶石。在绿铈石的 TG-DTG 曲线［图 13-25（d）~（f）］中，可以观察到 Li 和 K 相的 TG 曲线十分相似［图 13-25 中（d）和（f）］，但在 200~250℃范围内，K 相的质量损失转移到了更高的温度［图 13-25（f）］。由于 Mn^{2+} 的氧化反应存在，导致钠绿铈矿和碳铝镁钠矾在约 460~570℃范围的重辉石相中没有质量损失。

在碳铝镁钠矾［图 13-25（f）~（i）］中，不同碱金属阳离子化合物的 TG 曲线非常相似，但其 DTG 曲线的峰值温度依次升高（Li、Na 和 K 化合物的温度分别为70℃、74℃和 77℃）。与钠绿铈石相比，在碳铝镁钠矾中硫酸盐的分解温度更高，难以通过 TGA 确定化学组成式。在碳铝镁钠矾化合物中，仍然存在 $MgSO_4$。根据TG-DTG 曲线和化学成分分析可以确定相应矿物中水的量（计算结果如表 13-10 所示），计算得到的实验数据与由理论公式计算得到的结果基本一致（偏差约 1%~2%）。由此可以确定这类矿物质的理想表达式为 $[M^{2+}{}_6Al_3(OH)_{18}][A^+(SO_4)_2]\cdot12H_2O$，也可简化为 $[M^{2+}{}_{0.667}Al_{0.333}(OH)_2][A^+{}_{0.111}(SO_4)_{0.222}]\cdot1.333H_2O$ 的形式。

表 13-10　根据图 13-25 中的 TG-DTG 曲线确定的化学组成[30]

实验确定的无水化合物的分子式	理论剩余质量①/%	实验得到的剩余质量/%	偏差②/%	结晶水分子个数 n 及温度③	理论结晶水个数②
$[Mn_{0.661}Al_{0.339}(OH)_2][Li_{0.100}(SO_4)_{0.220}]$	67.409	67.153	0.38	1.225（160℃）	1.260
$[Mn_{0.664}Al_{0.336}(OH)_2][Na_{0.100}(SO_4)_{0.218}]$	68.070	69.530	2.15	1.237（155℃）	1.248
$[Mn_{0.663}Al_{0.335}(OH)_2][K_{0.101}(SO_4)_{0.216}]$	68.645	68.829	0.27	1.287（150℃）	1.254
$[Zn_{0.662}Al_{0.338}(OH)_2][Li_{0.102}(SO_4)_{0.220}]$	67.062	67.439	0.56	1.117（150℃）	1.272
$[Zn_{0.666}Al_{0.334}(OH)_2][Na_{0.100}(SO_4)_{0.217}]$	67.397	67.745	0.51	1.290（155℃）	1.251
$[Zn_{0.667}Al_{0.333}(OH)_2][K_{0.100}(SO_4)_{0.217}]$	68.216	69.308	1.60	1.273（170℃）	1.251

① 根据在 1000℃时剩余物的质量计算得到：$M^{2+}Al_2O_4$，$M^{2+}O$（Mn 的形式为 Mn_3O_4）；
② 根据理论分子式计算得到；
③ 根据分子式 $[M_{1-x}{}^{2+}Al_x(OH)_2]\cdot[A_y{}^+(SO_4)_{(x+y)/2}]\cdot nH_2O$（$A^+$ = Li、Na 或 K）。

在实际应用中，在确定混合物的组成时，仅通过常规的实验方法有时无法得到准确的含量信息，通常需要调整实验条件来对其中的组分含量进行分析。例如，图13-26 是白云石在不同气氛下的 TG 曲线[31]。对于含有碳酸钙和碳酸镁组分的碳酸盐混合物白云石 $CaMg(CO_3)_2$，在氮气气氛下进行实验得到的 TG 曲线在 500~750℃范围仅能看到一个明显的失重台阶，而在 CO_2 气氛下则可看到两个明显的质量减少过程，质量变化的温度范围变宽，并且温度明显升高。其中，

① 第一步质量减少过程发生在 550~800℃的温度范围内，为碳酸镁的分解，过程结束的固态分解产物为碳酸钙和氧化镁，可通过以下反应方程式进行描述：

$$CaMg(CO_3)_2(s) \longrightarrow CaCO_3(s) + MgO(s) + CO_2(g) \qquad （13-37）$$

② 第二步质量减少过程发生在 800~1000℃ 的温度范围内，为碳酸钙的分解，过程结束的固态分解产物为氧化钙和氧化镁，可通过以下反应方程式进行描述：

$$CaMg(CO_3)_2(s) \longrightarrow CaO(s) + MgO(s) + CO_2(g) \qquad （13-38）$$

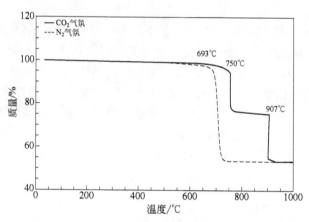

图 13-26　白云石在不同气氛下的 TG 曲线[31]

结合 TG 曲线在不同温度范围的失重量和以上反应方程式，可以分别确定矿物中碳酸钙和碳酸镁的组分含量。

13.3.3　确定配合物分子中结晶水和配体的个数

同样地，可以采用以上的方法来计算配合物分子中结晶水和配体的个数。

假设有一种配体个数（假设为 n）和结晶水个数（假设为 m）未知的配合物（用 $ML_n \cdot mH_2O$ 表示），现通过热重实验来确定其配体 L 的个数 n 和结晶水的个数 m。实验时的实验条件为空气气氛，加热速率为 10℃/min，实验温度范围为室温~800℃。实验所得的热重曲线如图 13-27 所示[2]。由图可见，试样在 100~180℃ 范围内出现一个失重过程，失重率为 11%，在 290~600℃ 范围内出现了三个连续的失重过程，失重率为 79%。

由于实验是在氧化性气氛中进行的，因此可以认为配合物中绝大多数的有机配体已经发生了氧化分解，可以用下式表示配合物中结晶水和配体的含量：

$$\frac{m \times M_{H_2O}}{M_M + n \times M_L + m \times M_{H_2O}} \times 100\% = \frac{18.02 \times m}{M_M + n \cdot M_L + 18.02 \times m} \times 100\% = 11\% \qquad （13-39）$$

$$\frac{n \times M_L}{M_M + n \times M_L + m \times M_{H_2O}} \times 100\% = \frac{n \times M_L}{M_M + n \times M_L + 18.02 \times m} \times 100\% = 79\% \qquad （13-40）$$

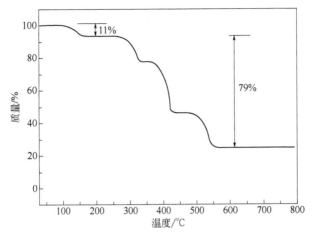

图 13-27　配合物（用 $ML_n \cdot mH_2O$ 表示）的热重曲线[2]
（实验条件：空气气氛，加热速率为 10℃/min，温度范围为室温~800℃）

以上等式（13-39）和等式（13-40）中的 M 和 L 的分子量已知，联立以上两个等式可分别确定 m 和 n 的值。

在以上实例中，还可以直接通过配体含量来确定配体的个数，通过配体的个数确定结晶水的含量，具体方法如下：

图 13-27 中，试样在 290~500℃范围内出现了 79%的失重，假设试样中不含结晶水，则配体的含量应该为：

$$\frac{79\%}{100\% - w_{H_2O}} \times 100\% = \frac{79\%}{100\% - 11\%} \times 100\% = 88.8\% \qquad (13\text{-}41)$$

因此，配体含量的表达式可以改写为以下形式：

$$\frac{n \cdot M_L}{M_M + n \cdot M_L} \times 100\% = 88.8\% \qquad (13\text{-}42)$$

以上等式（13-41）和等式（13-42）中，M_L 和 M_M 的值已知，可以直接计算出 m 和 n 的数值。

在实际应用中，可以通过 TG 曲线确定由硝氟酸与某些过渡金属离子如锰（Ⅱ）、铁（Ⅲ）、钴（Ⅱ）、镍（Ⅱ）、铜（Ⅱ）和锌（Ⅱ）等形成的配合物的化学式[32]。如图 13-28 为锰（Ⅱ）、铁（Ⅲ）、钴（Ⅱ）、镍（Ⅱ）、铜（Ⅱ）和锌（Ⅱ）的硝氟酸配合物在空气气氛下得到的 TG-DTG-DSC 曲线。在表 13-11 中分别给出了图中曲线出现的每个变化过程的温度范围、质量损失和峰值温度，在表中还列出了由 TG 曲线的质量变化和相应的结构信息确定的相应配合物的化学式。

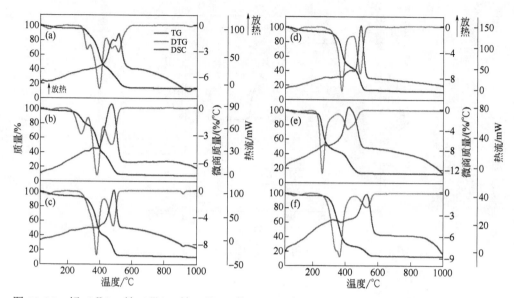

图 13-28 锰（Ⅱ）、铁（Ⅲ）、钴（Ⅱ）、镍（Ⅱ）、铜（Ⅱ）和锌（Ⅱ）的硝氟酸配合物在空气气氛下得到的 TG-DTG-DSC 曲线[32]

（a）锰-硝氟酸配合物，2.8260mg；（b）铁-硝氟酸配合物，2.6250mg；（c）钴-硝氟酸配合物，2.1560mg；（d）镍-硝氟酸配合物，2.8870mg；（e）铜-硝氟酸配合物，2.0540mg；（f）锌-硝氟酸配合物，1.8070mg

表 13-11　在空气气氛中得到的硝氟酸金属配合物曲线中的特征变化信息[32]

配合物	台阶	温度范围/℃	T_p/℃	Δm/%	剩余物/%（实验值/理论值）
Mn(nif)$_2$·1.25H$_2$O	Ⅰ	25~200	82	3.22	12.36/11.92
	Ⅱ	200~340	317	10.44	Mn$_3$O$_4$
	Ⅲ	340~438	393	44.65	
	Ⅳ	438~497	473	13.78	
	Ⅴ	497~911	512	15.10	
	Ⅵ	911~1000	957	0.45	
Fe(nif)$_3$·H$_2$O	Ⅰ	25~180	92	2.83	8.88/8.70
	Ⅱ	180~330	280	19.62	Fe$_2$O$_3$
	Ⅲ	330~420	382	38.07	
	Ⅳ	420~1000	475	30.60	
Co(nif)$_2$·1.75H$_2$O	Ⅰ	25~190	80	4.83	11.35/11.48
	Ⅱ	190~422	379	54.68	CoO
	Ⅲ	422~863	488	28.18	
	Ⅳ	863~1000	911	0.96	

续表

配合物	台阶	温度范围/℃	T_p/℃	Δm/%	剩余物/%（实验值/理论值）
Ni(nif)$_2$·2.25H$_2$O	I	25~240	88	6.02	11.10/11.29
	II	240~450	377	51.62	NiO
	III	450~1000	490	31.26	
Cu(nif)$_2$·1.25H$_2$O	I	25~187	85	3.30	12.47/12.27
	II	187~355	255	53.48	CuO
	III	355~1000	412	30.75	
Zn(nif)$_2$·H$_2$O	I	25~196	87	2.39	12.70/12.60
	II	196~358	341	36.57	ZnO
	III	358~448	367	33.89	
	IV	448~1000	532	14.45	

由图 13-28 中的每种配合物的曲线可以得到以下信息：

① Mn(nif)$_2$·1.25H$_2$O 配合物，TG 曲线的质量变化表明该配合物的分解过程主要包括 6 个阶段。其中，（i）第一个失重台阶发生在 25~200℃ 范围，质量损失率为 3.22%。根据以上介绍的计算方法，可以确定在该过程中损失了 1.25 个水分子，按照该计量比可以计算得到该过程的理论失重率为 3.52%，二者的数值十分接近。同时，在 DSC 曲线中没有与脱水相关的吸热效应，而出现了峰值为 200℃ 的较弱的放热峰，该过程对应于结晶过程[33]。（ii）曲线中的第 2~5 个连续变化的质量减少过程对应于配合物中有机配体的氧化分解阶段，这 4 个过程的总质量损失率为 84.47%。其中在第 4 个和第 5 个过程中的 DSC 曲线上出现了两个放热峰，峰值温度分别为 473℃ 和 496℃，主要是由于配合物中的有机物和/或在这些过程中产生的气体产物的进一步氧化反应引起的。（iii）曲线中出现的最后一个较弱的失重阶段的质量损失为 0.45%，该过程对应于 DSC 曲线上在 956℃ 的较弱的吸热峰，可以归属于 Mn$_2$O$_3$ 向 Mn$_3$O$_4$ 的反应过程[34]，按照该计量比可以计算得到该过程的理论失重率为 0.42%。（iv）可以将第 2~6 个质量损失阶段总体看作配体的氧化分解过程，该过程的总质量损失率为 88.14%，对应于在该过程中 2 个配体分子的氧化过程。按照该计量比可以计算得到该过程的理论失重量为 88.08%，理论值和实验值十分接近。

② Fe(nif)$_3$·H$_2$O 配合物，TG 曲线的质量变化表明该配合物的分解过程主要包括 4 个阶段。其中，（i）第一个失重台阶发生在相对较低的温度范围（DTG 曲线中该过程的峰值温度为 92℃），对应于水分子的汽化过程，质量损失率为 3.22%。根据以上介绍的计算方法，可以确定在该过程中损失了一分子水。（ii）随着温度进一步升高，配体开始发生氧化分解，主要包括 3 个阶段。在这些阶段中的最后一个阶段，在 DSC 曲线中出现了峰值温度为 475℃ 的强放热峰，表明该过程是由于配合物中的有机物和/或

热分解过程中产生的气体产物的进一步氧化反应引起的。TG 曲线在该过程中的质量损失量为 91.12%，根据以上介绍的计算方法可以确定在该过程中配合物损失了 3 个配体分子。按照该计量比可以计算得到该过程的理论失重率为 91.30%，理论值和实验值十分接近。配体完全分解后，在高温下得到的最终产物为 Fe_2O_3。

③ $Co(nif)_2·1.75H_2O$ 配合物，TG 曲线的质量变化表明该配合物的分解过程主要包括 4 个阶段。其中，（i）TG 曲线中出现的第一个质量损失过程对应于结晶水的脱除过程，发生在 25~190℃ 温度范围内，DTG 曲线的峰值温度为 80℃。根据失重百分比可以计算结晶水的个数为 1.75。在该过程中，DSC 曲线没有出现与该脱水过程相关的吸热效应。然而，在 190~240℃ 的温度范围内，出现了峰值温度为 212℃ 的弱放热峰，该过程与结晶过程有关。（ii）随着温度进一步升高，配体开始发生氧化分解，主要包括 2 个阶段，分别与配体的分解和进一步的氧化反应相关，最终产物为 Co_3O_4。该分解过程伴随着 82.86% 的质量损失和 DSC 曲线中的强放热效应。继续加热会导致 Co_3O_4 在大约 910℃ 分解为 CoO[35]，该过程的失重率为 0.96%，并伴随着 DSC 曲线中微弱的吸热效应。（iii）可以将 TG 曲线中的第 2~6 个质量损失阶段总体看作配体的氧化分解过程，该过程的总质量损失为 88.65%，对应于在该过程中 2 个配体分子的氧化过程。按照该计量比可以计算得到该过程的理论失重率为 88.52%，理论值和实验值十分接近。

④ $Ni(nif)_2·2.25H_2O$ 配合物，TG 曲线的质量变化表明该配合物的分解过程主要包括 3 个阶段。其中，（i）TG 曲线中第 1 个质量减少台阶的高度为 6.02%，该过程对应于配合物分子的脱水过程，根据失重百分比可以计算结晶水的个数为 2.25。按照该计量比可以计算得到该过程的理论失重量为 6.12%，二者的数值十分接近。（ii）配合物经历脱水过程后，形成在 240℃ 以下保持稳定的无水配合物。随着温度进一步升高，配体开始发生氧化分解，主要包括 2 个阶段。在 DTG 曲线中分别出现了两个峰值温度分别为 377℃ 和 490℃ 的质量损失过程，在 TG 曲线中出现的质量损失百分比为约 83%，其中该温度范围的第二个质量减少过程伴随着在 DSC 曲线上出现的强吸热效应。该温度范围（450~1000℃）的总质量损失为 88.90%，对应于 2 个配体分子的氧化过程。按照该计量比可以计算得到该过程的理论失重率为 88.71%，理论值和实验值十分接近。高温下的最终残余物形式为 NiO。

⑤ $Cu(nif)_2·1.25H_2O$ 配合物，TG 曲线的质量变化表明该配合物的分解过程主要包括 3 个阶段。其中，（i）在 25~178℃ 范围的第一个质量损失过程是由于失去结晶水引起的，失重率为 3.30%。根据失重百分比可以计算结晶水的个数为 1.25。按照该计量比可以计算得到该过程的理论失重率为 3.47%，二者的数值十分接近。（ii）经历脱水过程后形成的无水配合物的热分解过程包括两步，TG 曲线的总质量损失率为 84.23%，同时在 DSC 曲线中 412℃ 处出现了较强的放热峰。这些过程对应于配体的分解和进一步氧化过程，总质量损失为 87.53%，对应于 2 个配体分子的氧化过程。按照该计量比可以计算得到该过程的理论失重率为 88.73%，理论值和实验

值十分接近。在该过程之后又经历了缓慢的氧化失重过程，高温下的最终残余物形式为 CuO，产物可以由 X 射线粉末衍射实验证实。

⑥ Zn(nif)$_2$·H$_2$O 配合物，TG 曲线的质量变化表明该配合物的分解过程主要包括 4 个阶段。其中，（i）配合物在 25~196℃的温度范围内发生了脱水过程，该过程分 2 个阶段进行，对应的 DTG 曲线的峰值温度分别为 86℃和 123℃。由 TG 曲线确定的该过程的质量损失为 2.39%。根据失重率可以计算结晶水的个数为 1。（ii）随着温度进一步升高，配体开始发生氧化分解，主要包括 2 个阶段。该配合物的 TG 曲线在 196~448℃温度范围内出现了有两个重叠的分解台阶，同时在 DSC 曲线中出现了较微弱的吸热峰。由 TG 曲线可以确定该过程的质量损失百分比为 70.46%。在配体分解的最后阶段（对应于 448~1000℃的温度范围），DTG 曲线的峰值温度为 532℃，同时伴随着 DSC 曲线非常强的放热峰。该过程的质量损失明显下降，为 14.45%。配体分解的总过程（对应的温度范围为 196~1000℃）的质量损失为 87.30%，对应于在该过程中 2 个配体分子的氧化过程。按照该计量比可以计算得到该过程的理论失重量为 87.40%，理论值和实验值十分接近。该化合物分解的最终固体产物为 ZnO。

在以上分析中，通过 TG 曲线的质量变化信息确定的配合物的化学式与由元素分析得到的结果高度一致，表明由 TG 曲线可以准确地确定配合物结构中的结晶水和配体的个数。

从另一个角度来看，可以通过将由 TG 曲线中得到结晶水和配体分解的百分比与其在分子中的含量进行对比，来确定配位化合物中结晶水和配体的个数。

图 13-29 为对合成的新型 Zn(Ⅱ)配合物{[Zn(bbi)(bdc)]·2H$_2$O}（bbi = 1,3-二咪唑丙烷；bdc = 间苯二甲酸）进行热重实验所得的 TG 曲线[36]。由图可见，该配合物

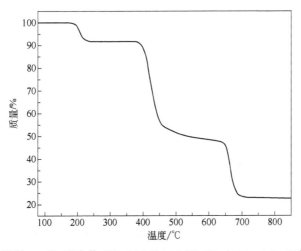

图 13-29　新型 Zn(Ⅱ)配合物{[Zn(bbi)(bdc)]·2H$_2$O}（bbi = 1,3-二咪唑丙烷；bdc = 间苯二甲酸）进行热重实验所得的 TG 曲线[36]

（实验条件：在 50mL/min 的 N$_2$ 气氛下，从室温以 10℃/min 的加热速率加热至 800℃）

的 TG 曲线可以分为三个阶段：（i）第一阶段在 135~185℃温度范围，失去两分子结晶水（失重率 7.91%，理论值 8.15%）；（ii）第二阶段在 340~400℃温度范围，失去一分子配位的 bbi 配体（失重率 39.21%，理论值 39.81%）；（iii）第三阶段在 400~660℃温度范围，失去一分子配位的 bdc 配体（失重率 37.11%，理论值 37.55%）；（iv）最终产物可能为氧化锌（实际残留率 20.53%，理论值 18.32%）。

在该化合物的 TG 曲线的每个质量变化台阶中，按照化合物在以上实际分解过程的失重百分比与按照相应的个数的结晶水和配体的含量的计算结果一致性较好。

13.4 确定物质的热解机理

对于由单一化合物组成的物质，根据其结构单元在不同温度范围的变化，由 TG 曲线可以方便地确定物质在加热过程中的结构变化。

在加热过程中，许多物质会在某温度范围发生分解、脱水、氧化、还原和升华等物理化学变化而出现质量变化，由此可以得到相应的 TG 曲线。在对一些已知结构组成的小分子化合物的 TG 曲线进行解析时，根据发生质量变化的温度范围及质量变化百分数，可以推断出在每一个质量变化阶段的物质结构变化信息。当然，对于结构较为复杂的有机物、聚合物以及其他天然高分子化合物，仅由热重曲线无法得到较为准确的热解机理，通常需要通过与热重分析技术联用的红外光谱、质谱或者气相色谱/质谱联用技术对热解机理进行综合分析。

13.4.1 确定无机物的热分解机理

对于相当多的结晶水化合物、无机酸盐、氢氧化物等无机化合物而言，在加热过程中其结构形式随着温度的升高而发生变化，伴随着质量的变化。根据 TG 曲线，可以判断这类化合物在不同阶段的结构状态。

对于含有结晶水的无机化合物，由于结晶水的热稳定性较差，通常在较低的温度范围失去结晶水（例如，五水合硫酸铜在 30~260℃范围逐渐失去 5 分子结晶水），可以根据 TG 曲线中失重台阶的高度和形状来分析化合物在加热过程中的结构变化过程。例如，根据 TG 曲线可以得到 $CuSO_4 \cdot 5H_2O$ 在加热失去结晶水过程中的结构变化信息[5]。图 13-30 为在氮气气氛下得到的 $CuSO_4 \cdot 5H_2O$ 在室温~300℃范围的 TG 曲线和 DTG 曲线[5]。

由图中的 TG 曲线可见，在实验温度范围内，$CuSO_4 \cdot 5H_2O$ 在整个脱水过程的失重现象分为 3 个阶段。其中在室温~150℃范围的两个失重台阶相对连续，失重率分别为 14.5%和 13.7%，失重率接近。180~260℃范围出现了第三个台阶，失重率为 7.02%。可以根据每阶段的失重率，结合五水硫酸铜的分子式，按照以下的方法推算其每步的分解生成物。

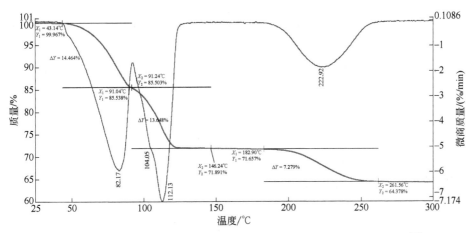

图 13-30　$CuSO_4 \cdot 5H_2O$ 在室温~300℃范围的 TG 曲线和 DTG 曲线[5]

（实验条件：敞口氧化铝坩埚，流速为 50mL/min 的氮气气氛，
由 25℃升温至 300℃，升温速率为 10℃/min）

假设在一个失重过程中失去 x 个结晶水，则可以用以下方程式表示该失水过程：

$$CuSO_4 \cdot 5H_2O \xrightarrow{\triangle} CuSO_4 \cdot (5-x)H_2O + xH_2O \qquad （13\text{-}43）$$

由于该过程满足质量守恒定律，则可以用如下关系式表示反应前后的质量变化：

$$w_{CuSO_4 \cdot 5H_2O} - w_{CuSO_4 \cdot (5-x)H_2O} = w_{xH_2O} \qquad （13\text{-}44）$$

可以用下式表示反应开始时的 $CuSO_4 \cdot 5H_2O$ 和生成的 x 个水的物质的量：

$$n_{CuSO_4 \cdot 5H_2O} = \frac{w_{CuSO_4 \cdot 5H_2O}}{M_{CuSO_4 \cdot 5H_2O}} = \frac{w_{CuSO_4 \cdot 5H_2O}}{248.5} \qquad （13\text{-}45）$$

$$n_{xH_2O} = \frac{w_{xH_2O}}{M_{H_2O}} = \frac{w_{xH_2O}}{18} \qquad （13\text{-}46）$$

由等式（13-45）和等式（13-46）可以确定 x 的个数：

$$x = \frac{n_{xH_2O}}{n_{CuSO_4 \cdot 5H_2O}} = \left(\frac{w_{xH_2O}}{18} \right) \Big/ \frac{w_{CuSO_4 \cdot 5H_2O}}{248.5} = 13.81 \times \frac{w_{xH_2O}}{w_{CuSO_4 \cdot 5H_2O}} \qquad （13\text{-}47）$$

根据图 13-30 中不同温度范围的失重比例可以得到：

对于室温~91℃范围的失重台阶，质量减少了 14.5%，根据等式（13-47）可以
确定在该过程失去结晶水的个数为：

$$x = 13.81 \times \frac{w_{xH_2O}}{w_{CuSO_4 \cdot 5H_2O}} = 13.81 \times \frac{14.5\%}{100\%} = 2.0025 \approx 2 \qquad （13\text{-}48）$$

按照同样的方法，可以计算得到在 91~150℃范围的失重台阶（失重率为 13.7%）

和在 180~260℃ 范围的台阶（失重率为 7.02%）所对应的结晶水的个数分别为 2 和 1。

因此，在该失水过程中，主要发生了以下反应：

$$CuSO_4 \cdot 5H_2O(s) \longrightarrow CuSO_4 \cdot 3H_2O(s) + 2H_2O(l) \tag{13-49}$$

$$H_2O(l) \longrightarrow H_2O(g) \tag{13-50}$$

$$CuSO_4 \cdot 3H_2O(s) \longrightarrow CuSO_4 \cdot H_2O(s) + 2H_2O(g) \tag{13-51}$$

$$CuSO_4 \cdot H_2O(s) \longrightarrow CuSO_4(s) + H_2O(g) \tag{13-52}$$

由于方程式（13-49）对应的脱水过程略高于室温（在 40℃ 附近），因此脱去的水分子扩散到表面需要一段时间，随着温度的升高，该过程与方程式（13-50）水的汽化蒸发过程相重合，因此在 TG 曲线上的第一个失重台阶对应的是方程式（13-49）和方程式（13-50）两步反应。第二个台阶发生在水的汽化温度以上，在分解后即汽化，对应于方程式（13-51）。180~260℃ 范围的台阶（失重率为 7.02%）的过程对应于方程式（13-52）。

从结构角度来看，$CuSO_4 \cdot 5H_2O$ 的脱水方式是和其结构有关。通常认为，在结晶状态的 $CuSO_4 \cdot 5H_2O$ 分子中有 4 个水分子与 Cu^{2+} 离子配位，而第 5 个水分子则通过氢键同时与硫酸根和两个配位水分子相连接。图 13-31 中给出了 $CuSO_4 \cdot 5H_2O$ 中水合结构示意图[37]。图中（1）位和（2）位的两个结晶水与铜离子是以配位键相结合，较易脱水，此时最先脱去这两个结晶水，对应于 TG 曲线中的第一个失重过程；（3）位和（4）位的两个结晶水与铜离子的结合形式不但有配位键，还有氢键，因此要脱去这两个结晶水的能量比脱前两个结晶水的能量高一些，对应于 TG 曲线中的第二个失重过程；最后一个结晶水与硫酸根之间以氢键的形式结合，且（3）位和（4）位的结晶水失去后 Cu^{2+} 离子的吸引力加大，因此需要很大的能量才能使键断开，脱去最后一个结晶水转变为无水硫酸铜，对应于 TG 曲线中的第三个失重过程。因此，在加热过程中，$CuSO_4 \cdot 5H_2O$ 中脱去五个结晶水的过程是分步骤进行的，首先失去两个非氢键结合的水分子形成 $CuSO_4 \cdot 3H_2O$，随着温度的升高再失去剩下的两个与 Cu^{2+} 配位的水分子形成 $CuSO_4 \cdot H_2O$，最后随着温度的进一步升高失去与硫酸根离子结合的水分子，形成无水状态的 $CuSO_4$。

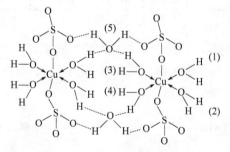

图 13-31　$CuSO_4 \cdot 5H_2O$ 中水合结构示意图[37]

　　在实际应用中，通过热重法还可以确定其他无机化合物失去结晶水的过程。例如图 13-32 为 $Na_2WO_4 \cdot 2H_2O$ 的 TG-DSC 曲线[38]。图中的 TG 曲线在 100~300℃ 范围出现了 10.77% 的失重，结合其化学式，可以判断该过程对应于 $Na_2WO_4 \cdot 2H_2O$ 分子失去其中的两分子结晶水，该数值与理论值 10.92% 十分接近，有效地证明了这种推断的合理性。

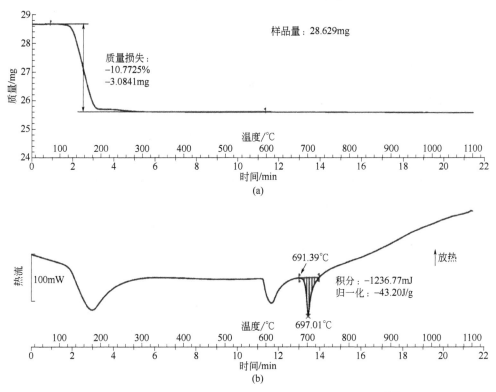

图 13-32　$Na_2WO_4 \cdot 2H_2O$ 的 TG（a）和 DSC 曲线（b）[38]

（实验条件：以 50℃/min 的加热速率在干燥的空气气氛下
从室温加热至 1100℃，初始样品量为 28.6290mg）

　　另外，还可以通过热重分析技术确定其他含有结晶水的水合物失去结晶水的过程。表 13-12 中列出了由一部分含有结晶水化合物的 TG-DSC 曲线确定的结晶水含量和熔融温度[38]。

表 13-12　由 TG-DSC 测得的无色的结晶水合物的熔点和结晶水含量[38]

化合物	分子式	熔融温度/℃	含水量/%
二水合氯化钙	$CaCl_2 \cdot 2H_2O$	772	24.51
六水合氯化钙	$CaCl_2 \cdot 6H_2O$	772	49.34
四水合碘化钙	$CaI_2 \cdot 4H_2O$	779	19.69

续表

化合物	分子式	熔融温度/℃	含水量/%
一水合氯化锂	$LiCl \cdot H_2O$	605	29.83
1.5 水合碳酸钾	$K_2CO_3 \cdot 1.5H_2O$	891	16.35
二水合氟化钾	$KF \cdot 2H_2O$	858	38.28
一水合碳酸钠	$Na_2CO_3 \cdot H_2O$	851	14.52
二水合碘化钠	$NaI \cdot 2H_2O$	661	19.38
九水合硅酸钠	$Na_2SiO_3 \cdot 9H_2O$	1088	57.05
二水合钼酸钠	$Na_2MoO_4 \cdot 2H_2O$	687	14.89
十水合焦磷酸钠	$Na_4P_2O_7 \cdot 10H_2O$	988	40.39
十水合硫酸钠	$Na_2SO_4 \cdot 10H_2O$	884	55.91
二水合钨酸钠	$Na_2WO_4 \cdot 2H_2O$	698	10.92
六水合溴化锶	$SrBr_2 \cdot 6H_2O$	643	30.40
六水合氯化锶	$SrCl_2 \cdot 6H_2O$	874	40.54
四水合磷酸锌	$Zn_3(PO_4)_2 \cdot 4H_2O$	1060	15.70

通过热重法除了可以确定无机物中结晶水含量和分解过程之外，由 TG 曲线还可以确定化合物中其他结构单元的变化过程。例如，可以通过 TG-DTA 方法研究框架材料 $InPO_4 \cdot 2H_2O$ 的热分解过程[39]。在实验所得到的 TG-DTA 曲线中，出现了两个明显的质量减少过程。其中，(i) 第一步失重过程发生在 250~350℃ 范围，失重率为 6.4%，表明 $InPO_4 \cdot 2H_2O$ 在该过程中失去一分子结晶水变成了 $InPO_4 \cdot H_2O$ 的形式，所对应的理论失重率为 7.3%；(ii) 第二步失重过程发生在 380~480℃ 范围，失重率为 6.8%，表明在该过程中 $InPO_4 \cdot H_2O$ 失去一分子结晶水变成了 $InPO_4$ 的形式，所对应的理论失重率为 7.9%。同时在这两个失重过程所对应的 DTA 曲线中分别出现了两个吸热峰。无水形式的 $InPO_4$ 具有较好的热稳定性，一直到 1000℃ 没有出现明显的质量变化。

$InPO_4 \cdot 2H_2O$ 分子在以上两个失重过程中所对应的化学变化过程可以用以下反应式表示：

① 在 250~350℃ 出现的 6.4% 的失重过程对应的化学反应：

$$InPO_4 \cdot 2H_2O(s) \longrightarrow InPO_4 \cdot H_2O(s) + H_2O(g) \qquad (13\text{-}53)$$

② 在 380~480℃ 出现的 6.8% 的失重过程对应的化学反应：

$$InPO_4 \cdot H_2O(s) \longrightarrow InPO_4(s) + H_2O(g) \qquad (13\text{-}54)$$

X 射线衍射（XRD）分析结果表明，$InPO_4 \cdot 2H_2O$、$InPO_4 \cdot H_2O$ 和 $InPO_4$ 的结构之间存在着一定的差异。在 $InPO_4 \cdot 2H_2O$ 脱水过程中发生的结构转变可以解释为八面体的连续收缩过程，这是由于在加热过程中配位状态的水分子失去之后，在 In 原子周围相邻的结构单元重新排布，以实现其八面体的配位结构。在第一步脱水过程中，InPO₄·2H₂O 框架中的 InO₄(OH₂)₂ 八面体失去一个含水配体，通过共用边界进行收缩，形成 InPO₄·H₂O 框架中的二聚体单元 In₂O₈(OH₂)₂。在随后的第二步脱水过程中，这些二聚单元完全失去了其中的含水配体单元，并进一步收缩成共用边界八面体的线性链结构形式的无水 InPO₄。图 13-33 中给出了这种结构变化过程。

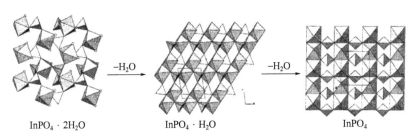

图 13-33　在 InPO₄·2H₂O 脱水过程中发生结构转变形成无水 InPO₄ 时的结构变化[39]

　　在对结构较为复杂的无机物的热分解机理进行研究时，仅通过 TG 曲线有时无法得到较为准确的信息。此时需要通过与热重分析技术联用的其他分析技术来提供更全面、准确的信息，以得到所研究的化合物在分解过程中遵循的分解机理。如图 13-34 为在加热过程中得到的 NaNH₂ 化合物的 TG/MS 曲线[40]，图中分别列出了 m/z = 2、17 和 28 的选择离子曲线随温度的变化曲线，这三种不同的 m/z 分别对应于在加热时产生的气体产物 H₂、NH₃ 和 N₂。由图可见，在 280℃ 附近出现了质量减少，同时伴随着 H₂、NH₃ 和 N₂ 气体产物的逸出。基于这些信息，可以得到该化合物的热分解机理。

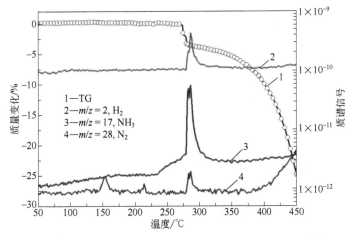

图 13-34　NaNH₂ 在加热过程中得到的 TG/MS 曲线[40]

（实验条件：德国耐驰公司 STA449 型同步热分析仪与 Hiden 公司 Qic 20 MS 质谱仪联用，实验气氛为 100mL/min 的 Ar，以 5℃/min 的加热速率从室温加热至 450℃，样品用量为 10mg，氧化铝坩埚）

另外，在实验过程中所采用的实验条件的变化也会影响无机物的热分解机理。例如，$CeCl_3 \cdot 7H_2O$ 在不同的实验气氛条件下的 TG-DTA 曲线的形状发生了较大的变化，表明其分解机理发生了明显的变化。如图 13-35 为 $CeCl_3 \cdot 7H_2O$ 在氮气气氛下得到的 TG-DTA 曲线，根据图中曲线获得的热分解特征数据见表 13-13[41]。由图可见，$CeCl_3 \cdot 7H_2O$ 在加热过程中失去 7 分子结晶水的过程分为两个阶段，即：（i）在 110~165℃范围，固体 $CeCl_3 \cdot 7H_2O$ 脱除 6 分子的结晶水得到 $CeCl_3 \cdot H_2O$；（ii）在 180~210℃范围，脱去 1 分子的结晶水得到 $CeCl_3$。当结晶水全部脱除后，在 500~1000℃范围，$CeCl_3$ 与水发生反应生成 Ce_2O_3 和 HCl 气体。通过电镜的能谱技术对高温下的产物分析，确定最终产物为铈的氧化物。$CeCl_3$ 与 H_2O 的反应缓慢，在 900℃时尚未达到平衡，在最终的高温分解产物中未发现氯氧化铈的存在。

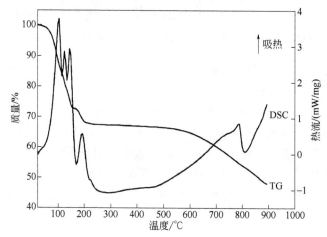

图 13-35　$CeCl_3 \cdot 7H_2O$ 在氮气气氛下得到的 TG-DTA 曲线[41]

（实验条件：德国耐驰公司 STA449F3 同步热分析仪，实验气氛为氮气，以 20℃/min 的加热速率从室温加热至 900℃）

表 13-13　由在氮气气氛下得到的 TG-DTA 曲线得到的特征数据[41]

序号	实际失重率/%	理论失重率/%	反应温度/℃	反应产物
1	28.0	29.0	110~165	$CeCl_3 \cdot H_2O$
2	33.5	33.8	180~210	$CeCl_3$
3	53.5	63.6	500~1000	Ce_2O_3

如图 13-36 为 $CeCl_3 \cdot 7H_2O$ 在空气气氛下得到的 TG-DTA 曲线，根据图中曲线获得的热分解特征数据见表 13-14。由图可见，$CeCl_3 \cdot 7H_2O$ 在加热过程中的分解过程可以分为三个阶段，其中失去 7 分子结晶水的过程包括两个阶段，与在氮气气氛下得到的曲线一致。当结晶水全部脱除后，在 488~600℃范围，$CeCl_3$ 与水和空气中的 O_2 同时发生反应，生成 CeO_2，同时逸出 Cl_2 和 HCl 气体。

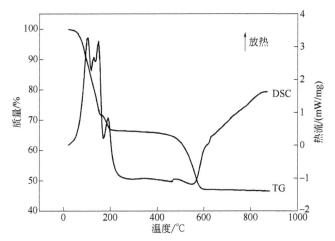

图 13-36 $CeCl_3 \cdot 7H_2O$ 在空气气氛下得到的 TG-DTA 曲线[41]

（实验条件：仪器为德国耐驰公司 STA449F3 型同步热分析仪，实验气氛为空气，
以 20℃/min 的加热速率从室温加热至 900℃）

表 13-14 由在空气气氛下得到的 TG-DTA 曲线得到的特征数据[41]

序号	实际失重率/%	理论失重率/%	反应温度/℃	反应产物
1	64.5	65.7	110~170	$CeCl_3 \cdot H_2O$
2	66.5	66.8	180~210	$CeCl_3$
3	76.5	76.8	455~600	Ce_2O_3

在该实例中，$CeCl_3 \cdot 7H_2O$ 在空气和氮气气氛下遵循的分解机理存在着较大的差异，由此得到的 TG 曲线也存在着较大的差异。

13.4.2 确定小分子有机物的热分解机理

对于一些小分子有机物，在发生热分解时会从较弱的键合位置发生断键，形成气态小分子，在 TG 曲线上表现为质量减少。在实际应用中，可以通过 TG 曲线来确定一些小分子有机物的热分解机理。

例如，图 13-37 是盐酸特拉唑嗪（TER）的 TG 曲线，据其可以确定热分解过程[42]。TGA 曲线显示 TER 的热分解过程有 4 个台阶，而 DTG 曲线则对应于 6 个峰，因此推测反应可能包括以下 6 个步骤：

① 在 25~150℃范围存在一个 7.59%的失重过程，DTG 曲线的峰值温度为 117℃；

② 在 150~280℃范围存在一个 7.71%的失重过程，DTG 曲线的峰值温度为 275℃；

③ 在 280~320℃范围存在一个 14.98%的失重过程，DTG 曲线的峰值温度为 296℃；

④ 在 320~341℃范围存在一个 6.18%的失重过程，DTG 曲线的峰值温度为 332℃；

⑤ 在 341~490℃范围存在一个 18.56%的失重过程，DTG 曲线的峰值温度为 433℃；

⑥ 在 490~700℃范围存在一个 45.31%的失重过程，DTG 曲线的峰值温度为 595℃。

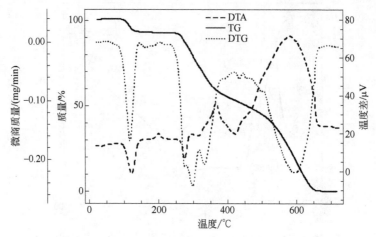

图 13-37　盐酸特拉唑嗪（TER）的 TG 曲线[42]

在图 13-38 中给出了 TER 的分子结构图，结合图 13-37 中的 TG 曲线、DTG 曲线和 TER 的分子结构中不同化学键的键合方式，随着温度升高，分子中键合比较弱的位置首先发生断裂。形成的产物以气体形式逸出，由 TG 曲线和 DTG 曲线可以确定 TER 分子的分解过程。对于 TER 的分解过程，可以做出以下判断：

① 在 25~150℃范围 7.59%的失重的过程对应于 2 分子结晶水的分解；

② 在 150~280℃范围 7.71%的失重过程对应于 1 分子 HCl 分子的逸出；

③ 在 280~320℃范围 14.98%的失重过程对应于结构中的五元杂环 C_4H_7O 碎片分子的逸出；

④ 在 320~341℃范围 6.18%的失重过程对应于结构中与五元杂环相连的酮羰基（—CO—）片段的逸出；

⑤ 在 341~490℃范围 18.56%的失重过程可归因于结构中与酮羰基相连的六元杂环 $C_4H_8N_2$ 片段的逸出过程；

⑥ 在 490~700℃范围 45.31%的失重过程对应于余下片段 $C_{10}H_{10}N_3O_2$ 的分解逸出过程。

图 13-39 中给出了在以上不同温度范围下的分解过程。

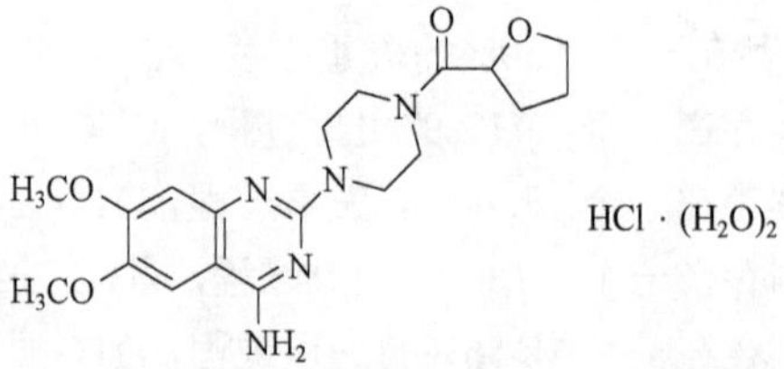

H_3CO
H_3CO
NH_2

HCl · $(H_2O)_2$

图 13-38　盐酸特拉唑嗪（TER）的分子结构图[42]

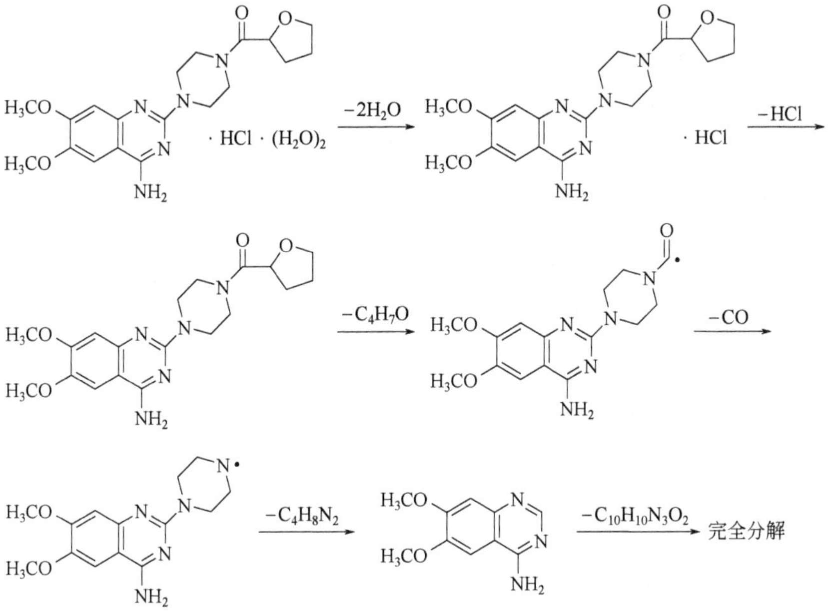

图 13-39　盐酸特拉唑嗪（TER）的热分解机理图[42]

　　在实际应用中，在对结构较为复杂的无机物的热分解机理进行研究时，仅通过 TG 曲线有时无法得到较为准确的信息。此时需要通过与热重分析技术联用的其他分析技术提供更全面、准确的信息，以得到所研究的化合物在分解过程中所遵循的分解机理。例如，可以采用 TG-DSC/MS 技术对废 LiFePO$_4$ 电池阴极电极板在加热过程中发生的变化过程进行系统、全面地分析[43]。如图 13-40 为阴极电极板的 TG-DTG-DSC 曲线，可以看出，样品的 TG 曲线在测试温度范围内出现了三个质量变化阶段。结合样品的组成信息（如表 13-15 所示）对曲线中的变化作如下分析：

　　① 在 43~175℃范围内出现了第一个失重过程，失重率为 3.1%。DTG 曲线中相应地出现了峰值分别为 100.6℃和 159.5℃的两个明显的失重峰。这个失重过程可能是由于电极板中电解质溶剂的挥发或分解引起的[44]。

　　② 在 380~485.4℃范围，图中的曲线出现了较多的变化，表明样品在该温度范围出现了较为复杂的变化。随着温度的升高，DTG 曲线出现了一个峰值温度为 382.3℃的较小的失重峰，在与此对应的 DSC 曲线中也出现了一个峰值在 390.6℃的放热峰。这可能是由于其中的黏结剂 PVDF 的热分解造成的[45]。在 405~485.4℃范围内，TG 曲线中出现了 1.2%的质量增加现象，在与此对应的 DSC 曲线和 DTG 曲线中也分别出现了峰值温度为 475.1℃的放热峰和峰值温度为 470.6℃的显著的质量增加峰。由此可以推断 LiFePO$_4$ 阴极板中的活性材料的氧化是导致质量明显增加的原因。此外，通过阴极活性材料在空气中退火过程中的颜色变化也可以证明这一点。值得注意的是，TG 曲线中出现的质量增加 1.2%是 PVDF 热分解和 LiFePO$_4$ 阴极板

中活性物质氧化两个过程综合作用的结果。

③ 在 485.4~545℃范围的 TG 曲线中出现了第三个质量损失过程，失重量为 3.7%。相应地，在 DTG 曲线中出现了一个峰值温度为 525.6℃的明显失重峰，在 DSC 曲线中出现了一个峰值温度为 530.4℃的放热峰。这些变化是由于其中的黏结剂强烈氧化分解引起的。

④ 随着温度进一步升高，DSC 曲线中出现了一个峰值温度为 656.7℃的明显的吸热峰，这可能是由于铝箔的熔化造成的[46]。TG 曲线自 700℃附近开始出现了一个质量随着温度升高而明显增加的过程，这个过程是由于 Al 的氧化引起的。

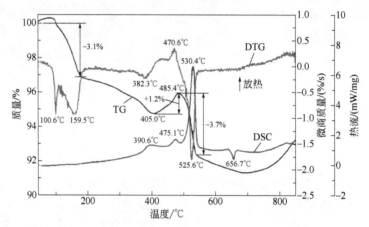

图 13-40　阴极电极板的 TG-DTG-DSC 曲线[43]

（实验条件：德国耐驰公司 STA449F3+QMS403C TG-DSC/MS 热分析联用仪，以 10℃/min 的升温速率
从室温加热到 1000℃，实验气氛为 20% O$_2$ + 80% Ar 混合气体、流速为 100mL/min，
实验时将阴极板样品切成 3.0mm×3.0mm 的小块后加入到仪器的坩埚中）

表 13-15　LFPBs 阴极电极板中的主要成分及其物理化学性质[43,47]

化合物类型	组成	分子式	分子量	熔点/沸点
电解质	碳酸亚乙酯（EC）	$C_3H_4O_3$	88.02	36.4℃/248℃
	碳酸甲乙酯（EMC）	$C_4H_8O_3$	104.05	-14℃/107℃
锂盐	六氟磷酸锂	$LiPF_6$	151.98	200℃/—
黏结剂	PVDF	$\text{-[CH}_2\text{CF}_2\text{]}_n\text{-}$	—	156~165℃/—
导电添加剂	乙炔黑（炭黑）	C	12.01	3550℃/—
铝箔	铝	Al	26.98	660℃/2327℃
阴极材料	磷酸铁锂	$LiFePO_4$	157.76	—

在以上分析中，结合样品组成信息和文献对于 TG、DTG、DSC 曲线中出现的变化分别进行了初步的分析，在实验过程中出现了明显的质量变化，这些质量变化是由于其中含有的电解质、有机添加剂、黏结剂的分解引起的。仅通过以上分析无法确定这些组分在加热过程中的分解过程，需要通过与 TG-DSC 技术联用的质谱技

术来研究这些组分的热分解机理。

　　分别采用在 $m/z = 64\sim128$ 和 $m/z = 0\sim64$ 范围的高低通道测量模式对使用过的由 LFPB 制成的阴极板进行 TG/MS 测试，通过电子电离（EI）方法进行测量。实验得到的数据采用等效特征谱分析（equivalent characteristic spectrum analysis，简称 ECSA）方法对离子电流强度进行归一化处理[48]，图 13-41（a）~（c）给出了在高通道和低通道测量模式下得到的阴极电极板的归一化离子电流强度随 m/z 和温度的变化图。

　　从图 13-41（a）中可以看出，m/z 分别为 85、88、104 的较高 m/z 的碎片对应于 OPF_2、$C_3H_4O_3$、$C_4H_8O_3$ 和 OPF_3。在图 13-41（b）和图 13-41（c）中，m/z 分别为 2、18、30、38 和 44 的较低 m/z 的碎片分别为 H_2、H_2O、C_2H_6、C_3H_2 和 CO_2；m/z 分别为 12、19、31、41、43、69 和 85 的碎片分别归属于 C^+（m/z 12）、F^+（m/z 19）、CH_3O^+（m/z 31）、$C_3H_5^+$（m/z 41）、$C_3H_7^+$（m/z 43）/$C_2H_3O^+$（m/z 43）、PF_2^+（m/z 69）

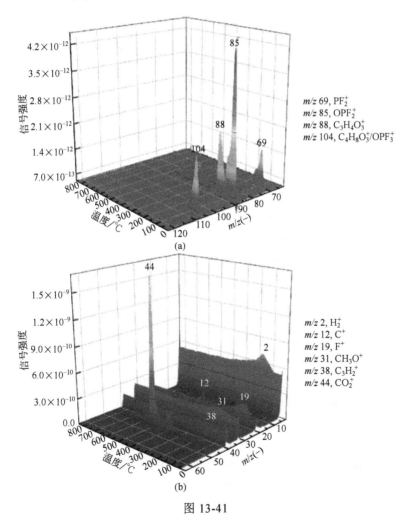

图 13-41

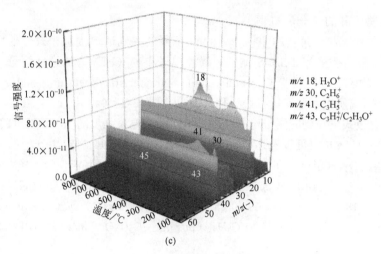

图 13-41　在高通道和低通道测量模式下得到的阴极电极板的归一化
离子电流强度随 m/z 和温度变化三维图[43]
（a）高通道测量；（b）和（c）低通道测量

和 OPF_2^+（$m/z\ 85$）碎片。为了进一步研究在废 LPBs 阴极活性材料中的有机化合物在加热后可能的分解机理，需要分别对在实验过程中逸出的烷烃气体、含氟气体、H_2O 和 CO_2 的逸出过程进行分析。

（1）烷烃气体逸出分析

在图 13-42 中给出了由 MS 检测到的烷烃气体碎片的离子流强度随温度的关系曲线以及阴极板的 DTG 曲线，由图可以看出，在加热过程中烷烃气体碎片的逸出现象较为显著，主要发生在 88.8℃、163.4℃和 520.0℃左右。在 88.8℃时，$m/z = 104$ 的离子流强度曲线首先达到最大强度。相应地，在 DTG 曲线中在 100.6℃左右检测到一个由于质量损失过程而引起的尖锐峰。结合阴极板中添加的 EMC（沸点 107℃）的理化性质，可以认为在 88.8℃左右的离子流强度峰值主要是由于 EMC（$C_4H_8O_3$）的挥发造成的。当温度升高到 163.4℃时，其他烷烃气体碎片的离子流强度曲线也达到了第一个最大离子流强度峰值。同时，阴极板的 DTG 曲线在 159.5℃左右达到质量损失的最大峰值。DTG 曲线中失重峰与离子流强度曲线的相关性表明，加热过程将加速电解液溶剂的挥发和分解。同时，峰值在 163.4℃左右的 $C_3H_4O_3^+$（$m/z\ 44$）的离子流曲线进一步证实发生了挥发反应。在逸出气体中同时存在 CO_2^+（$m/z\ 44$）和 CH_3O^+（$m/z\ 31$）碎片，表明电解液 EC（$C_3H_4O_3$）/EMC（$C_4H_8O_3$）发生了分解。在分解产物中，甲醇的存在是由于 EC 在还原时的 C—C 键的裂解引起的[49,50]。因此，在逸出气体中存在的 CO_2^+（$m/z\ 44$）和 CH_3O^+（$m/z\ 31$）碎片可能是由于 EC（$C_3H_4O_3$）和 EMC（$C_4H_8O_3$）的分解产生的。另外，在 163.0~520.0℃温度范围观察到的与其他烷烃气体不同的 CH_3O^+（$m/z\ 31$）的离子流强度曲线出现了一个下降峰，这可能是因为其参与了黏结剂的氧化分解引起的。

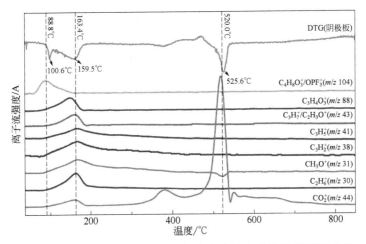

图 13-42　由 MS 检测到的烷烃气体碎片的离子流强度随温度的
关系曲线以及阴极板的 DTG 曲线[43]

结合以上对逸出气体中的烷烃气体产物的分析，可以得出电极板中与这类逸出气体产物相关的挥发性有机化合物（VOC）$C_3H_4O_3$ 和 $C_4H_8O_3$ 在 60~190℃左右挥发分解的反应机理。可以用以下形式的方程表示：

$$C_3H_4O_3 / C_4H_8O_3(l) \xrightarrow{\text{挥发}} C_3H_4O_3 / C_4H_8O_3(g) \tag{13-55}$$

$$nC_3H_4O_3 / C_4H_8O_3(l) \xrightarrow{\text{分解}} nCH_3OH(g) + nCO_2(g) \tag{13-56}$$

（2）含氟气体逸出分析

在图 13-43 中给出了由 MS 检测到的含氟气体碎片 $OPF_3^+/C_4H_8O_3^+$（m/z 104）、OPF_2^+（m/z 85）、PF_2^+（m/z 69）、F^+（m/z 19）以及 CO_2^+（m/z 44）和 H_2O^+（m/z 18）的离子流强度随温度的关系曲线以及阴极板和 PVDF 的 DTG 曲线。由图可见，F^+（m/z 19）和 H_2O^+（m/z 18）碎片的离子流强度曲线的变化峰在 70℃左右开始，并逐渐增强，分别在 111.9℃、149.3℃和 163.4℃达到最大强度。这些气体产物可能是由于 $LiPF_6$ 与水反应产生 HF 和 OPF_3 引起的[51]，这与在阴极板中添加的 $LiPF_6$ 的物理化学性质有关。基于以上分析，可以认为 m/z 104 碎片的特征峰源是由于 EMC（$C_4H_8O_3$）的挥发和反应产物 OPF_3 的逸出引起的。然而，当温度从 88.8℃上升到 163.4℃时，m/z 104 碎片的离子电流强度并没有像 F^+（m/z 19）时那样增大。通常认为生成的 OPF_3 会继续与水反应，因此出现 m/z 104 的特征峰是 $C_4H_8O_3$ 与 OPF_3 同时逸出造成的，产物以挥发的 $C_4H_8O_3$ 为主。另外，图中 PF_2^+（m/z 69）和 OPF_2^+（m/z 85）碎片的离子流强度曲线遵循与 OPF_3 产物类似的趋势，这表明 PF_2^+（m/z 69），和 OPF_2^+（m/z 85）碎片是由产生的 OPF_3 气体造成的。图中 PVDF 的 DTG 曲线在 386.4℃出现了一个小的失重峰值，对应于阴极板的 DTG 曲线在 382.3℃的失重峰值。根据 H_2O^+（m/z 18）、F^+（m/z 19）和 CO_2^+（m/z 44）的离子流曲线在 386℃附近出现了峰值的现象，可以推断出上述气体主要是由于 PVDF 的热分解产生的。逸出气体中 CO_2（m/z 44）的最大峰值出现在 520℃。通过与 PVDF 和阴极板的 DTG 曲线比较，表明逸出的 CO_2（m/z 44）气体是由于其中的 PVDF 氧化燃烧反应产生的。

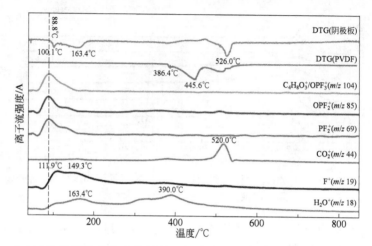

图 13-43　由 MS 检测到的含氟气体碎片 $OPF_3^+/C_4H_8O_3^+$（m/z 104）、OPF_2^+（m/z 85）、PF_2^+（m/z 69）、F^+（m/z 19）以及 CO_2^+（m/z 44）和 H_2O^+（m/z 18）的离子流强度随温度的关系曲线以及阴极板和 PVDF 的 DTG 曲线[43]

结合以上对逸出气体中的含氟气体产物的分析，可以得出电极板中与这类逸出气体产物相关的锂盐电解质、PVDF 黏结剂在不同温度范围的反应机理。可以用以下形式的方程表示：

① 锂盐电解质与水之间的水解反应发生在 70~163.4℃，对应的化学反应方程式为：

$$LiPF_6(s) + H_2O(g) \xrightarrow{\text{水解}} LiF(s) + OPF_3(g) + 2HF(g) \tag{13-57}$$

$$OPF_3(g) + 3H_2O(g) \xrightarrow{\text{水解}} H_3PO_4(l) + 3HF(g) \tag{13-58}$$

② PVDF 的分解和氧化燃烧反应发生在 380~600℃，对应的化学反应方程为：

$$\frac{1}{2}(CH_2CF_2)_n(s) + nO_2(g) \xrightarrow{\text{氧化分解}} nCO_2(g) + nHF(g) \tag{13-59}$$

在本实例中，通过热分析技术与质谱技术联用对阴极板的热分解机理进行了研究，通过分析可以判断在 60~250℃ 的低温范围内逸出的气体产物与锂盐电解质的水解以及分解反应有关，在 380~600℃ 范围内逸出的气体产物与黏结剂的热分解有关。另外，还可以利用 SEM-EDS、FT-IR、XRD 和 Mössbauer 谱等分析技术对阴极活性材料在热处理过程中的相变进行研究，确定固相组分的变化信息。经过这些分析，可以对 TG-DSC 曲线中出现的各种变化进行全面、系统地解析，从而对于阴极板的热分解机理有全面的了解。

13.5　确定物质的热稳定性

在实际应用中，通常需要对比相同类型和不同类型的物质的热稳定性。本书将结合实例介绍由热重曲线确定物质的热稳定性的应用实例。

13.5.1　由热重曲线确定热稳定性的方法简介

通过 TG 曲线可以用来确定物质随温度变化而引起的一些特征物理量（主要是特征温度）的变化信息，也可用来对比不同的物质（主要指工艺不同、结构不同、实验条件不同等）的热稳定性。在确定物质的热稳定性时，通常需要用定义的不同的特征物理量来表示，在本书第 8 章和第 9 章中分别介绍了在仪器的数据分析软件和 Origin 软件中确定热重曲线的特征量的方法，限于篇幅在此不再进行重复介绍。图 13-44 给出了几种常用的特征温度的表示方法[5]。

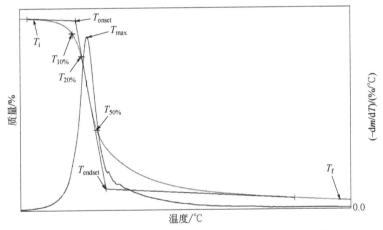

图 13-44　由 TG 曲线确定的常用的几种特征温度[5]

在图 13-44 中，① T_i 和 T_f 分别为质量变化台阶开始和结束的温度，常用来确定台阶开始和结束的温度范围。

② $T_{10\%}$、$T_{20\%}$ 和 $T_{50\%}$ 分别为当质量变化 10%、20% 和 50% 时对应的温度，常用来比较不同的样品和不同的实验条件下得到的 TG 曲线的变化。在实际应用中，还常采用 $T_{5\%}$ 表示当质量变化 5% 时对应的温度，这种类型的温度又称特定百分比温度，还可以采用其他的百分数形式表示。其中，$T_{50\%}$ 又称半寿命温度。在实际应用中，还常采用当质量变化 5% 时对应的温度 $T_{5\%}$ 表示变化开始的特征温度。

③ T_{onset} 和 T_{endset} 分别为外推起始温度和外推终止温度，其分别可由斜率最大点和 T_i、T_f 所作的切线的交点来确定，可用于比较由不同的样品在不同的实验条件下

得到的 TG 曲线的特征变化。

④ T_{max} 为最快分解温度，对应于 DTG 曲线的峰值或者台阶中最大斜率所对应的温度。

13.5.2　不同类型物质的热稳定性比较

不同类型的物质由于其结构不同，因此其热稳定性存在着不同的差异。

图 13-45 为几种结构差异较大的不同类型的聚合物的 TG 曲线[18]，从图中可以看出聚甲基丙烯酸甲酯（PMMA）、聚氯乙烯（PVC）、聚四氟乙烯（PTFE）在高温下都可以完全分解，但是其热稳定性呈现依次增加的趋势。影响其热稳定性的决定因素是其结构的差异，其中：①聚氯乙烯（PVC）的热稳定性较差，在 200~300℃范围出现第一个失重台阶，该过程是由于分子中脱去 HCl 引起的。在脱去 HCl 后，分子内形成共轭双键，热稳定性提高，表现为 TG 曲线下降缓慢。直至 420℃时，大分子链发生断裂，出现第二次失重过程。②由于分子链中的叔碳和季碳原子的键容易断裂，导致 PMMA 的分解温度较低。③对于 PTFE 而言，由于其分子链中的 C—F 键键能较大，因此其具有较高的热稳定性。④由于聚酰亚胺（PI）的分子链中含有大量的芳杂环结构，在 850℃时才分解 40%左右，因此其在这几种聚合物中的热稳定性最好。

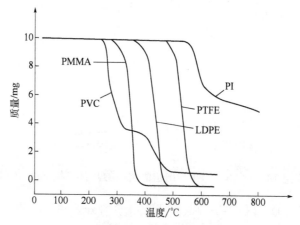

图 13-45　多种聚合物的 TG 曲线[18]

对于一些由多组分组成的共混物，由于每种组分的热稳定性差异，不同组分比的共混物的 TG 曲线的形状也存在着较大的差别。如图 13-46 为在 10℃/min 的升温速率下得到的纯的聚乙醇酸（PGA）、聚 ε-己内酯（PCL）及其 50：50 共混物的 TG-DTG 曲线[52]。由图可见，聚乙二醇和聚氯乙烯的热分解过程主要集中在一步完成。虽然在聚乙二醇的 DTG 曲线中出现了一个较弱的肩峰（图中箭头位置），但在二者的共混物中出现了两个分解过程，可以认为每种聚合物的分解过程都是一步完成的。图中三种样品（即 PCL、PGA 和共混物）的 TG 曲线的形状和位置发生了显著的变化，表明分解过程也明显不同。其中，PCL 的热稳定性最高，其分解温度分别比聚乙二醇和共混物高约 30℃ 和 50℃。在分解过程结束时，PGA 和共混物仍有残留物（分别为 1.70% 和 0.82%），而 PCL 则完全降解，不存在任何残留物。理论上可以通过高温残留物的量来推测共混物的比例，PGA 的含量为：

$$w_{PGA} = \frac{w_{残留物，混}}{w_{残留物，纯}} \times 100\% = \frac{0.82\%}{1.70\%} \times 100\% = 48.24\% \tag{13-60}$$

式中，$w_{残留物，混}$ 和 $w_{残留物，纯}$ 分别为共混物和纯 PGA 在高温下的残留物比例。由此计算得到的数值和理论值 50% 一致。

在图 13-46 中，当两种聚合物共混时，其 DTG 曲线的峰值温度显著降低。另外在共混物的 DTG 曲线中可以清楚地看到每种聚合物的分解过程。曲线中的第一个峰值出现在约 372℃，第二个峰值出现在 403℃，分别对应于 PGA（纯聚合物为 388℃）和 PCL（纯聚合物为 408℃）的分解过程。

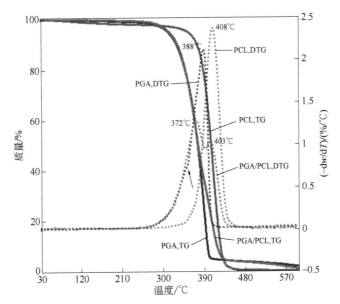

图 13-46　在 10℃/min 的升温速率下得到的纯的聚乙醇酸（PGA）、聚 ε-己内酯（PCL）及其 50∶50 共混物的 TG-DTG 曲线[52]

黑色箭头表示肩部较小，在 PGA 的 DTG 曲线上约为 344℃

在定量比较不同类型物质的热稳定性时，可以通过 $T_{n\%}$、T_{onset}、T_p 等特征温度来定量地比较其稳定性的差异。如图 13-47 是聚乙烯（PE）、聚丙烯（PP）、聚苯乙烯（PS）、聚甲基丙烯酸甲酯（PMMA）薄膜在氮气气氛和空气气氛下的 TG 曲线[53]。由图可见，这些聚合物在氮气中的热稳定性排序为：PE > PP > PS > PMMA。

另外，气氛中氧气的存在导致曲线显著地向低温移动。聚乙烯在空气中的热重曲线变得比较复杂，是由于分子链在分解过程中暂时发生交联而在降解聚合物的表面形成了含碳层。逸出的气体在碳层的表面以下积累，然后不规则地逸出，这使得定量分析在这种条件下的机理变得更加困难。图 13-47 中，在含氧的气氛条件下，PP 的热稳定性显著降低（下降幅度超过 200℃），而 PS 和 PMMA 的最快分解速率的温度（即曲线中最大斜率时对应的温度）则下降了 70~80℃。

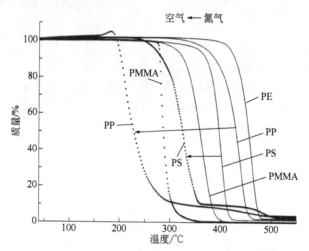

图 13-47 聚乙烯（PE）、聚丙烯（PP）、聚苯乙烯（PS）、聚甲基丙烯酸甲酯（PMMA）薄膜在氮气（实线）和空气（虚线）气氛下的 TG 曲线[53]

（实验条件：Mettler-Toledo TGA/SDTA 851^e 同步热分析仪，30mL/min 氮气或空气气氛，从室温开始以 5℃/min 的升温速率加热到 550℃）

在表 13-16 中列出了由图 13-47 中 TG 曲线确定的特征物理量数值。值得注意的是，PMMA 在空气中的最大挥发物生成速率大大增加，比在氮气中高出了 3 倍以上。

表 13-16　由图 13-47 中 TG 曲线确定的特征物理量数值[53]

聚合物	气氛	T_{inf}/℃	$-s_{inf}$/(%/℃)
PE	氮气	461.1	2.70
	空气	—	
PP	氮气	441.0	2.37
	空气	211.1	1.97
PS	氮气	402.0	2.96
	空气	328.9	2.03
PMMA	氮气	365.1	1.94
	空气	280.5	6.90

注：T_{inf} 是与挥发物最大生成速率相对应的热重曲线的拐点对应的温度；$-s_{inf}$ 是在该点时的质量变化速率。

PMMA 的氧化从反应端基开始；解聚从末端基开始。后一个过程是在氧气存在的情况下被暂时阻断，而在温度稍高的情况下，主链也会发生统计学上的裂解，最终的速率为两个起始过程的总和，从而使挥发物的形成速率显著增加。

在实际应用中，在比较不同类型物质的热稳定性时，由于分解过程比较复杂，有时需要综合考虑在分解过程中不同阶段的质量变化程度和特征温度，确定一个综合指标来比较不同物质的热稳定性差异。例如，对于大多数生物质材料而言，其热解过程大致可以分成 4 个阶段，即：干燥失水阶段、过渡阶段、快速热解和炭化阶段。图 13-48 为对稻草、狼尾草、芒草和芦苇四种生物质材料进行热重实验得到的 TG 和 DTG 曲线，各阶段的分界点及失重率如表 13-17 所示[54]。

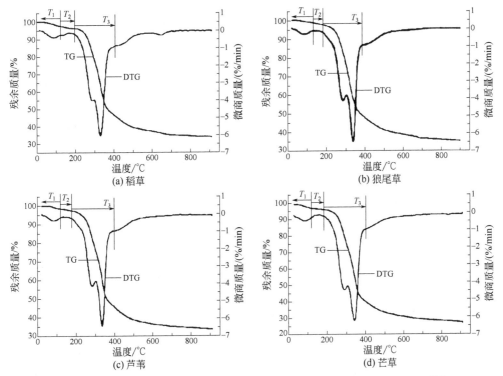

图 13-48　在 10℃/min 升温速率下四种草类生物质的 TG、DTG 曲线[54]

（实验条件：在 75mL/min 的氮气气氛下，由室温开始以 10℃/min 的升温速率加热至 900℃，等温 10min）

表 13-17　实验样品的热裂解温度分解点及各段的失重率[54]

样品	T_1/℃	T_2/℃	T_3/℃	w_1/%	w_2/%	w_3/%	w_4/%
稻草	117	183	502	7.1	2	85.1	5.8
芒草	118	171	483	7.2	1.7	85.5	5.6
狼尾草	130	184	489	9.1	1.3	86.1	3.5
芦苇	115	178	497	6.4	1.9	87.5	4.2

由图 13-48 可见，这四种生物质的热解过程大致可以分成以下四个阶段[54]：

① 失水干燥段（温度范围：室温~T_1）。随着温度升高，样品的失重速率逐步加大，而后又减小，发生微小失重。由于在 T_1 时失重速率接近于 0，因此可以认为该范围为失水干燥阶段。通常由该范围的质量损失来确定样品的含水率。

② 过渡阶段（温度范围：T_1~T_2）。在温度 T_2 附近时，样品的热分解速率发生了较为显著的变化，在 T_2 以下的 DTG 曲线的峰值通常很小（指绝对值）。而当温度高于 T_2 时，热解速率开始变大。在该范围内，TG 曲线的失重率很小。因此，通常认为 T_2 为快速热解阶段的始点。在该温度范围，在生物质原料内部主要发生了少量解聚、内部重组等过程[55]。

③ 快速热解阶段（温度范围：T_2~T_3）。该范围为热解的主要阶段，试样的大部分失重发生在该阶段，失重率占总失重率的 85% 左右。DTG 曲线在该段也发生急剧变化，出现了明显的峰值。

④ 炭化阶段（温度范围：T_3 以上）。主要是在高温下残留物的缓慢分解过程，并最后生成灰分和固定碳。在该阶段 DTG 曲线变化缓慢，TG 曲线也相对较为平缓。

从图 13-48 中的 DTG 曲线可以看出，每个样品都出现了肩状峰。其中，狼尾草主要在 287~303℃ 区间，芒草主要在 282~297℃ 区间，芦苇主要在 282~303℃ 区间，稻草主要在 287~302℃ 区间。这主要是由于纤维素热解和半纤维素热解引起的两个 DTG 峰分离，而是否出现分离现象取决于半纤维素相对于纤维素组分的含量。由于草类生物质半纤维素组分含量对于纤维素组分含量相对较高，所以在低升温速率时肩状峰表现得较为明显。

另外，由图 13-48 中的 DTG-TG 曲线及相关计算可以得到以下常用来反映热解特性的主要参数：（i）挥发分初始析出温度 T_s（对应于图中 T_2）；（ii）挥发分最大失重速率 $(\mathrm{d}w/\mathrm{d}t)_{\max}$，即 DTG 的峰值；（iii）对应于 $(\mathrm{d}w/\mathrm{d}t)_{\max}$ 的峰值温度 $T_{\max}$；（iv）挥发分平均失重速率 $(\mathrm{d}w/\mathrm{d}t)_{\mathrm{mean}}$，即热解失重百分比与热解时间之间的比值；（v）热解最大失重率 V_∞；（vi）对应于 $(\mathrm{d}w/\mathrm{d}t)/(\mathrm{d}w/\mathrm{d}t)_{\max} = 1/2$ 的温度区间 $\Delta T_{1/2}$，即 DTG 峰的半峰宽度。

图 13-48 中的草类生物质的热解特性参数列于表 13-18 中。图 13-48 和表 13-18 中的数据表明，每种生物质的挥发分初始析出温度 T_s 都较低，其中芒草最低，为 171℃。挥发分析出率 V_∞ 越大，则固体剩余物越少。当然，该值也与生物质中挥发分的含量有关，其中芒草的 V_∞ 最高，为 72.72%；芦苇的 V_∞ 最低，为 62.04%。狼尾草的挥发分最大失重速率最高，为 6.45%/min；芦苇最低，为 6.02%/min。另外，图 13-48 中所有的草类生物质的 $T_{\max}$ 都在 335℃ 附近。

综合上述热解相关特性参数，可以定义一个综合特性指数 D 来表征生物质挥发分释放难易程度[56]，D 的表达式为：

$$D = \frac{(\mathrm{d}w/\mathrm{d}t)_{\max} \cdot (\mathrm{d}w/\mathrm{d}t)_{\mathrm{mean}} \cdot V_\infty}{T_s \cdot T_{\max} \cdot \Delta T_{1/2}} \tag{13-61}$$

表 13-18　草类生物质的热解特性参数（ $\beta = 10℃/min$ ）

样品	T_s/℃	T_{max}/℃	$(dw/dt)_{max}$/(%/min)	V_∞	$(dw/dt)_{mean}$/(%/min)	$\Delta T_{1/2}$/℃	D
稻草	183	335.7	−6.42	64.85	−0.754	89	5.7×10^{-5}
狼尾草	184	340.6	−6.45	66.63	−0.827	102	5.6×10^{-5}
芒草	171	344	−6.19	72.72	−0.749	85	6.7×10^{-5}
芦苇	178	332.9	−6.02	62.04	−0.697	86	5.1×10^{-5}

由等式（13-61）可见， T_s 越低，挥发分越易析出（对应的 D 值越大）； $(dw/dt)_{max}$ 和 $(dw/dt)_{mean}$ 越大，挥发分释放得越强烈（对应的 D 值越大）； V_∞ 越大，则挥发分的析出量也越多（对应的 D 值越大）； T_{max} 和 $\Delta T_{1/2}$ 越小则挥发分释放高峰出现得越早越集中，越有利于热解及汽化。

根据上式计算得到的 D 值也列入了表 13-18 中，由表 13-18 中的 D 值可见，芒草的 D 值最高，芦苇的 D 值最低。一方面是由于芒草的挥发分含量高，而且灰分低；另一方面则是由于草类生物质中的纤维素、半纤维素以及木质素含量的差异。

综合以上分析，从总体上来说，芦苇的热解稳定性相对较高，而芒草的热解稳定性则较低。

在实际应用中，还可以采用其他的方法定义的指标来比较不同物质的热稳定性。例如，可以通过热重-差热分析实验来比较复方感冒灵、复方金银花、一清颗粒、小儿七星茶颗粒 4 种不同的清热解毒药品的热稳定性[57]。如图 13-49 为复方感冒灵片的 TG-DTG-DSC 曲线，由 TG 曲线确定的特征物理量信息列于表 13-19 中[57]。由图 13-49 可以看出：（i）在 40.7℃时试样开始出现少量的质量减少现象，这可能是由于试样中残存的小分子物质发生热脱附引起的，质量损失率为 3.52%；（ii）当温度达到 160.3℃时，样品开始发生分解，试样随着温度的升高开始出现大量的质量损失，直至 260.3℃结束，该温度范围的质量损失率为 25.41%；（iii）在 260.3℃~412.3℃范围出现的失重过程对应于试样中可能存在其他相对稳定组分的分解，该温度范围的质量损失率为 33.54%；（iv）随着温度的继续升高，试样进一步发生分解，在温度为 600℃时的剩余样品质量为 30.46%。

与此同时，在以上的质量变化过程中，样品的 DTG 曲线出现了三个相应的失重峰，峰形的拐点分别为 85.7℃、230.2℃和 301.3℃。另外，随着温度的升高，复方感冒灵片的 DSC 曲线在 145.6~208.6℃温度范围出现了一个较为尖锐的吸热峰，峰值温度为 180.2℃，峰面积为 68.47J/g。其他三种药物的热分析曲线也可以参照这种方法进行分析，在表 13-20 中同时列出了由这四种药物的 TG-DTG-DSC 曲线确定的特征参数。表 13-20 中，指标 X1 指第二阶段失重百分比，指标 X2 指第二阶段失重最快温度，指标 X3 指第三阶段失重百分比，指标 X4 指剩余质量百分比，指标 X5 指第一阶段峰面积，单位为 J/g。

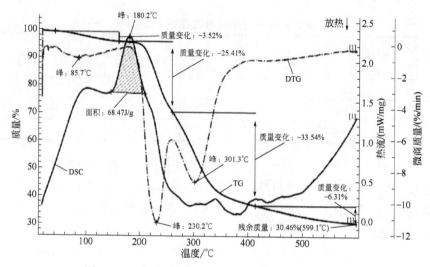

图 13-49　复方感冒灵片的 TG-DTG-DSC 曲线[57]

（实验条件：德国耐驰公司 STA 2500 型同步热分析仪，在 100mL/min 的氮气气氛下，由室温开始以 10℃/min 的升温速率加热至 600℃，氧化铝坩埚，每次样品用量约为 2~7mg，平行实验 3 次）

表 13-19　由图 13-49 中的 TG 曲线确定的特征物理量信息[57]

名称		温度范围/℃	失重百分比/%	失重最快温度/℃
复方感冒灵片	峰 1	40.7~160.3	3.52	85.7
	峰 2	160.3~260.3	25.41	230.2
	峰 3	260.3~412.3	33.54	301.3

表 13-20　由复方感冒灵、复方金银花、一清颗粒、小儿七星茶颗粒四种不同的
清热解毒药品的 TG-DTG-DSC 曲线确定的特征参数[57]

样品名称	样品质量/g	坩埚质量/g	指标 X1/%	指标 X2/℃	指标 X3/%	指标 X4/%	指标 X5/(J/g)
复方感冒灵片	0.0072	0.1901	25.41	230.2	33.54	30.46	68.47
复方金银花颗粒	0.0066	0.1797	63.24	241.1	13.97	20.83	37.50
一清颗粒	0.0087	0.1850	62.13	308.8	5.88	24.49	38.18
小儿七星茶颗粒	0.0103	0.1870	63.1	239.8	12.96	22.44	64.75

　　在确定了表 13-20 中每种药物的特征物理量信息后，可以采用一个定义的熵值指标来判断某个指标的离散程度，指标的离散程度越大，该指标对综合评价的影响（权重）越大，其熵值越小。采用加权求和公式计算样本的综合评价值，综合得分 F 越大，则样本的热稳定性越好。通过比较所有的 F 值，即可以评价不同物质的热稳定性。通过这种熵值法对 4 个样品进行赋值，可以计算得到 F 值。计算得到的复方感冒灵片、复方金银花颗粒、一清颗粒、小儿七星茶颗粒 F 值分别为 0.6178、0.1996、0.4581 和 0.4312，由此可以判断所研究的四种药物的热稳定性顺序为：复方感冒灵

片>一清颗粒>小儿七星茶颗粒>复方金银花。这种方法可以为食品药品的热稳定性评价与研究提供有力的科学依据。

13.5.3　同类型物质的热稳定性比较

由 TG 曲线可以得到结构相近的物质的热稳定性的变化信息。例如，向具有核/壳结构的纳米纤维储能（TES）材料聚乙二醇/聚酰胺-6（PEG/PA6）纤维中加入不同浓度（质量分数为 0.5%、1%、3%和 5%）的埃洛石纳米管（HNT）材料后，其热稳定性发生了明显的变化[58]。

在图 13-50 和图 13-51 中分别给出了纯 PA6、纯 PEG、PEG/PA6 和添加了不同的 HNT 和表面活化的 HNT（用 HNT-P 表示）的复合纳米纤维样品的 TG 曲线，由曲线中得到的每个样品的 5%和 50%的失重温度以及分解温度均列于表 13-21 中。从分

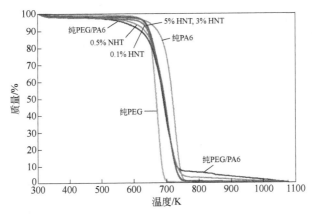

图 13-50　纯 PA6、纯 PEG、PEG/PA6 和添加了不同的 HNT 的
复合纳米纤维样品的 TG 曲线[58]

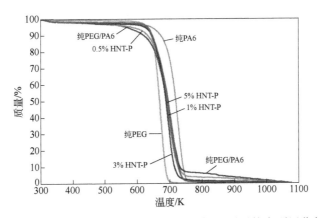

图 13-51　纯 PA6、纯 PEG、PEG/PA6 和添加了不同的表面活化的 HNT
（用 HNT-P 表示）的复合纳米纤维样品的 TG 曲线[58]

表 13-21　分别由图 13-50 和图 13-51 中不同样品的 TG 曲线
确定的 5%失重、50%失重和最快分解温度[58]

样品	5%失重温度/K	50%失重温度/K	最快分解温度/K
纯 PA6 纤维	629	717	726
纯 PEG	626	668	673
纯核壳纤维	608	690	693
0.5% HNT	590	694	701
1% HNT	620	691	701
3% HNT	634	692	699
5% HNT	634	692	700
0.5% HNT-P	580	689	700
1% HNT-P	633	691	698
3% HNT-P	632	688	698
5% HNT-P	632	695	704

析结果可以看出，所有样品在加热过程中发生的分解过程中均出现了唯一的质量变化特征，出现这种现象的原因一方面是由于 PA6 壳层在纳米纤维形态上对 PEG 有效包裹，另一方面是由于纤维成分具有相似的分解特性[59]。从图 13-50、图 13-51和表 13-21 中可以看出，纯的 PA6 纤维的分解温度最高，而纯的 PEG 纤维的分解温度最低，PEG/PA6 和添加了不同的 HNT 的复合纳米纤维样品的分解温度介于这两种纯物质之间。在向 PEG/PA6 复合材料中加入未改性的 HNT 后，样品的分解温度相对于添加前的纳米纤维提高了 6~8K，这表明 HNT 分散在纳米纤维中提升了复合材料整体的热稳定性。此外，相对于加入 HNT 前的 PEG/PA6 核/壳纳米纤维体系，对于含有 1%、3%和 5% HNT/HNT-P 的复合材料样品，加入 5%的样品的分解温度更高。加入 0.5% HNT 的样品在较低的温度下开始发生热分解，这可能是由于在纤维结构中加入的较少的 HNT 可以起到散热剂的作用，其加速了分解过程的进行。由于在纤维结构中加入的少量的未改性 HNT 不能在整个纤维结构中均匀分布，再加上 HNT 团聚体起到了散热的作用，这些因素综合抵消了加入 HNT 引起的热稳定作用，导致分解温度总体下降。当向 PEG/PA6 复合材料中加入表面活化的纳米管（HNT-P）后，其热稳定性提高了约 5~11K。与未进行改性处理的 HNT 相比，HNT-P的加入对 PEG/PA6 核/壳结构复合纳米纤维的分解温度没有产生较为明显的影响。当 HNT-P 添加量为 5%时，样品的热分解温度最高。这是由于在静电纺丝过程中，加入 5% HNT-P 后的溶液黏度很高，导致在所制得的纳米纤维结构中含有的 PEG 的量较少，由此导致分解温度升高。

　　通过热重法可以方便地研究配合物在不同温度下的热行为，对于由同一配体形成的不同配合物，可以由 TG 曲线确定不同阳离子配合物的热稳定性。如图 13-52为不同的镧系元素阳离子组成的乙酰氯芬酸（Acec）配合物在空气气氛下进行实验得到的 TG-DSC 曲线，由图中的每条曲线得到的特征物理量信息列于表 13-22 中[60]。

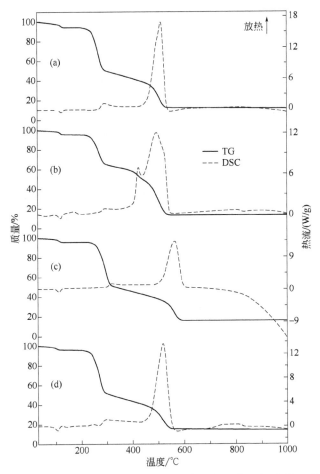

图 13-52 在空气气氛下不同的镧系元素阳离子组成的乙酰
氯芬酸（Acec）配合物的 TG-DSC 曲线[60]

（a）La(Acec)₃·4H₂O，初始质量 m_0 = 7.09mg；（b）Ce(Acec)₃·3H₂O，m_0 = 7.04mg；
（c）Pr(Acec)₃·2.5H₂O，m_0 = 7.08mg；（d）Nd(Acec)₃·2.5H₂O，m_0 = 7.03mg

（实验条件：瑞士 Mettler-Toledo 公司 TG-DSC1 型同步热分析仪，实验气氛为流速为 50mL/min 的
动态干燥空气，加热速率为 10℃/min，样品的初始质量约为 7mg，70μL α-氧化铝坩埚）

表 13-22 由图 13-52 中的每条曲线得到的特征物理量信息[60]

化合物		TG-DSC 曲线中对应的过程			
		1	2	3	4
[La(L)₃·4H₂O]	θ/℃	40~135	190~300	300~550	—
	T_p/℃	125 ↓	280 ↑	510 ↑	—
	Δm/%	5.58	44.15	37.97	—
[Ce(L)₃·3H₂O]	θ/℃	40~130	180~300	300~400	400~545
	T_p/℃	120 ↓	298 ↑	—	425~495 ↑
	Δm/%	4.13	30.43	13.58	38.39

化合物		TG-DSC 曲线中对应的过程			
		1	2	3	4
[Pr(L)₃·2.5H₂O]	$\theta/℃$	40~115	195~320	320~585	—
	$T_p/℃$	110 ↓	310 ↑	580 ↑	—
	$\Delta m/\%$	3.73	44.57	37.60	—
[Nd(L)₃·2.5H₂O]	$\theta/℃$	40~115	195~300	300~550	—
	$T_p/℃$	110 ↓	270 ↓	519 ↑	—
	$\Delta m/\%$	3.67	44.61	38.11	—

注：θ 表示温度范围；T_p 表示 DSC 曲线的峰值温度；Δm 表示 TG 曲线中出现的台阶的质量损失百分比；↑表示放热，↓表示吸热；L 表示乙酰氯芬酸（Acec）配体。

由图 13-52 和表 13-22 可见，在 DSC 曲线中的第一个吸热峰（分解过程Ⅰ）是由于化合物脱水过程引起的，放热峰（分解过程Ⅱ）则是由于配体发生了氧化和热分解产生的。根据 TG 曲线确定的第一个分解过程结束的温度和第二个分解过程开始的温度可以确定在这两个过程中配合物的热稳定性顺序分别为：

分解过程Ⅰ：

$$Ce < La = Nd < Pr$$

分解过程Ⅱ：

$$Pr = Nd > La > Ce$$

总体来看，这些配合物的热行为在不同的温度范围内的变化呈现出了较大的相似性，但其中也存在着一定的差别，通过表 13-22 中在不同温度范围内的 TG 曲线和 DSC 曲线中的特征量可以看出这种变化趋势。在不同的配合物中出现的热稳定性的这种差异是由于配合物中的金属阳离子造成的。

另外，通过比较同一样品在不同的实验条件下的热分解特征，可以确定结构相似物质的热稳定性差异。例如，可以通过热重实验评价不同变质程度的褐煤、1/3 焦煤与无烟煤三种煤样的热稳定性[61]。这三种煤样在氧化性气氛下的 TG-DTG 曲线均出现了较为一致的变化，根据其变化特征具体可以确定在氧化过程中出现的以下六个特征温度点[61]：

① 脱水过程最大速率温度（t_1），该点是 DTG 曲线上出现的第 1 个极大值点；

② 缓慢氧化温度（t_2），该点为 TG 曲线上的第 1 个极小值点；

③ 热解温度（t_3），此点为煤样的 DTG 曲线中的极小值点；

④ 最大失重速率温度（t_4），其为 DTG 曲线的最大极值点；

⑤ 燃点（t_5），由于不同的文献中对其定义有较大的差别，此处采用 DDSC 曲线（对 DSC 曲线进行一阶导数处理）在氧化阶段的最大极值点作为煤的燃点；

⑥ 燃尽温度（t_6），该温度下，氧化反应基本停止。

根据以上六个特征温度点，可将煤的燃烧过程划分为以下几个阶段，即：（i）初始失重阶段（≤t_2）；（ii）增重阶段（>t_2~t_3）；（iii）分解与燃烧阶段（>t_3~t_6）；（iv）燃尽阶段（>t_6）。每个煤样在不同氧气浓度下的 TG-DTG 曲线的变化较为一致，在图 13-53 中给出了在氧气体积分数为 21%时无烟煤的 TG-DTG-DSC 曲线，图中分别标注了以上所述的特征温度点。

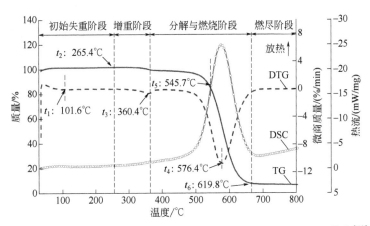

图 13-53　无烟煤在氧气体积分数为 21%时的 TG-DTG-DSC 曲线[61]

基于以上特征温度的定义与划分，在表 13-23 中列出了这三种煤样在不同氧气体积分数条件下的特征温度。

表 13-23　褐煤、1/3 焦煤与无烟煤三种煤样的特征温度参数[61]

煤样	氧气体积分数/%	t_1/℃	t_2/℃	t_3/℃	t_4/℃	t_5/℃	t_6/℃
褐煤	5			178.8	490.6	468.0	560.6
	10			175.0	489.7	456.3	556.3
	15			173.9	470.2	439.4	531.0
	21			169.0	465.5	431.2	514.7
1/3 焦煤	5	104.2	214.9	378.6	702.8	696.8	757.3
	10	97.8	204.7	372.6	643.9	603.3	698.1
	15	104.5	245.3	368.6	614.1	574.5	658.7
	21	100.3	254.6	364.4	589.5	549.7	628.3
无烟煤	5	103.2	227.7	382.8	686.3	716.9	753.7
	10	105.6	249.1	381.5	625.5	580.2	694.9
	15	111.7	265.9	364.7	599.1	558.8	652.7
	21	101.6	265.4	360.4	576.4	545.7	619.8

由表 13-23 可见，不同煤阶的煤样对氧气浓度的敏感性不同，从而引起煤样在氧化燃烧过程中的特征参数出现了较大的差异，具体表现在特征温度数值出现了不同程度的变化。由于褐煤变质程度较低，其表面的活性物质较多，在低温阶段

（<100℃）容易发生脱水及氧化反应过程，且特征温度 t_1 与 t_2 不明显，因此在表 13-23 中未列出这两个特征值。在表 13-23 中，褐煤的 t_3 与 t_4 最低，1/3 焦煤次之，无烟煤最高。这表明在相同的氧浓度下，随着煤阶的升高，煤样更加难发生脱水过程，且更加难以燃尽。而不同煤样的特征温度对于氧气浓度的响应趋势较为一致，这表明氧气浓度对不同变质程度煤样的燃烧过程的影响较为一致。

综合以上分析，在不同的氧气体积分数条件下，通过最大失重速率温度 t_4 可以较好地反映出煤样的热稳定性特征，三种煤样的 t_4 值与氧气体积分数的关系如图 13-54 所示。

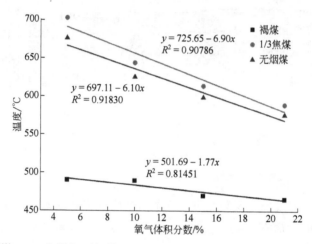

图 13-54　褐煤、1/3 焦煤与无烟煤三种煤样的特征温度 t_4 与氧气体积分数的关系[61]

由图 13-54 可知，所选取的每个煤样的最大失重速率对应的温度随氧气体积分数的增大呈线性减小，通过拟合得到了三种煤样的最大失重速率温度随氧气体积分数的线性公式，线性拟合程度较好。此外，随着煤阶的升高，不同氧气体积分数条件下 1/3 焦煤与无烟煤对应的 t_4 较大，而褐煤对应的 t_4 较小，这可能是由于较高阶的煤微观结构发育较为完整，热性质较稳定所致。

在本应用实例中，选择用 t_4 特征参数比较了褐煤、1/3 焦煤与无烟煤三种煤样在不同的氧浓度下的热稳定性变化趋势。

13.6　确定物质的热力学性质

在实际应用中，可以通过热重实验确定物质的吸附等温线、蒸气压、汽化热等热力学性质。通常需要根据具体的实验目的和研究体系设定相应的实验方案，根据相应的理论假设和处理方法确定所研究的热力学性质。在本部分内容中将结合实例介绍通过 TG 曲线确定这些热力学性质的方法。

13.6.1　确定物质的吸附等温线

热重分析技术可以方便地在恒定或不同温度环境下研究物质的质量随时间的变化，具有主要样品量少、吸附时间短、操作简便和吸附容量测量更准确等优势。通过热重实验可以方便、准确地测量粉末活性炭（PAC）吸附 $HgCl_2$ 蒸气的能力[62]。在热重实验中获得不同实验条件下的吸附数据之后，利用 Langmuir[63]、Freundlich[64,65]、Redlich-Peterson (R-P)[63, 66]和 BET[67, 68]吸附等温线模型在不同浓度和吸附温度下分析实验等温线数据，可进一步用于模拟 $HgCl_2$ 的吸附动力学。

图 13-55 为 PAC 在 30℃、70℃和 150℃的吸附温度下对气相 $HgCl_2$ 的吸附能力

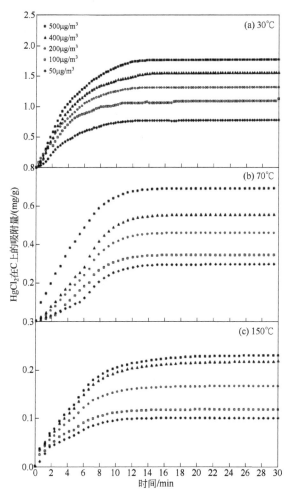

图 13-55　PAC 在 30℃、70℃和 150℃的吸附温度下对气相 $HgCl_2$ 的吸附能力曲线[62]

［实验条件：Mettler Toledo 公司 TGA/SDTA 851e 型热重分析仪，由 VICI Metronics Inc.制造的 $HgCl_2$ 渗透管产生气相 $HgCl_2$，使用氮气作为载气，通过改变管路温度和氮气流速产生不同浓度范围的 $HgCl_2$，气氛气体（$HgCl_2$+N_2）的流速为 50mL/min］

曲线。由图可见，PAC 的质量在实验开始的前 10min 内迅速增加，之后逐渐达到吸附平衡，质量保持不变。在吸附过程中，由于在开始阶段有许多吸附位点可用，$HgCl_2$ 分子进入 PAC 中的孔道并被吸附在其表面。随着吸附时间的增加，更多的 $HgCl_2$ 分子占据了 PAC 的吸附位点，吸附量逐渐不变。在图 13-56 中绘制了每单位质量 PAC 吸附的 $HgCl_2$ 量与在不同吸附温度下达到平衡的 $HgCl_2$ 浓度之间的相关性。在图 13-55 中的平衡浓度范围内，$HgCl_2$ 在每个吸附温度下的吸附能力随着 $HgCl_2$ 平衡浓度的增加而增加。PAC 的吸附能力随 $HgCl_2$ 浓度的增加而增加，表明该过程遵循物理吸附机制。此外，$HgCl_2$ 在 PAC 上的吸附能力也与吸附温度密切相关。图 13-56 表明，$HgCl_2$ 的吸附能力随着吸附温度的升高而降低，表明 $HgCl_2$ 吸附的放热性质。在较高的温度下，$HgCl_2$ 分子的动能更高，导致其不易被吸附在 PAC 表面。因此，PAC 对气相 $HgCl_2$ 的平衡吸附能力随着 $HgCl_2$ 浓度的增加而增加，但其随着吸附温度的升高而降低。另外，PAC 对 $HgCl_2$ 的吸附能力可以进一步表示为在 $HgCl_2$ 浓度吸附平衡时的 $HgCl_2$ 吸附量 q_e 与 PAC 的 BET 比表面积与的比值（即 q_e/S_{BET}）。单位表面积吸附的 $HgCl_2$ 量与 $HgCl_2$ 的浓度密切相关，通过该参数可以反映 $HgCl_2$ 分子在炭表面上发生的吸附量。

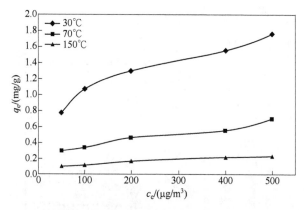

图 13-56　每单位质量 PAC 吸附的 $HgCl_2$ 量（q_e）与在不同吸附温度下达到平衡的 $HgCl_2$ 浓度（c_e）之间的相关性[62]

可以通过 Langmuir、Freundlich、BET 三种吸附等温线模型对不同温度下得到的吸附等温线进行拟合，在图 13-57 中分别列出了由这三种不同模型拟合得到的等温线，得到的相应的拟合参数列于表 13-24 中。在 30℃、70℃ 和 150℃ 的吸附温度下，模拟数据和实验数据之间的偏差范围为 1.69%~9.96%。BET 模型的偏差在吸附温度为 30℃ 时最小，而 Freundlich 和 R-P 模型在 70℃ 和 150℃ 时的偏差低于其他模型。这些结果表明，$HgCl_2$ 在 PAC 上的吸附在 30℃ 时倾向于多层吸附；随着吸附温度升高到大约 70~150℃，$HgCl_2$ 吸附表现出平衡吸附能力。

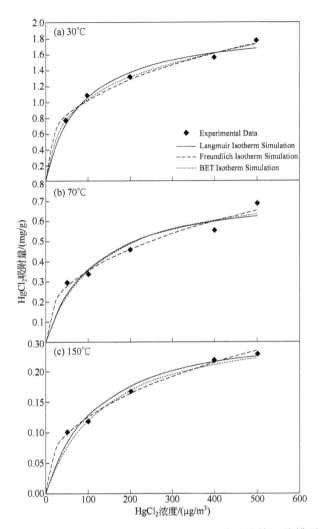

图 13-57　通过 Langmuir、Freundlich、BET 三种吸附等温线模型对不同
温度下得到的 HgCl₂ 吸附等温线进行拟合得到的等温线[62]

吸附温度：（a）30℃；（b）70℃；（c）150℃

表 13-24　通过 Langmuir、Freundlich、BET 三种吸附等温线模型对不同温度下得到的吸附
等温线进行拟合时得到的相关参数[62]

吸附等温线	吸附方程式	模拟参数				模拟数据与实验数据之间的偏差		
		参数	温度/℃			温度/℃		
			30	70	150	30	70	150
Langmuir	$q_e = \dfrac{q_m k_L c_e}{1 + k_L c_e}$	q_m	1.94	0.762	0.278	3.92	9.96	6.80
		k_L	0.0120	0.00918	0.00870			
		R_L	0.143~0.625	0.179~0.685	0.187~0.697			

续表

吸附等温线	吸附方程式	模拟参数				模拟数据与实验数据之间的偏差		
		参数	温度/℃			温度/℃		
			30	70	150	30	70	150
Freundlich	$q_e = k_F c_e{}^n$	k_F	0.227	0.0629	0.0219	3.72	4.93	3.13
		n	0.326	0.376	0.381			
BET	$q_e = \dfrac{Bq_0 c_e}{(c_s - c_e)\left[1 + (B-1)\dfrac{c_e}{c_s}\right]}$	B	49.5	914	177746	1.69	9.83	6.69
		q_0	1.47	0.782	0.281			

　　根据 Langmuir（朗缪尔）吸附等温线，在 30℃、70℃和 150℃下 PAC 对 HgCl$_2$ 的最高吸附容量分别为 1.94mg/g、0.762mg/g 和 0.278mg/g。此处计算的 R_L 值介 0 和 1 之间，表明气相 HgCl$_2$ 在 PAC 上的吸附对于不同的 HgCl$_2$ 浓度和吸附温度是有利的。0 和 1 之间的 Freundlich 等温线 n 也代表气相 HgCl$_2$ 在 PAC 上的有利吸附。将 Langmuir、Freundlich 和 BET 等温线与实验数据进行比较表明，BET 等温线可以准确地描述 HgCl$_2$ 在 30℃下在 PAC 上的吸附，而 Freundlich 等温线适用于 70℃和 150℃ 的吸附平衡。

　　在实际应用中，可以根据由热重实验得到的吸附等温线数据计算多孔材料的孔容积和孔径分布等信息[69]。在热重实验过程中，采用速率控制模式可以有效地将准平衡条件和平衡条件下的脱附过程分离，从而可以有效地分析在多孔材料表面不同尺寸的孔中吸附的吸附质分子的脱附过程，得到不同尺寸范围的孔径分布和孔容积信息[70,71]。如图 13-58 为不同孔径的多孔硅胶在吸附苯后进行加热实验得到的 TG 曲线[69]，图中质量减少初始阶段变化较缓的阶段代表蒸发过程，在加热至吸附质液体（图中为苯）沸点时，质量开始出现急剧下降（对应于曲线的垂直段），此时吸附质液体从孔中以气体的形式逸出。图中所有固体样品曲线的拐点均高于纯液体的沸点。随着样品中孔尺寸的增加，曲线的拐点从较高温度逐渐移向较低温度范围。固体的多孔特性与曲线中的特征点之间存在着密切的相关性，分别对应于不同的脱附阶段。在图 13-59 中给出了图 13-58 中不同样品的微商热重曲线，由图可以看出在不同温度下质量相对温度的变化速率，这种变化趋势与材料的表面结构密切相关。

　　在图 13-60 中给出了各种类型的多孔材料对于不同的吸附质液体分子的热脱附过程的 TG 曲线。图中的曲线 1 对应于四氯化碳从硅胶 Si-100 表面的脱附过程，曲线 2 对应于正丙醇从活性炭表面脱附，曲线 3 对应于多孔玻璃 62A 对苯的热脱附曲线，曲线 4 为 Lichrosorb RP-8 对甲醇的热脱附曲线。利用开尔文方程，可将由实验得到的 TG 曲线转化为吸附体积随孔隙半径的变化关系曲线：

$$\ln \frac{p}{p_0} = -\frac{2\gamma V_m}{rRT} \tag{13-62}$$

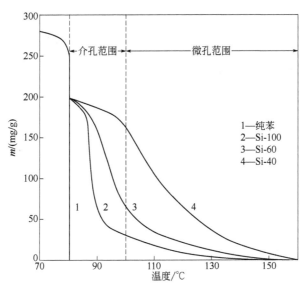

图 13-58　不同孔径的多孔硅胶在吸附苯后进行加热实验得到的 TG 曲线[69]

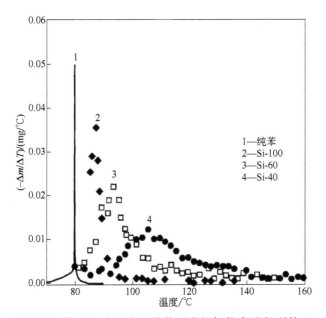

图 13-59　不同孔径的多孔硅胶在吸附苯后进行加热实验得到的 DTG 曲线[69]

式（13-62）中分别给出了在固体表面（即孔内）液体的蒸气压 p 与平坦液体表面的饱和蒸气压 p_0 之间的关系。其中，r 是液体弯月面的半径；γ 是液体的表面张力；V_m 是摩尔体积；T 是热力学温度。

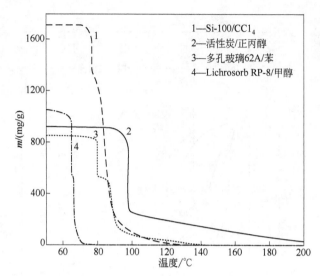

图 13-60　不同孔径的多孔材料对于不同的吸附质液体分子的热脱附过程的 TG 曲线[69]

由式（13-62）可知，当液体蒸气压力等于大气压时，在所施加的实验条件下，在给定直径的孔隙中的液体分子会急剧汽化。对于大孔尺寸，液体从孔中排出的温度仅略高于液体的沸点。当孔隙尺寸减小时，需要更高的温度来使其发生汽化。在热重实验中，p 值是温度的函数，p_0 值是恒定的，为 1atm（101.325kPa）。

由热重法所得的脱附曲线可以与由传统的氮吸附实验所得的吸附-脱附曲线进行对比。在图 13-61 中分别给出了由热重法所得的脱附曲线和由传统的氮吸附实验所得的吸附-脱附曲线，图中由不同技术获得的脱附体积量均表现出对 p/p_0 的依赖性。二者的差别主要在于吸附实验的 p/p_0 表示在温度保持恒定时的相对压力，而 TG 实验中的 p/p_0 值则与温度有关。图中的数据点表示氮吸附和解吸等温线，数据线表示由 TG 实验得到的脱附曲线。

利用开尔文方程对图 13-61 中的氮气吸附等温线和由 TG 实验得到的脱附曲线进行处理，可以得到描述多孔材料的孔隙大小分布的 PSD 曲线，如图 13-62 所示。由图可见，除了 Lichrosorb RP-8/甲醇体系［图 13-62（b）中曲线 2］外，由 TG 曲线（图中曲线）和氮气吸附等温线（图中柱状图）得到的 PSD 曲线比较接近。由两种实验技术分别得到 PSD 曲线中分布峰所对应的孔隙半径 r_p 值列于表 13-25 中，在该表中还列出了总孔隙体积（V_p）。以 TG 法为例，V_p 值的计算是从液体的解吸量在其沸腾温度和过程结束之间进行的。表 13-25 中的数据表明，根据不同方法测得的数据估算出的孔隙体积 V_p 值吻合较好。

通过对上述实验数据的对比分析，可以看出 TG 方法对中孔孔隙率表征具有足够的准确性和灵敏性，也可用于定性地判断一个给定的样品是只含有中孔还是也含有微孔。

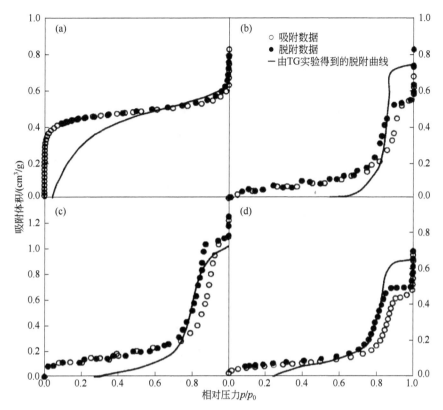

图 13-61　由氮气吸附实验得到的等温线和由 TG 曲线得到的脱附曲线对比图[69]

（a）活性炭/正丙醇；（b）Lichrosorb RP-8/甲醇；（c）Si-100/CCl₄；（d）多孔玻璃 62A/苯

表 13-25　两种不同的实验方法得到的所研究吸附剂的孔容积和平均孔径信息[69]

吸附剂/液态 吸附质体系	实验方法				
	氮气吸附法			热重法	
	S_{BET}/(m²/g)	V_p/(cm³/g)	r^p/Å	V_p/(cm³/g)	r^p/Å
活性炭/正丙醇	1104	0.61	<20	0.62	<20
Si-100/CCl₄	322	1.10	66	1.05	64
多孔玻璃 62A/苯	203	0.69	52	0.67	49
Lichrosorb RP-8/甲醇	214	0.83	77	0.74	61

　　在实际应用中，通过将热重分析技术与密度测量技术相结合，可以对小于 1nm 的微孔材料的孔结构进行较为精确的分析[72]。研究结果表明，在室温下利用蒸气热重法可以直接测定孔填充量在 0~100%范围内的可定量微孔体积。尽管这种方法不能完全排除填充密度偏差的误差，但这种方法不再需要依赖从部分孔隙填充行为来推断分子行为的理论模型。通过比较极性和非极性蒸气的吸附曲线的差异，可以对比微孔表面的化学性质的差异以及对特定大小的分子的容纳能力，由此可以得到微

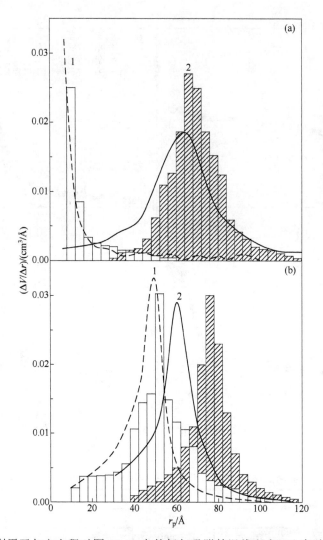

图 13-62 利用开尔文方程对图 13-61 中的氮气吸附等温线和由 TG 实验得到的脱附曲线进行处理后得到的描述多孔材料的孔隙大小分布的 PSD 曲线[69]

—和---表示根据 TG 数据计算得到的 PSD；柱状图是根据氮气脱附数据计算得到的 PSD

（a）活性炭/正丙醇（曲线 1），Si-100/CCl$_4$（曲线 2）；（b）多孔玻璃 62A/苯（曲线 1），Lichrosorb RP-8/甲醇（曲线 2）

孔开口大小的信息。图 13-63 为用蒸气热重法测定多孔分子筛样品对在样品周围的气氛中含有的水、甲醇、乙醇、正丙醇和环己烷等的吸附量信息[72]，吸附量与样品中的孔体积密切相关。实验前样品在热重分析仪中 200℃下原位干燥，然后在 30℃下在含有相应吸附质分子的氮气气氛中等温 18h。利用 TG 曲线中的质量除以液体密度，可以得到吸附体积。图 13-63 表明，甲醇、乙醇、1-丙醇和环己烷的总吸附量之间没有出现显著的变化，这表明所有分子都能进入到样品中的微孔中，另外也表明在实验中没有发生明显的颗粒间吸附作用（颗粒间吸附量会随着蒸气挥发而变大）。与亲水沸石不同，只有 H-Y80 和 H-ZSM5$_{300}$ 疏水沸石表现出轻微的蒸气吸附作用，并按照乙醇>甲醇>丙醇>环己烷的顺序依次降低。另外，大多数样品的吸水率明显低于有机溶剂的吸水率，且吸水率随 SiO_2/Al_2O_3 比值（疏水性）的增加而降低。在表 13-26 中列出了水/甲醇吸附量对比信息，结果表明样品的表面化学性质对蒸气吸收的影响随着表面积的增加而增加。

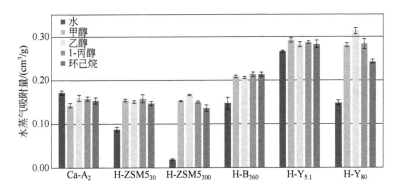

图 13-63　通过热重法测定分子筛在氮气气氛中的水蒸气吸附量[72]

（图中的误差棒为标准差的两倍）

表 13-26　由实验和计算得到的水/甲醇吸收选择性 $\alpha_{水/甲醇}$、基于蒸气 TG 的接触孔体积 $V_{acc,TG}$、基于 He-PM 的接触孔体积 $V_{acc,He}$、理论接触孔体积 $V_{acc,th}$、He 密度 ρ_{He}、理论骨架密度 $\rho_{sk,th}$、基于 He-PM 和水蒸气 TG 的样品骨架体积 V_{fr} 和分子筛的理论骨架体积 $V_{fr,th}$ 数据表[72]

样品	Ca-A$_2$	H-ZSM5$_{30}$	H-ZSM5$_{300}$	H-B$_{360}$	H-Y$_{5.1}$	H-Y$_{80}$
$\alpha_{水/甲醇}$	1.2	0.6	0.1	0.7	0.9	0.5
$V_{acc,TG}/(cm^3/g)$	0.15	0.15	0.16	0.21	0.29	0.29
$V_{acc,He}/(cm^3/g)$	0.31	0.12	0.13	0.21	0.35	0.32
$V_{acc,th}/(cm^3/g)$	0.16	0.05	0.05	0.13	0.22	0.21
$\rho_{He}/(g/cm^3)$	2.2	2.3	2.4	2.2	2.3	2.3
$\rho_{sk,th}/(g/cm^3)$	1.7	2.0	2.0	1.9	1.8	1.8
$V_{fr}/(cm^3/g)$	0.61	0.59	0.58	0.66	0.72	0.73
$V_{fr,th}/(cm^3/g)$	0.76	0.55	0.55	0.66	0.79	0.76

在表 13-26 中还列出了由 TG 曲线确定的各样品对甲醇、乙醇和正丙醇的平均吸附量计算得到的孔体积 $V_{acc,TG}$ 数据。通过 $V_{acc,TG}$ 和 He 密度 ρ_{He} 可以得到材料中的框架体积 V_{fr} 值，其数值与表 13-26 中列出的理论框架体积 $V_{fr,th}$ 数值一致。

13.6.2　确定物质的蒸气压

蒸气压也称作饱和蒸气压，是指物质的气相与其非气相达到平衡状态时的压强。

蒸气压与物质分子脱离液体或固体的趋势有关。对于液体，从蒸气压高低可以看出蒸发速率的大小。蒸气压越大表示液体内分子的逃逸倾向越大，即越容易挥发。蒸气压本质上是描述单组分体系气-液两相平衡时具备的特征，具有热力学上的意义，不能等同动力学量。在实际应用中，蒸气压也可以用来描述多组分体系的气/液平衡。若将液体放入一真空容器中，当液体系统气-液两相平衡时，外压相当于此条件下的液体蒸气压。可借此模型研究蒸气压随温度的变化规律及对应关系，分别利用Clapeyron 方程和 Antonie 方程求解。概括而言，蒸气压随温度增大而增大。

测量蒸气压最常用的方法是静态平衡法[73,74]。使用这种方法时，要保证样品、气路和压力传感器都处于平衡温度，避免样品蒸气冷凝和温度波动引起的压力偏差。测量环境应保持在高真空，以避免因混入空气等不凝性气体而造成误差。当应用于仅 0.01~100Pa 的极低蒸气压测量时，使用静态平衡法会导致较大的相对偏差。通过热重分析技术测定物质的蒸气压，具有操作简便、温度范围宽、耗时短等优势，在一些领域中得到了应用。

下面以测量金属蒸发过程的蒸气压为例，介绍热重法测量物质的蒸气压的原理[75]。

金属蒸发的过程包括表面金属原子从蒸发表面迁移到气相、金属原子在气相中的扩散以及气相中的金属原子凝结到凝聚相（固相或液体）表面等过程。在气相接近真空的条件下，发生在气相中的金属原子之间的碰撞可以忽略不计。气化后的气体分子只与凝结面发生碰撞，气体分子之间不再存在内摩擦作用。另外，发生在气化金属原子之间的扩散阻力可以忽略不计。经过足够的时间达到平衡，此时金属在蒸发表面的蒸发速率、金属分子在气相中的迁移速率和在冷凝（固体或液体）表面的冷凝速率相等。假设原子运动速率满足麦克斯韦分布，则可以用以下形式的等式表示冷凝速率[76]：

$$N_{con} = n\sqrt{\frac{k_B T}{2\pi m}} \tag{13-63}$$

结合理想气体状态方程，等式（13-63）可以变形为：

$$N_{con} = p\sqrt{\frac{1}{2\pi m k_B T}} \tag{13-64}$$

$$\frac{dm_{con}}{dt} = p\sqrt{\frac{M}{2\pi RT}} \tag{13-65}$$

由于金属原子在冷凝表面的蒸发速率与冷凝速率相同，因此蒸发速率的表达式满足以下形式的等式：

$$-\frac{dm_{eva}}{dt} = p\sqrt{\frac{M}{2\pi RT}} \tag{13-66}$$

在上述几个等式中，N_{con} 为单位时间单位面积蒸发的分子数，$s^{-1} \cdot m^{-2}$；k_B 为玻尔兹曼常数，J/K；m 为单个金属原子的质量，kg；dm_{con}/dt 为冷凝速率，kg/(s·m²)；n 为蒸发面附近气相的分子密度，m⁻³；R 为理想气体常数，J/(K·mol)；T 为温度，K；p 为蒸气压，Pa；M 为金属分子的摩尔质量，kg/mol；$-dm_{eva}/dt$ 为蒸发速率，kg/(s·m²)。

　　在实验过程中有载气气氛流动的情况下，特别是当蒸气压相对于载气的压力非常小时，气流可以充分带走已经发生气化的气体分子。但是，由于凝聚相（固相或液相）上方的空间不再只有极其稀少的金属原子，而且载气分子相对于金属分子的数量要多得多，因此在气相空间中的金属原子可以被载气分子带走，也有一定的机会与载气分子发生碰撞而返回固/液相，导致蒸发速率低于真空状态下。由于在气相空间中载气分子的数密度远高于金属原子，因此在气相空间中金属原子之间发生碰撞而返回到凝聚相表面的可能性远小于金属原子与载气分子之间的碰撞。因此，在流动的载气气氛情况下，蒸发速率应乘以冷凝因子 α，该因子仅取决于在样品上方空间中的分子数密度，即主要取决于载气的种类和压力，与载气的流量、物质的种类、温度等关系不大。在相同的载气和实验条件下，α 保持不变。因此，在一定流量的载气条件下，等式（13-66）可以变形为以下的形式：

$$-\frac{dm_{eva}}{dt} = p\alpha\sqrt{\frac{M}{2\pi RT}} \qquad (13\text{-}67)$$

　　式中，α 为冷凝因子，表示由于物质分子与载气分子碰撞返回到气相空间中的凝聚相表面而引起的蒸发率的修正。

　　在通过热重法测量 Se 和 SeO₂ 的蒸气压时，所有实验均在 N₂ 载气流速为 100mL/min 下进行[75]。在这种情况下，每分钟流过的 N₂ 分子数为 2.688×10²¹，而在 SeO₂ 和 Se 的热重实验中，由于蒸发而产生的气相分子为每分钟 8.008×10¹³ ~ 7.742×10¹⁷，这意味着在物质的气相分子之间存在碰撞的可能性与 N₂ 分子碰撞的可能性仅为 10⁻⁸~10⁻⁴。因此，可以合理地认为在该实验条件下等式（13-67）中的 α 是一个常数，与物质的种类和实验温度无关。因此，等式（13-67）可以变形为：

$$p = k_0 v \qquad (13\text{-}68)$$

　　式中，$k_0 = \sqrt{2\pi R}/\alpha$；$v = (dm/dt)\sqrt{T/M}$。

　　显然，k_0 与物质种类、实验温度以及凝聚相是固体还是液体无关。v 与物质的蒸发速率成正比，可以通过热重实验测量得到。因此，在实验过程中，一旦确定了物质的 k_0 和蒸发速率，就可以确定该温度下物质的蒸气压。本工作中使用的铂坩埚高度为 1.45mm，样品的厚度接近坩埚高度。由于产生的蒸气在容器中停滞的高度很小，因此扩散的影响可以忽略不计。

　　在实际的热重实验中，苯甲酸被用作标准物质来确定等式（13-68）中的 k_0。

　　苯甲酸在 343.2~443.2K 下的蒸发速率由热重实验确定，并根据 DTG 曲线计算每个温度对应的 v。那么，根据温度低于 395.496K 时苯甲酸的气-固平衡方程[77]：

$$\ln(p/100000) = \frac{1}{R}\left[-\frac{34009}{298.15} + 91363\left(\frac{1}{298.15} - \frac{1}{T}\right) - 36.5\left(\frac{298.15}{T} - 1 + \ln\left(\frac{T}{298.15}\right)\right)\right]$$

（13-69）

以及高于 395.496K 时的气-液平衡方程[78]：

$$\ln(p/1000) = 8.4219 + \frac{755}{T}\left[-7.6705\left(1-\frac{T}{755}\right) - 0.0424642\left(1-\frac{T}{755}\right)^{1.5} - \right.$$

$$\left. 4.92473\left(1-\frac{T}{755}\right)^{2.5} - 3.56299\left(1-\frac{T}{755}\right)^{5}\right]$$

（13-70）

可以计算出该物质在相应温度下的蒸气压。通过对苯甲酸的 p-V 曲线进行数据拟合，可以得到 k_0。对数据进行拟合后，$p(\text{Pa}) = 107698 \cdot v$，线性相关系数为 0.9999。因此，在当前实验条件下的 k_0 值为 $1.077 \times 10^5 \text{J}^{0.5}\text{K}^{-0.5}\text{mol}^{-0.5}$。

在通过 TG 实验测量每个实验温度下的等温曲线时，在温度达到稳定后都采取了足够长的时间段。在稳定的恒温段，温度波动的最大标准偏差为 0.0067K，在计算各温度点样品的失重率时，取样品在稳定的恒温阶段的失重范围作为在该温度下的失重速率。例如，在计算 503.2K 时 Se 的失重速率时，通过如图 13-64 所示的 Se 在 503.2K 时的等温 TG 曲线可以看出，样品在从 50min 开始到加热结束共 46min 的时间范围内保持恒定的质量变化。样品质量与时间之间呈现出良好的线性关系，线性拟合的相关系数为 0.999991，其斜率即为 Se 在 503.2K 时的失重速率。采用类似的方法可以得到样品在各温度下的失重速率，据此可以确定等式（13-68）中的 v 值。

在表 13-27 中列出了通过以上所述的方法得到的 SeO_2 和 Se 的蒸气压测量结果。在图 13-65 和图 13-66 中分别对比了由实验和文献得到的 SeO_2 和 Se 的蒸气压数据。

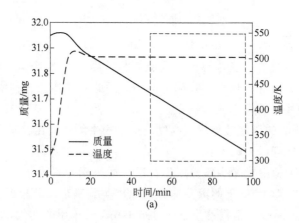

(a)

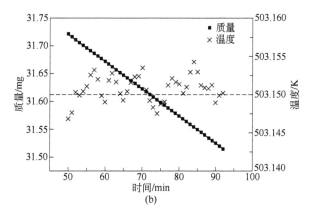

图 13-64　Se 在 503.2K 时等温条件下得到的 TG 曲线[75]
（a）整个实验范围的曲线；（b）用于计算失重速率的稳定恒温段的曲线

表 13-27　计算得到的 Se 和 SeO₂ 的蒸气压[75]

样品	T/K	p/Pa	U_c/Pa	δp/%
SeO₂	353.2	0.026	0.003	7.25
	363.2	0.076	0.010	0.16
	373.2	0.214	0.027	−0.08
	383.2	0.525	0.067	−6.39
	393.2	1.31	0.167	−4.66
	403.2	3.19	0.406	0.33
	413.2	7.20	0.915	3.34
	423.2	13.9	1.764	−4.47
	433.2	28.2	3.582	−2.71
	443.2	55.4	7.046	−0.05
	453.2	97.3	12.361	−4.93
	463.2	184.9	23.496	1.38
	473.2	319.2	40.562	1.30
Se	423.2	0.007	0.001	4.37
	433.2	0.017	0.002	−2.51
	443.2	0.046	0.006	2.56
	453.2	0.104	0.013	−3.45
	463.2	0.264	0.034	5.36
	473.2	0.586	0.074	4.45
	483.2	1.24	0.157	1.49
	489.2	1.97	0.250	2.99
	491.2	2.16	0.274	−2.55
	498.2	2.79	0.355	−0.72
	503.2	3.66	0.465	−0.02
	513.2	6.04	0.768	−0.50

续表

样品	T/K	p/Pa	U_c/Pa	$\delta p/\%$
	523.2	9.80	1.245	−0.40
	533.2	15.4	1.959	−1.09
Se	543.2	24.3	3.088	0.56
	553.2	36.8	4.675	0.08
	563.2	53.8	6.840	−1.95
	573.2	80.9	10.275	0.34

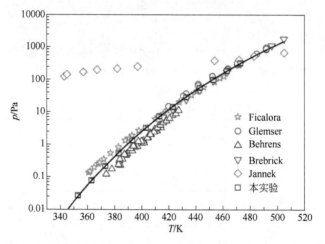

图 13-65　分别由实验和文献得到的 SeO_2 的 p-T 对比图[75]

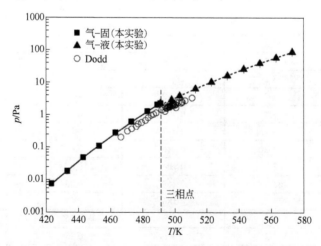

图 13-66　分别由实验和文献得到的 Se 的 p-T 对比图[75]

　　图 13-65 和图 13-66 表明，由实验测得的蒸气压结果满足以下形式 Atonie 蒸气压方程式[79]：

$$\ln p = A + \frac{B}{T+C} \qquad (13\text{-}71)$$

通过拟合确定的与等式（13-71）中对应的参数 A、B、C 的数值列于表 13-28 中。

表 13-28　Se 和 SeO$_2$ 体系在不同的温度范围内得到的
等式（13-71）中的参数 A、B、C 数值[75]

样品	T/K	两相共存线	A	B	C
SeO$_2$	353.2~473.2	气相-固相	25.39	−7249	−104
Se	423.2~491.2	气相-固相	38.2	−19020	17.33
Se	491.2~573.2	气相-液相	21.99	−8245	−104.7

表 13-27 中测得的热重分析测得 SeO$_2$ 在 353.2~473.2K 的蒸气压，对应的压力为 0.026~319.2Pa，对应的最小绝对偏差为 0.002Pa，最大绝对偏差为 5.044Pa，对应的相对偏差为 4.93%。通过对比其他方法的测量结果，表明由热重法得到的饱和蒸气压数据与其他方法一致。

在实际实验中，所采用的气氛气体的流速、样品状态、样品量等参数均会影响最终的测量结果，在分析所得到的数据的准确性时应考虑这些因素[80]。通过优化设计，在最佳的实验条件下可以得到准确的不同温度下的蒸气压数据。

在实际应用中，等式（13-71）形式 Atonie 蒸气压方程式通常应用于估算较宽温度范围内的蒸气压，当需要估算较窄温度范围的蒸气压时，通常采用 Clausius-Clapeyron 方程。

从热力学的观点来看，如果纯组分流体的气相和液相之间处于热力学平衡状态，则在这些相中的化学势、温度和压力相等，于是 Clapeyron 方程可以改写成下式的形式[81,82]：

$$\frac{\mathrm{d}p}{\mathrm{d}T} = \frac{\Delta H_v}{\Delta V_v} = \frac{\Delta H_v}{\left(\dfrac{RT^2}{p}\right) \cdot \Delta Z_v} \qquad (13\text{-}72)$$

于是等式（13-72）可以进一步变形为下式形式：

$$\frac{\mathrm{d}\ln P}{\mathrm{d}\left(\dfrac{1}{T}\right)} = -\frac{\Delta H_v}{R \cdot \Delta Z_v} \qquad (13\text{-}73)$$

在以上形式的等式中，ΔH_v 和 ΔZ_v 分别是汽化焓和压缩因子。这两个量的性质恒定且与温度无关，于是等式（13-73）可以进一步简化为下式形式的 Clausius-Clapeyron 方程：

$$\ln P = A - \frac{B}{T} \qquad (13\text{-}74)$$

如果将 $\ln p$ 与温度的倒数作图，则大多数纯液体的 $\ln p$ 与 $1/T$ 之间将呈现出较好的线性关系。

结合等式（13-73），在等式（13-74）中，斜率 B 中含有汽化热的信息。在确定了相应温度下的汽化热后，可以通过斜率来计算汽化热。

13.6.3 确定物质的汽化热

在实际应用中，由多种方法可以确定液体的汽化热，每种方法都存在着自身的优势和不足[83-85]。通过热重分析技术可以得到物质在不同温度下的质量变化速率，结合相应的理论处理，可以得到在不同温度下的饱和蒸气压。饱和蒸气压与温度之间的关系满足 Clapeyron 方程和 Antonie 方程，据此可以确定汽化热。

结合等式（13-73）和等式（13-74），可得以下形式的 Clausius-Clapeyron 方程：

$$\ln p = A - \frac{\Delta H_v}{RT} \tag{13-75}$$

等式（13-75）中，蒸气压 p 与热力学温度 T 的倒数成正比，通过其斜率 $-\Delta H_v/R$ 可以确定汽化热（即蒸发焓）。

在正式进行样品测试之前，需要使用已知不同温度的饱和蒸气压的标准物质苯甲酸和菲在非等温条件下进行 TG 实验确定等式（13-68）中的 k_0 值，通过热重法测得的邻苯二甲酸二辛酯的蒸气压数据如图 13-67 所示。利用等式（13-71）形式的 Atonie 蒸气压方程式将数据外推到测量区域之外，测量结果与文献数据吻合良好[86,87]。

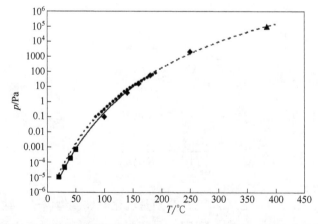

图 13-67　通过热重实验数据得到的邻苯二甲酸二辛酯在不同温度下的蒸气压[81]

在较窄的温度范围内，可以通过等式（13-75）对图 13-67 中的数据进行线性拟合，根据斜率可以估算蒸发和升华过程的焓变。在图 13-68 中给出了一种常见的紫外线吸收剂 2,4,4′-三羟基苯甲酮的 $\ln p$ 与 $1/T$ 的关系图，图中熔点（T_m）以上和以下范围的斜率分别代表化合物的蒸发焓和熔化焓。根据两条线的交点和斜率可以分别确定熔融温度（209℃±5℃）、升华焓和蒸发焓。

在熔融温度 T_m 时，熔化焓 $\Delta H_{fus}(T_m)$ 与升华焓 $\Delta H_{sub}(T_m)$ 及蒸发焓 $\Delta H_{vap}(T_m)$ 之间存在以下的关系：

$$\Delta H_{sub}(T_m) = \Delta H_{vap}(T_m) + \Delta H_{fus}(T_m) \tag{13-76}$$

根据等式（13-76）和由图 13-68 中两条直线的斜率确定的 $\Delta H_{sub}(T_m)$ 与 $\Delta H_{vap}(T_m)$ 数值，可以计算得到熔化焓 $\Delta H_{fus}(T_m)$ 为(30±3)kJ/mol，与由 DSC 所确定的熔融温度（198.5℃±0.5℃）和熔化焓 [(34±1)kJ/mol] 比较接近[88]。

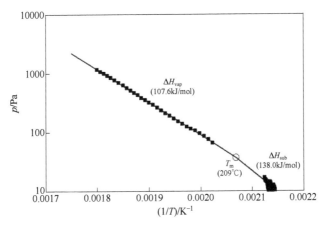

图 13-68　通过蒸气压数据计算 2,4,4′-三羟基苯甲酮的熔点和熔化焓[88]

基于以上分析，理论上如果样品的熔融热已知，则可以通过热重法直接确定其 ΔH_{sub}、ΔH_{vap} 和 T_m[89]。也可以通过外推材料的蒸气压随温度的变化曲线到压力为 10325Pa 来估算材料在 1 个标准大气压下的沸腾温度（即沸点 T_b）。实际上由于许多化合物在正常的沸点以下会发生分解，导致这种预测的正确性经常会受到质疑。

此外，由于物质在固体或液体状态的热容和其蒸气状态不同，导致其升华焓和蒸发焓表现出温度依赖性，这种关系可以用以下形式的 Kirchoff 定律来表示：

$$\Delta H(T_0) = \Delta H(T) + \int_{T_0}^{T} \Delta C_p(T) dT \tag{13-77}$$

等式（13-77）中，T_0 为常用的参考温度（通常为 298.15K），ΔC_p 是 C_p(蒸汽)-C_p(固)（对于升华过程）或 C_p(蒸汽)-C_p(液)（对于蒸发过程）。在实际应用中，很难在足够宽的温度范围内获得高质量的蒸气压数据来评价 ΔH 的温度依赖性。基于此现状，Chickos 等人[90]基于对大量材料的研究，提出了以下的对标准状态进行热容修正的方法，以及升华和蒸发过程中焓变的关系式：

$$\Delta H_{\text{sub}}(298.15\text{K}) = \Delta H_{\text{sub}}(T) + 0.0320 \times (T - 298.15) \tag{13-78}$$

$$\Delta H_{\text{vap}}(298.15\text{K}) = \Delta H_{\text{vap}}(T) + 0.0540 \times (T - 298.15) \tag{13-79}$$

以上等式中，ΔH_{sub} 和 ΔH_{vap} 的单位为 kJ/mol，过程中某一特定温度 T 的单位为 K。

在表 13-29 中列出了根据在不同温度下一系列紫外线吸收剂的蒸气压数据计算得到的化合物的蒸发焓和估计的沸点，表中的蒸发焓数据已根据等式（13-79）修正为 25℃（298.15K）时的表中同时列出了使用商用分子模型软件包获得的计算值。表中数据表明根据蒸气压数据 ΔH_{vap} 计算得到的数值与预测值之间具有较好的一致性。

表 13-29　在不同温度下一系列紫外线吸收剂的蒸气压数据计算得到的化合物的蒸发焓和估计的沸点[88]

化合物	测量值		计算值	
	ΔH_{vap}（25℃）/(kJ/mol)	T_b/℃	ΔH_{vap}（25℃）/(kJ/mol)	T_b/℃
2,4,4′-三羟基二苯甲酮	119.56	413.5	172.7	396.3
2,4-二羟基-4′-甲氧基二苯甲酮	112.17	382.3	151.0	368.4
2,2′-二羟基-4-甲氧基二苯甲酮	89.18	354.3	151.0	368.4
2,2′,4,4′-四羟基苯并苯酮	161.17	329.7	202.5	436.2
2-羟基-4,4′-二甲氧基二苯甲酮	91.66	388.2	129.2	346.9
2,2′-二羟基-4,4′-二甲氧基二苯甲酮	106.14	372.0	159.0	383.0
2-羟基-4,4′-二乙氧基二苯甲酮	108.92	364.1	139.1	372.4
2-羟基-4-丁氧基-4′-甲氧基二苯甲酮	102.11	393.0	144.0	384.9
2-羟基-4,4′-二丁氧基苯甲酮	104.41	421.9	158.9	421.5

在实际应用中，可以通过对比汽化热 ΔH_{vap} 与由动力学计算得到的活化能 E_a 数据，以确定这些数据的合理性。

由于蒸发过程是吸热的，其与活化能之间的关系如图 13-69 所示[91]。理论上，在通过动力学途径进行的能量跃迁过程中涉及 E_a 值的变化。热力学函数 ΔH_{vap} 仅与初始状态（液态）和最终状态（气态）之间的能量差有关，而与所经历的路径无关。由图 13-69 可以看出，$E_a > \Delta H_{\text{vap}}$，并且 E_a 的下限接近 ΔH_{vap}。

实际上 ΔH_{vap} 值可根据式（13-79）计算得出。对于硬脂酸分子，通过热重实验可以确定其在 109℃时的 ΔH_{vap} 值为 115.7kJ/mol，在 280℃时下降至 81.6kJ/mol。通过对在不同的加热速率下得到的 TG 曲线中的蒸发过程进行动力学分析，得到的 E_a 值的范围为 87.0~101.1 kJ/mol，这种现象与以上所列举的 E_a 与 ΔH_{vap} 的关系一致。

另外，在通过等式（13-75）形式的 Clausius-Clapeyron 方程确定不稳定的易挥发物质的汽化热时，通常采用负压条件（接近真空）下的热重实验来确定相应的蒸气压和汽化热。图 13-70 为在常压 [图 13-70（a）] 和低于真空的压力 [图 13-70（b）] 下得到的 1-壬醇化合物的 TG 曲线[92]。图中质量开始出现明显的变化时所对应的温度为样品在该实验条件下的沸点，该初始点为质量开始变化的基线与 TG 曲线最大斜率点的切线的交点，在图 13-70（a）中给出了确定该点的方法。在表 13-30 中给出了根据图 13-70（b）中相应的 TG 曲线计算得到的不同压力❶下的沸点信息。在图 13-71 中给出了 $\ln p$ 与 $1/T$ 数据的线性关系图，根据拟合的直线斜率可以确定该化合物的汽化热 ΔH_{vap} 值为 45.1kJ/mol。

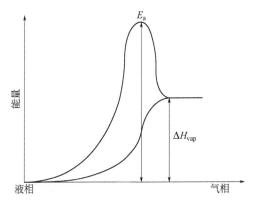

图 13-69　从液态向气态转变的能量示意图[91]

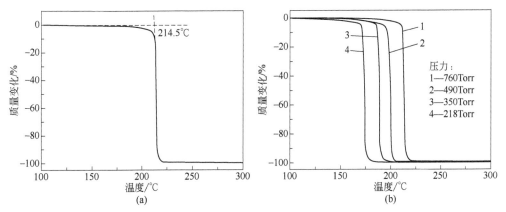

图 13-70　1-壬醇化合物在常压和不同的负压条件下得到的 TG 曲线[92]

（实验条件：通过将商品化热重分析仪与无油真空泵连接实现真空并将污染最小化，数字压力表
显示样品所处的压力，通过 500mL 稳流器和针形阀使压力波动范围控制在±0.1Torr；实验采用
密封铝坩埚，盖子中央具有一个 0.05mm 的孔；加盖的目的是为了抑制样品飞溅，
扎孔可以维持内外压力平衡；样品用量为 5~10mg）

（a）在 760Torr 下；（b）在不同的负压下

---

❶ 压力单力 Torr 为非法定计量单位，与法定计量单位的换算关系为：1Torr = 133.322Pa。

表 13-30　根据图 13-70（b）中相应的 TG 曲线计算得到的不同压力下的沸点信息[92]

压力/Torr	沸点/℃
762.0	199.1
625.0	190.5
508.1	182.1
373.3	170.8
228.4	154.2

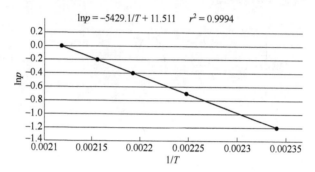

图 13-71　1-壬醇化合物的 $\ln p$ 与 $1/T$ 的线性关系图[92]

另外，通过精密度和准确度测试，表明通过这种方法可以快速而准确地确定物质的 ΔH_{vap}，所得到的测量结果与文献值的一致性范围在±5%之内。另外，可以通过单组分的 ΔH_{vap} 值以及混合物的组分比来简单地估算二元混合物的 ΔH_{vap} 值。

由于生物柴油混合物和可再生燃料混合物中有效组分的浓度通常较低，因此其可以近似为理想溶液进行处理[93]。因为 ΔH_{vap} 是基本的热力学性质，因此可以用以下形式的等式描述理想混合物的 $\Delta H_{vap,混合物}$。

$$\Delta H_{vap,混合物} = \sum X_i \cdot \Delta H_{vap,i} \tag{13-80}$$

式中，X_i 是共混物中第 i 个组分的摩尔分数；$\Delta H_{vap,i}$ 是共混物中第 i 个组分的 ΔH_{vap} 值；$\Delta H_{vap,混合物}$ 是共混物的 ΔH_{vap} 值。

由于混合物中每种成分的密度都比较接近，则等式（13-80）可以简化为以下等式的形式：

$$\Delta H_{vap,混合物} \approx \sum V_i \cdot \Delta H_{vap,i} \tag{13-81}$$

其中 V_i 是组分 i 在混合物体系中的体积分数。对于只有两个组分的混合体系，等式（13-81）可以简单地写为

$$\Delta H_{vap,二元混合物} \approx V_1 \cdot \Delta H_{vap,1} + V_2 \cdot \Delta H_{vap,2} \tag{13-82}$$

对于给定的二组分混合物，以上等式中的 $\Delta H_{vap,1}$ 和 $\Delta H_{vap,2}$ 是已知的恒定值。式中唯一的变量是体积分数或混合比。

在表 13-31 中给出了混合比分别为 25%、50% 和 75% 棕榈生物柴油的 ΔH_{vap} 值，结果表明计算值和测量值之间具有良好的一致性[93]。

表 13-31 不同混合比棕榈生物柴油的 ΔH_{vap} 值[93]

混合物名称	FAME 混合比（体积分数）	蒸发热（ΔH_{vap}）/(kJ/mol)		
		测量值	计算值	RPD[①]
Palm0（一种生物柴油）	0	48.2	未知	未知
palm B25	25	59.4	57.1	3.9
palm B50	50	63.6	66.0	−3.7
palm B75	75	76.2	74.8	1.9
palm B100	100	83.7	未知	未知

① 相对偏差（RPD）=100×(测量值−计算值)/计算值。

13.7 确定物质的动力学性质

通过热分析尤其是热重实验所得到的曲线可以反映所研究的对象在实验过程中的动力学性质变化，作为物质的质量性质在实验过程中的综合反映形式，通过对 TG 曲线进行动力学分析可以得到物质在不同的实验条件下所发生的质量变化过程的活化能、指前因子以及速率方程等动力学相关的信息[94-97]。

在实际应用中，在对实验所得的 TG 曲线进行常规的解析之后，通常还需要对曲线中出现的质量变化过程进行必要的动力学分析[98-101]。限于篇幅，在本部分内容中简要介绍对 TG 曲线进行动力学分析的基本过程。

13.7.1 简介

理论上，可以通过动力学分析来确定反应的速率方程，用来描述反应过程中反应物或产物随着时间的转化程度，这类实验通常在恒定的温度下进行。在进行动力学分析时，通常将实验数据与根据理论动力学表达式计算出的预测值进行比较以确定最佳的速率方程，用来最准确地描述实验测量过程。另外，通过这种动力学表达式还可以推断出反应机制，即反应物转化成产物具体的化学反应步骤（包括可能的非常缓慢的速率控制步骤）。

另外，动力学分析还可以用来确定温度对反应速率的影响。在反应速率方程式中，温度变化对速率常数 k 的影响较大，通常用 Arrhenius（阿累尼乌斯）方程来定量地描述这种温度依赖性：

$$k = A \cdot \exp\left(\frac{E_a}{RT}\right) \tag{13-83}$$

式中，k 为速率常数；A 为指前因子，单位为 s^{-1}；E_a 为活化能，单位为 J/mol；

T 为温度，单位通常为 K；R 为理想气体常数，数值为 8.314。

长期以来，Arrhenius 方程中的 E_a 和 A 的值已经得到了广泛的认可。其中活化能是对反应能垒的度量，而指前因子（也称频率因子，常用 A 表示）则是对导致产物生成频率的度量。这些动力学参数提供了一种方便、可广泛使用的方法。这种动力学分析方法可以方便地比较不同体系的反应性，估算（并作适当的预测）在实验测量范围以外的温度下的反应性或稳定性。

在热分析领域，由恒温实验、动态（dynamic）或非等温（non-isothermal）实验中获得动力学信息的方法已受到越来越广泛的关注。这些实验通常在一系列不同的、恒定的加热速率（$\beta = \mathrm{d}T/\mathrm{d}t$）下进行，主要测量一些直接与反应分数 α 相关的物理量（例如：质量、热效应等）。

由于热重实验的研究对象多为固态或者液态物质，在实验过程中通常会发生固相-液相、固相-气相、液相-气相之间的多相转变，因此在此基础上进行的动力学分析多为非均相动力学分析。

非均相过程（heterogeneous processes）与均相过程有之间存在很大的差别。对于涉及固体的反应而言，变化过程一般优先发生在固体表面或反应物和产物之间的过渡相区域（即界面），在该区域一般反应能力局部增强。反应物组分一般位于固体产物的表面附近，以增加产物相的数量。这种反应界面是在成核过程中产生的，随后通过核生长进入至其所在的由晶体组成的反应物原料中。由于界面的反应性保持不变，在其整个反应过程中，界面线性推移或生长的速率保持恒定。因此，在这种类型的反应中，反应固体内的产物形成速率与反应物-产物界面的总面积成正比。

与均相过程不同，在涉及固体反应速率过程的动力学分析中，浓度项通常不再具有明确的物理意义，通常用反应进度 α 来表示过程进行的程度。

通常用下式表示动力学方程式：

$$\frac{\mathrm{d}\alpha}{\mathrm{d}t} = k(T) \cdot f(\alpha) \tag{13-84}$$

式中的 $f(\alpha)$ 习惯称为机理函数或者模式函数。

13.7.2 热分析动力学方程式

按照实验过程中的温度变化方式，可以将动力学方程式分为等温动力学方程和非等温动力学方程。

（1）等温动力学方程式

对于一个等温下的固态反应而言，将等式（13-83）代入至等式（13-84）中，可以得到其微分形式的反应速率方程式：

$$\frac{\mathrm{d}\alpha}{\mathrm{d}t} = Ae^{-\left(\frac{E_a}{RT}\right)}f(\alpha) \qquad (13\text{-}85)$$

分离变量并积分等式（13-85）可以得到在等温条件下的速率方程的积分形式，如下式所示：

$$g(\alpha) = k \cdot t = Ae^{-\left(\frac{E_a}{RT}\right)} \cdot t \qquad (13\text{-}86)$$

其中，$g(\alpha)$是积分形式的机理函数，定义为

$$g(\alpha) = \int_0^\alpha \frac{\mathrm{d}\alpha}{f(\alpha)} \qquad (13\text{-}87)$$

反应过程的动力学参数（机理函数、A 和 E_a）可以通过上述速率方程式［式（13-85）］由等温动力学数据获得。

对于由等温热重实验得到的数据而言，α 定义为下式形式：

$$\alpha = \frac{m_0 - m_t}{m_0 - m_\infty} \qquad (13\text{-}88)$$

式中，m_0 是反应开始时的初始质量；m_t 是时间 t 时的质量；m_∞ 是反应结束时的最终质量。

如图 13-72 为 KIO_3 在不同温度下等温分解的 TG 曲线[102]，可以按照等式（13-88）的方法将其转换为相应的 $\alpha\text{-}t$ 曲线，如图 13-73 所示，α 的数值变化范围为 0~1，覆盖了反应开始到结束的全过程。

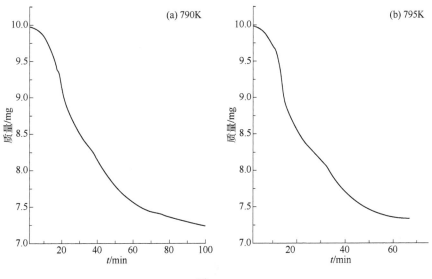

图 13-72

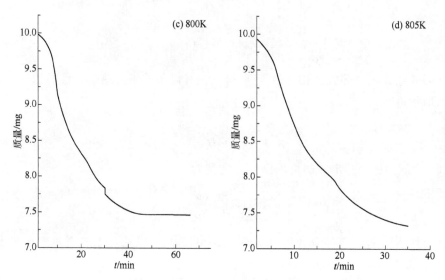

图 13-72　KIO₃ 在不同温度下等温分解的 TG 曲线[102]

（实验条件：法国 Setaram 公司 Labsys TG-DTA-1600 同步热分析仪，

60mL/min 氮气气氛，石英坩埚）

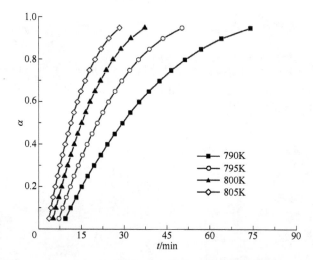

图 13-73　将图 13-72 中 KIO₃ 在不同温度下等温分解的 TG 曲线转换为 α-t 曲线[102]

（实验条件：法国 Setaram 公司 Labsys TG-DTA-1600 同步热分析仪，

60mL/min 氮气气氛，石英坩埚）

（2）非等温动力学方程式

对于由恒定的加热速率进行的非等温实验得到的实验数据而言，其加热速率 β 与温度 T 和时间 t 之间存在着如下关系：

$$\beta = \frac{\mathrm{d}T}{\mathrm{d}t} \tag{13-89}$$

等式（13-89）可以变形为：

$$dt = \frac{dT}{\beta} \quad\quad\quad （13-90）$$

将等式（13-90）代入等式（13-85）中并进行变形，则可以得到在恒定加热速率下的非等温速率方程式的微分形式：

$$\frac{d\alpha}{dT} = \frac{A}{\beta} \cdot e^{-\left(\frac{E_a}{RT}\right)} \cdot f(\alpha) \quad\quad\quad （13-91）$$

分离变量并积分等式（13-91），可以得到在非等温条件下的速率方程的积分形式，如下式所示：

$$g(\alpha) = \frac{A}{\beta} \int_0^T e^{-\left(\frac{E_a}{RT}\right)} dT \quad\quad\quad （13-92）$$

对于由非等温热重实验得到的数据而言，α 可以定义为下式形式：

$$\alpha = \frac{m_0 - m_T}{m_0 - m_\infty} \quad\quad\quad （13-93）$$

式中，m_0 是开始温度时的初始质量；m_T 是温度为 T 时的质量；m_∞ 是反应结束温度时的最终质量。

如图 13-74 为在氩气气氛下得到的不同升温速率的 TG 曲线和根据需要的 TG 曲线得到的反应进度 α 随温度变化曲线[103]。由图可见，α 的数值变化范围为 0~1，覆盖了反应开始到结束的全过程。

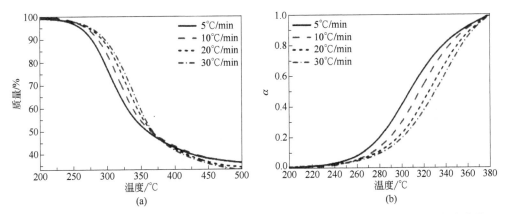

图 13-74　在氩气气氛下得到的不同升温速率的 TG 曲线及反应进度 α 随温度变化曲线
（实验条件：60mL/min 的氩气气氛，每次样品用量为 8mg 左右，敞口氧化铝坩埚）
（a）不同升温速率下的 TG 曲线；（b）相应升温速率下的反应进度 α 随温度变化曲线

（3）其他动态升温条件下的动力学方程式

在非等温实验中，除了以上列举的常用的线性升温速率的实验类型外，在实际应用中还有温度调制和速率控制超解析等实验模式[104-107]，这类非等温实验在特定的研究领域中具有其他方法不可替代的独特优势。限于篇幅，在本部分内容中不再展开介绍。

13.7.3 机理函数

机理函数是对实验中发生过程的理论数学描述。在固态反应中，可以用机理函数来描述特定的反应类型，并在数学上将其转化为速率方程。目前在固态动力学的研究中已经提出了许多机理函数，这些机理函数大多是基于某些特定的机理假设发展起来的。除此之外，还有一些其他机理函数是基于经验假设，它们的提出主要出于便于数学分析角度的考虑而从机理的角度则往往很难解释。通过动力学分析，从这些不同的机理函数可以得到不同的速率表达式。

在均相反应动力学（例如，气相或液相）中，通常通过动力学研究直接获得可用于描述反应进程的速率常数。除此之外，通过反应动力学机理的研究以及速率常数随温度、压力或反应物/产物浓度的变化的研究通常有助于揭示反应发生的机理，而这些机理通常涉及不同程度的反应物转化成产物的多个具体的化学步骤。然而，在固态动力学中，由于与每一个反应步骤相关的信息通常难以获得，机理解释通常需要确定合理的反应模型[108]。事实上，反应的机理函数的选择应该得到其他互为补充的技术例如显微镜、光谱、X射线衍射等实验数据的支持才能证明更为合理[109]。

基于机理假设，机理函数通常分为成核、几何收缩、扩散及级数反应几类，在表 13-32 中分别列举了不同类型的机理函数的代码、微分形式表达式和积分形式表达式[110]。

表 13-32　常见的机理函数

反应模型	代码	微分形式 $f(\alpha)$	积分形式 $g(\alpha)$
Avarami-Erofeev	A1	$(3/2)(1-\alpha)[-\ln(1-\alpha)]^{1/3}$	$[-\ln(1-\alpha)]^{2/3}$
Avarami-Erofeev	A2	$2(1-\alpha)[-\ln(1-\alpha)]^{1/2}$	$[-\ln(1-\alpha)]^{1/2}$
Avarami-Erofeev	A3	$3(1-\alpha)[-\ln(1-\alpha)]^{2/3}$	$[-\ln(1-\alpha)]^{1/3}$
Avarami-Erofeev	A4	$4(1-\alpha)[-\ln(1-\alpha)]^{3/4}$	$[-\ln(1-\alpha)]^{1/4}$
1D 扩散	D1	$(1/2)\alpha^{-1}$	α^2
2D 扩散	D2	$[-\ln(1-\alpha)]^{-1}$	$(1-\alpha)\ln(1-\alpha)+\alpha$
3D 扩散-Jander	D3	$(3/2)(1-\alpha)^{2/3}[1-(1-\alpha)^{1/3}]^{-1}$	$[1-(1-\alpha)^{1/3}]^2$
3D 扩散-Ginstling	D4	$(3/2)[(1-\alpha)^{-1/3}-1]^{-1}$	$1-(2/3)\alpha-(1-\alpha)^{2/3}$
3D 扩散	D5	$(3/2)(1-\alpha)^{4/3}[(1-\alpha)^{-1/3}-1]^{-1}$	$[(1-\alpha)^{-1/3}-1]^2$
Prout-Tompkins	F1	$\alpha(1-\alpha)$	$\ln[\alpha(1-\alpha)^{-1}]$
圆柱收缩	F2	$2(1-\alpha)^{1/2}$	$1-(1-\alpha)^{1/2}$

反应模型	代码	微分形式 $f(\alpha)$	积分形式 $g(\alpha)$
球形收缩	F3	$3(1-\alpha)^{2/3}$	$1-(1-\alpha)^{1/3}$
随机成核（1）	F4	$(1-\alpha)^2$	$(1-\alpha)^{-1}$
随机成核（2）	F5	$(1/2)(1-\alpha)^3$	$(1-\alpha)^{-2}$
幂律法则	P2	$(2/3)\alpha^{-1/2}$	$\alpha^{3/2}$
幂律法则	P3	$2\alpha^{1/2}$	$\alpha^{3/2}$
幂律法则	P4	$3\alpha^{2/3}$	$\alpha^{1/3}$
幂律法则	P5	$4\alpha^{3/4}$	$\alpha^{1/4}$
一级反应	R1	$1-\alpha$	$-\ln(1-\alpha)$
二级反应	R2	$(1-\alpha)^2$	$(1-\alpha)^{-1}-1$
三级反应	R3	$(1-\alpha)^3$	$(1/2)[(1-\alpha)^{-2}-1]$
四级反应	R4	$(1-\alpha)^4$	$(1/3)[(1-\alpha)^{-3}-1]$
五级反应	R5	$(1-\alpha)^5$	$(1/4)[(1-\alpha)^{-4}-1]$
1.5 级反应	R3.2	$(1-\alpha)^{3/2}$	$2[(1-\alpha)^{-1/2}-1]$

Sestak 和 Berggren 提出了一种数学形式，表示单个一般表达式中的所有模型[111]：

$$g(\alpha) = \alpha^m \cdot (1-\alpha)^n \cdot [-\ln(1-\alpha)]^p \tag{13-94}$$

式中，m、n 和 p 为常数。通过改变这三个变量的值，使用等式（13-94）可以用来表示任何一种机理函数。

13.7.4　等温热分析动力学分析方法

在进行等温动力学分析时，首先需要在恒定的温度（通常需要至少三个温度）下对样品的反应过程进行一系列的热重实验；然后对这些数据进行动力学分析，以确定可以精确地反映体系中 α 随时间变化的最佳方程式；最后，根据得到的比较一致的结果，推导出动力学方程所代表的可以描述反应物/产物界面在反应中按照几何级数发展的方式的模型。对于许多固态反应而言，与 $\alpha\text{-}t$ 数据吻合最好的表达式通常与温度无关，而速率常数的量级则随着温度的升高而升高。

根据定义，反应进度 α 随着从反应物（开始时 $\alpha = 0.00$）到产物（结束时 $\alpha = 1.00$）的转变过程而逐渐地发生改变。对于热重实验而言，如果在一个反应中产生一种或者多种气态的产物（逸出气体的组成是常数），则 α 值可以通过时间 t 时的质量减少（$m_0 - m_t$）和反应完成时的整体的质量损失（$m_0 - m_f$）由 $\alpha = (m_0 - m_t)/(m_0 - m_f)$ 来计算得到。

用于动力学分析的热重实验数据必须足够准确并且可以重复，目前尚没有明确的标准来确定这种可重复的行为。通常的做法是在相似的实验中确定和报道 $\alpha\text{-}t$ 曲线，通过使用不同质量的反应物的实验来揭示自加热（自冷却）、逆反应和二次反应的程度和影响，所有的这些过程都会随着固体反应程度的增加而增加。对于反应物的破坏和预处理（例如，预照射、表面磨蚀、老化、研磨、压片、退火等）均会明显地改变反应动力学特性，通过对比未处理和已处理过的反应物样品的反应性可以得到可用于描述反应机理的信息。因此，进行等温动力学分析的数据由一系列的数值如 α、t；$(d\alpha/dt)$、t；$(d\alpha/dt)$、α 等构成，这些数据之间可以相互转换。在实验时，需要实时记录每个实验的温度。另外，在实验时可能会得到噪声相对较大的 α、t；$(d\alpha/dt)$、t 等数值，在必要的时候可以对数据进行平滑处理。

在等温条件下进行动力学分析的主要目的是确定最适合用来描述每个实验数据的速率方程，主要采用以下方法来进行等温实验数据的动力学分析：

① 检查 $g(\alpha)$-t 曲线的线性关系。

② 对由速率方程计算得到的曲线图与反应进度-约化时间（α-t_{red}）图进行比较。

这种方法主要通过由一定范围的测量时间值 t 得到的约化时间值 t_{red}，在所有曲线上可以找出一个共同的点。通常当 α 为 0.5 时，$t_{0.5} = 1.0$。该情况适用于任何诱导期，所以 $t_{red} = t/t_{0.5}$。

③ 将测量得到的 $(d\alpha/dt)$-t_{red} 或 α-t 与由速率方程得到的曲线相比较。

④ 确定由测量得到的 $(d\alpha/dt)$ 值对 $f(\alpha)$ 图的线性关系。在动力学模型中，通过这种方法比上述的方法①可以得到更好的分辨率。

例如，通过在等温条件下对不同流速下的 CO_2 对 Li_4SiO_4 化学吸附性质的研究，可以确定在不同的条件下的以下形式吸附速率方程式[112]：

$$y = A \cdot exp^{-k_1 \cdot t} + B \cdot exp^{-k_2 \cdot t} + C \qquad (13\text{-}95)$$

图 13-75 为由在不同温度和不同气氛流速下 CO_2 对 Li_4SiO_4 化学吸附实验得到的 TG 曲线，根据等温动力学分析可以确定在不同 CO_2 流速下的反应速率方程式（13-95）中的系数 A、B、C 和速率常数 k_1 和 k_2（如表 13-33 所示）。

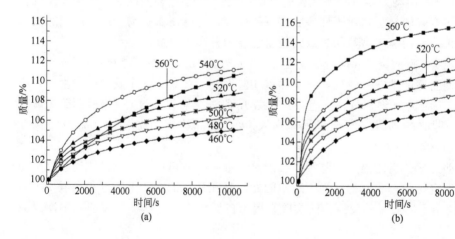

(a)　　　　　　　　　　　　　　(b)

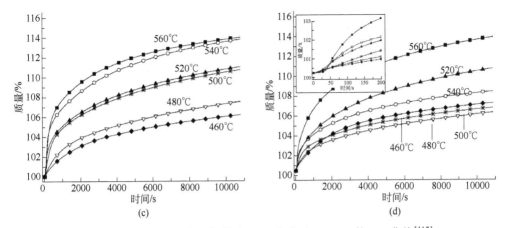

图 13-75　在不同的等温条件和 CO_2 流速下 Li_4SiO_4 的 TG 曲线[112]

CO_2 流速：（a）60mL/min；（b）150mL/min；（c）170mL/min；（d）200mL/min

表 13-33　通过动力学得到的不同流速下的 Li_4SiO_4 反应的动力学参数[112]

$T/℃$	k_1/s^{-1}	k_2/s^{-1}	A	B	C①	R^2
CO_2 流速为 60mL/min②						
460	$7.9×10^{-4}$	$1.2×10^{-4}$	-1.466	-4.934	106.4	0.9991
480	$1.02×10^{-3}$	$1.0×10^{-4}$	-2.345	-6.414	108.8	0.9994
500	$1.56×10^{-3}$	$1.2×10^{-4}$	-2.357	-7.689	110.0	0.9994
520	$1.66×10^{-3}$	$1.5×10^{-4}$	-2.680	-7.927	110.5	0.9998
540	$1.05×10^{-4}$	$1.8×10^{-4}$	-4.067	-8.616	112.5	0.9998
CO_2 流速为 150mL/min						
460	$8.0×10^{-4}$	$1.4×10^{-4}$	-3.248	-5.560	108.8	0.9997
480	$1.72×10^{-3}$	$1.3×10^{-4}$	-3.467	-7.821	111.2	0.9994
500	$2.96×10^{-3}$	$1.7×10^{-4}$	-3.716	-8.668	112.3	0.9996
520	$4.26×10^{-3}$	$2.1×10^{-4}$	-4.231	-8.711	112.8	0.9991
540	$4.17×10^{-3}$	$2.1×10^{-4}$	-4.983	-9.003	113.8	0.9987
560	$4.27×10^{-3}$	$2.5×10^{-4}$	-9.017	-8.911	116.6	0.9992
CO_2 流速为 170mL/min						
460	$8.5×10^{-4}$	$9.0×10^{-5}$	-2.443	-5.696	108.2	0.9999
480	$1.38×10^{-3}$	$1.0×10^{-4}$	-2.673	-7.090	109.8	0.9996
500	$3.05×10^{-3}$	$1.6×10^{-4}$	-4.072	8.090	112.0	0.9996
520	$3.96×10^{-3}$	$1.8×10^{-4}$	-3.664	-8.130	112.0	0.9989
540	$6.25×10^{-3}$	$2.2×10^{-4}$	-5.848	-9.398	114.5	0.9991
560	$4.67×10^{-3}$	$2.6×10^{-4}$	-6.917	-8.295	114.3	0.9989
CO_2 流速为 200mL/min						
460	$7.4×10^{-4}$	$1.0×10^{-4}$	-3.512	-4.826	108.4	0.9999
480	$1.83×10^{-3}$	$1.2×10^{-4}$	-1.862	-5.124	107.1	0.9998

续表

$T/℃$	k_1/s^{-1}	k_2/s^{-1}	A	B	$C^{①}$	R^2
CO₂ 流速为 200mL/min						
500	$2.97×10^{-3}$	$1.6×10^{-4}$	-2.205	-4.881	107.0	0.9996
520	$2.11×10^{-3}$	$1.7×10^{-4}$	-2.672	-8.547	111.5	0.9995
540	$3.38×10^{-3}$	$2.1×10^{-4}$	-2.537	-5.698	108.4	0.9988
560	$2.39×10^{-3}$	$2.1×10^{-4}$	-4.603	-9.232	114.2	0.9990

① 受每个等温实验中出现的初始时间和质量（脱水）的变化影响，数值在 100 附近发生变化。
② 在该 CO_2 流速下于 560℃下进行的等温实验，不适用于双指数模型。

13.7.5　非等温热分析动力学分析方法

在一个典型的非等温动力学实验中，反应物样品所处环境的温度会根据预先设定的温度程序发生系统地改变（对于热重实验而言，通常采用一个温度随时间的线性增加的程序）。通过动力学分析得到的所有的动力学参数的数值最终取决于由原始测量数据所得到的 α 和 T 的精度（或者通过微分的方式得到的 $d\alpha/dT$）。在非等温实验过程中，动力学性质的变化可能比一系列的等温实验更容易被忽略。这些可能的变化主要表现在 A、E_a 和动力学表达式的 $g(\alpha)$ 或者 $f(\alpha)$ 形式的变化。另外，在加热过程中，反应的化学计量关系、产物的产率和产物的二次反应温度也可能随温度而发生变化。同时，可逆反应、同时反应和连续反应的相对贡献也会随温度的变化而变化。

理论上，等温和非等温方法是用来确定某一反应的动力学参数的两种互为补充的方法，这两种方法都可以用来解决同一个问题。在热分析技术出现之前，基本上都采用等温法研究动力学。等温实验研究代表了温度变化的众多可能性中的一个极限情况，原则上可以将等温条件下的这些变化应用于非等温研究中。这两种方法都有各自的优缺点，在实际应用中不应过度忽略其中任何一种方法的重要性。

理论上，由热重实验所得到的曲线的整体形状主要取决于其动力学机理，曲线在温度轴上的位置则是由 E_a、A、较低的反应进度 α 和升温速率 β 来决定的。最常见的非等温热重实验方法是在合适的恒定升温速率 β 的条件下完成的，目前商品化的仪器均可以满足这种方法。

由于在实验过程中采用了温度控制程序，由实验得到的温度数据中也相应地包含了时间的信息，因此非等温法便发展成为应用热分析技术研究动力学的主要手段。在早期的动力学分析研究中通常只用一条 TG 曲线求取动力学参数，并且逐渐成为由热分析研究非均相动力学的主要方法，通常称这种方法为单一扫描速率法。单一扫描速率法通过对单一 TG 曲线进行分析，即能得到全部的动力学结果。但是近年来的研究发现即使用这种方法研究同一体系时所得结果也很不一致，因而该方法的科学性遭到了怀疑。因此，在近年来的动力学研究中普遍采用多重扫描速率法和等转化率法研究固相体系的反应机理。如果采用单一扫描速率法进行的动力学分析，其可靠性必须用多重扫描速率法进行验证，以确定单一扫描速率法所得结果的可靠性。

用于分析非等温动力学数据的方法可以分为基于等式（13-91）的微分方法或者是基于等式（13-92）的积分方法，分别对等式（13-91）和等式（13-92）进行相应的数学处理，可以得到不同形式的数学表达式。为了应用的方便，这些不同形式的表达式分别用最早提出的研究者命名，例如 Kissinger 法[113]、Friedman 法[114]、Ozawa 法[115]、Flynn 法[116]等。

在动力学分析过程中使用微分法可以有效地避免在积分法中所必需的温度积分的近似（如上所述）问题。另外，在使用微分法时的测量也不受累积误差的影响，而且在计算过程中也不会出现在进行积分时难以确定的边界条件[117]。在对以积分方式测量的数值进行微分时，通常需要在进一步分析前对数据进行平滑。在确定动力学模型时，使用微分方法可能会更加灵敏[118]。但是，在进行平滑时可能会导致曲线变形[119]。

在进行动力学分析时，当有两组以上的实验结果可用时，通过比较在两组不同条件下的一个相同值 α 下所得到的测量值，可以消除机理函数 $f(\alpha)$ 或 $g(\alpha)$ 的未知形式的影响。因此，这些等转化率的方法是一种通过"不依赖于模型"（model independent）或"非识别"的方法来确定 Arrhenius 参数的一种技术[120]。

为了避免丢弃可能更有意义的重要信息，可以通过原始数据由等转化率法获得的参数的方法来确定动力学模型。

等转化率法的一个主要优点在于，由该方法所计算得到的在非等温条件下的活化能数值与等温实验中的值可以保持一致。该方法的缺点是，如果不知道 $f(\alpha)$ 的模型，就无法确定 A 值。

以下结合实例介绍通过不同的动力学方法确定活化能的过程。

例如，可以分别采用以下几种动力学方法对物质的热分解过程进行动力学分析，计算在分解过程中的活化能[121]。

（i）Friedman 法

根据等转化率原理，在恒定的反应进度 α 下，反应速率只是温度的函数[122]。对等式（13-91）进行重排和取对数即可以得到以下形式的 Friedman 方程：

$$\ln\left(\frac{d\alpha}{dt}\right)_{\alpha,i} = \ln\left(\beta_i \frac{d\alpha}{dt}\right)_{\alpha,i} = \ln[A_\alpha f(\alpha)] - \frac{E_\alpha}{RT_{\alpha,i}} \tag{13-96}$$

式中，下标 α 表示特定反应进度下的值；β 是升温速率；下标 i 表示不同的升温速率；β_i 表示第 i 个升温速率；E_α 表示反应进度为 α 时的活化能。

将等式（13-96）左边以 $1/T$ 为函数绘制一条直线，由直线的斜率可以计算出在不同的反应进度下的活化能 E_α：

$$\left[\frac{d\ln(d\alpha/dt)}{d(1/T)}\right]_\alpha = -\frac{E_\alpha}{R} \tag{13-97}$$

用 Friedman 法分析 TG 曲线时，需要对由 TG 曲线得到的 α-T 曲线进行数值微分。通常由所用仪器的软件来进行相应的微分处理，有时会得到噪声较大的速率数据，从而使得活化能值的波动范围较大，此时通常采用积分等转化率法来避免由于微分出现的这类问题。

（ii）Flynn-Wall-Ozawa 法（简称 FWO 法）

对于实验过程中采用了恒定的升温速率 β 的非等温实验，在 α 为 $0{\sim}\alpha$ 和 T 为 $T_0{\sim}T_\alpha$ 范围对等式（13-92）求解，可以得到以下形式的温度积分方程式：

$$g(\alpha) \equiv \int_0^\alpha \frac{\mathrm{d}\alpha}{f(\alpha)} = \frac{A}{\beta} \int_{T_0}^{T_\alpha} \exp\left(\frac{-E}{RT}\right) \mathrm{d}T = \frac{A}{\beta} I(E, T) \tag{13-98}$$

由于以上形式的等式（13-98）中的积分 $I(E,T)$ 没有解析解，因此可以用近似法或数值积分法求解。采用最简单的一个 Doyle 近似公式可以得到以下形式的 FWO 方程式：

$$\ln \beta_i = \text{Const.} - 1.052 \frac{E_\alpha}{RT_{\alpha,i}} \tag{13-99}$$

在固定的转化范围 α 下，根据等式（13-99）可以绘制 $\ln\beta$ 与 $1/T$ 的关系曲线，通过获得的直线斜率来计算活化能 E_α。

（iii）Kissinger-Akahira-Sunose 法（简称 KAS 法）

基于等式（13-91），Kissinger 最早通过对不同加热速率下 DTA 曲线的峰值进行分析来计算非等温实验过程中的活化能 E，提出以下形式的方程[113,123]：

$$\ln\left(\frac{\beta}{T_{\max}^2}\right) = \ln\left(\frac{AR}{E}\right) + \ln[n \cdot (1 - \alpha_{\max})^{n-1}] - \frac{E}{RT_{\max}} \tag{13-100}$$

以上形式的等式可以应用于由 TG 曲线得到的 DTG 曲线的峰值 $T_{\max}$，根据热重实验由不同升温速率 β 下得到的 TG 曲线计算活化能 E。通过不同 β 下的一系列的 $\ln(\beta/T_{\max}^2)$ 与 $1/T_{\max}$ 的曲线的斜率计算 E 值。

在等式（13-100）中，n 是反应级数。这种方法通常假定为一级反应（即 $n = 1$），由此会对结果产生不同程度的影响。另外，较快的升温速率带来的热惯性也会影响所得到的 E 值。因此，在此基础上提出的以下形式的等转化率方法即 Kissinger-Akahira-Sunose（KAS）方法[124,125]可以有效克服以上不足：

$$\ln\left(\frac{\beta_i}{T_{\alpha,i}^2}\right) = \ln\left[\frac{AR}{g(\alpha) \cdot E_\alpha}\right] - \frac{E_\alpha}{RT_{\alpha,i}} \tag{13-101}$$

在这种情况下，在特定的 α 值下可以从 $\ln(\beta/T^2)$ 与 $1/T$ 的曲线图中获得活化能，其中斜率等于 $-E/R$。这种方法是在 Kissinger 方程的基础上发展起来的，可以用来确定不同转化率的活化能（用 E_α 表示）。

（iv）Coats-Redfern 法[126]

在对等式（13-98）中的积分函数考虑了 $2RT/E \ll 1$ 的渐近逼近后，利用 Coats-Redfern 近似可以通过以下等式确定最可能的机理函数：

$$\ln\left(\frac{g(\alpha)}{T_{\alpha,i}^2}\right) = \ln\left[\frac{AR}{\beta \cdot E_\alpha}\right] - \frac{E_\alpha}{RT_{\alpha,i}} \tag{13-102}$$

$\ln[(g(\alpha)/T_{\alpha,i}^2)]$ 与 $1/T_{\alpha,i}$ 的曲线图给出了结合不同机理函数的直线。可以通过获得与上述等转化率方法所确定的 E_α 值一致的平均值以及良好的相关系数（R）来确定最可能的机理函数。在确定了动力学机理函数和 E_α 值之后，还可以通过截距确定指前因子 A。

例如，可以通过 TG-DTG 法研究含砷难熔硫化金精矿（ARGC）在氮气气氛中 FeAsS 的热分解动力学。如图 13-76 和图 13-77 分别为 ARGC 在氮气气氛下热分解的 TG 和 DTG 曲线[127]。由图可见，样品在加热过程中一共出现了四个过程，其中第 2 个过程为 FeAsS 的分解反应，对应于图中用矩形框标注的范围。可以通过 KAS、FWO、CR 等动力学分析方法对该过程进行研究，得到表观活化能 E、指前因子 A 和反应机理函数 $f(\alpha)$ 和 $g(\alpha)$ 模型。

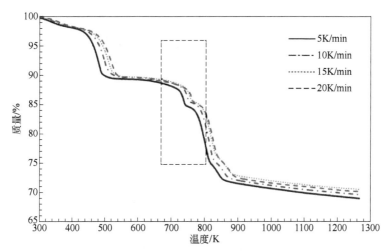

图 13-76　ARGC 在氮气气氛中不同升温速率下的热分解 TG 曲线[127]

（实验条件：美国 TA 仪器公司 SDT-Q600 热重-差热分析仪，样品用量大约为 10mg，
氮气气氛的流速为 100mL/min，实验温度范围为室温~1000℃，升温速率在图中已标注）

作为动力学分析的第一步，在图 13-77 中给出了对应于由不同加热速率下的 ARGC 的 TG 曲线中 FeAsS 分解过程的 α-T 曲线。由图可见，每条曲线的形状基本相同，呈现"S"型，α-T 曲线的位置随升温速率升高移向高温，表明在实验所选取的温度范围内 FeAsS 的分解机理没有发生变化。

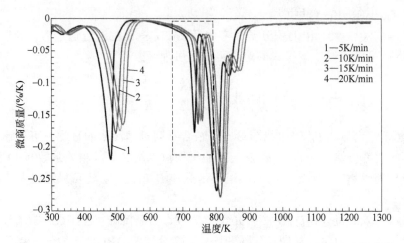

图 13-77　ARGC 在氮气气氛中不同升温速率下的热分解 DTG 曲线[127]

（实验条件：美国 TA 仪器公司 SDT-Q600 热重-差热分析仪，样品用量约为 10mg，
氮气气氛的流速为 100mL/min，实验温度范围为室温~1000℃，升温速率在图中已标注）

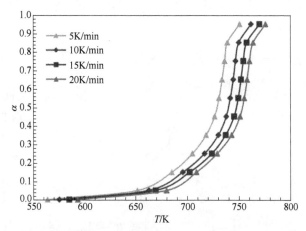

**图 13-78　对应于由不同升温速率 β_i 下 ARGC 的 TG 曲线中
FeAsS 分解过程的 α - T 曲线[127]**

利用 KAS 法和 FWO 法，分别得到了在分解过程中不同 α 值下 FeAsS 的活化能 E 值；另外还可以通过 KAS 方法得到不同 α 时的指前因子 A 值，分别列于表 13-34 中。另外，为了便于比较由这两种不同的方法得到的 E 值的差异，在图 13-79 中列出了不同 α 值下的 E 值。

由表 13-34 和图 13-79 可见，通过 KAS 法计算得到的 FeAsS 分解的 E_k 值略高于由 FWO 法计算的 E_f 值，E - α 曲线的变化规律基本一致。E_k 在 234~256kJ/mol 范围内，最大值为 255.5kJ/mol（对应于 α = 0.75 时）。当 α > 0.75 时，随着反应的进行，E_k 降至 248.3kJ/mol（对应于 α = 0.85 时）。这些结果表明，FeAsS 分解的 E 值随

表 13-34　分别由 KAS 法和 FWO 法得到的不同 α 值下的活化能 E 和指前因子 A 值[127]

α	KAS 方法			FWO 方法	
	E_k/(kJ/mol)	R^2	A_k	E_f/(kJ/mol)	R^2
0.25	234.4	1.0000	6.63×10^{16}	234.2	1.0000
0.35	237.5	0.9995	5.25×10^{16}	237.4	0.9995
0.45	243.6	0.9984	9.24×10^{16}	243.3	0.9985
0.55	247.1	0.9972	1.32×10^{17}	246.7	0.9975
0.65	251.8	0.9970	2.44×10^{17}	251.2	0.9973
0.75	255.5	0.9958	3.93×10^{17}	254.8	0.9962
0.85	248.4	0.9964	1.03×10^{17}	248.1	0.9967
均值	245.5	0.9978	1.55×10^{17}	245.1	0.9980

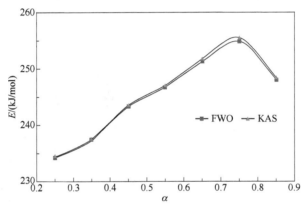

图 13-79　分别通过 KAS 法和 FWO 法获得的活化能 E 与 α 的关系曲线[127]

α 的变化不大。由 KAS 法和 FWO 法计算得到的 E_k 和 E_f 平均值分别为 245.5kJ/mol 和 245.1kJ/mol。表 13-34 中的相关系数 R^2 值接近 1，表明在进行动力学分析得到活化能 E 时具有较好的线性相关性，其中 KAS 法和 FWO 法的平均 R^2 分别为 0.9978 和 0.9980。另外，由 KAS 法测得的指前因子 A_k 平均值为 $1.6 \times 10^{17} s^{-1}$。

将可能的各种机理函数模型代入等式（13-102）的 CR 方程中，通过相关系数 R_c^2 和判别系数 d、η_e 和 η_A 来确定 FeAsS 分解的最可能的动力学机理函数。经过分析（限于篇幅，分析过程省略），FeAsS 在氮气气氛中热分解的最佳动力学机理函数与 Jander 的三维扩散方程模型一致。该机理函数的积分形式和微分形式分别为：

$$g(\alpha) = [1 - (1-\alpha)^{\frac{1}{3}}]^2 \qquad (13\text{-}103)$$

$$f(\alpha) = \frac{3}{2} \cdot (1-\alpha)^{\frac{2}{3}} \cdot [1 - (1-\alpha)^{\frac{1}{3}}]^{-1} \qquad (13\text{-}104)$$

在确定了最佳机理函数后，还可以确定相应的 E 和 A 值，分别为 263.3kJ/mol 和

$9.37×10^{16}s^{-1}$，该数值与分别由 KAS 法和 FWO 法计算得到的数值一致。由这三种动力学方法得到的 E 和 A 的平均值分别为 251.3kJ/mol［由(245.5+245.1+263.3)/3 计算得到］和 $1.2×10^{17}s^{-1}$［由(1.55×10^{17}+9.37×10^{16})/2 计算得到］。

此外，还可以通过用扫描电子显微镜的背散射电子（BSE）成像模式（SEM-BSE）分析在 773K 热分解后的残留物观察其微观结构的变化，进一步分析和验证 FeAsS 的热分解动力学机理。图 13-80 中给出了在 773K 下 ARGC 分解得到的 FeAsS 残留物的 SEM-BSE 图像和相关元素图谱。由图可见，残留的 FeAsS 呈块状，结构致密，表面无气孔。砷、铁和硫在残渣中均匀分布，分解产生的多孔磁黄铁矿均匀分布在残渣周围。在磁黄铁矿中，铁和硫分布均匀，无法检测到砷［见图 13-80（b）和（d）］，表明 FeAsS 的热分解反应是从晶体表面开始的。随着三维反应的进行，反应逐渐扩展到晶核。砷以气体的形式从基体中分离出来，形成孔洞结构。因此，次生磁黄铁矿仍留在基质中，呈多孔结构。这表明 FeAsS 的热分解过程符合三维扩散过程控制，其动力学模型可用 Jander 的三维扩散方程模型来描述。

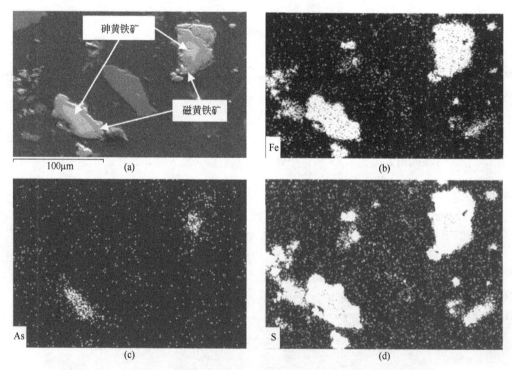

图 13-80　SEM-BSE 图像和 FeAsS（773K）残留物的相关元素分布图[127]
（a）为 BSE 图像；（b）、（c）和（d）分别是铁、砷和硫的相关元素分布图

在通过动力学方法得到所研究过程的 E 和 A 后，可以通过以下形式的等式计算出反应的热力学活化参数：

$$A \cdot \exp\left(-\frac{E}{RT}\right) = \nu \cdot \exp\left(-\frac{\Delta G_A}{RT}\right) = \frac{k \cdot T}{h} \cdot \exp\left(-\frac{\Delta G_A}{RT}\right) \quad （13\text{-}105）$$

对等式（13-105）的两侧取对数，整理后可得：

$$\Delta G_A = E - RT\ln\left(\frac{Ah}{kT}\right) \quad （13\text{-}106）$$

$$\Delta H_A = E - RT \quad （13\text{-}107）$$

$$\Delta G_A = \Delta H_A - T\Delta S_A \quad （13\text{-}108）$$

以上等式中，ν 是爱因斯坦频率；k 是玻尔兹曼常数，1.3807×10^{-23}；T 是热力学温度，K；h 是普朗克常数，6.625×10^{-34}J/s；ΔG_A、ΔH_A 和 ΔS_A 分别为反应的活化吉布斯自由能、焓变和熵变。

将计算得到的 E（平均值为 251.3kJ/mol）和 A（$1.2\times10^{17}\text{s}^{-1}$）分别代入以上等式（13-106）~等式（13-108）中，可以分别得到以下形式的与 FeAsS 热分解过程相应的 ΔG_A、ΔH_A 和 ΔS_A 与 T 的关系式：

$$\Delta G_A = 8.3145\times10^{-3} \cdot T \cdot \ln T - 0.1297 \cdot T + 251.3 \quad （13\text{-}109）$$

$$\Delta H_A = -8.3145\times10^{-3} \cdot T + 251.3 \quad （13\text{-}110）$$

$$\Delta S_A = -8.3145\times10^{-3} \cdot \ln T + 121.3944 \quad （13\text{-}111）$$

分别将反应过程中的特征温度（对应于图 13-76 中不同升温速率下 DTG 曲线中 T_i、T_p 和 T_f 值的平均值）代入至等式（13-109）~等式（13-111）中，可以计算得到在不同特征温度下反应活化的 ΔG_A、ΔH_A 和 ΔS_A，结果如表 13-35 所示。表中数据表明 FeAsS 的活化 ΔG_A、ΔH_A 和 ΔS_A 的值与温度有关，这些值随反应温度的升高而略有下降。特别是在 T_p 时，ΔG_A、ΔH_A 和 ΔS_A 的值分别为 195.4kJ/mol、245.1kJ/mol 和 66.4J/(mol·K)。

表 13-35　在不同特征温度下 FeAsS 的热力学活化参数[127]

特征温度	T/K	ΔG_A/(kJ/mol)	ΔH_A/(kJ/mol)	ΔS_A/[J/(mol·K)]
T_i	579.2	206.8	246.5	68.5
T_p	747.9	195.4	245.1	66.4
T_f	764.6	194.3	244.9	66.2

在以上实例中，对不同升温速率下的 TG 曲线进行了动力学分析，不同动力学分析方法得到的动力学参数的数值一致，表明动力学分析结果是合理的。

参 考 文 献

[1] 中华人民共和国国家标准. GB/T 6425—2008 热分析术语.

[2] 丁延伟. 热分析基础. 合肥: 中国科学技术大学出版社, 2020.

[3] 中华人民共和国教育行业标准. JY/T 0589.4—2020 热分析方法通则 第 4 部分 热重法.

[4] 刘振海, 张洪林. 分析化学手册. 3 版: 8. 热分析与量热学. 北京: 化学工业出版社, 2016.

[5] 丁延伟, 郑康, 钱义祥. 热分析实验方案设计与曲线解析概论. 北京: 化学工业出版社, 2020.

[6] 牟晓红, 冷宝林. 化学分析. 北京: 中国石化出版社, 2013.

[7] 曾元儿, 陈丰连, 曹骋. 分析化学. 北京: 科学出版社, 2021.

[8] 吴烈钧. 气相色谱检测方法. 北京: 化学工业出版社, 2000.

[9] 欧阳津. 液相色谱检测方法. 3 版. 北京: 化学工业出版社, 2020.

[10] 魏开华, 丁健桦. 分析化学手册. 3 版: 9A 有机质谱分析. 北京: 化学工业出版社, 2016.

[11] 陈耀祖. 有机质谱原理及应用. 北京: 科学出版社, 2016.

[12] 刘宝友, 刘文凯, 刘淑景. 现代质谱技术. 北京: 中国石化出版社, 2019.

[13] 盛龙生. 色谱质谱联用技术. 北京: 化学工业出版社, 2006.

[14] 邓勃, 何华焜. 原子吸收光谱分析. 北京: 化学工业出版社, 2004.

[15] 游小燕, 郑建明, 余正东. 电感耦合等离子体质谱原理与应用. 北京: 化学工业出版社, 2014.

[16] 辛仁轩. 等离子体发射光谱分析. 北京: 化学工业出版社, 2005.

[17] 蔡正千. 热分析. 北京: 高等教育出版社, 1993.

[18] 陈镜泓, 李传儒. 热分析及其应用. 北京: 科学出版社, 1985.

[19] dos Santos A P F, da Silva K K, Dweck J, d'Avila L A. Quantification of detergent-dispersant additives in gasoline by thermogravimetry, Thermochim Acta, 2019, 681: 178400.

[20] 成青. 热重分析技术及其在高分子材料领域的应用. 广东化工, 2008, 35(12): 50-52.

[21] 张东兴, 赵威为, 章照宏, 朱自强, 肖嘉莹. 改性沥青中 SBS 改性剂掺量的热重分析, 公路工程, 2014, 39(4): 73-77.

[22] Barroso-Bujans F, Alegría A, Pomposo J A, Colmenero J. Thermal Stability of Polymers Confined in Graphite Oxide. Macromolecules, 2013, 46: 1890-189.

[23] de Souza S P M C, de Morais F E, dos Santos E V, Martinez-Huitle C. A, Fernandes N. S. Determination of calcium content in tablets for treatment of osteoporosis using thermogravimetry (TG). J Therm Anal Calorim, 2013, 111: 1965-1970.

[24] 陈波宇, 顾瑛, 陈生, 王丹灵, 白浩. 热重分析法测定橡胶并用比. 轮胎工业, 2021, 4(6): 395-398.

[25] 吴玫晓, 石晶. 热重分析法测定高聚物合金尼龙66/聚四氟乙烯中各组分含量. 理化检验-化学分册, 2020, 56 (7): 793-795.

[26] 魏觉珍, 陈国玺. 药物热分析图谱. 北京: 化学工业出版社, 2001.

[27] Lin Z K, Han D L, Li S F. Study on thermal decomposition of copper(II) acetate monohydrate in air. J Therm Anal Calorim, 2012, 107: 471-475.

[28] 左志辉, 左文坚, 大屋和美. 热重法用于测定无机化合物和有机酸盐类药物的结晶水. 天津药学, 1999, 11 (04): 47-48.

[29] Ray L Frost, Sara J Palmer, Ross E. Pogson Thermal Stability of newberyite $Mg(PO_3OH) \cdot 3H_2O$. J Therm Anal Calorim, 2012, 107: 1143-1146.

[30] Sotiles A R, Gomez N A G, Wypych F. Thermogravimetric analysis of layered double hydroxides intercalated with sulfate and alkaline cations $[M_6^{2+}Al_3(OH)_{18}][A^+(SO_4)_2] \cdot 12H_2O$ (M^{2+} =Mn, Mg, Zn; A^+ =Li, Na, K). J Therm Anal Calorim, 2020, 140: 1715-1723.

[31] Eriksson M. Characterization of kiln feed limestone by dynamic heating rate thermogravimetry. Int J Miner Process, 2016, 147: 31-42.

[32] Zapała L, Kosińska-Pezda M, Byczyński L, Zapała W, Maciołek U, Woźnicka E, Ciszkowicz E, Lecka-Szlachta K. Green synthesis of niflumic acid complexes with some transition metal ions (Mn(Ⅱ), Fe(Ⅲ), Co(Ⅱ), Ni(Ⅱ), Cu(Ⅱ) and Zn(Ⅱ)). Spectroscopic, thermoanalytical and antibacterial studies.

Thermochim Acta, 2021, 696: 178814.

[33] de Godoi Machado R, Gaglieri C, Alarcon R T, de Moura A, de Almeida A C, Caires F J, Ionashiro M. Cobalt selenate pentahydrate: thermal decomposition intermediates and their properties dependence on temperature changes. Thermochim Acta, 2020, 689: 178615.

[34] Sikorska-Iwan M, Mrozek-Łyszczek R. Application of coupled TG-FTIR system in studies of thermal stability of manganese(II) complexes with amino acids. J Therm Anal Calorim, 2004, 78: 487-500.

[35] de Nascimento A L CS, Teixeira J A, Nunes W D G, Gomes D J C, Gaglieri C. Treu-Filho O, Pivatto M, Caires F J, Ionashiro M. Thermal behavior of glycolic acid, sodium glycolate and its compounds with some bivalent transition metal ions in the solid state. J Therm Anal Calorim, 2017, 130: 1463-1472.

[36] 卢久富. 基于间苯二甲酸和双联咪唑构筑的锌(Ⅱ)配位聚合物的合成、晶体结构及荧光性质研究[J]. 四川师范大学学报, 2015, 38(4): 539-542.

[37] 陈动. 五水硫酸铜结晶水的热失重分析. 辽宁化工, 2014, 43 (12): 1472-1474.

[38] Harris J D, Rusch A W. Identifying Hydrated Salts Using Simultaneous Thermogravimetric Analysis and Differential Scanning Calorimetry. J Chem Ed, 2013, 90: 235-238.

[39] Tang X J, Lachgar A. The Missing Link: Synthesis, Crystal Structure, and Thermogravimetric Studies of $InPO_4 \cdot H_2O$. Inorg Chem, 1998, 37: 6181-6185.

[40] Lin H J, Zhang P, Fang Y X, Zhao Y J, Zhong H C, Tang J J. Understanding the Decomposition Mechanisms of $LiNH_2$, $Mg(NH_2)_2$, and $NaNH_2$: A Joint Experimental and Theoretical Study. J Phys Chem: C, 2019, 123: 18180-18186.

[41] 薛凯, 董云芳, 伍永福, 刘中兴, 吴文远, 边雪. 热重-差重分析法研究 $CeCl_3 \cdot 7H_2O$ 的热分解过程. 有色金属 (冶炼部分), 2018, 1: 55-58.

[42] Attia A K, Abdel-Moety M M. Thermoanalytical Investigation of Terazosin Hydrochloride. Adv Pharm Bull, 2013, 3(1): 147-152.

[43] Jie Y F, Yang S H, Hu F, Li Y, Ye L G, Zhao D Q, Jin W, Chang C, Lai Y Q, Chen Y M. Gas evolution characterization and phase transformation during thermal treatment of cathode plates from spent $LiFePO_4$ batteries. Thermochim Acta, 2020, 684: 178483.

[44] Zhang G, He Y, Feng Y, Wang H, Zhu X. Pyrolysis-ultrasonic-assisted flotation technology for recovering graphite and $LiCoO_2$ from spent lithium-ion batteries. ACS Sustain Chem Eng, 2018, 6: 10896-10904.

[45] Liu W, Zhong X, Han J, Qin W, Liu T, Zhao C, Chang Z. Kinetic study and pyrolysis behaviors of spent $LiFePO_4$ batteries. ACS Sustain Chem Eng, 2018, 7: 1289-1299.

[46] Bélislea E, Chartranda P, Decterova S A, Erikssonb G, Gheribia A E, Hackb K, Jung I H, Kangd Y B, Melançona J, Peltona A D, Petersenb S, Robelina C, Sangstera J, Spencere Van Endec P M A. Factsage thermochemical software and databases, 2010-2016, Calphad, 2016, 54: 35-53.

[47] Zhang S S. A review on electrolyte additives for lithium-ion batteries. J Power Sources, 2006, 162: 1379-1394.

[48] Xia H, Wei K. Equivalent characteristic spectrum analysis in TG-MS system. Thermochim Acta, 2015, 602: 15-21.

[49] Mogi R, Inaba M, Iriyama Y, Abe T, Ogumi Z. Study on the decomposition mechanism of alkyl carbonate on lithium metal by pyrolysis-gas chromatography-mass spectroscopy. J Power Sources, 2003, 119-121: 597-603.

[50] Notario R, Quijano J, Sánchez C, Vélez E. Theoretical study of the mechanism of thermal decomposition of carbonate esters in the gas phase. J Phys Org Chem, 2005, 18: 134-141.

[51] Lux S F, Lucas I T, Pollak E, Passerini S, Winter M, Kostecki R. The mechanism of HF formation in $LiPF_6$ based organic carbonate electrolytes. Electrochem Commun, 2012, 14: 47-50.

[52] Miñano J, Puiggalí J, Franco L. Effect of curcumin on thermal degradation of poly(glycolic acid) and poly

(ε-caprolactone) blend. Thermochim Acta, 2020, 693: 178764.

[53] Rychlý J, Matisová-Rychlá L, Csomorová K, Janigová I, Schilling M, Learner T. Non-is otherm al thermogravimetry, differential scanning calorimetry and chemilum inescence in degradation of polyethylene, polypropylene, polystyrene and poly(methyl methacrylate). Polymer Degradation and Stability, 2011, 96: 1573-1581.

[54] 傅旭峰, 仲兆平, 肖刚, 李睿. 几种生物质热解特性及动力学的对比. 农业工程学报, 2009, 25(1): 199-202.

[55] Antal M J. Cellulose pyrolysis kinetics: The current statesof knowledge. Ind Eng Chem Res, 1995, 34(3): 703-717.

[56] 肖军, 沈来宏. 生物质加压热重分析研究. 燃料科学与技术, 2005, 5(11): 415-420.

[57] 周利兵, 杨婷, 刘孜宇. 4种清热解毒药热重及热值分析, 山东化工, 2021, 50(10): 93-96.

[58] Yilmaz R B, Bayram G, Yilmazer U. Effect of halloysite nanotubes on multifunctional properties of coaxially electrospun poly(ethylene glycol)/polyamide-6 nanofibrous thermal energy storage materials. Thermochim Acta, 2020, 690: 178673.

[59] Noyan E C B, Onder E, Sarier N, Arat R. Development of heat storing poly(ac-rylonitrile) nanofibers by coaxial electrospinning. Thermochim Acta, 2018, 662: 135-148.

[60] de Souza A S, Ekawa B, de Carvalho C T, Teixeira J A, Ionashiro M, Colman T A D. Synthesis, characterization, and thermoanalytical study of aceclofenac of light lanthanides in the solid state (La, Ce, Pr, and Nd). Thermochim Acta, 2020, 683: 178443.

[61] 文虎, 陆彦博, 刘文永. 利用热重法研究不同氧浓度对煤自燃特性的影响. 矿业安全与环保, 2021, 48 (1): 1-5.

[62] Lin H Y, Yuan C S, Chen W C, Hung C H. Determination of the Adsorption Isotherm of Vapor-Phase Mercury Chloride on Powdered Activated Carbon Using Thermogravimetric Analysis. J Air Waste Manage Assoc, 2006, 56(11): 1550-1557,

[63] Allen S J, Gan Q, Matthews R, Johnson P A. Comparison of Opti-mized Isotherm Models for Basic Dye Adsorption by Kudzu. Bioresource Technol, 2003, 88: 143-152.

[64] Namasivayam C, Kadirvelu K. Uptake of Mercury (ii) from Waste-water by Activated Carbon from an Unwanted Agricultural Solid By-Product: Coirpith. Carbon, 1999, 37: 79-84.

[65] Mohan D, Gupta V K, Srivastava S K, Chander S. Kinetics of Mercury Adsorption from Wastewater Using Activated Carbon Derived from Fertilizer Waste. Colloid Surface A. 2001, 177: 169-181.

[66] Wong Y C, Szeto Y S, Cheung W H, McKay G. Adsorption of Acid Dyes on Chitosan–Equilibrium Isotherm Analyses. Process Biochem, 2004, 39: 693-702.

[67] Broholm M B, Broholm K, Arvin E. Sorption of Heterocyclic Compounds from a Complex Mixture of Coal-Tar Compounds on Natural Clayey Till. J Contam Hydrol, 1999, 39: 201-226.

[68] Oguz E. Adsorption Characteristics and the Kinetics of the CR (Ⅵ) on the Thuja Oriantalis. Colloid Surface A, 2005, 252: 121-128.

[69] Goworek J, Stefaniak W. Assessment of the porosity of solids from thermogravimetry and nitrogen adsorption data. Thermochim Acta, 1996, 286: 199-207.

[70] Torralvo M J, Grillet Y, Rouquerol F and Rouquerol J. J Therm Anal, 1994, 41: 1529.

[71] Jaroniec M, Gilpin R K, Staszczuk P and Choma J. in Rouquerol J, Rodriguez-Reinoso F, Sing K S W and Unger K K (Eds.). Characterization of Porous Solids II, Amsterdam: Elsevier, 1994: 613.

[72] Dral A P, ten Elshof J E. Analyzing microporosity with vapor thermogravimetry and gas pycnometry. Micropor Mesopor Mater, 2018, 258: 197-204.

[73] Duan Y Y, Zhu M S, Han L Z. Experimental vapor pressure data and a vapor pressure equation for

trifluoroiodomethane (CF₃I). Fluid Phase Equilib, 1996, 121: 227-234.

[74] An B L, Yang F F, Duan Y Y, Yang Z. Measurements and new vapor pressure correlation for HFO-1234ze(E). J Chem Eng Data, 2017, 62 (1): 328-332.

[75] Xu W T, Song Q, Song G C, Yao Q. The vapor pressure of Se and SeO₂ measurement using thermogravimetric analysis. Thermochim Acta, 2020, 683: 178480.

[76] Langmuir I. The vapor pressure of metallic tungsten. Phys Rev, 1913, 2(5): 329-342.

[77] Monte M J S, Santos L M, Fulem M, Fonseca J M S, Sausa C A D. New static apparatus and vapor pressure of reference materials: naphthalene, Benzoic Acid, Benzophenone, and Ferrocene. J Chem Eng Data, 2006, 51(2): 757-766.

[78] Diky V, Chirico R D, Frenkel M, Bazyleva A, Magee J W, Paulechka E, Kazakov A, Lemmon E W, Muzny C D, Smolyanitsky A Y, Townsend S, Kroenlein K. NIST Standard Reference Database 103b: ThermoData Engine (TDE), 10.1, National Institute of Standards and Technology Standard Reference Data Program, Gaithersburg, MD, 2016.

[79] Majer V, Svoboda V, Pick J. Heats of Vaporization of Fluids. Amsterdam: Elsevier, 1989: 27.

[80] Vieyra-Eusebio M T, Rojas A. Vapor Pressures and Sublimation Enthalpies of Nickelocene and Cobaltocene Measured by Thermogravimetry. J Chem Eng Data, 2011, 56: 5008-5018.

[81] Shahbaz K, Mjalli F S, Vakili-Nezhaad G, AlNashef I M, Asadov A, Farid M M. Thermogravimetric measurement of deep eutectic solvents vapor pressure. J Molecular Liquids, 2016, 222: 61-66.

[82] Poling B E, Prausnitz J M, O'Connell J P. The Properties of Gases and Liquids. fifth ed. The McGraw-Hill Companies, Inc, 2001.

[83] Chickos J S, Hesse D G, Liebman J F, Panshin S Y. Estimations of the heats of vaporization of simple hydrocarbon derivatives at 298K. J Org Chem, 1988, 53: 3424-3429.

[84] Rechsteiner C E. Heat of vaporization. In Handbook of Chemical Property Estimation Methods; Lyman, W. J, Reehl, W. F, Rosenblatt, D. H, Eds, New York: McGraw-Hill, 1990: Chapter 13.

[85] Chickos J S, Acree W. E. Enthalpies of vaporization of organic and organometallic compounds, 1880-2002. J Phys Chem Ref Data, 2003, 32: 519-523.

[86] Tang I N, Munkelwitz H R. Determination of vapor pressure from droplet evaporation kinetics. J Colloid Interf Sci, 1991, 141: 109-118.

[87] Weast R C, Grasselli J G. CRC Handbook of Data on Organic Compounds. 2nd Ed. Boca Raton, FL: CRC Press, 1989.

[88] Price D M. Vapour pressures determination by thermogravimetry. Thermochim Acta, 2001, 367-368: 253-262.

[89] Price D M, Hawkins M. Calorimetry of two disperse dyes using thermogravimetry, Thermochim Acta, 1998, 315: 19-24.

[90] Chickos J S, Hosseini S, Hesse D G, Liebman J F. Heat capacity corrections to a standard state: a comparison of new and some literature methods for organic liquids and solids Struct. Chem, 1993, 4: 271-278.

[91] Lerdkanchanaporn S, Dollimore D. An investigation of the evaporation of stearic acid using a simultaneous TG-DTA unit. Thermochim Acta, 1998, 324: 15-23.

[92] Zhou G C, Roby S, Wei T, Yee N. Fuel Heat of Vaporization Values Measured with Vacuum Thermogravimetric Analysis Method. Energy Fuels 2014, 28: 3138-3142.

[93] Huang H, Wang K, Wang S, Klein M. T, Calkins W H. A novel method for the determination of the boiling range of liquid fuels by thermogravimetric analysis. Prepr Pap-Am Chem Soc, Div Fuel Chem, 1995, 40 (3): 485-491.

[94] Vyazovkina S, Burnham A K, Favergeon L, Koga N, Moukhina E, Pérez-Maqueda L.A, Sbirrazzuoli N. ICTAC Kinetics Committee recommendations for analysis of multi-step kinetics. Thermochim Acta, 2020, 689:

178597.

[95] Vyazovkin S, Burnham A K, Criado J M, Pérez-Maqueda L A, Popescu C, Sbirrazzuoli N. ICTAC Kinetics Committee recommendations for performing kinetic computations on thermal analysis data. Thermochim Acta, 2011, 520: 1-19.

[96] Vyazovkin S, Chrissafis K, Di Lorenzo M L, Koga N, Pijolat M, Roduit B, Sbirrazzuoli N, Suñol J J. ICTAC Kinetics Committee recommendations for collecting experimental thermal analysis data for kinetic computations. Thermochim. Acta, 2014, 590: 1-23.

[97] Vyazovkin S. Isoconversional kinetics of polymers: the decade past. Macromol Rapid Commun, 2017, 38: 1600615.

[98] Stanford V L, Liavitskaya T, Vyazovkin S. Effect of inert gas pressure on re-versible solid-state decomposition. J Phys Chem: C, 2019, 123: 21059-21065.

[99] Long G T, Vyazovkin S, Gamble N, Wight C. Hard to swallow dry: kinetics and mechanism of the anhydrous thermal decomposition of acetylsalicylic acid. J Pharm Sci, 2002, 91: 800-809.

[100] Farjas J, Butchosa N, Roura P. A simple kinetic method for the determination of the reaction model from non-isothermal experiments. J Therm Anal Calorim, 2010, 102: 615-625.

[101] Moukhina E. Determination of kinetic mechanisms for reactions measured with thermoanalytical instruments. J Therm Anal Calorim, 2012, 109: 1203-1214.

[102] Muraleedharan K, Kannan M P, Ganga Devi T. Thermal decomposition kinetics of potassium iodate. J Therm Anal Calorim, 2011, 103: 943-955.

[103] Hu Y D, Liu J, Luo L, Li X M, Wang F, Tang K Y. Kinetics and mechanism of thermal degradation of aldehyde tanned leather. Thermochim Acta, 2020, 691: 178717.

[104] Budrugeac P. Estimating errors in the determination of activation energy by advanced nonlinear isoconversional method applied for thermoanalytical measurements performed under arbitrary temperature programs. Thermochim Acta, 2020, 684: 178507.

[105] Budrugeac P. Critical study concerning the use of sinusoidal modulated thermogravimetricdataforevalua-tionofactivationenergyofheterogeneous processes. Thermochim Acta, 2020, 690: 178670.

[106] M. Reading, D. Dollimore, J. Rouquerol and F. Rouquerol, J. Thermal Anal, 29 (1984) 775.

[107] Ortega A, Pérez-Maqueda L A and Criado J M. Shape analysis of the α-T curves obtained by CRTA with constant acceleration of the transformation. Thermochim Acta, 1994, 239: 171-180.

[108] Brown M. E. Stocktaking in the kinetics cupboard. J Therm Anal Calorim, 2005, 82: 665.

[109] Brown M E. Introduction to thermal analysis: Techniques and applications, 2nd ed, Kluwer: Dordrecht, 2001:Chapter 10.

[110] Nguyen V T, Chiang K Y. Sewage and textile sludge thermal degradation kinetic study using multistep approach. Thermochim Acta, 2021, 698: 178871.

[111] Sestak J, Berggren G. Study of the kinetics of the mechanism of solid-state reactions at increasing temperatures. Thermochim Acta 1971, 3: 1-12.

[112] Rodríguez-Mosqueda R, Pfeiffer H. Thermokinetic Analysis of the CO_2 Chemisorption on Li_4SiO_4 by Using Different Gas Flow Rates and Particle Sizes. J Phys Chem: A, 2010, 114: 4535-4541.

[113] Kissinger H E. Reaction kinetics in differential thermal analysis. Anal Chem, 1957, 29: 1702-1706.

[114] Friedman H L. Kinetics of thermal degradation of char-forming plastics from thermogravimetry: Application to a phenolic plastic. J Polym Sci, Part C: Polym Symp, 1964, 6: 183-195.

[115] Ozawa T. A new method of analyzing thermogravimetric data. Bull Chem Soc Jpn, 1965, 38:1881.

[116] Flynn J H, Wall L A. General treatment of the thermogravimetry of polymers. J Res Natl Bureau Stand Part A, 1966, 70: 487.

[117] Flynn J H and Wall L A. General Treatment of the Thermogravimetry Data. J Res Nat Bur Stand, 1966, 70A: 487-523.

[118] Criado, J M, Málek J, Ortega A. Applicability of the master plots in kinetic analysis of non-isothermal data, Thermochim Acta, 1989, 147: 377-385.

[119] Van Krevelen D. W, Van Heerden C, Huntjens F J. Fuel, 1951, 30: 253.

[120] M. Selvaratnam and P.D. Gam. Kinetics of Thermal Decompositions: An Improvement in Data Treatment, J Am Ceram Soc, 1976, 59: 376.

[121] Roussi A T, Vouvoudi E C, Achilias D S. Pyrolytic degradation kinetics of HIPS, ABS, PC and their blends with PP and PVC. Thermochim Acta, 2020, 690: 178705.

[122] Vyazovkin S, Sbirrazzuoli N. Isoconversional kinetic analysis of thermally stimu-lated processes in polymers. Macromol Rapid Commun, 2006, 27: 1515-1532.

[123] Kissinger H E. Variation of peak temperature with heating rate in differential thermal analysis. J Res Nat Bur Stand, 1956, 57: 217-221.

[124] Akahira T, Sunose T. Joint convention of four electrical institutes. Sci Technol, 1971, 16: 22-31.

[125] Vyazovkin S. Isoconversional Kinetics of Thermally Stimulated Processes. Switzerland: Springer, 2015.

[126] Coats A W, Redfern J P. Kinetic parameters from thermogravimetric data. Nature, 1964, 68-69.

[127] Ruan S F, Xing P, Wang C Y, Chen Y Q, Yin F, Jie X W, Ma B Z, Zhang Y L. Thermal decomposition kinetics of arsenopyrite in arsenic-bearing refractory gold sulfide concentrates in nitrogen atmosphere. Thermochim Acta, 2020, 690: 178666.

第 **VI** 部分

热重法应用中的
常见问题分析

第**14**章 热重实验方案设计中常见问题分析

在本书第 6 章中介绍了热重实验方案设计的方法，在实际应用中设计热重实验方案时会遇到许多不同的问题，这些问题主要表现在实验方法和实验条件选择等方面。理论上，不合理的实验设计方案往往会出现不理想的实验结果，从而导致得到的实验曲线无法解析的现象[1]。因此，在正式开始热重实验之前，在设计实验方案时应尽可能避免出现这些问题。

在本章中将结合实例从热重分析仪选择和实验操作条件选择等角度分析在设计热重实验方案时遇到的不同类型的问题，这些问题主要表现在以下两个方面：

① 在选择热重分析仪时，经常会出现对实验时拟采用仪器的工作原理、性能指标、对样品的要求不了解等现象，往往会导致所得到的实验曲线无法解析或者无法满足实验目标的现象。另外，在实际应用中还存在着实验目的不清晰和对仪器工作状态了解不充分等现象。

② 在选择实验条件时，会出现温度控制程序、气氛气体种类及流速、坩埚材质及形状、制样方法及样品用量等实验条件选择不当等问题，这些现象均会对曲线产生影响。

14.1 热重分析仪选择中的常见问题分析

如前所述，热重分析仪的选择是进行热重实验的第一步，也是十分关键的一步。在大多数情况下，如果在实验过程中选择了不合适的实验仪器，即使在之后的实验方案设计中花费再多的精力，也往往很难得到令人满意的实验结果。因此，应结合实验目的和可供选择的热重分析仪的特点，选择合适的仪器进行热重实验。在实际应用中，在选择热重分析仪的过程中遇到的问题主要表现在对所使用的仪器的技术参数缺乏了解、实验目的不清晰等方面。以下将结合实例分别对这些问题进行分析。

14.1.1 对实验仪器缺乏足够的了解

在正式开始热重实验之前，应对拟采用的热重分析仪进行充分的评估和分析。

在分析时应从仪器的工作原理、性能指标、对样品的要求等方面入手，并从实验过程、数据分析以及应用领域等角度对所研究的问题进行综合分析。如果发现拟采用的仪器无法满足实验要求，则应及时调整实验方案。如果对以上信息缺乏足够的了解或者考虑不全面，往往会导致所得到的实验曲线无法解析或者无法满足实验目标的现象。以下结合实例来进行分析。

（1）对仪器的工作原理了解不充分

目前国内外有至少十几家仪器厂商可以提供上百种不同型号和结构形式的热重分析仪，以满足不同应用领域的需求[2]。由于不同的热重分析仪的工作原理差别较大，在选择具体的仪器时必须充分了解其工作原理。以下结合实例说明。

通过 TG 实验可以得到在不同的实验条件（气氛、温度控制程序）下的质量随温度或时间的曲线。只有当物质的质量在实验条件下发生变化时，由 TG 曲线才可以得到样品在实验过程中的结构、组成或性质的变化信息。对于一些不发生明显的质量变化过程的熔融、结晶、玻璃化转变、固相相转变等过程，由 TG 曲线看不出在以上这些过程中发生的变化信息。理论上，仅通过 TG 曲线无法确定物质的熔融温度。在实际应用中通常采用量热与热重分析技术联用的同步热分析仪来确定未知物的熔融过程。如图 14-1 为聚四氟乙烯（PTFE）的 TG-DSC 曲线，由图可见 DSC 曲线在 250~350℃ 范围内出现了一个较为尖锐的吸热峰，在 100℃ 以下的较宽的吸热峰为启动沟，该现象与样品的热效应无关，在对曲线进行解析时无须结合样品的结构信息来解析这个过程[1]。由图还可以看出，在峰值为 325.4℃ 的吸热峰范围内，TG 曲线的质量变化为−0.16%，可以认为在该过程中样品的质量几乎不发生变化。结合实验结束后的样品状态变化和相关手册的数据等信息，可以判断该过程为 PTFE 熔融过程[3]。因此，在确定了大致的熔融温度的范围之后，仅通过 TG 曲线是无法确定物质的熔融过程的。通常由与其联用的 DTA 或者 DSC 技术来研究材料的熔融过程（图 14-1）。对于未知物的熔融过程，可以使用 TG 曲线作为辅助手段（证明在温度

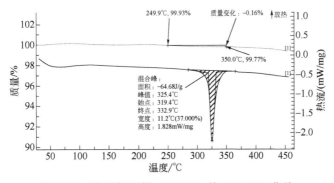

图 14-1　聚四氟乙烯（PTFE）的 TG-DSC 曲线

（实验条件：在 50mL/min 流速的氮气气氛下，以 10℃/min 的
加热速率由 25℃ 加热至 460℃，敞口氧化铝坩埚）

范围内没有出现明显的质量变化）。也可以通过 TMA 或者热膨胀等分析技术来确定物质的初始熔融温度，但在实验过程中要注意避免样品的熔融过程对支架造成的损害。

通常称非晶物质由玻璃态向橡胶态转变的过程为玻璃化转变过程，所对应的特征温度为玻璃化转变温度，通常用 T_g 表示。通过 DSC、DTA、TMA、DIL、DMA 等热分析技术可以确定过程中的 T_g，玻璃化转变过程为质量不变的一种固相转变，由 TG 法无法得到 T_g[4,5]。在实际应用中，不应将 TG（对应于热重法）和 T_g（对应于玻璃化转变温度，通常由差示扫描量热法得到）混淆。如果需要确定物质的玻璃化转变温度，则应选择 DSC、DTA、TMA、DIL、DMA 等热分析技术，而不应选择热重分析技术（即 TG）。对于与热重分析技术联用的 DTA 或 DSC 仪器而言，为了实现这两种技术的联用，其 TG 部分和 DTA 或 DSC 部分的性能指标通常有所下降，通过这类同步热分析仪往往无法得到较弱的玻璃化转变过程。如图 14-2 为由一种 TG-DSC 仪测量得到的聚苯乙烯膜的 TG-DSC 曲线，由图可见，在 30~200℃范围内，在 TG 曲线中聚苯乙烯的质量减少量小于 0.1%；在 DSC 曲线中没有出现向吸热方向的台阶，通过图中的 DSC 曲线无法研究物质的玻璃化转变过程，这表明通过该 TG-DSC 仪无法检测到聚苯乙烯膜的玻璃化转变过程，需要采用灵敏度更高的单一结构形式的 DSC 仪检测。

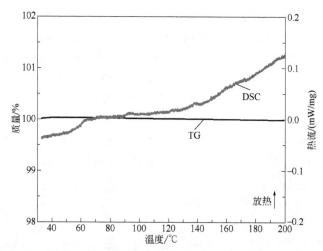

图 14-2　由 TG-DSC 实验得到的聚苯乙烯（PS）膜的 TG-DSC 曲线
（实验条件：在流速为 50mL/min 的氮气气氛下，以 10℃/min 的
加热速率由室温加热至 200℃，密封铝坩埚）

如图 14-3 为分别由单一功能的 TG 仪和 DSC 仪得到的聚苯乙烯膜的 TG 曲线和 DSC 曲线。为了便于比较，由两次独立的实验得到的曲线同时放置在同一张图中。由图可见，在 30~170℃范围内，在 TG 曲线中，聚苯乙烯的质量减少量小于 0.1%；在 DSC 曲线中，在 80~105℃范围内出现了一个向吸热方向的台阶，该过程对应于聚苯乙烯的玻璃化转变过程[6,7]。

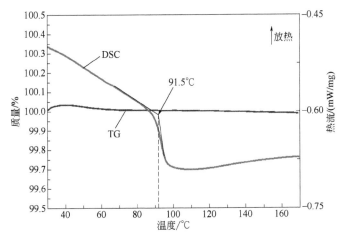

图 14-3　由 TG 实验和 DSC 实验得到的聚苯乙烯（PS）膜的 TG 曲线和 DSC 曲线的对比

（TG 实验条件：在流速为 50mL/min 的氮气气氛下，以 10℃/min 的加热速率由室温加热至 300℃，
敞口氧化铝坩埚；DSC 实验条件：在流速为 50mL/min 的氮气气氛下，以 10℃/min 的
加热速率由 0℃加热至 300℃，密封铝坩埚）

（2）对仪器的性能指标了解不充分

在选择具体的实验方法所对应的仪器时，应详细了解仪器的关键性能指标。概括来说仪器的性能指标主要包括以下内容：

① 仪器的工作温度范围。应了解仪器的工作温度范围是否在要求的范围之内，尤其是在进行降温实验时，仪器的降温能力应满足实验的要求。

例如，如图 14-4（a）为一种矿石的 TG-DTG 曲线，实验时采用的仪器的最高工作温度范围为 1000℃。由图可见，当温度达到设定的最高温度时，样品的 TG 曲线没有形成完整的失重台阶，DTG 曲线中的峰值也只出现了一半。这些现象表明该

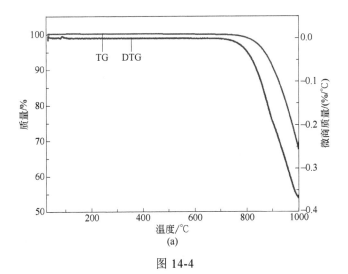

图 14-4

527

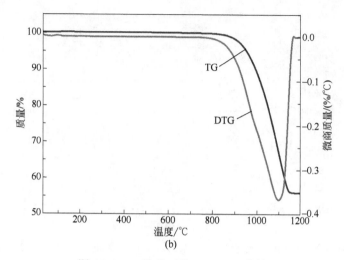

图 14-4　一种矿石的 TG-DTG 曲线

［实验条件：在流速为 50mL/min 的氮气气氛下，以 10℃/min 的加热速率
由室温开始加热，敞口氧化铝坩埚］

最高实验温度：（a）1000℃；（b）1200℃

样品的分解过程未完成，需要重新选择更高最高温度的仪器进行实验以使该过程完全结束［见图 14-4（b）］。

另外，当根据实验的温度范围选择合适的仪器时，实验所需的温度范围不应接近仪器的工作温度的极限（包括可达到的最低温度和最高温度）。

② 仪器检测器的灵敏度。由不同的性能指标下的热重分析仪得到的结果差别较大，在实验时应根据实际需要选择合适的实验仪器。例如，通过 DSC 仪和 TG-DSC 仪均可得到物质在实验过程中产生的热效应信息，但这两种仪器的性能指标之间的差别较大。对于与 TG 联用的 DSC 仪，其结构形式比独立的 DSC 仪简单得多，其检测器的灵敏度也相应地要差很多。

对于一些转变较弱的玻璃化转变过程、固相相转变过程，应通过独立的 DSC 仪来进行实验。图 14-5 为分别由 TG-DSC 仪和独立的 DSC 仪得到的一种无机相变材料的 DSC 曲线。由图可见，几乎相同质量的样品在相同的实验条件下得到的 DSC 曲线中的相变过程的吸热峰相差很多倍。显然，由灵敏度更高的独立结构形式的 DSC 仪可以更准确地得到在实验过程中相变峰的变化信息。另外，还可以由这种 DSC 仪得到在相变过程中峰形的微弱变化信息。

③ 仪器的量程。仪器的量程主要包括仪器的工作温度范围和天平的量程，其中在图 14-4 中给出了温度范围对于测量结果的影响。对于采用不同量程天平的热重分析仪器而言，其质量测量的灵敏度也有较大的差别。样品中可能出现的微弱的变化只能通过灵敏度高的仪器来检测，一般来说仪器的量程与灵敏度成反比，即灵敏度越高，其量程越小。图 14-6 为由两台不同量程的热重分析仪在相同的实验条件下得

到的一种混合物的热重曲线。由图可见，量程较大的仪器对于较小的质量变化的响应不敏感，得到的 TG 曲线和 DTG 曲线的分辨率较低，不利于研究连续发生的多个过程的质量变化。

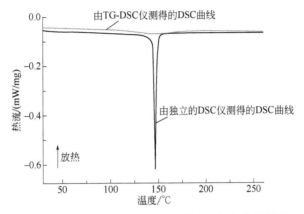

图 14-5　分别由 TG-DSC 仪和独立的 DSC 仪得到的无机相变材料的 DSC 曲线对比图

（TG-DSC 仪的实验条件：样品量 11.5mg，在流速为 50mL/min 的氮气气氛下，以 10℃/min 的加热速率由室温加热至 270℃，敞口铝坩埚；独立 DSC 仪的实验条件：样品量 11.0mg，在流速为 50mL/min 的氮气气氛下，以 10℃/min 的加热速率由 0℃加热至 270℃，密封铝坩埚）

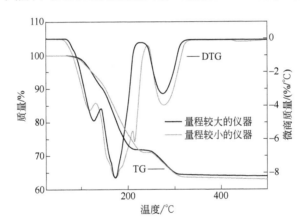

图 14-6　由两台不同量程的 TG 仪得到的一种混合物的 TG-DTG 曲线

（实验条件：样品量 10.2mg，在流速为 50mL/min 的氮气气氛下，以 10℃/min 的加热速率由室温加热至 500℃，敞口氧化铝坩埚）

④ 仪器的温度控制能力。由于一些热重分析仪器在设计时采用了较大尺寸的炉体结构形式，导致在实验时无法实现有效的温度控制［图 14-7（a）和（b）］。尤其是在实验过程中需要实现一些等温实验时，经常会出现温度过冲［图 14-7（c）和（d）］或者达到等温条件所需时间过长的现象［图 14-7（e）和（f）］。过冲现象的存在将导致试样经受更高的温度，这样会加速待测的转变或反应过程。在缓慢达到目标恒定温度的过程中，试样则可能在达到等温阶段之前就已经发生了转变或反应[1,4]。

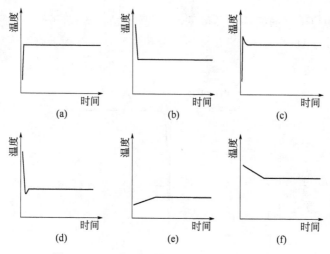

图 14-7　几种不同的达到恒定温度的方式

（a）以较快的加热速率达到指定的温度后等温，不存在过冲现象；

（b）以较快的降温速率达到指定的温度后等温，不存在过冲现象；

（c）以较快的加热速率达到指定的温度后等温，存在明显的过冲现象；

（d）以较快的降温速率达到指定的温度后等温，存在明显的过冲现象；

（e）以较慢的加热速率达到指定的温度后等温，不存在过冲现象；

（f）以较慢的降温速率达到指定的温度后等温，不存在过冲现象

　　例如，图 14-8 为一种催化剂在 100℃下等温脱附实验得到的 TG 曲线。由图可见，在加热至指定温度时，仪器实际达到的温度为 108.5℃，远高于设定的 100℃，

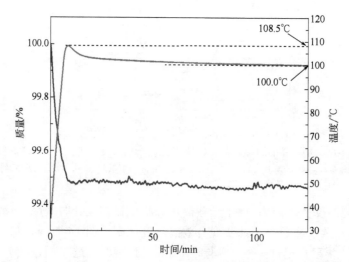

图 14-8　一种催化剂在 100℃下等温脱附实验得到的 TG 曲线

（实验条件：样品初始质量 18.255mg，在流速为 50mL/min 的氩气气氛下，以 10℃/min 的加热速率由室温加热至 100℃，等温 100min，敞口氧化铝坩埚）

之后慢慢回到设定的温度。由于温度越高样品的质量减少的速率越快，因此在达到设定的温度值之前，样品的质量出现了较为显著的变化。由此可以判断，在此条件下得到的 TG 曲线中的质量变化无法真实地反映催化剂在 100℃下等温脱附行为，应调整实验方案或者更换一种可以快速达到指定温度的热重分析仪来进行此类实验。

因此，如果需要研究材料在等温条件下的性质，则需要使用温度控制能力较好的仪器来进行实验。

⑤ 仪器的气氛控制能力。绝大多数的热重实验需要在一定的气氛下进行，在实验过程中使用的气氛的条件对实验曲线有较大的影响。在实验时除了按照实验要求设计不同的气氛控制程序外，还应考虑仪器对气氛的控制效果。由于结构形式的差异，不同仪器的气密性存在较大的差异。在切换气氛时，即使在实验前对于样品所处的空间的气氛进行了置换、平衡等处理，其他非实验所用的气氛气体对热分析曲线仍存在着一定的干扰。

如图 14-9 为一种含有低价态金属阳离子的混合物在惰性气氛（流速为 50mL/min 的氩气气氛）下的 TG 曲线，由图可见，样品的 TG 曲线在 700~1300℃范围内出现了 9.5%的增重现象。由于该实验是在惰性气氛下进行的，这种增重现象是由于低价金属阳离子在该温度范围内与炉内残余的氧气分子发生了氧化反应，形成了更加稳定的高价态氧化物而引起的。由于实验所用的加热炉的气密性不理想，在实验过程中渗入或残存的少量的氧气分子参与了样品在高温下的反应，导致图 14-9 中的 TG 曲线出现了意外的增重现象。

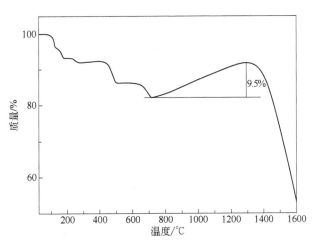

图 14-9　一种含有低价态金属阳离子的混合物在惰性气氛下的 TG 曲线

（实验条件：在 50mL/min 流速的氩气气氛下，由室温开始以 10℃/min 的
加热速率加热至 1600℃，敞口氧化铝坩埚）

另外，如果实验对仪器的真空度和高压气氛有一定的要求，则应使用可以满足这类条件的仪器来完成。

⑥ 数据采集频率。对于一些较快速的分解反应，在实验过程中需要快速、实时地记录下这种过程，即需要采用较高的数据采集频率。如图 14-10（a）为一种含能材料在仪器控制软件默认的数据采集频率为 1 数据点/秒的条件下得到的 TG 曲线，由图可见样品在 90℃左右开始出现快速热分解，质量出现了急剧下降的现象。图中的 TG 曲线在质量快速下降阶段只记录下一个数据点，在这种条件下得到的失重过程无法真实地反映样品的分解过程。为了更加真实地反映样品的热分解过程，应采用较高的数据采集频率进行热重实验。如图 14-10（b）为在数据采集频率为 10 数据点/秒的条件下重新进行实验得到的 TG 曲线，由图可见在样品快速分解阶段的曲线中采集到了较多的数据点，在这种条件下得到的数据可以更加真实地反映样品的热分解过程。

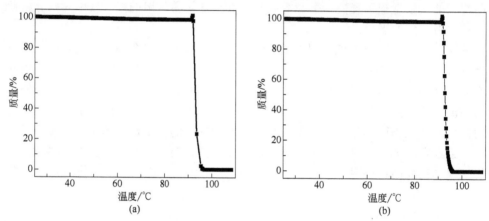

图 14-10　在不同数据采集频率条件下得到的一种含能材料的 TG 曲线

（实验条件：在 100mL/min 流速的氮气气氛下，由室温开始以 10℃/min 的
加热速率加热至 150℃，敞口氧化铝坩埚）
采集频率：（a）1 数据点/秒；（b）10 数据点/秒

另外，在较大的数据采集速率下得到的曲线的噪声较大，不利于确定曲线的特征量。对于大多数质量变化过程，通常采用 1 数据点/秒的数据采集频率。对于在较慢的温度变化速率下得到的 TG 曲线，由于实验时间耗时较长，此时如果仍采用默认的 1 数据点/秒的数据采集频率，所得到的 TG 曲线通常会表现出较多的"毛刺"现象。在这种条件下，需要采用较低的数据采集频率。如图 14-11（a）为在 2℃/min 的加热速率和数据采集频率为 1 数据点/秒的条件下得到的聚丙烯腈（PAN）的 TG-DTG 曲线。由于加热速率较低，在实验过程中采用 1 数据点/秒的数据采集频率采集了过多的数据，由此导致在 TG 曲线和 DTG 曲线中出现了较大的噪声。其中 DTG 曲线出现了十分明显的"毛刺"现象，给确定曲线中的特征转变温度带来了较大的不确定性。在这种情况下，需要采用较低的数据采集频率，以减小曲线的噪声。如图 14-11（b）为在 2℃/min 的加热速率和数据采集频率为 0.2 数据点/秒的条件下

得到的聚丙烯腈（PAN）的 TG-DTG 曲线。与图 14-11（a）相比，图 14-11（b）中的 TG 曲线和 DTG 曲线的噪声明显下降。在明显发生质量变化的 DTG 曲线中的峰变得更加明显，可以方便地确定峰值温度和最快失重速率等特征信息。

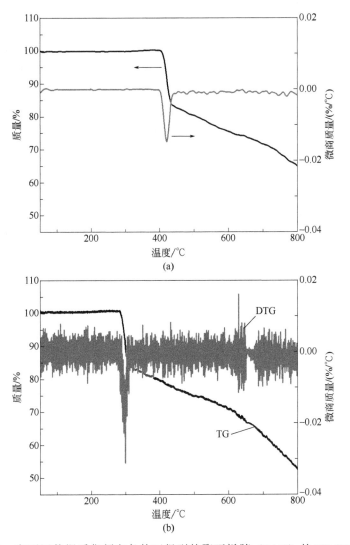

图 14-11　在不同数据采集频率条件下得到的聚丙烯腈（PAN）的 TG-DTG 曲线
（实验条件：在 50mL/min 流速的氮气气氛下，由室温开始以 2℃/min 的
加热速率加热至 800℃，敞口氧化铝坩埚）
采集频率：（a）1 数据点/秒；（b）0.2 数据点/秒

⑦ 其他的指标参数。在确定实验所用的热重分析仪时，除了需要考虑以上的指标参数外，还应结合实际考虑其他的因素，如自动进样、光照、磁场、电场等辅助设备对实验的影响程度。在使用自动进样器时，应考虑在制样后到开始测试期间样

品所可能发生的变化。理论上，当样品中含有易挥发、易分解的组分时，不应使用自动进样器进行实验。

14.1.2　实验目的不清晰

有时可以使用多种方法来达到相同的实验目的，此时应从所采用的这些方法中选择最有利于解决问题的一种或多种方法。例如，在确定物质的分解过程时，应确认仪器可以实现的实验条件与实验目的是否一致。再如，当需要研究物质在无氧条件下的常压热稳定性时，在实验温度范围内仪器的密封性应满足要求，最好具有真空实验模块。在切换到惰性气氛之前先抽真空，之后再充入相应的惰性气氛以置换样品所处环境中的残余氧，以确保实验在无氧条件下进行。

例如，图 14-12 为使用不同的热重分析仪由同一种样品在相同的条件下得到 TG 曲线。该物质为一种性质较稳定的加入了少量（5%左右）的无机填料的聚合物，在高温下发生裂解后会形成一定比例的炭化物（约 40%）。图中的曲线 1 表明，当温度高于 600℃时，质量残留量为 4.6%（该数值与加入的无机填料的比例接近）。而图中的曲线 2 则表明当温度高于 600℃时的质量残留量为 43.3%，与预期的约 40%的炭化物的比例十分接近。造成如此大差距的原因在于在实验过程中有较多的空气进入了样品周围。虽然实验是在氮气气氛下进行的，由于氧的存在加速了炭化物的氧化分解，当温度达到 600℃时，炭化物全部分解完毕，最终仅剩余无机填料。造成空气渗入至炉内的主要原因在于：（i）切换至氮气气氛的平衡时间不够，导致仍有少量空气存在于试样周围；（ii）加热炉出口堵塞，导致氮气气氛无法有效地置换其中残留的空气中的氧分子；（iii）仪器密封不严。

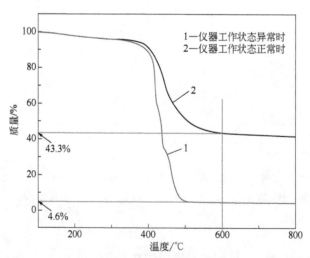

图 14-12　由不同状态的仪器得到一种聚合物的 TG 曲线

（实验条件：50mL/min 氮气气氛下，以 10℃/min 的
加热速率由室温升温至 800℃，敞口氧化铝坩埚）

14.1.3　对仪器的工作状态缺乏足够的了解

在对所研究的样品进行热重实验时，应确保仪器处于正常的工作状态[2,4]。当仪器的关键部件受到污染或者其他关键部件出现故障时，应采取及时有效的方法排除故障，并对仪器进行校准，以确保仪器处于正常的工作状态。在仪器正常工作期间，应按照本书第 4 章中系统介绍的判断仪器工作状态的方法定期或者不定期地评价，以确保仪器处于正常的工作状态。在实验过程中，通常通过基线来判断仪器的状态是否正常。如图 14-13 为在不同工作状态下得到的仪器基线，图中虚线对应的基线在室温~150℃范围出现了异常的波动，表明仪器工作状态异常。在排除故障后，重新实验得到的基线（图中实线）在实验温度范围内出现了较小范围的波动，可以满足实验要求。

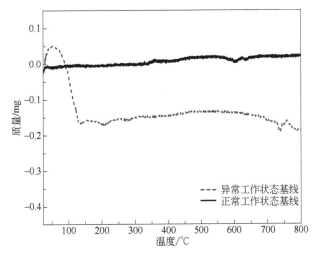

图 14-13　在不同工作状态下得到的仪器基线
（实验条件：50mL/min 氮气气氛下，以 10℃/min 的加热速率
由室温升温至 800℃，敞口氧化铝坩埚）

另外，还可以通过实验得到的样品 TG 曲线中出现的异常波动来判断仪器的工作状态。如图 14-14 为一种小分子药物的 TG 曲线，当加热至 400℃时，样品完全发生分解，剩余质量接近 0。然而，图中的 TG 曲线在 500℃以上质量开始出现较为明显的波动，在 650℃以上出现了较为剧烈的波动，波动幅度超过 100%。基于以上现象可以判断仪器处于异常的工作状态，在这种条件下得到的数据为异常数据，无法正常使用。

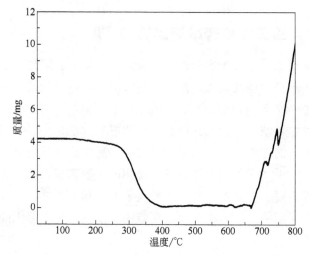

图 14-14　一种小分子药物的 TG 曲线（仪器工作状态异常）

（实验条件：50mL/min 氮气气氛下，以 10℃/min 的加热速率
由室温升温至 800℃，敞口氧化铝坩埚）

14.2　实验条件选择中的常见问题分析

　　在热重实验时采用的实验条件如温度控制程序、气氛气体种类及流速、坩埚材质及形状、制样方法及样品用量等因素均会对曲线产生影响。在拟定的实验方案中如果选择了不恰当的实验条件，则会对后期的曲线解析工作带来较大的影响。

　　在热重实验中，实验条件对所得到的曲线会产生不同程度的影响[1,8,9]。在设计实验方案时，应结合实验目的和样品实际选择合适的实验条件。在实际应用中选择实验条件时经常会出现一些问题，主要表现在以下几个方面。

14.2.1　与样品处理方法相关的问题

　　在热重实验中，为了得到更好的实验结果，通常需要对样品进行一些必要的处理。例如，对于一些容易受到环境影响（例如从环境中吸潮、氧化等）的样品，在制样时操作应尽可能快速，以减少环境的干扰。对于一些特别容易从环境中吸潮的样品，在进行实验时可以在所采用的温度控制程序中加入一个预干燥处理过程，以便将样品在室温保存和制样时从环境中吸收的水分在样品所处的实验环境中彻底去除，这种方法可以看作一种原位干燥的方式。图 14-15 为经过预干燥处理前后分别得到的秸秆的 TG 曲线，在进行预干燥处理之前的秸秆均已在 150℃下进行了干燥处理。由图可见，样品在预干燥处理前，样品在室温~120℃范围出现了 4%的缓慢失重过程，该过程是由于样品从环境中吸收了少量的水分引起的。而经在加热炉中预处理（处理方法为：在 50mL/min 流速的空气气氛下，由室温开始以 10℃/min 的加热速率加热至 100℃、等温 15min、降至 30℃以下，敞口氧化铝坩埚；预干燥后加热炉不打开直接进行正式实验）之后，图 14-15 中的 TG 曲线在该范围的失重过程消失，证实该预干燥方法是十分有效的。

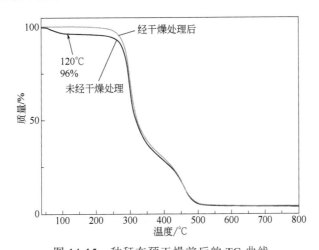

图 14-15　秸秆在预干燥前后的 TG 曲线

（实验条件：在 50mL/min 流速的空气气氛下，由室温开始以 10℃/min 的
加热速率加热至 800℃，敞口氧化铝坩埚）

　　另外，实验时的样品用量对于所得到的热分析曲线也有较大的影响。对于多组分体系，在进行热重实验时，加入样品量过少，得到的含量较少的组分的信息准确度通常会受到影响。反之，如果加入的样品量过多，则会影响气体产物的逸出，导致曲线变形、分辨率变差。因此，在实际应用中应结合实际需要选择合适的样品量进行实验。如图 14-16 为采用了不同的试样量（即初始质量不同）的改性聚氯乙烯（PVC）的 TG 曲线。与初始质量为 5.255mg 的样品相比，初始质量为 17.652mg 的样品的 TG 曲线的分辨率下降，同时特征变化温度升高。在进行热重实验时，通常使用的样品量的体积不应超过坩埚总体积的二分之一，对于容易爆炸或者剧烈分解的样品，实验时的样品用量还应进一步减少。

14.2.2　与温度控制程序相关的问题

　　在进行热重实验时采用的温度控制程序对最终得到的曲线的形状和位置产生的影响较大，在设计实验方案时应根据实验需要和样品性质设定合理的温度控制程序。在一些应用中设定的比较复杂的温度控制程序中通常包括升温、降温、等温等步骤，有时在不同的温度范围内还要改变温度的变化速率。显然，在实验时采用的不同的温度控制程序对于样品在实验过程中的性质变化有较大的影响，最终也会影响曲线的形状。例如，图 14-17 为分别在 5℃/min 和 10℃/min 的加热速率下得到的金属有机化合物的 TG 曲线。由图可见，在较低的加热速率（5℃/min）下得到的 TG 曲线中的每一个失重台阶的形状均比在 10℃/min 下的明显得多。因此，通过较低的加热速率可以有效地分离几个连续的过程。如果需要研究配体的热分解过程，则应采用较低的加热速率。

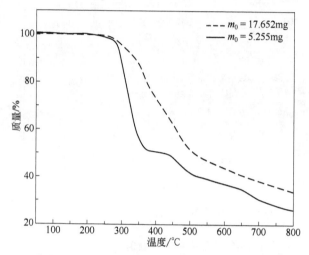

图 14-16　采用了不同的试样量的改性聚氯乙烯（PVC）的 TG 曲线

（实验条件：在 50mL/min 流速的空气气氛下，由室温开始以 10℃/min 的
加热速率加热至 800℃，敞口氧化铝坩埚）

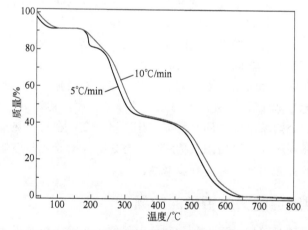

图 14-17　在不同的加热速率下得到的金属有机化合物的 TG 曲线

（实验条件：流速为 50mL/min 的氮气气氛，由室温以图中所示的
加热速率加热至 800℃，敞口氧化铝坩埚）

14.2.3　与实验气氛相关的问题

在热重实验过程中,实验气氛的主要作用是提升实验过程中的传热和传质效果,

并使试样所处的环境温度尽可能保持均匀。另外，在一些应用中，气氛还会参与试样在实验过程中的变化。因此在设计实验方案时，应明确实验气氛的作用，根据样品的性质和实验目的合理设定气氛的条件。概括来说，如果仅研究样品自身性质随温度程序的变化过程时，应使用惰性的实验气氛。不同的惰性气氛由于气体分子的导热性、密度等的变化，对实验结果会产生不同程度的影响。在设计实验的气氛程序时，经常会出现以下几个方面的问题。

（1）不同气氛之间切换时的问题

在实验时，有时需要根据实验目的在实验过程中切换气氛。在切换气氛时，通常由于气体的密度、流速、导热性的差异会对相应的热分析曲线的形状产生影响。在图 14-18 中，在实验过程中降低了气氛气体的流速，这种操作导致 TG 曲线产生了约 1.5%的失重。显然，这个失重过程与样品无关。在进行数据分析时应忽略这个失重过程。改变气氛流速对曲线产生的质量变化与仪器结构有关。对于上皿式热重分析仪而言，气氛气体的流向是由位于试样坩埚上方的天平室向下流经试样，流速减小会引起表观的失重现象。反之，对于下皿式结构的热重分析仪而言，当由下至上的气氛气体的流速变小时则会引起表观的增重现象。

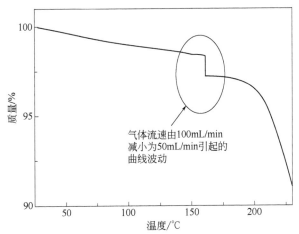

图 14-18　实验过程中气体流速的变化对 TG 曲线的影响

（实验条件：氮气气氛，从室温开始以 10℃/min 的加热速率加热至 500℃，敞口氧化铝坩埚；
在 160℃时，氮气气氛的流速由 100mL/min 降至 50mL/min）

因此，当在实验过程中需要改变气氛气体的条件时，需要在试样不发生变化的基线不变的阶段进行，以避免对曲线中有效变化信号产生干扰。在设计气氛切换程序时务必注意这方面的影响。

（2）与气氛气体的流速相关问题

在实验过程中，对于密度很小的样品而言，在设定气氛流速时应注意气氛气体的流动速率是否会带走未发生变化的试样的现象。如果存在这种情况，则应尽可能选用较低的气体流速。

图 14-19（a）为一种密度很小的生物炭气凝胶的 TG 曲线。由图可见，在实验温度范围内，试样的质量减少了 70%。由于这种气凝胶材料是在 800℃以上烧制而成的，在 TG 实验中仍有如此大的质量减少现象确实出乎意料。为了确认该结果的可靠性，将气氛流速减小至 20mL/min，同时在坩埚上方加载一个带有小孔的氧化铝盖子，重新进行实验，得到的 TG 曲线如图 14-19（b）所示。由图可见，在 800~1000℃范围，样品的质量减少量仅仅约为 7%，为（a）图中质量变化数值的十分之一。因此，造成两次实验如此大的差别的主要原因在于实验时所用的氮气气体的流速过大引起的。在实验过程中，样品上方的气氛气体持续将未发生分解的试样吹离坩埚体系。这部分试样被气体带走后，在天平上即表现为失重。事实上，这种失重与试样在高温下的热行为是不一致的。在图 14-19（b）中的 TG 曲线真实地反映了试样在加热过程中的质量变化过程：由于样品在实验前已经经历了 800℃的热处理，因此在 800℃以下的 TG 曲线中基本没有表现出明显的质量变化；当温度高于 800℃时，碳材料表面的少量的不稳定基团开始发生分解，引起了约 7%的失重，这部分失重对应于材料中不稳定官能团的含量。

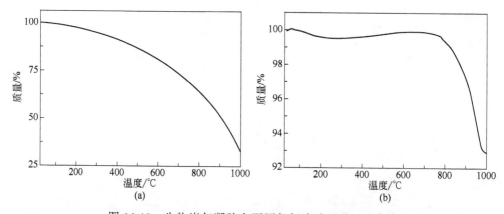

图 14-19　生物炭气凝胶在不同气氛流速下的 TG 曲线

［实验条件：在流速为 50mL/min（a）和 20mL/min（b）的氮气气氛下，从室温开始以 10℃/min 的加热速率加热至 1000℃；敞口氧化铝坩埚（a），氧化铝坩埚加扎孔盖子（b）］

（3）与气氛气体的种类相关问题

在实际应用中，经常会出现气氛气体种类选择不合适的现象。如前所述，在热分析实验过程中，实验气氛的主要作用是提升实验过程中的传热和传质效果，并使试样所处的环境尽可能保持均一。因此在实验时应合理选择所使用的气氛气体的种类，当在实验时需要气氛气体参与反应时，应保持容器中的样品与气氛气体充分接触。在确定样品中无机物和有机物的组成时，通常使用氧化性气氛使样品中的有机组分充分氧化分解。当使用惰性气氛时，由于一些较为稳定的有机组分在高温下会成炭而不能完全分解，导致无法准确确定有机组分的含量。

在选择气氛气体的种类时，应首先确认所采用的气氛气体对于试样在实验过程中的变化是否会产生相互作用，是否希望产生这种作用。另外，在实验中所用的惰性气氛气体的"惰性"是相对的。如图 14-20 为 $CaCO_3$ 分别在氮气和二氧化碳气氛下得到的 TG 曲线，由图可见，$CaCO_3$ 在二氧化碳气氛下开始分解的温度（747℃）比其在氮气气氛下的分解温度（517℃）升高了 230℃。虽然二氧化碳本身不参与碳酸钙的分解过程，但在碳酸钙的分解过程中有二氧化碳产生，气氛中存在的二氧化碳的浓度远高于由碳酸钙生成的二氧化碳，由此导致分解反应的方向向形成碳酸钙的方向移动，不利于分解反应的进行。在该实例中，二氧化碳气氛不能被作为惰性气氛看待。

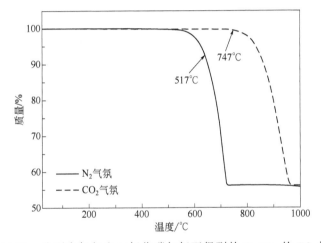

图 14-20　分别在氮气和二氧化碳气氛下得到的 $CaCO_3$ 的 TG 曲线
（实验条件：分别在流速为 50mL/min 的氮气和二氧化碳气氛下，从室温开始
以 10℃/min 的加热速率加热至 1000℃，敞口氧化铝坩埚）

另外，在确定样品中有机组分与无机组分的比例时，通常采用氧化性气氛（如空气）使样品中的有机组分充分发生分解，最终残留的为无机组分，据此可以确定样品的组成。如图 14-21（a）为一种改性的酚醛树脂在惰性气氛下的 TG-DTG-DTA 曲线，由图可见样品在加热过程中出现了 3 个较为明显的热分解过程。当加热至 700℃以上时样品的质量仍在持续慢速下降，表明样品在实验过程中形成的炭化物随着温度的升高而发生了缓慢的分解。因此，在 800℃下残留物的质量应包括在加热过程中形成的稳定性较好的炭化物和无机添加物（如二氧化钛），将该温度下的剩余物质量当作无机添加物是不合适的。因此，该类实验应在含氧气氛中进行。如图 14-21（b）为在空气气氛下对该样品重新进行热重实验得到的曲线，由图可见在高温下使在加热过程中形成的稳定性较好的炭化物充分氧化分解，在此条件下得到的最终剩余物为无机添加物。

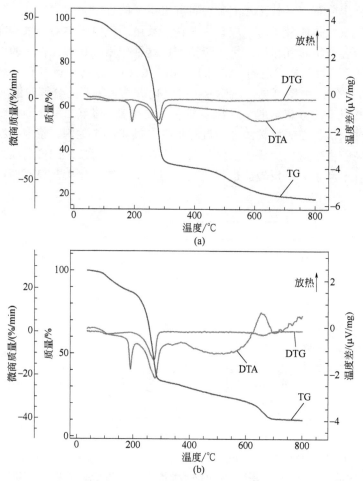

图 14-21 一种改性的酚醛树脂材料在不同气氛下的 TG-DTG-DTA 曲线
（实验条件：在流速为 50mL/min 的空气气氛下，从室温开始以 10℃/min 的
加热速率加热至 800℃，敞口氧化铝坩埚）
（a）惰性气氛；（b）空气气氛

14.2.4 与其他实验条件相关的问题

在设计实验条件时除了在以上几个方面经常出现问题外，实验时采用的坩埚的形状及材质、数据采集频率以及在使用其他相关的附件（如湿度控制、电场、磁场、外加光源等）时也会出现一些问题。例如，如图 14-22（a）为一种添加了少量含能材料的环氧树脂在氮气气氛下的 TG-DTA 曲线，实验过程中采用敞口氧化铝坩埚。在加热过程中，在 100℃附近样品中添加的少量含能材料发生了剧烈的分解，产生的大量气体把未发生分解的固态环氧树脂带离测量坩埚，导致在 TG 曲线中出现了 5 个不同高度的失重台阶，在 100~150℃范围内的失重率为 18.12%。同时，在 DTA 曲

线中该温度范围并未出现明显的热效应。由此可以判断该过程中出现的明显失重台阶并非对应于样品中环氧树脂本身的分解（分解温度远低于预期温度），而是由于气流带走了 18% 未来得及发生分解的环氧树脂造成的。为了避免这种现象，在实验时应采用加扎孔盖的氧化铝坩埚。坩埚上方加载的盖子可以有效避免由于迸溅引起的未发生分解的环氧树脂离开测量坩埚，产生的气体可以从盖子上的小孔逸出，从而可以有效避免由于迸溅引起的异常质量变化。如图 14-22（b）为在氧化铝坩埚上方

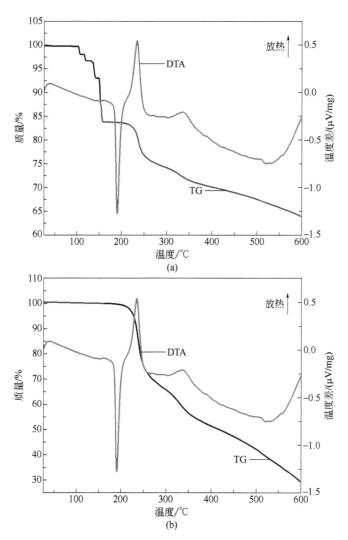

图 14-22　一种添加了少量含能材料的环氧树脂的 TG-DTA 曲线

（实验条件：在流速为 50mL/min 的氮气气氛下，从室温开始以 10℃/min 的
加热速率加热至 600℃，氧化铝坩埚）

坩埚状态：（a）敞口坩埚；（b）加扎孔盖坩埚

加载了扎孔盖后得到的添加了少量含能材料的环氧树脂在氮气气氛下的 TG-DTA 曲线，图中的 TG 曲线在 100~150℃范围并未出现如图 14-22（a）所示的多个失重台阶，在该温度范围的质量未出现明显的变化。因此，通过对坩埚进行加扎孔盖处理后得到的 TG 曲线可以真实反映样品在实验过程中真实发生的质量变化。

参 考 文 献

[1] 丁延伟, 郑康, 钱义祥. 热分析实验方案设计与曲线解析概论. 北京: 化学工业出版社, 2020.

[2] 刘振海, 徐国华, 张洪林等. 热分析与量热仪及其应用. 2 版. 北京: 化学工业出版社, 2011.

[3] Pucciariello R, Villani V. Melting and crystallization behavior of poly(tetrafluoroethylene) by temperature modulated calorimetry. Polymer, 2004, 45: 2031-2039.

[4] 丁延伟. 热分析基础. 合肥: 中国科学技术大学出版社, 2020.

[5] 刘振海, 张洪林. 分析化学手册. 3 版: 8. 热分析与量热学. 北京: 化学工业出版社, 2016.

[6] Perez-de-Eulate N G, Di Lisio V, Cangialosi D. Glass Transition and Molecular Dynamics in Polystyrene Nanospheres by Fast Scanning Calorimetry. ACS Macro Lett, 2017, 6: 859-863.

[7] Pin J M, Anstey A, Park C B, Lee P C. Exploration of Polymer Calorimetric Glass Transition Phenomenology by Two-Dimensional Correlation Analysis. Macromolecules, 2021, 54: 473-487.

[8] 陈镜泓, 李传儒. 热分析及其应用. 北京: 科学出版社, 1985.

[9] 蔡正千. 热分析. 北京: 高等教育出版社, 1993.

第 **15** 章 热重曲线解析中的常见问题分析

15.1 引言

在本书第 14 章介绍了在热重实验方案设计中选择相应的热重分析仪和设定实验条件时的常见问题，从逻辑顺序来看，在实验正式开始之前设计合理的实验方案是实验的必要准备工作。通常，这种准备工作越充分，在实验结束之后开展的曲线解析工作进行得也就越顺利。在实验完成之后，需要对得到的热重曲线进行解析。在曲线解析的过程中也会出现许多的问题，主要表现在以下几个方面：

① 缺少对仪器状态的了解。仪器状态的好坏直接决定着实验的成败，在异常的仪器状态下得到的数据会给曲线解析带来很大的影响，严重时会导致所得到的曲线无法解析的现象。对于在异常的仪器状态下得到的曲线，应分析导致异常的原因，必要时应重新进行实验。

② 基线相关的问题。在进行曲线解析时应充分考虑仪器的基线的影响，与基线相关的问题主要包括：（i）曲线解析时未合理扣除仪器基线；（ii）未按照要求对线性漂移的曲线进行斜率校正或者旋转；（iii）曲线解析时扣除了不合理的仪器基线。

③ 曲线的规范表示问题。在规范表示的热分析曲线中，可以方便、准确地确定在实验过程中样品的变化信息。在实际应用中，常见的与曲线规范表示相关的问题主要有：（i）在实验过程中仅采用单一线性升温速率的热重曲线的规范表示；（ii）不规范表示热重曲线的纵坐标；（iii）不规范表示微商热重曲线的物理量以及微商热重曲线中峰的方向问题。

④ 曲线的规范描述问题。在实际应用中，应根据实验条件信息和样品结构、成分和性质等信息并结合实验目的，科学、规范、准确、合理、全面地描述由曲线可以得到的信息。常见的曲线不规范描述问题主要包括：（i）片面描述曲线中出现的变化信息；（ii）曲线中出现的变化不能与实验条件和样品的结构、组成、性质信息等对应。

⑤ 样品自身热效应对曲线产生的异常影响问题。

⑥ 对曲线进行平滑处理时的问题。

下面将结合实例分别对上述这些问题进行分析。

15.2 仪器状态问题

在正式开始曲线解析之前，除了需要了解所采用的实验方案之外，还应对实验时所用仪器的工作状态进行较为充分的了解。在本书第4章中较为系统地介绍了判断仪器工作状态的方法，在正式开始样品实验之前应按照这些方法定期或者不定期评价仪器工作状态，以确保仪器处于正常的工作状态[1]。仪器状态的好坏直接决定着实验的成败，在异常的仪器状态下得到的数据会给曲线解析带来很大的影响，严重时会导致所得到的曲线无法解析的现象。因此，在以下内容中将结合实例介绍在判断仪器状态时遇到的常见问题。

在大多数情况下，仪器在工作过程中出现的一些异常情况不容易被及时发现，此时可以通过由实验所得的曲线中出现的异常现象来进行分析。这些异常现象主要表现在以下几个方面[2]：（ i ）曲线中出现与样品和实验条件无关的异常变化；（ ii ）曲线中出现与样品和实验条件无关的异常漂移和波动；（ iii ）曲线中未出现与样品和实验条件相关的变化信息。下面将分别进行介绍。

15.2.1 曲线中出现与样品和实验条件无关的异常变化

当热重分析仪的状态发生变化时，在实验所得到的热重曲线中通常可以体现出这种状态变化。例如，实验室内所发生的一些意外的振动也会影响热重分析仪的正常工作，这些振动最终也会反映在所得到的实验曲线上。图 15-1 为在实验室环境发生变化前后同一样品的 TG 曲线，由图可见，实线曲线在 700℃附近出现了较为剧

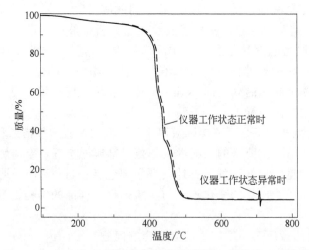

图 15-1 在实验室环境发生变化前后同一样品的 TG 曲线

烈的波动。在重复进行的实验中（图中虚线曲线）在该温度附近未出现质量的变化，由此可以判断该过程为由实验室环境变化（主要为异常振动）引起的异常变化。

　　另外，当样品在实验过程中出现鼓泡、剧烈迸溅等现象时，也会引起曲线发生异常的变化。当样品发生迸溅时，由于气体带走了一部分尚未来得及发生分解的物质，会引起失重量过大，与样品的真实分解过程不一致。当样品在实验过程中发生了熔融变成液体或者在分解过程中变为液态时，当内部有气体产生时，会出现鼓泡现象，这种现象会造成坩埚中样品的重心发生变化，引起质量的异常变化。对于下皿式热重热分析仪，在实验时装有样品的坩埚放在通过较细的悬丝与天平横梁相连的吊篮中。当样品发生鼓泡现象时，样品因气体逸出而使样品的气体体积膨胀，样品冲出坩埚与吊篮黏结在一起（如图 15-2 所示）。在气流的作用下，吊篮在加热炉中发生不规律的摆动，由此会引起热重曲线的大幅度波动现象。图 15-3（a）为一种加入阻燃剂的聚合物发生热分解的 TG 曲线，由图可见在阻燃剂的作用下，聚合物在高温条件下发生分解时产生了大量的气泡，导致在 550℃ 以上的质量出现了剧烈的波动。为避免这种现象出现，在实验时将初始样品质量减少至原来的一半重新进行实验，得到的曲线如图 15-3（b）所示。图中的曲线在 550℃ 以上没有出现如图 15-3（a）所示的剧烈波动现象，表明在实验过程中样品中出现的鼓泡现象没有影响样品的进一步分解。

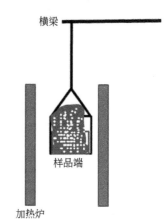

图 15-2　样品在下皿式热重分析仪的吊篮中发生鼓泡现象示意图

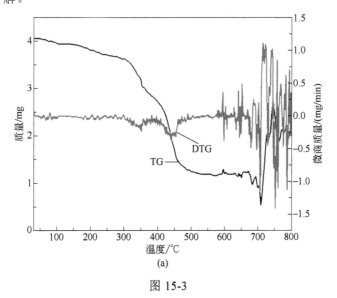

(a)

图 15-3

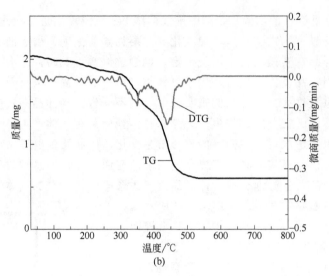

图 15-3　加入阻燃剂的聚合物样品的 TG-DTG 曲线

（实验条件：50mL/min 空气气氛，加热速率为 10℃/min，温度范围为室温~800℃，敞口氧化铝坩埚）

（a）初始质量为 4.108mg，由于鼓泡出现质量剧烈波动；（b）初始质量为 2.086mg，
样品量减半后得到正常曲线

在实际应用中，当选用了不恰当的实验条件时，在曲线中通常也得不到预期的变化信息。例如，当需要确定复合材料样品中无机组分的含量时，如果选用了惰性实验气氛，样品中的聚合物组分在高温下通常无法彻底分解，此时无法通过 TG 曲线中高温下残余质量来确定样品中的无机组分含量。如图 15-4（a）为一种添加了无机填料（氧化铝）的改性聚碳酸酯样品的 TG-DTG 曲线，实验时采用的实验气氛为氮气气氛。由图可见，在实验过程中样品在 400~550℃ 范围出现了一个明显的质量减少过程，对应于聚合物组分的裂解过程。之后随着温度升高，TG 曲线中的质量缓慢减少，一直到实验结束。该过程对应于聚合物组分裂解产物的进一步炭化过程，随着温度升高热稳定性较差的炭化物缓慢发生分解。当温度达到最高温度 800℃ 时，坩埚中还存在相当多的热稳定性较好的炭化物，对应的残留物（为黑色块状）的质量为 20.46%。由于残留物中存在着聚合物组分热裂解形成的炭化物和添加的无机组分，因此把残留物的质量看作样品中无机组分的含量是不合理的。为了确定样品中无机组分的含量，需要在空气气氛下进行热重实验。如图 15-4（b）为在空气气氛下得到的添加了无机填料（氧化铝）的改性聚碳酸酯样品的 TG-DTG 曲线。由图可见，在加热过程中样品在 400~650℃ 范围出现了两个明显的失重过程，当温度高于 650℃ 时，样品的质量不再继续减少。这两个失重过程分别对应于样品中聚合物组分的裂解过程和由于裂解形成的炭化物的氧化分解过程，最终残留物（为白色块状）为样品中含有的无机组分，800℃时残留物的含量 4.79%即为样品中无机组分的含量。

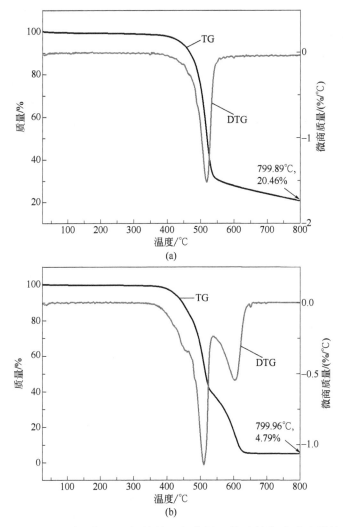

图 15-4　一种添加了无机填料（氧化铝）的改性聚碳酸酯样品
在不同气氛下的 TG-DTG 曲线

（实验条件：50mL/min 实验气氛，加热速率为 10℃/min，温度范围为室温~800℃，
初始质量为 2.086mg，敞口氧化铝坩埚）
实验气氛：（a）氮气气氛；（b）空气气氛

对于以上应用实例，也可以采用在高温下将实验气氛由氮气切换成空气的方法，使高温下的炭化物发生氧化分解，通过残留组分来确定其中无机物的含量。

15.2.2　曲线中出现与样品和实验条件无关的异常漂移和波动

在实验过程中，当仪器中与样品或者分解产物接触的部件受到污染或出现其他异常时，在所得到的热重曲线中通常会出现如上所述的异常变化，有时会出现异常的漂移现象，这种异常漂移现象经常出现在实验所得的 TG 曲线和 DTG 曲线中。例如，图 15-5 为一种复合材料的 TG 曲线。由图可见，在 TG 曲线中出现了三个异常的增重过程，分别为在室温~100℃范围增重 0.5%、在 300~370℃范围增重 0.5% 和在 600~760℃范围增重 1.6%。这三个增重过程均与样品在加热过程中的结构变化无关，是由于实验过程中基线的漂移引起的。造成这种增重的原因主要是挥发的样品或者分解产物对吊篮或者支架污染造成的重心偏移，这种偏移通常可以通过高温下空烧或者其他有效的方法去除污染物后重新进行基线校正的方法来消除。

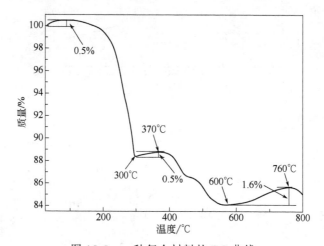

图 15-5　一种复合材料的 TG 曲线

（实验条件：在流速为 50mL/min 的氮气气氛下，由室温开始以 10℃/min 的
加热速率加热至 800℃，敞口氧化铝坩埚）

　　除了污染物会影响实验曲线的形状之外，仪器关键部件工作状态异常也会影响曲线的形状。如图 15-6 为通过一种下皿式热重分析仪得到的空白实验的 TG-DTG 曲线。由图可见，当温度高于 550℃时，质量出现了大幅度的波动。对于下皿式热重分析仪，装有吊篮的坩埚通过一根很细的悬丝（直径小于 0.1mm）与天平横梁相连，悬丝的材质通常为铂或者石英。当在实验过程中采用的悬丝为铂丝时，如果铂丝本身存在着一定的弯曲现象（如图 15-7 所示），由于在实验过程中自上向下有稳定的动态气氛流经样品周围，同时在高温下样品周围的气体密度会发生变化，再加上加热炉内部和两端之间存在着较大的温度差，在这些因素的综合作用下，容易导致与弯曲的吊丝相连的吊篮发生不同幅度的摆动从而引起重心的变化，最终引起如图 15-6（a）所示的曲线波动现象。在对弯曲的铂丝进行拉直处理（拉直后的铂丝如图 15-7 中虚线部分所示）后，重新进行实验得到的 TG-DTG 曲线如图 15-6（b）所示。图中的曲线在实验过程中没有出现如图 15-6 中 TG 曲线的异常波动现象，曲线在正常的范围变化。

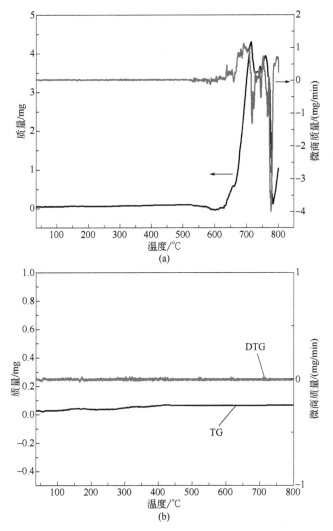

图 15-6　通过一种下皿式热重分析仪得到的空白实验的 TG-DTG 曲线
（实验条件：50mL/min 氮气气氛，加热速率为 10℃/min，
温度范围为室温~800℃，敞口氧化铝坩埚）
（a）悬丝弯曲，基线异常波动；（b）拉直悬丝，基线正常

　　在对这类曲线进行解析时，应正确处理这种异常漂移现象。显然，由存在这种偏移现象的曲线得到的信息是不准确的，应先进行相应的基线校正，之后再重新进行实验以得到相应的不发生类似漂移现象的热分析曲线。

15.2.3　曲线中未出现与样品和实验条件相关的变化信息

　　实验时，在所得到的热分析曲线中除了通常会出现如上所述的异常现象之外，有时还会出现异常的漂移现象。这种异常漂移现象经常出现在 TG 曲线和 DSC 曲线

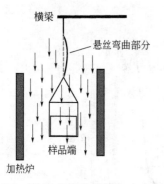

图 15-7 下皿式热重分析仪中与吊篮相连的悬丝发生弯曲现象示意图

中。例如，图 15-8 为一种陶瓷样品的 TG-DTA 曲线。由图可见，TG 曲线在实验的温度范围内出现了两个质量减少的台阶，分别对应于室温~200℃范围（质量减少约 1%）和250~600℃范围（质量减少约 4%）。然而，在实验温度范围内，图中的 DTA 曲线在每个质量变化阶段并没有出现相应的由热效应引起的峰，仅呈现为一条线性下降的曲线。由此可以判断，在实验过程中仪器的 DTA 检测器出现了故障，导致由实验得到的 DTA 曲线无法正常使用。

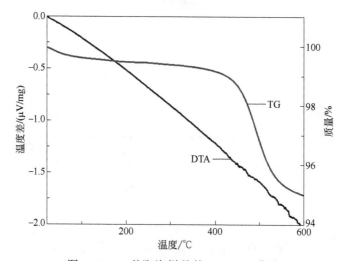

图 15-8 一种陶瓷样品的 TG-DTA 曲线

（实验条件：在流速为 50mL/min 的氮气气氛下，由室温开始以 10℃/min 的加热速率加热至 600℃，敞口氧化铝坩埚）

另外，当实验时采用了较少的样品量时，在得到的 TG 曲线中往往无法准确分析其中发生的较少质量变化过程。例如，图 15-9 为一种使用过的催化剂样品的 TG 曲线，图中分别给出了两种不同样品用量的同一样品的 TG 曲线。由图不难看出，当采用较少的样品量（图中的样品用量为 0.512mg）时，曲线在 200~500℃范围的质量没有出现明显的变化，当温度高于 600℃时，质量出现了持续的下降，一直到实验结束。而当采用了较大的样品质量（图中的样品用量为 8.695mg）时，所得到的热重曲线中出现了两个明显的过程。虽然曲线中两个过程的总质量变化没有超过10%，但可以确定这两个过程分别对应于其中有机物的分解和炭化物的氧化分解，结果符合预期。然而，通过较少初始质量的 TG 曲线则无法准确得到这种判断。这种现象表明，当在实验过程中采用了过少的样品质量时，样品发生的较少质量变化可能与仪器的质量检测极限接近，因而在曲线中无法准确地反映出这种变化过程。

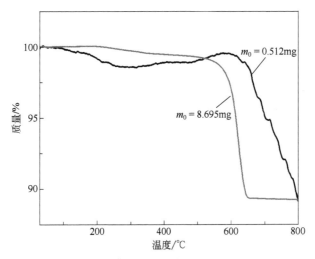

图 15-9　一种使用过的催化剂样品的 TG 曲线（不同初始质量）

（实验条件：在流速为 50mL/min 的空气气氛下，由室温开始以 10℃/min 的
加热速率加热至 800℃，敞口氧化铝坩埚）

15.3　基线问题

在热重实验过程中，仪器的基线会对曲线的形状产生不同程度的影响。在进行热重曲线解析时，必须准确确定与基线相关的信息。在曲线解析时所使用的基线的类型及处理方法对曲线的形状和由曲线得到的信息会产生不同程度的影响。

15.3.1　基线的定义及分类

我国的国家标准《热分析术语》（GB/T 6425—2008）[3]对热分析中的基线的定义为："无试样存在时产生的信号测量轨迹；当有试样存在时，系指试样无（相）转变或反应发生时，热分析曲线近似为零的区段。"

常用的热分析基线主要分为仪器基线、试样基线和虚拟基线或准基线三种[3]。

（1）仪器基线

仪器基线（instrument baseline）是指在无试样和参比物的前提下，仅使用相同质量和材料的空坩埚或支架时所测得的热分析曲线。

在进行曲线解析时，通常将仪器基线看作为空白基线。实验中得到的仪器基线通常不发生台阶、峰等变化，基线随着温度或时间的变化会产生一定的漂移或变形。如图 15-10 为一种热重分析仪在不同的气氛下得到的仪器基线。由图可见，在实验过程中，相同流速、不同种类的气氛由于其密度差异而产生了不同的浮力，导致所得到的 TG 曲线在实验过程中产生了不同程度的变形。由于实验中所用的三种气氛气体的密度为 Ar > N_2 > He，因此在实验中所产生的浮力大小依次为 Ar > N_2 > He。从减小实验过程中浮力效应的角度来看，实验中采用氦气作为载气对仪器基线所造成的影响最小。但在实际应用中由于氦气的使用成本较高，通常使用氮气作为载气。通常在正式实验开始前，先在设定的实验条件下运行空白实验，得到仪器基线。在仪器的软件中读入仪器基线的信息后在正式的样品实验中实时扣除该基线，也可在实验结束后在软件中手动扣除仪器基线。在通常条件下，获得的仪器基线的实验条件应与正式的样品实验条件保持一致。

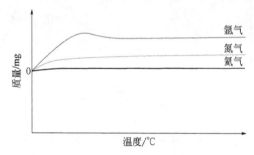

图 15-10　在不同的实验气氛下得到的 TG 实验的仪器基线

（2）试样基线

试样基线（specimen baseline）是在仪器中装载有试样和参比物时，在反应或转变范围外测得的热分析曲线。

试样基线与仪器基线之间的主要区别在于其中包含了试样在实验条件下的信息。例如，对于如图 15-11 所示的 TG 曲线而言，在失重台阶开始前的 500~650℃范围和失重台阶结束后的 920~950℃范围内没有质量变化的信息，该范围的 TG 曲线即为曲线中的试样基线。

在对得到的热重曲线进行解析之前，需要从试样曲线中扣除仪器基线的信息。图 15-12 为由空白实验得到的仪器基线。由图可见，由于浮力效应和支架在不同温度下形变的影响，TG 曲线在室温~100℃范围出现了较为快速的增重现象，之后快速下降，在 150℃以上开始随温度上升而逐渐下降。图 15-13（a）为在与图 15-12 中相同的实验条件下得到的聚四氟乙烯（PTFE）的 TG 曲线，图中的 TG 曲线未扣除图 15-12 中的仪器基线。与图 15-12 相比，图 15-13（a）中的 TG 曲线的开始阶段与图 15-12 相似，这种变化是由于浮力效应和支架在不同温度下形变引起的。图 15-13（b）为将图 15-13（a）中的 TG 曲线扣除图 15-12 中的仪器基线后得到的 TG 曲线。由图 15-13（b）可见，在扣除仪器基线之后，在实验开始阶段的浮力效应等的影响已经被完全扣除，曲线在 400℃之前的试样基线没有出现明显的漂移现象。另外，在扣除仪器基线之后，图 15-13（b）中的 TG 曲线在 600℃以上的质量随温度的漂移现象也得到了明显的改善。

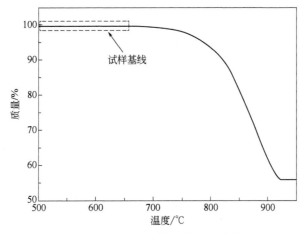

图 15-11　碳酸钙样品的 TG 曲线

（实验条件：在流速为 50mL/min 的氮气气氛下，由室温开始以 10℃/min 的
加热速率加热至 950℃，敞口氧化铝坩埚）

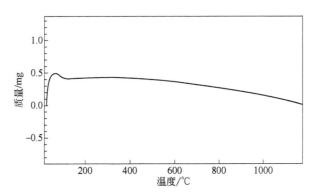

图 15-12　由 TG 仪得到的仪器基线

（实验条件：空白坩埚在流速为 50mL/min 的氮气气氛下，由室温开始以 10℃/min 的
加热速率加热至 1200℃，敞口氧化铝坩埚）

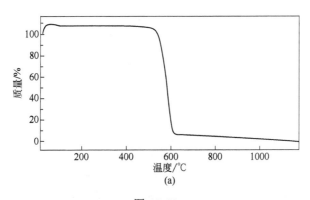

(a)

图 15-13

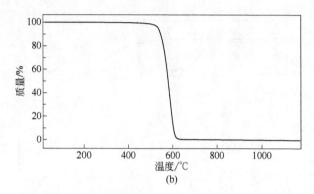

图 15-13　聚四氟乙烯（PTFE）的 TG 曲线

（实验条件：加入试样的坩埚在流速为 50mL/min 的氮气气氛下，由室温开始
以 10℃/min 的加热速率加热至 1200℃，敞口氧化铝坩埚）

（a）扣除仪器基线前；（b）扣除仪器基线后

（3）虚拟基线或准基线

这类基线的定义为："假定由热分析测定的物理量的变化为零，通过实际的温度或时间变化区域绘制的一条虚拟的线即为虚拟基线或者准基线（virtual baseline）。"

在实际应用中确定虚拟基线时，通常假定物理量随温度的变化呈线性，利用直线内插或外推试样基线绘制出这条线。如果曲线在此范围内所表示的物理量没有明显变化，即可由峰的起点和终点直接连线绘制出基线（图 15-14 中 DTG 曲线下方的虚线即为虚拟基线）；如果物理量出现了明显变化，考虑这种变化带来的影响，通常采用 S 形基线。在曲线解析中，通过虚拟基线可以方便地确定相关特征物理量的变化。

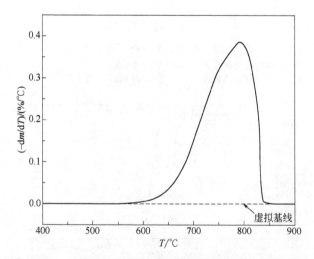

图 15-14　对碳酸钙样品的 DTG 曲线进行积分的示意图

（实验条件：加入试样的坩埚在流速为 50mL/min 的氮气气氛下，由室温开始
以 10℃/min 的加热速率加热至 900℃，敞口氧化铝坩埚）

15.3.2　曲线解析中与基线相关的主要问题

通过以上分析可以看出，基线对得到的曲线的形状影响较大。在解析时选用不合理的基线会导致不正确的分析结果，在曲线解析中与基线相关的主要问题如下所述[5]：

（1）曲线解析时未合理扣除仪器基线

对于大多数热重实验而言，在正式实验前通常要进行基线校正。对于已经完成了基线校正后得到的曲线，在进行曲线解析时不必重复扣除仪器基线。

对于未进行基线校正而得到的热分析曲线，通常需要手动扣除仪器基线。由以上的图 15-13（a）中不扣除仪器基线得到的 TG 曲线可以看出，如果在曲线解析时不扣除仪器基线，在实验开始阶段得到的曲线中出现了异常的增重和失重过程，由这种曲线无法得到准确的实验结果。

（2）未按照要求对线性漂移的曲线进行斜率校正或者旋转

对于由与热重分析技术联用的同步热分析仪（TG-DTA 或者 TG-DSC）得到的 DSC 和 DTA 曲线，曲线中通常会出现较大程度的漂移。在不需要确定比热容时，当试样基线出现线性漂移时，由于测量得到的曲线为试样和参比之间的相对温度差或者热流差，为了便于分析曲线中的特征变化，可以对线性漂移的部分进行斜率校正或者旋转操作。需要特别注意，对于实验得到的 TG 曲线和 DTG 曲线，不能进行以上所述的斜率校正或者旋转操作。

如图 15-15（a）为由 TG-DSC 实验得到的一种药物的 DSC 曲线。由图可见，在 200~800℃范围内，DSC 曲线整体出现了随温度升高线性下降的趋势，在曲线解析时应对曲线进行斜率校正或者旋转来减弱这种漂移现象。图 15-15（b）为经过斜率校正后得到的 DSC 曲线。由图可见，经过斜率校正后的曲线中的峰形比图 15-15（a）中更加便于分析。需要强调指出，经过这种处理后得到的相应峰的特征值与斜率校正前没有明显的变化。

（3）曲线解析时扣除了不合理的仪器基线

在对曲线解析时，当需要扣除仪器基线时，通常应扣除由相同的实验条件下得到的仪器基线。在进行基线扣除时，如果使用了不合理的仪器基线，会导致异常的曲线。如图 15-16（a）为扣除了不合理的仪器基线后得到的聚四氟乙烯（PTFE）样品的 TG-DSC 曲线。由图可见，在扣除仪器基线后得到的 TG 曲线在 200℃以下出现了先快速增长后缓慢失重的异常过程。TG 曲线中出现的这些异常的变化均无法通过在升温过程中样品结构变化来进行合理解释，这种异常现象是由于在数据处理时采用了不合理的仪器基线造成的。另外，在图 15-16（a）中，DSC 曲线在室温~200℃范围和 620~800℃范围出现了两个与样品的结构变化无关的峰，这种异常现象也是由于在曲线解析时采用了不合理的仪器基线所致。当需要得到正常的实验曲线时，需要重新进行仪器基线扣除处理。对 TG-DSC 曲线扣除了合适的仪器基线后得到图 15-16（b）所示的曲线，在图 15-16（a）中出现的异常变化（对应于图中虚线框区域）均不复存在。

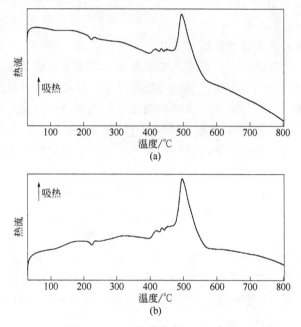

图 15-15　一种药物的 DSC 曲线

（实验条件：在流速为 50mL/min 的氮气气氛下，由室温开始以 10℃/min 的
加热速率加热至 800℃，敞口氧化铝坩埚）

（a）未经斜率校正；（b）经斜率校正后

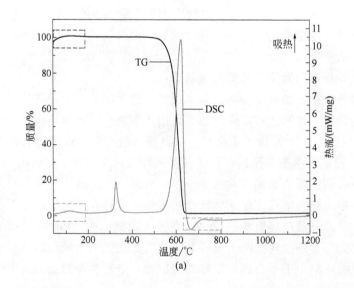

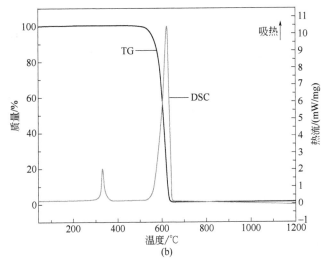

图 15-16　聚四氟乙烯（PTFE）的 TG-DSC 曲线
（实验条件：在流速为 50mL/min 的氮气气氛下，由室温开始以 30℃/min 的
加热速率加热至 1200℃，敞口氧化铝坩埚）
（a）扣除不合理的仪器基线后；（b）扣除合理的仪器基线后

15.4　曲线的规范表示问题

在实际应用中，应按照相应的标准或者规范的要求对热重曲线进行规范表示。作为对热重曲线进行解析的第一步，应规范表示由实验得到的曲线。在规范表示的热分析曲线中，可以方便、准确地确定在实验过程中样品发生的变化信息。

15.4.1　热重曲线的规范表示方法

在本书之前的内容中详细阐述了热重曲线的规范表示方法[4,5]，概括来说，应遵循以下几个原则：

①　热重曲线中的横坐标自左至右表示温度或时间物理量的增加，纵坐标自下至上表示质量（通常用百分比形式表示）的增加。

②　为了便于对比不同样品间的变化，通常用归一化后的质量表示热重曲线的纵坐标。

③　对于线性升温/降温的实验而言，横坐标为温度，单位常用℃表示。在进行热力学或动力学分析时，横坐标的单位一般用 K 表示。

对于含有等温条件的热重曲线的横坐标应为时间，通常在纵坐标中增加一列温度列。当只需要显示某一温度下的等温曲线时，则不需要在纵坐标中增加一列温度。

④　规范表示热重曲线中的台阶和 DTG 曲线中的峰的变化。

由热重曲线可以确定转变过程的特征温度或特征时间以及特征质量变化等信息。如果出现多个转变，则应分别报告每个转变的特征温度或特征时间、特征质量的变化。对于多个转变过程，则需由曲线分别确定每个过程的特征温度或特征时间、特征质量的变化。

对于单条 TG 曲线，当特征转变过程不多于两个（包括两个）时，可以在图中空白处标注转变过程的特征温度或时间、质量变化等信息；当特征转变过程多于两个时，应列表说明每个转变过程的特征温度或时间、质量变化等信息。使用多条曲线对比作图时，每条曲线的特征温度或时间、质量等信息应列表说明。

15.4.2 热重曲线规范表示中的常见问题分析

在对热重曲线作图时，图中的横坐标和纵坐标分别对应于实验中检测的物理量，名称也应用物理量的名称表示，而不应使用热分析方法的名称来笼统表示。在实际应用中表示热分析曲线时，存在着相当多的不规范现象。在本书第 10 章中详细分析了在规范表示热重曲线时经常出现的问题，在实际应用中除了这些现象以外，还存在着以下一些问题。

（1）在实验过程中仅采用单一线性升温速率的热重曲线的规范表示

在由实验得到的 TG 曲线中，可以确定样品在实验过程中发生的质量变化及其对应的温度。为了更加方便地确定曲线中的这些变化，对于在实验过程中仅采用了单一的升温速率的 TG 曲线，在作图时应采用温度作为横坐标，这样可以更加方便、快速地确定曲线中出现的变化对应的特征温度和温度范围。如图 15-17 为一种共混聚合物的 TG-DTG-DTA 曲线，由图可见在实验过程中随着温度的升高样品的结构组成出现了至少 4 个变化过程。在确定其中的每一个变化过程时，需要首先根据图中曲线的纵坐标变化（如 TG 曲线中的特征质量信息）找出对应的时间，然后在相应的温度-时间曲线中根据对应的时间找到与此对应的温度信息［参见图 15-17（a）中虚线］。显然，这样操作比较繁琐、费时、不直观。由于图 15-17（a）中的时间与温度之间存在着一一对应的线性关系，因此可以将图中横坐标的时间直接换算成相应的温度，并将图中的温度列数据删除。经过这样处理所得到的曲线图的横坐标由时间变成了温度，变化通过纵坐标的可以直接确定相应的特征温度信息。如图 15-17（b）为以温度为横坐标重新绘制图 15-17（a）中的曲线后得到的 TG-DTG-DTA 曲线，图中的虚线与图 15-17（a）中的虚线部分相对应。与图 15-17（a）相比，在图 15-17（b）中可以更加方便、直观地确定曲线中的相应变化所对应的物理量。

如前所述，在实际应用中，当实验时所采用的温度控制程序中含有等温段或者包含多个等温段时，所得到的曲线图中的横坐标通常用时间表示，而较少采用温度表示整个过程。

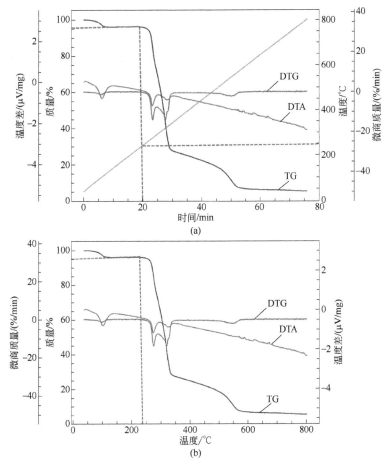

图 15-17　一种共混聚合物的 TG-DTG-DTA 曲线

（实验条件：在流速为 50mL/min 的氮气气氛下，由室温开始以 10℃/min 的
加热速率加热至 800℃，敞口氧化铝坩埚）

（a）以时间为横坐标绘图；（b）以温度为横坐标绘图

（2）热重曲线纵坐标的规范表示

在实际应用中，除了在第 10 章中所列举的在规范表示热重曲线时经常出现的问题之外，在规范表示热重曲线的纵坐标时还存在着以下几个方面的问题：

① 纵坐标的单位与数值不一致。如前所述，TG 曲线的纵坐标通常为归一化处理后的百分比形式的质量，在一些 TG 曲线中，虽然对所得到的曲线进行了归一化处理，纵坐标也是以"%"形式表示，但曲线中纵坐标的数值变化范围为 0~1。如图 15-18 为一种含有一定量水分的一水合草酸钙的 TG-DTG 曲线，图中 TG 曲线的纵坐标对应的物理量为百分比形式的质量，纵坐标的变化范围为 0.4~1.0。另外，DTG 曲线中的数值变化范围也远低于正常值。这种现象显然与一水合草酸钙在实验过程中发生的质量变化范围不在一个数量级，由此可以推测图 TG 曲线中显示的质

量和 DTG 曲线中显示的微商质量的数值并非为百分比形式的质量和微商质量所对应的数值范围。图中标注的虽然为百分比形式的质量和微商质量，但相应的数值实际上并未乘以 100。图 15-19 为将图 15-18 中 TG 和 DTG 曲线中相应的数值乘以 100 后得到的 TG-DTG 曲线，其中的数值变化范围均符合预期。

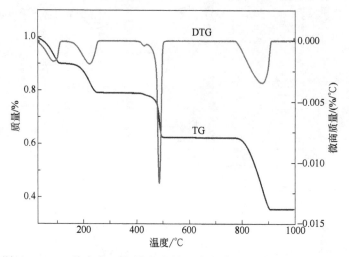

图 15-18 一种含有一定量水分的一水合草酸钙的 TG-DTG 曲线

（实验条件：流速为 50mL/min 的空气气氛，加热速率为 10℃/min，敞口氧化铝坩埚）

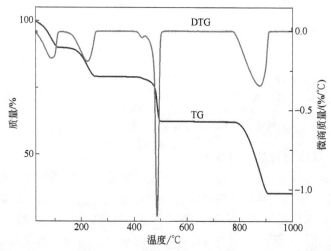

图 15-19 将图 15-18 中 TG 和 DTG 曲线中相应的数值乘以 100 后得到的 TG-DTG 曲线

② 在纵坐标中同时列出两种不同形式的单位。在实际应用中，除了以上所列的不规范的曲线表示形式之外，在 TG 曲线的纵坐标中有时会出现同时列出两种不同的物理量来表示的现象。如图 15-20 所示为尼龙的 TG-DTG 曲线，图 15-20（a）中

的 TG 和 DTG 曲线的纵坐标中同时出现了两个与质量相关的单位 mg%，根据图中曲线的数值变化范围来判断应为归一化后的百分比形式的质量。因此，图中 TG 和 DTG 曲线的纵坐标单位的规范表示方式应分别为%和%/℃（或%·℃$^{-1}$）。图 15-20（b）为规范表示的尼龙的 TG-DTG 曲线。

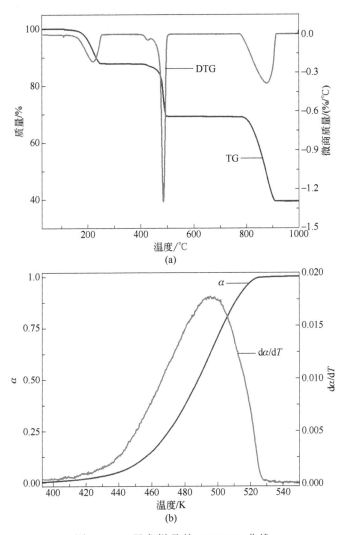

图 15-20　尼龙样品的 TG-DTG 曲线
（实验条件：流速为 50mL/min 的氮气气氛，加热速率为 10℃/min，敞口氧化铝坩埚）
（a）纵坐标不规范表示；（b）规范表示

③ 将动力学分析时常用的 α-T 曲线当做 TG 曲线。在一些科研论文和报告中，经常出现将进行动力学分析时得到的 α-T 曲线当做 TG 曲线来表示，这种做法是不可取的。对于一个完整的过程而言，α-T 曲线的变化范围为 0~1（通常需要覆盖全范

围），而实际的 TG 曲线中的质量为百分比形式表示（除增重过程外，通常在 0~100% 中的某一范围内变化），二者之间存在着本质的区别。例如，如图 15-21 为一水合草酸钙的 TG-DTG 曲线，图中 TG 曲线在实验过程中的质量从最初的 100%减少到了 39.2%。当需要研究发生在 100~260℃范围的失去一分子结晶水的动力学过程时，需要得到该过程的 α-T 曲线和 dα/dT-T 曲线。在图 15-22 中分别给出了对应于该失水过程的 α-T 曲线和 dα/dT-T 曲线，与图 15-21 中不同，在进行动力学分析时，图 15-22 中温度的单位相应地变为 K。由图可见 α-T 曲线中的 α 值从过程开始时的 0 增加到

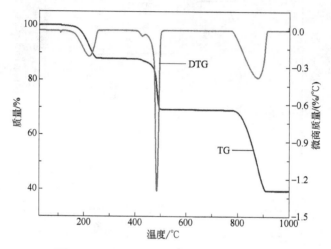

图 15-21 一水合草酸钙的 TG-DTG 曲线

（实验条件：流速为 50mL/min 的氮气气氛，加热速率为 10℃/min，敞口氧化铝坩埚）

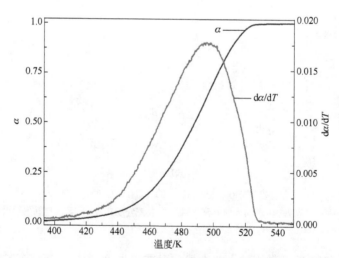

图 15-22 由图 15-21 中一水合草酸钙的 TG-DTG 曲线得到的
第一个失水过程的 α-T 曲线和 dα/dT-T 曲线

（实验条件：流速为 50mL/min 的氮气气氛，加热速率为 10℃/min，敞口氧化铝坩埚）

过程结束时的 1, dα/dT-T 曲线中的 dα/dT 值也比图 15-21 中 DTG 曲线中的纵坐标值
出现了较大的变化。

（3）微商热重曲线中峰的方向问题

在文献中，当 TG 曲线发生质量减少时，与此相对应的 DTG 曲线的峰经常表现
为相反的方向（如图 15-23 和图 15-24 所示，均来自相关的文献）。

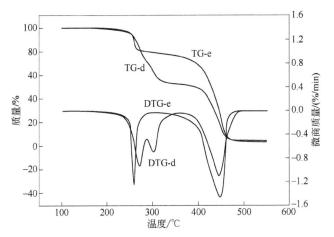

图 15-23　文献中 DTG 曲线与 TG 曲线一致的实例

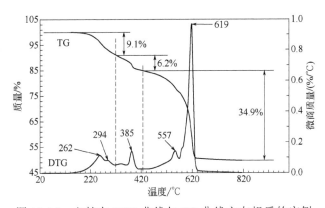

图 15-24　文献中 DTG 曲线与 TG 曲线方向相反的实例

下面以由线性非等温实验得到的曲线为例，从数学角度讨论 DTG 曲线与 TG 曲
线的关系。

理论上，对于一个质量减少的过程（即失重过程）而言，当温度 T 发生 dT 变
化时，质量 m 相应地发生 dm 的变化，可用下式表示这一过程：

$$\frac{\mathrm{d}m}{\mathrm{d}T} = f(T) \tag{15-1}$$

对于一个随着温度的升高质量发生了减少的过程而言，dm<0，同时 dT>0，

因此通过等式（15-1）可以得到以下关系：

$$\frac{\mathrm{d}m}{\mathrm{d}T} = f(T) < 0 \qquad (15\text{-}2)$$

也就是说，随着质量的减少速率增大，$\mathrm{d}m/\mathrm{d}T$ 的值与 0 点之间的距离应进一步加大，即 $\mathrm{d}m/\mathrm{d}T$ 更加小于 0（如图 15-25）。当质量减少速率达到最大值后，$\mathrm{d}m/\mathrm{d}T$ 的数值会随着质量减少速率的减小而逐渐返回 0 点（图 15-25 中峰的右半部分）。

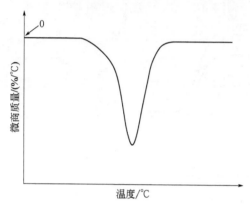

图 15-25　从数学处理角度 DTG 曲线作图示例

综上分析，对于一个质量减少的过程而言，DTG 曲线的峰值应与台阶变化的方向保持一致（图 15-23、图 15-24）。

习惯上，对于等温实验或者含有等温段的实验而言，所得 DTG 曲线的纵坐标物理量通常使用微商质量（derivative mass 或 derivative weight），以 $\mathrm{d}m/\mathrm{d}t$ 来表示。对于质量减少的过程而言，$\mathrm{d}m/\mathrm{d}t$ 的值在该过程小于 0。反之，对于质量增加的过程而言，$\mathrm{d}m/\mathrm{d}t$ 的值在该过程大于 0。对于质量不变的过程而言，$\mathrm{d}m/\mathrm{d}t = 0$。

有时为了分析的方便，需对 DTG 曲线进行进一步的处理（例如对多个过程进行分峰处理）。在处理时，通常使峰的方向向上，此时 DTG 曲线的纵坐标应为 $-\mathrm{d}m/\mathrm{d}t$（如图 15-26，来自相关文献）。

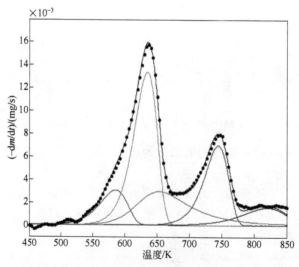

图 15-26　进行分峰处理时的 DTG 曲线示例

15.5　曲线的描述问题

在实际应用中，应按照相应的标准或者规范的要求对由曲线得到的信息进行合理的描述和分析。

在对实验得到的热重实验数据进行相应的数据处理后，在仪器的数据分析软件或者专业的数据处理软件（如 Origin 软件）中可以得到规范表示的热分析曲线中，应根据实验条件信息和样品结构、成分和性质等信息并结合实验目的，科学、规范、准确、合理、全面地描述由曲线可以得到的信息。

15.5.1　热重曲线的描述方法

在对热重曲线进行描述时，应科学、规范、准确、合理、全面地描述曲线中出现的变化。应从以下角度描述曲线[4,5]：

① 当图中只包括一条曲线时，应首先简要描述曲线的整体形状，然后再详细描述曲线中每一个变化的形状以及由曲线得到的特征值的信息。当曲线中呈现出多个变化过程时，最好列表给出相应的特征值。

② 当图中包括一个样品的多条曲线时，应首先描述每条曲线的来源（所对应的实验技术或实验条件），然后简要描述曲线的整体形状，之后再详细描述曲线中每一个变化的形状和对应的特征值的信息，以及多条曲线之间的对应关系。当多条曲线中呈现出多个变化过程时，最好列表给出相应的特征值。

③ 当图中包括系列样品的多条曲线时，应首先描述每条曲线所对应的样品的信息，然后简要描述曲线的整体形状，之后再详细描述曲线中每一个变化的形状和对应的特征值的信息，以及多条曲线的异同之处，并描述这些变化的规律。当多条曲线中呈现出多个变化过程时，最好列表给出相应的特征值。

15.5.2　描述热重曲线时的常见问题分析

概括来说，在对曲线进行描述时常见的问题主要包括以下几个方面：

（1）片面描述曲线中出现的变化信息

在实际应用中解析曲线中的变化时，应描述曲线中出现的每一个变化，不应片面描述其中的个别变化。例如，在对如图 15-27 所示的改性聚苯乙烯的 TG-DTG 曲线进行描述时，图中的 DTG 曲线表明在 200~500℃范围内一共出现了三个质量变化过程，在描述这些变化时应分别描述这三个过程的特征量，不应忽略其中任何一个变化阶段。

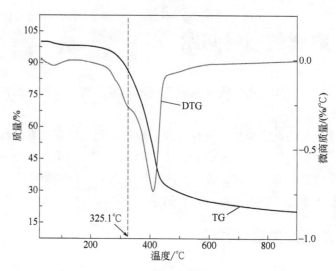

图 15-27　改性聚苯乙烯的 TG-DTG 曲线

（实验条件：氮气气氛、流速为 50mL/min；由室温以 20℃/min 的
加热速率加热至 900℃，敞口氧化铝坩埚）

　　在解析曲线中的变化时，应充分考虑样品的结构和组成信息，必要时应通过与热重分析技术联用的红外光谱、质谱、气相色谱等技术对每一个质量变化过程进行解析。另外，还可以通过 XRD、XPS、电镜分析、元素分析等分析技术对剩余固态物质的形貌、结构和组成进行分析，解析曲线中出现的变化。

　　（2）曲线中出现的变化不能与实验条件和样品的结构、组成、性质等信息对应

　　理论上，应结合在实验时所用的实验条件和样品的结构、组成、性质等信息对TG 曲线和 DTG 曲线中出现的变化进行解析。但在实际应用中，曲线中会出现一些与以上信息无关的变化，导致曲线无法解析的现象。例如，在前面图 15-16（a）中，在实验一开始曲线中出现了先增重后失重的异常现象，这种现象是由于在数据处理时采用了不合理的基线引起的。在描述这些变化时，应了解出现这种异常变化的原因，不应将这种异常变化归属于样品的结构和组成的变化。

　　另外，当在实验过程中环境出现一些变化（如异常振动）时，这种变化会影响曲线的形状（如图 15-1），曲线中出现的这种变化也与样品的结构和组成无关。

　　在实验过程中，当试样周围的气流不稳时，也会引起曲线的异常波动。如图 15-28为一种煤粉的 TG 曲线，由图可见，曲线在 126.5℃时出现了一个急剧下降的平台，该平台是由于实验过程在所用的氮气气氛突然中断引起的异常现象，与样品自身的质量变化无关。在对曲线进行描述时，不应将该异常变化归属于样品的组成或者结构的变化。

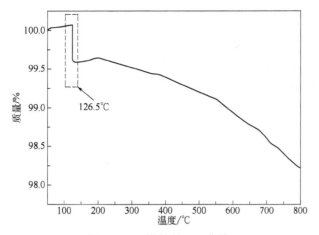

图 15-28　煤粉的 TG 曲线

（实验条件：在流速为 50mL/min 的氮气气氛下，由 30℃开始以 10℃/min 的
加热速率加热至 800℃，敞口氧化铝坩埚）

15.6　样品自身热效应对曲线产生的异常影响

在通过热重实验所得到的曲线中，有时会出现一些"畸变"的现象，如图 15-29 所示。在该图中，样品在空气气氛下发生了较为剧烈的氧化分解，曲线出现了变形。

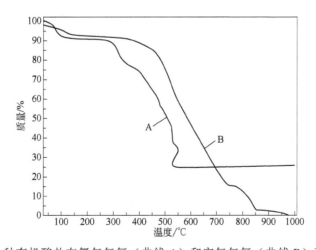

图 15-29　一种有机酸盐在氮气气氛（曲线 A）和空气气氛（曲线 B）下的 TG 曲线

理论上，曲线中出现的这些现象是由于试样在实验过程中自身产生了较为剧烈的吸热或者放热效应引起的局部过冷或者过热现象所导致的。在热分析实验时通常

采用线性升温或者降温的方式进行，而在作图时通常选用样品的温度进行作图，由此会得到以上的"畸变"曲线。下面将结合在实验过程中发生了具有过热或者过冷现象的样品的热重曲线来解释曲线发生"畸变"的原因。

图 15-30 为以时间为横坐标所得到的不存在过热或者过冷现象的 TG 曲线，将其对温度作图可以得到图 15-31 的曲线，该曲线为一条正常的曲线。

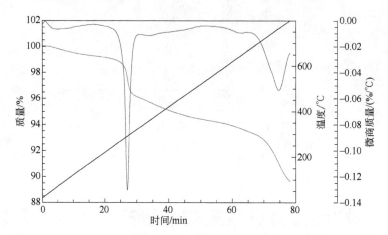

图 15-30　在实验过程中未发生过热或者过冷现象样品的 TG-DTG 曲线（以时间为横坐标）

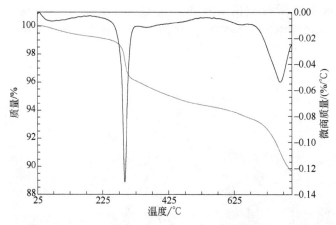

图 15-31　在实验过程中未发生过热或者过冷现象样品的 TG-DTG 曲线（以温度为横坐标）

图 15-32（a）为以时间为横坐标所得到的存在过热现象的 TG-DTG-DTA 曲线，由图可见，当样品发生过热现象时，样品的温度变化开始偏离线性，图 15-32（b）为偏离线性关系时的局部放大图。由图 15-32（a）和（b）可见，由于试样自身的放热效应导致图中 *T-t* 曲线偏离了预期的线性关系。在放热过程开始阶段，*T-t* 曲线的斜率开始变大。而当该放热过程结束时，温度-时间曲线的斜率开始变小，最终回归预期的线性关系。当使用温度作为横坐标进行作图时，可以得到如图 15-33 所示

的 TG-DTG-DTA 曲线。由图 15-33 可见，TG、DTA 和 DTG 曲线均出现了"畸变"现象。出现这种"畸变"现象的原因在于，在发生过热现象的过程中，温度-时间曲线呈现"峰"的状态。在以温度为横坐标进行作图时，会出现 3 个时间对应于一个相同的温度的现象［如图 15-32（b）中虚线所示］，由此得到的 TG、DTA 和 DTG 曲线就会出现一个温度对应于 3 个纵坐标中的物理量的现象［图 15-32（b）］。

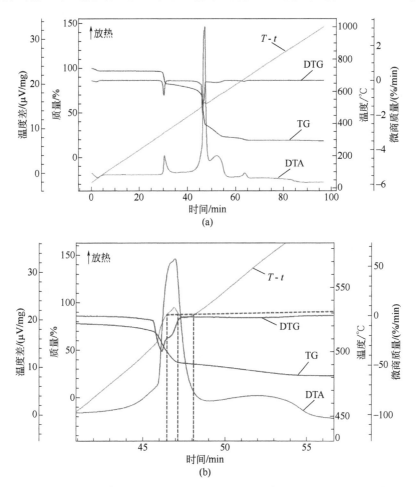

图 15-32　当存在过热现象时所得到的 TG-DTG 曲线（以时间为横坐标）

（a）全局图；（b）偏离线性关系的局部放大图

对于在实验过程中出现过冷现象时所得到的曲线可以参照以上方法进行分析，限于篇幅此处不再展开介绍。

这种"畸变"曲线会对曲线分析尤其是动力学分析带来很大的干扰，通常通过减少样品用量、采用浅皿坩埚和增加气氛气体的流速等方法来减弱这种过热或过冷现象的方法来尽可能地避免这种"畸变"曲线。如图 15-34 为采用了较少的样品量

（样品质量在图 15-32 中曲线对应的实验条件基础上减少一半）同时加大气氛气体的流速（加大一倍）的方法得到的曲线，这些措施可以使样品产生的热效应及时被流动的气氛气体带走，有效地避免了这种过热现象对 *T-t* 曲线的影响。

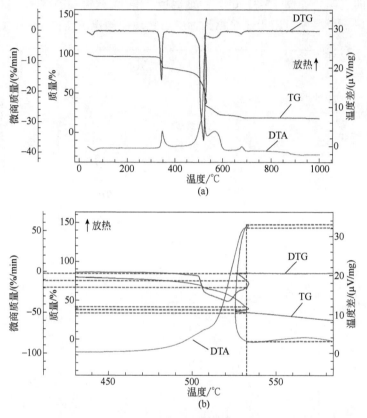

图 15-33　当存在过热现象时所得到的 TG-DTG-DTA 曲线（以温度为横坐标）

（a）全局图；（b）畸变曲线的局部放大图

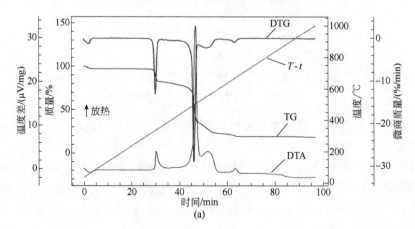

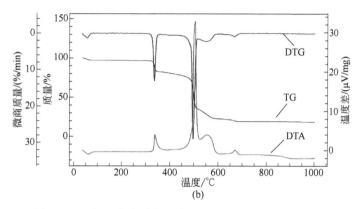

图 15-34　当不存在过热现象时所得到的 TG-DTG 曲线

（a）以时间为横坐标；（b）以温度为横坐标

15.7　对曲线进行平滑处理时的常见问题

在实际应用中对曲线进行处理时，通常需要对一些噪声较大的曲线采用平滑的方法处理，平滑后的曲线中噪声明显降低。在进行平滑处理时应选择合适的参数，下面将简要分析在平滑时常见的问题。

在由实验得到的 TG 和 DTG 曲线中，有时会出现曲线中具有较多的毛刺而影响分析的情形。对于这种现象，通常采用降低数据点的采集频率或者平滑的方法来改善。但需要指出，过度平滑或者降低数据点的采集频率会改变曲线的形状。

15.7.1　数据采集频率对曲线形状的影响

在实验过程中，通常通过降低数据采集频率来抑制曲线中较大的噪声波动。在实际应用中，应根据实际的实验条件设定合适的数据采集频率。一般情况下，采用相同的数据采集频率得到的不同加热速率下的热重曲线经微分后，较高加热速率下的 DTG 曲线则较平滑。这是因为对于较快的加热速率而言，完成相同的温度范围的温度扫描所需要的时间较短，采集到的数据点也比较少，因此曲线较为平滑。可以通过调整数据采集频率的方法来改善这种现象，即较小的加热速率所需的时间较长，可以加大采集点间距；而较大的加热速率由于实验较短，则应适当加大数据采集频率。

图 15-35 为在不同的数据采集频率下得到的一水合草酸钙的 DTG 曲线。由图可见，当数据采集频率由 1 数据点/秒下降至 10 数据点/秒时，在实验过程中一水合草酸钙的三个结构变化过程所对应的 DTG 曲线的峰形发生了明显的变形。主要表现

在峰高变小，峰宽变大。因此，在实验过程中，应选择合适的数据采集频率。大多数商品化仪器的控制软件中默认的数据采集频率为 1 数据点/秒。如果质量变化过程较快，则应适当提高数据采集频率，例如 0.5 数据点/秒。反之亦然。

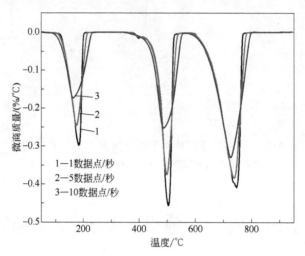

图 15-35　不同数据采集频率下得到的一水合草酸钙的 DTG 曲线
（实验条件：在流速为 50mL/min 的氮气气氛下，由 30℃开始以 10℃/min 的
加热速率加热至 1000℃，敞口氧化铝坩埚）

15.7.2　平滑对曲线形状的影响

平滑是消除曲线中较明显的噪声的常见的处理方法。在对曲线进行平滑处理时，只需滤掉较大的噪声波动，而不应改变峰的形状。图 15-36 为一种天然矿物的

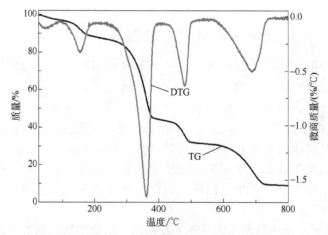

图 15-36　一种天然矿物的 TG-DTG 曲线
（实验条件：在流速为 50mL/min 的氮气气氛下，由 30℃开始以 10℃/min 的
加热速率加热至 800℃，敞口氧化铝坩埚）

TG-DTG 曲线，图中 DTG 曲线的基线具有较大的噪声，通常通过平滑的方法降低噪声的强度。图 15-37 为在仪器的分析软件中输入不同的参数得到的平滑后得到的DTG 曲线，图中每条曲线对应的 WS 表示平滑时在软件参数设置中的窗口大小，即平滑时处理的相邻数据点的个数，数字越大，得到的曲线越平坦。WS 后面的数值对应于窗口中设置的参数值，由图 15-37 可见，数值越大，平滑后的曲线越平坦。同时曲线的变形越严重，分辨率也越差。根据图中的平滑结果可见，当窗口的尺寸设置为 50 时，所得曲线的基线中的噪声明显下降（图 15-37 中插图），并且峰形基本保持不变。

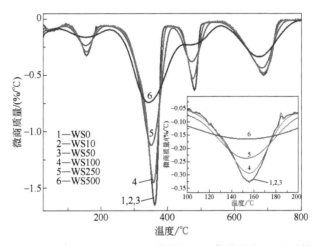

图 15-37　采用不同的参数对图 15-36 中的 DTG 曲线进行平滑后的 DTG 曲线

因此，在实际应用中对曲线进行平滑处理时，应在保证峰形不发生明显变化的前提下，选择合适的平滑参数，得到相对光滑的曲线。

参 考 文 献

[1] 刘振海, 徐国华, 张洪林等. 热分析与量热仪及其应用. 2 版. 北京: 化学工业出版社, 2011.

[2] 丁延伟, 郑康, 钱义祥. 热分析实验方案设计与曲线解析概论. 北京: 化学工业出版社, 2020.

[3] 中华人民共和国国家标准. GB/T 6425—2008 热分析术语.

[4] 中华人民共和国教育行业标准. JY/T 0589.4—2020 热分析方法通则 第 4 部分 热重法.

[5] 丁延伟. 热分析基础. 合肥: 中国科学技术大学出版社, 2020.